1000MW超超临界火电机组技术丛书

DIANQI SHEBEI JI XITONG

电气设备及系统

广东电网公司电力科学研究院 ● 编

中国电力出版社
CHINA ELECTRIC POWER PRESS

内 容 提 要

为促进我国电源建设的快速发展，帮助广大工程技术人员、现场生产人员了解、掌握超超临界发电技术，积累超超临界机组建设、运行、管理经验，满足广大新建电厂、改扩建电厂培训、考核需要，特组织专家编写了本套《1000MW超超临界火电机组技术丛书》。

本丛书包括《汽轮机设备及系统》、《锅炉设备及系统》、《电气设备及系统》、《热工自动化》、《电厂化学》与《环境保护》六个分册。全套丛书由广东电网电力科学研究院组织编写。本丛书在编写过程中，内容力求反映我国超超临界1000MW等级机组的发展状况和最新技术，重点突出1000MW超超临界火电机组的工作原理、结构、启动、正常运行、异常运行、运行中的监视与调整、机组停运、事故处理等方面的内容。

本书为《电气设备及系统》分册，全书共分十六章，主要内容包括电气主接线，厂用电系统，1000MW发电机结构及其辅助系统，汽轮发电机正常运行，发电机运行的异常状态分析，1000MW发电机励磁系统，大机组与大电网协调，变压器，高压开关电器，配电装置，发电厂防雷与过电压保护，继电保护，直流系统，发电厂的电气控制、测量与信号系统，发电厂的安全及自动装置，发电厂远方调度自动化。

本书可作为从事1000MW等级超超临界机组电气专业安装调试、运行维护和检修技术等岗位生产人员、工人、技术人员和管理干部的上岗培训、在岗培训、转岗培训、技能鉴定和继续教育等的理想培训教材，也可作为大专院校有关师生的参考教材。

图书在版编目(CIP)数据

电气设备及系统/广东电网公司电力科学研究院编. —北京：中国电力出版社，2014.5(2018.9重印)
(1000MW超超临界火电机组技术丛书)
ISBN 978-7-5123-4509-6

Ⅰ.①电… Ⅱ.①广… Ⅲ.①火电厂—电气设备 Ⅳ.①TM621.3

中国版本图书馆CIP数据核字(2013)第116795号

中国电力出版社出版、发行
(北京市东城区北京站西街19号 100005 http://www.cepp.sgcc.com.cn)
三河市百盛印装有限公司印刷
各地新华书店经售
*
2014年5月第一版 2018年9月北京第二次印刷
787毫米×1092毫米 16开本 28.75印张 701千字 1插页
印数3001—4000册 定价**88.00**元

《1000MW 超超临界火电机组技术丛书》

编 审 委 员 会

主任委员　钟　清

副主任委员　马　斌　何宏明　高新华

委　　员　顾红柏　廖宏楷　阚伟民　陈世和　李　智

陈　迅　杨楚明　林清如

《电气设备及系统》

编 写 人 员

主　　编　陈　迅

参编人员　王　奕　张征平　盛　超　李　谦　刘　炜

陈晓科　陈杰华　罗　勇　喇　元　胡玉岚

卢启付　孙建伟　吴晓宇　吕　鸿　李　鑫

尹建华　余南华　张俊峰　林永平　赵　兵

吴　娅　邓　志　陈晓国　刘平原　彭发东

黎奕伟

序

电力工业是关系国民经济全局的重要基础产业，电力的发展和国民经济的整体发展息息相关。电力行业贯彻落实科学发展观，就要依靠技术进步和科技创新，满足国民经济发展及人民生活水平提高对电力的需求。

回顾我国火电建设发展历程，我们走过了一条不平凡的道路，在设计、制造、施工、调试、运行和建设管理等方面，都留下了令人难忘的篇章。这些年来，我国火电建设坚持走科技含量高、经济效益好、资源消耗低、环境污染小的可持续发展道路。从我国国情出发，从满足国民生产对电力的需求出发，发展大容量、高参数、高效率的机组，是我国电力工业发展水平跻身世界前列的重要保证，是推动经济社会发展、促进能源优化利用、提高资源利用效率的重要保证。

超超临界发电技术在世界上是一项先进、成熟、高效和洁净环保的发电技术，已经在许多国家得到了广泛应用，并取得了显著成效。目前，我国火电机组已进入大容量、高参数、系列化发展阶段，自主研制、开发的超超临界机组取得了可喜成绩并成为主要发展机型。因此，掌握世界一流发电技术，为筹建、在建和投运机组提供建设、管理、优化运行和检修经验，对于实现设计制造国产化、创建高水平节能环保火电厂、保证电力工业可持续健康发展，意义重大。

广东电网公司电力科学研究院是一所综合性的科研机构，一直秉承着“科技兴院”的战略方针，多年来取得了丰硕的科研成果，出版过多部优秀科技著作。这次他们组织专家编写的《1000MW 超超临界火电机组技术丛书》，能把他们掌握的百万千瓦机组的第一手资料和经验系统总结，有利于提高 1000MW 超超临界的设备制造、建设与调试、运行与管理水平，有利于促进引进技术的消化与吸收，有利于推进超超临界机组的国产化进程并为更高温度等级的先进超超临界机组研发提供经验。而他们丰富的理论和实际经验，是完成这个任务的保证。

《1000MW超超临界火电机组技术丛书》不仅总结了国外超超临界技术的先进成果和经验，还反映了我国在这方面的研究成果和特点；不仅有理论上的论述，也有实际经验的阐述和总结。我相信，本套丛书的出版，对提高我国电力技术发展水平，积累超超临界机组的发展经验，加速发电设备的国产化，实现电源结构调整，实现能源利用率的持续提高，具有重要意义。祝本套丛书出版成功！

中国工程院院士 [signature]

2014年4月

前言

超超临界技术的发展至今已有近半个世纪的历史。经过几十年的不断发展和完善，超临界和超超临界发电机组目前已经在许多国家得到了广泛的商业化规模应用，并在高效、节能和环保等方面取得了显著成效。与此同时，在环保及节约能源方面的需要以及在材料技术不断发展的支持下，国际上超超临界发电技术正在向着更高参数的方向进一步发展。

进入21世纪以来，随着我国经济的飞速发展，电力需求急速增长，促使电力工业进入了快速发展的新时期。我国电力工业的电源建设和技术装备水平有了较大提高，大型火力发电机组有了较快增长，超临界、超超临界机组未来将成为我国各大电网的主力机组。但是，超超临界发电技术在我国尚处于刚刚起步和迅速发展阶段，在设计、制造、安装、运行维护、检修等方面的经验还不足，国内现在只有少量机组投运，运行时间也较短。根据电力需求和发展的需要，在近几年内，我国还将有许多台大容量、高参数的超超临界机组相继投入生产运行。因此，有关工程技术人员、现场生产人员对技术上的需求都很大，很需要一些有关超超临界发电技术的培训教材作为技术上的支持，并对电力生产和技术发展提供帮助和指导作用，为此，我们组织专家编写了本套《1000MW超超临界火电机组培训教材》。

本丛书包括《汽轮机设备及系统》、《锅炉设备及系统》、《电气设备及系统》、《热工自动化》、《电厂化学》与《环境保护》六个分册。全套丛书由广东电网电力科学研究院组织编写。本丛书在编写过程中，内容力求反映我国超超临界1000MW等级机组的发展状况和最新技术，重点突出1000MW超超临界火电机组的工作原理、结构、启动、正常运行、异常运行、运行中的监视与调整、机组停运、事故处理等方面内容。

本套丛书的出版，对提高我国电力装备制造水平；积累超超临界机组的建设、运行、管理经验，加速发电设备的国产化，降低机组造价；实现火电结构调整，实现能源效率的持续提高具有重要意义。

本丛书可作为从事1000MW等级超超临界火电机组安装调试、运行维护和检修技术等岗位生产人员、工人、技术人员和管理干部的上岗培训、在岗培训、转岗培训、技能鉴定和继续教育等的理想培训教材，也可作为大专院校有关师生的参考教材。

本书为《电气设备及系统》，全书由陈迅主编。其中，第一章由罗勇编写；第二章第一～六节由王奕编写；第二章第七节，第四章第五节，第五章第一节，第七章第一节，第七章第四节由尹建华编写；第三章第一节，第三节由张征平编写；第三章第二节，第四章第二～三节由刘炜编写；第三章第四节，第四章第四节，第四章第七节，第七章第二～三节由李鑫编写；第四章第一节，第四章第六节，第六章由盛超编写；第五章第二～三节由陈迅编写；第五章第四节由张俊峰编写；第七章第五节由邓志编写；第八章第一～二节由彭发东编写；第八章第三～五节由陈杰华编写；第八章第六～八节，第十节由喇元编写；第八章第九节由林永平编写；第九章第一～八节由吕鸿编写；第九章第九节由吴娅编写；第十章第一～三节由陈晓国编写；第十章第四节由刘平原编写；第十章第五～八节由卢启付编写；第十章由李谦编写；第十二章第一～五节由陈晓科编写；第十二章第六节由赵兵编写；第十二章第七节由黎奕伟编写；第十三章由胡玉岚编写；第十四章，第十五章由吴晓宇编写；第十六章由余南华、孙建伟编写。全书由王奕、张征平统稿。本书在编写过程中，得到了很多电厂、科研院所及相关技术人员的支持和帮助，在此表示感谢。

由于编者的水平和所收集的资料有限，书中的不足之处在所难免，恳请读者批评指正。

编　者

2014 年 4 月

目 录

电气主接线

发电厂电气主接线既是电厂电气一次主设备连接的体现，也是电力系统网络的重要组成部分。它表明了发电厂的发电机、主变压器、高压厂用变压器、启动备用变压器、母线、断路器、出线线路等设备之间，是如何通过一定的规律，按一定的要求和顺序连接的电路，它反映了各设备的作用、连接方式和相互之间的依赖关系。

在设计1000MW大容量发电机组的电厂时，根据机组的特点、电厂及投资规模、在电网中的地位和供电距离、经济可靠性、运行检修灵活性、发展和扩建的可能性等因素，经过综合比较，选择接入系统的电压等级、升压站和发电机—变压器组的主接线方式等。目前已运行和正在建设的1000MW电厂，由于考虑到当期的规模多是2×1000MW机组，容量大，对本地区电力系统的稳定、安全运行有着举足轻重的作用，因此，升压站采取的电压绝大部分地区为500kV电压等级和3/2接线方式。但在发电机出口是否装设断路器，各厂从实际出发，略有不同，后文有详细的论述比较。另外，电气主接线的确定还与电气设备的选择、配电装置的布置、继电保护和自动装置等二次设备的配置和接线方式有着密切的关系。因此，1000MW大容量发电机组对主接线的接线方式提出了更高的要求。

第一节　电气主接线的基本要求

由各类发电厂、变电站及输电线路组成的电力系统，担负着发电、变电和配电的任务，目前，各电力系统的装机容量越来越大，有些统调的装机容量达52GW，跨省的500kV交直流输电也星罗棋布，大型发电机的升压站和出线线路大部分也采用500kV系统，因此，主接线的选择是否合理、可靠、灵活，直接影响整个电力系统的安全、工农业生产和居民的日常生活等，所以主接线的设计必须综合考虑系统特点、厂（站）规模、负荷性质及可靠、经济、灵活、方便等要求。

1. 应满足供电的可靠性要求

供电的可靠性包括合格的电能质量和供电的连续性，合格的电能质量包括电压、频率等指标以及在国家标准范围内所含的各次谐波。下面对供电可靠性的分析是在假定电能质量合格的前提下，主要分析供电的连续性。

发、供电的安全可靠是电力生产的首要要求。因为电能的生产、输送、分配和使用必须在同一时刻进行，所以电力系统中任何一个环节出现故障，都将对全局造成不利的影响。事故停电不仅是电力部门的损失，更严重的是会造成国民经济各部门的巨大损失。此外对于一些特殊部门，如矿山、化工、医院等，停电不但会造成设备损坏，还可能带来人身伤亡。重要发电厂发生事故时，可能会导致系统瓦解。所以，电气主接线的可靠性是保证电力系统安全可靠运行的前提。

主接线的可靠性并不是绝对的。同样的主接线对某些系统和用户来说可靠，而对另外一些系统和用户来说可能就不够可靠，因此分析和评价主接线的可靠性时，不能脱离系统和用户的具体条件。

一般，衡量电气主接线的可靠性可从以下三个方面分析：

(1) 断路器检修时是否影响供电。

(2) 设备和线路故障或检修时，停电范围的大小和停电时间的长短，以及能否保证对重要用户的供电。

(3) 有没有使发电厂、变电站全部停止工作的可能性等。

目前对主接线可靠性的衡量不仅可以进行定性分析，而且可以进行定量的可靠性计算。这里主要进行定性分析。

2. 应具有一定的灵活性

正常情况下，应能根据调度要求方便、灵活地调整运行方式，能采用较少的操作步骤，在较短的时间内完成母线运行方式的变化和设备状态的转移，满足系统运行的需要。而且在设备故障、检修和其他异常的情况下能尽快退出设备、布置检修措施或快速切除故障，在保证人员安全的前提下，缩短停电时间，减小影响范围。

3. 应力求操作简单，巡视、检修方便

在保证可靠、灵活的前提下，主接线应力求简单清晰，操作、巡视、检修方便。过于复杂的主接线形式不仅不利于安全、快捷的倒闸操作，而且往往会造成误操作而发生事故，使主接线的投资增加。但接线形式也不能过于追求简单，否则会使可靠性降低，不利于安全运行。因此主接线的形式必须综合考虑电网特点、电气设备的具体情况和用户的要求等多种因素。

4. 经济上应合理

在安全可靠、操作方便的基础上，还应尽量降低建设投资和运行维护的费用，降低损耗，减少占地面积，使发电厂、变电站尽快地产生经济效益。

5. 应考虑发展和扩建的可能

由于我国工农业的高速发展，电力负荷的增长速度很快，因此，为适应电力工业的不断发展，主接线应考虑发展和扩建的可能性，预留一定的间隔位置和空间延伸。

第二节　3/2 断路器主接线概述

国内外 1000MW 机组的主接线，升压站均采用 500kV 电压等级和 3/2 断路器主接线方式，这种主接线方式比传统的其他主接线方式，优越性是显而易见的，典型 3/2 主接线图如图 1-1 所示。

该接线有两组母线，每一支路经一台断路器接至一组母线，两个支路间有一台断路器联络，两个支路和三台断路器共同组成一个“串”电路，所以称为一个半断路器（或 3/2 断路器）的双母线接线或称 3/2 接线。正常运行时两组母线和所有断路器及所有隔离开关全部投

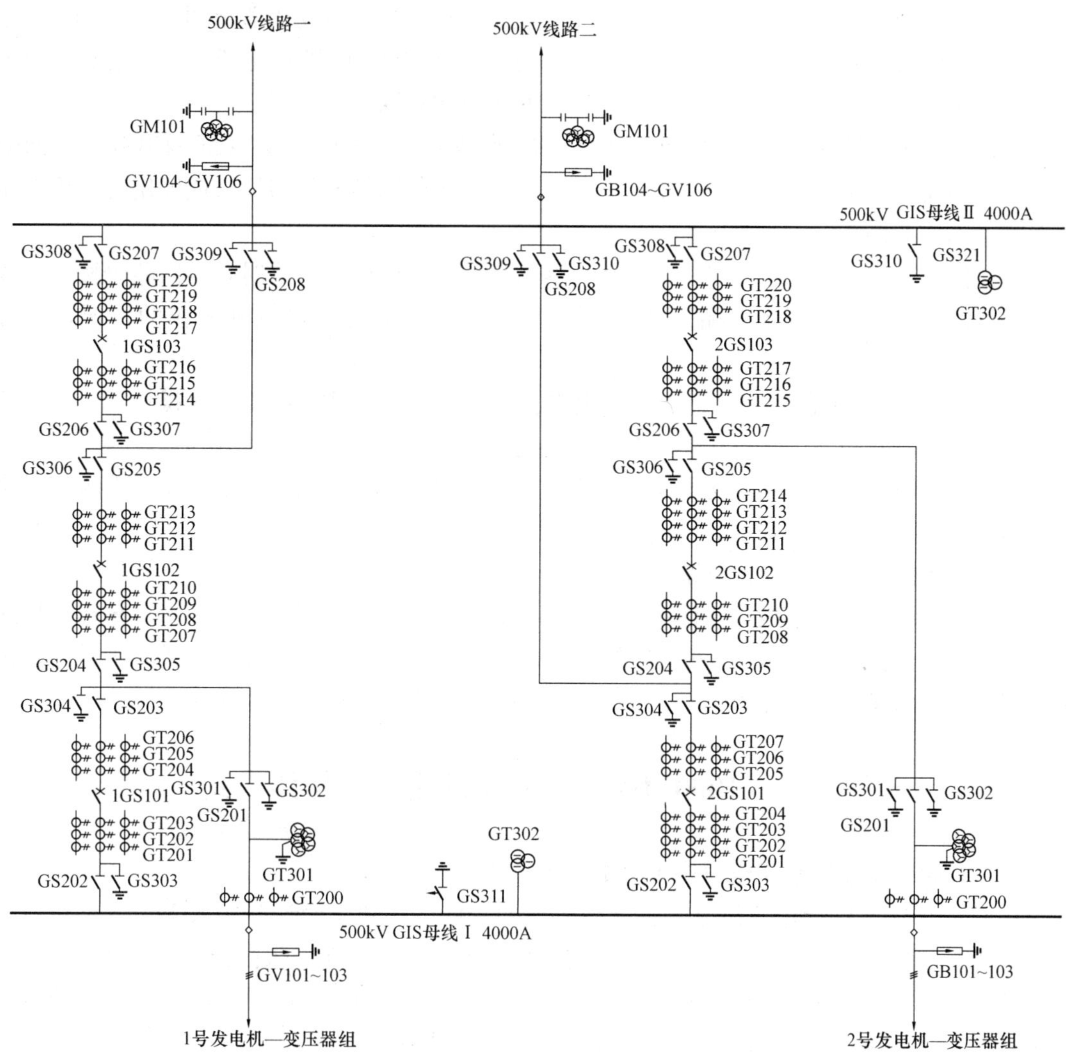

图 1-1　典型 3/2 主接线图

入工作，形成多环形供电，3/2 断路器的双母线接线有以下特点：

（1）供电可靠性高，正常运行时形成环形供电，任一组母线故障或检修时，任何回路都不会停电；任一断路器检修也不会引起停电；甚至在两组母线故障（或在一组母线检修，另一组母线故障）的极端情况下，功率仍能继续输送，不影响任一回路的工作。母线故障时某母线侧断路器拒动，只影响一个回路工作，只有联络断路器拒动才会造成两个回路停电。这种接线不存在整个装置停电的危险，工作可靠性高。

从图 1-1 中可以看到，为避免联络断路器故障或拒动，造成功率缺额和功率送不出去，应将同名回路接到不同的串上，且采用交叉布置，即同名回路接入不同的母线侧。但这种交叉接线配电装置的布置比较复杂，需要增加一个间隔。例如：线路一中的联络断路器 1GS102 在检修或停用，当另一串的联络断路器 2GS102 发生异常跳闸或事故跳闸（线路二故障或进线电源 2 号发电机—变压器组回路故障）时，至少还有一个电源可向系统供电，线路二故障时 2 号发电机—变压器组向线路一送电，2 号发电机—变压器组回路故障时，1 号发电机—变压器组回路向线路二送电，即使联络断路器 2GS102 异常跳开，也不会破坏两电源向系统送电。但对非交叉接线而言，将造成两个电源切除。

上述交叉接线情况是针对配电装置建设初期仅两串而言的，当该接线的串数多于两串时，由于接线本身构成的闭环回路不止一个，一个串中的联络断路器检修或停用时，仍有闭环回路，因此不再叙述上述差异。

（2）倒闸操作方便。当任何一组母线检修或任何一台断路器检修时，各回路仍按原接线方式运行，不需要切换任何回路，避免了利用隔离开关进行大量倒闸操作的情况，十分方便。

（3）该接线中的隔离开关不参与倒闸操作，仅作隔离电源用，减少了误操作。

（4）使用的断路器、电流互感器数目多，造价高。

（5）联络断路器的开断次数是其两侧断路器的两倍，且一个回路故障时要跳两台断路器，断路器动作频繁，检修次数增多。

（6）二次接线和继电保护复杂。

由于 3/2 断路器的接线可靠性和灵活性都非常高，具有双母线接线和环形（角形）接线的优点，故十余年来，我国在 330～500kV 发电厂和变电站的配电装置中广泛采用，并且已经积累了丰富的运行维护经验。

第三节　1000MW 发电机组的电气主接线方式

一、1000MW 发电机组电气主接线的设计原则

我们对 1000MW 发电机组电气主接线方式的了解，必须从设计开始入手，通过对设计理念的研究，学习怎样对多种主接线方案进行分析比较，如何在一张白纸上科学地找到各种约束条件和利弊的平衡点，画出符合实际的主接线方式，从而对 1000MW 发电机组的电气主接线方式及其特点，有着深刻的印象，达到学习的目的。

首先，在 1000MW 发电机组的设计阶段，电气主接线应充分体现“高速度、高质量、低造价”的基建方针，电气部分应满足对模块化设计的要求，充分借鉴国内外的先进设计思想，采用先进的设计手段和方法，按照建设节约型社会要求，以经济适用、系统简单、备用减少、安全可靠、高效环保、以人为本为原则，按照示范性电厂的思路，进行模块化设计，使总平面的布置占地最小、主厂房体积最小、施工周期最短、工程造价最低，在保证质量的同时，以优化创新的设计来最大限度地降低工程造价。

在主接线设计中应遵循可靠性、灵活性和经济性三个基本要求，具体如下：

（1）任何断路器检修，不影响对系统的连续供电；断路器或母线故障以及母线检修时，尽量减少停运的回路数和停运时间；任一进出线断路器故障或拒动以及母线故障，不应切除一台以上机组和相应的线路；任一断路器检修和另一断路器故障或拒动相重合，不应切除两台以上机组和相应的线路。

（2）主接线设计满足调度、检修及扩建时的灵活性。

（3）主接线在满足可靠性、灵活性要求的前提下，力求经济合理，满足投资少、占地面积小和电能损失少的要求。

二、500kV 配电装置接线的选择

3/2 断路器和双母线双分段接线是超高压配电装置可靠性较高的两种接线形式，都可满足 500kV 系统对可靠性的要求。目前国内已投运、在建和设计中的 500kV 变电站采用的也是这两种接线，但 1000MW 机组均采用 3/2 断路器接线。3/2 断路器接线具有显著的优点：

（1）从减少停电范围、停电概率来看，可靠性高于双母线双分段的电气接线。

（2）运行调度灵活，正常时两条母线和全部断路器都投入运行。必要时，串内两元件可单独直接接通。

（3）操作方便，隔离开关仅作检修操作用，避免了运行方式改变时用隔离开关进行大量倒闸操作。

三、发电机一变压器一3/2 断路器接线

这种接线方式就是发电机与主变压器的低压侧直接连接，发电机出口电压为 27kV，发电机定子电流为 23 759A。其中，4A 高压厂用变压器的容量是 45/25-25MVA，无载调压；4B 高压厂用变压器的容量是 50/31.5-31.5MVA，无载调压；启动备用变压器的容量是 45/25-25MVA、50/31.5-31.5MVA，有载调压。发电机—变压器一3/2 断路器接线如图 1-2 所示（见文后插页）。

四、发电机—断路器（GCB）—变压器一3/2 断路器接线

这种接线方式就是在发电机出口与主变压器低压侧安装一台断路器，其额定电压为 27kV，额定电流为 28kA，额定开断电流为 160kA。目前，为了提高一、二次的安全可靠性，节约成本，该断路器均制造成组合式，集出口断路器（generator circuit breaker，GCB）、隔离开关、接地开关、避雷器、电流互感器为一体，其中，4A 高压厂用变压器的容量是 45/25-25MVA，有载调压；4B 高压厂用变压器的容量是 31.5MVA，有载调压；启动备用变压器的容量是 1×50/32.5-32.5MVA，有载调压。发电机—断路器—变压器一3/2 断路器接线如图 1-3（见文后插页）所示。

五、发电机中性点接地方式的选择

我国发电机中性点主要有以下三种接地方式：

（1）不接地或经单相电压互感器接地方式。

（2）经消弧线圈欠补偿接地方式。补偿后的残余电流（容性）小于允许电流值。

（3）经专用配电变压器高阻接地方式。单相接地电流大于$\sqrt{2}$（$3I_c$），一般情况下均大于允许值，此时发电机定子单相接地保护应带延时作用于跳闸，如图 1-2 和图 1-3 所示。

大型发电机组的中性点接地方式为后两种接地方式，第一种接地方式仅用于中小型发电机组。

第四节　发电机装设出口断路器（GCB）的优缺点分析

一、发电机装设出口断路器（GCB）的优越性

从技术角度来看，装设 GCB 有明显的技术优势。GCB 具有使机组调试和维护阶段更加方便；大大改善同期条件；避免或减少厂用电切换带来的风险，提高厂用电可靠性；简化继电保护接线，缩短故障恢复时间，提高机组可用率等技术优点。GCB 不仅能在事故发生时避免或减少对设备的损害程度，还能有效地防止或减少事故的发生。技术先进、可靠性高、

机组可用率高，可以减少发电机、变压器及电动机的损坏，特别是可以使电气主系统清晰合理、运行操作简化并且处理事故方便迅速。

二、发电机装设出口断路器（GCB）存在的问题

由于发电机装设了出口断路器，经济性要差一些。另外，在机组并网前，厂用电由主变压器和厂用高压变压器带，厂用电电压无法调整，在大容量辅机启动时，厂用电电压水平无法保证在额定电压的80%以内，因此，为了保证厂内大容量电动机启动时厂用高压母线的电压水平，主变压器或厂用高压变压器一般需要采用有载调压型，如此，既增加了投资和维护工作量，又降低了主变压器、厂用高压变压器的运行可靠性。

第五节　发电机是否装设出口断路器（GCB）的技术性比较

对于发电机是否装设出口断路器（GCB）的技术性比较，下面以表格对比的形式对GCB在电厂的运行、维护过程的作用进行分析。电厂的运行主要分调试和维护、同期并网、正常运行、非正常运行四个阶段，见表1-1。

表1-1　发电机是否装设出口断路器（GCB）的技术性比较

项　目	装设断路器（GCB）	不装设断路器（GCB）
调试和维护	GCB将发电机—变压器组分成发电机部分和变压器部分，不同的继电器可分为若干部分逐级测试。此外厂用电由主变压器供电时，发电机可在欠励磁条件下进行测试	继电保护的通流试验要求进行多次厂用电源切换和主回路短路连接的装卸
同期并网	同期点由中压系统的GCB实现，由于GCB装在屏蔽的金属壳内，操作环境条件好，其充分的绝缘安全度可保证同期操作更加灵活、可靠。GCB是三相机械联动，无三相不一致问题。GCB机械寿命达1万次	用500kV断路器进行同期并网，由于断路器不是机械联动，有可能发生单相或两相拒动的情况。500kV高压断路器可接受的机械寿命为3000次
正常运行	发电机组正常启动电源通过主变压器倒送电获得，从机组启动到并网发电不需要进行厂用电源切换	发电机组首先通过启动/备用电源获得启动电源，直到发电机建立正常电压并带一定的负荷后，再通过厂用电切换装置切换到正常工作厂用变压器供电。停机过程与之相反。每次切换操作对厂用电，特别是电动机造成冲击
非正常运行	在机组启动和停机过程中，不需要进行厂用电源切换。对于占事故停机80%～90%的机、炉及热工系统故障停机仅断开发电机断路器（GCB）即可，不影响500kV系统环网运行，重新启动机组并网迅速，运行操作简单。只有在主变压器、厂用变压器故障时，才需要厂用电切换	当发电机、主变压器、厂用变压器、锅炉、汽轮机、重要辅机故障时，需断开500kV边断路器和中断路器，由此造成500kV系统解环，为恢复环网，需进行闭环操作，运行操作复杂。另外，在机组启动后和停机前，需要进行厂用电切换

通过以上分析可知，发电机出口装设GCB，在机组正常启停，以及在发电机、汽轮机、锅炉发生故障引起跳闸时，不需要进行厂用电源的切换操作，提高了厂用电的可靠性。根据表1-2分析结果，采用GCB使厂用电切换减少到约1/348，作用相当显著，可大大提高厂用

电的可靠性。

表 1-2　　使用 GCB 和不使用 GCB 时厂用电切换的比较

厂用电切换运行方式	次数次/（年·台）	厂用电切换（要，不要）		说　明
		使用GCB	不使用GCB	
1. 正常切换				
机组启动	3	不要	要	DL/T 838—2003《发电企业设备检修导则》规定的机组小修间隔为 4~8 个月
机组停机	3	不要	要	
2. 事故切换				
主变压器故障	0.02	要	要	要停机。为主变压器故障率
发电机故障	0.333	不要	要	要停机。为发电机故障率
厂用变压器故障	0.032 3		要	要停机。为厂用变压器故障率
GCB 故障	0.003	要		要停机。为 GCB 故障率（进口）
锅炉故障	4.515	不要	要	要停机。为锅炉故障率
汽轮机故障	0.608	不要	要	要停机。为汽轮机故障率
辅机故障	7.74	不要	要	已影响到停机的情况
合　计		0.055 3	19.248 3	
差　别		100%	34 807%	

注 1. 故障率为电力部 1997 年可靠性指标发布会数据。
2. 锅炉、发电机、汽轮机的故障率为 1996 年国内外 500~600MW 机组的平均值。
3. 1996 年国内外 500~600MW 机组非计划停运前 15 类责任分类表中无高压厂用变压器，证明厂用变压器故障率很低，但为了保守一点取 220kV 变压器的故障率指标。

虽然快速切换装置的出现为厂用电的可靠切换带来了曙光，但是快速切换能否实现，不仅取决于开关条件，还取决于系统接线、运行方式和故障类型。无论是正常切换还是事故切换，均有相当的风险，切换成功与否直接威胁着机组的安全，因而厂用电切换，一直是电厂运行人员最担心和最感头疼的问题。广东沙角 C 厂装设了 GCB，减少了厂用电切换操作，非常受电厂运行人员欢迎，特别是在机组故障时，减少了操作人员的工作量和紧张性。

装设 GCB 除减少厂用电切换操作外，还有以下优越性：

（1）主变压器或高压厂用变压器内部故障时，能迅速跳开发电机侧断路器和高压侧断路器，切断供电电源，对保护主变压器和高压厂用变压器有利。如果不装设 GCB，由于发电机励磁电流的衰减要经过一定的时间，只切开高压系统供电电源，发电机仍继续向故障点供电，从而扩大了主变压器或高压厂用变压器的损坏程度，国内外已有报道该种故障引致主变压器严重损坏的事例。

（2）采用 GCB，不仅实现了发电机、变压器有选择的保护跳闸，简化了保护接线，而且多数保护无须动作高压断路器，从而避免了厂用电源的失去，这对于一些瞬时性故障特别是来自于锅炉、汽轮机的热工误发信号的排除，尽快恢复机组的运行和避免因误操作而导致损失非常有益。根据沙角 C 厂的经验，三台 GCB 在机组调试期共计动作 800 余次，多数情况下可在几十分钟内恢复机组的运行。

（3）发电机系统各种故障发生时，不解列厂用电而断开 GCB，当故障消失时，允许发电机快速的再次接入。GCB 可以避免由不平衡负荷运行而引起的过大的负序电流对发电机转子表面的损害，若使用 GCB，会在 50～80ms 以内把机组与故障分隔开，从而有效地保护机组。

（4）减少厂用备用变压器的台数和容量，只作机组安全停机用。

大型发电机组采用 GCB 虽有前述明显的技术优势，但也存在以下问题：

（1）目前大容量发电机出口断路器仍依靠进口，价格较高。

（2）在发电机出口主回路增加断路器，主变压器既要满足倒送厂用启动、停机电源的要求，又需有升压变压器的功能，两种不同情况下主变压器高压侧母线的电压波动较大，为了保证厂用电动机启动时高压厂用母线的电压水平，主变压器或厂用变压器一般需采用有载调压型，既增加了投资，相应降低了该回路的可靠性，同时还增加了布置的复杂性，也增加了运行维护的工作量。

厂用电系统

第一节 概　　述

发电厂在生产过程中，有大量以电动机拖动的机械设备，用以保证主要设备（锅炉、汽轮机、发电机等）和辅助设备的正常运行。这些机械称为厂用机械。发电厂的厂用机械和全厂的运行操作、试验、检修、照明、修配等用电统称为厂用电。

一、厂用电率

发电厂的厂用电一般由发电厂本身供给。厂用电耗电量的高低与电厂类型、机械化程度、自动化程度、燃料种类、燃烧方式、蒸汽参数等因素有关。厂用电耗电量占同一时期内发电厂全部发电量的百分数，称为厂用电率。

厂用电率是发电厂的主要运行经济指标之一。一般凝汽式电厂的厂用电率为5%～8%，热电厂为8%～10%，水电厂为0.3%～2.0%。降低厂用电率可以降低发电成本，同时可相应地增加对系统的供电量。

凝汽式发电厂的厂用电率的近似估算公式为

$$K_{\mathrm{p}}=\frac{S_{\mathrm{c}}\cos\varphi_{\mathrm{av}}}{P_{\mathrm{N}}}\times 100\%$$

式中　K_{p}——厂用电率，%；

S_{c}——厂用电计算负荷，kVA；

$\cos\varphi_{\mathrm{av}}$——电动机在运行功率时的平均功率因数，一般取0.8；

P_{N}——发电机的额定功率，kW。

厂用电计算负荷采用换算系数法计算，其计算原则大部分与厂用变压器的负荷计算原则相同（详见后述）。不同部分按以下原则处理：

（1）只计算经常连续运行的负荷。

（2）对于备用的负荷，即使由不同变压器供电也不予计算。

（3）全厂性的公用负荷，按机组的容量比例分摊到各机组上。

（4）随季节性变动的负荷（如循环水泵、通风、采暖等）按一年中的平均负荷计算。

（5）在24h内变动大的负荷（如输煤、中间仓储制的制粉系统），可按设计采用工作班制进行修正，一班制工作的乘以系数0.33，二班制工作的乘以0.67。

（6）照明负荷乘以系数0.5。

二、厂用电负荷分类

厂用电负荷按生产过程中的重要性可分为下列三类：

（1）Ⅰ类负荷。指短时（手动切换恢复供电所需的时间）停电可能影响人身或设备安全，使生产停顿或发电量大量下降的负荷，如给水泵、凝结水泵、送风机、引风机等。

（2）Ⅱ类负荷。指允许短时停电，但停电时间过长则有可能损坏设备或影响正常生产的负荷，如输煤设备、工业水泵、疏水泵等。

（3）Ⅲ类负荷。指长时间停电不会直接影响生产的负荷，如试验室和中心修配场的用电设备等。

随着机组容量的加大及自动化水平的不断提高，有些负荷对电源可靠性的要求也越来越高，如机组的计算机控制系统等负荷，就要求电源的停电时间不得超过 5ms，否则将造成数据遗失。这类在机组运行期间，以及停机（包括事故停机）过程中，甚至在停机以后的一段时间内，需要进行连续供电的负荷称为不停电负荷，简称“OⅠ”类负荷。

不停电负荷的最大特点是供电的不间断性，包括机组从启动、运行到停役的全部过程。因此，要求电源具备快速切换的特性，切换时交流侧的断电时间要求小于 5ms，其次是要求正常运行时不停电电源与电网隔离，并具有恒频恒压特性，以便减少干扰和保证测量的正确性。不停电负荷主要有电子计算机、热机检测、自动控制等。

还有一类负荷，在机组启停中起着极为重要的作用，而在正常运行工况时，只相当于Ⅰ类负荷甚至Ⅱ类负荷。在发生全厂停电或单元机组失去厂用电时，为了保证机炉的安全停运，过后能很快地重新启动，或者为了防止危及人身安全等原因，需要在停电时继续进行供电的负荷，称为事故保安负荷。如发电机的盘车电动机及交流润滑油泵等，如在停机时失去电源，将造成发电机大轴弯曲和轴瓦烧损的事故。按保安负荷对供电电源的要求不同，可以分为：直流保安负荷，简称“OⅡ”类负荷；交流保安负荷，简称“OⅢ”类负荷。

保安负荷的最大特点是在失去交流厂用电后能保证机组安全停机。因此，对电源的要求是独立性，即电源不应受电网故障的影响。正常运行时，可以由本机组的低压厂用变压器供电。失去厂用电后，可采用快速启动的柴油发电机组供电。一般有 20s 左右的停电时间。

必须注意，保安负荷仅限于机组的交流厂用电源突然全部消失后，保证机组安全停机，不致损坏设备，并能很快启动、恢复供电，而必须继续运行的负荷。因此不能将不属于此范畴的其他负荷列为保安负荷，以免增加保安电源的容量。

第二节　厂用电电源及其主接线形式

一、厂用电电压等级的选取

发电厂厂用电系统电压等级是根据发电机额定电压、厂用电动机的电压和厂用网络的可靠运行等诸方面因素，经过经济、技术综合比较后确定的。

规定发电厂可采用 3、6、10kV 作为高压厂用电的电压。容量为 600MW 及以下的机组，发电机电压为 10.5kV 时，可采用 3kV（或 10kV）；发电机电压为 6.3kV 时，可采用 6kV；容量为 125～300MW 级的机组，宜采用 6kV；容量为 600MW 及以上的机组，可根据工程具体条件采用 6kV 一级或 3kV 和 10kV 两级作为高压厂用电压。

（1）3kV 电压供电的优点：

1）3kV 电动机效率比 6kV 电动机高 1%～15%，价格约低 20%。

2）3kV 电动机的最小容量比 6kV 电动机小，可以将 75kW 以上的电动机接到 3kV 电压母线上，从而使0.4kV低压厂用变压器容量和数量减少。

3）由于减少了380V电动机数量，使较大截面的电缆数量减少，从而减少了有色金属的消耗量。

（2）6kV电压供电的优点：

1）对同样的厂用电系统，6kV厂用网络不仅节省有色金属及费用，而且短路电流也较小；

2）6kV电动机的功率可制造得较大，以满足大容量负荷要求。

（3）10kV电压作为厂用电系统电压，只用于300MW以上大容量机组，且不能作为唯一的厂用电压，因为它不能满足全厂所有高压电动机的要求，在经济与技术上均欠佳。

理论上说，在满足技术要求的前提下，采用较低的电压等级可以获得较高的经济效益。但是在工程实际应用中，还应考虑所选电压等级的设备配套情况。目前国内用于电厂的高压电气设备基本上是6kV电压等级，经过多年的生产和应用，品种系列都比较齐全。因此，从这个角度出发，国内电厂的高压厂用电系统大多采用6kV电压等级。

1000MW机组的厂用电系统的规模及辅机容量比600MW机组有了大幅度提高，如何解决高压厂用电系统短路电流的增大和大电动机启动困难等诸多问题，是今后电气专业面临的课题之一。针对1000MW机组，高压厂用电系统电压等级的确定主要考虑以下几点：

（1）电动机启动时的电压校验。电动机在启动瞬间，会出现正常运行电流5～7倍的启动电流。此电流在厂用变压器和馈电线路中将形成很大的压降，从而使母线电压降低。选择合适的电压等级，可使上述压降被限制在允许的范围内，使母线电压满足安全运行的要求。国内对单台电动机启动及成组电动机自启动时的母线最低电压要求见表2-1。

表2-1　单台电动机启动及成组电动机自启动时的母线最低电压

名　称	母线最低电压（kV）
最大容量单台电动机启动时母线电压	80% U_N
电动机成组自启动时高压厂用母线电压	（65%～70%）U_N
电动机成组自启动时低压厂用母线电压	低压母线单独自启动：60% U_N 低压母线与高压母线串接自启动：55% U_N

（2）短路电流水平。在短路容量相同的前提下，电压等级越高，短路电流越小。也就是说，当对短路电流的要求不变时，所取的电压等级越高，允许的厂用变压器电抗就越小，从而电动机自启动时的母线电压也就越高，能进一步满足表2-1的要求。

（3）高压厂用断路器的开断电流。按国内目前的制造能力，无论是3、6kV还是10kV，断路器的开断能力一般都限制在40kA以内。当要求具备50kA开断能力时，基本上只能依靠进口元件，当要求63kA以上时，全世界只有很少的厂家能制造。所以，从国内实际技术水平出发，将高压厂用电系统的短路电流水平限制在40kA及以下是比较合适的。

（4）国内电气设备的配套情况。在确定一个高压厂用电系统的电压等级时，还应认真考虑除断路器外的其他电气设备的配套情况，如电动机、电缆、互感器及所有必需的辅助设备。由于国内适用于电厂的10kV电动机系列并不配套，而6kV电动机则技术成熟、品种齐备，因此，大多数新建的1000MW机组在设计时优先选用了6kV一级作为高压厂用电压。

目前，我国600MW及以上机组厂用电电压等级广泛使用以下两种方案：

（1）采用 3kV 和 10kV 两级厂用电压等级。2000kW 及以上的电动机采用 10kV，200～2000kW 的电动机采用 3kV 电压，75～200kW 的电动机接于 380V 动力中心（PC），75kW 以下的电动机由电动机控制中心（MCC）供电。早期进口机组的电厂采用这种方案的较多。

（2）采用 6kV 一级厂用电压等级。200kW 及以上的电动机由 6kV 供电，200kW 以下的电动机由 380V 供电。目前国内新建的 600MW 和 1000MW 机组大多采用这种方案。

二、厂用电源及其引接方式

发电厂的厂用电源包括工作电源、备用电源、启动电源、事故保安电源。厂用电源必须工作可靠，且应满足以下要求：尽量缩小厂用电系统故障时的影响范围，以免引起全厂停电事故，万一发生全厂停电事故，应能尽快从系统中取得启动电源；应充分考虑发电厂正常、事故、检修等方式，以及机炉启、停过程中的供电要求；备用电源的引接应尽量保证其独立性，引接处应保证有足够的容量。

厂用电的接线一般遵循以下几点原则：

（1）各机组的厂用电系统应相对独立，这一条对大型发电机组尤为重要。这主要是为了防止某一台机组的厂用电母线故障时，不致影响其他机组的正常运行。如果同一个厂的几台大型发电机组因厂用电故障同时停机，那么对电网的冲击会非常大。

（2）全厂性公用负荷应分散接入不同机组的厂用母线或公用负荷母线。在厂用电系统接线中，不应存在可能导致发电厂切断多于一台单元机组的故障点，更不应存在导致全厂停电的可能性。

（3）高压厂用电系统应设有启动/备用电源，该电源的设置方式根据机组容量的大小和其在系统中的重要性而异，但必须是可靠的，在机组启停及事故时的切换操作要少，并且与正常的工作电源能短时并列运行，以满足机组在启动和停运过程中的供电要求。

（4）要考虑全厂的发展规划，各高压厂用电系统的布置应留有充分的扩充余地，当规划容量能看得准时，在高压公用系统的容量上应考虑足够的裕度，以免在扩建时造成不必要的重复性浪费。

（5）由于大多数电厂均是一次设计分期建设的，所以应充分考虑在这种施工情况下的高压厂用电系统运行方式。尤其是对公用负荷的供电，既要能保证已建成机组的运行，也要考虑到在建机组建成后便于过渡。应尽量减少在数台机组连续施工过程中多次停电改变接线和更换设备的概率。

（6）设置足够的交流事故保安电源，当全厂停电时，可以快速启动和自动投入向保安负荷供电。另外，还要设置符合电能质量指标的交流不间断电源，以保证不允许间断供电的热工负荷和计算机的用电。

1. 高压厂用工作电源

对于大容量机组，各台机组的厂用工作电源必须是独立的。厂用工作电源是保证机组正常运行最基本的电源，要求供电可靠，而且要满足整套机炉的全部厂用负荷要求，可能还要承担部分公用负荷。

1000MW 机组一般都采用发电机—变压器组单元接线，并采用分相封闭母线。机组的高压厂用电源从主变压器低压侧的封闭母线引接。为了减小厂用母线的短路电流，改善厂用电动机的自启动条件，节约投资和运行费用，厂用高压工作变压器采用分裂绕组变压器。由于高压厂用变压器高压侧的短路电流非常大，断路器的允许开断电流很难满足条件，所以一般不在高压厂用变压器的高压侧上装设断路器。为提高供电可靠性，从主变压器低压侧到高压厂用变压器高压侧的厂用分支也都采用分相封闭母线，中间不装隔离开关，只装设可拆连接片，以供检修和调试用。

每台1000MW机组一般设两台分裂绕组变压器作为高压厂用电源，配套四段高压厂用母线。互为备用、成对出现的高压电动机及低压厂用变压器分别由不同的低压分裂绕组供电，提高了厂用电源的工作可靠性。高压厂用工作电源的引接方式如图2-1所示。

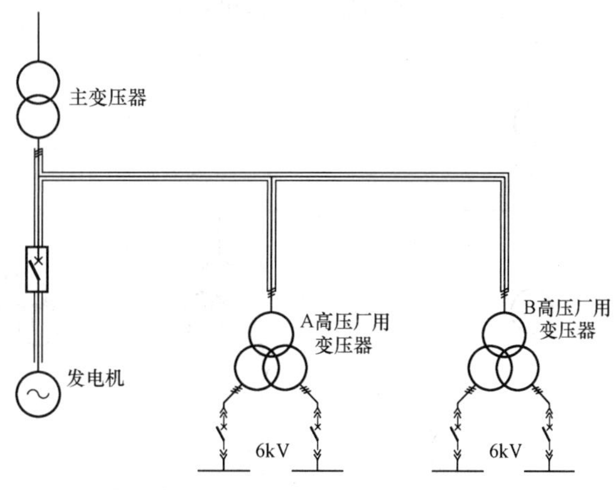

图2-1　高压厂用工作电源的引接方式

如果发电机出口没有装设断路器，则发电机、主变压器、高压厂用变压器及相互连接的导体，任何元件故障都要断开主变压器高压侧的断路器并停机。因此，仅当发电机处于正常运行时，才能对厂用负荷供电；在发电机处于停机状态、启动时发电机电压建立之前或停机过程中电压下降时，都不能对厂用负荷供电。这就需要另外设置独立可靠且容量足够的启动和停机用的电源。

如图2-1所示，如果发电机出口装有断路器，则发电机启动和停机时，只要断开发电机出口断路器，厂用负荷仍可从系统经主变压器，再经高压厂用变压器供电。这种做法虽然增加了发电机出口断路器的投资，但降低了对高压启动/备用变压器的容量需求，即减少了高压启动/备用变压器的投资，能大大简化电厂运行操作程序（包括厂用电切换、同期操作及机组启动与停机操作等），便于机组调试及检修维护，提高了厂用电的供电可靠性。

低压380V厂用工作电源，由对应高压厂用母线通过低压厂用变压器引接。若高压厂用电设有10kV和3kV两个电压等级，则380V工作电源一般从10kV厂用母线引接。

2. 高压启动/备用电源

厂用备用电源主要在事故情况失去工作电源时，起后备作用。启动电源是指在电厂首次启动或工作电源完全消失的情况下，为保证机组快速启动，向必需的辅助设备供电的电源。在正常运行情况下，这些辅助设备由工作电源供电，只有当工作电源消失后才自动切换为启动电源供电，因此，启动电源实质上兼作事故备用电源，故称启动/备用电源。

启动/备用电源的引接应保证其独立性，避免与工作电源由同一电源处引接，并具有足够的供电容量，引接点应有两个及以上电源。为保障电压质量，当启动/备用变压器的阻抗大于10.5%或所接电力系统的电压波动超过±5%时，还应考虑采用有载调压设施。

对于1000MW机组，规定当发电机出口不装设断路器或负荷开关时，每两台机组应设一台或两台高压厂用启动/备用变压器，且在配置两台时应考虑一台高压厂用启动备用变压器检修时，不影响任一台机组的启停，其引接方式如图2-2（a）所示；当发电机出口装有断路器或负荷开关时，四台及以下机组可设置一台高压厂用启动/备用变压器，其容量可为一台高压厂用工作变压器的60%～100%，其引接方式如图2-2（b）所示。

启动/备用电源的运行方式有两种：从提前发现问题，保证投入成功率方面讲，在正常运行时将启动/备用电源投入空载运行，使其处于“热备用”状态是有利的，设计中常按这种工况进行设计；但从节约能源方面考虑，正常时启动/备用电源不投入，处于“冷备用”工作状态，以减少空载损耗，也是可行的。

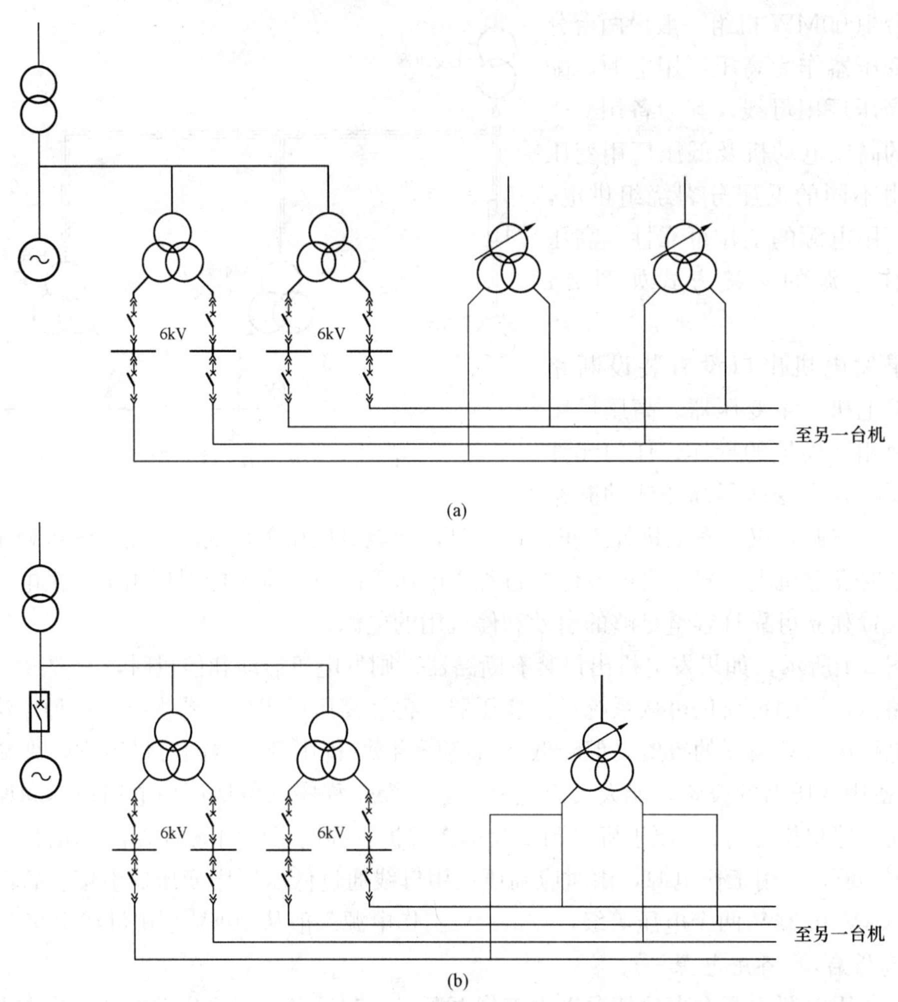

图 2-2 高压启动/备用电源的引接方式

(a) 发电机出口不装设断路器；(b) 发电机出口装设断路器

3. 380V 厂用电源

380V 厂用电系统采用动力中心和电动机控制中心的供电方式。每台机或炉分别设有由两台低压厂用变压器供电的两个低压段（即动力中心），下设机或炉控制中心。机或炉设两套辅机分别接在机或炉的不同的两个动力中心和控制中心上，双套辅机互为备用。每台机组的机或炉的动力中心的两台低压厂用变压器互为备用，不另设备用变压器。

其他系统的低压厂用变压器也基本按成对配置、互为备用的原则设置，重要的电动机也都采用双套辅机互为备用的方式。

低压厂用变压器和辅机成对配置、互为备用的典型接线如图 2-3 所示。

4. 交流保安电源

在失去正常厂用电的事故中，会危及机组主、辅机安全，造成永久性损坏的负荷，即机

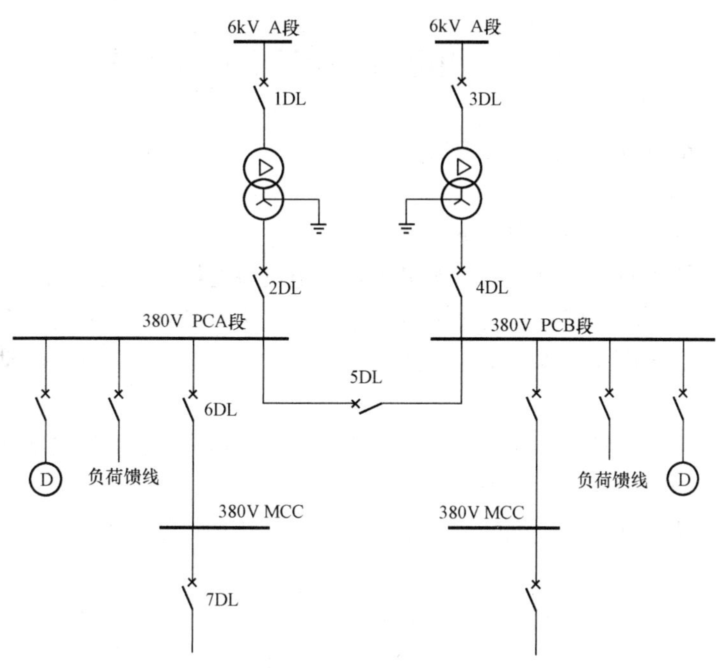

图 2-3 380V 厂用电源接线示意图

组的保安负荷，由专门设置的保安电动机控制中心对其集中供电。

为了保证机组在发生交流厂用配电事故时能安全停机，每台 1000MW 机组装设一台快速柴油发电机组作为交流事故保安电源。

在1000MW 机组的设计中，每台机组设两个保安段，正常运行时由每台机组的低压工作段供电。当发生事故失去电源后，柴油发电机组快速自启动，投入带保安段负荷。根据厂用电规程规定，交流保安电源不宜再设备用，故各台机组的快速柴油发电机组不设联络。

考虑到保安电源的重要性，保安段的工作电源一般采用两路厂用工作电源供电。保安段的两路厂用工作电源互为备用，当一路故障时，另一路自动投入，两路电源之间的切换由 DCS 实现。当两路厂用工作电源都失去时，宜采用自动快速启动柴油发电机组，两路电源与柴油发电机之间采用串联断电切换方式。保安段的负荷在柴油发电机组启动后，按允许加负荷的程序，分批投入。

交流保安电源一次接线如图 2-4 所示。

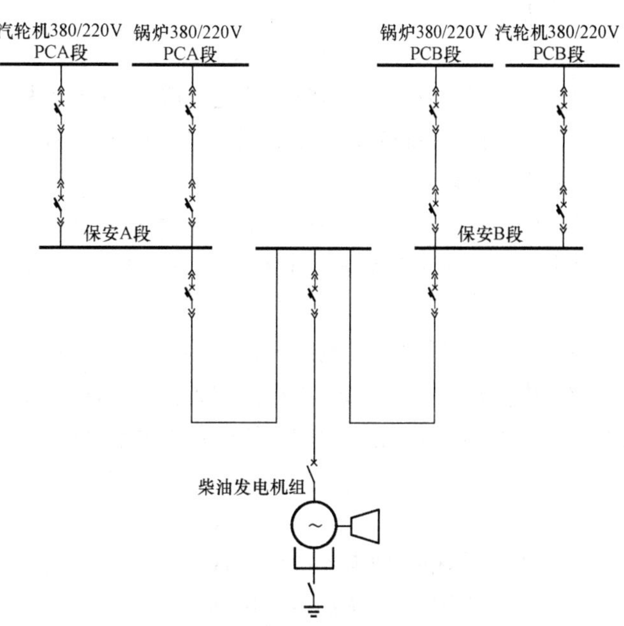

图 2-4 交流保安电源一次接线图

第三节 厂用电系统中性点接地方式

一、高压厂用电系统中性点接地方式

1. 确定中性点接地方式的原则

确定中性点接地方式一般考虑以下原则：

(1) 单相接地故障对连续供电的影响最小，厂用设备能够继续运行较长时间。

(2) 单相接地故障时，健全相的过电压倍数较低，不致破坏厂用电系统绝缘水平，发展为相间短路。对于低压厂用电系统，并能减少因熔断器一相熔断造成的电动机两相运行的概率。

(3) 发生单相接地故障时，能将故障电流对电动机、电缆等的危害限制到最低限度，同时有利于实现灵敏而有选择性的接地保护。

高压厂用电系统中性点最常见的接地方式有：①不接地；②经电阻接地；③经消弧线圈接地。

国内过去都采用不接地的方式，国外有采用经高电阻接地和经低电阻接地的方式。经高电阻接地的条件是使流过接地点的电阻性电流不小于电容性电流（即 $I_R \geqslant I_C$），以限制间歇性电弧接地时的过电压水平在 2.6 倍相电压以内，但是它会使总的接地电流至少增大 $\sqrt{2}$ 倍。

根据 DL 5000—2000《火力发电厂设计技术规程》第 13.3.1 条和 DL/T 5153—2002《火力发电厂厂用电设计技术规定》第 4.2.1 条的规定，当电厂高压厂用电系统的接地电容电流小于 7A 时，其中性点宜采用高电阻接地方式，也可采用不接地方式；当接地电容电流大于 7A 时，其中性点宜采用低电阻接地方式，也可采用不接地方式。

2. 中性点不接地

我国 300MW 及以下机组的 6kV 厂用电系统，由于单相接地电流通常小于 10A，过去普遍采用中性点不接地方式。

(1) 中性点不接地系统的特点如下：

1) 当发生单相接地故障时，流过故障点的电流为电容性电流。

2) 当厂用电系统的单相接地电容电流小于 10A 时，允许短时间内维持运行，尽快找出故障点后消除故障即可。

3) 当厂用电系统的单相接地电容电流大于 10A 时，接地电弧不易自动消除，将产生较高的过电压（有可能达到额定相电压的 3.5 倍），易导致电气设备绝缘的损坏，并引发相间短路。

4) 实现有选择性的接地保护比较困难，需要采用灵敏的零序方向保护。

(2) 中性点不接地系统的接地故障电流计算。中性点不接地系统发生接地故障时，接地电流主要为电容性电流。高压厂用电系统的电容以电缆电容为主，单相接地电容电流计算公式为

$$I_C = 3\omega C_0 U \times 10^{-3} \tag{2-1}$$

式中 I_C ——单相接地电容电流，A；

U ——厂用电系统额定线电压，kV；

C_0 ——厂用电系统额定线电压每相对地电容，F。

6～10kV 电缆线路和架空线路的单相接地电容电流可以通过式（2-2）～式（2-5）求出近似值。

6kV 电缆线路单相接地电容电流为

$$I_C = \frac{95 + 2.84S}{2200 + 6S} U_{LN} \tag{2-2}$$

10kV 电缆线路单相接地电容电流为

$$I_C = \frac{95 + 1.44S}{2200 + 0.23S} U_{LN} \tag{2-3}$$

式中 S——电缆截面积，mm^2；

U_{LN}——厂用电系统额定线电压，kV。

6kV 架空线路单相接地电容电流为

$$I_C = 0.015 \tag{2-4}$$

10kV 架空线路单相接地电容电流为

$$I_C = 0.025 \tag{2-5}$$

为简便计算，6～10kV 电缆线路的单相接地电容电流还可以采用表 2-2 的数值。

表 2-2　6～10kV 电缆线路的单相接地电容电流　A/km

S（mm^2）	U_e（kV）	
	6	10
10	0.33	0.46
16	0.37	0.52
25	0.46	0.62
35	0.52	0.69
50	0.59	0.77
70	0.71	0.9
95	0.82（0.98）	1.0
120	0.89（1.15）	1.1
150	1.1（1.33）	1.3
185	1.2（1.5）	1.4
240	1.3（1.7）	—

注　括号内为实测值。

（3）电弧接地过电压。在中性点不接地系统中发生的单相接地有金属性接地、稳定电弧接地和断续电弧接地。从过电压的观点来看，最危险的是断续电弧接地，因为其重燃电压会由于弧隙的迅速去游离而增大。根据国内外的测试结果，这种电弧接地过电压一般不超过 3 倍额定相电压，但个别可达 3.5 倍以上。而且这种过电压一旦发生，持续时间较长。因此，它的危害性是不容忽视的。

由振荡而产生过电压可以用式（2-6）求出，即

$$\begin{aligned} 过电压 &= 稳态值 + 振荡幅值 \\ &= 稳态值 + (稳态值 - 起始值) \\ &= 2倍稳态值 - 起始值 \end{aligned} \tag{2-6}$$

分析最大过电压幅值，只要基于以下两点就可以得出最大过电压幅值U_{max}：①接地故障电流基本上为电容电流，与相电压相差90°，电流过零，电弧熄灭，此时电压最高，易使电弧熄灭；②系统中性点不接地，在间隙电弧内，电容上储存的电荷无处泄漏或泄漏极少。

根据上述两点和式（2-6），可以估算健全相过电压

$$U_{max}=2(\pm 1.5U_m)-(\mp 0.5)U_m=\pm 3.5U_m \tag{2-7}$$

式中 U_m——正常相电压峰值。

因此目前普遍认为，电弧接地过电压的最大值不超过3.5U_m，一般在3.0U_m以下。

3. 中性点经消弧线圈接地

高压厂用电系统的中性点也可经消弧线圈接地，这样在单相接地时，流过故障点的单相接地电容电流，将被一个相位相差180°的电感电流所补偿，使电容电流趋近于零。这时，单相对地闪络所引起的接地故障容易自动消除，并迅速恢复电网的正常运行。对于间歇性电弧接地，消弧线圈可使故障相电压恢复速度减慢，这就降低了电弧重燃的可能性，也抑制了间歇性电弧接地过电压的幅值。这种接线方式在有电缆直配线的小容量发电机中采用较广。

采用消弧线圈接地时，根据消弧线圈产生的电感电流对系统电容电流的补偿程度，有欠补偿、过补偿和全补偿三种方式。

在正常运行时，由消弧线圈和电网对地电容组成的串联回路，可能发生串联谐振并产生基波谐振过电压。如采用全补偿运行，系统中性点位移电压最大值可能超过允许的最大电压。因此在实际运行中，还是采用过补偿这一措施为好。

采用消弧线圈过补偿接地时，过补偿控制在5%～10%内较合适，电网间歇性电弧接地过电压可以限制在2.4～2.5倍相电压以下。

在理论上也存在欠补偿的方式，但当厂用电系统中的部分回路停运使电容电流减少时，很有可能出现全补偿现象，所以一般不采用欠补偿方式。

4. 中性点经电阻接地

600MW和1000MW机组6kV厂用电系统，目前多采用中性点经电阻接地的方式。相对于不接地方式而言，中性点经电阻接地的方式有以下特点：

（1）选择适当的电阻值可以抑制单相接地故障时健全相过电压倍数不超过额定相电压的2.6倍，避免事故扩大，也可以减少单相接地发展成相间短路的概率。

（2）单相接地故障时，接地电流更大了，故障点流过一固定的电阻性电流，可以使系统的接地故障检测手段大为简单、可靠，对保证零序保护有选择性地动作有好处。

当中性点经电阻接地时，接地故障电流包括电阻和电容分量，电流超前电压的角度不再是90°，经高电阻接地的角度不大于45°，经低电阻接地的角度则更小，电流几乎与电压同相，这样就不会在电流过零时电弧熄灭又立刻重燃。同时，任何情况下造成的电容储存的电荷都会经中性点电阻对地泄漏，因此经电阻接地方式可以大大降低暂态过电压。

当按流过电阻的有功电流I_R不小于系统单相接地电容电流I_C来选择电阻时，非故障相的过电压可限制在2.6倍相电压以内，但单相接地电流I_e却增大了至少$\sqrt{2}$倍。因为有功电流I_R与电容电流I_C的电角度相差90°，所以

$$I_e=\sqrt{I_R^2+I_C^2}\geqslant\sqrt{2}I_C \tag{2-8}$$

这样，很有可能使回路的单相接地电流增大到10A以上，从而使每个回路都要加装单

相接地跳闸保护。

我国自 20 世纪 80 年代初引进国外设计技术开始，大型机组的高压厂用电系统通常采用中性点经低电阻接地的方式，其单相接地电流中的电阻性分量远大于电容性分量，前者一般取 400～1200A，以便将单相电弧接地过电压限制在 2.6 倍额定相电压以下。

近年来，一些设计院对此也进行了大量的研究工作，认为采用中电阻接地更好，电阻的取值一般在 40～100Ω 之间，电阻性电流在 4～100A 之间。如 6.3kV 系统中性点电阻取值为 40Ω，电阻性电流约为 90A；电阻取值为 23Ω，电阻性电流约为 160A。采用中电阻的好处有：①保证 $I_R=(1\sim1.5)I_C$，以限制过电压不超过 2.6 倍；②保证接地保护的灵敏度和选择性；③由于中性点电阻的阻值较低，允许流过的电流值较大，故可直接接入变压器的中性点中，不用像高电阻接地那样通过单相变压器接入电阻。

二、低压厂用电系统中性点接地方式

低压厂用电系统中性点接地方式有中性点直接接地和中性点不接地或经高电阻接地两种。长期以来，我国电厂低压厂用电系统的中性点均采用直接接地方式。自 20 世纪 80 年代引进国外的设计技术后，出现了中性点不接地或经高电阻接地的方式。

1. 中性点直接接地方式

380/220V 三相四线制中性点直接接地方式的优点是：当发生单相接地故障时，中性点不发生位移，防止了三相电压不对称和对地电压超过 250V，且便于管理，使接线简单。其缺点是：单相接地时，保护动作立即跳闸。对于采用熔断器保护的电动机，由于一相熔断，电动机会因两相运行而烧毁。

2. 中性点不接地或经高电阻接地方式

380V 三相三线制中性点经高阻抗接地方式的系统单相接地时，保护动作于信号，可提高低压系统供电的可靠性。该系统通过装设有选择性的接地保护，查找接地回路。

为了减少照明和检修回路故障危及动力回路的正常运行，降低厂用电系统的可靠性，也为了减少厂用电动机启动时对荧光照明的影响，可以将照明、检修与动力负荷分开供电；照明、检修采用 380/220V 三相四线制中性点直接接地方式，各机设置专用的照明变压器；动力采用 380V 三相三线制中性点经高电阻接地方式。

3. 中性点不接地或经高电阻接地方式的优缺点

采用了低压厂用电系统中性点不接地方式后，使用低压厂用电系统较不方便，如所有采用 220V 的设备和分散的附属建筑照明都需另设单独的 380/220V 中性点接地的隔离变压器。同时，由于负荷分散，每处负荷较小，各隔离变压器的容量也很小，短路阻抗相对较大，设备运行便满载，设备停运便空载，电压波动很大。因此在 DL 5000—2000《火力发电厂设计技术规程》中强调了“主厂房内的低压厂用电系统宜采用高电阻接地方式，也可采用中性点直接接地方式。”而不是原先的“发电厂的低压厂用电系统宜采用 380V 中性点不接地或经高电阻接地的系统。”

中性点不接地或经高电阻接地的优越性主要体现在以下几点：

（1）馈电电缆发生单相接地时，允许继续运行一段时间，给运行人员以较多的事故处理时间。

（2）单相接地故障时不要求回路熔断器动作，可以避免在中性点接地系统中所存在的因单相接地电流太小而不能使熔断器动作的问题。

在中性点直接接地系统的设计中，当在较长的电缆末端发生单相接地故障时，由于电缆的阻抗大而造成短路电流太小，无法满足熔断器动作灵敏度的要求。尤其是在远距离供电的电动机回路中，单相短路电流甚至比电动机的启动电流还小，为使熔断器在电缆末端单相接地时仍能动作，除尽量采用大截面电缆外，还需使用四芯电缆，以降低回路的零序阻抗，使单相短路电流尽可能地大，来满足回路熔断器动作灵敏度的要求。采用中性点不接地方式后，由于单相接地时仅为电容电流，不用要求保护立即断开回路，上述问题也就不存在了。

（3）中性点不接地系统的单向接地电流很小，在由小容量变压器供电的系统中可以相对减少发生人身触电事故时造成的烧伤及生命危险。

（4）由于单相接地时回路保护的熔断器不用动作，因此可以相对减少因两相运行烧毁电动机的故障率。

（5）可以防止在低压母线上乱接民用负荷，以减少低压厂用电系统的故障率。

第四节　厂用电系统短路电流

一、高压厂用电系统短路计算及设备选型

1. 高压厂用电系统短路计算

计算短路电流时，应按可能发生最大短路电流的正常接线方式计算，不考虑仅在切换过程中短时并列的运行方式。

高压厂用电系统短路电流计算应计及电动机的反馈电流，并考虑高压厂用变压器短路阻抗在制造上的负误差。对于厂用电源供给的短路电流，其周期分量在整个短路过程中可认为不衰减，其非周期分量可按厂用电源的衰减时间常数计算；对于异步电动机的反馈电流，其周期分量和非周期分量可按相同的等值衰减时间常数计算。

（1）三相短路电流周期分量的起始值

$$\left.\begin{aligned} I'' &= I''_{\mathrm{k}} + I''_{\mathrm{fb}} \\ I''_{\mathrm{k}} &= \frac{I_j}{X_{\mathrm{k}} + X_{\mathrm{T}}} \\ I''_{\mathrm{fb}} &= K_{\mathrm{q.fb}} I_{\mathrm{N.fb}} \times 10^{-3} \end{aligned}\right\} \tag{2-9}$$

式中　I''——短路电流周期分量的起始有效值，kA；

I''_{k}——厂用电源短路电流周期分量的起始有效值，kA；

I''_{fb}——电动机反馈电流周期分量的起始有效值，kA；

I_{b}——基准电流，当基准容量 $S_{\mathrm{b}}=100$MVA、基准电压 $U_{\mathrm{b}}=6.3$kV 时，$I_{\mathrm{b}}=9.16$，kA；

X_{k}——厂用电源的短路电抗（换算至基准容量的标幺值）；

X_{T}——厂用变压器的电抗（换算至基准容量的标幺值）；

$K_{\mathrm{q.fb}}$——电动机平均的反馈电流倍数，100MW 及以下机组取 5，125MW 及以上机组取 5.5～6.0；

$I_{\mathrm{N.fb}}$——计及反馈的电动机额定电流之和，A。

（2）短路冲击电流

$$i_{\mathrm{im}} = i_{\mathrm{im.k}} + i_{\mathrm{im.fb}} = \sqrt{2}\,(K_{\mathrm{im.k}} I''_{\mathrm{k}} + 1.1 K_{\mathrm{im.fb}} I''_{\mathrm{fb}}) \tag{2-10}$$

式中 i_{im}——短路冲击电流，kA；

$i_{im.k}$——厂用电源的短路峰值电流，kA；

$i_{im.fb}$——电动机的反馈峰值电流，kA；

$K_{im.k}$——厂用电源短路电流的峰值系数，取表 2-3 的数值；

$K_{im.fb}$——电动机反馈电流的峰值系数，100MW 及以下机组取 1.4～1.6，125MW 及以上机组取 1.7。

表 2-3　　厂用电源非周期分量的衰减时间常数和峰值系数值

参数	电抗器	双绕组变压器		分裂绕组变压器
		$U_k\%\leqslant 10.5$	$U_k\%>10.5$	
时间常数 T_k	0.045	0.045	0.06	0.06
峰值系数 $K_{im.k}$	1.80	1.80	1.85	1.85

2. 高压电器的选择

1000MW 发电机组普遍采用真空断路器与高压熔断器串真空接触器的组合设备。主厂房及网控楼内的低压厂用变压器采用干式变压器。

高压熔断器串真空接触器的选择原则如下：

(1) 高压熔断器应根据被保护设备的特性，选择专用的高压限流型熔断器。高压限流型熔断器不宜并联使用，也不宜降压使用。

(2) 高压熔断器的额定开断电流应大于回路中最大预期短路电流周期分量有效值。

(3) 在架空线路和变压器架空线路组回路中，不宜采用高压熔断器串真空接触器作为保护和操作设备。

(4) 真空接触器应能承受和关合限流熔断器的切断电流。

二、低压厂用电系统短路计算及设备选型

1. 低压厂用电系统短路计算

低压厂用电系统的短路电流计算应考虑以下各点：

(1) 计及电阻。

(2) 低压厂用变压器高压侧的电压在短路时可以认为不变。

(3) 当动力中心（PC）的馈线回路短路时，应计及馈线回路的阻抗，但可不计及异步电动机的反馈电流。

(4) 当在 380V 动力中心或电动机控制中心内发生短路时，应计及直接接在配电屏上的电动机反馈电流。

380V 动力中心的短路电流，由低压厂用变压器和异步电动机两部分供给，并按相角相同取算术和计算。计及反馈的异步电动机总功率，可取低压厂用变压器容量的 60%。

短路电流计算方法如下：

1) 三相短路电流周期分量的起始值

$$\left.\begin{aligned} I'' &= I''_k + I''_{fb} \\ I''_k &= \frac{U}{\sqrt{3}\times\sqrt{R_{\Sigma}^2+X_{\Sigma}^2}} \\ I''_{fb} &= 3.7\times 10^{-3} I_{N.L} \end{aligned}\right\} \tag{2-11}$$

式中 I''——三相短路电流周期分量的起始有效值，kA；

I''_k——变压器短路电流周期分量的起始有效值，kA；

I''_{fb}——电动机反馈电流周期分量的起始有效值，kA；

U——变压器低压侧线电压，取 400V；

R_Σ、X_Σ——每相回路的总电阻和总电抗，mΩ；

$I_{N.L}$——变压器低压侧额定电流，A。

2）短路峰值电流

$$i_{im}=i_{im.k}+i_{im.fb}=\sqrt{2}(K_{im.k}I''_k+6.2\times10^{-3}I_{N\cdot L})\tag{2-12}$$

式中 i_{im}——380V 中央配电屏的短路冲击电流，kA。

$i_{im.k}$——变压器的短路冲击电流，kA；

$i_{im.fb}$——电动机的反馈冲击电流，kA；

$K_{im.k}$——变压器短路电流的冲击系数，可根据回路中 X_Σ/R_Σ 的比值从图 2-5 查得。

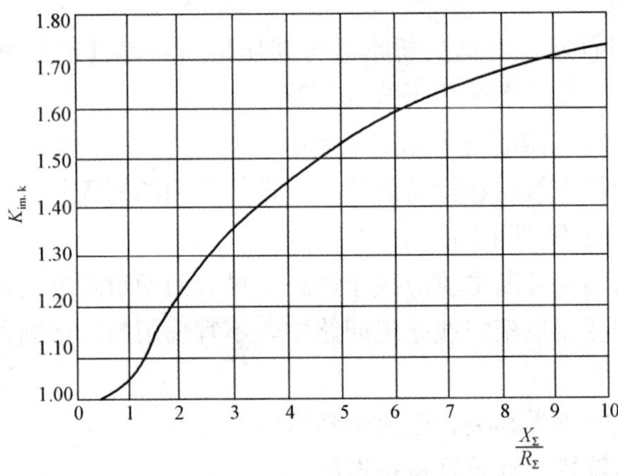

图 2-5 冲击系数 $K_{im.k}=f\left(\frac{X_\Sigma}{R_\Sigma}\right)$ 的关系曲线

3）t 瞬间三相短路电流的周期分量

$$I_{Z(t)}=I''_k+K_{fb(t)}I''_{fb}\tag{2-13}$$

式中 $I_{Z(t)}$——t 瞬间短路电流周期分量有效值，kA；

$K_{fb(t)}$——t 瞬间电动机反馈电流周期分量的衰减系数，见表 2-4。

表 2-4　　时间与电动机反馈电流周期分量衰减系数的关系

t（s）	0.01	0.02	0.03
$K_{fb(t)}=e^{-\frac{t}{0.04}}$	0.78	0.61	0.47

2. 低压电器的选择

选择断路器和熔断器时应进行额定短路分断能力校验：断路器和熔断器安装地点的短路功率因数值应不低于断路器和熔断器的额定短路功率因数值；断路器和熔断器安装地点的预期短路电流值（周期分量有效值）应不大于允许的额定短路分断能力。

对于已满足额定短路分断能力的断路器，可不再校验其动、热稳定，但另装继电保护时，应校验断路器的热稳定。

断路器的瞬时或短延时脱扣器的整定电流，应按躲过电动机启动电流的条件选择，并按最小短路电流校验灵敏系数。

熔断器的熔件应按通过正常的短时最大电流不熔断的条件来校验。如系电动机回路的熔件，则应按启动电流校验。

隔离电器应满足承受短路电流动、热稳定的要求。

第五节 厂用变压器选择

厂用变压器的选择主要指对高压厂用变压器、高压启动/备用变压器、低压厂用变压器及厂用电抗器等设备的选择。其内容一般包括厂用负荷计算、变压器容量选择、电压调整及校验、阻抗选择等几个步骤。

一、厂用负荷计算

1. 厂用负荷计算原则

选择厂用电源容量时，应按机组的辅机可能出现的最大运行方式计算，具体计算原则如下：

（1）连续运行的设备应予计算。

（2）当机组运行时，对于不经常运行而连续运行的设备（如备用励磁机、备用电动给水泵等）也应予计算。

（3）不经常运行而短时运行及不经常运行而断续运行的设备不予计算，但由电抗器供电的应全部计算。

（4）由同一厂用电源供电的互为备用的设备只计算运行的部分。

（5）互为备用而由不同厂用电源供电的设备，应全部计算。

（6）对于分裂变压器，其高、低压绕组中通过的负荷应分别计算。当两个低压绕组接有互为备用的设备时，对高压绕组应按本条第（4）项计算，对低压绕组可按本条第（5）项计算。

（7）对于分裂电抗器，应分别计算每一臂中通过的负荷，其计算原则与普通电抗器相同。

（8）负荷计算宜采用换算系数法。

连续运行的设备，不论是经常运行的还是不经常运行的，由于连续运行的时间均在 2h 以上，此时厂用电源的温升已经达到稳定值，所以都应予计算。

分裂变压器和分裂电抗器的特点是输入侧的负荷等于两个输出侧的负荷之和，各侧通过的最大负荷应分别进行计算。当互为备用的设备接于同一台分裂变压器的两个输出侧的厂用母线上时，对输入侧来说，可以看成是由一个厂用电源供电的互为备用设备，即应按本条第（4）项进行计算；但对两个输出侧来说，则相当于属不同厂用电源供电的设备，即应按本条第（5）项进行计算。分裂电抗器则应按两台普通电抗器计算。

换算系数是从多个同类型电厂运行实践中通过统计分析而得的经验数据。换算系数法具有简单、易算的特点，故都采用此法进行负荷计算。换算系数是一个平均值，准确性较差，它与所供给的厂用电动机数量有关，当数量较多时，准确性较高。

2. 换算系数法

换算系数法的算式为

$$S_c = \sum (KP) \tag{2-14}$$

式中　S_c——计算负荷，kVA；

K——换算系数，可取表 2-5 的数值；

P——电动机的计算功率，kW。

表 2-5　换算系数表

机组容量（MW）	≤125	≥200
给水泵及循环水泵电动机	1.0	1.0
凝结水泵电动机	0.8	1.0
其他高压电动机	0.8	0.85
其他低压电动机	0.8	0.7

电动机的计算功率 P 应按负荷特点确定：

（1）经常连续和不经常连续运行的电动机为

$$P = P_N \tag{2-15}$$

式中　P_N——电动机的额定功率，kW。

（2）短时及断续运行的电动机为

$$P = 0.5P_N \tag{2-16}$$

（3）中央修配厂为

$$P = 0.14\sum P_i + 0.4\sum_5 P_i \tag{2-17}$$

式中　$\sum P$——全部电动机额定功率总和，kW；

$\sum_5 P$——其中最大 5 台电动机的额定功率之和，kW。

（4）煤场机械。

1）中小型机械为

$$P = 0.35\sum P_i + 0.6\sum_3 P_i \tag{2-18}$$

式中　$\sum_3 P$——其中最大 3 台电动机的额定功率之和，kW。

2）大型机械为：

翻车机　$$P = 0.22\sum P_i + 0.5\sum_5 P_i \tag{2-19}$$

悬臂式斗轮机　$$P = 0.13\sum P_i + 0.3\sum_5 P_i \tag{2-20}$$

门式斗轮机　$$P = 0.1\sum P_i + 0.3\sum_5 P_i \tag{2-21}$$

式中　$\sum_5 P$——其中最大 5 台电动机的额定功率之和，kW。

二、变压器容量选择

厂用变压器和厂用电抗器统称为厂用电源，其额定容量是指达到额定稳定温升时所允许通过的连续容量。厂用电源的容量应能满足机组在正常启动、运行、停机及事故等各种情况下对辅机的供电要求，即应按机组的辅机可能出现的最大运行方式计算。

1. 厂用工作变压器容量

高压厂用工作变压器的容量宜按高压电动机厂用计算负荷与低压厂用电的计算负荷之和选择。如公用负荷正常由第一台（组）高压厂用启动/备用变压器供电，则应考虑启动/备用变压器检修时，由第一台（组）高压厂用工作变压器接带全部公用负荷，也可由第一台

（组）与第二台（组）高压厂用工作变压器各带 50%公用负荷。

低压厂用工作变压器的容量宜留有 10%的裕度。

在大机组中，如两台互为备用的设备接在高压厂用变压器的两个低压分裂绕组上，那么在单独计算任一分裂绕组负荷时，都得把这两台设备的容量计入。只有在计算分裂变压器的高压绕组容量时，才允许只计其中一台设备的容量。因此，有可能高压厂用变压器两个低压分裂绕组的总容量要大于其高压分裂绕组的容量。此时，可不采用高低压绕组容量比为 100/50－50%的分裂变压器，而使用容量比为 100/63－63%的分裂变压器。用公式表示，即为：

（1）双绕组变压器

$$S_{TN} \geqslant 1.1S_H + S_1 \quad (2\text{-}22)$$

（2）分裂绕组变压器：

分裂绕组 $$S_{TS} \geqslant 1.1S_H + S_1 \quad (2\text{-}23)$$

高压绕组 $$S_{TN} \geqslant \Sigma S_{TS} - S' \quad (2\text{-}24)$$

式中 S_{TN}——厂用变压器高压绕组额定容量，kVA；

S_H——厂用变压器低压绕组的高压电动机负荷，kVA；

S_1——厂用变压器低压绕组的低压厂用计算负荷，kVA；

S_{TS}——厂用变压器分裂绕组计算负荷，kVA；

S'——厂用变压器两分裂绕组间互为备用的重复计算负荷，kVA。

2. 厂用备用变压器（电抗器）或启动/备用变压器容量

厂用备用变压器（电抗器）或启动/备用变压器的容量应满足下列要求：

（1）高压厂用备用变压器（电抗器）或启动/备用变压器的容量不应小于最大一台（组）高压厂用工作变压器（电抗器）的容量；当启动/备用变压器带有公用负荷时，其容量还应满足作为最大一台（组）高压厂用工作变压器（电抗器）备用的要求；对于 1000MVA 的机组，当发电机出口装有断路器或负荷开关时，高压厂用备用变压器的容量可按一台高压厂用工作变压器容量的 60%～100%选择。

（2）低压厂用备用变压器的容量应与最大一台低压厂用工作变压器的容量相同。

在小机组中，启动/备用电源的作用以备用为主，其容量不仅要考虑一个工作电源的厂用电负荷，同时还应满足再自投另一工作电源所带重要电动机自启动所需的最低电压要求。这种投运方式，在设计中称为“带一投一”，往往使启动/备用电源的容量大于一个工作电源的容量。

在 200MW 及以上的机组中，厂用工作变压器电源由发电机母线直接引接，其高压侧一般不设断路器。这种接线方式使高压厂用变压器一旦发生较大故障，势必使发电机停机，从而使启动/备用电源的“备用”在一定程度上意义减小，而主要担负起“启动”的功能。对该电源容量的要求，也改为在带有设计的公用负荷后，仍能满足最大一台高压厂用变压器的备用要求。由于现在设计中启动/备用电源所带公用负荷数量相对变压器容量来说极小，或不带公用负荷，所以一般启动/备用电源的容量与最大一个厂用工作电源容量相等。用公式表示，即为：

1）双绕组变压器

$$S_{TN} \geqslant S_p + S_{Tmax} \quad (2\text{-}25)$$

2）分裂绕组变压器：

分裂绕组 $$S_{TS} \geqslant S_p + S_{Tmax} \tag{2-26}$$

高压绕组 $$S_{TN} \geqslant \Sigma S_{TS} - S' \tag{2-27}$$

式中 S_{TN}——启动变压器高压绕组额定容量，kVA；

S_p——启动变压器低压绕组的原有（公用）负荷，kVA；

S_{Tmax}——最大一台厂用变压器分裂绕组计算负荷，kVA；

S_{TS}——启动/备用变压器分裂绕组计算负荷，kVA；

S'——启动/备用变压器两分裂绕组间互为备用的重复计算负荷，kVA。

近年建设的600～1000MW机组，有很大一部分采用了发电机出口装设断路器的接线方案。采用这种接线方式时，机组启动电源可由系统通过主变压器、高压厂用变压器倒送电取得，高压厂用备用变压器只作为事故时备用，不作为机组的启动电源，也不作为机组正常运行的备用电源。选择高压备用变压器的容量时，只需要考虑当主变压器或高压厂用变压器故障退出时，由高压备用变压器保证机组安全停机所必需负荷的供电。因此，高压厂用备用变压器的容量可以较小，通常按一台高压厂用工作变压器容量的60%～100%选择。需要注意的是，这种方案的高压备用电源容量较小，因此6kV厂用电源切换不能采用快速切换，只能采用残压切换或长延时以及手动切换。

三、电压调整及校验

1. 一般要求

高压厂用电系统的电压调整一般有如下要求：

（1）在电源电压正常偏移及厂用电系统负荷波动时，高压厂用电的母线电压偏移不应超过额定电压的±5%；如仅对电动机供电，可允许不超过+10%、−5%。

（2）当高压厂用变压器由发电机电压母线引接时，发电机出口电压波动按±5%考虑。因大型机组的出口电压及所接系统电压都比较稳定，如在该机组电压计算中按此值无法满足正常偏移的要求时，也可采取+5%、−2.5%。否则采用有载调压变压器。

（3）对于选用的无载调压高压厂用变压器，其无载调压器应能适应近、远期系统电压的正常波动，调压范围取±5%为宜，额定分接头位置在调压范围中间，级电压尽量取2.5%，即±2×2.5%。

（4）对于有进相运行要求的发电机组，应考虑在进相运行状况下厂用电压的变化。

（5）当高压启动/备用变压器的阻抗电压（对于分裂变压器指以低压绕组额定容量为基准的半穿越阻抗电压）大于10.5%，或所引接的系统电压波动（应计及全厂机组停电时负荷潮流变化引起的电压下降）超过±5%时，一般采用有载调压变压器。其调压范围尽量在20%左右，调压装置的级电压一般为1.25%～1.46%（对220kV电压等级而言），不宜太大，额定分接头位置在调压范围中间，如电压波动特征需要时，也可不放在中间位置。

2. 无励磁调压变压器

当电源电压和厂用负荷正常变动时，厂用母线电压可按下列条件及式（2-28）计算。算式中各标幺值的基准电压取0.38、3、6、10kV；基准容量取变压器低压绕组的额定容量S_{2T}。

（1）按电源电压最低、厂用负荷最大，计算厂用母线的最低电压$U_{bus.min}$，并宜满足$U_{bus.min} \geqslant 0.95$（标幺值）。

(2) 按电源电压最高、厂用负荷最小，计算厂用母线的最高电压 $U_{bus.max}$，并宜满足 $U_{bus.min} \leqslant 1.05$ (标幺值)。

厂用母线电压的算式为

$$\left.\begin{aligned} U_{bus} &= U_0 - SZ_\varphi \\ Z_\varphi &= R_T\cos\varphi + X_T\sin\varphi \end{aligned}\right\} \tag{2-28}$$

$$R_T = 1.1\frac{P_t}{S_{2T}}$$

$$X_T = 1.1\frac{U_d\%}{100}\cdot\frac{S_{2T}}{S_T}$$

式中 U_{bus}——厂用母线电压 (标幺值)；

S——厂用负荷 (标幺值)；

Z_φ——负荷压降阻抗 (标幺值)；

R_T——变压器的电阻 (标幺值)；

P_t——对双绕组变压器为变压器的额定铜耗 P_{Cu}，对分裂变压器为单侧通过电流，且低压侧分裂绕组为额定电流时的铜耗；

$\cos\varphi$——负荷功率因数，取 0.8；

X_T——变压器的电抗 (标幺值)；

S_T——变压器的额定容量，kVA；

S_{2T}——低压或分裂组的额定容量，kVA；

$U_d\%$——对双绕组变压器为变压器的阻抗电压百分值，对分裂变压器为以变压器高压绕组额定容量为基准的阻抗电压百分值；

U_0——变压器低压侧的空载电压 (标幺值)，其算式见式 (2-29)，对连接于电压较稳定的电源上的变压器，最低电源电压取 0.975，U_0 相应为 1.024，最高电源电压取 1.025，U_0 相应为 1.08。

变压器低压侧的空载电压为

$$\left.\begin{aligned} U_0 &= \frac{U_g U'_{2N}}{1 + n\dfrac{\delta_u\%}{100}} \\ U_g &= \frac{U_G}{U_{1N}} \end{aligned}\right\} \tag{2-29}$$

$$U'_{2N} = \frac{U_{2N}}{U_b}$$

式中 U_g——电源电压 (标幺值)；

U_G——电源电压，kV；

U_{1N}——变压器高压侧额定电压，kV；

U'_{2N}——变压器低压侧额定电压 (标幺值)；

U_{2N}——变压器低压侧额定电压，kV；

U_b——变压器低压侧母线的基准电压，kV；

n——分接位置，n 为整数，负分接时为负值；

$\delta_u\%$——分接开关的级电压。

(3) 计算表明，当变压器阻抗电压不大于 10.5%（对分裂变压器是以 S_{2T} 为基准值的阻抗电压)，且分接开关的参数符合下列要求时，选用无励磁调压变压器通常能满足电压调整的要求。

1）为适应近、远期电源电压的正常波动，分接开关的调压范围取 10%（从正分接到负分接)。

2）分接开关的级电压采用 2.5%。

3）额定分接位置宜在调压范围的中间。

3. 有载调压变压器

母线电压的计算见式（2-28)，但应计及分接头位置可变的因素，即以与不同的电源电压和负荷相适应的分接头位置计算空载电压 U_0。

变压器阻抗电压大于 10.5%时，为满足电压调整的要求，宜选用有载调压变压器，分接开关的选择应满足下列要求：

(1）调压范围应采用 20%（从正分接到负分接)。

(2）调压装置的级电压不宜过大，可采用 1.25%。

(3）额定分接位置宜在调压范围的中间。

4. 电动机正常启动时的电压计算

最大容量的电动机正常启动时，厂用母线的电压应不低于额定电压的 80%。容易启动的电动机启动时电动机的端电压应不低于额定电压的 70%；对于启动特别困难的电动机，当制造厂有明确合理的启动电压要求时，应满足制造厂的要求。

当电动机的功率（kW）为电源容量（kVA）的 20%以上时，应验算正常启动时的电压水平；但对 2MW 及以下的 6kV 电动机，可不必校验。

电动机正常启动时的母线电压按式（2-30）计算，算式中各标幺值的基准电压取 0.38、3、6、10kV；基准容量取变压器低压绕组的额定容量 S_{2T}（kVA)。

$$U_{bus}=\frac{U_0}{1+SX} \tag{2-30}$$

式中 U_{bus}——电动机正常启动时的母线电压（标幺值）；

U_0——厂用母线上的空载电压（标幺值），对电抗器取 1，对无励磁调压变压器取 1.05，对有载调压变压器取 1.1；

X——变压器或电抗器的电抗（标幺值）；

S——合成负荷（标幺值），可按式（2-31）计算。

合成负荷为

$$S=S_1+S_{st} \tag{2-31}$$

式中 S_1——电动机启动前，厂用母线上的已有负荷（标幺值）；

S_{st}——电动机的启动容量（标幺值）。

$$S_{st}=\frac{K_{st}P_N}{S_{2T}\eta_N\cos\varphi_N} \tag{2-32}$$

式中 K_{st}——电动机的启动电流倍数；

P_N——电动机的额定功率，kW；

η_N——电动机的额定效率；

$\cos\varphi_N$——电动机的额定功率因数。

5. 成组电动机自启动时的厂用母线电压计算

为了保证Ⅰ类电动机的自启动，应对成组电动机自启动时的厂用母线电压进行校验。自启动时，厂用母线电压应不低于表 2-6 的规定。

表 2-6　　自启动要求的最低母线电压

名　称	自启动方式	自启动电压
高压厂用母线		65%～70%
低压厂用母线	低压母线单独自启动	60%
	低压母线与高压母线串接自启动	55%

厂用工作电源可只考虑失压自启动，而厂用备用或启动/备用电源应考虑空载、失压及带负荷自启动三种方式。

(1) 空载自启动——备用电源空载状态自动投入失去电源的工作段时形成的自启动。

(2) 失压自启动——运行中突然出现事故低电压，当事故消除、电压恢复时形成的自启动。

(3) 带负荷自启动—备用电源已带一部分负荷，又自动投入失去电源的工作段时形成的自启动。

对于低压厂用变压器，尚需校验高、低压厂用母线串接自启动的工况。

有关的计算方法如下：

1) 成组电动机自启动时的厂用母线电压按式 (2-33) 计算，算式中各标幺值的基准电压取 0.38、3、6、10kV；基准容量取变压器低压绕组的额定容量 S_{2T}，即

$$U_{bus}=\frac{U_0}{1+SX} \tag{2-33}$$

式中 U_{bus}——成组电动机启动时的厂用母线电压（标幺值），其最低允许值见表 2-6；

U_0——厂用母线上的空载电压（标幺值），对电抗器取 1，对无励磁调压变压器取 1.05，对有载调压变压器取 1.1；

X——变压器或电抗器的电抗（标幺值）；

S——合成负荷（标幺值），可按式 (2-34) 计算。

$$S=S_1+S_{ast} \tag{2-34}$$

式中 S_1——自启动前厂用电源已带的负荷（标幺值），失压自启动或空载自启动时，$S_1=0$；

S_{ast}——自启动容量（标幺值）。

$$S_{ast}=\frac{K_{ast}\Sigma P_N}{S_{2T}\eta_N\cos\varphi_N} \tag{2-35}$$

K_{ast}——自启动电流倍数，备用电源为快速切换时取 2.5，慢速切换时取 5；

ΣP_N——参加自启动的电动机额定功率总和，kW；

$\eta_N\cos\varphi_N$——电动机的额定效率和额定功率因数的乘积，可取 0.8。

2) 高、低压厂用母线串接自启动时的厂用母线电压按式 (2-36)、式 (2-37) 计算。

高压厂用母线的电压为

$$U_{H.bus}=\frac{U_0}{1+S_HX_H} \tag{2-36}$$

式中　$U_{H.bus}$——自启动时，高压厂用母线电压（标幺值）；

S_H——高压厂用母线上的合成负荷（标幺值）；

X_H——高压厂用变压器或电抗器的电抗（标幺值）。

低压厂用母线的电压为

$$U_{L.bus}=\frac{U_{H.bus}}{1+S_L X_L} \tag{2-37}$$

式中　$U_{L.bus}$——自启动时，低压厂用母线电压（标幺值），其最低允许值见表 2-6；

S_L——低压厂用母线上的合成负荷（标幺值）；

X_L——低压厂用变压器或电抗器的电抗（标幺值）。

四、阻抗选择

高压厂用变压器或电抗器的阻抗选择，应使厂用系统能采用轻型的电气设备，满足电动机正常启动和成组自启动时的电压水平，并应考虑对电缆热稳定的影响。低压厂用变压器的阻抗应按低压电器对短路电流的承受能力来确定。

从技术上看：为了运行上的安全可靠，厂用母线的短路电流宜小些，阻抗应选得大些；为了满足最大电动机正常启动和成组自启动时的电压要求，阻抗应选得小些；另外，为了保证电压质量，减小电压波动范围，阻抗也应选得小些。从经济上看：阻抗选得大些，可以使得能够采用轻型的电器和较小的电缆热稳定截面，以便节省投资。上面的技术要求，有的有确切的定量要求，是必须满足的。在满足基本技术要求的前提下，阻抗应尽量大些，使得厂用设备投资尽可能省些。

第六节　厂 用 电 源 切 换

发电厂有较多高低压电动机负荷，属于较大的感性负载，在厂用电源的切换过程中母线电压由于反馈电动势的存在而衰减较慢。因此切换时必须考虑反馈电压与备用电源电压间的压差引起的电流电压冲击问题，避免造成电源跳闸、设备损坏或寿命缩短等后果。

厂用电快速切换装置是发电厂厂用电气系统的一个重要设备，与发电机—变压器组保护、励磁调节器、同期装置一起，合称为发电厂电气系统安全保障的“四大法宝”，对发电厂甚至整个电力系统的安全稳定运行有着重大影响。对厂用电切换的基本要求是安全可靠，其安全性体现为切换过程中不能造成设备损坏或人身伤害，而可靠性则体现为保障切换成功，避免保护跳闸、重要辅机跳闸等造成机炉停运的事故。

一、厂用电失电及切换的运行状态

电动机在工作电源消失后会有一个复杂的残压衰减过程。当成组电动机在母线失压后由于惯性继续转动时，相当于成组的异步发电机在向厂用母线反馈电压，使得母线上较长时间存在着幅值不小的残余电压。随着电动机的惰转，残压的幅值和频率都会逐渐下降，因此与备用电源的相角差也不断变化。通常，电动机总容量越大，残压频率和幅值衰减的速度越慢。

以极坐标形式绘出的某 300MW 机组 6kV 母线残压相量变化轨迹如图 2-6 所示。

二、厂用电源切换方式

厂用电源切换的方式可按开关动作顺序分，也可按启动原因分，还可按切换速度或合闸条件进行分类。

1. 按开关动作顺序分类

(1) 并联切换。先合上备用电源，再跳开工作电源。这种方式多用于正常切换，如启、停机。并联方式可以再分为并联自动和并联半自动两种，并联自动指由快切装置先合上备用开关，经短时并联后，再跳开工作电源；并联半自动指快切装置仅完成合备用，跳工作电源由人工完成。并联切换母线不断电。

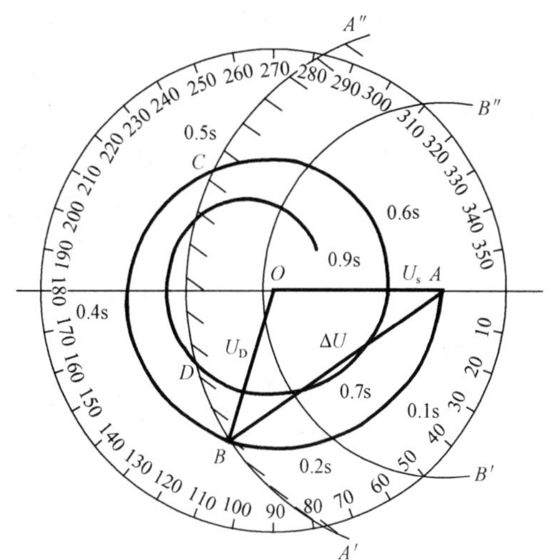

图 2-6 母线残压相量变化轨迹

U_D—母线残压；U_s—备用电源电压；

ΔU—备用电源电压与母线残压间的差压

(2) 串联切换。先跳开工作电源，在确认工作开关跳开后，再合上备用电源。母线断电时间约为备用开关合闸时间。此种方式多用于事故切换。

(3) 同时切换。这种方式介于并联切换和串联切换之间。先发跳工作命令，经短延时后再发合备用命令，短延时的目的是保证工作电源先断开、备用电源后合上。母线断电时间大于 0 而小于备用开关合闸时间。这种方式既可用于正常切换，也可用于事故切换。

2. 按启动原因分类

(1) 手动切换。由运行人员手动操作启动，快速切换装置按事先设定的手动切换方式（并联、同时、串联）进行分合闸操作。

(2) 事故切换。由保护出口启动，快速切换装置按事先设定的自动切换方式（串联或同时）进行分合闸操作。

(3) 不正常情况自动切换。有两种不正常情况：一是母线失压，母线电压低于整定电压达整定延时后，装置自行启动，并按自动方式进行切换；二是工作电源开关误跳，由工作开关辅助触点启动切换，在合闸条件满足时合上备用电源。

3. 按切换速度或合闸条件分类

(1) 快速切换。在图 2-6 中，假设 $A'-A''$的右侧为备用电源允许合闸的安全区域，左侧则为不安全区域。可以推导参与反馈的电动机总容量占备用电源容量越大，则安全区域越小。如图中曲线 $B'-B''$表示参与反馈的电动机总容量比曲线 $A'-A''$要大，其安全区则相对较小。

假定正常运行时工作电源与备用电源同相，其电压相量端点为 A，则母线失电后残压相量端点将沿残压曲线由 A 向 B 方向移动，如能在 $A-B$ 段内合上备用电源，则既能保证电动机安全，又不使电动机转速下降太多，这就是所谓的快速切换。

在实现快速切换时，厂用母线的电压降落、电动机转速下降都很小，备用分支自启动电流也不大。在实际工程应用中，是否能实现快速切换，主要取决于工作电源与备用电源间的固有初始相位差 $\Delta\varphi_0$、快切装置启动的方式（保护启动等）、备用开关的固有合闸时间及母线段当时的负载情况（相位差变化速度 $\Delta\varphi/\Delta t$ 或频差 Δf 等）。

(2) 同期捕捉切换。图 2-6 中，过 B 点后 BC 段为不安全区域，不允许切换。在 C 点后至CD段实现的切换通常称为延时切换或短延时切换。因不同的运行工况下频率或相位差的变化速度相差很大，因此用固定延时的办法很不可靠，现在已不再采用。利用微机型快速切换装置的功能，实时跟踪残压的频差和角差变化，实现$C-D$段的切换，特别是捕捉反馈电压与备用电源电压第一次相位重合点实现合闸，这就是同期捕捉切换。

实际工程应用时，可以做到在过零点附近很小的范围内合闸，如±5°。以图 2-6 为例，同期捕捉切换时厂用母线电压为 65%～70%额定电压，电动机转速不至于下降很大，通常仍能顺利自启动，另外，由于两电压同相，备用电源合上时冲击电流较小，不会对设备及系统造成危害。

(3) 残压切换。当母线电压衰减到 20%～40%额定电压后实现的切换通常称为残压切换。残压切换虽能保证电动机安全，但由于停电时间过长，电动机自启动成功与否、自启动时间等都将受到较大限制。

(4) 长延时切换。对于 1000MW 机组，如发电机出口装设有断路器，备用电源的容量不足以承担全部负载，甚至不足以承担通过残压切换过去的负载的自启动，当工作电源发生故障时，只能考虑经长延时后切换至备用电源以便安全停机。

三、切换方式的选择

如果发电机出口没有装设断路器，且启动/备用变压器容量按足够一台机组的启动和停机的需求选择，则事故切换时应将快速切换、同期捕捉切换、残压切换、长延时切换全部投入。快速切换不成功时可自动转入同期捕捉、残压、长延时等切换方式。

如果发电机出口装有断路器，且高压备用变压器的容量只考虑了一台机组安全停机的负荷时，则快速切换、同期捕捉切换、残压切换都将导致高压备用变压器过载运行，这种情况下只能使用长延时的事故切换方式。

第七节 厂用电动机选择

一、厂用电动机机械转矩特性

发电厂中使用着多种电动厂用机械设备，这些机械设备的负载转矩特性，即它的阻转矩(或称负载转矩) M_Z 与转速 n 的关系 $M_Z=f(n)$，直接影响电动机的选择。就厂用设备机械特性而言，可归纳为两种类型：其一，恒转矩负载特性。系指负载转矩 M_Z 与转速 n 无关，M_Z 为定值的特性。即当转速变化时，负载转矩 M_Z 保持常值，如图 2-7 中直线 1 所示。

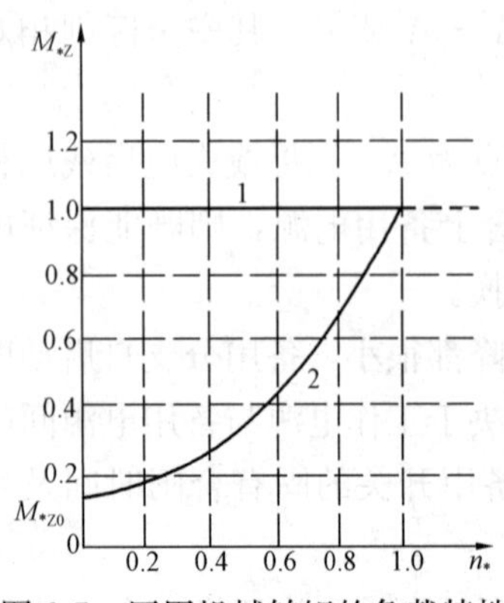

图 2-7 厂用机械转矩的负载特性

这里的 M_{0Z} 是机械在额定转速时以阻转矩为基准值的标幺值。在火电厂中的磨煤机、碎煤机、输煤皮带、绞车、起重机等属于这类机械。其二，具有非线性上升的负载转矩机械特性。它们的阻转矩与转速的二次方或高次方成比例，如图 2-7 中曲线 2 所示。风机、油泵及工作时没有静压头的离心式水泵等均属于这一类。非线性负载转矩可表示为

$$M_{*Z}=M_{*Z0}+(1-M_{*Z0})n_*^2 \tag{2-38}$$

式中 M_{*Z0}——与转速无关的摩擦起始阻转矩标幺值，一般取 $M_{*Z0}=0.15$。

由电动机和厂用机械设备组成的电力拖动系统，是一个

机械运动系统。其中有能量、功率和转矩的传递。代表运动特征的量是转速 n、转矩 M、角速度 ω 以及时间 t 等。电动机产生的拖动转矩 M_D，用以克服机械负荷的阻转矩 M_Z 后的剩余转矩，就会使机械传动系统做加速度运动，其旋转运动的方程式为

$$M_D - M_Z = J\frac{d\omega}{dt} \tag{2-39}$$

式中 M_D——电动机产生的拖动转矩，Nm；

M_Z——阻转矩（或称负载转矩），Nm；

$J\frac{d\omega}{dt}$——惯性转矩（或称加速转矩），Nm；

J——包括电动机在内的整个机组的转动惯量，kgm^2；

ω——机械旋转角速度，$\omega=\frac{2\pi n}{60}$，rad/s。

机组的转动惯量 J 是机组旋转部分惯性的量度，在电力拖动计算中常采用飞轮惯量 GD^2，二者关系式为

$$J = \frac{1}{4g}GD^2 \tag{2-40}$$

式中 g——重力加速度，g=9.81 m/s^2。

将式（2-40）及 $\omega=\frac{2\pi n}{60}$ 关系代入式（2-39），即得计算运动方程式为

$$M_D - M_Z = \frac{GD^2}{375}\cdot\frac{dn}{dt} \tag{2-41}$$

由式（2-41）可分析电动机的工作状态：

1）当 $M_D=M_Z$，$\frac{dn}{dt}=0$，则 $n=0$ 或 n=常值，即电动机静止或等速旋转，拖动系统处于稳定运行状态；

2）当 $M_D>M_Z$，$\frac{dn}{dt}>0$，拖动系统处于加速状态；

3）当 $M_D<M_Z$，$\frac{dn}{dt}<0$，拖动系统处于减速状态。

加速或减速过程，统称为动态运行状态。

二、厂用电动机类型及特点

在厂用系统中使用的电动机有异步电动机、同步电动机和直流电动机三类。其中作为拖动厂用机械使用最多的是异步电动机，特别是鼠笼式异步电动机。

1. 异步电动机的特点

这种电动机结构简单、运行可靠、操作维护方便、价格便宜，但启动电流大、调速困难。以下就电动机的机械特性、启动转矩、启动电流、过载能力等来说明其运行特点。

电动机的机械特性是指电动机的转矩 M_D 与其转速 n 的关系，即 $M_D=f(n)$，如图 2-8 所示。电动机稳定运行时，工作在曲线 $M_D=f(n)$ 的 $m21\,n_*$ 段，具有硬机械特性特点。图 2-8 中 $M_Z=f(n)$（或 M_Z =定值）为被拖动的厂用机械设备负荷转矩特性。为了保证拖动系统运行，电动机的机械特性必须适应厂用机械的要求，如图 2-8 所示，只有电动机 $M_D=$

$f(n)$ 与厂用负荷 $M_Z = f(n)$ 相等（即 $M_D = M_Z$），工作在两条曲线的交点（2 或 1）上时，拖动系统方能稳定运转。电动机转动初始时的启动转矩 M_{st} 必须大于拖动机械在 n=0 时的起始阻转矩 M_{Z0}，并且在启动过程中，任一转速下大于机械阻转矩，即保持 $M_D > M_Z$，使剩余转矩为正，以便顺利地把设备拖到稳定运行状态。图 2-8 中以阴影部分表示电动机对于 M_Z =定值的设备剩余转矩。

异步电动机的启动，一般不需要特殊的启动设备，而采用直接启动方式，从而具有额定启动转矩和较短的启动时间，但是，启动电流可达额定电流的 4～7 倍，不仅会使电源电压在启动时发生显著下降，而且会引起电动机发热。特别是在机组转动惯量较大、剩余启动加速转矩较小、启动缓慢情况下更为严重。因此，对启动困难的厂用机械设备，如与引风机、排粉机、磨煤机、碎煤机等相配套的电动机，必要时需进行启动校验。

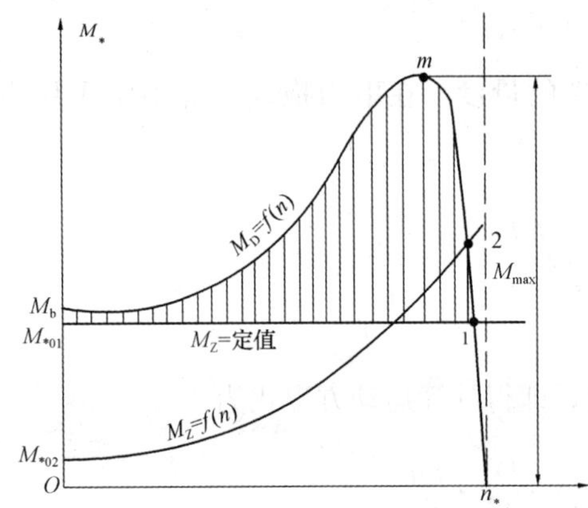

图 2-8　异步电动机和机械设备的机械特性曲线

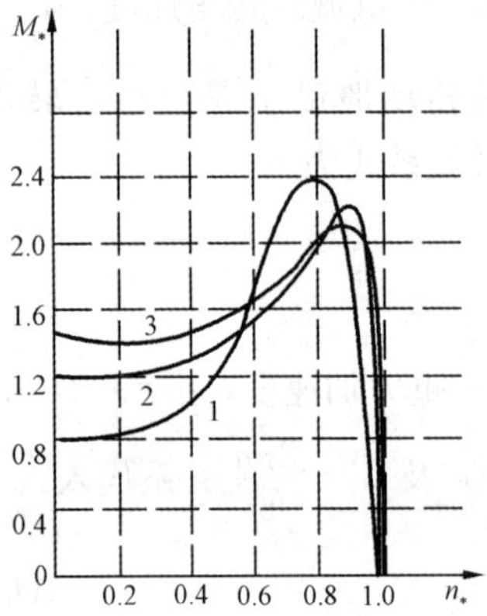

图 2-9　鼠笼式异步电动机机械特性

1—单鼠笼；2—深槽式；3—双鼠笼

异步电动机的过载能力，用允许过载倍数 λ 表示

$$\lambda = \frac{M_{max}}{M_N} \tag{2-42}$$

式中　M_{max}——电动机工作中承受的最大转矩；

M_N——电动机额定转矩。

当以标幺值表示时，M_{*max} 就代表过载能力，一般电动机 λ=1.6～2.5。有特殊要求时，可达 2.8～3.0 或更高。

发电厂中广泛使用的鼠笼式异步电动机具有三种结构形式，即单鼠笼式、深槽式和双鼠笼式。

图 2-9 为三种电动机的机械特性 $M_D = f(n)$ 曲线，图 2-10 为启动过程中启动电流特性曲线 $I_{st} = f(n)$。由图 2-9 和图 2-10 可见，深槽式和双鼠笼式异步电动机具有启动转矩大、启动电流较小等启动性能。

绕线式异步电动机的最大特点是可以均匀地无级调速。一般可采用两种调速方法，即转子电路串接电阻调速和串级调速。前者借助调节电阻值使其在一定范围内改变转速、启动转矩和启动电流，后者是在转子电路内引入感应电动势。

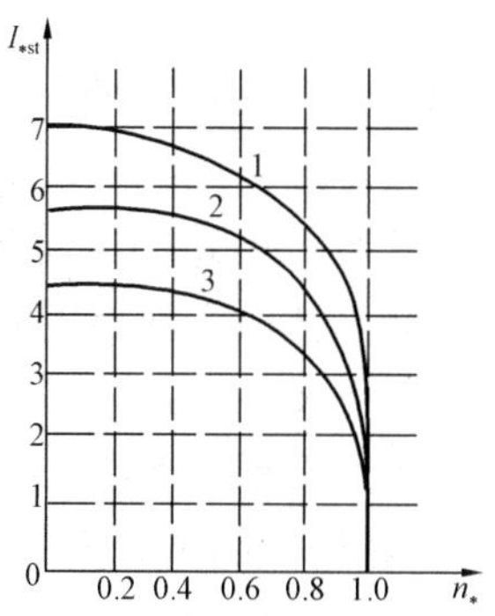

图 2-10 鼠笼式异步电动机启动电流特性

1—单鼠笼；2—深槽式；3—双鼠笼

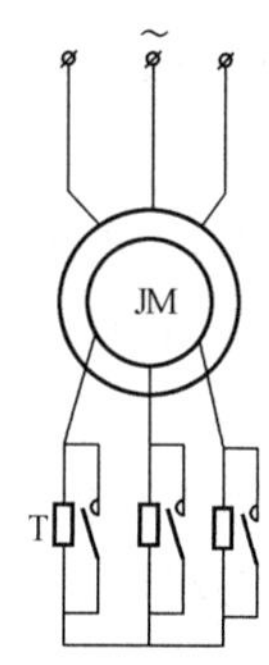

图 2-11 绕线式异步电动机转子回路串接电阻

图 2-11 为在绕线式异步电动机转子电路中串接电阻原理图，图 2-12 为转子接入不同电阻值 r 时 $M_D = f(n)$ 的人为特性曲线。

从图 2-12 转子串电阻调速时的机械特性可以看出：转子串接的电阻值 R 越大，其机械特性就越软，即转矩很小的变化将引起转速较大的波动。此外，从图中还可看出在负载小时（即转矩小时），其调速范围变窄。

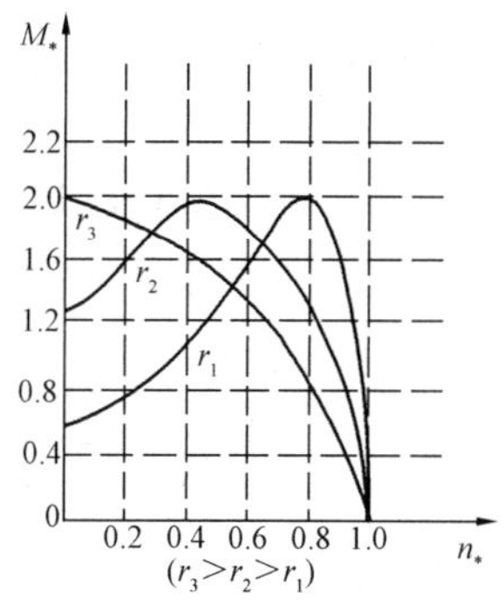

图 2-12 转子接入不同电阻 r 时 $M_D = f(n)$ 的人为特性曲线（$r_3 > r_2 > r_1$）

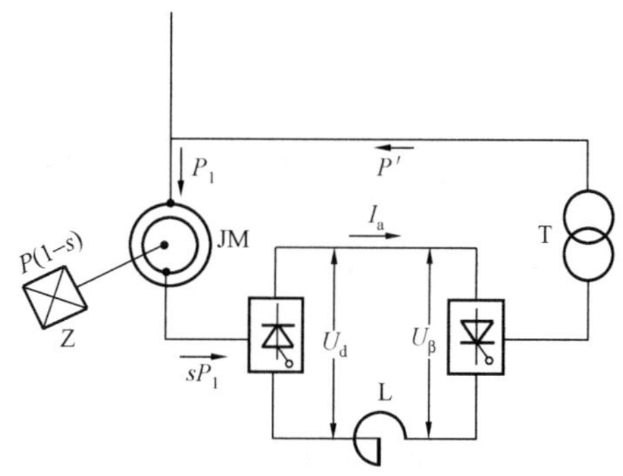

图 2-13 晶闸管串级调速原理示意图

JM—绕线式异步电动机；T—整流变压器；Z—负荷；L—电抗线圈

转子串电阻调速方式的优点是：调速方法简单，不需要复杂的控制设备，投资低，容易实施，可靠性高，功率因数高，不产生高次谐波，启动设备和调速设备合为一体。缺点是：只能用于绕线式异步电动机。因其有集电环和电刷，使用环境受到限制，只适于在环境温度 40℃以下使用，在灰尘多的地方要采用全封闭绕线式电动机，不宜用于振动大的场所，属于低效调速方式，其转差损失在外加电阻上以热能形式散发，在调速时机械特性较软，尤其在调速范围较大时，缺点更为突出。这种调速方法由于受允许静差率限制，调速范围有限，且在调节电路中电流较大，不仅增加损耗，维护工作量较大（尤其是碳刷和集电环），而且调速平滑性较差，效率也低。

通常，转子串电阻调速方式适用于调速范围不大，对电动机机械特性硬度要求不高的场合，如中、小容量泵与风机的调速。过去国内外火力发电厂的锅炉送风机、引风机和锅炉给水泵有用绕线式异步电动机转子串电阻调速的。至今我国锅炉送风机、引风机仍有部分采用这一调速方式。

图2-13为晶闸管串级调速原理示意图。其基本原理是将电动机的转子电压经晶闸管整流后变为直流电压U_d，再由晶闸管逆变器将电压U_β逆变为交流，再经变压器T或直接反馈至交流电网。这时，逆变器电压U_β可视为加到电动机转子电路的电动势。控制逆变角β，就能改变U_β的数值，也就改变了引入转子电路的电动势，从而实现异步电动机调速的目的。其转子转差功率的转换过程为：当电动机的输入功率$P_1 \approx P_M$（电磁功率）时，$P_1(1-s)$为负载机械功率（s为转差率），sP_1为转子转差功率，P'为反馈至系统的功率，如果忽略损耗，则$sP_1 \approx P'$。控制反馈功率P'即可调节异步电动机的转速。晶闸管串级调速具有调速范围宽、效率高的特点，适合大中容量绕线式异步电动机。绕线式异步电动机虽然具有可贵的调速性能优点，但结构及辅助设备比较复杂，价格较高，一般只在需要带恒定负荷反复启动或需要均匀无级调速的机械设备上采用，如吊车、抓斗机、起重机及具有特殊要求的通风机设备等。

2. 同步电动机的特点

同步电动机相对于异步电动机具有以下特点：

(1) 同步电动机采用直流励磁（同轴直流发电机或硅整流装置），可以工作在“超前”或“滞后”不同的运行状态。当“超前”时，可以提高厂用系统功率因数，同时减小厂用电系统的能量损耗和电压损失。

(2) 同步电动机对电压波动不十分敏感（因转矩$M_D \propto U$，而不像异步电动机机$M_D \propto U^2$），并且装有自动励磁调节装置和强行励磁装置，从而在电压降低时，仍能维持其运行稳定性。

(3) 同步电动机结构比较复杂并需附加一套励磁系统，且启动、控制均较麻烦、启动转矩也不大。在厂用系统中，只在大功率低转速的机械上有时采用，如循环水泵等设备。

3. 直流电动机的特点

直流电动机具有很多优点：它可以调节磁场电流，在大范围内均匀而平滑地调速，且调速电阻器只消耗较少的电能；启动转矩较大；不依赖厂用交流电源等。因此，对调速性能和启动特性要求较高的厂用机械，如给粉机就采用并励直流电动机拖动，另外，还用于事故保安负荷中的汽轮机直流备用润滑油泵等。直流电动机制造工艺复杂、成本高、维护量大，特别是换向器部分，工作可靠性较差，而且厂内必须提供直流电源或整流电源。

三、厂用电动机选择注意事项

选择拖动厂用机械的电动机时，首先应使其电压与供电系统电压相一致，其次，电动机转速应符合被拖动设备的要求。对于相同功率的电动机，转速越高，体积、质量和成本就越小。但是，如果与拖动设备转速要求不符，则需增加变速传动机构，因此必须从电动机和机械设备两方面通过技术经济比较综合考虑决定。一般可按照与传动系统动能储存量成正比的$GD^2 n_N^2$之值为最小的条件来选择电动机额定转速及传动比，电动机容量P_N必须满足在额定电压和额定转速下大于满载工作的机械设备轴功率P_s，同时考虑留有适当的储备，即

$$P_N > P_s \tag{2-43}$$

式中 P_N——电动机额定功率；

P_s——被拖动设备的轴功率。

这样才能保证电动机在启动过程和长期满载运行时，绕组发热不致超过规定的允许温升。此外，电动机的结构形式及冷却方式，应与周围环境条件相适应，以避免腐蚀性气体、

灰尘、水汽等对电动机绝缘强度的影响，以及电动机故障时波及周围的易燃物。如在汽轮发电机平台上、厂用配电装置、主控制楼等干燥场所，可以采用开启式或防护式电动机；在有可能被水滴侵入的场所，如凝汽器间、水泵房等应采用防护式或封闭式；在多尘或特别潮湿的场所，如输煤系统、煤粉制备系统、灰浆泵房等处则应采用封闭式；在有爆炸危险的地方，如油库、制氢系统、蓄电池室等应采用防爆式。

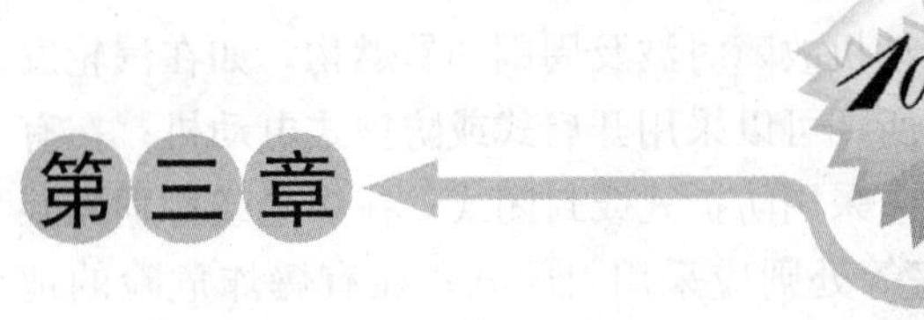

1000MW发电机结构及其辅助系统

我国汽轮发电机制造业是从20世纪50多年代初开始起步的。50多年来，我国的发电机设备经历了多次的升级换代，机组容量由小到大，发电机的生产能力和技术水平都得到了长足的发展。20世纪50年代我国开始引进生产25～50MW火力发电机组，1960年生产出国内第一台100MW火电机组。70年代形成批量生产200MW机组的能力，80年代末形成生产300MW机组的能力，90年代开始大量制造600MW机组。2007年7月5日，首台国产1000MW汽轮发电机——山东邹县电厂8号发电机投入商业运行。

目前，国内具备1000MW发电机设计制造能力的厂家主要有上海电气集团股份有限公司（简称上电）、东方电机股份有限公司（简称东电）、哈尔滨电机厂有限责任公司（简称哈电）等三大厂家。上电生产的1000MW发电机采用的是德国西门子技术，东电采用了日本日立公司的技术，而哈电则采用了日本东芝公司的技术。

第一节　1000MW发电机技术参数

一、1000MW级汽轮发电机技术数据

上电、东电、哈电的1000MW级汽轮发电机基本技术数据见表3-1。

表3-1　上电、东电、哈电的1000MW级汽轮发电机基本技术数据

序号	名　称	上　电	东　电	哈　电
1	额定容量(kVA)	1112	1112	1112
2	额定功率(kW)	1000	1000	1000
3	额定电压(kV)	27	27	27
4	额定功率因数	0.9(滞后)	0.9(滞后)	0.9(滞后)
5	频率(Hz)	50	50	50
6	额定转速(r/min)	3000	3000	3000
7	定子绕组、转子绕组及定子铁芯绝缘等级	F(按B级绝缘温升考核)	F(按B级绝缘温升考核)	F(按B级绝缘温升考核)
8	短路比	0.48	≥0.5	≥0.48
9	效率(%)	98.98/99.0(无刷/静态)	99.0	99.0
10	相数	3	3	3

续表

序号	名　称		上　电	东　电	哈　电
11	极数		2	2	2
12	定子绕组接线方式		YY	YY	YY
13	负序电流承载能力	连续	$I^2/I_N \geqslant 6\%$	$I^2/I_N \geqslant 6\%$	$I^2/I_N \geqslant 6\%$
		短时	$(I^2/I_N)^2 t \geqslant 6s$	$(I^2/I_N)^2 t \geqslant 6s$	$(I^2/I_N)^2 t \geqslant 6s$
14	额定氢压(MPa/g)		0.5	0.52	0.5
15	漏氢量(额定氢压下的保证值)(标况，Nm^3/d)		≤12	≤10	≤12
16	噪声(距外壳水平 1m，高度 1.2m 处)[dB(A)]		<85	<85	<85

上电、东电、哈电三大厂家生产的 1000MW 级发电机的详细技术参数分别见附录 A、附录 B 和附录 C。

二、国产 1000MW 汽轮发电机的绝缘优化设计

1000MW 发电机的额定电压为 27kV，其绝缘材料、绝缘结构和制造工艺的可靠性和先进性是机组的关键。

1. 定子绕组的绝缘

目前，1000MW 发电机采用的绝缘有两大体系：少胶 VPI 绝缘体系和多胶热压绝缘体系。少胶 VPI 连续绝缘体系，其特点是生产效率高，绝缘可以基本做到无气隙，绝缘性能好，但其生产所需设备、材料和管理要求较高；多胶热压连续绝缘体系，其绝缘性能与 VPI 绝缘体系相差不大，但生产工艺和设备要求较低。多胶绝缘体系还通过改善线棒绝缘结构和成型工艺，如增加内均压层、真空干燥、热压固化或采用真空干燥沥青液压，以达到少胶绝缘体系的绝缘性能。对定子线棒绝缘还要求长期运行后，仍然保持良好的蠕变性能和介电性能。

定子线棒的防电晕设计也是保证发电机绝缘安全运行的重要环节。在定子线棒表面涂刷导电漆或包扎导电带，可以改善线棒表面的电场分布，屏蔽掉导线换位处的空气隙，加大导线的圆角半径，均匀电场，改善角部电场分布。定子线棒外包低电阻半导体玻璃丝带，经与主绝缘一次固化成型后，表面电阻率均可达到 $1\times10\sim1\times10^3\Omega$。定子线棒在槽内固定时，常采用楔下波纹板和侧面半导体波纹板相结合的固定方式，在有效保证定子线棒槽内固定的同时，还可以防止线棒槽内电腐蚀现象的发生。

定子绕组端部可以采用多种形式的防电晕结构，以获得合理的防电晕结构设计。5 级防晕结构耐电压时能量损耗最小，但处理工艺复杂；ISOLA 防晕带处理结构虽工艺简单，但原材料成本较贵；FB 防晕带高阻防晕结构性能较优，起晕电压达 44～60kV，特别是工艺比较简单。按照 $1.5U_N$ 电压下定子线棒不起晕要求，由于额定电压为 27kV，起始电晕电压应不小于 40.5kV。

定子铁芯的片间绝缘是靠每片硅钢片间的绝缘来保证的。在定子铁芯冲片表面涂刷环氧硅钢片漆后，可以使用富兰克林试验测量仪来测量其电气绝缘性能。要求绝缘电流平均值不大于 50mA，最大电流值不大于 100mA。

随着大型发电机单机额定容量的增大、额定电压的提高，定子线棒槽内固定成为一个相当重要的问题。1000MW 汽轮发电机定子线棒槽内固定结构主要是楔下绝缘弹性波纹板和侧面半导体弹性波纹板相结合的固定结构。楔下绝缘弹性波纹板应满足初始变形应力和 120℃、24h 条件处理后变形应力的要求，侧面半导体弹性波纹板的厚度和波峰高度、负荷一挠度曲线、应力缓和特性值、表面电阻率等参数都是衡量其电气机械性能的重要指标。

1000MW 汽轮发电机定子线棒端部的固定主要采用连接片和绑扎相结合的方式，要求连接片具有较高的机械性能和耐热性能，绑扎绳具有较高的机械强度，从而使整个发电机定子端部成为一个整体，并能承受强大的电磁力和热应力的作用。上电生产的 1000MW 发电机定子绕组端部则是采用了整体浇注为一体的结构，机械强度非常高。另外，环氧树脂及固化剂的性能对于保证机械强度有很大的影响，其中主要影响定子绕组的抗弯强度、热态机械性能，以及生产过程中由于高温烘焙所引起的各部位的松动问题。性能优异的环氧树脂和固化剂，可以大大提高定子绕组端部固定的整体热态机械性能，满足 1000MW 发电机绑扎固定的要求。

2. 转子绕组的绝缘

由于转子励磁电压大多为 500V 左右，绝缘结构和绝缘材料同一般的 600MW 汽轮发电机相当接近，且直径增大后，运行时离心力增加，长度加长后铜线热胀冷缩产生的热应力加剧，绝缘材料的电气性能并不是主要问题，关键是直径增大、长度增长后，机械力和热应力增加较多，所以，主要与转子绕组导线直接有关的绝缘材料和结构更值得人们关心，如匝间垫条要求使用通长的、耐热性能好的 F 级匝间垫条，槽衬和护环要求使用与铜线接触表面有较小摩擦系数的滑移材料等。

发电机在运行过程中转子匝间绝缘将受到机械力、热应力和电动力等因素的综合作用，当发电机启动、停止或负荷发生变化时，转子热状态也随之发生变化。由于铜导体和绝缘的膨胀系数不同，匝间绝缘还将受到剪切应力和拉伸应力的作用。采用直线部分通长的 F 级匝间垫条，减少了垫条之间的搭接，提高了匝间垫条的整体性能。

由于发电机容量的增大，虽然转子励磁电压增加并不太多，但转子直径和长度增加较大，发电机转子绕组在运行过程中受到冷热变化的影响而产生热胀冷缩现象，从而破坏槽绝缘和护环绝缘，因此要求槽衬和护环使用的滑移材料表面具有较小的摩擦系数，保证转子绕组在运行过程中因冷热变化产生热胀冷缩时能自由伸长或缩短。为此，通常采取措施在槽衬和护环绝缘内表面喷涂一层摩擦系数小的干性润滑剂。该润滑剂为聚四氟乙烯细粉同特殊的黏合剂配合而成的化学稳定性物质，具有很好的浸润性，在金属和纸表面能形成均匀的覆盖膜，可以减少摩擦系数，并能保持表面清洁，提高表面的滑移效果。

第二节 发电机定子结构

汽轮发电机的定子主要由机座、定子铁芯、定子绕组、端盖等部分组成。

一、机座与端盖

机座的作用主要是支持和固定定子铁芯和定子绕组。如果用端盖轴承，它还要承受转子的重量和电磁力矩，同时在结构上还要满足发电机的通风和密封要求。

水氢氢冷发电机的机座除满足上述一般发电机要求外，对于1000MW发电机，机壳内的额定氢气压力为0.4～0.5MPa，还要能防止漏氢和承受住氢气的爆炸力。

机座由高强度优质钢板焊接而成。机壳和定子铁芯背部之间的空间是发电机通风(氢气)系统的一部分，它的结构和气流方向随通风系统的不同而异。对于定子铁芯为轴向通风的系统，机壳与铁芯背部之间的空间为简单风道。对于定子轴向分段、径向通风冷却的系统，常将机壳和铁芯背部之间的空间沿轴向分隔成若干段，每段形成一个环形小风室，各小风室相互交替地分为进风区和出风区。各进风区之间和各出风区之间分别用圆形或椭圆形钢管连通，也有的将每个进风区都设有独自的进风管，以减小各进风区(室)的压力差。进风口设在风扇进出的高压风区，出风口通向风扇背侧的低压风区并途经冷却器。

为了减少氢冷发电机通风阻力和缩短风道，冷却氢气的冷却器常安放在机座内的矩形框内。冷却器一般为2～4组，其布置位置主要有两种形式，即立放在发电机两端的两侧、横放在发电机上部两端(背包式)。

端盖是发电机密封的一个组成部分，为了安装、检修、拆装方便，端盖一般由水平分开的上下两半构成，采用钢板焊接结构或铝合金铸造结构。大容量发电机常采用端盖轴承，轴承装在高强度的端盖上。

端盖分为外端盖、内端盖和导风环(挡风圈)。内端盖和导风环与外端盖间构成风扇前或后的风路。

二、机座隔振——定子弹性支撑

对于大容量机组，为了降低由于转子磁通对定子铁芯的磁拉力而引起的双频振动，以及短路等其他因素引起的定子铁芯振动对机座和基础的影响，发电机定子铁芯和机座之间多采用弹性联结。其结构形式有多种，其中整体机座轴向组合式定位筋弹性隔振结构和内外机座切向弹簧板隔振结构两种形式，对大容量机组有较好的效果，已得到广泛应用。定子机座外形如图3-1所示。

图3-1 定子机座外形图

1. 定位筋弹性隔振结构

定位筋弹性隔振结构(包括组合式弹性结构)，也称为卧式隔振结构。

(1)在定位筋两侧开槽弹性隔振结构。定位筋开槽后，本身就成为弹性部件，用以完成定子铁芯与机座之间的弹性连接，这是一种最简单的弹性隔振结构。

(2)在定位筋背部装弹簧板。弹簧板通过垫块，用螺栓固定在定位筋背部，弹簧板中部与机座内的隔板相连，构成弹性隔振结构。

(3)在定位筋两侧装弹簧板，通过弹簧板与机座连接。

2. 内外机座切向弹簧板隔振结构

在内外机座切向弹簧板隔振结构中，机座分为内机座和外机座，定子铁芯先组装在内机座(内壳)中，内外机座之间用切向弹簧板连接。切向弹簧板沿轴向分为若干组，每组沿内机座外圆切向分布：一种是分布在上下和左右两侧(上下为水平的，左右为立式的)；一种是分布在左右和下面；还有一种是分布在左右两侧。这种隔振结构效果很好。国产优化型 QFSN-1000-2YH 型汽轮发电机出厂试验结果，其隔振系数(铁芯和机座的振动比)约为 10。

三、定子铁芯

定子铁芯是构成发电机磁路和固定定子绕组的重要部件。为了减少铁芯的磁滞损耗和涡流损耗，现代大容量发电机定子铁芯常采用磁导率高、损耗小、厚度为 0.35～0.5mm 的优质冷轧硅钢片叠装而成。每层硅钢片由几张扇形片组成一个圆形，每张扇形片都涂了耐高温的无机绝缘漆。B 级硅钢绝缘漆能耐温 130℃，一般铁芯许可温度为 105～120℃。涂 F 级绝缘漆，可耐受更高的温度。

定子铁芯的叠装结构与其通风散热方式有关。大容量发电机定子铁芯的通风冷却有铁芯轴向分段径向通风、铁芯全轴向通风和半轴向通风三种方式。

铁芯轴向分段径向通风式，铁芯沿轴向分段。中段每段厚度为 30～50mm；端部铁芯易发热，每段厚度应比中段的小。国产 QFSN-1000-2YH 型汽轮发电机属此种结构，沿定子铁芯全长分为 106 段，构成 105 个径向风道。

铁芯全轴向通风式，轴向是不分段的，铁芯轭部冲有几排孔径较大的通风孔，铁芯齿部也冲有几排孔径较小的通风孔，通风孔全轴向贯通。平圩电厂发电机(西屋技术)的定子铁芯属此种结构。

铁芯半轴向通风式，与全轴向通风式的不同之处是铁芯两端不分段，只在中间部分有若干轴向分段。冷却气体从铁芯两端进入轭部和齿部的轴向风道，经其中的若干径向风道流向气体冷却器。石洞口二电厂发电机(瑞士 ABB 厂制造)的定子铁芯属此种结构。

为了减少铁芯端部漏磁和发热，靠两端的铁芯段均采用阶梯形结构，即铁芯端部的内径由里向外是逐级扩大的。

图 3-2 定子铁芯

整个定子铁芯通过外回侧的许多定位筋及两端的齿连接片(又称压指)和压圈或连接片固定、压紧(如图 3-2 所示)，再将铁芯和机座连接成一个整体。有的发电机为了使铁芯轭部和齿部受压均匀并减少连接片厚度，铁芯除固定在定位筋上外，在铁芯内还穿有轴向拉紧螺杆，再用螺母紧固在连接片上。由于穿心螺杆位于旋转磁场中，各螺杆内会感生电动势，因此必须防止穿心螺杆间短路形成短路电流，这就要求穿心螺杆和铁芯相互绝缘，所有穿心螺杆端头之间也不得有电的联系。

汽轮发电机铁芯端部的发热问题比较突出。由于定子绕组端部伸出铁芯较长，出槽口后倾斜角大，形成喇叭形，同时其线负荷大、磁通密度高、端部漏磁大，因此形成一个较强的旋转磁场。隐极式转子绕组，其端部必须一排一排地沿轴向排在转子本体两侧的大护环内，虽然护环采用非磁性钢，但在转子端部仍有一个随转子旋转的静磁场。

以上两个旋转磁场在铁芯端部形成一个合成的旋转磁场，其中定子端部漏磁场为主要成分。合成漏磁分布复杂，在定子铁芯端部漏磁既有径向分量，又有轴向分量。漏磁主要集中在定子的压圈内圆、压指和端部最边段铁芯齿处，导致这些部位附加损耗增大，温度升高。

为了解决大容量汽轮发电机端部发热问题，制造厂主要采取了下列措施。

(1)把定子端部的铁芯做成阶梯状，用逐步扩大气隙以增大磁阻的办法来减少轴向进入定子边段铁芯的漏磁通。

(2)铁芯端部各阶梯段的扇形叠片的小齿上开1～2个宽为2～3mm的小槽，以减少齿部的涡流损耗和发热。

(3)铁芯端部的齿连接片及其外侧的压圈或连接片采用电阻系数低的非磁性钢，利用其中涡流的反磁作用，削弱进入端部铁芯的漏磁通。

(4)在压圈外侧加装环形电屏蔽层，用电导率高的铜板或铝板制成。铁芯端部采用阶梯形后，压圈处的漏磁会有所增多，利用电屏蔽层中的涡流能有效阻止漏磁进入压圈内环部分，以防压圈局部出现高温和过热。

(5)铁芯压紧不用整体压圈而用分块铜质连接片(铁芯不但要用定位筋，还要用穿心螺杆锁紧)，这种连接片本身也起电屏蔽作用，分块后也可减少自身的发热。有的还在分块连接片靠铁芯侧再加电屏蔽层。

(6)在压圈与压指(铁芯齿连接片)之间加装磁屏蔽，用硅钢片冲成无齿的扇形片叠成，形成一个磁分路，能减少齿根和压圈上的漏磁集中现象。

(7)转子绕组端部的护环采用非磁性的锰铬合金制成，利用其反磁作用，减小转子端部漏磁对定子铁芯端部的影响。

(8)在冷却系统中，加强对端部的冷却。

四、水内冷定子绕组

1. 定子绕组结构

大容量发电机定子绕组和一般交流发电机定子绕组的共同点是都采用三相双层短距分布绕组，目的是改善电流波形，即消除绕组的高次谐波电动势，以获得近似的正弦波电动势。

定子绕组采用叠式绕组，每个线圈都是由两根条形线棒各自做成半匝后，构成单匝式结构，然后在端部线鼻处用对接或并头套焊接成一个整单匝式线圈。线圈按双层单叠的方式构成绕组的一个带。1000MW发电机的定子绕组都采用单匝短距双层叠式绕组，相间接成双星形(YY)。绕组端部结构如图3-3所示。

图3-3　绕组端部结构

绕组每匝线圈的端部(伸出铁芯槽外部分)都向铁芯的外圆侧倾斜，按渐开线的形式展开。端部绕组向外的倾斜角为15°～30°，形似花篮，故称篮形绕组。

水内冷定子绕组线棒采用聚酯玻璃丝包绝缘实心扁铜线和空心裸铜线组合而成。一般把一根空心导线和2～4根实心绝缘扁线编为一组，一根线棒由许多组分成2～4排构成。国产1000MW发电机定子线棒空心、实心导线的组合比为1∶2。

线棒中的空心导线通水又通电。为了减少空心导线内的附加损耗，内孔高度常选为

2mm，壁厚为 1.25～1.5mm，导线高度为 4.5～5.5mm，导线宽度常为高度的 1.5～2 倍，约为 7～12mm。国产 1000MW 发电机定子线棒的空心、实心导线有两种规格：空心线为 4.7×7.5/5.1×7.9，实心线为 2.24×7.5/2.6×7.9。

为了抑制趋肤效应，使每根导体内电流均匀，减少直线及端部的横向漏磁通在各股导体内产生环流及附加损耗，线棒各股线(包括空心线)要进行换位。大容量发电机定子线棒一般采用 540°换位，如国产 1000MW 汽轮发电机的定子线棒就采用直线部分进行 540°编织换位。

2. 定子绕组绝缘

定子绕组绝缘包括股间绝缘、排间绝缘、换位部位的加强绝缘和线棒的主绝缘。

主绝缘是指定子导体和铁芯间的绝缘，也称对地绝缘或线棒绝缘。主绝缘是线棒各种绝缘中最重要的一种绝缘，最易受到磨损、碰伤、老化和电腐蚀及化学腐蚀。主绝缘在结构上可分为两种：一种是烘卷式，一种是连续式。大容量发电机都采用连续式绝缘。

现在国内外大容量汽轮发电机定子绕组的绝缘材料，普遍采用以玻璃布为补强材料的环氧树脂为黏合剂或浸渍剂的粉云母带，最高允许温度为 130℃。其优点是耐潮性高、老化慢，电气、机械及热性能好，但耐磨和抗电腐蚀能力较差。

线棒的制作一般是先将编织换位后的线棒垫好排间绝缘和换位绝缘，刷或浸 B 级黏合胶，再用云母粉、石英粉和 B 级胶配成的填料填平换位导线处和各股线间间隙，热压胶化成一整体，端部再成型胶化。然后，用以玻璃布为底的环氧树脂粉云母带胶带，沿同一方向包绕，每包一层表面需刷漆一次，待包绕到绝缘要求的层数，再热压成型，最后喷涂防油、防潮漆及分段涂刷各种不同电阻率的半导体防晕漆。涂了半导体防晕漆后，可以防止线棒表面处于槽口和铁芯通风槽处的电场突变。

现今流行的大型发电机绝缘是用多胶环氧粉云母带(含胶量为 35.5%～36.5%)连续式液压或烘压成型。

新发展的绝缘的介电强度达 25～3kV/mm，热态介质损耗为 0.06～0.08，所以其厚度普遍较小，如 20kV 级为 4.5～5.5mm、24kV 级为 5.5～6.5mm 等，耐热等级一般为 B 级或 F 级。我国研制的改型环氧绝缘的平均击穿电场强度也达 30kV/mm，130℃时的 $\tan\delta$ 为 6.36%，并已用在 1000MW 发电机上。

3. 定子绕组在槽内的固定

发电机运行时，定子线棒的槽内部分受到各种交变电磁力的作用。上下层线棒之间的相互作用和定子铁芯的影响所产生的径向力起主要作用。短路时每厘米线棒上所受的电磁力可达几百公斤力，线棒若不压紧就会在槽内出现双倍频率的径向振动。线棒电流与励磁磁通的相互作用还会产生一个与转子旋转方向相同的切向力，使线棒压向槽壁。如果出现振动，就会使线棒与槽壁发生摩擦。这不仅会使绝缘磨损，而且还会使绝缘产生积累变形、股线疲劳，导致绕组寿命降低。

大容量发电机在固定线棒的槽部时，在槽底、上下线棒间及槽楔下，垫以半导体漆环氧玻璃布层连接片或酚醛层连接片或垫以半导体适形材料制成的垫条；槽侧面用半导体弹性波纹板楔紧，也有用半导体斜面对头楔代替弹性波纹板的；在槽口处再用一对斜楔楔紧。对槽底、线棒间和楔下垫以加热后可固化的云母垫条或半导体适形材料的，下好线后，先对其进行加热加压固化，使线棒和槽紧密贴合，然后往楔口打八斜面对头楔。

我国引进美国西屋公司技术优化设计的 1000MW 汽轮发电机，其绕组在铁芯槽部的固定结构为：在槽底和上、下层线棒之间填加外包聚酯薄膜的热固性适形材料，采用胀管压紧工艺，使线棒在槽内良好就位；在线棒的侧面和槽壁之间配塞半导体垫条，使线棒表面良好接地；定子槽槽楔为高强度F级玻璃布卷制模压成型；在槽楔下采用弹性绝缘波纹板径向压紧线棒，防止槽楔松动，在制造中，由槽楔上的测量孔测量波纹板的压缩量，以保持径向规定压力；在每槽两端的槽楔，采用开人字形槽的结构锁紧槽楔，防止在运行中松动产生轴向位移。

第三节 发电机转子结构

一、转轴

发电机的转子是除定子之外的另一个重要部件。在转轴上开有一些对称的槽，槽内嵌有转子绕组。运行时转子绕组通入直流电流，从而在绕组上产生直流电场。当转子在定子膛内高速旋转时，该直流电场对定子绕组进行切割，根据电磁感应定律，在定子绕组上将产生感应电压。根据定子绕组和转子绕组的结构设计，转子旋转时将在定子绕组上感应出符合要求的正弦电压，并且向负荷供电。典型的1000MW发电机转子外观如图3-4所示。

图3-4 1000MW发电机转子外观

发电机的转子主要由转轴、转子绕组、集电环、护环、中心环、阻尼环、电刷和刷架等组成。1000MW发电机的转子在实际运行中都是通氢冷却的，因此在转子本体表面以及转子绕组上都开有很多的通风孔，这样可以保证在转子运行中，氢气这一冷却介质对转子的充分冷却，如图3-5所示。

图3-5 转子本体上的通风孔

发电机转轴由整锻高强度、高磁导率合金钢锻件(如NiCrMoV锻件)加工而成。机加工前，需要进行多种试验，对锻件的物理和化学成分、机械性能及磁性能等进行测试，并进行超声波探伤，以确保锻件本体满足所需规范要求。转轴本体上铣有放置转子励磁绕组的槽，且沿轴向呈对称性开槽。在绕组中通有直流电流时，本体同时作为磁路，通过磁性和非磁性槽楔承受离心力的作用，可以获得正常的磁通分布。这些楔销一个一个单独装配，并揳入转子槽上由机加工而成的燕尾槽中。

转轴具有传递功率、承受事故状态下的扭矩和承受高速旋转产生的巨大离心力的能力。转轴大齿上加工横向槽(即月牙槽)，用于均衡大、小齿方向的刚度，以避免由于它们之间的较大差异而产生倍频振动。

二、绕组及其通风结构

转子绕组采用具有良好的导电性能、机械性能和抗蠕变性能的含银铜线制成，以提高发电机承担调峰负荷的能力。转子绕组槽部采用气隙取气斜流通风的内冷方式，在转子线棒上

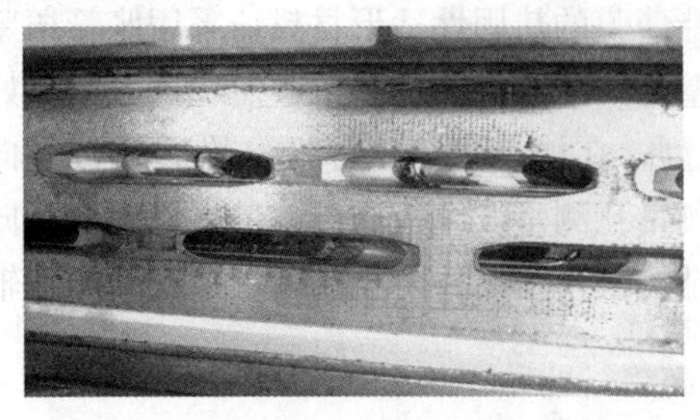

图 3-6 转子绕组线棒上的斜流通道

凿了两排不同方向的斜流孔至槽底，使之沿转子本体轴向形成若干个平行的斜流通道，如图 3-6 所示。

通过这些通道，冷却用的氢气交替地进入和流出转子绕组进风口的风斗，迫使冷却氢气以与转子转速相匹配的速度通过斜流通道到达导体槽的底部，然后拐向另一侧同样沿斜流通道流出导体。从每个进风口鼓进的冷风是分成两条斜流通道向两个方向流进导体的，同样，有两条出风通道汇流在一起从出风口流出进入转子与定子之间的气隙。因此，每个通道从平行线棒纵向切面看成“V”形，而垂直线棒横断面透视图为“U”形。转子绕组气隙取气斜流通风示意如图 3-7 所示。

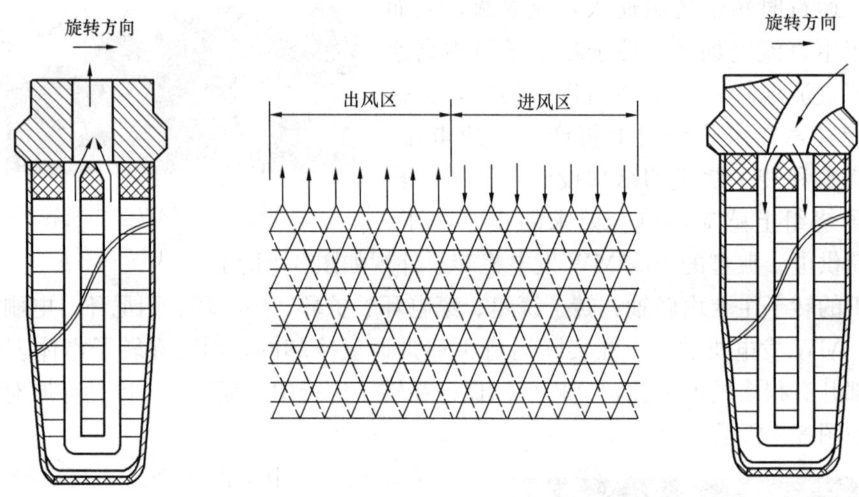

图 3-7 转子绕组气隙取气斜流通风示意

在运行中转子利用自泵风作用，从进风区气隙吸入氢气。通过转子槽楔后，进入两排斜流风道，以冷却转子铜棒。氢气到达底匝铜棒后，转向进入另一排风道，冷却转子铜棒后再通过转子槽楔，从出风区排入定子与转子之间的气隙，形成与定子相对应的进、出风区相间的气隙取气斜流通风系统。对于转子两端绕组，气隙取气斜流通风系统所冷却不到的部分，冷却气体由风扇压迫进入护环下的轴向风道，然后从本体端部径向风道进入气隙。

转子绕组端部通常采用效果较好的“两路半”风路结构。一路风从下线槽底部的副槽进入转子本体部分的端部风路，另一路风从转子线圈端部的中部进入铜线风道，再从转子本体端部排入气隙。为了加强后一路风的冷却效果，在这路风的中途再补入半路风，即形成“两路半”的风路结构，如图 3-8 所示。

转子线圈放入槽内后，槽口用铝合金槽楔和钢槽楔固紧，以抵御转子高速旋转产生的离心力。非磁性槽楔和磁性槽楔的配合应用保证了合理的磁通分布。

转子槽衬用含云母、玻璃纤维等材料的复合绝缘压制而成，具有良好的绝缘性能和机械性能。

槽衬内表面和端部护环绝缘内表面涂以具有低摩擦系数的干性滑移剂，使转子铜线在负

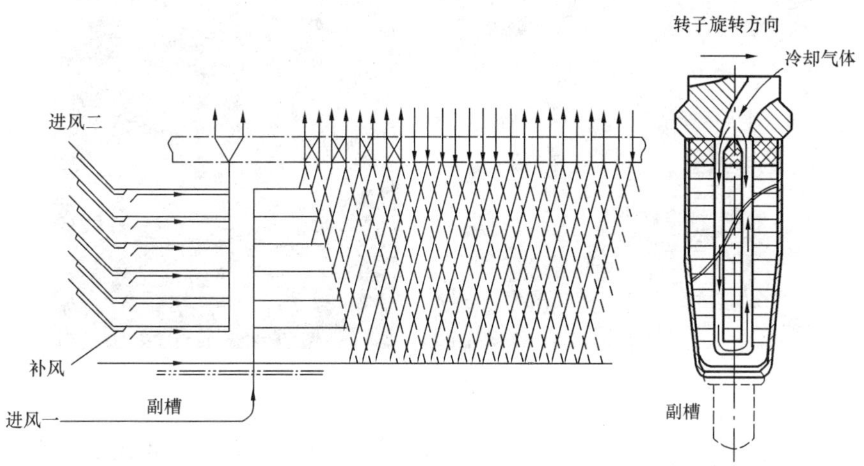

图 3-8 转子绕组端部通风示意

荷及工况变化引起热胀冷缩时，可沿轴向自由伸缩，以满足发电机调峰运行的要求。

三、转子引线和集电环

励磁电压首先加在集电环上，然后通过与集电环相连的导电杆、导电螺钉、转子引线接至转子绕组。导电螺钉用高强度和高电导率的合金制成，导电螺钉与转轴之间有密封结构以防漏氢。

集电环用耐磨合金钢制成，是一对带有沟槽的钢环，在实际运行中，沟槽可以起到散热的作用。在集电环与转轴之间设有绝缘套筒，经绝缘后，集电环与转轴之间采用热套装配，如图 3-9 所示。

集电环上还加工有轴向和径向通风孔，表面的螺旋沟还可以改善电刷与集电环的接触状况，使电刷之间的电流分配均匀。从图 3-9 中还可以看到，两集电环之间还有一个特殊的风扇。这是一同轴离心式风扇，可以对两侧的集电环及电刷进行空气强迫冷却。

图 3-9 集电环与转轴之间的热套装配

图 3-10 护环的位置

四、护环、中心环、阻尼环

由于转子旋转时，转子绕组端部受到强大的离心力，为了防止对转子绕组端部的破坏，采用了非磁性、高强度合金钢(Mn18Cr18)锻件加工而成的护环来保护转子绕组端部，如图 3-10 所示。护环的结构如图 3-11 所示。

护环分别装配在转子本体两端，与本体热套配合，另一端套在悬挂的中心环上。转子绕

图 3-11 护环的结构

图3-12 阻尼环、绝缘环及中心环之间的装配

组与护环之间采用模压的绝缘环绝缘。为减少由不平衡负荷产生的负序电流在转子上引起的发热，提高发电机承担不平衡负荷的能力，在转子本体两端设有阻尼绕组，阻尼环、绝缘环及中心环之间的装配如图3-12所示。中心环对护环起着与转轴同心的作用。当转子旋转时，轴的挠度不会使护环因受到交变应力作用而损伤。另外，中心环还有防止转子绕组端部轴向位移的作用。

五、电刷与刷架

电刷是将励磁电流通入高速旋转的转子绕组的关键部件。电刷依靠自身内部的弹簧设计，能与高速转动的转子集电环保持稳定的接触，从而确保励磁电流安全、稳定地进入转子励磁绕组中。由于电刷头部长期与转动的集电环发生接触摩擦，电刷头部容易产生磨损，因此，需要定期进行检查或更换。为保证发电机在运行时能安全、迅速地更换电刷，一般均采用盒式刷握式结构，每次可更换一组(4个)电刷。盒式电刷与刷握的结构如图 3-13 所示，一种常用的摩根盒式电刷架如图 3-14 所示。

电刷又称为碳刷，它采用天然石墨材料黏结制成，具有很好的导电性能，并且具有较低的摩擦系数和一定的自润滑作用。每个电刷都接有两根柔性的铜引线(即刷辫)，如图 3-15 所示。刷架内的螺旋式弹簧(如图 3-16 所示)将恒力施加在电刷中心上，使电刷头部与转子

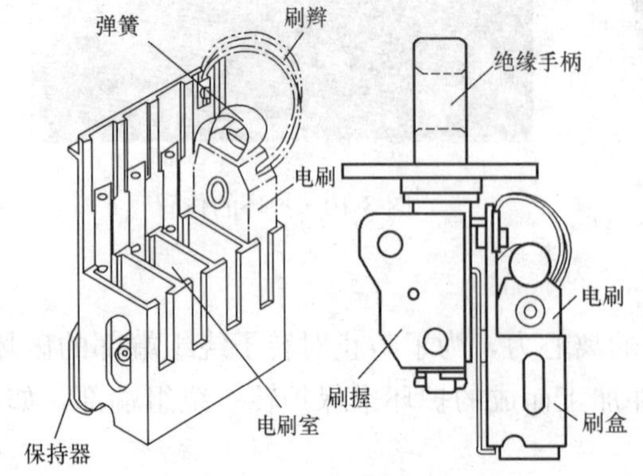

图 3-13 盒式电刷与刷握的结构

图 3-14 常用的摩根盒式电刷架

集电环紧紧接触。

图 3-15 电刷

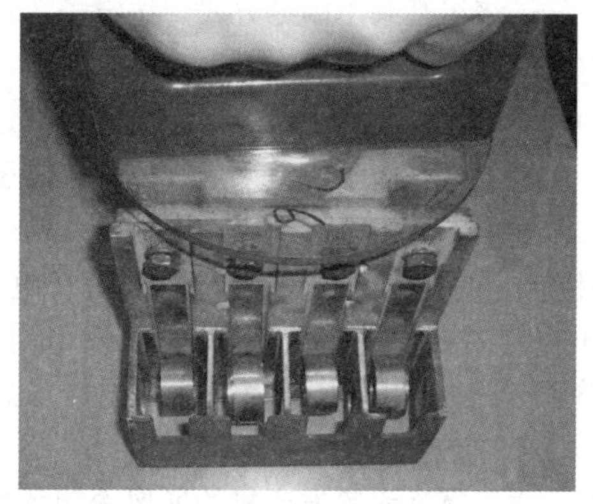
图 3-16 刷架内的螺旋式弹簧

刷架由导电环、刷座及风罩等部件组成，对地是绝缘的，如图 3-17 所示。在电刷上一般标有一条磨损极限，如果磨损超过这条线，就表示不能继续使用，需要进行更换。正常运行条件下，电刷磨损量在 1000h 时为 10～15mm。

图 3-17 刷架实况

第四节 发电机冷却与通风系统

一、发电机冷却

发电机运行中将产生各种损耗，这些损耗一方面使发电机的效率降低，另一方面转换成热量，使发电机各部位的温度升高。温度过高或高温延续时间过长，将使绝缘材料加速老化，缩短使用寿命，甚至引发发电机事故。因此发电机的冷却对发电机的安全稳定运行具有重要作用。

发电机的发热部件，主要是定子绕组、定子铁芯、转子绕组及铁芯两端的金属附件，必须采用高效的冷却措施，使这些部件发出的热量及时散发出去，保证其温度不超过允许值。

目前大型发电机的冷却介质主要是氢气、水和油。相对冷却能力的比较，水的冷却能力最好。

在发电机冷却系统中，冷却介质可以按不同的方式组合。对于大容量的汽轮发电机，其定子、转子绕组都采用内冷方式。按定子、转子绕组和铁芯冷却介质的不同组合，大容量汽轮发电机的冷却方式主要有以下几种：

1)全氢冷：定、转子绕组采用氢内冷，定子铁芯采用氢冷。

2)水氢氢冷：定子绕组采用水内冷，转子绕组采用氢内冷，定子铁芯采用氢冷。

3)水水氢冷：定子绕组采用水内冷，转子绕组采用水内冷，定子铁芯采用氢冷。

目前国内外生产的1000MW汽轮发电机大部分为水氢氢冷却方式。国内电厂已装设或正在计划装设的1000MW汽轮发电机都为水氢氢冷却方式，因此这里主要介绍水氢氢冷汽轮发电机。定子绕组的水内冷形式单一，这里主要讨论汽轮发电机的通风冷却系统。

二、水氢氢冷汽轮发电机的通风冷却系统

对于水氢氢冷汽轮发电机，转子绕组采用氢内冷，定子铁芯采用氢冷。目前主要有以下三种类型的通风冷却系统。

1. 半轴向通风的冷却系统

定子铁芯和转子绕组都采用半轴向通风的冷却系统，如图3-18所示。冷却器5置于发电机中部，经冷却器冷却后的冷氢，由汽侧风扇4迫使其分成两路。其中一路直接进入汽侧铁芯1和转子绕组轴向冷却风道，另一路经机壳上的风道送至励侧，进入铁芯和转子绕组的另一半轴向冷却风道。汽励两端进入铁芯和转子绕组的氢气都从铁芯中段径向风道排出，排出的热氢再进入冷却器。这就完成了机内氢气的循环冷却。

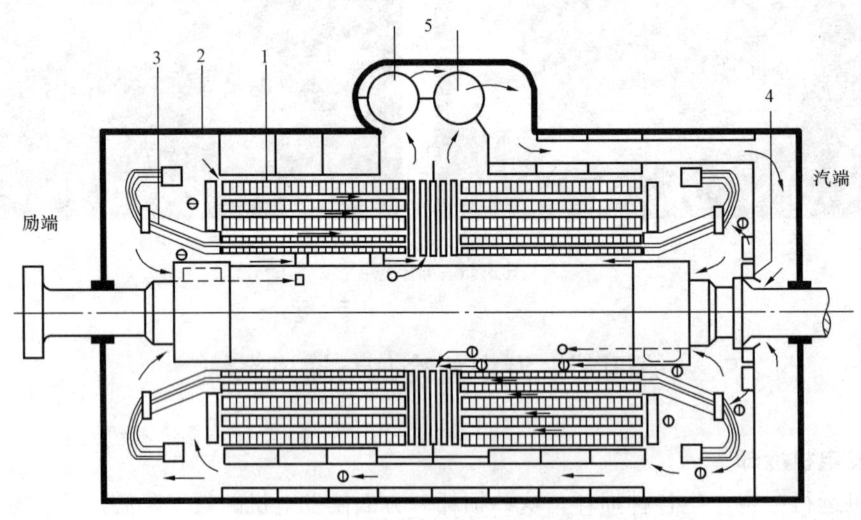

图3-18 半轴向通风冷却系统

1—铁芯；2—机壳；3—定子绕组；4—风扇；5—冷却器

2. 定子铁芯轴向通风和转子绕组半轴向通风的冷却系统

考核型发电机采用此种冷却系统，如图3-19所示。由位于汽侧的五级轴流式高压头风扇5抽出的热氢，首先进入设置在汽侧的冷却器4，冷却后的冷风分为两路：一路经铁芯背部流到励侧端部后，一部分进入定子铁芯3的全轴向通风道，在汽侧排出，另一部分进入转子绕组1的端部和轴向风道，分别在转子本体端部排气槽和转子中部径向排至气隙；另一路冷风转弯经风路隔板和汽侧端盖间的风路进入汽侧转子绕组端部和轴向风道，分别在转子本体端排气槽和转子中部径向排至气隙，铁芯的轴向出风和转子的气隙出风(热氢)都被高压头风扇抽出再进入冷却器，完成机内氢气循环冷却。为防止励侧风路短路，在励侧铁芯端部的气隙处设有气隙隔环。

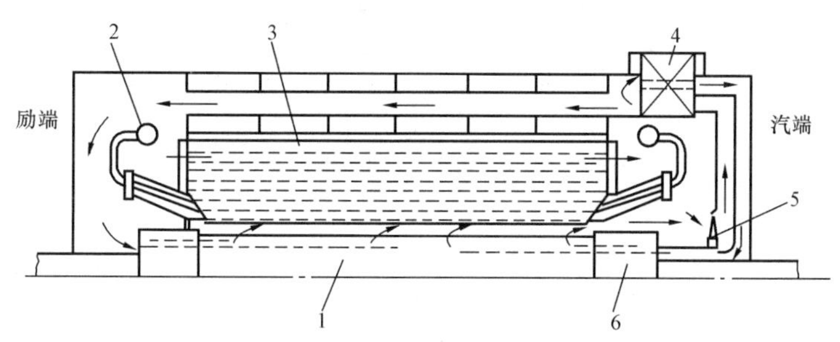

图 3-19 定子铁芯轴向通风和转子绕组半轴向通风冷却系统

1—转子绕组；2—励端水母管；3—定子铁芯；4—冷却器；5—风扇；6—转子护环

3. 定子铁芯径向通风和转子绕组气隙取气斜流通风的冷却系统

这种通风系统也称为定子、转子耦合的径向多流式通风系统。QFSN-1000-2-27 型 1000MW 汽轮发电机即采用此种冷却系统，如图 3-20 所示。定子铁芯沿轴向分为 19 个风区，9 个进风区和 10 个出风区相间布置。安装在转轴上的两个轴流式风扇(汽侧、励侧各一个)，将氢气分别鼓入气隙和机座底部外通风道。进入机座底部外通风道的氢气进入铁芯背

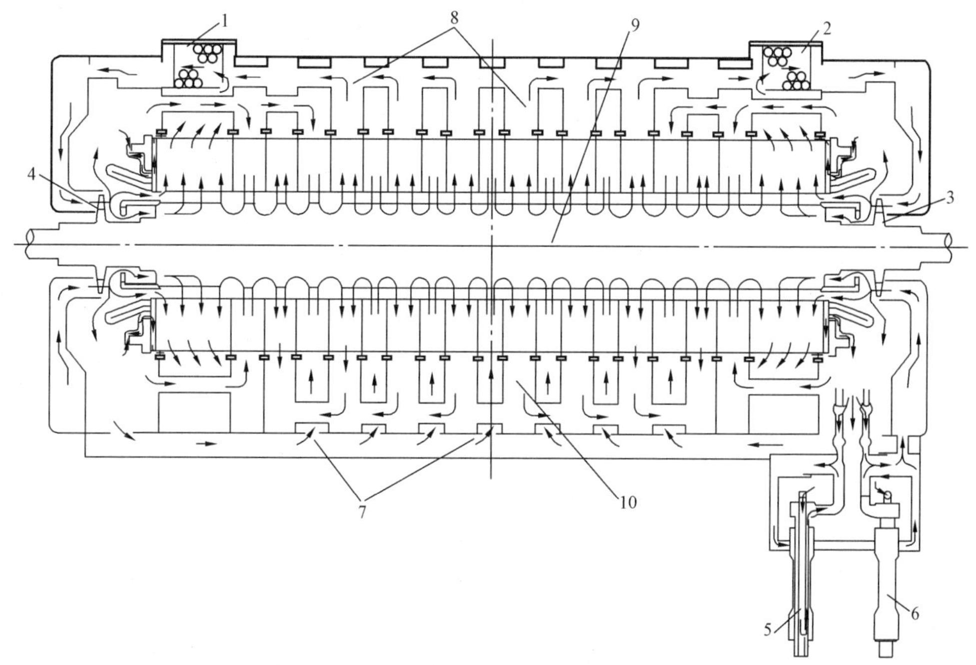

图 3-20 定子铁芯径向通风和转子绕组气隙取气斜流通风的冷却系统

1、2—氢冷却器；3、4—风扇；5—定子出线；6—中性点；7—进风区；8—出风区；9—转子铁芯；10—定子铁芯

部，沿铁芯径向风道冷却进风区铁芯后，进入气隙；少部分氢气进入转子槽内风道，冷却转子绕组；其他大部分氢气再折回铁芯，冷却出风区铁芯，最后从机座顶部外通风道进入冷却器；被冷却器冷却后的氢气进入风扇后，进行再循环。

这种交替进出的径向多流通风保证了发电机铁芯和绕组的均匀冷却，减少了结构件的热应力和局部过热。为了防止风路短路，常在定转子之间气隙中冷热风区间的定子铁芯上加装气隙隔环，以避免由转子抛出的热风吸入转子再循环。

第四章

汽轮发电机正常运行

第一节　大型发电机运行性能和特点

一、功率因数和短路比

高压电网不同电压等级之间，按照无功分层平衡的原则，不进行无功传递，机组送出的无功功率，主要是满足配出电压网分层平衡的需求。大容量机组直接接入高压电网，并不直接向用户输送无功功率。因此大型汽轮发电机组的功率因数普遍较高，我国三大电机厂的1000MW级发电机功率因数均为0.9。短路比的大小与发电机的饱和程度及直轴电抗X_d有关，考虑到静稳极限的关系，X_d的数值不宜过大，国际上规定短路比不得小于0.4，我国三大电机厂的1000MW级发电机短路比均在0.5左右。

二、进相运行能力

为了吸收系统多余的无功，可以在有需要的线路两侧装设可投切的电抗器，但最简单、最经济的方法，即是利用发电机的进相运行能力来进行调节。发电机的进相运行能力在很大程度上受端部漏磁发热的限制，在制造定子铁芯端部时采取一些技术措施，如采用非磁性钢的转子护环、采用铜板屏蔽、开槽分割以限制涡流通路、定子铁芯端部做成阶梯形等，可降低进相运行时的端部温升，从而提高进相运行时的允许出力。国际大电网会议发电机组对发电机的进相运行能力给出建议：所有短路比不小于0.4的发电机，应能在额定有功功率运行时，吸收功率因数为超前0.95的无功。

三、失磁问题

大型汽轮发电机失磁后能否在短时间内无励磁运行，受到多种因素的限制。发电机失磁后，由失磁到失步再进入异步运行，这时发电机由向电网输出无功功率变为从电网吸收无功功率。如果系统容量较大，且有足够的无功储备，系统电压不会严重下降，仍能保持系统稳定运行，则对电力系统而言机组异步运行是允许的。但如果单机容量在系统占的份额较大，且系统无功补偿的能力不足，就会导致系统电压显著下降，甚至造成整个系统崩溃瓦解。国内外试验资料表明，发电机失磁后吸收的无功功率，相当于失磁前它所发出的有功功率的数量。由于失磁后发电机转变成吸收无功功率，发电机定子端部发热增大，可能引起局部过热。发电机失磁异步运行时，转子本体上的感应电流引起的发热最为突出，往往是主要限制因素。此外，由于转子的电磁不对称所产生的脉动转矩将引起机组和基础振动。因此，某一台发电机能否失磁运行、异步运行时间的长短和送出功率的多少，只能根据发电机的类型、参数、转子回路连接方式（与失磁状态有关）及系统情况等，进行具体分析。对于大容量发电机，由于其满负荷运行失磁后从系统吸收较大的无功功率，往往对系统的影响较大，所以大型发电机不允许无励磁运行。失磁后，通过失磁保护动作于跳闸，将发电机解列。国内的1000MW汽轮发电机都装有失磁保护，当出现失磁时，一般经0.5～3s就动作跳开发电机，也就是不允许其异步运行。

四、负序电流能力

汽轮发电机不对称运行时，定子绕组会出现负序电流。出现不对称的原因可能是负荷不对称（如系统中有大容量单相电炉、电气机车等不对称用电设备）、输电线路不对称（如一相断线、某一相因故障或检修切除后采用两相运行）或系统发生不对称短路故障。发电机附近发生不对称短路，将出现最严重的不对称短时运行（决定于保护动作时间）。

当发电机的定子绕组流过负序电流时，在转子侧的励磁绕组、阻尼绕组及转子本体中感应出两倍频电流，产生局部过热；负序电流产生的负序磁场还会产生两倍频脉动转矩，对轴系振动产生不良影响。

我国生产的1000MW汽轮发电机的稳态（长时）负序能力I_2（标幺值）均为6%，暂态负序能力I_2^2t都等于6。发电机不对称运行，负序电流超过允许值时，应设法减小不平衡电流（如减小发电机出力等）至允许值，如不平衡电流所允许时间已到达，则应立即将发电机解列。

五、快速励磁

大型1000MW机组采用自并励快速励磁系统，作为固有高起始响应励磁系统，改善了远距离输电的静态稳定和暂态稳定问题，但在某些系统运行方式下，也可能提供负阻尼，对系统的动态稳定产生不良影响。目前，普遍采用在励磁调节器中安装电力系统稳定器（PSS）的措施来解决。

六、轴系扭振

大型发电机组与大电网相互作用，可以产生不同性质的冲击，影响轴系强度，冲击可以分为两种。第一种是直接冲击，电网工况异常如短路、重合闸、系统振荡或非同期并列带来的对轴系的影响。第二种是机组电气参数和机械结构之间的扭应力谐振，如非对称运行时负序电流引发的100Hz两倍频振动；大型汽轮发电机组通过带串联补偿的交流输电线路接入电网时，由于机组轴系多个扭振频率低于同步频率，当扭振频率和输电系统LC谐振的频率互补（其和等于工频50Hz）时将引起共振，称为电力系统次同步振荡（SSR）。由以上两种因素造成的轴系损害和叶片断裂，是大机组接入大电网后，要引起高度重视的问题，除了在制造、运行方式、继电保护等方面采取相应的措施，也可以在电气控制策略上采取一些办法，如抑制次同步振荡的励磁附加控制（SEDC）等。

第二节　大型发电机出力

发电机按产品铭牌上的额定参数运行，称为发电机的额定工作状态，属于正常运行状态。这一运行状态的特征是电压、电流、出力、功率因数、冷却介质温度和压力都是额定值。发电机在额定工作状态下能长期连续运行。

发电机在长期连续运行时的允许出力，主要受机组的允许发热条件限制。发电机带负荷运行时，其绕组和铁芯中都有能量损耗，引起各部分发热。在一定冷却条件下运行时，发电机各部分的温升与损耗及其所产生的热量有关。发电机负荷电流越大，损耗就越大，所产生的热量也越多，温升就越高。汽轮发电机的额定容量，是在一定冷却介质（空气、氢气和水）温度和氢压下，在定子绕组、转子绕组和定子铁芯的长期允许发热温度的范围内确定的。

发电机的绕组和铁芯的长期发热允许温度，与采用的绝缘等级有关。大容量发电机一般都采用耐热等级为 B 级或 F 级绝缘。表 4-1 列出了我国国家标准中对 B 级和 F 级绝缘的氢气和水直接冷却发电机及其冷却介质的允许温度限值（详见 GB/T 7064—2008《隐极同步发电机技术要求》和 GB 755—2008《旋转电机　定额和性能》）。

表 4-1　　氢气和水直接冷却的温度限值

部　件	测量位置和测量方法	冷却方法和冷却介质	温度限值（℃）	
			热分级 130（B）	155（F）
定子绕组	直接冷却有效部分的出口处的冷却介质检温计法	水	90	90
		氢气	110	130
	槽内上、下层线圈间埋置检温计	水	90[a]	90[a]
转子绕组	电阻法	氢气直接冷却转子全长上径向出风区数目：[b]		
		1 和 2	100	115
		3 和 4	105	120
		5～7	110	125
		8～14	115	130
		14 以上	120	135
定子铁芯	埋置检温计法		120	140
不与绕组接触的铁芯及其他部分	这些部件的温度在任何情况下不应达到使绕组或邻近的任何部位和绝缘或其他材料有损坏危险的数值			
集电环	检温计法		120[c]	140

a　应注意用埋置检温计法测得的温度并不表示定子绕组最热点的温度，如冷却水和氢气的最高温度分别不超过有效部分出口处的限值（90℃和 110℃），则能保证绕组最热点温度不会过热，埋置检温计法测得的温度还可用来监视定子绕组冷却系统的运行。

在定子绝缘引水管出口端未装设水温检温计时，则仅靠定子线圈上下层间的埋置检温计来监视定子绕组冷却水的运行，此时，埋置检温计的温度限值不应超过 90℃。

b　采用氢气直接冷却的转子绕组的温度限值，是以转子全长上径向出风区的数目分级的。端部绕组出风在每端算一个风区，两个反方向的轴向冷却气体的共同出风口应作为两个出风区计算。

c　集电环的绝缘等级应与此温度限值相适应。

表 4-1 中的温度限值，是在使用规定的测量方法下的允许限值。埋置于定子槽内线棒间、槽底或槽楔下的电阻温度计所测出的温度，以及用电阻法测量的转子绕组的平均铜温，并不能反映定子、转子绕组最热点的温度，而发电机的允许负荷是根据绕组最热点处的温度不超过绝缘材料的允许温度限值确定的。通常，不能准确地知道汽轮发电机最热点的温度，而且又无法直接测量，因此只能通过在试验和运行中的测量方法测出的温度统计数值，再考虑最热点可能温升的修正值，才能得出绕组最热点温度，然后看其是否超过绝缘材料的允许温度。B 级绝缘的允许最高温度为 130℃，F 级绝缘的允许最高温度为 155℃。

对于采用绕组内冷的发电机，因为容量大，最热点的温度更为突出，并且随冷却方法的不同，各部分温度的不均匀性将有很大的差异。例如，国产 QFQS-200-2 型发电机，转子采用端部两路通风、槽部中间铣孔的通风结构，它在氢压为 0.3MPa、转子绕组电流为 1749A（额定值）、进风温度为 40℃的条件下制造，利用埋设的测温元件对转子进行了温升试验，根据测量结果，并考虑到修正值后，转子最高温度在汽轮机端背风侧高达 100.8℃，转子绕组的平均温度仅为 71.8℃，温升不均匀系数（即转子绕组的最热点温升与平均温升之比）选 1.9。又如苏联 TBB 系列发电机，转子采用气隙取气式通风系统，槽部绕组的温升不均匀系数等于 1.3～1.35；而对于 TBB 系列发电机，转子采用的是“两侧进气、中间出气”的强迫通风系统，这时从转子端部的气体入口到转子中部的气体出口，转子绕组的温升逐步增加，其温升的不均匀系数达到 1.7～1.8。

以上情况表明，在相同的绝缘等级允许温度限值下，由于各种发电机通风结构不同，其温升的不均匀系数存在差异，因此，即使采用相同的测量方法，转子绕组相应的允许温度也可能有些不同。

第三节　大型发电机运行可靠性及影响使用寿命的因素

一、概述

汽轮发电机是高速旋转的大容量电气设备，其定子绕组额定电压一般都在 6.3kV 以上，现代百万千瓦级汽轮发电机定子绕组额定电压已达 27kV。为了保证发电机正常工作及运行人员的人身安全，其带电部分定子、转子绕组都有对地绝缘。在发电机投入运行以前，一般还要检测定子、转子绕组对地的绝缘电阻是否符合标准。新机及大修后，有时在定子绕组出线端突然短路等非正常运行以后，还要进行定子绕组的耐电压试验，按有关标准合格后，才能投入运行。这些都是判断该发电机的绝缘是否能保证正常及安全运行的指标。影响汽轮发电机定子绕组耐电压性能等的因素，除了发电机本身的制造质量，再就是运行中的温度和电磁力引起的机械损伤。实践证明，发电机运行中，绝缘的机械损伤，往往是影响绕组能否继续使用的重要因素，发电机运行的环境如潮湿、污染等也影响绕组绝缘正常及安全运行的寿命。

二、汽轮发电机运行温度对绝缘寿命的影响

众所周知，电机允许运行温度与其定子、转子绕组及铁芯采用的绝缘材料或绝缘系统耐热等级有关，电机绝缘（材料）耐热等级见表 4-2。

表 4-2　　发电机绝缘（材料）耐热等级

耐热等级	Y	A	E	B	F	H	200
温度（℃）	90	105	120	130	135	180	200

汽轮发电机定子、转子绕组及定子铁芯允许运行温度根据 GB/T 7064—2008《隐极同步发电机技术要求》，见表 4-3、表 4-4。汽轮发电机关键部件允许运行温度不但与其使用的绝缘材料耐热等级有关，还与其绝缘及冷却结构、测点位置、测量方法等有关。如一般空气冷却间接冷却时采用 B 级绝缘材料，按材料耐热等级允许运行温度 130℃。但其定子铁芯（在出风区）冷却介质进风温度 40℃时，用埋置检温计法的温升限值是 80K，相当于温度 120℃；其定子绕组（在出风区）用槽内层间埋置检温计法的温升限值是 85K，相当于温度

125℃；其转子绕组用电阻法的温升限值是 90K，相当于平均温度 130℃。水内冷绕组允许运行温度降低，是考虑了水在导体内的汽化影响水的流动。不同部件的绝缘结构及冷却等情况不同，允许运行温度各有不同。

表 4-3　　空冷电机温升限值（按 B 级绝缘材料考核）

部　件	测量位置和测量方法	冷却介质为 40℃时的温升限值（K）	
定子绕组	槽内上、下层线圈间埋置检温计法	热分级 130（B）	155（F）
		85	110
转子绕组	电阻法	间接冷却：90 直接冷却：75（副槽） 65（轴向）	115 100（副槽），90（轴向）
定子铁芯	埋置检温计法	80	105
集电环	温度计法	80	105
不与绕组接触的铁芯及其他部件	这些部件的温升在任何情况下都不应达到使绕组或邻近的任何部件的绝缘或其他材料有损坏危险的数值		

表 4-4　　氢气间接冷却的温升限值（按 B 级绝缘材料考核）

部　件	测量位置和测量方法	冷却介质为 40℃时的温升限值（K）		
定子绕组	槽内上、下层线圈间埋置检温计法	氢气绝对压力（MPa）	热分级 130（B）	155（F）
		0.15MPa 及以下	85	105
		>0.15MPa 且≤0.2MPa	80	100
		>0.2MPa 且≤0.3MPa	78	98
		>0.3MPa 且≤0.4MPa	73	93
		>0.4MPa 且≤0.5MPa	70	90
转子绕组	电阻法		85	105
定子铁芯	埋置检温计法		80	100
不与绕组接触的铁芯及其他部件	这些部件的温升在任何情况下都不应达到使绕组或邻近的任何部件的绝缘或其他材料有损坏危险的数值			
集电环	温度计法		80	100

早在 20 世纪 30 年代，就有学者根据当时绝缘材料运行温度与寿命关系进行了试验，得出了“8～10℃”规则，即温度每提高 8～10℃，绝缘使用寿命就下降一半。现在发展为 8℃（A 级绝缘）、10℃（B 级绝缘）、12℃（F 级绝缘）。国外有的科研所曾对多种绝缘材料的模型线圈进行老化试验，20 000h 失效下，估计其绝缘材料的耐热。国际电工协会 IEC 关于电气绝缘耐热评估及其分级标准中，也指出耐热关系的给定时间，通常为 20 000h。上述耐热评定试验与实际使用寿命的相差，一般认为是由于发电机在实际运行中负荷及环境温度常低于额定值，运行时间也不是每天 24h、每年 365 天造成的。但运行中带基本负荷的汽轮发电机，基本上是满负荷，冷却介质进风温度，大容量机组常保持恒温（额定温度），一年运行要达到 8000h 以上。其使用寿命在正常情况下，也能达到 30 年左右。如我国 1958 年投运的上海电机厂空气冷却 25MW、定子绕组电压 6.3kV 发电机，1992 年因国家规定 50MW 以下机组热耗大而退役，定子绕组正常运行了 34 年，其绝缘是 B 级沥青云母绝缘，沥青软

化点 115℃，定子绕组运行温度用槽内测温元件测量约 74K 温升。我国上电厂1974～1976年投运的定子、转子绕组双水内冷铁芯空冷 300MW 发电机（定子绕组电压 18kV），有的2004 年仍在运行，定子绕组已运行了约 30 年，其绝缘是 B 级环氧粉云母绝缘。其定子绕组运行温度较低，但附近的端部连接片内部温度不低，最高点约 120℃。它们与上述评定试验的相差，作者认为是由于下列两点：第一，评定试验中是一种绝缘材料，而实际使用中采用多种材料的复合绝缘。绝缘系统的耐热等级是按复合绝缘中耐热等级最低的采用。第二，评定试验中是一种温度，被试绝缘内外温度相同，实际使用中带电绕组绝缘有冷却及散热，发热体的温度较高。但外部绝缘因有冷却及散热，温度是较低的，这些都延长了使用寿命。汽轮发电机设计中，电磁负荷、冷却及有关结构是影响运行温度的重要因素。运行温度及耐电压性能，对比限值裕度大，带电发热体绝缘寿命就长。

三、汽轮发电机带电绕组运行中的机械及环境因素对绝缘寿命的影响

大容量汽轮发电机采用的电磁负荷较大，300MW 及 600MW 机组电负荷要达到 1600A/m 及 2000A/m，定子线棒电流要达到 10 000A。定子绕组在正常运行中要承受较大的电磁力及振动。槽内电磁力，600MW、20kV 可达到 10N/mm，端部鼻端接头处的振动，可达到双幅 0.12mm。电厂运行中要求发电机能承受定子绕组出线端的突然短路，不发生导致立即停机（不能运行发电）的有害变形，还要能承受误并列，180°（相角差）5 次或 120°（相角差）2 次，以及要能承受电力系统中高压线路事故后的自动重合闸。这些又将使发电机瞬时产生几倍至十几倍的冲击电流及成百倍电磁力的冲击。国外有的发电机制造公司认为上述严重事故，在发电机寿命期间只允许 10 次，并且每次事故后，要安排停机检修维护。这些考虑主要是出于机械因素对定子绕组绝缘的影响。国内某电厂一台 300MW 发电机投运后 5 年间，就因各种非发电机原因承受了 4 次定子出线端突然短路，短路后定子绕组端部未发生有害变形。因用电紧张都立即恢复运行，未做必要的检修维护，最后定子绕组端部绝缘及固定受到影响。检修中耐电压试验击穿并有接头漏水，导致该发电机定子线棒更新。大容量汽轮发电机定子绕组端部结构是一个关键。不但要降低附加损耗及发热，还要能承受运行中电磁力引起的振动及瞬时冲击，不发生磨损及影响绝缘。现在端部固定一般采用可重复紧固结构，就是考虑事故后检修中，能重新紧固及处理可能产生的松动和磨损。

汽轮发电机运行中机内的潮湿及污染对发电机定子绕组绝缘耐电压性能的影响：

20 世纪 90 年代国内有的电厂运行中的发电机，曾因机内氢气含水量大，再加上绝缘有薄弱环节，在定子绕组端部鼻端发生了短路烧坏的重大事故。以后控制机内氢气含水量及对定子绕组鼻端绝缘加强检查试验，解决了这一问题。

20 世纪 90 年代在我国云南高原地区（海拔约 2000m）开始安装运行 300MW、20kV 双水内冷铁芯空冷发电机。第一台机投运后第一次大修试验时，定子绕组起晕电压就降低到8kV，低于额定相电压 11.5kV 及标准电压 15kV。分析其原因，发现机内灰尘污染是一个重要因素，后经过全面清理及采取措施改进，最后试验达到标准，恢复运行。综上所述，汽轮发电机定子绕组绝缘寿命在正常情况下，在目前采用的环氧粉云母复合绝缘材料及有适当的冷却时，可达 30 年以上。如运行中承受过定子绕组出线端突然短路及错相合闸等情况，事故后又未停机检修维护，发电机定子绕组绝缘的寿命就要受到影响。

在俄罗斯的发电厂安装大约 1000 台额定容量为 50～1200MW 汽轮发电机，其中有 60%的汽轮发电机的运行时间已超过规定的最低寿命。如果当汽轮发电机的运行年限刚超过标准规定的寿命就进行更新，从技术和经济观点来看是不合理的。关于俄罗斯汽轮发电机运行寿命的延长问题，同样在其他一些电力工业发达国家存在。

高可靠性不仅决定于汽轮发电机制造厂的设计和工艺，而且还得益于研制并经过系统改进的运行维护系统及包括电气设备运行技术、说明书、规范、电气设备试验范围及标准等有关方法的一系列指导性文件，要求所有发电厂遵照执行。汽轮发电机故障收集与分析系统，对于在出现问题时如何决策具有良好的效果。与其他一些国家的做法相似，俄罗斯这些汽轮发电机安装了下述改进的现代化连续监测系统：

(1) 电机运行的电气仪表和电机状态在线监测系统。

(2) 辅助设备及系统（励磁机、自动调节器、热监测仪、气体冷却器、泵及其他）的检查。

这些情况至关重要，因为更换汽轮发电机部件花费昂贵，且并非轻而易举，要根据上述检查结果的综合分析确定是否需要更换。

发电机定子和转子的典型缺陷如下：

(1) 定子铁芯支撑部件损坏。

(2) 定子铁芯松动。

(3) 铁芯叠片间绝缘失效。

(4) 定子绕组和转子绕组绝缘磨损，机械紧固件松动。

离线定期检查、预防性试验和诊断及预防性检修，这些常规定期测量属于日常或例行工作，基本由电厂或电力系统工作人员负责进行。对于多年（超过 20～25 年）运行的旧汽轮发电机和虽然运行时间没有那样久但出现过多次计划外停机的发电机要重点进行深入的综合检查。通常，邀请专门机构的专家参与这种检查。

这些检查有益于确保检出初始阶段发生的缺陷或损坏，如果不做这些检查，就无法预知发电机早期形成的缺陷。如果在缺陷刚形成时能及时消除隐患，则能降低对发电机可靠性的影响。汽轮发电机的综合检查与常见缺陷检查的主要目的在于获得表示汽轮发电机状态的详细特征数据。将这些数据与以往历史状况及电机在电力系统的重要性一起进行综合分析，并提出相关试验评估以确保将来发电机可靠运行。检查提纲要点如下：

(1) 全面的外观检查，包括带有探头的专门仪器检查。

(2) 定子铁芯试验，具体说是采用环形低磁密逐齿扫描试验（类似定子铁芯故障探测仪 ELCID)，如果需要，采用标准磁感应进行铁芯温升、损耗试验和铁芯松紧度检查等。

(3) 定子和转子绕组绝缘试验——高压试验，局部放电测量。

(4) 各部件专门振动试验，用机械脉冲测量谐振和衰减特性。

(5) 汽轮发电机各部件热状态，包括局部过热测量。

(6) 定子绕组直接水冷空心铜股线气密和堵塞检查。

(7) 转子轴、本体及护环状态的外观检查及专门试验。

(8) 由于局部机械应力集中、腐蚀、过热、电火花烧伤或其他原因引起转子轴颈损坏、本体及护环裂纹。

(9) 护环与转子本体套装松动。

(10) 水内冷定子绕组空心导线堵塞或漏水。

有超过 100 台的汽轮发电机的检查经验表明，它们都存在上述所列的大多数缺陷。例如，曾检出古斯诺舍斯卡亚和诺窝斯贺卡斯卡亚电厂的汽轮发电机定子铁芯和机座的固定结构件损坏并移位。在列夫金斯卡亚、斯达夫罗鲍斯卡亚、切丽包瓦特斯卡亚及其他一些电厂的300MW汽轮发电机定子铁芯和机座的固定结构件也发生过损坏。定子铁芯定位筋损坏是由于发电机长时间带低负荷（约120MW）运行导致振动增大。例如：列夫金斯卡亚电厂一台汽轮发电机的30个弹性定位筋中有11个因金属疲劳而损坏。从定位筋上脱落的螺帽掉在定子端部绕组上，造成严重损伤。一些老型号汽轮发电机常见的另一种缺陷，就是未粘结的边段铁芯松动。近年来，汽轮发电机在低负荷运行时无功补偿不足，常从系统吸收无功功率实行欠励运行。于是，这种损坏就暴露得越来越多。松动的铁芯叠片发生强烈的振动直致断裂，结果导致定子绕组发生严重损坏甚至短路故障。在卡那科夫斯卡亚、克里亚斯卡亚、诺维欧姆斯卡亚、依利克林斯卡亚、卡马诺夫斯卡亚、斯列德诺拉斯卡亚、苏古特斯卡亚、古新诺吉斯卡亚及其他电厂的发电机定子边段铁芯也曾发生过松动。

在苏列特斯卡亚、那维诺姆斯卡亚、扎文斯卡亚、依林克林斯卡亚、克拉斯诺塔斯卡亚电厂的定子铁芯叠片绝缘发生过严重的损坏并已消除。一些汽轮发电机的转子护环、转子本体，尤其是在套装面附近出现裂纹、电烧伤麻坑及局部过热。

关于应该怎样延长汽轮发电机寿命，事实上，关于汽轮发电机的寿命数值，国际上没有统一要求。

俄罗斯方面以往认为汽轮发电机的寿命为20～30年。2000年后，又认为应可达到40年。

在俄罗斯国内的电厂以前安装的几乎全部汽轮发电机都是根据20～30年寿命要求制造的。这些汽轮发电机已经运行20～25年或更长时间。为决定这些发电机寿命的延长问题，需对这些发电机进行详细的检查，或者确切地说，如果从总体看没有必要更换这些发电机，但为保证未来可靠和有效的运行需要提出建议和必需的试验。

从上述综合检查的简要特点看出，历史数据分析及汽轮发电机在电力系统的重要性是判定寿命延长问题的良好依据。

汽轮发电机的全面检查要扩展到辅助系统的所有部件，要评估可否继续运行。通常，尤应特别注意定子（包括铁芯和绕组），转子（包括本体、转轴、护环及励磁绕组）和更换成本高、难度大的部件。根据这些部件状态的评价，将会得出汽轮发电机寿命可能延长和为将来可靠有效运行是否需要试验的结论。

基于汽轮发电机状态、历史状况及重要性，可以得出下述评定结果：

（1）正常运行，不受任何限制和复杂维修。

（2）可以运行，但受到某些限制并且扩大维修（监测、诊断、计划检修等）。

（3）计划外大修。

（4）需要进行一些结构翻新或现代化改造。

（5）需要重绕定子或转子绕组。

（6）应更换定子或转子或整台发电机。

对100多台汽轮发电机的综合检查，消除了不适于继续正常运行的缺陷。运行经验表明，这些汽轮发电机仍能可靠而有效的运行。一些汽轮发电机虽存在一些不太重要的缺陷，由于受运行状态和维修的限制，一时没能及时消除，但也有机会在后期的检修中消除。

一些汽轮发电机现代化改造的技术措施有：

（1）当更换定子或转子绕组时，通常将旧型绝缘更换成新型绝缘。

（2）采用新设计的更可靠的定子端部绕组紧固系统。

（3）部分或全部更换定子铁芯时，铁芯端部采用改进型的新黏结结构。

（4）转子护环部件现代化改造——采用耐腐蚀材质护环过盈套装在转子本体上。

（5）改进通风冷却系统，降低最高温度和使温度分布更加均匀。

老型号汽轮发电机的转子护环的嵌装结构不甚可靠，它有两个套装部位：一个部位套装在转子本体上，另一个部位套装在刚性中心环上。当转子旋转时，弯曲的护环与转子本体的套装结构承受交变应力，导致损坏。现在采用两种不同的改进结构：护环只有一个部位套装在转子本体上及护环有两个部位套装，但中心环为弹性结构。

老型号汽轮发电机的另一种工艺性缺陷，就是上述未黏结的定子边段铁芯不可靠。更换为黏结结构，劳动量大、费用多、时间长。有时没有按时更换，在很多情况下如果可能的话要避免但不是禁止欠励运行。可以指出，如果在电厂原有出力基础上，有计划地增设异步汽轮发电机与原有同步汽轮发电机并列运行，则异步汽轮发电机能够吸收较多的无功功率并具有高的稳定水平，且对定子边段铁芯的热和机械影响较小。在这种情况下，同步汽轮发电机就可以少吸收无功功率。

汽轮发电机多年运行经验尤甚于专门检查结果，它清楚表明，汽轮发电机的有效运行时间比人们以往预计的最低寿命要长。可见，这并不能作为更换发电机或继续延长寿命的重要指标。发电机结构复杂且不同，不同制造厂的制造工艺不同，其质量水平和运行状态有根本的差别，启动次数不同，在电机运行寿命范围内的非正常运行方式等，因此各发电机的技术状态也不同，决策前应充分考虑上述特点。

第四节 冷却条件变化对发电机出力的影响

这里主要讨论水氢氢冷汽轮发电机，即定子绕组水内冷、转子绕组氢内冷、定子铁芯氢冷。因此冷却条件的变化主要指冷却介质的有关参数不同于其额定值。

一、氢气温度变化的影响

如果发电机的负荷不变，当氢气入口（或冷端）风温升高时，绕组和铁芯温度也会升高，加速绝缘老化、寿命降低。因此当冷却介质的温度升高时，为了避免绝缘的加速老化，要求减小汽轮发电机的出力。减小的原则是使绕组和铁芯的温度不超过额定方式下运行时的最大监视温度。

对于水氢氢冷汽轮发电机，冷端氢温不允许高于或低于制造厂的规定值。在这一规定温度范围内，发电机可以按额定出力运行。当冷端氢温降低时，也不允许提高出力。这是因为定子的有效部分分别用不同介质冷却，定子绕组水内冷、铁芯氢冷。这些冷却介质的温度彼此之间互不相依，此时若提高发电机出力可能会引起定子绕组温升较高。

对于水氢氢冷汽轮发电机，当氢气温度高于额定值时，要按照氢气冷却的转子绕组温升限额来限制出力。

二、氢气压力变化的影响

随着氢气压力的提高，氢气的传热能力增强，氢冷发电机的最大允许负荷也可以增加。反之，当氢压低于额定值时，发电机的允许负荷也应降低。氢压变化时，发电机的允许出力由绕组最热点的温度决定，即该点的温度不得超过发电机在额定工况时的温度。

对于水氢氢冷汽轮发电机，当氢压高于额定值时不允许增加负荷，这是因为除了考虑氢冷系统外，还需考虑定子绕组是水内冷方式，提高氢压并不能加强定子线棒的散热能力，故不能增大发电机的允许负荷。当氢压低于额定值时，必须降低发电机的允许负荷。应注意，当氢压降低时发电机的允许出力应根据制造厂提供的技术条件或容量曲线运行，以保证绕组温度不超过额定工况时的允许温度。

三、氢气纯度变化的影响

氢气纯度变化时，对发电机运行的影响主要是安全和经济两个方面。

众所周知，在氢气和空气混合时，若氢气含量降到5%～75%，便有爆炸危险，故在运行中，首先要保证发电机内的混合气体不能接近这个比例。所以，一般都要求发电机运行时的氢气纯度应保持在96%以上，低于此值时应进行排污，同时需补充新氢气。

从经济观点上看，当氢气中混入其他气体而使其纯度下降时，混合气体的密度增大，发电机的通风摩擦损耗也就增大。一般来说，当机壳内氢气压力不变时，氢气纯度每降低1%，通风摩擦损耗约增加11%，这对高氢压大容量发电机而言是很可观的。所以在国外，对于那些大容量发电机，宁愿多排几次污，多耗费一些氢气，也要保证运行时的氢气纯度不低于97%～98%。

特别要指出的是，大容量氢冷发电机不允许在以空气和二氧化碳为介质的机壳内启动到额定转速甚至进行试验，以防风扇叶片根部的机械应力过高。

四、氢气湿度变化的影响

氢气湿度是表示氢气中水蒸气含量的物理量。氢气湿度过高的影响主要有：①降低氢气纯度，使通风摩擦损耗增大，效率降低；②降低绕组绝缘的电气强度，甚至可能导致定子绕组接地或相间接地。

五、定子绕组进水量和进水温度变化的影响

水氢氢冷汽轮发电机，用除盐水冷却定子绕组，用氢冷却定子铁芯和转子绕组。在额定条件下，定子绕组铜线和铁芯之间的温差并不大，约为15～20℃，而铁芯的温度高些。当发电机运行时，从绕组和铁芯之间产生的相对位移最小的观点看，这种情况是有利的。因此，定子冷却水入口温度不宜过低，否则会引起铜铁温差过大，使定子主绝缘受伤，一般入口水温不宜低于制造厂规定。

当冷却水量在额定值的±10%范围内变化时，对定子绕组温度的影响实际上并不大。当大量地增加冷却水量时，会导致入口压力过分增大，使水管壁损坏，故不建议提高流量。

降低冷却水流量，将使绕组出口水温度增高，入口和出口的水温差增大，从而造成绕组温升不均匀，这是不允许的。当流量过低时，有可能会使冷却水在出口端汽化，形成气塞，使线棒过热而损坏。在设计中，考虑绕组进、出口的水温差不超过30～35℃，从而当入口水温等于45℃时，出口水温不超过80℃，防止了出口处产生汽化。当发电机定子绕组的冷却水停止循环后，其允许运行的持续时间和处理方式对于不同的厂家有不同的规定。例如，有的厂规定5s内要投入备用泵，如不成功，30s内跳闸停机；而有的厂规定如果绕组冷却水停止循环以前，其电阻率小于200kΩ·cm，在定子绕组的冷却水停止循环后，应迅速减负荷，并在3min内将发电机与电网解列，如果绕组冷却水停止循环之前，其电阻率大于200kΩ·cm，允许发电机带不超过30%额定负荷运行1h。这种允许值的规定，对运行极为方便，可以在机组不停的情况下，采取措施恢复绕组冷却水的循环。但是，这就要求在正常

运行过程中保持除盐水有较高的电阻值。

根据上述可知，当定子冷却水中断或流量减少时，所采取的处理方式应根据制造厂家的规定来确定。仅采用调节定子绕组水量的方法，以保持定子绕组的水温是不适当的。

当绕组进水温度在额定值±5℃以内变化时，可不改变额定出力。但不同发电机的技术规定可能与此有些差别。当绕组入口水温超过规定范围上限时，应减小出力，以保持绕组出水的温度不超过额定条件下的允许出水温度。入口水温也不允许低于制造厂的规定值，以防止定子绕组和铁芯的温差过大或可能引起绝缘引水管表面结露。

第五节　发电机功角特性与稳定

一、发电机功率和功角关系

转子角稳定是指电力系统中互联的同步电机保持同步的能力。这种稳定问题包括对电力系统中固有的机电振荡的研究。其基本因素是同步电机的功率输出随其转子摇摆变化的关系。因此在研究相关的基本概念之前，首先来简要讨论同步电机的基本特性。

同步电机由两个基本部分组成，即磁场和电枢。通常磁场在转子上而电枢在定子上。磁场绕组用直流励磁。当转子由原动机（汽轮机）拖动时，励磁绕组的旋转磁场将在定子的三相电枢绕组上感应出交变电压。交变电压在定子绕组接负荷后产生定子绕组电流的频率取决于转子的转速。因而电机的定子电气量的频率与转子的机械转速同步，故称“同步电机”。

当两台或多台同步电机互联运行时，所有电机的定子电压、电流必须具有相同的频率，每台电机转子的机械转速必须与此频率同步。因此，所有互联运行同步电机的转子必须同步。

定子电枢绕组的物理布置（空间分布），应使流过三相绕组的时变交流电流，在稳态运行方式下产生旋转磁场，以与转子相同的速度旋转。定子和转子磁场相互作用，产生电磁转矩。在发电机情况下，电磁转矩与转子的旋转方向相反，因此必须由原动机提供机械转矩才能维持旋转。发电机电转矩（或功率）输出的变化只有通过改变原动机的机械转矩来实现。增加机械转矩输入，将使转子相对于定子旋转磁场的位置超前。相反，减少输入机械转矩或功率，将使转子位置滞后。在稳态运行条件下，转子磁场和定子旋转磁场具有相同的转速。但按发电机电转矩（或功率）大小的不同，它们之间存在一个角度差。

在同步电动机情况下，与发电机相比，其电转矩和机械转矩的作用正好相反。电磁转矩维持旋转，而机械负荷抵抗旋转。增加机械负荷将使转子相对定子旋转磁场的位置滞后。

在电力系统稳定文献中通常将转矩与功率两词相互交换使用，这是因为尽管同步电机的旋转速度与同步速度相比瞬时地有少许上下偏差，但其平均旋转速度是恒定的，转矩和功率的标幺值实际上非常接近于相等。

同步电机转子角的位置与交换功率的关系是电力系统稳定的一个重要特性，这一关系是高度非线性的。为说明这一关系，我们考虑如图 4-1 所示的简单系统。该系统由两台同步电机经一条线路互联，该线路只计感抗 x_L 而忽略电阻和容抗。假设电机 1 表示发电机，向电机 2 所表示的同步电动机供电。

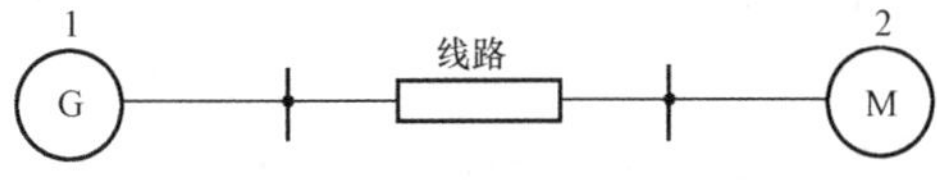

图 4-1　两机系统的功率传输特性的单线图

从发电机向电动机传送的功率是这两台电机转子之间角度差 δ 时的函数。这一角度差由发电机的内部角 δ_G（发电机的转子领先于定子旋转

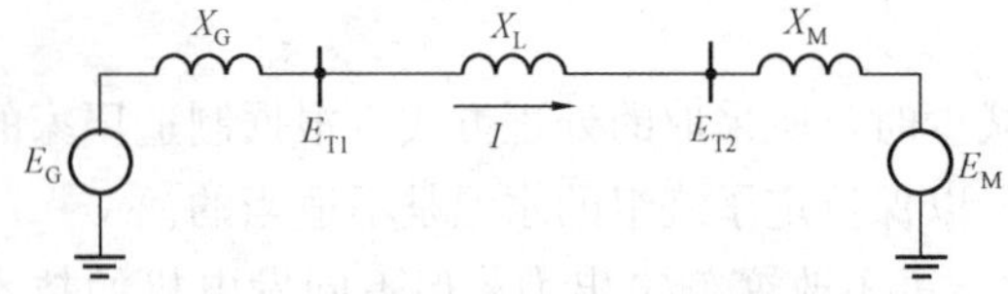

图 4-2　两机系统的功率传输特性的理想模型

磁场的角度)、发电机和电动机端电压之间的角度差（发电机定子磁场领先于电动机定子磁场的角度）和电动机的内部角（转子滞后于定子旋转磁场的角度）三部分组成。图 4-2 表示可用来确定功角关系的系统模型。由有效电抗后内部电压表示的简单模型来表示每台同步电机。所用的电机电抗值根据分析的目的而定。对于稳态特性分析，适合于用同步电抗，其内部电压等于励磁电压。

描述发电机和电动机电压之间关系的相量图如图 4-3 所示。从发电机向电动机传送的功率为

$$P=\frac{E_G E_M}{X_T}\sin\delta \tag{4-1}$$

$$\delta=\delta_G+\delta_L+\delta_M \tag{4-2}$$

$$X_T=X_G+X_L+X_M \tag{4-3}$$

相应的功角关系曲线在图 4-4 中画出。采用这种带有理想化的电机模型后，功率随角度的正弦规律而变化，这是一种高度非线性的关系。而采用更精确的电机模型，计入自动电压调节器的作用时，功率随角度的变化将明显地偏离正弦关系，但其基本形状还是相似的。当角度为零时，功率传送也为零；随着角度的增加，功率也增加直到最大值。在某一角度，通常是 90°以后，进一步的角度增加造成功率传送的减少。因此在两电机之间存在一个最大的稳态传输功率。这一最大功率值直接正比于电机的内部电压，反比于它们之间的电抗，包括连接电机的输电线电抗和电机的电抗。

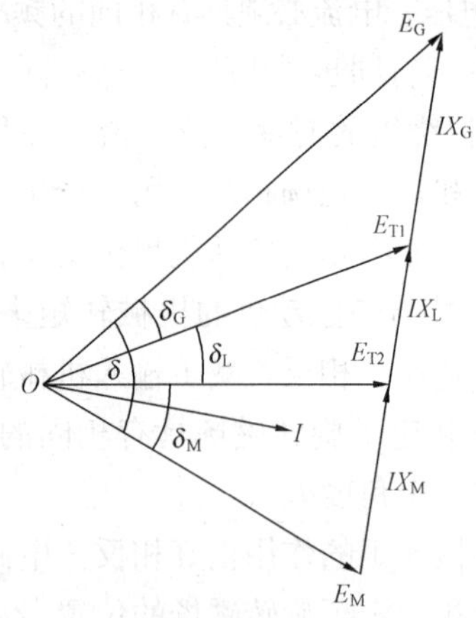

图 4-3　两机系统的功率传输特性的相量图

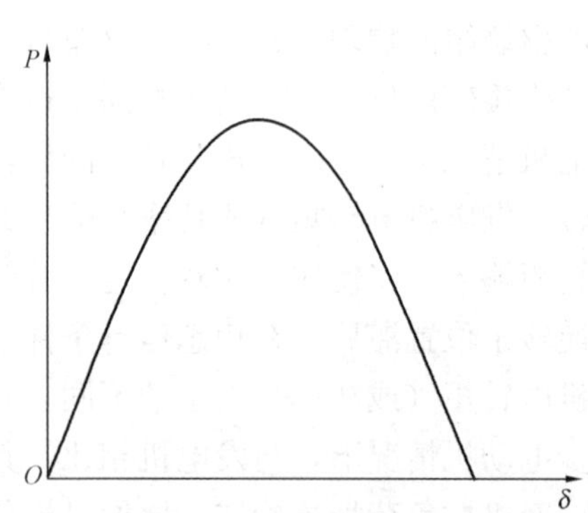

图 4-4　两机系统的功率传输特性的功角曲线

当超过两台电机时，它们之间的相对角度差以相似的方式影响交换功率。然而，其功率传送的极限值和角度差则是发电和负荷分布的复杂函数。任何两台电机的角度差为 90°并不具有特别重要的意义（对两机系统则是其额定极限值）。

二、静态稳定

电力系统静态稳定是指电力系统受到小干扰后，不发生非周期性的失步，自动恢复到起始运行状态的能力。电力系统受到小干扰后稳定性的计算，也称小干扰稳定计算。小干扰是指系统运行参量或系统结构的微小变化，如电力系统中负荷的少量波动、配电网的局部操作、发电机运行参数的极小改变等。正常运行中的电力系统，几乎每时每刻都会受到小干扰

的作用。因此，要使电力系统保持正常运行，首先应该具备静态稳定的条件。

静态稳定计算是分析、预测电力系统静态和动态稳定性的主要方法。在输电系统的规划设计中，通过静态稳定计算，确定输电线路的静态稳定功率极限和静态稳定储备系数，为输电系统的设计提供依据。在实际运行的电力系统中，通过静态稳定计算，确定在静态稳定条件下输电线路可送出的最大功率；分析系统静态稳定破坏或产生低频振荡的原因；合理整定发电机励磁调节器、电力系统稳定器等自动装置的参数从而提高系统阻尼性能。因此，静态稳定计算在电力系统规划和运行分析中占有重要位置。

静态稳定计算方法随电力系统规模扩大、装备更新以及计算分析工具的进步而不断发展。20 世纪 60 年代以前的静态稳定分析，主要研究同步力矩不足的非周期失步，采用简单的 $dP/d\delta$ 实用判据。为了研究负荷电压特性对静态稳定的影响，又引入 dQ/dU 实用判据。运用这两种实用判据的计算分析方法属于实用计算法。20 世纪 60 年代以后，由于大规模超高压输电系统的建立，电力系统中产生了一些新的危及系统稳定运行的物理现象，给静态稳定分析增添了新的内容。如互联电力系统的低频功率振荡分析、电力系统稳定器（power system stabilizer，PSS）的配置及参数整定等，都属于静态稳定分析研究的范畴。对此，实用计算法已不能满足分析的要求。用小干扰法即线性化分析法对静态稳定进行计算分析在理论上比较完善，特别是这种方法可以详细考虑调节系统的动态特性，因此在分析上述各种问题时，广泛采用小干扰法。

小信号（或称小干扰）稳定是指电力系统在小扰动下保持同步的能力。这样的扰动在电力系统中会由于小的负荷和发电变化而连续发生。通常把这种扰动视为足够小，使得在系统分析时允许对系统方程式线性化。小扰动可能产生两种形式的不稳定：①由于缺乏足够的同步转矩使转子角持续增加；②由于缺乏足够的阻尼转矩造成转子增幅振荡。系统对小扰动的响应特性取决于初始运行条件、输电系统强度及所用的发电机励磁控制等因素。对于一台发电机呈辐射状接入大系统的情况，若无自动电压调节器（即励磁电压不变），其失稳是由于缺乏足够的同步转矩，它所造成的非振荡模式的失稳如图 4-5 所示。若装有连续作用的电压调节器，小扰动稳定问题就是保证系统的振荡有足够的阻尼，其失稳方式通常是增幅振荡。图 4-6 显示出有自动电压调节器的发电机小扰动响应特性。

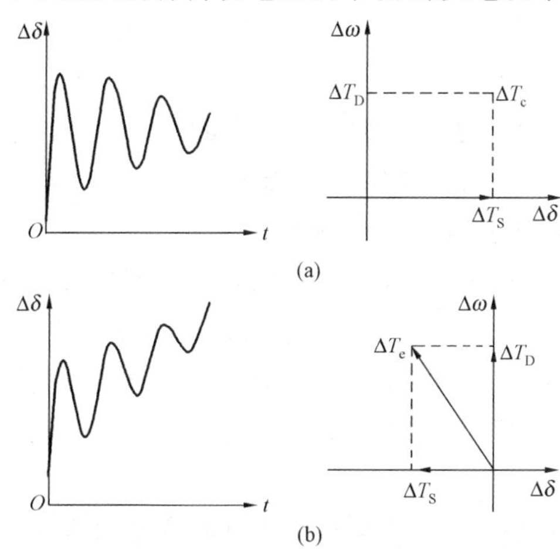

图 4-5 励磁电压不变情况下小扰动响应特性

（a）稳定；（b）非振荡失稳

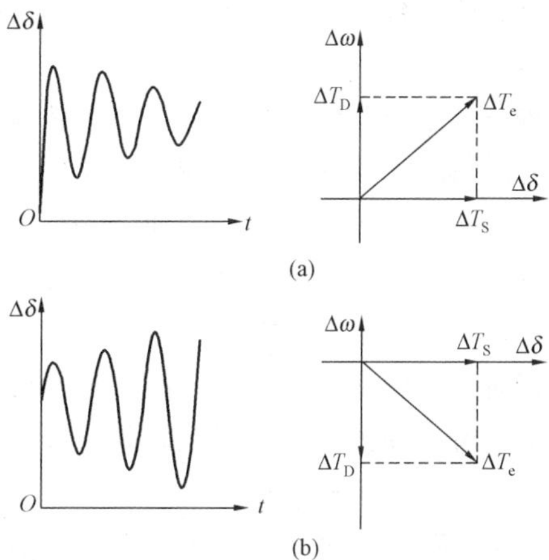

图 4-6 具有励磁控制的小扰动响应特性

（a）稳定；（b）振荡失稳

在当今实际电力系统中，小扰动稳定问题主要是缺乏足够的振荡阻尼。所关心的稳定问题有以下几种类型：

(1) 本地模式或机对系统模式，即一个发电厂的机组与系统中其余机组的摇摆模式。用“本地”一词是因为振荡是在局部的一个电厂或小部分系统中。

(2) 区域间模式，即系统中许多电机为一方对另一方许多电机的摇摆模式。它是由于紧密联结的两组或多组电机通过弱联络线互联而造成的。

(3) 控制模式，即与发电机组和其他控制装置相关的模式。未调整好的励磁装置、调速器、直流换流器和静止无功补偿器等通常造成这些模式的不稳定。

(4) 扭转模式，即与汽轮发电机轴系统转动部件相关的模式。扭转模式的不稳定可由与励磁控制、调速器、高压直流输电控制和串联电容器补偿的线路相互作用而产生。

三、暂态稳定

电力系统暂态稳定指电力系统受到大干扰后，各发电机保持同步运行并过渡到新的或恢复到原来稳定运行状态的能力，通常指第一或第二摆不失步。

电力系统受到大干扰后稳定性的计算，也称大干扰稳定计算（transient stability calculation，TSC）。大干扰是指电力系统受到短路故障，切除或投入线路、发电机、负荷，发电机失磁或者受到冲击性负荷的作用。

暂态稳定计算在电力系统规划和运行分析中占有重要位置。它不仅为规划系统的电源布局、网络接线、无功补偿和保护配置的合理性提供电力系统暂态稳定性的校核，为制定电力系统运行规程提供可靠的依据，而且可用于研究各种提高暂态稳定的措施并为继电保护和自动装置参数整定提供依据。

一般对暂态稳定计算都作出了一些假定和规定：①假定短路故障为金属性的；②不考虑短路电流中直流分量的作用并假定发电机定子电阻为零；③按给定要求选择发电机组的等价模型，并认为发电机组转速在额定值附近；④给定继电保护的动作时间，重合闸和安全自动装置的时间可以给定或者经过稳定计算选定。

暂态稳定计算的主要工具是计算机。目前实用的大型电力系统暂态稳定分析计算机软件包可用于计算具有几千条母线和几百台机组的大型电力系统，有多种数学模型和计算方法可供用户选择，有的程序还可由用户自己定义所需要的新模型，为暂态稳定计算提供了有力的手段。

暂态稳定是指电力系统遭受严重暂态扰动下保持同步的能力。所产生的系统响应包括发电机转子角的大偏移并受非线性功角关系的影响。其稳定性取决于初始运行工况和扰动的严重程度。通常系统会有改变，使扰动后的稳态运行状态与扰动前不同。

系统中发生的扰动，其严重程度和发生的概率是在很大范围内变化的。但系统只能设计并运行在一组选定的可能发生的故障之下保持稳定。这些故障通常考虑为不同类型的短路，即单相对地、两相对地或者三相。通常假定短路发生在输电线上，个别情况下母线或变压器故障也被考虑在内。假定在断开相应断路器、隔离故障元件情况下故障被清除。在一些情形下，高速重合也可被考虑。

图 4-7 显示出同步电机在稳定和不稳定情况下的行为。它给出一种稳定情况和两种不稳定情况下转子角对暂态扰动的响应。在稳定情况（情况 1）下，转子角度增加到一最大值后减少并减幅振荡直到稳定状态。在情况 2 下转子角度持续增加直到失去同步。这种失稳定形

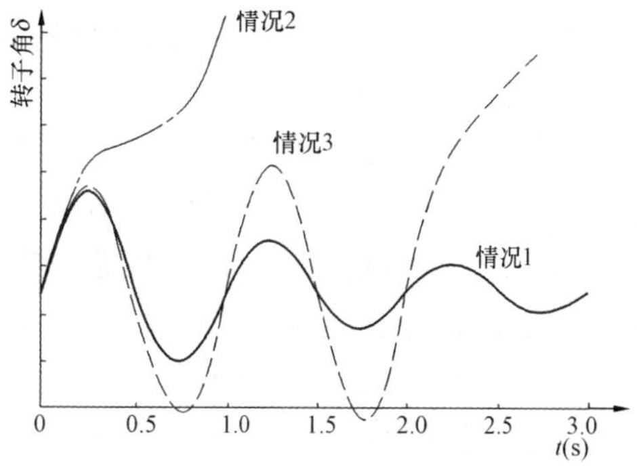

图 4-7 转子角对暂态扰动的响应

式称为一次摇摆不稳定，它是由于同步转矩不足产生的。情况 3 时第一次摇摆系统是稳定的，但由于增大的振荡最终使系统不稳定。这种形式的不稳定一般产生在故障后的稳态条件本身“小信号”不稳定的情况，而不是暂态扰动的必然结果。

在大型电力系统中，暂态失稳并非总是以一次摇摆失稳的形式失稳，它可能由于几种模式振荡的叠加而引起一次摇摆以后的转子角的很大偏移。

在暂态稳定研究中，所感兴趣的研究时段一般是扰动后 3～5s，对大系统主导的区域间振荡模式的研究可延长到 10s。

四、动态稳定

电力系统动态稳定是指系统受到干扰后，不发生振幅不断增大的振荡而失步。

在 1974 年美国学者拜尔利（R. T. Byerly）及金巴克（E. W. Kimbark）主编论文集《大规模电力系统稳定性》的序言中，以及 1976 年 CIGRE 调查报告中仍沿用了 1974 年北美对稳定性的分类及定义，但调查的结果说明对静态稳定性及动态稳定性这两个术语的理解相当的混乱。

我国在 2001 年制定的 DL 755—2001《电力系统安全稳定导则》中将稳定性分成了静态稳定性、动态稳定性、暂态稳定性，其定义与上述 1974 年的定义相同。各种分类法看问题的角度各有不同，都有它的根据。国际上，从 1974 年到现在已经更新了两次，特别是最近一次，把稳定性概念展宽了，增加了电压及频率稳定性，反映了实际电力系统新的特点（如果能把苏联学者提出的综合稳定性包括进去，就更完善了）。为了技术上与国际接轨，建议修改导则中的定义。如果不作修改，则将“动态稳定”翻成英文时，最好不要用“Dynamic”这个词，特别提出不要使用这个词的建议（recommend against），以免引起混乱。

动态稳定一词也广泛用于转子角稳定的文献中。然而，它被不同的作者用来表示现象的不同方面。在北美的文献中，动态稳定一词多数用于指带自动控制装置（主要是发电机电压调节器）的小信号稳定，以与经典的无自动控制的静态稳定相区别。在法国和德国的文献中，它用来表示我们这里所用的暂态稳定。鉴于用动态稳定一词带来许多混淆，国际大电网会议（CIGRE）和跨国电气电子工程师学会（IEEE ）都建议不用该词。

五、电压稳定

电力系统在给定的稳态运行方式下遭受扰动后，如果负荷节点的电压能够恢复到扰动前的值或达到一个新的稳态值，则称系统为电压稳定；否则，称系统发生电压失稳（voltage instability）。电压稳定是电力系统表现出的动态现象，是电力系统稳定问题中的一个问题。影响电压稳定的主要因素有负荷特性、系统的网络特性、发电机励磁系统特性和有载调压变压器（on loadtap changers，OLTCs）特性等。

电压稳定和功角（同步）稳定是电力系统稳定中具有不同侧重点的两个问题，电压稳定本质上是负荷稳定，而功角稳定本质上则为发电机稳定。因此两者之间是互相联系而又互相影响的，一般情况下很难从机理上完全分开，在系统某些特定条件下它们可能同时存在。

系统在额定运行条件下和遭受扰动之后系统中所有母线都持续地保持。当有扰动、增加负荷或改变系统条件造成渐进的、不可控制的电压降落，则系统进入电压不稳定状态。造成不稳定的主要因素是系统不能满足无功功率的需要。不能满足无功功率需要的核心是在有功功率和无功功率流过输电网络的感性电抗时所产生的电压降。

电压稳定的准则是，对系统中的每一母线，在给定的运行条件下，当注入母线的无功功率增加时其母线电压幅值也同时增加。如果系统中至少有一个母线的电压幅值（U）随注入该母线的无功功率（Q）的增加而减小，则该系统是电压不稳定的。换句话说，如果U—Q灵敏度对每个母线都是正的，则该系统是电压稳定的；而至少一个母线的U—Q灵敏度为负，即是电压不稳定。

渐进式的母线电压降落也可与转子角趋向失步的过程相关。例如，当两组电机之间的转子角逼近或超过180°而逐渐失步时，网络的中点会出现很低的电压。相反地，当发生与电压不稳定相关的电压持续降落时转子角稳定却不成问题。

电压不稳定本质上是一种局部现象，然而它的后果却会给系统带来广泛影响。电压崩溃则比简单的电压不稳定更复杂，通常是伴随电压不稳定而导致系统中相当大部分地区低电压的一系列事件的结果。

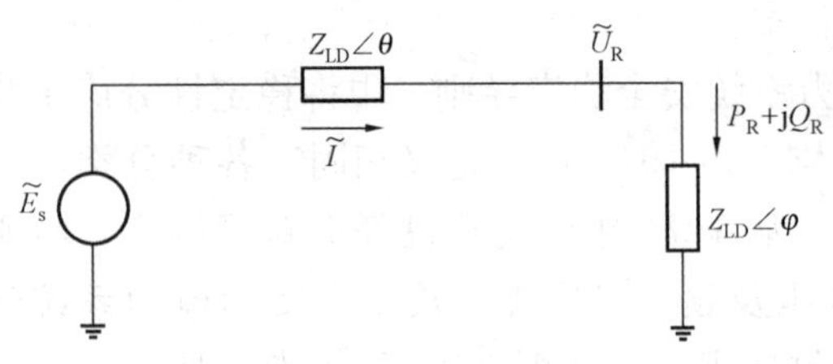

图 4-8 说明电压不稳定现象的简单辐射状系统

电压不稳定发生的方式不同。其简单的形式可由图 4-8 所示的简单辐射状网络来说明。该系统由恒定电压源（E_s）通过串联阻抗（Z_{LN}）向负荷（Z_{LD}）供电。它代表一个大系统通过输电线路向负荷或负荷区域辐射供电的情形。

图 4-8 中电流 $\widetilde{I}$ 的表达式为

$$\widetilde{I}=\frac{\widetilde{E}_s}{\widetilde{Z}_{LN}+\widetilde{Z}_{LD}} \tag{4-4}$$

式中 $\widetilde{I}$ 和 $\widetilde{E}_s$ 是相量，且有

$$\widetilde{Z}_{LN}=Z_{LN}\angle\theta,\widetilde{Z}_{LD}=Z_{LD}\angle\varphi$$

电流的幅值为

$$I=\frac{E_s}{\sqrt{(Z_{LN}\cos\theta+Z_{LD}\cos\varphi)^2+(Z_{LN}\sin\theta+Z_{LD}\sin\varphi)^2}}$$

由此可表示为

$$I=\frac{1}{\sqrt{F}}\frac{E_s}{Z_{LN}} \tag{4-5}$$

$$F=1+\left(\frac{Z_{LD}}{Z_{LN}}\right)^2+2\left(\frac{Z_{LD}}{Z_{LN}}\right)\cos(\theta-\varphi) \tag{4-6}$$

受端电压幅值为

$$U_{\mathrm{R}} = Z_{\mathrm{LD}} I = \frac{1}{\sqrt{F}} \left(\frac{E_{\mathrm{s}}}{Z_{\mathrm{LN}}} \right)^2 \cos\varphi \tag{4-7}$$

供给负荷的功率为

$$P_{\mathrm{R}} = U_{\mathrm{R}} I \cos\varphi = \frac{Z_{\mathrm{LD}}}{\sqrt{F}} \left(\frac{E_{\mathrm{s}}}{Z_{\mathrm{LN}}} \right)^2 \cos\varphi \tag{4-8}$$

图 4-9 画出了在 $\tan\theta = 10.0$ 和 $\cos\varphi = 0.95$（滞后）情况下 I、U_{R} 和 P_{R} 对 $Z_{\mathrm{LN}}/Z_{\mathrm{LD}}$ 的函数关系。为了使结果对任何 Z_{LN} 值都可用，I、U_{R} 和 P_{R} 的值都被适当地规格化。($I_{\mathrm{SC}} = E_{\mathrm{s}}/Z_{\mathrm{LN}}$)

当减小 Z_{LD} 使负荷增加时，P_{R} 开始时快速增加，在到达最大值之前减慢，到最大值之后减小。因此，恒定电压源通过阻抗可输送的有功功率有一个最大值。

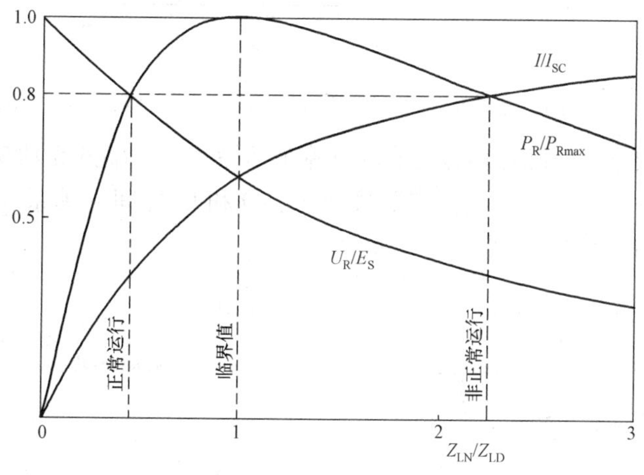

图 4-9　图 4-8 系统中受端电压、电流和功率对负荷需求量的函数关系

当线路电压降的幅值等于 U_{R} 即 $Z_{\mathrm{LN}}/Z_{\mathrm{LD}} = 1$ 时，传输的功率达到最大值。随着 Z_{LD} 逐渐减小，I 增大、U_{R} 减小。开始时当 Z_{LD} 为高值时，I 的增大超过 U_{R} 的减小，因此 P_{R} 随 Z_{LD} 的减小而急剧增大。当 Z_{LD} 接近 Z_{LN} 时，I 增大的影响仅稍大于 U_{R} 减小的影响。而当 Z_{LD} 比 Z_{LN} 小时，U_{R} 减小的影响超过 I 增大的影响，相抵后使 P_{R} 减小。

相应于最大功率的临界运行条件代表满足运行的极限。在较高负荷时，通过改变负荷来控制功率将是不稳定的，即负荷阻抗的减小将使功率减小。电压是否会逐渐降低、系统是否会变得不稳定取决于负荷特性：若是恒阻抗静态负荷特性，系统的功率和电压水平将在低于期望值的情况下保持稳定；而对于恒功率负荷特性，系统由于负荷母线电压的崩溃而变为不稳定。在其他负荷情况下，由输电线和负荷的组合情况确定电压值。如果负荷由具有自动带负荷调节抽头的变压器（ULTC）供电，则抽头调节的作用是试图升高负荷电压。其作用从系统看过去是减小有效的 Z_{LD}，这将反过来进一步降低 U_{R}，直至导致电压逐渐降低。这是一种简单而纯粹的电压不稳定形式。

图 4-10 显示出所研究的系统当负荷功率因数等于 0.95（滞后）时 P_{R} 和 U_{R} 之间关系的曲线。

从式（4-7）和式（4-8）可看出，负荷的功率因数对系统的功率—电压特性有相当大的

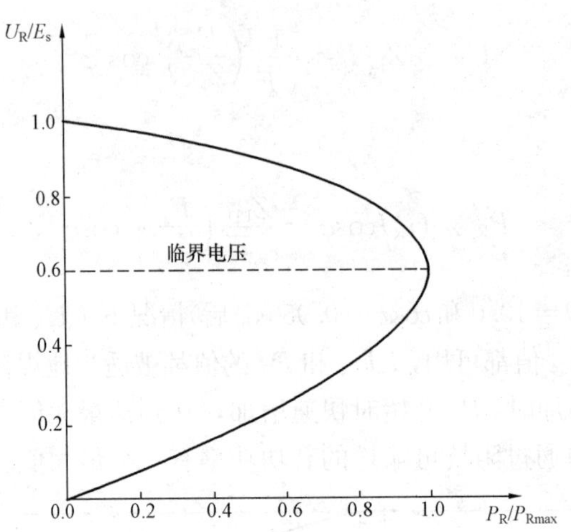

图 4-10 图 4-8 系统的功率—电压特性（cosφ=0.95 滞后；tanθ=10.0）

影响。由于输电线的电压降既是传输的有功功率的函数也是传输的无功功率的函数，因此上述结论是可以预期的。实际上电压稳定取决于 P、Q 和 U 之间的关系。习惯上表示它们之间关系的特性曲线如图 4-11 和图 4-12 所示。

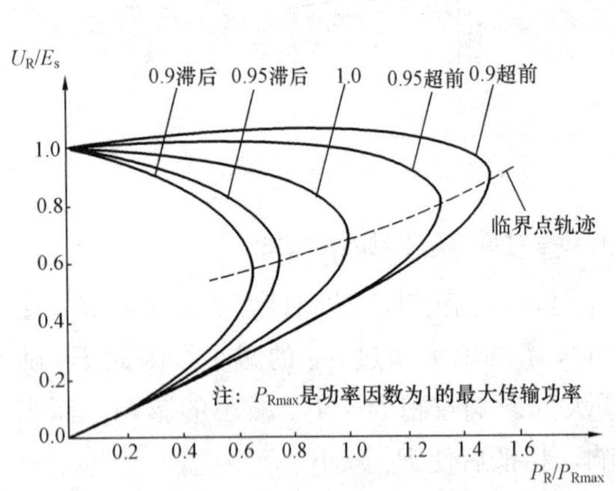

图 4-11 图 4-8 系统在不同负荷功率因数下的 U_R—P_R 特性

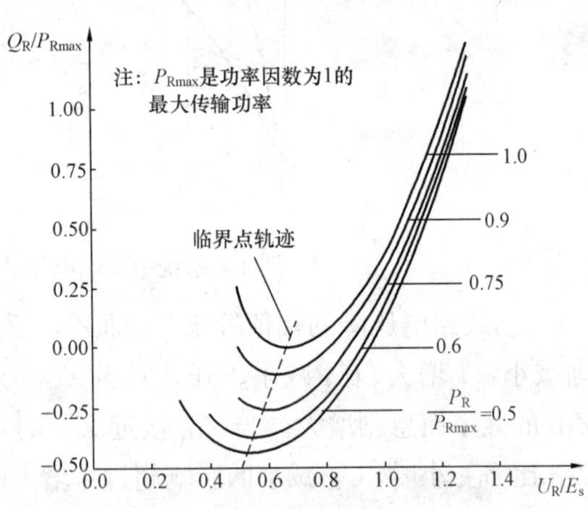

图 4-12 图 4-8 系统在不同 P_R/P_{Rmax} 比值时的 U_R—Q_R 特性

图 4-11 表示出图 4-8 的电力系统在不同负荷功率因数下 U_R—P_R 关系曲线。图中临界点的轨迹用虚线表示。通常只有临界点以上的运行点代表满意的运行条件。突然降低功率因数（增加 Q_R），可造成系统从稳定的运行条件变为不满足的、可能是不稳定的由 U—P 曲线下部所代表的运行条件。

受端设备（负荷和补偿装置）无功功率特性的影响在图 4-12 中更为明显。图中画出一组适用于图 4-8 中电力系统的曲线，其中每一条曲线都表示在某一固定 P_R 值下的 U_R 和 Q_R 关系。在导数 dQ_R/dU_R 为正的区域系统是稳定的。当导数为零时达到电压稳定极限（临界运行点）。因此 Q—U 曲线最低点的右部表示稳定运行条件，左部表示不稳定的条件。在

dQ_R/dU_R 为负的区域实现稳定运行只有装设可调节的无功功率补偿装置，并具有足够大的控制范围和与正常极性相反的高 Q/U 增益。

以上所叙述的电压稳定现象是基本的，以期有助于对电力系统稳定的不同方面的分类和理解。所作出的分析限于辐射状系统，是因为它代表一种对电力系统电压稳定问题的简单而清晰的图景。在复杂的实际电力系统中，以下因素对电压稳定造成的系统崩溃有影响：输电系统的强度、功率传输水平、负荷特性、发电机无功功率容量限制、无功功率补偿装置的特性。在一些情况下，崩溃是由未经协调的各种控制作用和保护系统综合的结果。

为了分析的目的，将电压稳定分为以下两种子类：

（1）大扰动电压稳定是指大扰动如系统故障、失去发电机或回路事故之后系统控制电压的能力。这种能力由系统—负荷特性、连续与离散的控制和保护的相互作用所决定。大扰动稳定性的确定需要在足够长时间内观察系统的非线性动态特性以便获取如 ULTC 和发电机励磁电流限制器等一些装置的相互作用情况。所感兴趣的研究时段可从几秒延长到几十分钟。因此需要通过长期动态仿真进行分析。

大扰动电压稳定的判据，是在给定的扰动及随后的系统控制作用下，所有母线电压都达到可接受的稳态水平。

（2）小扰动电压稳定是指小扰动如系统负荷逐渐增长的变化之下系统控制电压的能力。这种形式的稳定性由负荷特性、连续作用的控制及给定瞬间的离散控制作用所确定。这种概念对确定任一时刻系统电压对小的系统变化如何响应是有用的。小扰动电压稳定的基本过程本质上属于稳态的性质。因此，静态分析可有效地确定稳定裕度，识别影响稳定的因素及检验广泛的系统条件。

小扰动电压稳定的判据，是在给定的条件下，系统中每条母线的电压幅值随注入该母线的无功功率的增加而增大。如果系统中至少有一条母线的电压幅值（U）随注入该母线的无功功率（Q）的增加而减小，则该系统电压不稳定。换言之，如果每一条母线的 U—Q 灵敏度都是正的，则该系统电压稳定；而至少有一条母线的 U—Q 灵敏度为负，则该系统电压不稳定。

电压不稳定并不总以其单纯的形式发生，经常是角度和电压不稳定同时发生。一种形式的不稳定可导致另一种，其区别可能并不明显。而区别角度稳定和电压稳定对弄清楚问题的根本原因以便开发适宜的设计和运行方式是十分重要的。

现代电力系统的发展受到经济和环境因素的制约，其经常运行在重载状态，这使得系统电压稳定问题日益突出。20 世纪 70 年代以来，世界上许多国家的电力系统相继发生过电压失稳事件，造成了重大的经济损失和社会影响。因此电压稳定计算在电力系统规划和运行分析中占有重要位置：电压稳定计算除判断系统当前运行点的电压稳定性外，一般还应给出表征系统电压稳定裕度的指标。电压稳定计算有基于潮流计算数学模型和基于系统微分与代数方程组数学模型。

电压稳定计算（voltage stability calculation，VSC）是指电力系统受到扰动后节点电压稳定性的计算。

第六节 发电机的安全运行极限与 P—Q 曲线

并网运行的汽轮发电机输出的有功和无功功率，可以根据需要进行调节。发电机输出的有功功率大小可以通过调节汽轮机的进汽量使汽轮机输出的机械功率发生变化来实现，输出的无功功率大小和性质可以通过改变发电机的励磁电流来实现。

有功和无功功率都有最大值和最小值的限制，超过限制范围的发电机组将不能正常运行。

一、汽轮发电机安全运行极限

在稳定运行的条件下，发电机的安全运行极限受以下五个条件的约束。

1. 汽轮机输出功率的限制

汽轮机输出功率是根据发电机的额定有功功率 P_N 设计的，虽有过负荷能力，但长期稳定运行一般不高出 P_N。另外，还受最小功率 P_{min} 的限制，运行时不能小于 P_{min}。限制 P_{min}，不是因发电机本身，而是由于汽轮机和锅炉方面的原因。汽轮机的最小允许功率与汽轮机的类型有关，一般为其额定值的10%～20%。此外，由于锅炉在低负荷时燃烧不稳定，特别是燃煤锅炉，故 P_{min} 还受锅炉最小出力的限制。最小出力随锅炉类型和燃料不同而异，通常锅炉允许的最小出力为额定值的25%～75%。

2. 定子三相绕组电流的限制

发电机定子三相绕组导体截面积、发电机的冷却系统都是按照额定电流设计的，运行中定子电流不可超过额定值 I_N，防止定子绕组过热。

3. 定子端部发热的限制

发电机进相运行时，与迟相运行状态相比定子端部的漏磁通将增大，在定子端部铁芯及金属连接片等处感应过大的涡流，导致端部铁芯和结构件温度升高。当温度超过允许值时，就要限制发电机无功功率的吸收。

4. 励磁电流的限制

发电机励磁绕组截面积、冷却条件、励磁系统等是按照额定励磁电流设计的，运行中励磁电流不能超过额定值，防止转子绕组过热。

5. 进相运行稳定度的限制

由于发电机转入进相运行时发电机对系统功率角增大，发电机容易受到静稳定条件的限制，为保证一定的静稳定裕度，需要限制其输出的有功功率或吸收的无功功率。

以上条件，综合决定了发电机工作的允许范围。

二、汽轮发电机的P—Q曲线

在电力系统中运行的发电机，必须根据系统情况，调节有功功率和无功功率，在一定的电压和电流下，当功率因数下降时，发电机的无功功率增大，有功功率相应减小；而当功率因数上升时，则要增大无功功率、减小有功功率，以达到输出容量不超过允许值。所以运行员必须掌握功率因数变化时发电机的允许运行范围。发电机 P—Q 曲线图就是表示其在各种功率因数下，允许的有功功率 P 和无功功率 Q 的关系曲线，又称为发电机的安全运行极限。

发电机的 P—Q 曲线，是在发电机端电压和冷却介质温度一定、不同氢压条件下绘制的。

发电机在额定电压、额定氢压和额定冷却介质温度下的运行范围图是 P—Q 曲线的基础。所以有时制造厂也只提供在额定氢压下的 P—Q 曲线。

汽轮发电机的 P—Q 曲线如图4-13所示，它表明了发电机运行受定子长期允许发热（决定了定子额定电流 I_N）、转子绕组长期允许发热（决定了额定励磁电流）、汽轮机功率、稳定极限等几方面的限制。

电压、电动势、功率都以标幺值表示时绘制的 P—Q 曲线的基本步骤如下：

(1) 在纵轴（P 轴）以原动机最大输出有功做一水平线 P_{max}。

(2) 以坐标原点 O 为圆心，以定子额定电流 I_N（即图中 OC 线段）为半径画出圆弧；与 P_{max} 水平线交于点 G。

(3) 在横轴（Q 轴）O 点左侧，取线段 OM 等于 U_N/X_d，它近似等于发电机的短路比 K_c，正比于空载励磁电流。

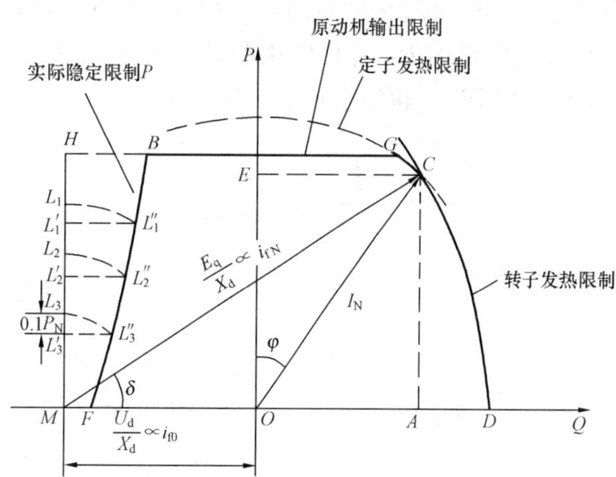

图 4-13 汽轮发电机的 P—Q 曲线

(4) 以 M 点为圆心，以 E_q/X_d 为半径画出圆弧，与横轴（Q 轴）正方向相交于点 D，与第 (2) 步中的圆弧相交于点 C。(图中 MC 线段，正比于额定励磁电流)。

(5) 从 M 点画一垂直于横坐标的直线，与 P_{max} 水平线交于点 H，表示理论上的静稳定极限（对应于功角 $\delta=90°$）。

(6) 发电机进相运行静稳定限制的容量，是以发电机不带自动励磁调节器，输出各有功功率值进相运行，且运行功角 δ 不大于 90°时确定的功率极限值为基础，再考虑适当的静稳定储备系数来确定的，通常以 $0.1P_N$ 作为静稳定储备。图中的 BF 曲线画法是：在理论静稳定边界线上先取一些点，以 L_1 点为例以 M 点为圆心至 L_1 点的距离为半径画弧（半径为 E_q/X_d），在 MH 线上比 L_1 点对应有功小 $0.1P_N$ 的点 L_1' 作水平线与上述圆弧相交于 MH 线右侧 L_1'' 点。对 L_2、L_3 点做同样处理得到 L_2''、L_3''，L_1''、L_2''、L_3'' 等点就构成了 BF 曲线。(也可采用 $\delta=70°$，画一斜直线作为静稳定限制线，此时静稳储备系数 $=1/\sin70°-1=6.5\%$)。

由上述各曲线或直线段所围成的 $DCGBFD$ 区域，就称为汽轮发电机的安全运行范围或者安全运行区。发电机的运行点处于这区域内或边界上，均能长期安全稳定运行。

图 4-13 中，在两个圆弧的交点 C 处，定子电流和转子电流同时达到额定值，一般就是发电机的额定运行工作点（I_N，I_{fN}，$\cos\varphi_N$）。它在纵轴上的投影 OE 线段代表发电机的额定有功率 P_N，相应的功率因数为额定功率因数 $\cos\varphi_N$。当 $\cos\varphi$ 降低（φ 角增大），由于转子发热（相应 I_{fN}）限制，相量端点只能在 CD 弧线移动，此时定子电流未达额定值。当 $\cos\varphi>\cos\varphi_N$ 时，由于受定子容许电流 I_N 限制，相量端点只能在 CG 弧线上移动，转子电流未达最大值。过 G 点后，$\cos\varphi$ 继续增大时，由于发电机出力受原动机出力限制，励磁电流需相应减小，发电机输出的无功功率减小。当工作点在纵轴上时，$\cos\varphi=1$，发电机只送出有功功率，不能输出无功功率，此时的励磁电流已比额定值小很多，发电机的静稳定极限功率 E_qU/X_d，已比额定工作点运行时显著降低。当 $\cos\varphi<1$，转入欠励磁运行（也称进相运行）时，发电机不但不向系统送出无功功率，而且还吸收系统无功功率，静稳定储备进一步降低，大型内冷汽轮发电机能否在此区域运行，需要进行稳定计算分析后才能确定。

发电机转入进相运行时，发电机定子端部漏磁也趋于严重，损耗增加。其进相运行容量还受定子铁芯端部过热的限制，其相应进相允许区域还可能进一步缩小。

汽轮发电机的 P—Q 曲线由制造厂提供，图 4-14～图 4-16 分别给出了我国三大电机制造厂的 1000MW 汽轮发电机 P—Q 曲线。

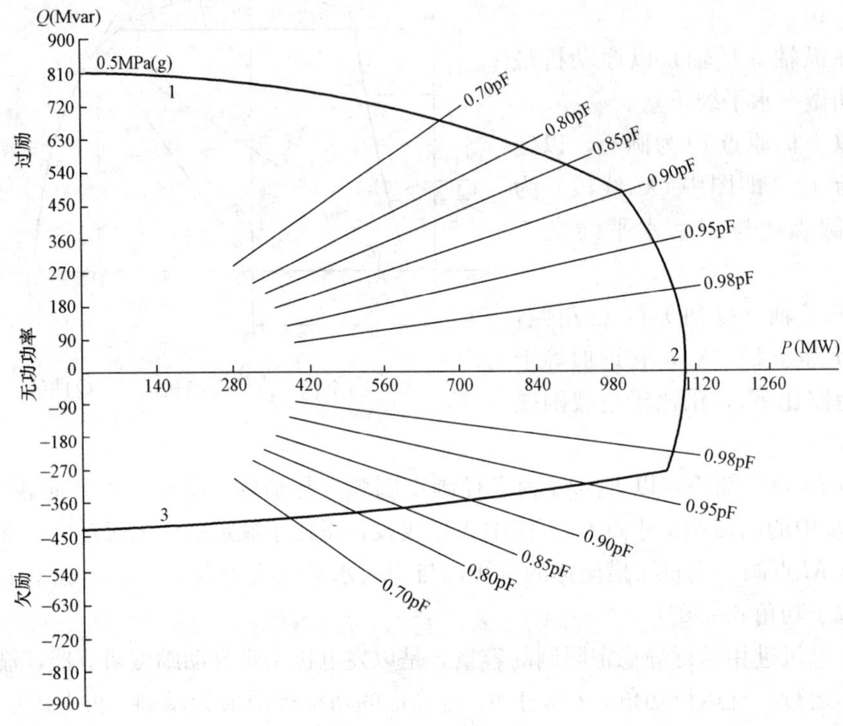

图 4-14　上海电机厂 THDF 125/67 汽轮发电机 P—Q 曲线

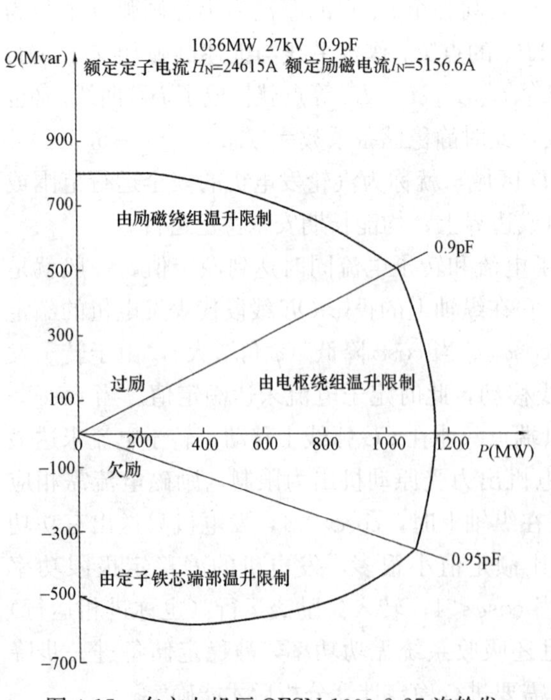

图 4-15　东方电机厂 QFSN-1000-2-27 汽轮发电机 P—Q 曲线

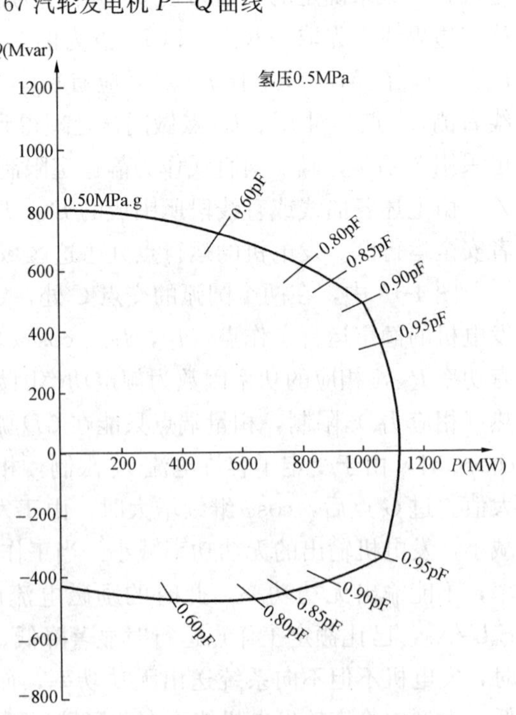

图 4-16　哈尔滨电机厂 LCH 汽轮发电机 P—Q 曲线

第七节 发电机运行监测系统

发电机作为重要的电气设备，应密切监视其运行状况，以便尽早发现和处理故障隐患，避免事故发生。

一、发电机运行中应监测项目

1. 机内温度监测

定子槽内层间温度，定子绕组出水温度，定子铁芯温度，机内各风区内的冷、热气体温度，氢气冷却器出风（冷氢）温度，定子绕组进水温度，瓦轴温度，集电环温度，集电环出风温度和转子绕组温度等。

2. 冷却介质及润滑剂监测

定子冷却水水质（包括导电率、硬度、pH 值等），定子冷却水的压力、流量及进水温度，氢气湿度和纯度等，机内氢压及氢温，密封油压力和进、出油温度等，轴承润滑油油压力和进、出油温度等，氢气冷却器的进、出水温度、水压及水流量等。

3. 定子的差胀

定子绕组的输出负荷不仅受到温度的限制，还受到定子绕组和定子铁芯之间周期性差胀的影响。差胀与绕组的温升有关。这就要限制电机的最大负荷，以限制差胀。发电机的 P—Q 曲线表示发电机运行负荷的限值，在这限值之内，差胀是许可的。

4. 电刷监测

定期检查电刷的运行情况，当出现火花时，检查电刷压力是否均匀、刷辫与刷块之间是否有松动现象等，定期检查接地电刷与转轴的接触状况。

5. 励磁回路的绝缘电阻

定期对励磁回路的绝缘电阻和励端轴瓦及密封座的绝缘电阻进行测量，其值应符合规定要求。

6. 漏水、漏油监测

在机座中心底部、汽励两端冷却器下部、出线盒底部和中性点罩壳底部等部位配置液位信号计。

7. 发电机 P—Q 曲线

发电机的 P—Q 曲线，将定子和转子绕组及定子铁芯中热点的温度限制在切实可行的运行值，这些出力可由计算和厂内试验得出。

8. 振动监测

在线监测轴振动和轴承座振动情况，振动值不应超过其规定值。

9. 发电机局放放电监测

对发电机定子绕组局部放电进行在线监测，以实时掌握发电机定子绕组的绝缘状况。

二、监测点的设置

发电机的监测点包括温度、振动、对地绝缘电阻、漏水、氢气湿度、无线电射频监测和局部过热监测等。不同制造厂家所选择的传感器元件以及监测点位置可能有所不同，在此仅供参考。

1. 监测发电机定子各部温度

在汽励两端的定子边段铁芯的齿顶和轭中、压指及磁屏蔽上设置热电偶，以及在铁芯中部两个热风区的齿部和轭部各埋置热电偶来监测铁芯的温度。

在汽端定子槽部的上下层线棒之间，埋置电阻测温元件，每槽一个，以监测线棒温度。

在汽端出水汇流管的上下层线棒出水接头上，各装有测温热电偶，以监测回水温度。

在出线盒内，出水汇流管的水接头上各装设热电偶，以监测主引线及6个出线瓷套端子的回水温度。

2. 监测定子绕组冷却水总进出水管水温

在励端总进水管和汽端总出水管上各设一个双支式镍铬-康铜E分度热电偶元件（共2个），其中各有一支接ATC。

3. 监测氢冷却器的氢温

在汽端和励端氢冷却器罩内，冷风侧和热风侧各设置一个双支式铂电阻（Pt100）测温元件，一支显示，另一支可接ATC。在汽励两端的上半端盖上，冷氢进风区，各装有一个温度控制器，用于冷氢温度高于上限时报警。温控器有一组触点，可直接通往ATC。发电机两端热氢出口处，各有一个单支电阻测温元件，以监测热氢温度（显示）。

4. 监测轴承温度

在汽励两端的下半轴承可倾瓦块内，各设一个双支式镍铬-康铜E分度热电偶，其中一支接到ATC。在汽励两端的轴承回油管，以及无刷励磁机轴承（或集电环端轴承）回油管上，各设一个双支式镍铬-康铜E分度热电偶，其中一支接到ATC。

5. 监测轴系振动

在发电机两端轴承和励磁机轴承的外挡油盖上，各设一个非接触式拾振器，测量转子轴颈振动，均接至ATC。

6. 监测轴承座、轴承制动销、轴瓦绝缘衬块、密封支座、中间环、高压进油管及外挡油盖的绝缘电阻

在发电机励端轴承座、轴承制动销、上半轴瓦绝缘衬块、下半轴瓦绝缘衬块、密封支座、中间环、高压进油管及外挡油盖处均设双重绝缘，在这些部件上均有引出到机外的测量引线，供发电机运行期间监测其绝缘电阻。

7. 发电机漏水监测

在发电机出线盒、机座中部、机座下部、机座顶部、冷却器外置的底部及中性点外罩处，均装设法兰或者螺孔，用管道与装设在机外的浮子式液位控制器（即发电机漏水探测器）相连接，以便监测漏水情况，也可以从那里排污。

8. 监测机内局部放电的无线射频装置

通过设置在发电机中性点接地线上的频率变送器，来监视机内发电机绕组或其他带电部件的局部放电。

9. 监测机内氢气的含湿量

一套在线氢气湿度仪，可直观地反映机内氢气的含湿量，因此可有效地控制发电机内氢气的湿度。

三、发电机在线监测装置及应用

目前，国内大型汽轮发电机配置的在线监测装置中有直读与解读两大类型。

1. 直读型在线监测装置

该类在线监测装置获得的数据或趋势曲线可直接读到，无需专家解读，可从数值中得知某参数的状况。这类直读型设备可信度较高，很少有漏报、误报现象。下面分别介绍这些装置的特点。

氢气纯度分析仪：一套自动测量氢气中其他气体含量的设备，有防爆要求，当氢纯度小于95%时，可越限报警和自动补、排氢气，也可预警氢侧密封油超量、密封油过热等异常情况。

定子冷却水电导率仪：通过测量定子冷却水的电导率，防止定子空心铜线积垢堵塞，保持水电导率在标准允许的范围之内。对定子接地、树脂离子器失效、空心导线堵塞、聚四氟乙烯管闪络、水化学性能不平衡有预警作用。

氢气漏入水中监测器：在定子密封水箱中装置压力表，当漏氢量超过规定值时，自动开启排气阀，并通过气体流量表记录排气量。由于机内氢压高于定子水压，因此当定子内部水系统回路组成件有问题（如空心导线裂纹、水接头漏水、汇流管接头渗水、密封垫失效等）时，监测器就会预警。氢气漏入水中监测器在我国很多电厂及时成功地预报了定子漏水故障，从而避免了故障的扩大，显示了简易可靠、不可替代的作用。

氢气露点仪：测量机内氢气湿度并以露点表示。可以预示转子护环应力腐蚀、冷却器漏水、氢气干燥器失效等故障。目前普遍使用的 VAISALA 产品寿命还不能满足要求。

漏氢监测仪：在指定的可能泄漏位置取样监测，并以声、光、电形式给出预警信息，以避免氢爆发生。目前漏氢监测仪已得到了市场的认可，但要注意漏油堵塞管路造成仪器失灵，此时要及时清洗管路。

2. 解读型在线监测装置

这类在线监测装置由于装置比较复杂或预示面广且重要，其测试结果一般需要专家解读，特别是根据监测结果做决策时更需要专家会诊。下面分别介绍这些装置的特点。

发电机定子绕组在线振动分析系统：利用光导（高电位点）和加速度计（低电位点）实时记录、分析定子绕组的振动情况。它可以预示定子槽楔松动、定子线棒磨损、相引线断裂、固定螺杆松动等问题。目前 ALSTOM 公司已在沙角 C 发电厂 670MW 机组和大亚湾核电站 900MW 机组上安装使用。

转子匝间短路监测器：可预示由转子匝间短路引起的转子振动、转子接地，由转子匝间短路造成的护环烧损等故障。国内目前有 ARD 系列、ZDL2 型、FZGL-10 型等发电机转子匝间短路在线监测装置。

转轴扭振监测仪：该设备有扭振测量、扭振保护、扭振应力分析 3 种主要功能。它可预报的故障类型有轴疲劳积累、次同步振荡、大轴裂纹及转子不平衡负荷等故障。国产 TVDS-B 型轴系扭振监测仪在 300、600 MW 上有 6 台运行业绩，已捕获过数次事故扭振记录。在国外，转轴扭振监测仪主要应用于核电，很少用于火电。从性价比来讲，国产转轴扭振监测仪要优于进口产品。

发电机工况监测器：可预示的故障类型有定子铁芯过热、定子绕组绝缘系统过热、转子绝缘过热及高压出线过热等。对发电机而言，过热是极为严重的故障，因此该在线监测装置的重要性显而易见。目前国内绝缘过热在线监测仪使用的较多是华北电力科学研究院研制的 FJR II 型，但其存在以下问题：①解读能力差，如果报警，气体要送至北京分析，而且过热点在哪里、什么时候停机，很难决断；②由于抗油雾能力较差，加之有误报现象，因此切除率较高。而世界上最流行的是美国 E-One 公司的氢冷绝缘过热监测仪 GCM-X 和空冷绝缘过热监测仪 GCM-A，它们准确、无误报警、非常有效，但价格较高。

发电机局部放电在线监测仪：目前大型发电机局部放电在线监测方法主要有：①监测中性点射频电流的中性点耦合监测法；②采用高频电流传感器、罗柯夫斯基（Rokowski）线圈来监测中性线上高频放电信号的射频监测法；③采用大电容传感器监测发电机三相出线的电容耦合监测法；④在定子槽楔下面埋设定子槽耦合器，并利用其探测每槽的放电脉冲，该方法称为槽耦合器（SSC）监测法；⑤将埋置在定子槽内的电阻式测温元件（RTD）导线作为局部放电传感器的在线监测方法。发电机局部放电在线监测仪可预测的故障有定子主绝缘故障、定子其他绝缘故障、电晕放电、端部手包绝缘放电、电连接断裂、定子绝缘整体老化、定子端部绕组表面放电等。其中 SSC 监测法除上述外，还能预示定子槽楔松动及端部绕组松动故障。国产局部放电监测仪在发电机上安装使用的已超过 200 多台，但实际投运率也较低。主要问题是：①排除电气干扰的措施不够；②数据量太大，数据处理技术跟不上；③解读较难，需要具有设计方面信息，熟悉运行和维修的历史，以及掌握各种绝缘的制造及典型的性能和寿命。

在我国，发电机在线监测技术的开发应用已有几十年，此项工作对提高设备运行维护水平、及时发现事故隐患、减少停电事故的发生有着积极的意义。但目前在线监测装置不成熟，实际运行的效果并不理想，因此还需进一步提高和完善已开发监测装置的性能。

第五章

发电机运行的异常状态分析

第一节　汽轮发电机频率异常运行

一、频率异常对电网的影响

频率是电力系统运行的一个重要质量指标。它反映了电力系统中有功功率供需平衡的基本状态。在电网正常运行情况下，电网各点基本上都处在同一运行频率下。当电力系统有功功率的总供给即各发电厂的总有功出力满足了全网电力负荷的总需求，并能随负荷的变化而及时调整时，电网的平均运行频率将保持为额定值。如果电力系统的有功功率供大于求，则电网的平均运行频率将高于额定值；反之，则将低于额定值。电力系统运行频率偏离额定值过多，会给电力用户带来不利影响，而受影响最大的，当首推发电厂本身。对于汽轮发电机组，非额定运行频率能给汽轮机叶片带来损伤。同时，当供电频率下降时，驱动厂用电电动机的功率迅速下降，减少了发电机组的机械输入功率，从而使发电机输出的电功率减少，更加剧了供需间的不平衡，进一步促使频率下降，终至造成发电厂全停。对于核能电厂，它的反应堆冷却介质泵对供电频率有严格要求，如果不能满足，这些泵将自动断开，使反应堆停止运行。

目前受到普遍关注的是低频率运行问题。为了防止频率崩溃事故，造成电力系统全停，在现代的任一电力系统中都配置了专门的低频保护。

二、电力系统频率变化的动态过程

1. 系统没有旋转备用的情况

为了分析电力系统出现突然的有功功率缺额后的系统频率变化过程，常用的做法是将电力系统简化成单机供电系统，按功率缺额、系统惯性、等价系统阻尼因素等项，求得相应的频率对时间的变化曲线，其结果如下。

系统的运行方程为

$$J\frac{\mathrm{d}\omega}{\mathrm{d}t}=T_{\mathrm{m}}-T_{\mathrm{e}} \tag{5-1}$$

$$T_{\mathrm{m}}=\frac{P_{\mathrm{m}}}{\omega} \tag{5-2}$$

$$T_{\mathrm{e}}=\frac{P_{\mathrm{L}}}{\omega} \tag{5-3}$$

式中　J——系统的转动惯量；

T_{m}——机械转矩；

T_{e}——电磁转矩；

P_m——发电机的电功率；

P_L——负荷电功率。

在分析时，一般均认为保留运行中的发电机组已经没有备用容量，因而在系统频率下降过程中，发电机组的 P_0 将保持为一恒定值，令为 P_{m0}。而负荷功率，一般是供电母线电压的函数，也是系统频率的函数。在简化计算中，认为频率变化时母线电压不变，则负荷功率可用 $P_L = P_0 f^{K_L}$ 的形式表示。K_L 称为负荷的频率调节系数，用于计算系统频率下降的动态过程，要求取得当时全系统（或有关孤立系统）的综合实际 K_L 值。但求测电力系统综合实际 K_L 值是十分困难和复杂的事情，不但要造成实际的频率下降，还要去除各种因素，特别是频率变化过程中同时发生的电压变化所影响的负荷功率对求得结果的影响。同时，K_L 值显然随负荷的变化而变化，因而具有统计性质。对于 K_L 的估计值，有的认为在1～2间，也有的认为在1～3间。实际计算时，有的取 K_L 等于1.5，也有的取为2。K_L 越大，负荷功率随系统频率下降也越多，越有利于减缓和减轻系统频率下降的严重程度。因此，做系统频率下降的最坏估计时，宜取实际可能的较小 K_L 值。

电压也影响负荷功率。但除非用多机系统暂态稳定程序计算，否则很难估计系统电压变化对全系统负荷功率变化的综合影响，因为在频率下降过程中，也许系统中某些点的电压增高，某些点的电压降低和另一些点基本保持正常电压数值。

综合式（5-1）～式（5-3）可得

$$J\frac{\mathrm{d}\omega}{\mathrm{d}t} = \frac{P_{m0}}{\omega} - \frac{P_0}{(2\pi)^{K_L}}\omega^{K_L-1} \tag{5-4}$$

令事件发生后的最初瞬间，转速为 ω_0，功率缺额数为 $P_{m0} - P_{L0}$。P_{L0} 是事件发生后的负荷功率初始值，$P_{L0} = P_0 f_0^{K_L}$。事件发生后的转速 $\omega = \omega_0 + \Delta\omega$，$T_m = T_{m0} + \Delta T_m$，$T_e = T_{e0} + \Delta T_e$，$T_{m0}$ 与 T_{e0} 均为初始的转矩值，则

$$\Delta T_m = \left.\frac{\mathrm{d}T_m}{\mathrm{d}\omega}\right|_{\omega=\omega_0} \cdot \Delta\omega = -\frac{P_{m0}}{\omega_0} \cdot \frac{\Delta\omega}{\omega_0} \tag{5-5}$$

及

$$\Delta T_e = \left.\frac{\mathrm{d}T_e}{\mathrm{d}\omega}\right|_{\omega=\omega_0} \cdot \Delta\omega = (K_L - 1)\frac{P_{L0}}{\omega_0} \cdot \frac{\Delta\omega}{\omega_0} \tag{5-6}$$

又取系统的惯性常数 $M = J\omega_0$，则可得

$$M\frac{\mathrm{d}}{\mathrm{d}t}\frac{\Delta\omega}{\omega_0} + \left[\frac{P_{m0}}{\omega_0} - (K_L - 1)\frac{P_{L0}}{\omega_0}\right]\frac{\Delta\omega}{\omega_0} = \frac{P_{m0}}{\omega_0} - \frac{P_{L0}}{\omega_0} \tag{5-7}$$

式（5-7）的解是

$$\frac{\Delta f}{f_0} = \frac{\Delta\omega}{\omega_0} = \frac{P_{m0} - P_{L0}}{P_{m0} + (K_L - 1)P_{L0}}\left\{1 - \exp\left[-\frac{P_{m0} + (K_L - 1)P_{L0}}{\omega_0 M}\right]\right\} \tag{5-8}$$

式（5-8）是一个指数衰减曲线方程。在复杂电力系统中，这个结果表征了全系统的平均频率变化情况。研究结果说明，它与大型动态计算的结果和实际的系统记录颇为吻合，因而用以设计按频率降低自动减负荷装置是适宜的。

若定义过负荷标幺值 K

$$K = [(\text{负荷容量}) - (\text{留下的发电容量})]/(\text{留下的发电容量})$$

则

$$P_{L0} = (1 + K)P_{m0} \tag{5-9}$$

由式（5-9）可求得最终频率 f_∞ 及初始频率变化率 $\left.\frac{\mathrm{d}f}{\mathrm{d}t}\right|_{t=0}$ 分别为

$$f_{\infty}=\left[1-\frac{K}{1+(K_{\mathrm{L}}-1)(1+K)}\right]f_0 \tag{5-10}$$

$$\left.\frac{\mathrm{d}f}{\mathrm{d}t}\right|_{t=0}=\frac{K}{M}f_0 \tag{5-11}$$

不同的负荷标幺值下的最终频率 f_{∞} 及初始频率变化率 $\left.\frac{\mathrm{d}f}{\mathrm{d}t}\right|_{t=0}$ 见表 5-1。

表 5-1 不同过负荷标幺值下的最终频率 f_{∞} 及初始频率变化率 $\left.\frac{\mathrm{d}f}{\mathrm{d}t}\right|_{t=0}$

$(K_{\mathrm{L}}=1.5, M=10, \omega_0=1.0)$

K	0	0.05	0.1	0.3	0.4	0.5	1.0
f_{∞} (Hz)	50	48.4	43.8	40.9	38.2	35.7	25
$\left.\frac{\mathrm{d}f}{\mathrm{d}t}\right|_{t=0}$ (Hz/s)	0	−0.25	−1.0	−1.5	−2.0	−2.5	−5.0
衰减时间常数（s）		6.6	6.3	6.1	5.9	5.7	5.0

由表 5-1 可见，在频率下降过程中，虽然发电机组的机械力矩试图增大，负荷的制动力矩又试图减小，以缓解频率的下降速率及最终的频率下降，但即使有不大的过负荷，系统的最终频率也将下降到不能允许的数值。这就充分说明了装设按频率降低自动减负荷装置的必要性，必须切除相应数量的负荷，才能保证系统频率可以很快恢复到接近正常的水平，而不致产生严重后果。

2. 系统有旋转备用的情况

系统有一定的旋转备用，而突然发生断开一定容量电源的情况是经常发生的，它不是考虑系统低频保护的基本情况，但也有些关系。

因为发电机组有旋转备用，此时发电机组转矩增量为 ΔT_{m}，式（5-12）将如式（5-13）所示

$$M\frac{\mathrm{d}^2\delta}{\mathrm{d}t^2}+\frac{\mathrm{d}\delta}{\mathrm{d}t}+P_{\mathrm{e}}=P_{\mathrm{M}} \tag{5-12}$$

$$\Delta T_{\mathrm{m}}=\frac{\partial T_{\mathrm{m}}}{\partial P_{\mathrm{m}}}\Delta P_{\mathrm{m}}+\frac{\partial T_{\mathrm{m}}}{\partial\omega}\Delta\omega=\frac{1}{\omega}\left(\Delta P_{\mathrm{m}}-P_{\mathrm{m0}}\frac{\Delta\omega}{\omega_0}\right) \tag{5-13}$$

当系统频率降低，发电机的原动机组调速器将开始作用，增大调节阀门的开度，增大进汽（水）量，以提高原动机的输入机械功率。但调速器的动作有一定的延时，同时从调节阀门开度增大到推动原动机的压力增大，以增加机械功率也需要时间，故而 ΔP_{m} 与 $\Delta\omega$ 的关系为一时间函数。稳定后的发电机组机械功率增量标幺值 $\frac{\Delta P_{\mathrm{m}}}{P_{\mathrm{m0}}}$ 对转速增量标幺值 $\frac{\Delta\omega}{\omega_0}$ 之比称为标幺单位调节功率，它等于调差系数标幺值 R 的倒数，即 $\frac{\Delta P_{\mathrm{m}}}{P_{\mathrm{m0}}}\Big/\frac{\Delta\omega}{\omega_0}=-\frac{1}{R}$，负号表示 $\frac{\Delta\omega}{\omega_0}$ 为负时，$\frac{\Delta P_{\mathrm{m}}}{P_{\mathrm{m0}}}$ 为正的 $\frac{1}{R}$ 值，对于汽轮发电机组为 16.6～25，对于水轮发电机组为25～50。

如果全系统中只有部分机组有备用容量，当将全系统发电容量等价为一台发电机时，则该等价发电机的标幺单位调节功率 $\left(-\frac{1}{R}\right)_{\mathrm{s}}$ 为

$$\left(-\frac{1}{R}\right)_{\mathrm{s}}=-\sum_{r_i=1}^{r}(P_{\mathrm{m0}})_{r_i}\left(\frac{1}{R}\right)_{r_i}\Big/\sum_{n_i=1}^{n}(P_{\mathrm{m0}})_{n_i} \tag{5-14}$$

式（5-14）中，下标 r_i 代表运行中具有备用容量的机组序号，n 代表运行中全部机组的序号，$n\geqslant r$。若有十台相同发电机组运行，只有两台机组有备用容量，其 $\frac{1}{R}$ 值均为 25 时，则全系统等价机组的 $\left(\frac{1}{R}\right)_{\mathrm{s}}$ 值将是 $25\times\frac{2}{10}=5$。

ΔP_{m} 滞后于 $\Delta\omega$ 的变化，可用函数 $\beta(t)$ 予以表示为

$$\frac{\Delta P_{\mathrm{m}}}{P_{\mathrm{m0}}}=-\frac{1}{R}\beta(t)\frac{\Delta\omega}{\omega_0} \tag{5-15}$$

由此可列出有备用容量时的系统频率变化方程为

$$M\frac{\mathrm{d}}{\mathrm{d}t}\frac{\Delta\omega}{\omega_0}+\frac{1}{R}\beta(t)\frac{\Delta\omega}{\omega_0}\frac{P_{\mathrm{m0}}}{\omega_0}+\left[\frac{P_{\mathrm{m0}}}{\omega_0}+(K_{\mathrm{L}}-1)\frac{P_{\mathrm{L0}}}{\omega_0}\right]\frac{\Delta\omega}{\omega_0}=\frac{P_{\mathrm{m0}}}{\omega_0}-\frac{P_{\mathrm{L0}}}{\omega_0} \tag{5-16}$$

在稳态情况下，$\beta(t)\mid_{t\to\infty}=1$。如果系统有足够的备用容量，则系统的稳态频率降低值 Δf_{∞} 将是

$$\Delta f_{\infty}=\left(\frac{P_{\mathrm{m0}}}{\omega_0}-\frac{P_{\mathrm{L0}}}{\omega_0}\right)\times 50\Big/\left[\left(\frac{1}{R}+1\right)\frac{P_{\mathrm{m0}}}{\omega_0}+(K_{\mathrm{L}}-1)\frac{P_{\mathrm{L0}}}{\omega_0}\right] \tag{5-17}$$

例如，负荷为 8000MW 的 50Hz 系统，1/10 运行容量有备用，系统的综合 $\frac{1}{R}=2.5$，$K_{\mathrm{L}}=1.5$。突然失去 400MW 电源，系统的频率将下降 $\Delta f_{\infty}=0.62\mathrm{Hz}$；而在其他条件完全相同的情况下，不是 1/10 而是 2/10 的机组留有旋转备用，此时的 $\frac{1}{R}=5.0$，则 $\Delta f_{\infty}=0.39\mathrm{Hz}$。可见分配给多台机组留旋转备用的实在好处。

如果 $\beta(t)$ 为已知函数，则可由式（5-15）求得频率随时间的变化过程。假定 $\beta(t)$ 是一个最简单的只经过一个时间常数的环节，式（5-16）的解比较简单，并以 $M=10$，$K_{\mathrm{L}}=1.5$，$\frac{1}{R}=5.0$。以过负荷 6.5%的情况为例，则有：

1）若 $\tau=0.3$，大约对应于全部以火电机组作备用，则

$$\Delta f=-0.5\left[1-(1.05\mathrm{e}^{-0.82t}-0.09\mathrm{e}^{-2.67t})\right]$$

由于调速系统反应快速，系统频率将平稳地基本沿指数曲线下降，渐趋于稳定值。

2）如果全部以水电机组作备用，由于调节系统的水锤效应，一开始会出现反调节，至少相当于具有一定的反应延时。例如，实测某满厂机组的调速特性，在频率突变后的第 1s 时，反调 15%，第二秒时接近于零，然后以约 1.65s 的时间常数作正调节。在上述缺额 6.5%的情况下，有完全备用时的系统稳态频率值为 0.5Hz。如果认为在发生有功功率缺额后前 2s，水轮机调速系统不反应，则到第 2s 时，由式（5-16），频率下降已达 0.56Hz，然后才以较慢速度逐渐回升频率。姑且以等价 $\tau=4$ 的环节来计算全过程，则

$$\Delta f=-0.5\left[1-1.64\mathrm{e}^{-0.203t}\cos(0.35t+1.59)\right]$$

由于调速系统反应慢，系统频率将作振荡式衰减然后趋于终值。过程中第 4.43s 时，$\Delta f_{\min}=-0.83\mathrm{Hz}$，这当然是不很精确的数值。

3. 大电力系统的频率变化过程

电力系统因突然缺少有功功率电源，系统平均频率将作动态下降，情况如上述。至于在全系统平均频率变化的过程中，系统某一特定点的频率如何具体变化，情况要复杂些。在系统发生有功功率缺额的初瞬间，各机组将首先按离冲击点的远近拾取冲击功率，而与其容量无关。随之，各机组将按拾取的冲击功率大小和惯性大小不同程度地减速，然后各机组的调速系统按各自特性动作于改变原动机的机械输入。在这个暂态过程中，机组之间将产生机电振荡。存在于它们之间的同步力矩，将试图把它们拉在一起按同一平均速度减速。因此，在实际的系统频率下降过程中，不同地点观测到的频率变化有不同的动态过程，且具振荡性质。图 5-1 和图 5-2 是两例计算结果。这两例中，在某些母线上的频率偏移与频率变化的速率比其他母线大。例如，在图 5-1 的母线 A 处，最初频率下降率为 1.0Hz/s，4.3s 时的频率下降率约为 1.5Hz/s，而其他各母线的频率平均下降速率为 0.5Hz/s。在图 5-2 中，母线 E 处的最初频率下降率为 3.5Hz/s，而其他母线的频率平均下降率小于 1.0Hz/s。

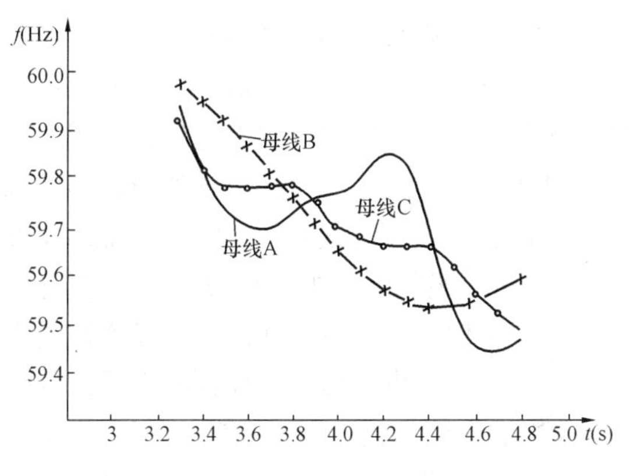

图 5-1 在失去 5%的发电量之后系统的时间—频率特性曲线

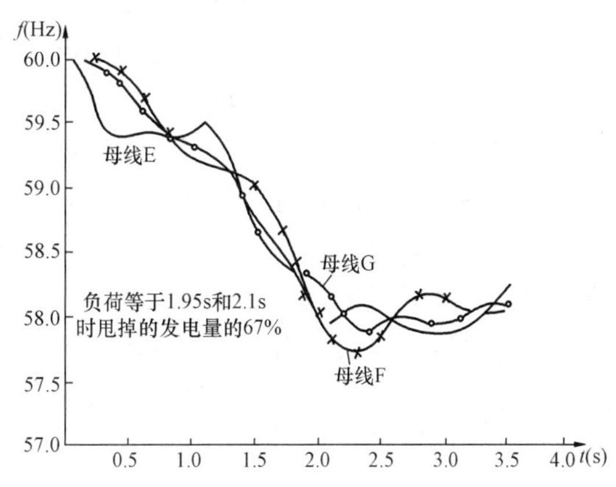

图 5-2 在失去 15%的发电量之后系统的时间—频率特性曲线

三、电力系统按频率降低自动减负荷准则及其制订存在的问题

1. 按频率降低自动减负荷准则

在电力系统中，必须配置按频率降低自动减负荷装置，使保留运行的负荷容量能随时与运行中的发电容量相适应，以保证在突然发生有功功率缺额后，能迅速使系统频率恢复到接近额定值。设计与整定按频率降低自动减负荷的准则，主要考虑如下各点：

（1）当发生有功功率缺额、系统频率突然下降时，必须能及时切除相适应容量的负荷，使系统的其余部分的频率能迅速恢复到接近额定频率继续运行，不致引起频率崩溃，也不应使系统频率长期悬浮于某一低值下。如果没有特殊要求，一般宜限制下降到低于某一低频值（如 47Hz）的时间在任何情况下都不大于某一规定时间（如 0.5s）。

（2）在任何可能情况下的频率下降过程中，应保证系统低频率值与所经历的时间，能与大机组的低频保护相配合，同时频率下降到达的最低值必须大于核电厂冷却介质泵低频保护的整定值，并应留有一定的裕度，保证这些大机组继续联网运行，避免事故进一步恶化。

（3）因负荷过切引起的系统频率过调，最大不得超过某一定值（如 51Hz），以避免引起系统中大型机组的过频率保护跳闸，也防止某些机组在突然过频率时的可能误跳闸。

以上（2）、（3）两点，反映了现代电力系统对低频减负荷装置的特殊要求。

为了防止频率超调，需要进行相应的计算校核。

2. 制订按频率降低自动减负荷方案的一些具体问题

为了制订按频率降低自动减负荷方案，提出如下问题供讨论研究。

（1）最高一轮低频整定值。为了使当发生严重有功功率缺额时的系统频率不致降到过低的数值，按频率降低自动减负荷装置的最高一轮整定频率不宜过低。但由于机组可以长期运行于49.5Hz以上，第一轮低频启动值当然应当低于49.5Hz。同时希望，当发生一定有功功率缺额，而依靠系统的备用容量可以将频率恢复到49.5Hz及以上时，在频率下降的全过程中，不应使按频率降低自动减负荷装置动作。如前所述，在以水电机组为备用的情况下，在频率振荡性下降的过程中会出现短时的频率低谷。因此，第一轮低频整定值以不超过49.1～49.2Hz为宜。

（2）各轮间的级差及轮数。从尽量减少过切负荷和抑制频率恢复时的频率过调着眼，按频率降低自动减负荷装置的各轮间频率启动值差（级差）宜略大，同时增多轮数，减少每轮所切负荷数量，特别对前几轮，最好采用动作值稳定、返回值高、动作与返回快速的数字式频率继电器作启动元件，并尽可能动作于切除高压断路器。由于每轮按频率降低自动减负荷装置都有不可避免的延时，包括启动继电器的动作时间、人为设定的时间、操作断路器的固有动作时间等，当系统频率下降，待这轮按频率降低自动减负荷装置动作之时，系统的实际频率早已下降到低于该轮装置启动时的频率。有功功率缺额越大，即系统频率下降率越大时，这种差值也越大。为了保证各轮间的选择性以防止过切，显然每轮间的启动频率需要有合理的差值（当然，从理论上说，如果轮数多，每轮切的负荷少，即使不保证完全的选择性也没有什么严重后果）；而为了抑制严重频率下降时的最终频率值，最后一轮的频率启动值当然也不可过低。因此，轮数、轮间频率级差、每轮所切负荷等应按适应各种运行结构（大系统、解列后的部分系统或孤立网）和各种运行方式（包括低谷负荷期情况，此时系统惯性小，失去一台大机组或主要的电源联络线时，占剩余系统容量的份额大）进行优选组合。实际一般选3～7轮。如用数字式频率继电器，频率级差可取为0.2～0.3Hz。也可考虑高频率轮间取0.2Hz，以抑制频率下降，低频率轮间取0.3Hz，以减少过切。

频率级差最好不小于0.2Hz，原因是在频率下降过程中，同一时间的各母线频率有一定差异，如图5-1及图5-2所示，而系统按频率降低自动减负荷装置的动作，按理应该反映全系统的频率平均值。频率级差的选择，要密切地与每轮时延的选择相互配合，照顾不同有功功率缺额下的情况，以求取得预期的减负荷选择性。

（3）按频率降低自动减负荷装置的时延。为了使按频率降低自动减负荷装置的动作反映全系统的平均频率而非所接母线的瞬时值，它的动作需要有给定的时延。这个时延，对于旧型频率继电器，还要计及频率继电器本身动作延时的问题。当装设在发电厂配出线母线附近时，一定的动作时延还可以躲开在配出线短路与切除的系统暂态过程中，产生短时频率波动引起高启动值的第一轮误动作。

如果给定的时延过长，显然又不利于轮间的选择性和抑制最低频率。一般考虑可以取为0.2～0.3s。如果电网联系紧密，频率继电器动作快，断路器动作快，时延适当缩短也未为不可。总之，要与频率级差的选定相互协调才好。

值得指出的是，在可以与机组低频保护配合的前提下，不能认为频率级差和动作时延越小越好。需要同时考虑的是防止切负荷后的频率过调，在水电比重较大的系统中，特别值得注意。原因在于水轮机组调速系统的反应慢。在类似的美国西北联合电网中，因为配合核电厂与大型汽轮发电机组低频保护的要求，不得不把按频率降低自动减负荷的轮数与级数定为 59.3～58.7Hz，每级差 0.1Hz，时延 0.1s，共切 40%负荷，可以保持最坏情况下系统短时频率下降不低于 58.2Hz。但由此带来的问题是负荷过切引起的频率过调问题。为此，又不得不采取快速恢复 35%负荷，投入 1300MW 制动电阻等特殊措施以保持频率过调不超过 61Hz，以避免突然高频率可能带来某些机组的误跳闸。

(4) 最大有功功率缺额及每轮减负荷量。估计可能最大的有功功率缺额值，往往需要结合具体系统条件进行分析，也和继电保护与自动解列装置等的配置与要求性能有关。占系统总容量比重很大的某一台大机组或一个大电厂或一个输电通道方向的全部输电线路断开可以认为是引起系统频率严重下降所必须考虑的一些基本情况。但对某一具体地区说来，更为严重的频率下降情况也可能出现。例如，当主系统失去同步运行稳定性而发生振荡的过程中，如果允许线路继电保护动作将线路无计划地断开，或者允许操作将发电机组自系统中断开，往往会使某些地区的低频率现象与过频率现象特别严重，这是某些系统实际发生过的情况；好在按照 DL 755《电力系统安全稳定导则》的要求，希望在系统振荡时，除了执行有计划的解列，应尽可能保持系统的完整性，线路的继电保护也都有振荡闭锁装置，因而在我国出现这种情况的可能性会较少些。

较多的系统考虑切负荷总容量为最大负荷量的 30%～50%，每轮减负荷，可考虑均匀分配，也可考虑适当增大最高一两轮的切负荷比例，以快速抑制严重有功功率缺额时的频率下降率。

具体安排每一轮切减负荷的总量时，一般认为以略大于设计方案规定的数值较好。实际运行情况说明，频率下降时实际切负荷量，往往小于规定要求切除的容量，原因可能由于实际运行的某些欲切的负荷容量较预计值小，也可能由于某个频率继电器拒绝动作等。

如果频率下降的低值适处于整定频率启动值的边缘，由于系统中各母线电压动态频率的自然差异及不同地点频率继电器启动值间的差异所产生的自调节效应，这种规定成略为过切的做法，不但可以较好地实现原设计方案预期恢复频率的要求，也不致引起恢复频率后的超调。

(5) 长延时特殊轮。在一般快速的按频率降低自动减负荷后，许多系统都担心由于实际情况与设计情况不可避免地存在差异，会产生系统频率长期悬浮于较低数值下的可能，为此设置了启动频率值较高但时延很长的特殊减负荷轮，当这种情况出现时，可以再切一些负荷，以恢复系统频率到接近额定值。照理，这一轮按频率降低自动减负荷装置的动作时延应当足够长，只有当系统的旋转备用（已快速切除一部分系统负荷之后）已经发挥了作用还不足以恢复系统频率时才发挥作用。

(6) 用 df/dt 作为频率降低自动减负荷装置的启动判据。从资料上看来，国外电力系统使用 df/dt 判据来启动按频率降低自动减负荷装置的不多。主张采用的认为，使用 df/dt 作判据，当发生大功率缺额时，可以提前切除足够负荷，有利于抑制频率过分降低；而反对者认为，在大系统中，为了躲开频率下降过程中同一时间不同地点可能的 df/dt 较大差异，它的动作势必增加人为延时，使之反映系统的平均 df/dt 值，这样也就显著地减弱了它的优越性。另有人认为，如果能恰当地把 Δf 和 $\mathrm{d}f/\mathrm{d}t$ 判据组合起来，可能取得对不同有功功率缺额情况下更好的适应性。这也是某些国外系统的实际做法。

(7) 小系统失去大电源。有两种小系统失去大电源的情况。一种是小系统为终端系统，由主系统供应相当大比重的电源；另一种是新建立的电网，小系统装设大容量机组。当失去主系统电源或大机组时，系统的有功功率缺额可能大到 50%以上甚至百分之几百。这是一种特别的严重情况。我国的运行经验证实，当有功功率缺额过大时，在发生频率崩溃的同时，还可能发生电压崩溃，甚至电压崩溃快于频率崩溃，出现电压全面降低，运行机组全面过电流而系统频率下降并不突出的严重现象。显然，在这样的特殊电网条件下，解决如此大有功功率缺额的办法，不能再是一般的低频减负荷。实践经验说明，正确处理这种事故的办法，是按照预先安排好随时准备着的电网运行接线（例如安排好电源与负荷相适应的解列母线），当失去主电源大机组的同时，自动或连锁切除相适应的集中负荷。而为了保地区最重要的保安负荷，在解列点的安排和解列继电器（低电压及低频率）的整定，以及地区电厂低电压过电流保护的时间整定分级和电厂解列母线的安排等，都应当做到保安负荷有确实的双重电源，即无论系统电源或大机组事故，或者提供保安电力的电厂因故障断开时，保安电力都能够得到可靠的连续电源供应。

在实际的按频率降低自动减负荷的整定和安排中，最受到关注的是切负荷总量和每级切负荷量的分配。切负荷总量必须大于实际可能的最大有功功率缺额，例如考虑不利系统运行情况下，某一大电源或送电电源回路断开等，这是确定无疑的，而且随系统的情况不同而不同，但是否应当规定一个合理的切负荷总量值？另外，每一级安排的切负荷量是否应以恢复到额定频率值左右为标准，以避免在频率降低过程中不必要的过切负荷？

如果情况理想，而且负荷的频率调节效应已知，降多少个频率，切多大容量的负荷就可以使系统频率恢复到额定值，是完全可以预计的。但实际运行情况与这种理想条件却相去甚远。由于各种原因，包括被控线路负荷变动、被控线路停运、继电器或断路器拒动、忘了给跳闸连接片等原因，都可能使系统按频率降低自动减负荷装置实际动作时所切负荷量小于甚至大幅小于原整定安排的切负荷量，以致频率继续下降或只能恢复到远离额定频率的值。企图在运行中随时掌握并保持规定的切负荷量，即使是可能的话，也是极为困难和繁琐的事情，同时也不应因此而过多地分散调度值班人员的注意力和精力。可以设想，如果安排的切负荷量大于甚至大幅大于所需的缺负荷量，这个困难也就会迎刃而解。

我们认为，对按频率降低自动减负荷的安排，首先应当作战略估价，而不必作精确的计算。作精确计算，是为了能够做到恰到好处，但对于这个特定的问题来说，已如上述，是不可能的。剩下的就只有选择多切一些或少切一些两条出路。少切一些当然不好，因为它危及系统安全；如果打算多切一些，又将如何安排？

只要适当地安排好切负荷的级数，分级不要过少，且略带一点人为延时，完全可以把系统的切负荷总量安排为大幅大于实际的缺电源总量。因为系统缺有功功率时，系统频率的下降并不快。不同的功率缺额，只会引起最高几级的减负荷装置动作，一旦它们动作了，系统频率也就开始恢复，不可能引起后几级减负荷装置动作，这是经实际的大量计算证明了的；同时各级所切负荷，是按负荷重要性顺序由低向高安排，在频率下降切负荷的过程中不会颠倒。安排多余的最后几级切负荷，可以作为完全可靠的备用。

至于对每一级所切负荷量的安排，也可以考虑按总量平均分配。例如 48.2～49.0Hz 共分五级，每级人为延时 0.2s，如果切负荷总量安排为 50%，则每级可以各切 10%，按照这种整定安排，假定 $K_L=1.5$，当系统有功功率缺额为 3%时，系统频率将下降到 49.0Hz，使第一级动作切负荷，最大的负荷过切将达 700MW，实际当然会小于这一数值。这种整定的最大好处是，当系统有功功率发生大量缺额时，可以快速抑制系统的频率下降，对防止系统事故扩大无疑大有好处，同时还可以简化调度人员对按频率降低自动减负荷的管理工作。缺点：①多切了负荷。为了在严重的事故情况下保证系统的安全，在较轻事故情况下对次要部分作某些牺牲，从全局看来，应当是合适的。因为不能做到在任何情况下的完全恰到好处，唯一可行的只有舍车保帅法。②引起频率恢复后的超调。如果过切负荷过多，使系统的频率超调到超过 51.0Hz 或更高，就有可能带来连锁的不利影响；但有一个好的条件，在频率恢复到超过额定值后，留在运行中的全系统机组的调速系统都要动作，同时减低机械输出，试图将系统频率回调。在本章中，按照比较一般的系统情况安排机组的调速特性，计算了过切 7%负荷可能带来的频率超调值，结果是不高于 50.4Hz，因而是完全可以接受的。

第二节　汽轮发电机失磁运行

一、发电机失磁及其影响

同步发电机突然全部或部分失去励磁称为失磁，是较常见的故障之一。根据近年的统计，发电机励磁系统故障占其全部电气故障的一半以上，而其中相当一部分故障会导致发电机失磁。发电机失磁后大多会进入有励磁异步运行状态或无励磁异步运行状态。

汽轮发电机的失磁异步运行，是指这种发电机失去励磁后，仍带有一定的有功功率，以低转差（率）与系统继续保持并联运行的一种非正常运行方式。

失磁故障涉及发电机本身的安全及电网的暂态和动态稳定性，因而必须给予足够的重视，在各方面做好防范措施。

1. 发电机失磁的常见原因

引起发电机失磁的原因主要有以下几种。

（1）励磁回路开路。例如，磁场断路器误跳闸、励磁调节装置的自动开关误动、功率柜中某相的最后一个二极管或晶闸管元件损坏等。

（2）自动励磁调节器故障。例如，受到强电磁干扰而误动作或死机等。

（3）励磁主回路短路。例如，转子绕组短路或线性灭磁电阻的跨接器误导通等。

（4）运行人员误操作等。

根据近几年我国对大中型机组的故障统计，发电机失磁是发电厂常见的故障，由失磁导致停机的故障率在电气故障中位居前列。

据我国 1982～1985 年 4 年内对 100MW 及以上机组 876 台・年的故障统计，失磁的故障率为 7.53 次/（百台・年），在发电机的各类故障中，占 69.5 %，居于首位。1986～1989 年的统计资料表明：共发生失磁故障 89 次，占发电机全部故障（159 次）的 60%；据资料统计，我国 1995 年 1000MW 及以上容量，发电机共发生电气故障 120 次，其中失磁故障占 26.7%（32 次）；在 20 世纪，由于发电机失磁发展为系统稳定破坏或损失负荷事故多次，占全部稳定破坏事故的16%，还有部分机组造成了自身的损坏，引起了重大损失，机组失磁的故障率达10.4次/（百台·年）。特别是大型机组，励磁系统的设备多且复杂，增加了发生低励和失磁的机会。

由此可见，发电机失磁故障严重影响大型机组的安全运行，对于与系统联系较弱的电网，大机组失磁常会导致损失负荷甚至稳定破坏。故大中型的发电机组普遍装设了专用的失磁保护，其中绝大部分发电机还装设了双重化的失磁保护。

2. 发电机失磁后现场可以观察到的现象

一般情况下，发电机发生低励或失磁后往往会失去稳定，过渡到异步运行方式，转子出现转差，定子电流增大，定子电压下降，有功功率下降，无功功率反向（原为过励运行时）并且增大；在转子回路中出现差频电流；电力系统的电压下降及某些电源支路过电流。所有这些电气量的变化，都伴有一定程度的摆动。现场表现为：

（1）转子电流表等于零或接近于零；转子电压表一般接在灭磁开关前，不一定能够反映所有种类的失磁。

（2）定子电流表摆动且由于从系统吸收大量的无功功率而指示大幅度增大。

（3）有功功率表指示发生摆动，并且逐渐减小。

（4）由于从系统吸收大量的无功功率，无功功率表指示为负值，功率因数表指示进相。

（5）发电机机端电压表指示大幅度下降，且摆动。

（6）失磁失步后，因出现滑差而在转子中感应差频电流，致使转子各有关部分温度升高（因失磁原因不同而不同）。

电气量的上述变化，在一定条件下，将威胁发电机本身的安全运行，甚至破坏电力系统的稳定运行。

3. 发电机失磁对电力系统和机组的影响

（1）大容量发电机发生低励或失磁后对电力系统的影响主要表现在以下几个方面：

1）低励或失磁的发电机，从电力系统中吸收大量的无功功率，引起局部电力系统的电压下降，如果该局部电力系统中无功功率储备不足，将使电力系统中邻近失磁发电机的某些站点的电压低于允许值，破坏负荷与各电源间的稳定运行，严重时可能导致电力系统因电压崩溃而瓦解。例如，某装机容量为几千万千瓦的省，曾经发生过因一台300MW机组失磁导致该地区电网的低压减载装置动作，先后切除了两轮负荷共十几万千瓦。

2）当一台发电机发生低励或失磁后，由于电压下降，电力系统中相近的其他发电机，将会在自动调整励磁装置的作用下，增加其无功功率输出，从而使某些发电机、变压器或线路过电流，其后备保护和控制系统可能因过电流而动作切除部分设备或限制其输出，导致故障范围扩大或系统运行环境进一步恶化。“8·14”美加大停电中就有多起这样的事件发生。

3）一台发电机低励或失磁后，由于该发电机有功功率的摆动，以及系统电压的下降，引起局部电网稳定运行的环境变坏，可能导致相邻正常运行的发电机与系统之间，或电力系统的各部分之间失步，使系统产生振荡甚至解列，发生大量甩负荷。

4）发电机的额定容量越大，在低励和失磁时，引起的无功功率缺额就越大。电力系统相对失磁发电机的容量倍数越小，则补偿这一无功功率缺额的能力越小。因此，发电机的单机容量与电力系统总容量之比越大时，低励或失磁故障对电力系统的不利影响就越严重。即使在大电网中，其对局部地区的影响也是显著的，处理不当，有可能导致多米诺骨牌效应。

（2）大容量发电机发生低励或失磁后对自身的影响，主要表现在以下几个方面：

1）由于发生失步后出现转差，在发电机转子中出现差频电流。差频电流会在转子有关部件中产生额外损耗，如果超出允许值，将使转子有关部件过热。特别是高利用率的直接冷却方式大型机组，其热容量裕度相对较低，转子更容易过热。而流过转子表层的差频电流，还可能使转子本体与槽楔、护环的接触面上发生严重的局部过热甚至灼伤。

2）低励或失磁的发电机进入异步运行之后，发电机的等效电抗降低，由 X_d 变为 X'_d或 X''_d，从电力系统中吸收的无功功率大幅度增加。低励或失磁前带的有功功率越大，转差就越大，等效电抗就越小，所吸收的无功功率就越大，同时还导致发电机机端电压明显下降，使输送相同有功下的电流进一步增大。在重负荷下失磁后，由于电流大大超过额定值，将使发电机定子过热。

3）对于高利用率的直接冷却方式大型汽轮发电机，其平均异步转矩的最大值较小，惯性常数也相对降低，转子在纵轴和横轴方面，也呈现较明显的不对称。由于这些原因，在重负荷下失磁后，这种发电机的转矩、有功功率要发生剧烈的周期性摆动。对于水轮发电机，由于平均异步转矩最大值更小，以及转子在纵轴和横轴方面不对称，在重负荷下失磁运行时，也将出现类似情况。这种情况下，将有很大甚至超过额定值的电磁转矩周期性地作用到发电机的轴系上，并通过定子传递到机座上。此时，转差也做周期性变化，发电机可能会周期性地严重超速。这些情况，都直接威胁着机组的安全。

4）低励或失磁运行时，定子端部漏磁增强，将使端部的部件和边段铁芯过热。

5）某些低励或失磁运行时，会有较大的差频电流持续流过发电机的灭磁和转子过电压保护回路，使这部分设备受到损坏。

由于发电机低励和失磁对电力系统和发电机本身的上述危害，为保证电力系统和发电机的安全，必须装设低励—失磁保护，以便及时发现低励和失磁故障并采取必要的措施。

不论什么原因造成的低励和失磁故障，低励—失磁保护装置最好都能有选择地、迅速地动作。但是，对于大型机组难于做到这一点。这是因为大型机组的励磁系统环节多，灭磁开关误动、设备故障、人员过失等造成低励和失磁的原因很复杂；低励和失磁后，发电机定子回路的参数又不会突然发生变化；转子回路的参数可能发生突然变化，但往往又难于与其他非失磁故障和异常工况相区别。因此，人们在探索低励—失磁保护判据的过程中，出现了多种原理的保护装置。

二、发电机失磁的过程、原理及注意事项

（一）发电机失磁的过程及原理

汽轮发电机的失磁过程是一个复杂的电磁、机电暂态过程。发电机失磁后，转速或转差实际上是不断变化的，即使励磁电流变化完毕进入失磁后的稳态异步运行，由于转子铁芯、励磁绕组、阻尼绕组、灭磁及转子过电压保护等回路的作用，发电机会产生交变异步功率以及转子 d 轴和 q 轴磁路不对称引起的反应功率，使发电机输出功率发生波动，随之引起转差的波动，这时发电机的转差也不可能为常数。因此，发电机失磁的严格分析需要求解一组复杂的、变系数的微分方程，而且不同类型或不同厂家的产品，其模型及参数也不同，这里就不再进一步讨论。

为便于理解，下面以单机接在无限大容量电网母线上的系统为例，定性地讨论汽轮发电机在失去励磁后，怎样进入稳态异步运行，发电机是否能继续向电网输送有功功率，以及异

步运行的发电机怎样才能恢复同步运行等问题。

发电机失去励磁以后，由于转子励磁电流 I_e 逐渐减小导致发电机电动势也逐渐减小，从而使电磁功率逐渐下降，见式（5-18）和图 5-3，电磁功率将从曲线 1 向曲线 2、3、4、……逐渐过渡。当发电机的电磁转矩减小到其最大值小于原动机转矩时，汽轮机输入转矩还未来得及减小。因而在剩余加速转矩的作用下，发电机将加速，进入失步状态。此时，发电机转速超过同步转速，发电机的转子与定子三相电流产生的旋转磁场之间有了相对运动，于是在转子绕组、阻尼绕组、转子本体及槽楔、灭磁及转子过电压保护等部分中将感应出频率等于滑差频率的交变电动势和电流，根据电磁感应定律，这些电流与定子磁场相互作用将产生制动性质的异步转矩。异步转矩随着转差的增大而增大（在未达某一临界转差之前）。当在某一转差下产生的异步转矩与汽轮机输入转矩（其值因调速器在电机转速升高时会自动关小调门而逐渐变小）重新达到平衡时，发电机就进入稳定的异步运行。

发电机如果发生的是不会导致失步的部分失磁时，一般可以在短期内在保证励磁回路不过载情况下，调整励磁电流，保持足够的静稳储备即可，然后待有机会停机时及时排除励磁故障，恢复正常励磁；如果失磁严重，导致失步了，从理论上来说能过渡到稳定的异步运行，并向系统输送一定的有功功率，其大小见式（5-22），且在允许的短时异步运行时间内，若能及时排除励磁故障，恢复正常励磁，很快地操作转入再同步运行，对系统的安全与稳定都有好处。但是发电机失磁后，是否允许在无励磁或低励磁状态下继续运行、不同的机组允许运行的时间如何限制、失步后能否重新拉入再同步等，均受到多种电气和机务专业因素的限制，处理方式及相关保护配置一定要具体情况具体对待，否则可能带来灾难性的后果。

发电机失磁后，从送出无功功率转变为大量吸收系统无功功率，这样在系统无功功率不足时，将造成系统电压显著下降，往往成为异步运行的主要限制因素，需要采取措施。在高负荷情况下失磁，由于电压下降还可能导致发电机定子过电流；发电机失磁异步运行时，定子铁芯端部漏磁会导致温升增大，对部分发电机有影响，但现代发电机均在制造上采取了一些诸如使用非铁磁材料、采取磁屏蔽等防范措施，故一般不会成为限制短时异步运行的主要因素。此外，由于转子的电磁不对称所产生的脉动转矩，将引起机组和基础振动。发电机重负荷时，除了会加重上述现象，还可能引起机组超速，需要特别注意。因此，发电机能否在失磁后转入异步运行工况、允许异步运行时间的长短和送出功率的多少，只能根据该发电机的型号、参数、转子回路连接方式（与失磁状态有关）及系统情况等进行具体分析，并经过试验后才能确定。

（二）发电机失磁有关问题讨论及注意事项

1. 发电机失磁与稳定的关系

发电机的内电动势正比于励磁电流，当减少励磁电流时将会减少电磁功率的最大值，从而降低机组的静态稳定裕度，这也是人们开展发电机进相运行工作的顾虑之一，因此有必要对发电机组这方面的失稳机理进行进一步的研究。

以隐极发电机为例，以标幺值表示的发电机电磁功率为

$$P_e = \frac{E_q U}{X_d} \sin\delta \tag{5-18}$$

式中　U——系统电压；

δ——发电机内电动势 E_q 与 U 的夹角；

X_d——直轴电抗。

对应的电气量相量图如图 5-3 所示，P_m 与电磁功率 P_e 的左侧交点为稳态运行点。当不投自动励磁调节器时，由式（5-18）表示的隐极发电机功角特性如图 5-3 中的曲线 1 所示。当进一步减小励磁电流 I_e，从而也减小了式（5-18）中的 E_q 和 P_e 时，图 5-3 中的曲线族将由 1 向 2、3、4 变动，稳态运行点的发电机功角 δ 也随之增大。当变为曲线 3 时，电磁功率的最大值刚好与原动机功率 P_m 相等，此时 $\delta=\delta_c=90°$，发电机处于临界失稳状态。当进一步减小励磁时，P_e 特性降到曲线 4，发电机电磁功率在各点均小于 P_m，无法建立稳态运行点，发电机将会发生失步。由于电网中常常有可能发生各种各样的故障导致电磁功率特性的下降，故正常运行时励磁电流必须足够大，以使电磁功率的大小留有足够的裕度。当投入励磁调节器后，功角特性如曲线 5 所示，可见此时发电机有功电磁功率峰值 P'_{max}得到显著提高。

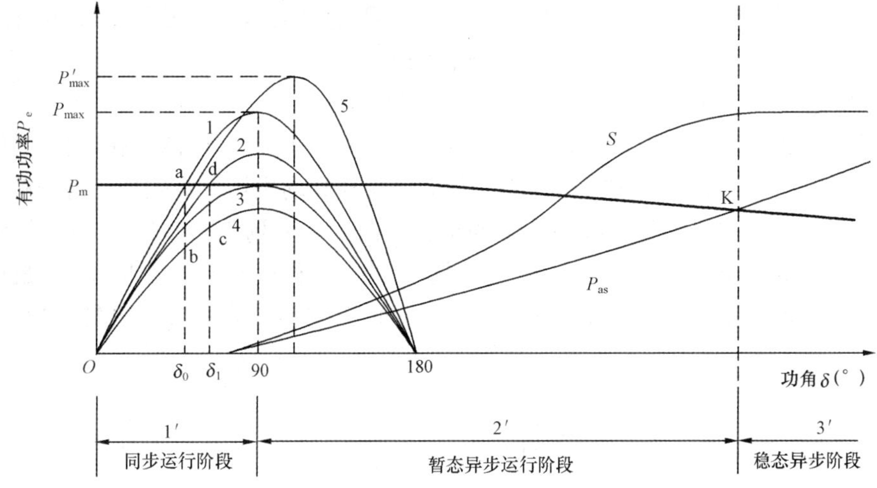

图 5-3　隐极机功角特性及失磁失步过程示意图

P_e—发电机有功电磁功率；P_{max}—发电机有功电磁功率峰值；

P_m—发电机原动机输出有功功率；P_{as}—发电机平均异步有功功率；

S—发电机转差

根据电力行业标准 DL 755《电力系统安全稳定导则》，按功角判据计算的静态稳定储备系数 K_P（%）定义见式（5-19）。其中在正常运行时应该满足 K_P（%）在 15%～20%之间；在事故后运行方式和特殊运行方式下应满足 K_P（%）≥10%。进相运行就属于特殊方式。静态稳定储备系数为

$$K_P(\%)=\frac{(P-P_{nor})\times 100}{P_{nor}}(\%) \tag{5-19}$$

对于这里的单机无穷大系统可以近似地表示为

$$K_P(\%)=\frac{(P_{lm}-P_m)\times 100}{P_m}(\%) \tag{5-20}$$

由以上介绍可知，发电机正常运行时（包括进相运行）必须维持足够大小的励磁电流，以留有足够的静态稳定裕度，保证发电机的稳定运行。即在图 5-3 中，应该使稳态运行点处

在 P_e 的幅值大于 P_m 并留有一定裕度的稳定区域内，才能够保证机组的安全性。需要指出的是，一般发电机在滞相运行时，裕度均远大于部颁规定，是有潜力可挖的。

单机无穷大系统的静稳极限计算公式为

$$P^2+\left[Q-\frac{U^2}{2}\left(\frac{1}{X_s}-\frac{1}{X_d}\right)\right]^2=\left[\frac{U^2}{2}\left(\frac{1}{X_s}+\frac{1}{X_d}\right)\right]^2 \tag{5-21}$$

式中　X_s——系统电抗；

U——机端电压。

而发电机失磁或无限制地过度进相时，在同样有功输出下，其励磁电流将更小，小到使其功角特性的幅值小于当时的原动机输出 P_m（如图 5-3 中的曲线 4），甚至为零。除从系统吸收更多的无功以外，此时由于已没有足够的电磁功率来抵消原动机输出，因而发电机将持续加速，转差 S 和功角 δ 进一步增大，直至与系统失步。

由此可见，发电机是否失步主要是由电磁功率 P_e 的最大幅值是否大于原动机输出 P_m 足够的量来决定的。当 P_m 足够小时，即使失磁也不一定会失步。

2. 失磁失步的第一阶段——暂态异步运行阶段

发电机失磁失步后将进入暂态异步运行阶段，此时由于滑差 S_k 的存在，将在转子绕组、阻尼绕组或齿和槽楔中感应出按转差频率变化的电流和脉动磁场，该磁场又可分解为一对转速相同、方向相反、幅值为脉动磁场一半的正、反向旋转磁场 F_+ 和 F_-。前者仅引起有功和电流的摆动，其幅值与转子 d 轴和 q 轴在制造上的不对称度有关；后者与定子旋转磁场同步，产生制动性的转矩——平均异步转矩 M_{as}，从而产生异步功率 P_{as}（如图 5-3 所示），M_{as} 可表示为

$$\begin{aligned}M_{as}&=-\frac{U^2}{2}\Big[\left(\frac{1}{X'_d}-\frac{1}{X_d}\right)\frac{ST'_d}{1+(ST'_d)^2}+\left(\frac{1}{X''_d}-\frac{1}{X'_d}\right)\frac{ST''_d}{1+(ST''_d)^2}\\&\quad+\left(\frac{1}{X''_q}-\frac{1}{X_q}\right)\frac{ST''_q}{1+(ST''_q)^2}\Big]\\&=M_d+M''_d+M''_q\end{aligned} \tag{5-22}$$

可见，当发电机失步后，转子将加速。由式（5-22）可知转差 S 越大，则 M_{as} 越大，从而 P_{as} 越大。与此同时，发电机的调速器为保持转速恒定也将动作减少原动机出力 P_m，当下降的 P_m 与上升中的 P_{as} 相等（见图 5-3 中 K 点）时，发电机将结束暂态异步运行而进入稳态异步运行阶段。

3. 失磁失步的第二阶段——稳态异步运行阶段

稳态异步运行的特点是 P_m 与 P_{as} 相等，不平衡转矩为零，因此发电机仍然可以稳定地输出有功功率，但却从系统吸收大量的无功功率，而且转子以一个稳定的滑差 S_k 高于定子旋转磁场的转速运行。

汽轮发电机的 X_d、X'_d、X''_d 之间和 X_q 与 X'_q 之间差值较大，故由式（5-22）可知，其异步转矩也较大，可较快进入稳态异步运行。

对于无绕组水轮发电机，由于 $X''_d=X'_d$，$X''_q=X_q$，由式（5-22）可知，其转矩中 M''_d 和 M''_q 为零，故 M_{as} 较小，要经过较长的暂态运行时间产生较大的转差后，才能产生足够大的异步转矩，进入稳态异步运行。

对于有阻尼绕组的水轮发电机组，其特性介于前两者之间，三种机组的异步转矩特性如图 5-4 所示。

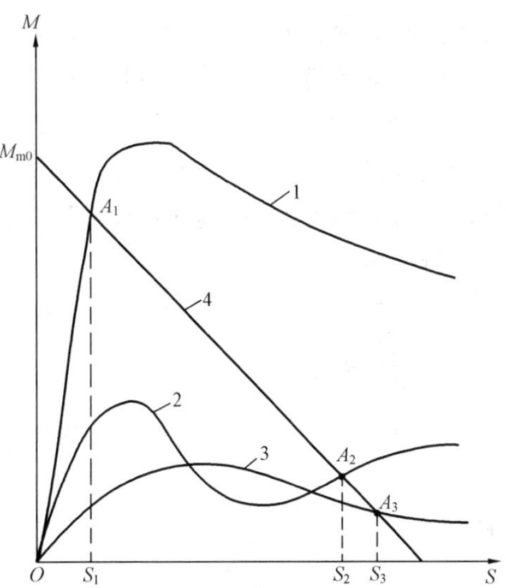

图 5-4　发电机平均异步转矩特性

1—汽轮发电机；2—有阻尼绕组水轮发电机；3—无阻尼绕组水轮发电机；4—原动机调速器特性；M—转矩；S—转差

失磁稳态异步运行时发电机的进相无功功率平均值计算公式为

$$Q_{as}=-\frac{U^2}{2}\Big[\left(\frac{1}{X_d}+\frac{1}{X_q}\right)+\left(\frac{1}{X'_d}-\frac{1}{X_d}\right)\times\frac{(ST'_d)^2}{1+(ST'_d)^2}+\left(\frac{1}{X''_d}-\frac{1}{X'_d}\right)\times\frac{(ST''_d)^2}{1+(ST''_d)^2}+\left(\frac{1}{X''_q}-\frac{1}{X_q}\right)\times\frac{(ST''_q)^2}{1+(ST''_q)^2}\Big] \tag{5-23}$$

4. 失磁导致失步在运行上的表现及影响

失磁导致失步的基本特征为：发电机转子电流消失或比正常值小很多，定子电压降低并振荡，有功功率、电流、功角随着滑差频率剧烈振荡，定子电流大幅度增加，无功功率大幅度进相、功角迅速上升直至与系统失去同步等。失步时的有功功率越大，振荡就越剧烈，振荡频率就越高。有些机组还会发生轴系振动、摆动（水轮机）、绕组振动等现象，图 5-5 为 125MW 机组现场录波图。

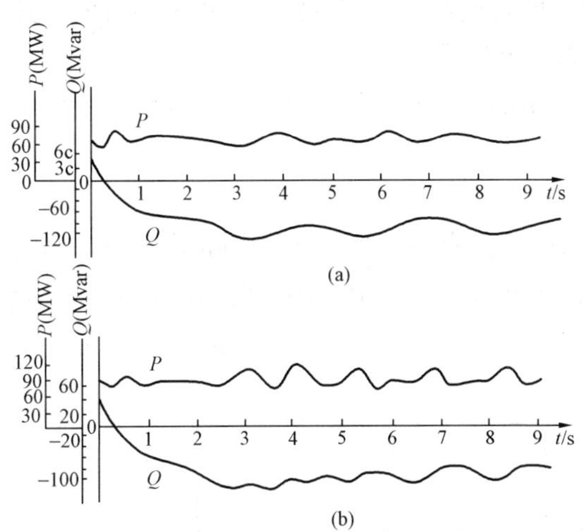

图 5-5　125MW 机组现场录波图

水轮发电机组失步后，由于阻尼较小，一般要在较大转差下才能获得足够的异步转矩。而此时其阻尼绕组电流可能会很大，容易导致阻尼条过热，有时会引起阻尼绕组烧毁，这种事故在国内发生过多次。同时水轮机同步电抗较小，在异步运行时的定子电流往往较大（通常可以达到额定值的 2 倍左右），这两点均限制了其异步运行的能力。故一般水轮机不允许异步运行。

5. 失磁引起发电机定子铁芯端部发热的影响

发电机端部漏磁通是由转子和定子的漏磁通合成的，它是一个随转子同速旋转的旋转合成磁场，其大小与定子绕组的结构、端部的结构和转子护环中心环、风扇的材料及尺寸与位置等发电机制造工艺有关。该旋转漏磁通磁场在切割静止的定子端部各金属结构件时，就会在其中感应涡流和磁滞损耗，引起发热。特别是定子端部铁芯、压指、连接片等磁阻较小的部件，因通过的磁通非常多，当局部冷却强度不足时，就会出现局部温升过高的现象。

当发电机失磁后，一般会使发电机由迟相向进相运行方式变化，并从系统吸收大量的无功功率，此时原来呈去磁作用的电枢反应将随进相深度的增加逐渐向助磁作用方面转变，使得定子铁芯端部合成漏磁通将随之显著增大（见进相运行部分叙述），端部元件的温升也将显著升高，甚至越限，成为限制失磁异步运行的条件之一。

6. 厂用电电压的限制问题

当发电机失磁后，一般会由迟相向进相运行方式变化，并从系统吸收大量的无功功率，机端电压将大幅度下降，从而影响厂用电系统的正常运行。现以图5-6所示单机无穷大系统为例进行说明。

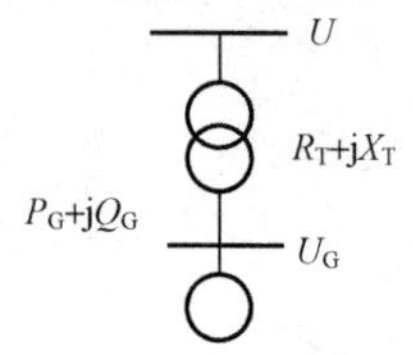

图5-6　单元机组

通常以标幺值表示的机端电压可近似表示为

$$U_G = U + \frac{P_G R_T + Q_G X_T}{U_G} \tag{5-24}$$

其中变压器的电阻 R_T 远小于电抗 X_T，可忽略不计，而系统电压 U 相对波动不大，故由式（5-24）可知，U_G 的大小主要取决于 Q_G 的变化。通常发电机都是按迟相运行设计的，此时 $Q_G>0$，故当进相运行使 $Q_G<0$ 时，由式（5-24）可知，U_G 将大幅度下降，由此接出的厂用电电压也将大幅度下降，如果不及时采取措施，可能导致停机事故发生。

三、国内外大机组失磁的有关规定和运行经验

1. 国家电力公司标准《汽轮发电机运行规程》(1999年版)（6.3.10）

不允许无励磁运行的发电机失去励磁时，如失磁保护未动作，应立即将发电机与电网解列。

允许无励磁运行的发电机，则应按照制造厂要求，降低发电机有功负荷，并在允许时间内查找失磁原因，尽快恢复励磁运行。如不能在允许的时间内恢复励磁，则应解列发电机。制造厂无规定时，应根据电网电压的允许降低程度，通过计算和试验确定机组能否失磁异步运行，并将失磁异步运行的有关规定，写入现场运行规程。

当发电机失去励磁时，其他运行中的相关机组的自动励磁调节装置，必须继续工作，并允许这些发电机按照规定的短时过负荷能力运行。

2. GB/T 7064—2008《隐极同步发电机》（4.32）

300MW及以下的发电机失磁后应在60s内将负荷降至60%，90s内降至40%，总的失磁运行时间不超过15min。600MW及以上发电机由制造厂与用户协商解决。如上所述的发电机失磁时的有功功率限制曲线如图5-7所示。

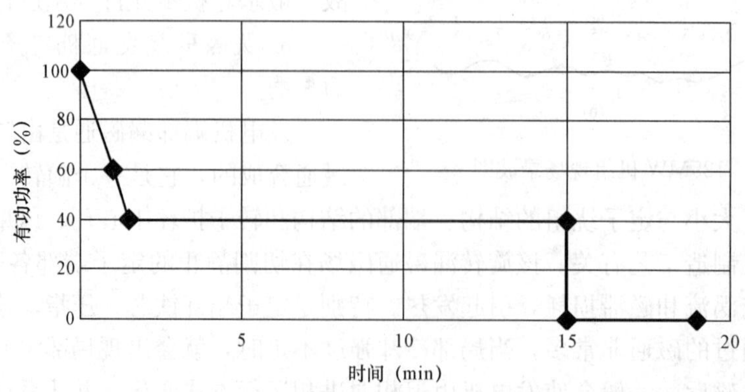

图5-7　发电机失磁时的有功功率限制曲线

3. DL/T 970—2005《大型汽轮发电机非正常和特殊运行及维护导则》(4.3) 一般要求(4.3.1)

失磁异步运行属于应避免而又不可能完全排除的非正常运行状态。

因发电机失磁瞬间可以从发送无功的正常运行状态，立即阶跃为吸收无功状态，造成对电网非常不利的大幅度无功负荷变化，故应当严格限制失磁异步运行条件。运行实践表明，有限的短时异步运行对发电机组运行是有利的，可能因此恢复励磁，从而避免发电机紧急跳闸对热动力设备的冲击，若不能恢复励磁，短时的异步运行也可使机组负荷在解列前以适当速度减少以至足以转至其他机组。失磁异步运行对电网的不利影响较大，无论是立即从电网解列还是允许快速减负荷后短时运行，都会对电网造成一定的冲击。

失磁异步运行的限制条件 (4.3.2)

汽轮发电机失磁异步运行的能力及限值，与电网容量、机组容量、有无特殊设计等有关。

失去励磁的发电机因汽轮机机械转矩大于电机的平均异步转矩可以产生较大的滑差，而异步转矩还因定子电压的下降而减少，所以要维持发电机短时运行，必须快速降负荷。

若有功相应减少，滑差维持在一个较低水平 (通常小于 0.5%)，则转子过热不会成为汽轮发电机异步运行的限制因素。通常转子绕组的感应电压数值不会成为限制因素。

如果在规定的短时运行时间内不能恢复励磁，则机组应当与系统解列。

具备如下条件时，可以短时异步运行：

a) 电网有足够的无功余量去维持一个合理的电压水平。

b) 机组能迅速减少负荷 (应自动进行) 到允许水平。

c) 发电机的厂用电系统可以自动切换到另一个电源。

失磁运行的规定 (4.3.3)

发电机失去励磁后是否允许机组快速减负荷并短时运行，应根据电网和机组的实际情况综合考虑，电网运营部门应当与电厂就具体机组失磁后可能的运行方式达成协议。

若电网不允许发电机无励磁运行，应由失磁保护立即将发电机与电网解列。

从发电机本身的能力可对失磁异步运行做出如下规定。

由于定子端部温升迅速升高且异步转矩较小，按照 GB/T 7064—2008《隐极同步发电机》中 4.32 的规定，300MW 及以下机组可以在失磁后 60s 内减负荷至额定有功功率的 60%，90s 内降至 40%，在额定定子电压下带 0.4 倍额定有功，定子电流不超过 1.0～1.1 倍时，发电机总的失磁运行时间不超过 15min。600MW 级及以上机组的允许运行时间和减负荷方式应由电网运营部门，用户与制造厂共同协商决定。

4. 国外经验

对失磁异步运行的实际运用，各个国家根据自己的条件，如电源备用容量、电网条件等，有不同的处理方法。苏联、德国、瑞士、捷克等一些国家，在一定限制条件下，允许采用短时的失磁异步运行方式。虽然法国、瑞士与英国制造部门，允许他们生产的汽轮发电机短时失磁异步运行，但有的电网因无功功率备用不足和电压低的原因，而不考虑失磁异步运行。美国在机组失磁后，将立刻或稍带延时地将汽轮发电机切除解列。

四、发电机失磁的预防与处理

(1) 对于大容量发电机，由于其在高负荷运行工况下失磁失步后，会从系统吸收较大的无功功率，往往对系统的影响比较大，所以大型发电机一般不允许无励磁运行，在失磁后，通过失磁保护动作于跳闸，将发电机与电网解列。国内1000MW汽轮发电机都装有失磁保护，当出现失磁时，一般经0.5～3s就跳开发电机断路器，也就是不允许其异步运行。

（2）进行必要的系统分析。电网运行管理部门应该研究在各种运行方式下电网条件、电网的无功功率备用情况，在大型发电机失磁异步运行时，电网能否维持电压水平和稳定性，从电网安全的角度确定电网需要采取的措施和对机组失磁的处理要求。所有结果都必须符合DL 755《电力系统安全稳定导则》的要求。

（3）坚决防止电网电压崩溃。从电网的运行看，失磁的大型发电机，从电力系统中吸收大量的无功功率，导致局部电力系统的电压大幅度下降，如果该部分电力系统中无功功率储备不足，将使附近站点的电压低于允许值，致使电力系统因低压减载装置动作而切除负荷，甚至发生电压崩溃而瓦解，不同电网耐受的时间和能力是不同的，从保电网安全的角度看，切除机组，虽然会失去一定的有功功率，但可以消除由于连锁反应所引起的电压崩溃。因此，机组必须配置检测主变压器高压侧电压过低而快速切机的保护，其定值及动作时间应该与本地电网的实际承受能力相配合（该逻辑通常在失磁保护中实现）。

（4）及时将厂用电切换至安全电源处。为防止发电机失磁后，机端电压大幅度下降，从而影响厂用电系统和机组的正常运行，继电保护中应该配置将厂用电从高压厂用变压器快速切换至高压备用变压器或其他不受影响的安全电源处的功能（该逻辑通常在失磁保护中实现）。

（5）防止定子过电流。当机组在高负荷情况下失磁时，由于机端电压将大幅度下降，并且从系统吸收大量的无功功率，发电机定子通常会出现过电流，因此继电保护中应该配置按要求迅速减少发电机有功出力的功能（该逻辑通常在失磁保护中实现）。

（6）在有条件和机网安全均有保障的情况下，可以允许短时异步运行，但要严格按照有关规定和厂家要求执行。从我国电厂热力设备的现状来看，大机组一旦发生失磁就直接跳闸，也会面临其他方面的风险。例如，大机组解列后，操作多、易出差错，还可能出现超过规定的温度胀差及部分辅助设备难以重新开动起来，从而使得机组要相隔很久甚至几天后才能再次开机并网，有时甚至会引起断油、磨瓦、弯轴等大问题。因此，在一些系统无功储备比较充裕、发电机本身制造工艺上又允许短时失磁异步运行情况下，部分电厂选择了让机组短时异步运行。但是，要特别注意，汽轮发电机组在送出有功功率较大时失磁，其机械力矩将远大于因转子电流降低而减小的发电机异步力矩，使机组转速显著升高、滑差显著增大，威胁机组的安全。因此，必须在第一时间按照规程或者该机组制造厂规定的时间内自动且快速地减负荷到规定值以内，以使机组在转速升高不多、滑差较小的情况下就可以产生与机械转矩相平衡的异步转矩，使机组快速进入到稳态异步运行，定子电流不会过负荷，从系统吸收的无功功率较少，对机组和系统的影响控制在允许范围内。由于原动机的原因而不能够按照规定快速减出力的机组，在发生失磁后，宜停机处理（特别是当出力大于50%时）。

（7）注意监测定子铁芯端部温升的影响。当发电机失磁后，一般会使发电机定子铁芯端部合成漏磁通显著增大，端部元件的温升也将显著升高，甚至越限，由于不同制造厂的产品工艺不同，其温升和耐受温升的能力也不同，故对允许失磁异步运行的机组，应该对定子铁芯端部温升进行监测，有条件的话也可以通过试验确认某型机组的失磁异步运行能力，以便采取相应的限制措施。

(8) 发电机失磁后的再同步。在经过快速减少负荷并使机组进入到了稳态异步运行后，应尽快排除励磁系统故障或投入备用励磁，用在低负荷下突然增加励磁电流的方法使机组再同步，重新恢复同步运行，负荷越低，再同步就越容易实现。近年来，各省在一批大机组上，进行了失磁异步运行试验，积累了不少经验，已取得了良好的效果。

(9) 部分失磁的影响。需指出的是，当由不完全失磁而引起失步时，其对系统和机组的冲击小于有正常励磁时发生失步的情况，但比完全失磁失步的冲击要大，这是因为励磁电流不为零时，电磁功率也不为零，见式 (5-18)，并且会随着失步后功角的持续增大而忽大忽小地变化，在发电机轴系产生忽大忽小的机电合成转矩，造成对包括原动机在内的机组的机械冲击和所接电力系统的电气冲击（交直轴不对称的机组尤其严重），故此时在减少有功功率的同时，还应该迅速将励磁减下来。

(10) 对于发生严重失磁运行事故的发电机，例如超过规定的负荷和时间，或引起强烈系统振荡，应尽快对发电机组进行停机检查，重点检查发电机组的轴系扭振和疲劳寿命损失、联轴器螺栓和轴承裂纹等情况，同时详细检查定子绕组端部的紧固情况，当发现存在松动和磨损以及端部整体动态特性性能劣化时必须及时加以处理，再运行半年至一年后应再次利用停机机会检查端部的紧固情况。

(11) 其他措施。其他措施还有：在励磁系统订货时选择可靠性高、有良好运行业绩的产品；在设计上考虑冗余配置；在运行维护方面制定严格的规章制度并严格遵守；根据机组实际情况选择合适的保护配置方案等。

第三节 发电机失步运行

一、发电机失步及其影响

失步、非同期状态，指转子转速不再与定子磁场的同步转速一致，发电机功角 δ 在 0°～360°范围内变化。

同步发电机正常运行时，定子侧产生旋转磁场，其磁极和转子磁极之间可看成有弹性的磁力线联系。当电力系统发生故障、有关元件被切除或负荷增加等原因造成机械输出功率暂时大于电磁功率时，发电机将加速，导致功角增大，这相当于把磁力线拉长；反之，当负荷减小等原因造成机械输出功率暂时小于电磁功率时，发电机将减速，导致功角减小，这相当于磁力线缩短。当发电机机械输出功率和电磁功率之间的平衡被突然打破时，产生的功角向新平衡点转移，由于转子有惯性，转子功角不能立即跳变到新的平衡点，而是要围绕新的平衡点经过若干次逐步衰减的摆动后才能够最终稳定在新的平衡点上，这种现象称为同步发电机的振荡。但是当发电机机械输出功率大于电磁功率的极限值或者发电机的摆动大到超过图 5-3 中功角特性与机械功率在右边的交点时，发电机将在多出的机械功率作用下得到进一步的加速，导致发电机与电力系统之间失去同步。此时，发电机进入异步运行状态，转子磁极和仍然在做同步旋转的定子旋转磁场转速不同，它们之间原有的弹性磁力线联系将无法维持。由本章第二节内容可知，此时发电机转子中将产生与定子旋转磁场同步、带有制动性的转矩——平均异步转矩 M_{as}，从而产生异步功率 P_{as}。

（一）发电机失步的常见原因

引起发电机失步的原因有多种，主要有以下几种。

(1) 发电机失磁失步。励磁系统设备多且复杂，是发电机的薄弱环节之一，当其发生故障导致励磁电流大幅度下降致使电磁功率 P_e 的最大幅值小于原动机输出功率 P_m 时，就会导致发电机失步。

(2) 静态稳定破坏失步。这往往发生在运行方式的改变，使输送功率超过当时的极限电磁功率，发电机将加速并失稳。从功角的变化上看，发电机此时发生的是单调失稳。主要有如下原因：

1) 发电机与电网联系的阻抗突然增加，致使极限电磁功率下降到小于输送功率。这种情况常发生在电网与发电机联络的某处，发生短路导致一部分并联元件（如并联线路或并联变压器中的一台）被切除时，发电机与系统之间的联系阻抗将显著增加。

2) 电力系统的功率突然发生不平衡，如系统受端失去大量电源、系统送端甩去大量负荷、并联联络线跳闸或退出导致大量功率转移到相邻线路上，超出了输电系统的静态稳定极限。

(3) 暂态稳定破坏失步。当系统中发生各种严重的短路故障，电磁功率突然大幅度下跌，而机械功率却不能够立刻跟随下降，致使发电机转子加速，积累了足够大的加速动能时，会使发电机功角的摆动幅度超过图 5-3 中功角特性与机械功率在右边的交点，从而得到进一步的加速，导致发电机或送端机群与受端电力系统之间失去同步，单调失稳。

(4) 动态稳定破坏失步。当系统中发生扰动引起机组动态振荡时，如果该机组与某负阻尼振荡模式相关，其与系统之间的振荡幅度会越来越大，功角摆动也会不断增大，直至脱出稳定范围，使发电机失步，发电机进入异步运行，从功角的变化上看，发电机此时发生的是非单调的振荡失稳。

(5) 原动机调速系统失灵。原动机调速系统失灵，造成原动机机械输入力矩突然变化、功率突升或突降，使发电机力矩失去平衡，引起振荡失步或单调失步。

(6) 电源间非同期并列未能拉入同步。

(二) 发电机失步后现场可以观察到的现象

1. 发电机振荡或失步时的现象

(1) 定子电流表指示超出正常值，且往复剧烈摆动。这是因为失步时转子转速的摆动造成了发电机电动势与外部并列电动势间的相对运动，使两个并列电动势间夹角不断变化，出现了不断变化的电动势差，在发电机之间产生时大时小的环流，力矩和功率也时大时小，故定子电流的指针来回摆动。这个环流加上原有的负荷电流，其值可能远远超过正常值。

(2) 定子电压表和其他母线电压表指针指示低于正常值，且往复摆动。这是因为失步发电机与其他发电机电动势间夹角在变化，引起电压摆动。并且机端母线越接近振荡中心，电压摆动的最低点越低，并随着两个并列电动势间夹角不断变化而变化。

(3) 转子电压表、电流表的指针大幅度摆动。由于发电机振荡或失步时，转子和定子侧的旋转磁场之间存在相对运动，致使转子绕组中感应交变电流，并随定子电流的波动而波动，该电流叠加在原来的励磁电流上，就使得转子电流表指针在正常值附近摆动。如果失步是由失磁引起的，此时转子电压表、电流表的指针会在更低值附近摆动。

(4) 发电机的有功负荷与无功负荷大幅度剧烈摆动。由于发电机在未失步时的振荡过程中送出的功率随功角的摆动而时大时小，因此在失步后功率的波动将更加剧烈，振荡频率也更高。

（5）频率表忽高忽低地摆动。振荡或失步时，由于发电机的输出功率不断变化，作用在转子上的力矩也相应变化，因而转速也随之发生摆动，一般呈振荡加速之势。

（6）发电机发出有节奏的鸣声，其节奏与上述表计指针摆动节奏合拍，这是由于发电机转速、功率与各电气量的非正常变化造成的。

（7）由于失步或振荡时，发电机电流、电压会发生激烈摆动，低电压继电器过负荷保护可能动作报警。

（8）在控制室有可能听到有关继电器发出有节奏的动作和释放的响声，其节奏与表计摆动节奏合拍。

2. 单机失步引起的振荡与系统性振荡的区别

（1）失步机组的表计摆动幅度比附近其他机组表计摆动幅度要大很多。

（2）失步机组的有功功率表指针摆动方向大致与附近其他机组相反，其有功功率、无功功率、电流表摆动幅度比其他机组更大，甚至可能远大于额定值而顶表。

（3）当发生本地与外地机群之间的系统性振荡时，附近所有发电机表计的摆动是基本同步的。

当发生振荡或失步时，应迅速判断是否为本厂误操作引起，并观察是否有某台发电机发生了失磁。如本厂情况正常，应了解系统是否发生故障，以判断发生振荡或失步的原因。发电机发生振荡或失磁的处理如下：

1）如果不是某台发电机失磁引起的，则应立即增加发电机的励磁电流，以提高发电机电动势，增加功率极限，提高发电机稳定性。这是由于励磁电流的增加，使定、转子磁极间的拉力增加，削弱了转子的惯性，在发电机达到平衡点时而拉入同步。这时，如果发电机励磁系统处在强励状态，1min 内不应干预。

2）如果是由于单机高功率因数引起的，则应降低有功功率，同时增加励磁电流。这样既可降低转子惯性，也由于提高了功率极限而增加了机组稳定运行能力。

3）当振荡是由系统故障引起的时，应立即增加各发电机的励磁电流，并根据本厂在系统中的地位进行处理。如本厂处于送端，为高频率系统，应降低机组的有功功率；如本厂处于受端且为低频率系统，则应增加有功功率，必要时采取紧急拉负荷措施以提高频率。

4）如果是单机失步引起的振荡，采取上述措施经一定时间仍未进入同步状态时，可根据现场规程规定，将机组与系统解列，或按调度要求将同期的两部分系统解列。

（三）发电机失步对电力系统和机组的影响

（1）大容量发电机发生失步后对发电机的影响主要表现在以下几个方面：

大型发电机多采用单元接线，发电机—变压器组侧电抗较大，而系统规模的增大使系统侧的电抗减小，因此当发电机相对于电力系统发生失步时，振荡中心往往落在发电机端附近或升压变压器范围内，使振荡过程对机组的影响大为加重。

1）在失步振荡过程中，机端电压会周期性地严重下降，使厂用辅机工作稳定性遭到破坏，甚至导致全厂停机、停炉、停电的重大事故。

2）发电机失步运行时，会引起很大的振荡电流，可达发电机额定电流的几倍。而且振荡电流会在较长时间内反复出现，若无相应的保护，则失步振荡电流引起的发热对发电机或电力设备的损害，大于短路时的发热对发电机或电力设备的损害。

3）发电机失步运行时，将出现发电机的机械量和电气量与系统之间的剧烈振荡，振荡过程中产生对轴系的周期性变化的强大扭力，可能造成大轴严重机械损伤。

4）振荡过程中由于周期性转差变化在转子绕组中引起感应电流，引起转子及其绕组发热。

5）大型机组与系统失步，其振荡电流还可能引起机组及其他电力设备持续而又强烈的振动。

（2）大容量发电机发生失步后对电力系统的影响主要表现在以下几个方面：

1）大型机组与系统失步，机组会进入异步运行状态，可能通过危险的大电流，其值甚至可能远远超过机端短路电流，对系统造成大电流冲击，最大值出现在机组与系统两个电动势相差180°时，此时断路器断口电压约为两端电动势之和，远大于额定值，致使断路器开断电流的能力达不到额定开断值，断路器如果此时开断，有可能会受到损坏。

2）1000MW汽轮发电机失步运行，会产生很大的、持续的有功和无功功率的振荡，对系统产生强烈的冲击。当机组容量在本地占比很大且又与主网的电气联系较弱时，还可能引起局部电力系统解列甚至瓦解事故。

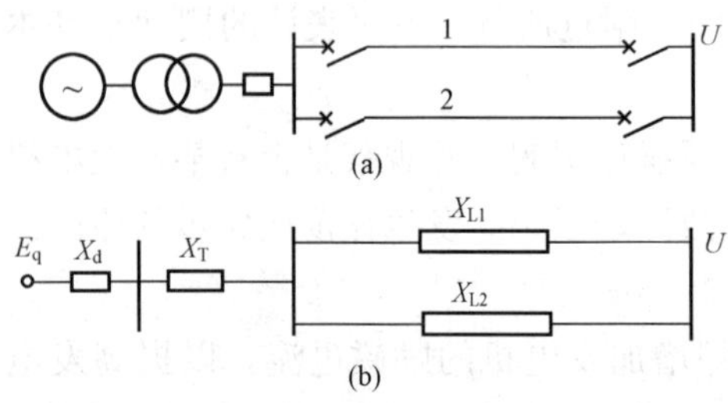

图5-8　单机无穷大系统
（a）接线原理图；（b）等值电路图

3）发电机失步会引起系统某些地方电压严重下降而被迫甩负荷，甚至发生电压崩溃。

二、发电机失步的过程及原理

现以单机无穷大系统为例，说明发电机失步的过程，对应的接线原理图及等值电路如图5-8所示。

以隐极发电机为例，可知以标幺值表示的发电机电磁功率为

$$P_e = \frac{E_q U}{X_{d\Sigma}} \sin\delta \tag{5-25}$$

$$X_{d\Sigma} = X_{L1} // X_{L2} + X_T + X_d \tag{5-26}$$

式中　U——系统电压；

δ——发电机内电动势E_q与U的夹角；

X_d——直轴电抗；

X_{L1}、X_{L2}——线路1和线路2的阻抗，设它们大小相等；

$X_{d\Sigma}$——从E_q到U两点之间的阻抗之和。

在这里对发电机的几类典型失步方式机理进行进一步的研究。

发电机的内电动势正比于励磁电流，当不投入自动励磁调节器时，每一个恒定励磁电流对应于一条功角特性曲线，其功率极限所对应的功角为90°。设正常运行时，两条线路均投入运行，由式（5-25）表示的隐极机功角特性如图5-9中曲线1所示，此时的稳定运行点为a点。

（1）由静态稳定破坏导致失步。当由于故障或运行方式的改变，使输送功率超过当时的极限电磁功率时，发电机将加速并失稳（例如，发电机与电网联系的阻抗突然增加，致使极限电磁功率下降到小于输送功率；又如系统受端失去大量电源、系统送端甩去大量负荷或并

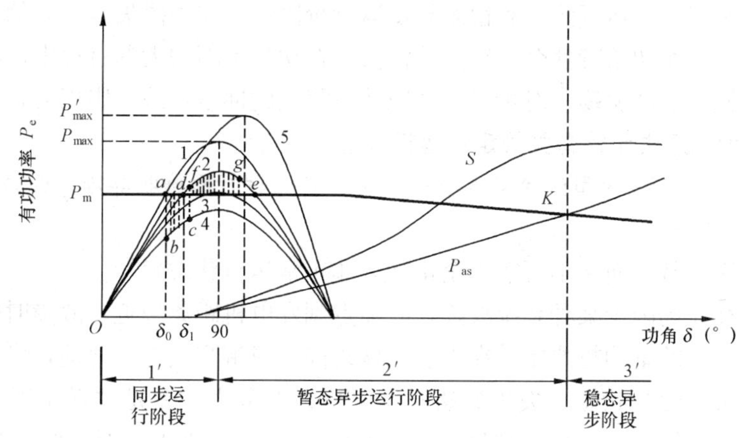

图 5-9 单机无穷大系统失步过程示意图

P_e—发电机有功电磁功率；P_{max}—发电机有功电磁功率峰值；P_m—发电机原动机输出有功功率；P_{as}—发电机平均异步有功功率；S—发电机转差

联联络线跳闸或退出导致大量功率转移到相邻线路上，超出了输电系统的静态稳定极限等）。

以图 5-8 为例，当 1 号出线发生永久故障而被切除后，线路阻抗将增大一倍，如果线路很长，阻抗很大，由式（5-25）可见，可能导致功角特性幅值变小，P_e 从特性 1 过渡到特性 4，此时发电机电磁功率在各点均小于原动机 P_m，无法建立稳态运行点，发电机将会发生失步。

从功角随时间的变化上看，发电机此时的功角将持续增大，发生的是单调失稳。

（2）由暂态稳定破坏导致失步。同样，仍以图 5-8 为例，当 1 号出线发生永久故障而被切除后，线路阻抗将增大一倍，如线路不是很长，阻抗较小，由式（5-25）可见，仍然会导致功角特性幅值变小，但 P_e 只是略为下降，从特性 1 过渡到特性 2，此时发电机电磁功率的极限值将大于 P_m，如果故障切除后的功角特性 fe 段与 P_m 之间构成的减速面积小于故障期间的减速面积，则功角将在增大过程中摆过 e 点，持续增大，无法回到新的平衡点 d，发电机将会发生失步。

从功角随时间的变化上看，发电机此时的功角也将持续增大，发生的是单调失稳。

（3）由于故障后有足够的减速面积，发电机稳定在新的平衡点上。条件同（2），故障后，P_e 只是略微下降，从特性 1 过渡到特性 2，但是，此时故障切除后的功角特性 fe 段与 P_m 之间构成的减速面积大于故障期间的减速面积，则功角将在增大过程中在 e 点之前停止增大，并返回围绕平衡点振荡，经多次减幅振荡后回到新的平衡点 d，发电机将会在新的平衡点稳定运行。这种情况常发生在远端故障或故障后系统阻抗下降不严重的时候。

（4）由动态稳定破坏导致失步。条件同（3），故障后，P_e 只是略微下降，从特性 1 过渡到特性 2，此时故障切除后的功角特性 fe 段与 P_m 之间构成的减速面积大于故障期间的减速面积，则功角将在增大过程中在 e 点之前停止增大，并返回，但是，如果此时该机组与系统之间呈现的是负阻尼，则每经一次振荡，摆动的幅值就会增大一些，一直到摆动超过点 d 为止，发电机将会发生持续加速并失步。

从功角随时间的变化上看，发电机此时的功角先是发生增幅振荡，随后才持续增大，最后发生单调失稳——振荡失步。

总结起来，发电机失步有两种形式，既单调失步和振荡失步；一旦失步，其也会经历与失磁失步类似的暂态异步运行阶段和稳态异步运行阶段；但与失磁失步不同的是，它往往是带有励磁的失步，因而功角特性会有较高的幅值，在功角不断增大的过程中，电磁功率也会随之沿着功角特性大幅度振荡，对机组和系统造成很大的冲击，故危害更大，需要制止。

三、国内外大机组失步的有关规定和运行经验

1. DL/T 970—2005《大型汽轮发电机非正常和特殊运行及维护导则》(4.2)

一般要求（4.2.1）

失步运行属于应避免而又不可能完全排除的非正常运行状态。

发电机失步往往起因于某种系统故障，故障点到发电机距离越近、故障时间越长，越易导致失步，并且失步的影响越严重。在失步至恢复同步或解列发电机之前，发电机和系统都要经受短时间的失步运行状态。失步振荡对发电机组的危害主要是轴系扭振和短路电流冲击。发电机的失步保护应当考虑既要防止发电机损坏又要减小失步对系统和用户造成的危害。为减轻失步对系统的影响，在一定条件下，应允许发电机短暂失步运行，以便采取措施恢复同步运行或在适当地点解列。

失步运行具体规定（4.2.2）

当失步振荡中心在发电机—变压器组内部时，应当立即解列发电机。

当发电机电流低于三相出口短路电流的60%～70%时（通常振荡中心在发电机变压器组外部），发电机组允许失步运行5～20个振荡周期，并应当立即增大发电机励磁，同时减少有功负荷，切换厂用电，争取在短时间内恢复同步或在系统适当地点解列。

现有运行机组如不能完全满足上述规定，应与制造部门协商确定运行条件。

检修维护和附属设备配置规定（4.2.3）

对较轻微的失步故障不做特殊的检修规定，仅在发生过严重失步振荡（失步振荡时间超过上述规定）以后应当及时检查发电机组的健康状况，重点检查发电机组的轴系扭振和疲劳寿命损失、联轴器螺栓和轴承裂纹等情况，同时详细检查定子绕组端部的紧固情况，当发现存在松动和磨损以及端部整体动态特性性能劣化时必须及时加以处理。再运行半年至一年后应利用停机机会再一次检查端部紧固情况。

有条件的发电机建议加装扭应力监测和分析设备，对轴系寿命损耗进行在线监视。

2. 国外经验

一方面，目前从制造业看，各国对大型发电机短时间允许失步运行的限制条件，包括机组电流、力矩、轴应力和时间等尚无具体规定；另一方面，由于失步的条件不同，机组失步对机组本身和电力系统的冲击也不同，故至今国际上对大型汽轮发电机组承受失步振荡的能力，也没有正式的统一标准，各国的要求也不一致，但是总的来说还是趋向于允许有条件的并且短时的失步运行。

一些国家希望在发生失步时，机组与系统能够承受较多的滑差周期数。例如，法国认为大型汽轮发电机可在滑极数超过20个时解列，以实现有利于电网稳定性的可控的网络解列。

一些国家希望尽可能地采取再同步的措施。例如，俄罗斯的有关规程要求：在发生失步运行状态时，为了终止这种状态，应尽可能首先实施有利于再同步的措施。

有的国家甚至没有考虑在大机组上装设失步保护，如从日本进口的陡河电厂250MW机组及从比利时进口的姚孟电厂300MW机组等皆没有考虑采用失步保护。

也有一些国家比较保守，要求尽快解列。英国的意见倾向于在继电保护装置检测到失步状态时，尽快将机组从电力系统解列。美国推荐发电机要装设失步保护，保护应能够检测任何失步状态，并在第一个振荡周期时将发电机与电网解列。

虽然目前国际上对短时间允许失步运行方面并无具体统一规定，但是许多国家还是进行了大量有关的研究，并且得到了一些初步可用的成果。

1980年国际大电网会议发电机分委会WG11-03提出的《发电机若干异常运行导则》草案指出：失步运行，……目前广泛采用不同种类的带或不带短延时的继电保护，将涉及的部分电力系统解列的做法，在大多数情况下应该认为是合理的。但也会有例外，有的电力系统结构简单，可能发生经单一联络线（一般由同一路径的并联回路构成）互联的两部分间的失步。如果在这两个系统间没有重要的中间负荷，同时有很大的联络线阻抗足以限制发电机失步运行时的发电机电流及电磁力矩到允许的水平，则可以增加上述继电保护的时延，以期取得再同步而不必跳闸，这种做法在某些国家是允许的。就运行而论，可以推荐，如果联络阻抗值足以限制发电机的电流和力矩到机端三相短路及相间短路数值的60%～70%时，允许此种运行，但是此数值不适用于在强的或弱的电网发生故障时，随之经极少数（1～2）个滑极作再同步可能性尝试的情况。

经研究，此时产生的电动力不超过三相短路的1/2，这种情况下的机械应力应该是可以允许的。

有研究指出，汽轮发电机在系统三相短路后失步，最不利情况可能使机组轴系寿命损耗达20%，但是，出现这种扰动的概率是很低的，总的损坏风险不大。国际大电网会议工作组WG11-01在1992年要求累加的轴疲劳寿命损耗不得大于30%。

四、发电机失步的处理与预防

（1）由于大型发电机承受失步的能力弱于中小型发电机，而且对电网的冲击也非常大，故1000MW发电机组必须安装发电机失步保护装置，并且严格按照有关规程和厂家说明书整定继电保护装置。

（2）当大型发电机发生失步时，如果机组电流、力矩、轴应力和时间等超出有关规定（如DL/T 970—2005《大型汽轮发电机非正常和特殊运行及维护导则》）和厂家规定的允许值时，应该与系统解列。

（3）当失步振荡中心在发电机—变压器组内部时，应立即解列发电机。

（4）安装振荡（失步）解列装置。根据电网结构和系统的条件，进行专门的稳定计算分析，找出系统的失步断面（或联络线），在此预设自动解列装置，当解列点两端机群失步时，由装置将系统按失步的断面自动解列运行，以平息失步振荡。但这种方法缺乏灵活性，在某些运行方式下可能损失较大的负荷（通过解列断面的负荷），特别是较复杂的系统，解列不恰当可能造成更严重的损失。

（5）为了减少不必要的负荷损失，当发电机与系统的联系阻抗很大，致使失步振荡中心在发电机—变压器组外部时，或发电机电流低于三相出口短路电流的60%～70%时（通常振荡中心在发电机变压器组外部），发电机组允许失步运行5～20个振荡周期，在此期间，运行人员应该设法使发电机再同步。

DL/T 970—2005《大型汽轮发电机非正常和特殊运行及维护导则》中建议此时立即增大发电机励磁，同时减少有功负荷，切换厂用电，争取在短时间内恢复同步或在系统适当地点解列。但是考虑到带励磁电流失步比失磁失步对机组轴系和电力系统的冲击更大，以及减负荷的速度非常慢，如果短时不具备再同步条件，不妨先快速减少励磁电流，同时减少有功负荷，切换厂用电，以减少冲击，待负荷减到足够小时再恢复同步会更加容易，而且冲击也小。

(6) 现有运行机组如不能完全满足上述规定，应与制造部门协商确定运行条件。

(7) 按 DL/T 970—2005《大型汽轮发电机非正常和特殊运行及维护导则》的要求，对发生过失步的机组进行检修维护。

(8) 由于发电机失步会造成轴系疲劳和寿命损耗，而 1000MW 发电机组造价不菲，故建议有条件的发电机加装扭应力监测和分析设备，以对轴系寿命损耗进行在线监视。

第四节　发电机进相运行

一、发电机的进相运行

电力系统以感性负载为主，当发电机并网运行时，发电机的电枢反应具有去磁作用，这时为了维持发电机机端电压恒定，就必须增大励磁电流，以补偿电枢反应的影响。由此可见，无功功率的调节依赖于励磁电流的变化。

对于汽轮发电机，假设不计饱和影响，发电机电磁功率 P_e 和输出功率 P 均为恒定，机端电压 U 保持不变，于是有

$$P_e = \frac{3E_0U}{X_t}\sin\theta = \text{常数或}\ E_0\sin\theta = \text{常数}$$

$$P = 3UI\cos\varphi = \text{常数或}\ I\cos\varphi = \text{常数}$$

而忽略定子电阻后也有 $P_e=P$，即

$$\frac{E_0\sin\theta}{X_t} = I\cos\varphi = \text{常数}$$

则由此可分析励磁电流 I_e 变化（即 E_0 变化）时对定子电流 I 的影响。

由图 5-10（a）可知，当调节励磁电流使 E_0 变化时，由于 $I\cos\varphi=$ 常数，定子电流相量 $\dot{I}$ 的末端轨迹是一条与 $\dot{U}$ 垂直的水平线 AB；又由于 $E_0\sin\theta=$ 常数，故相量 $\dot{E}_0$ 的末端轨迹为一条与 $\dot{U}$ 平行的直线 CD。据此在图 5-10（b）中画出了四种不同励磁电流时的相量图。

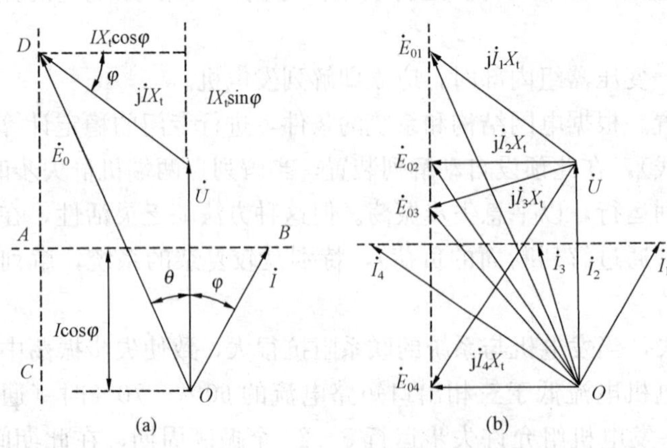

图 5-10　机电电压恒定和电磁功率恒定时的同步发电机相量图
(a) 发电机工况矢量图；(b) 不同进相深度工况矢量图

当励磁电流较大时，$\dot{E}_{01}$ 较高，定子电流 $\dot{I}_1$ 滞后于机端电压，输出滞后无功功率，这时称发电机运行于过励状态；逐步减小励磁电流，E_0 随之减小，定子电流相应减小，至 $\dot{E}_{02}$

时，$\dot{I}_2$ 与 $\dot{U}$ 同相，$\cos\varphi=1$，定子电流最小，这时称为正常励磁；再减小励磁电流，定子电流又开始变大，并超前电压 $\dot{U}$，如 $\dot{E}_{03}$ 、$\dot{I}_3$ 所示，发电机开始向电网输出超前的无功功率（即吸收滞后的无功功率），这时称发电机处于欠励状态；如果继续减小励磁电流，电动势 $\dot{E}_0$ 将更小，功角 θ 和超前的功率因数角 φ 继续增大，定子电流也更大，当 $\dot{E}_0=\dot{E}_{04}$ 时，功角 $\theta=90°$，发电机达到稳定运行极限，若再进一步减小励磁电流，发电机将失去同步。

由以上的分析可知，在原动机输出功率不变的情况下，即发电机输出功率 P 恒定时，改变励磁电流将引起发电机定子电流大小和相位的变化。励磁电流为正常励磁时，定子电流 I 最小；偏离此点，无论是增大还是减小励磁电流，定子电流都会增加。定子电流 I 与励磁电流 I_e 的这种内在联系可通过试验方法确定，所得关系曲线 $I=f(I_e)$ 如图 5-10 所示。因该曲线形似字母“V”，故称为同步发电机的 V 形曲线。对应于每一个恒定的有功功率 P，都可以测定一条 V 形曲线，功率值越大，曲线位置越往上移。每条曲线的最低点对应于 $\cos\varphi=1$，定子电流最小，全为有功分量，励磁电流为正常值。将各曲线的最低点连接起来就得到一条 $\cos\varphi=1$ 的曲线（图 5-11 中中间的一条虚线），在这条曲线的右方，发电机处于过励状态，功率因数是滞后的，发电机向电网输出滞后的无功功率；而在这条曲线的左侧，发电机处于欠励状态，功率因数是超前的，发电机从电网中吸收滞后的无功功率。V 形曲线左侧还存在一个不稳定区（对应于 $\theta>90°$），且与欠励状态相连，因此，同步发电机在欠励状态下运行有失步的危险，同步发电机一般运行在过励状态，即向系统输出滞后的有功功率。

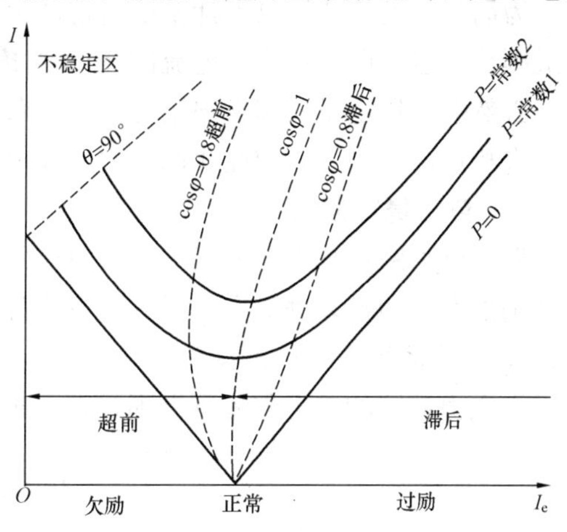

图 5-11 同步发电机的 V 形曲线

同步发电机的运行容量图如图 5-12 所示，发电机的运行容量图也就是发电机的 P—Q 曲线图。图中，AC 为以转子额定电流 AB 为半径所做圆弧，代表了转子电流对发电机出力的限制；AGK 为以定子额定电流 OA 为半径所做圆弧，代表了定子电流对发电机出力的限制；FD 为原动机出力限制；P_N、Q_N、φ_N 和 δ_N 分别代表发电机在额定工况下的有功、无功、功率因数和功角；在纵轴 OP 右边的工作区域为迟相运行

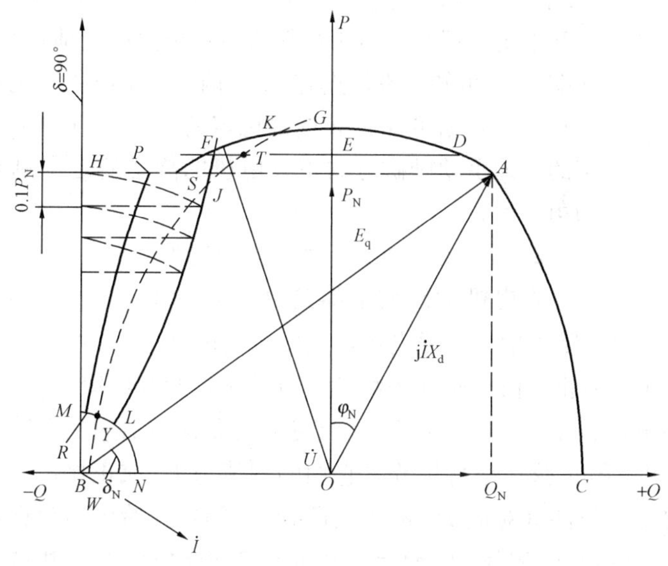

图 5-12 同步发电机的运行容量图

工况区，左边则为进相运行工况区；在 OQ 轴的上方则为发出有功功率的区域；BMH 则为发电机在不同有功输出时达静态稳定极限 $\delta=90°$ 时的限制（由 BMH 考虑 $K_p=10\%$时的静态稳定储备裕度的实际使用的进相运行边界 JL）。

若发电机是经系统电抗 X_s 并入电网的，则静态稳定极限将变小为弧线 RP，其对应计算公式为

$$P^2+\left[Q-\frac{u^2}{2}\left(\frac{1}{X_s}-\frac{1}{X_d}\right)\right]^2=\left[\frac{u^2}{2}\left(\frac{1}{X_s}+\frac{1}{X_d}\right)\right]^2 \tag{5-27}$$

为简化起见，这里以不计系统电抗 X_s 为例进行说明。曲线 MN 为所允许的最小励磁电流限制线，通常取额定励磁电流的 10%考虑。在机组进相运行时，由于电枢反应的助磁作用，必然会导致定子铁芯端部温度升高，限制进相深度，弧线 $WYST$ 为对应不同有功输出时的进相运行限制线。到此我们可得出发电机正常运行范围为 $ADETSYLNOC$ 所围区域。

二、静态稳定限制

发电机励磁系统不同的工作方式对应发电机的静态稳定极限会有所不同，下面主要分析手动励磁方式和自动励磁方式下的发电机静态稳定限制。

1. 手动运行方式下的静态稳定限制

由电力系统的基本方程可得到，发电机电磁功率的表达式为

$$P_e=\frac{3E_qU_s}{X_\Sigma}\sin\delta \tag{5-28}$$

式中 E_q——发电机的感应电动势；

U_s——无穷大系统电压；

X_Σ——发电机至无穷大系统之间的阻抗。

手动励磁方式下 E_q 恒定，在系统稳定的情况下 U_s、X_Σ 也是恒定的，发电机手动励磁方式下的电磁功率如图 5-13 所示，发电机要稳定地与系统同步运行，作用在发电机转子上的转矩就必须相互平衡。但是转矩相互平衡不一定能稳定地运行，从图 5-13 可知，平衡点有 a、b 两个，由电力系统静态稳定的判据可知在 a 点是稳定的，在 b 点是不稳定的，即手动励磁方式下发电机的静态稳定限制是功角 $\delta<90°$。

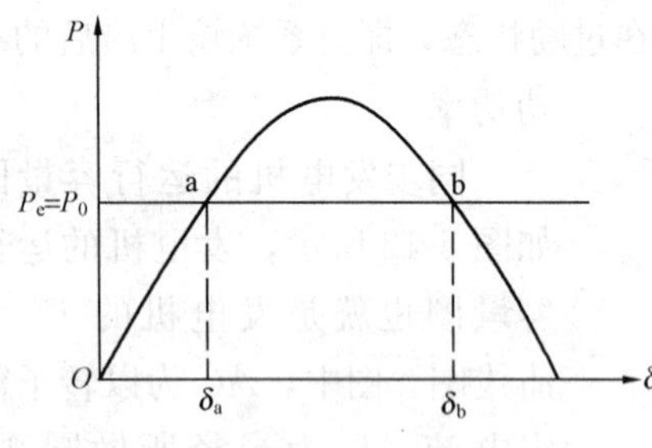

图 5-13 手动励磁方式下的电磁功率曲线

2. 自动运行方式下的静态稳定限制

发电机励磁调节器选择在自动方式下运行时，当功角增大、机端电压 U_G 下降时，调节器将增大励磁电流，使发电机电动势 E_q 增大，直到机端电压恢复（或接近）整定值 U_{G0} 为止。由电磁功率特性可以看出，调节器使 E_q 随功角 δ 增大而增大，故功率特性与功角 δ 不再是正弦关系了。为了定性分析调节器对功率特性的影响，我们用不同的 E_q 值，作出一组正弦功率特性族，它们的幅值与 E_q 成正比，如图 5-14所示。当发电机由某一给定的运行条件（对应 P_0、δ_0、U_0、E_{q0}、U_{G0} 等）开始增加输送功率时，若调节器能维持 $U_G=U_{G0}=$ 常数，则随着 δ 的增大，电动势 E_q 也增大，发电机的工作点，将从 E_q 较小的正弦曲线过渡到 E_q 较大的正弦曲线上，如图 5-14 所示。于是我们便

得到一条保持 $U_G=U_{G0}=$常数的功率特性曲线。我们看到，它在 δ 大于 90° 的某一范围内，仍然具有上升的性质。这是因为在 δ 大于 90° 附近，当 δ 增大时，E_q 的增大要超过 $\sin\delta$ 的减小。同时，保持 $U_G=U_{G0}=$常数时的功率极限 P_{VGm} 也比手动励磁方式下的 P_{Eqm} 大得多；功率极限对应的角度 δ_{VGm} 也将大于 90°。即励磁调节器采用自动励磁方式的静态稳定限制 $\delta>90°$，比手动励磁方式下发电机的静态稳定限制 $\delta<90°$ 范围更大，因此，要求发电机励磁系统自动励磁方式的投入率大于 99%。

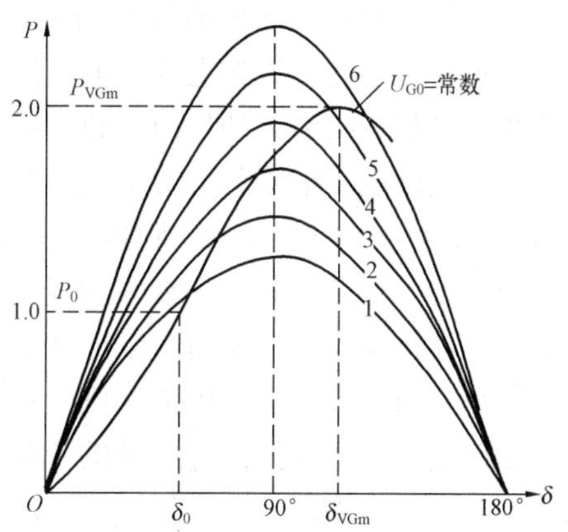

图 5-14 自动励磁方式下对电磁功率特性的影响

1—E_q 为 100%；2—E_q 为 120%；3—E_q 为 140%；4—E_q 为 160%；5—E_q 为 180%；6—E_q 为 200%，为常数

三、定子端部发热对进相运行的限制

发电机进相运行时，其端部漏磁通是由转子和定子的漏磁通合成的，它是一个随转子同速旋转的旋转合成磁场，其大小与定子绕组的结构、端部的结构和转子护环中心环与风扇的材料及尺寸与位置、转子绕组端部的伸出长度等发电机制造工艺有关。该旋转漏磁通磁场在切割静止的定子端部各金属构件时，会在其中感应涡流和磁滞损耗，引起发热。特别是定子端铁芯、压指、连接片等磁阻较小的部件，因通过的磁通非常多，发热也较厉害，当局部冷却强度不够时，就会出现局部温度过高的现象。

当发电机由迟相运行方式向进相运行方式变化时，端部合成漏磁通将随之显著增大，端部元件的温升也将显著升高，甚至越限，成为限制发电机进相运行的条件之一。

一般情况下，应该通过温升试验来确定发电机进相运行的热稳定边界，而且部分测温点，应埋设在发电机定子铁芯端部元件上（如压圈、压指等）。对于制造厂的正式技术资料中提供了出力图或相应数据的机组（最好能够经过厂家的再次书面确认和保证），可以在其标明的范围内进相运行。我国于 1989 年颁布的 SD 325—1989《电力系统电压和无功电力技术导则》中明确规定“新装机组应具备在有功功率为额定值时，功率因数进相 0.95 运行的能力”和“对已投入运行的发电机，应有计划地按系列进行典型的吸收无功电力能力试验，根据试验结果予以应用”。

四、发电机定子电流过流限制

发电机进相运行时，由于机端电压大幅度下降，致使输出同样功率时的定子电流大幅度增加。参照 DL/T 751—2001《水轮发电机运行规范》，运行人员应控制该电流，使其不超过额定值的 1.05 倍。

五、发电机机端电压下降限制

参照 DL/T 751—2001《水轮发电机运行规范》、GB/T 7064—2008《隐极同步发电机》和 SD 325—1989《电力系统电压和无功电力技术导则》中规定，机端电压可以在额定值变动−5%～+10%范围内运行。

六、厂用电电压下降限制

厂用电系统主要负荷均为异步电动机，异步电动机的电磁转矩是与其端电压的平方成正比的，当电压降低 10%时，转矩大约要降 19%。如果电动机所拖动的机械负载的阻尼矩不变，电压降低时，电动机的转差增大，定子电流也随之增大，致使发热增加，绕组温度增高，加速绝缘老化，影响电动机的使用寿命。

由于进相运行时无功反向，致使机端电压大幅度下降，由此接出的厂用电电压也将大幅下降，其允许电压下限就成为进相运行的限制值。参照 DL/T 751—2001《水轮发电机运行规范》、GB/T 7064—2008《隐极同步发电机》和 SD 325—1989《电力系统电压和无功电力技术导则》中规定，发电机在进相运行时厂用电电压可以在额定值变动－5%～＋10%范围内运行，在进相运行试验时可以放宽到额定值变动－7%～＋10%范围内运行。如果在进相运行，厂用电电压低于下限值，则运行人员应立刻增加励磁直至异常消失。

由于进相运行使厂用电电压的变化范围变大，故拟进相运行的电厂，应该事先优化调整联络变压器、主变压器、高压厂用变压器和低压厂用变压器的抽头。但实际影响只有通过试验才能确定。

此外，在厂用电系统变压器定货时，应该注意使抽头之间的档距不大于 2.5%，以便于选择出合适的抽头位置。

七、发电机进相运行对电气运行设备的影响

由于在进相运行方式下，厂用电电压比滞相运行时明显降低，故在此方式下，应该做好防止厂用辅机发生过流和甩负荷的措施。

设备选型时，应该注意使允许的辅机电压下限低于母线的电压下限。不少电厂在选用设备时，常以平均电压（通常比额定电压高出 5%）加上±10%的波动作为标准，这样得到的下限就比 SD 325—1989《电力系统电压和无功电力技术导则》中标准约高 2%，使厂用辅机对较低电压的适应性降低，这一点在设备选型时应引起注意，使用变频技术的辅机尤其要注意拓宽下限。

1000MW 发电机励磁系统

第一节　励磁系统的作用、要求和性能指标

同步电机的励磁系统是指提供同步电机磁场电流的装置，包括所有调节与控制元件、励磁功率单元、磁场过电压抑制、灭磁装置及其他保护装置。包括同步电机及其励磁系统的反馈控制系统称为励磁控制系统，如图 6-1 所示。

其中调节与控制元件通常称为励磁调节器，根据包括同步电机、其励磁功率单元及与之连接的电网在内的系统状态的信号特性，根据特定的控制准则来改变励磁功率的控制，而励磁功率单元则直接向同步电机提供磁场电流。

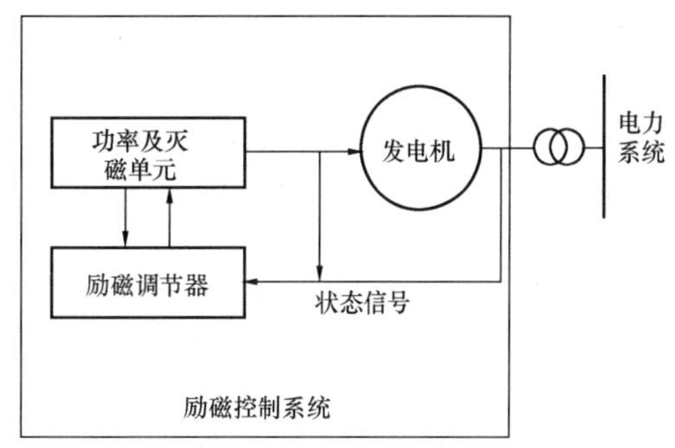

图 6-1　励磁控制系统结构框图

一、励磁系统主要作用和要求

励磁系统作为同步发电机的重要组成部分，对发电机、电力系统的安全、稳定、经济运行都有重要的影响。其作用主要体现在以下方面：

（1）在各种运行工况下，自动调节维持发电机电压在给定水平上。励磁系统最基本、最主要的任务，就是把发电机端电压维持在给定的电压水平，其意义如下：

1）保证电力系统运行设备的安全。电力系统中运行的设备一般均要求运行在额定电压附近，不得超过最高运行电压，防止绝缘损坏。发电机电压水平是电力系统各点运行电压水平的基础，保证发电机端电压在允许水平上，是保证发电机电压及系统各点电压在允许水平上的基础条件之一，也是保证整个电力系统安全运行的基本条件之一。发电机励磁系统不但能够在静态，而且能够在大扰动恢复后的稳态中保证发电机电压水平在给定的允许水平上。

2）保证发电机运行的经济性。发电机在额定值附近运行是最经济的。当发动机电压过高时，励磁损耗增加，铁芯发热温升增加；当发电机电压下降时，输出同样的功率所需要定子电流会上升，损耗增加；当发电机电压下降过大时，由于定子电流的限制，将使发电机的出力受到限制。

GB/T 7064—2008《隐极同步发电机》给出了大型同步发电机的电压和频率限值：

随着运行点偏离电压和频率的额定值，温升或温度将逐渐增加。如电机带额定负荷

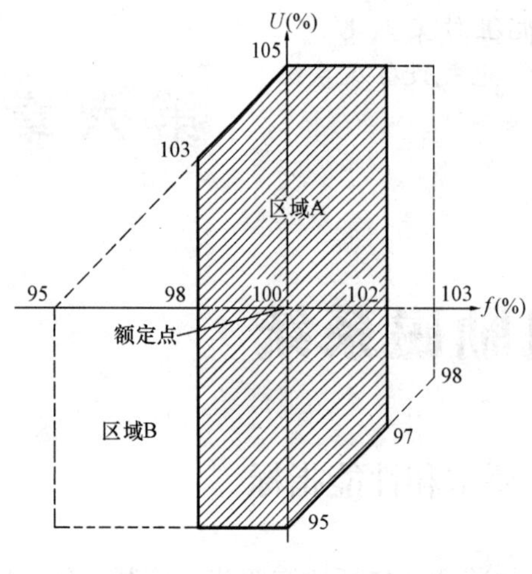

图 6-2　电压和频率的限值

在阴影部分的边界上运行，温升或温度增加约10K。若电机带额定功率因数、电压±5%、频率$^{+3}_{-5}$%在如图 6-2 所示虚线边界上运行，温升将进一步增加，因此避免电机使用寿命因温度或温差影响而缩短，在阴影区域外运行应在数值、持续时间及发生频率等方面加以限制，应立即采取纠正措施，如降低输出。

3）提高维持发电机电压能力的要求和提高电力系统稳定的要求在许多方面是一致的。从下面分析可以看到，提高励磁系统维持发电机电压水平能力的同时，也提高了电力系统的静态稳定和暂态稳定水平。

（2）提高发电机并网运行的静态稳定性。以图 6-3 所示单机无限大母线系统进行分析，发电机输送功率可以表示为

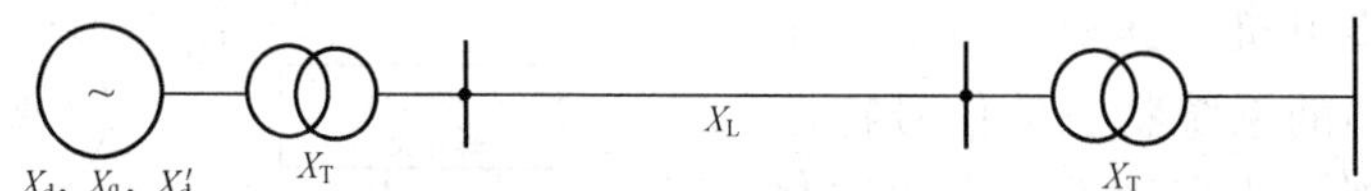

图 6-3　单机无限大母线系统

$$X_d = X_q = 1.5,\ X'_d = 0.3,\ X_{T1} = X_{T2} = 0.1,\ X_L = 0.8$$

$$X_d = X_q = 2.2,\ X'_d = 0.25,\ X_{T1} = X_{T2} = 0.15,\ X_L = 0.7$$

$$P_e = \frac{E_q U_s}{X_{d\Sigma}} \sin\delta_{E_q} \tag{6-1}$$

$$P_e = \frac{E' U_s}{X_{d'\Sigma}} \sin\delta_{E'} \tag{6-2}$$

$$P_e = \frac{U_t U_s}{X_{\Sigma}} \sin\delta_{U_t} \tag{6-3}$$

其中
$$\begin{cases} X_{d\Sigma} = X_d + X_{T1} + X_{T2} + X_L \\ X'_{d\Sigma} = X'_d + X_{T1} + X_{T2} + X_L \\ X_e = X_{T1} + X_{T2} + X_L \end{cases}$$

设U_t=1.0、U_s=1.0，发电机并网后运行人员不再手动去调整励磁，则无电压调节器时的静态稳定极限、电压调节器能维持E'恒定时的极限和电压调节器能维持发电机机端电压恒定时的静稳极限分别为 0.31、0.8 和 1.0。

可见，当自动电压调节器能维持发电机电压恒定时，静态稳定极限达到线路极限，比维持E'恒定的调节器，提高静态稳定极限约 30%，维持发电机电压水平的要求与提高电力系

统静态稳定极限的要求是一致的，是兼容的。

当励磁控制系统能够维持发电机电压为恒定值时，不论是快速励磁系统，还是常规励磁系统，静态稳定极限都可以达到线路极限。

（3）提高发电机并网运行的暂态稳定性。暂态稳定是电力系统受大扰动后的稳定性。励磁控制系统的作用主要由三个因素决定：

1）提高励磁系统强励倍数有利于提高电力系统暂态稳定。

2）励磁系统顶值电压响应比越大，励磁系统输出电压达到顶值的时间越短，对提高暂态稳定越有利。

3）充分利用励磁系统强励倍数，也是发挥励磁系统改善暂态稳定作用的一个重要因素。如果电力系统发生故障，励磁系统的输出电压达不到顶值，或者维持顶值的时间很短，在发电机电压还没有恢复到故障前的值时，就不进行强励了，它的强励倍数就没有很好的发挥，改善暂态稳定的效果就不好。

（4）在出现危及发电机内部或外部的故障时，能可靠灭磁，减轻故障损失程度。励磁系统往往通过由灭磁开关、灭磁电阻及相应的控制逻辑单元组成的灭磁单元来完成此任务。

（5）为发电机并网运行提供必要的限制、保护及附加功能。

GB/T 7409.3—2007《同步电机励磁系统》5.15 对励磁系统的基本限制功能作出了规定。

自动电压调节器按用户要求可以全部或部分装设以下附加功能：

1）电压互感器断线保护。

2）无功电流补偿。

3）过励限制。

4）欠励限制。

5）V/Hz 限制。

6）电力系统稳定器（PSS）。

7）过励保护。

8）定子电流限制。

9）其他附加功能。

二、励磁系统性能指标

励磁系统的性能指标可以分为静态性能指标、动态性能指标和暂态性能指标。

（一）*励磁系统静态性能指标*

励磁系统静态性能指标主要是电压静差率 ε。

负荷电流补偿单元切除、原动机转速及功率因数在规定范围内变化，发电机负荷从额定变化到零时端电压变化率，即

$$\varepsilon(\%)=\frac{U_0-U_N}{U_N}\times 100 \tag{6-4}$$

式中 U_N——额定负荷下的发电机端电压；

U_0——空载时发电机端电压。

与之相对应的为励磁系统静态放大倍数（或称为稳态增益）K_s，规定不小于 200 倍。可以

进行如下的估算，按标幺值表示为

$$U_{e0} = K_s(U_{ref} - U_0) \tag{6-5}$$

$$U_{eN} = K_s(U_{ref} - U_N) \tag{6-6}$$

式中 U_{e0}——空载励磁电压，按标幺值近似取为 1；

U_{eN}——额定励磁电压，对大型汽轮机按标幺值近似取为 3（实际小于 3）。

在给定值 U_{ref}不变的情况下，上述两式相减得

$$K_s = (U_{eN} - U_{e0})/(U_0 - U_N) = 2/\varepsilon \tag{6-7}$$

要求 ε 不大于 0.1%，即要求 K_s 不小于 200 倍。

（二）励磁系统动态性能指标

励磁系统动态性能指标主要是通过发电机空载阶跃响应的机端电压波形及负载阶跃响应的有功波形来衡量。空载阶跃响应的指标包括上升时间、超调量、调节时间、振荡次数。

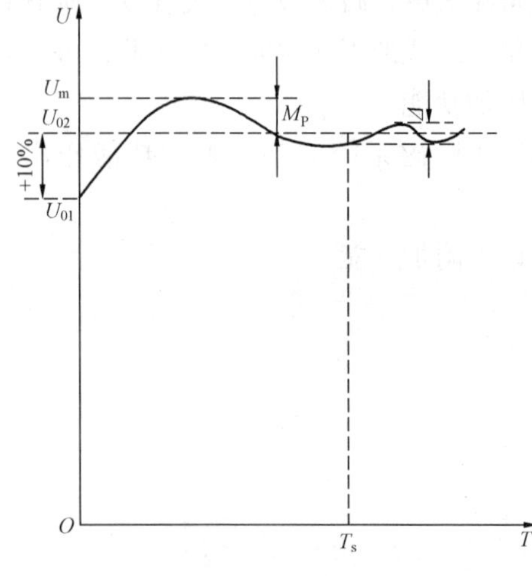

图 6-4 发电机空载阶跃响应曲线

1. 发电机空载阶跃响应指标

发电机在空载额定工况下，突然改变电压给定值，使同步发电机端电压由初始值 U_{01}变为稳态值 U_{02}，获得发电机空载阶跃响应曲线，如图 6-4 所示。

上升时间为发电机电压从 10%到 90%阶跃量的时间 T_r。发电机端电压的最大值 U_m 与稳态值 U_{02}之差与稳态值 U_{02}与初始值 U_{01}之差之比的百分数为超调量 M_P，从电压给定跃变开始到发电机端电压与新的稳态值的差值对端电压稳态变化量之比不超过 Δ 时（Δ 为 5%），所需时间为调节时间 T_s。在调节时间内，由第一次越过稳态值 U_{02} 起的波动次数为振荡次数 n。

超调量为

$$M_P(\%) = \frac{U_m - U_{02}}{U_{02} - U_{01}} \times 100 \tag{6-8}$$

式中 M_P——超调量，%；

U_m——端电压最大值，V；

U_{01}、U_{02}——端电压初始值和稳态值，V。

2. 发电机负载阶跃响应指标

发电机在负载工况下，突然改变电压给定值，获得发电机负载阶跃有功功率响应曲线（如图 6-5 所示）。取多个振荡周期计算频率的平均值，计算公式为

$$f = N/(T_{2N+1} - T_1) \tag{6-9}$$

式中 N——计算周期数；

T_1——第一个峰值出现的时间，s；

T_{2N+1}——第（2N+1）个峰值出现的时间，s。

平均阻尼比 ζ 计算公式为

$$\zeta = \frac{1}{2N\pi}\ln\left(\frac{P_1 - P_2}{P_{2N+1} - P_{2N+2}}\right) \tag{6-10}$$

式中 N——计算周期数；

P_1、P_2——第一个和第二个功率峰值，MW；

P_{2N+1}、P_{2N+2}——第$(2N+1)$个和第$(2N+2)$个功率峰值，MW。

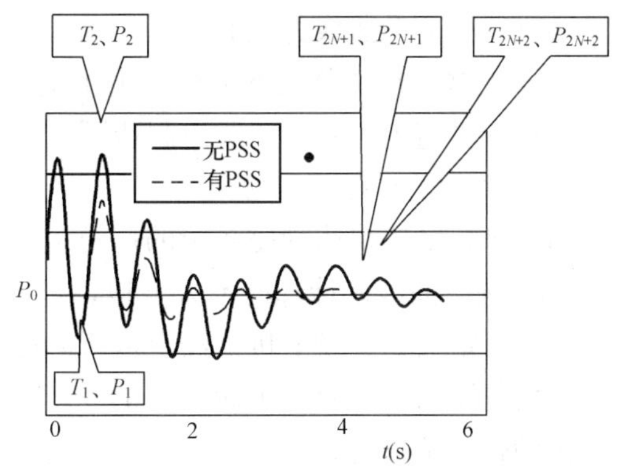

图 6-5 发电机负载阶跃有功功率响应曲线

（三）励磁系统暂态性能指标

励磁系统的暂态性能指标通常包括励磁系统顶值电压倍数、励磁电压响应速度。随着励磁技术的发展，衡量励磁电压响应速度的定义也有所变化，针对不同的励磁方式，分别用励磁电压响应比和励磁电压响应时间来衡量。

1. 励磁系统顶值电压倍数

励磁系统顶值电压倍数 K_{UP}指的是励磁系统顶值电压与额定磁场电压的比值，也称强励倍数。可以表示为

$$U_{UP} = \frac{U_{emax}}{U_{fN}} \tag{6-11}$$

按标准要求，同步发电机励磁系统强励倍数一般为 1.6～2.0。强励倍数越高，越有利于电力系统的稳定运行。强励倍数的大小，涉及制造成本等因素。大容量发电机受过载能力约束，承受强励倍数能力较中小容量发电机低，但在目前的 1000MW 级汽轮机组中励磁系统顶值电压倍数已普遍达到 2 倍。

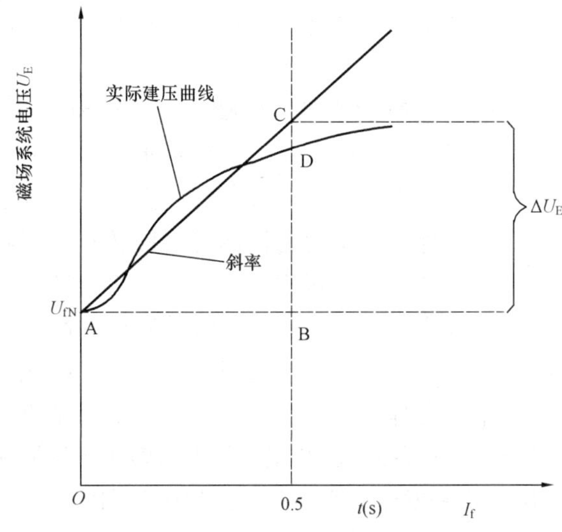

图 6-6 发电机励磁电压上升曲线

2. 励磁电压响应比

对于具有励磁机的励磁系统，考虑到励磁机的惯性，当强励作用时，其发电机励磁电压上升曲线一般如图 6-6 所示。

励磁电压响应比指由励磁系统的电压响应曲线确定的励磁系统输出电压的增量与额定磁场电压的比值。这个比率假定保持恒定，所扩展的电压一时间面积，与在第一个 0.5s 时间间隔内得到的实际面积相等。即 0.5s 时间内，三角形 ABC 的面积与实际电压线所形成的 ADB 区域面积相等，计算励磁电压响应比的公式为

$$V_E = \frac{\Delta U_E}{0.5U_{fN}} \tag{6-12}$$

如果需要测量励磁系统标称响应，初始的励磁系统电压等于发电机的额定励磁电压，然后输入一个特定的电压偏差阶跃，使得发电机励磁电压很快达到励磁系统顶值电压，测录发

电机励磁电压上升曲线并进行计算。确定励磁系统标称响应，需在励磁系统带有电阻等于U_{fN}/I_{fN}及足够的电感负载下进行。由于受到实际运行条件的限制，励磁系统标称响应很难在并网运行机组上实测，一般由制造厂在工厂试验中完成。

3. 励磁系统电压响应时间

随着自并励等快速励磁系统的广泛应用，达到励磁顶值电压的时间远小于 0.5s，采用 0.5s 标称响应曲线来计算已不太合适，目前采用了励磁系统电压响应时间来衡量响应速度的快慢，其定义是：发电机带额定负荷运行于额定转速下，突然改变电压测量值，励磁输出达到顶值电压与额定磁场电压之差的 95%所需要的时间。电压响应时间不大于 0.1s 的交流励磁机励磁系统称为高起始响应励磁系统。

第二节　1000MW 发电机励磁系统的主要类型

一、励磁系统的分类

按同步电机励磁电源的提供方式不同，同步电机励磁系统可以分为直流励磁机励磁系统、交流励磁机励磁系统和静止励磁机励磁系统。

对大容量汽轮发电机来说，励磁容量已超过直流励磁机的极限制造功率，因此只能采用交流励磁机励磁系统或静止励磁机励磁系统。

交流励磁机不可控整流器励磁系统一般由交流励磁机、不可控整流装置、励磁调节器和交流副励磁机等组成，如图 6-7 所示。

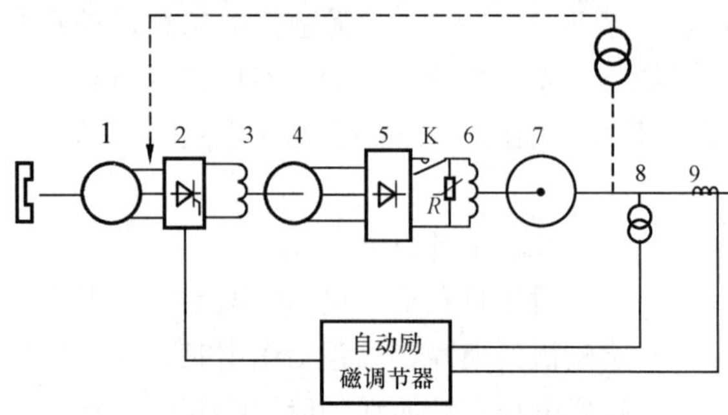

图 6-7　交流励磁机不可控整流器励磁系统原理图

1—副励磁机；2—调节器功率单元；3—主励磁机励磁绕组；4—主励磁机；5—整流器；6—发电机；7—发电机；8—电压互感器；9—电流互感器；K—灭磁开关；R—灭磁电阻

同步发电机的励磁电源是交流励磁机的输出。不可控整流装置将交流励磁机输出的三相交流电压转换成直流电压，励磁调节器根据发电机运行工况调节交流励磁机的励磁电流和输出电压，从而调节发电机的励磁，以满足电力系统安全、稳定、经济运行的要求。副励磁机一般为 350～500Hz 的中频永磁交流发电机。

当不可控整流装置采用旋转整流器时，称为交流励磁机不可控旋转整流器励磁系统，一般简称为交流励磁机旋转整流器励磁系统。此时，交流励磁机的励磁绕组在定子上，电枢绕组在转子上。励磁调节器是静止的，交流励磁机的励磁绕组也是静止的。交流励磁机的电枢绕组、副励磁机转子、不可控整流装置与发电机转子同轴同速旋转，同时取消了灭磁开关和灭磁电阻。交流励磁机和发电机都不需要配集电环和碳刷，因此，这种励磁系统又称为无刷励磁系统。

静止励磁机励磁系统分为电势源静止励磁机励磁系统和复合源静止励磁机励磁系统。电势源静止励磁机励磁系统又称为自并励静止励磁系统，有时也简称为机端变励磁系统或静止励磁系统。同步电机的励磁电源取自同步电机本身的机端，励磁系统主要由励磁变压器、自动励磁调节器、可控整流装置和启励装置组成，如图6-8所示。励磁变压器从机端取得功率并将电压降低到所要求的数值上；可控整流装置将励磁变压器二次交流电压转变成直流电压；自动励磁调节器根据发电机运行工况调节可控整流器的导通角，调节可控整流装置的输出电压，从而调节发电机的励磁，以满足电力系统安全、稳定、经济运行的要求；启励装置给同步电机一定数量（通常为同步电机空载额定励磁电流的10%～30%）的初始励磁，以建立整个系统正常工作所需的最低机端电压，初始励磁一旦建立起来，启励装置就将自动退出工作。

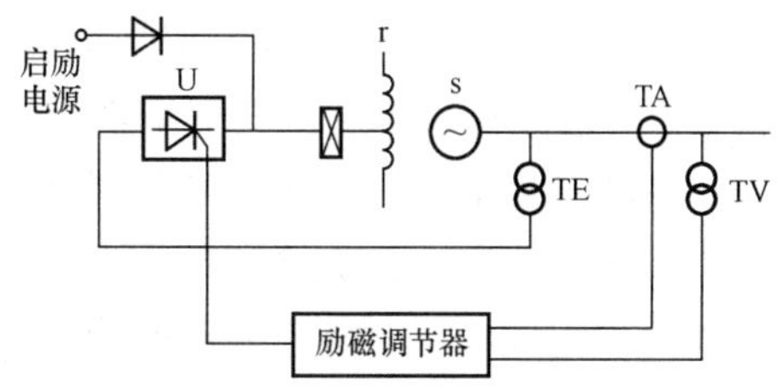

图6-8 自并励静止励磁系统
U—可控整流桥；r—发电机转子；s—发电机定子；TV—电压互感器；TA—电流互感器；TE—励磁变压器

二、1000MW机组励磁系统的主要类型

我国三大发电机制造集团与国际知名公司合作（上电与德国西门子公司、东电与日本日立公司、哈电与日本东芝公司），在消化吸收的基础上已完成了1000MW级发电机的国产化工作。目前，三大集团均拥有1000MW级汽轮发电机组的成套制造技术。

对于1000MW级汽轮发电机励磁方式的选择，多在无刷励磁系统和自并励静止励磁系统两种励磁方式之间作出选择，而自并励静止励磁系统占大部分。

表6-1给出了三大电机厂1000MW发电机的主要电气参数。

表6-1　　三大电机厂1000MW发电机的主要电气参数

型　号	上海电机厂 THDF 125/67	东方电机厂 QFSN-1000-2-27	哈尔滨电机厂 LCH
额定容量S_N(MVA)	1112	1151	1120
额定功率P_N(MW)	1000	1036	1000
最大连续输出容量(MVA)	1222	1230	1222
额定功率因数	0.9	0.9	0.9
定子额定电压U_N(kV)	27	27	27
定子额定电流I_N(A)	23 778	24 615	23 950
额定频率f_N(Hz)	50	50	50
额定转速n_N(r/min)	3000	3000	3000
额定励磁电压U_{eN}(V)	437(80℃)	446(100℃)	563
额定励磁电流I_{eN}(A)	5887	5157	5360
定子绕组接线方式	YY	YY	YY
冷却方式	水氢氢	水氢氢	水氢氢
励磁方式	无刷励磁或自并励静止励磁	自并励静止励磁	自并励静止励磁

1. 无刷励磁系统

美国西屋公司曾最先在大型汽轮发电机组中采用了无刷励磁方式，这种励磁方式具有以下特点：

（1）励磁机与汽轮发电机同轴旋转，励磁电源独立，励磁系统工作可靠性高。

（2）主励磁机采用交流电枢绕组旋转、直流励磁绕组固定的无刷励磁机结构，发电机励磁回路取消了集电环和碳刷，简化了励磁系统的接线，在运行中免除了碳粉的污染，也不必考虑电刷电流的分配及更换问题，大大减少了运行维护工作量。

（3）轴系较长，对机组振动的稳定性不利。

（4）交流励磁机的时间常数一般较大，为进一步提高无刷励磁系统的快速响应，副励磁机的工作频率多采用400～500Hz，而交流主励磁机的频率多采用100～150Hz，以降低主、副励磁机的定子开路、转子绕组的时间常数 T'。同时增加适当的反馈控制或其他措施才能提高励磁系统的反应速度，以满足快速反映的要求。

（5）发电机励磁绕组的回路内不能装设灭磁开关、灭磁电阻等设备，只能采用对主励磁机励磁绕组进行灭磁的方法，不能实现快速灭磁。

（6）硅整流器及其相应的保护元件（快速熔断器、电阻、电容器等）都装在发电机轴上高速旋转，故要求这些元件能承受较大的离心力作用。故障更换时工作量较大。

（7）励磁系统旋转部分的参数（如发电机转子电压、电流、温度）的测量和监视不方便，需用辅助集电环引出或其他特殊测量手段 。随轴转动的用来保护硅整流器的熔断器的监测也比较麻烦。

（8）为保证电力系统在同一短路故障方式下的暂态稳定性，有必要时需考虑无刷励磁系统与自并励静止励磁系统的搭配。

表6-2给出了上海电机厂为某厂提供的1000MW发电机的无刷励磁系统主要技术数据。

表6-2　　无刷励磁系统主要技术数据表

序号	名称		单位	设计值	试验值	保证值	备注
1	旋转整流器	型号					
		制造厂	STGC				
		额定输出功率	kW	4500			
		额定电压	V	600			
		额定电流	A	7500			
		冷却方式		空气			
	旋转整流器/熔断器类型	硅二极管的结构		盘型二极管			
		硅二极管的接线方式		三相二极管桥式			
		臂数		6			
		每个臂并联二极管数		20			
		冗余度	%				
		顶值电压	%	180			
		顶值电流	%	150			
		高起响应					
		响应时间	s	0.5			

续表

序号	名称			单位	设计值	试验值	保证值	备注
2	交流励磁机	制造厂			STGC			
		型号			ELR 70/90-30/6-20N			
		额定功率		kVA	5088			
		额定电压		V~	480			
		额定电流		A~	6120			
		额定转速		r/min	3000			
		冷却方式			空气			
		环境温度		℃	43			
		绝缘等级			F			
		顶值电压（最高电压）		%	180			
		顶值电流倍数/强励时间			1.5/10			
		定子绕组接线方式			6Y			
		励磁电压		V	60			
		励磁电流		A	114			
		转子绕组直流电阻（75℃）		Ω	0.52			
		定子绕组直流电阻（75℃）		Ω	0.000 3			
		电抗和时间常数	定子漏抗 X_S	%	0.192			
			瞬变电抗 X'_t	%	0.475			
			超瞬变电抗 X''_t	%	0.278			
			负序电抗 X''_2	%	0.262			
			开路时间常数 T'_0	s	1.7			
			电压调节范围	%	±5			
			超速试验（1min）	%	120			
		温升（额定负荷、额定冷却空温）	电枢绕组温升	K	<60			
			磁场绕组温升	K	<80			
			电枢铁芯温升	K	<60			
3	副励磁机	制造厂			STGC			
		型号			ELP 50/42-30/16			
		额定容量		kVA	65			
		额定功率因数			0.6			
		相数			3			
		极数			16			
		额定转速		r/min	3000			
		额定频率		Hz	400			

续表

序号	名称			单位	设计值	试验值	保证值	备注
3	副励磁机	额定电压		V	220			
		额定电流		A	195			
		定子绕组连接方式			8Y			
		引出线端数目			4			
		绝缘等级			F			
		与原动机连接方式						
		冷却方式			空气			
		励磁方式			永磁			
		耐电压试验(1min)		kV	2.5			
		温升(额定负荷、额定冷却空温)	定子绕组(说明测量方法)	K	<60			电阻法
			定子铁芯	K	<80			
4	励磁调节装置柜	制造厂						
		型号						
		功率放大器			晶闸管			
		额定电流		A	150			
		时间特性		s	10			
		功率放大器组数			2			
		并联支路数			2			
5	AVR性能	电压调整范围		%	20～110			
		手动调整范围		%	10～110			
		调整偏差(精度)		%	±0.5			
		AVR配置(通道)			2			
		顶值电压倍数/强励时间			1.8/10			
		顶值电流倍数			1.5			
		响应时间		s	0.5			

2. 自并励静止励磁系统

采用自并励静止励磁系统具有以下优点：

(1) 自并励静止励磁系统可提供固有高起始励磁电压的响应特性。配置电力系统稳定器(PSS)后，可提高电力系统稳定水平。

(2) 励磁系统接线简单、紧凑性好。没有旋转的励磁系统部件，提高了机组运行的可靠性。

(3) 可缩短机组轴系长度。对1000MW容量级机组而言，与无刷励磁系统机组轴系长度相比，可缩短 3m 左右。有助于改善轴系振动。

（4）与无刷励磁系统相比，可采用多种手段实现快速灭磁。

采用自并励静止励磁系统同样带来了一些不利的缺点，包括：

（1）由于在发电机励磁回路中采用了晶闸管整流装置，尤其是 1000MW 机组励磁变压器的二次侧电压在 1000V 左右，因此必须考虑换相尖峰电压对转子回路及其他相连接部件（如晶闸管、转子对地绝缘检测等）的绝缘水平的影响。

（2）励磁回路中存在高次谐波整流电压将会引起发电机轴电流的增加。

（3）发电机的集电环和碳刷装置带来了更多的维护工作量。

自并励静止励磁方式在电力系统故障时，电源电压会随发电机端电压下降而下降，可能减弱强励能力，进而影响电力系统的暂态稳定性。多年来的分析研究表明：现代大型同步发电机大多采用单元式接线，可能使自并励系统交流电源完全消失的唯一机会是很少发生的发电机机端三相短路，而机端三相短路在差动保护范围内，保护会很快动作切除机组和励磁，不对发电机进行强励，对保护发电机有利。对占电力系统 90%以上的不对称短路来说，合理的设计例如提高强励倍数 20%～30%，可以使短路时自并励系统具有和他励系统相当的强励能力。

当发电机近端发生三相短路时，自并励系统的强励能力将有所下降，短路电流迅速衰减，带时限的继电保护可能会拒绝动作。研究表明：由于大中容量机组的励磁绕组时间常数较大，励磁电流要在短路 0.5s 后才显著衰减，在短路开始的 0.5s 内，自并励励磁方式与他励方式是很接近的，只是在短路 0.5s 后，才有明显差别。高压电网中重要设备的主保护动作时间都在 0.1s 内，且都设双重保护，主保护可靠动作是没有问题的。但对大于 0.5s 动作的后备保护不一定能保证可靠动作，可将低压闭锁过流保护换成带电流记忆式或低阻抗保护的形式。

自并励系统的机组启动时，可利用发电机残压启动。当残压较低时，励磁回路不能满足自励条件，发电机得不到建立电压所需的励磁电流。为此，必须供给发电机初始励磁，即启励。启励电源一般取自直流蓄电池组或交流厂用电加整流器。在发电机电压建压达到一定水平（一般在 10%～30%之间）后，启励电源可自动退出。

但从总体来看，并励静止励磁应用得越来越广泛，我国三大电机厂也把这种方式列为 1000MW 机组的定型励磁方式。

1000MW 级常规和核电机组中，其励磁方式除可选择无刷励磁方式和自并励静止励磁方式，还有一种选择是将他励无刷励磁系统中的旋转永磁副励磁机代以静止的、容量与永磁副励磁机相当的励磁变压器。励磁变压器的电源可由发电机机端或厂用电供电。从厂用电系统取得励磁电源的可控整流器励磁系统，当其电压基本稳定，与发电机端电压水平基本无关时，可以看作为他励晶闸管励磁系统；当厂用电系统电压与发电机端电压水平密切相关时，看作为自并励静止励磁系统。我国已运行的田湾核电站Ⅰ期及Ⅱ期工程，1000MW 核电机组即采用了由厂用电Ⅰ段和Ⅱ段供电给励磁变压器的方案。由于励磁电源的非独立性，就本质而言，此种励磁方式仍属于自励励磁系统。励磁系统中的无刷主励磁机可认为是一个功率放大单元，不具有他励励磁系统中励磁电源独立的特征。

表 6-3 给出了哈电为 1000MW 机组配套的自并励静止励磁系统主要技术数据。

表 6-3　　自并励静止励磁系统主要技术数据表

序号及参数名称			设计值 ABB/GE
1. 励磁盘柜	1）数量（面）		7/7
	2）外形尺寸（$L\times W\times H$，mm）		7000×1000×2146/7000×1288×2690
2. 系统参数	1）励磁系统类型		自并励/自并励
	2）励磁系统平均无故障时间		42 年/175 000h
	3）额定励磁电压（V）		563
	4）最大连续运行容量下的励磁电压		609
	5）额定励磁电流（A）		5360
	6）最大连续运行容量下的励磁电流		5800
	7）励磁系统强励顶值电压（V）		1407.5
	8）顶值电压时的励磁电流（A）		10 720
	9）强励允许时间（s）		10
	10）整流柜	退 1 柜励磁系统输出电流	5896
		退 2 柜励磁系统输出电流	5896
	11）均流系数		0.95/0.9
	12）励磁系统电压响应时间		0.04/0.025
	13）自动电压调整范围		20%～110%
	14）手动电压调整范围		10%～110%
	15）励磁系统调压精度		±0.5%
	16）静差率		±1%/±0.5%
	17）空载时阶跃 10%超调量		3%/
	a）调节时间（s）		5
	b）振荡次数（次）		3
	18）灭磁电压整定值（V）		
	19）转子过电压保护动作整定值（V）		3000/
	20）风机故障时，功率柜输出能力及时间		无/20s 后功率柜退出
	21）启励装置参数		
	a）启励方式（直流或交流）		交流
	b）启励电流（A）		60/81.4
3. 励磁变压器	1）类型（干式或油浸）		干式
	2）规格（三相或三个单相）		三个单相
	3）生产厂家		
	4）容量（kVA）		3×3700
	5）额定电压（一次侧/二次侧，V/V）		27 000/1200
	6）绝缘等级		F

续表

序号及参数名称			设计值 ABB/GE
3. 励磁变压器	7）绕组连接		Y/D-11
	8）高压侧 TA	a）制造厂及型号	
		b）绝缘等级（kV）	35/
		c）变比及准确等级	300/1A，5P20
		d）容量	30VA
	9）低压侧 TA	a）制造厂及型号	欧洲/
		b）变比及准确等级	6000/1A，5P20
		c）容量	30VA
	10）发电机在额定负荷时的计算损耗（kW）		110/
	11）冲击试验电压（kV）		125
	12）1min 工频试验电压（kV）		55
	13）冷却方式		AN
4. 晶闸管功率整流桥	1）整流桥支路数		4
	2）整流柜数量		4
	3）晶闸管制造商		ABB/westcode
	4）晶闸管通态平均电流		3875/3000 A
	5）晶闸管正反向重复峰值电压		5200/5400V
	6）单桥长期输出能力		3432/3300A
	7）单桥强励输出能力		4100A/
	8）单桥停风机输出能力/时间		无/20s 后功率柜退出
	9）功率柜噪声		65dB/80 dB
	10）切脉冲功能（有/无）		有
	11）额定负荷时整流柜损耗		41kW/55kW
	12）晶闸管整流器过电压保护型式（有/无）	a）交流侧	有
		b）直流侧	有
		c）换相过电压	有
	13）风温测量（有/无）		有
	14）风压测量（有/无）		有

第三节 灭 磁 单 元

一、灭磁单元的作用和要求

当发电机内部发生故障，如定子接地、匝间短路、定子相间短路等，以及与发电机出口直接相连的引出线、主变压器内部或厂用变压器内部发生故障时，虽然继电保护装置能快速地使发电机出口回路的断路器跳开，切除故障点与系统的联系，但发电机励磁电流产生的感应电动势会继续维持故障电流。为了限制故障范围，减小其损坏程度，必须尽快切断励磁电源，对发电机进行灭磁。

由于同步发电机励磁绕组本身就是一个很大的电感，所以在切断励磁电源进行灭磁的过程中，转子励磁绕组两端会产生很高的灭磁过电压，灭磁速度越快，即励磁绕组中电流衰减越快，灭磁过电压就越高，危及主机绝缘的安全。因而出现了灭磁速度与灭磁过电压的矛盾。

发电机灭磁要实现可靠而迅速地消耗储存在发电机中的磁场能量，必须将励磁绕组接至可使能量消耗的闭合回路中。理论上，有一种理想灭磁过程，在保证灭磁过电压不超过转子励磁绕组允许值的前提下，转子电流保持最大的衰减速度衰减，直到灭磁结束。

因此对灭磁单元提出的要求是：

（1）灭磁速度应尽可能快；

（2）发电机励磁绕组两端的过电压不应超过容许值，其值通常取为转子额定励磁电压的4～5倍。

二、1000MW 汽轮发电机灭磁方式

1000MW 汽轮发电机根据励磁方式的不同采取了不同的灭磁方式。对无刷励磁系统，采用自然灭磁；对自并励静止励磁系统采用开关灭磁。

对于采用旋转二极管整流方式的无刷励磁系统，由于旋转部分不便装设大功率灭磁开关，故发电机主励磁回路一般不装设任何灭磁装置。发电机要灭磁时，先对交流机磁场进行逆变灭磁，使励磁机的交流输出电压迅速降低，然后跳开交流励磁机的磁场关关（灭磁开关），发电机励磁回路则经旋转整流器按相应发电机时间常数进行自然灭磁。

自并励静止励磁系统采用在发电机主励磁回路设置灭磁开关与灭磁电阻相配合的开关灭磁方式。自并励静止励磁系统采用全控整流桥式线路时，可以利用逆变方式将发电机的磁场能量反馈到发电机定子侧，随着灭磁的加速，发电机的电压随之下降，作用于逆变回路的反向电压也随之降低，将影响逆变灭磁的衰减。电气逆变灭磁一般作为正常停机的操作，在故障紧急灭磁时作为开关灭磁的配合手段，也可在一定程度上减轻机械灭磁开关的负担。

根据灭磁开关在灭磁过程中担当的不同角色，可以分为耗能型灭磁装置和移能型灭磁装置。

耗能型灭磁装置作用原理是将磁能消耗在灭磁开关装置中，这种灭磁系统主要是利用在相距很短（3～6mm）的金属电极间形成的电弧的压降近似保持恒定（通常为 20～30V）这一原理以获得较快的灭磁速度，当灭磁开关主触头打开后，储存在发电机励磁回路中的磁场能量形成电弧在燃烧室中燃烧，将电能转换为热能直至熄弧。由于开关制造上的困难，这种方式很少应用到大型机组。

移能型灭磁装置的磁场能量不由灭磁开关消耗，而是由灭磁开关将磁场能量转移到线性或非线性电阻耗能元件中。其作用原理是：灭磁时，利用主触头断开后产生的过电压或其他触发信号，使与发电机励磁绕组并联的非线性或线性灭磁电阻投入，由此电阻消耗发电机的磁场能量。

1000MW 机组自并励静止励磁系统开关灭磁采用的就是移能型灭磁装置。

1. 移能型灭磁装置的工作原理

移能型灭磁装置的具体形式虽然多样，但其工作原理还是一致的都是为了实现能量转移。

对移能型灭磁装置来说，灭磁的首要任务是将发电机的励磁电流转移到灭磁电阻中，然后跳开灭磁开关进行换流。换流成功就意味着灭磁基本成功；如果换流失败，此时的灭磁开关不仅要承担断流的任务，还要承担消耗磁场能量的任务。而移能型灭磁装置的灭磁开关从性能上来讲不能消耗大量的磁场能量，能量转移失败将导致开关烧毁。

在发电机励磁回路中，灭磁时由三个电压量组成了一个灭磁回路：励磁整流器UE的整流电压U_d、灭磁开关SD的灭磁弧压U_S、灭磁电阻R_D的灭磁电压U_D，如图6-9所示。U_D是R_D流过灭磁电流I_D时对应的电压降，对非线性电阻来说就是其残压。所谓换流成功，是指$I_D=I_e$、$I_S=0$。只有当磁场断路器的开断弧压U_S与励磁整流电源电压U_d之差不小于灭磁电阻换流所需电压U_D时，励磁电流才能保证换流成功，即成功换流条件是

$$U_S-U_d\geqslant U_D \tag{6-13}$$

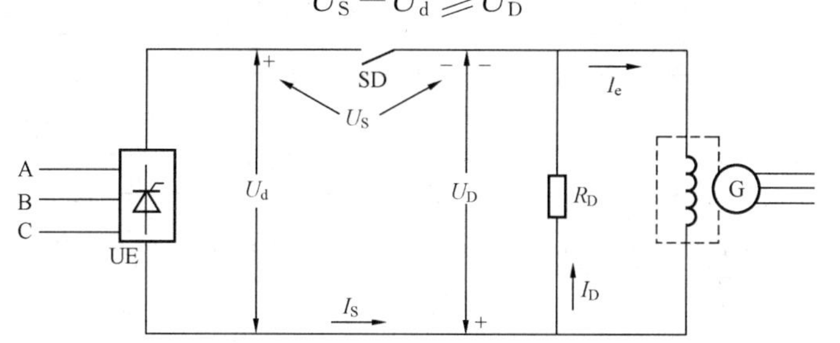

图6-9 发电机灭磁回路原理图

灭磁过程中，U_S和U_D的电压极性是固定不变的，如图6-9所示，而三相全控桥的输出电压U_d的极性是可以变化的，整流为正，逆变为负。

当励磁整流装置在灭磁时处于整流状态，比如处于误强励状态时，图6-9中U_d的极性是正，成功换流需要U_S值很高。一旦U_S值达不到要求且灭磁开关的灭弧能力又不够时，就会发生换流失败，造成灭磁开关损坏等事故。

当励磁整流装置在灭磁时处于逆变状态，比如跳灭磁开关前先逆变灭磁，图6-9中U_d为负值，此时，需要U_S值不高，换流条件很容易满足。因此灭磁时采用逆变灭磁有利于灭磁电阻两端反压的建立，降低对灭磁开关弧压U_S的要求。

当励磁整流装置在灭磁时处于颠覆状态（例如采用切除晶闸管触发脉冲的措施），此时整流器输出交流电压，如图6-10所示，U_d的极性是交变的，交流正半波不利于换流，而负半波有利于换流，交流灭磁正是利用负半波有利于换流的原理来灭磁的。也可以降低对灭磁开关弧压U_S的要求。

2. 移能型灭磁装置的实现

当前，为1000MW机组提供励磁系统的国外厂商均以跨接器组成的灭磁及过电压保护系统作为典型配置。除美国GE公司外，均采用SiC非线性电阻作为灭磁电阻。

下面以瑞士ABB公司的灭磁单元为例说明移能型灭磁装置的实现。在1000MW机组中，ABB公司采用了非线性电阻跨接器灭磁系统。图6-11为ABB公司的非线性电阻跨接器灭磁系统。

灭磁系统所应用的直流断路器是单极的，由并联连接的正、反向晶闸管整流器V1和V2、V3组成的跨接器与非线性灭磁电阻相接后并接在励磁绕组两端。这种灭磁及过电压保

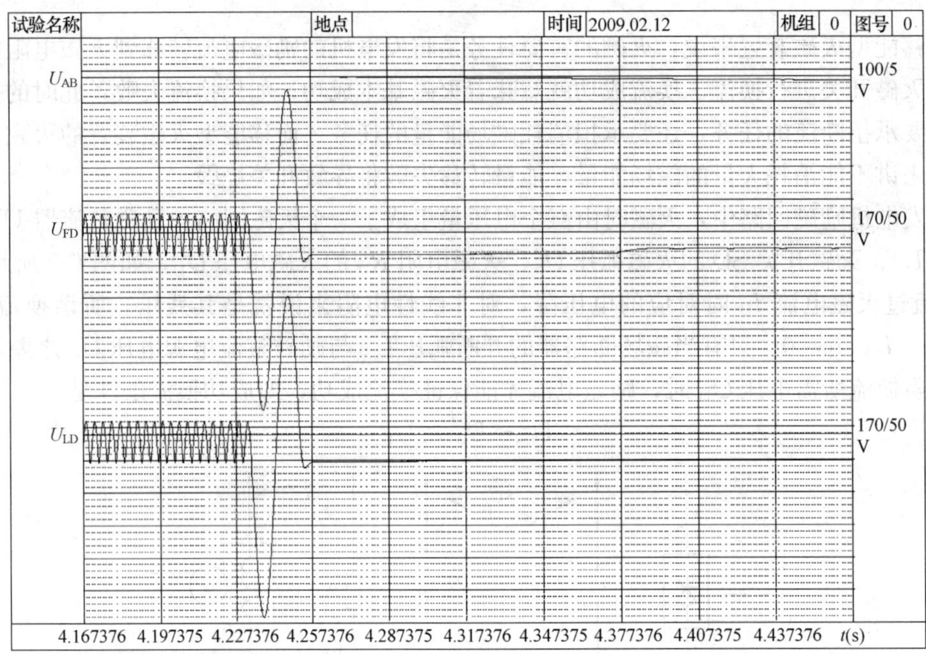

注：U_{FD}为电源侧，U_{LD}为转子侧。

图 6-10 切除晶闸管触发脉冲时的整流输出

护回路，国外统称为 Crowbar 回路，国内则称为跨接器。

晶闸管跨接器回路包括下列元件：

(1) 正向过电压保护晶闸管元件 V1；

(2) 兼具灭磁及反向过电压保护的双重化晶闸管元件 V2、V3；

(3) 包括过电压测量单元的晶闸管触发回路；

(4) 电源及电流监测及报警回路。

晶闸管元件的参数选择应满足灭磁时元件所承受加热容量以及直流断路器断开时的最大电压。

正常停机时，励磁系统逆变灭磁，转子电流衰减到零后，灭磁开关延时 3～5s 跳开，灭磁开关不分断电流，可以延长使用寿命。

在故障情况下需要紧急灭磁时，为保证与直流断路器配合使用的晶闸管跨接器可靠地工作，ABB 公司在设计中作了许多特殊的考虑。

在对直流断路器发出跳闸指令的同时，对应两路跳闸信号的触发回路使灭磁晶闸管元件 V2、V3 导通；晶闸管元件 V2、V3 采用了双重化配置，任一元件导通均可投入非线性电阻灭磁。即使此触发回路故障，直流断路器断开时产生的反向弧压再加上逆变灭磁的反向电压也会使得过电压触发回路中的雪崩二极管 BOD（图 6-11 中的 V1000）导通，进而触发 V2 或 V3。

在正向过电压情况下，过电压触发回路中的雪崩二极管 BOD（图 6-11 中的 V1000）导通，进而触发 V1，使正向过电压被吸收和抑制。如果正向过电压保护元件 V1 持续导通，则经整定的延时后跳开磁场断路器灭磁。

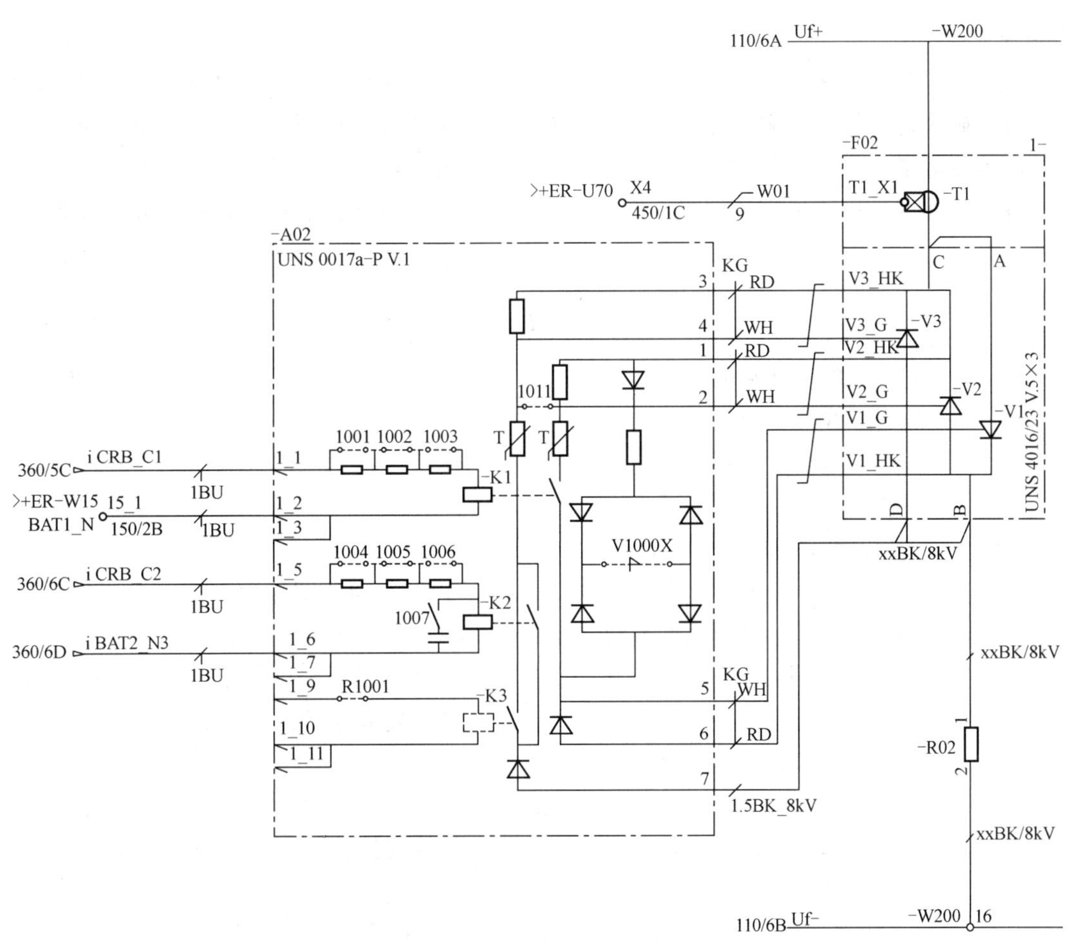

图 6-11 非线性电阻跨接器灭磁系统

三、非线性电阻的特性

非线性电阻灭磁系统是利用非线性电阻非线性伏安特性，保证灭磁过程中灭磁电压能较好地维持在一个较高水平，从而保持电流快速衰减，近似理想灭磁，达到快速灭磁的目的。非线性电阻灭磁目前有两种构成方式，一种是利用碳化硅（SiC）非线性电阻构成（主要由国外厂家生产），另一种是利用氧化锌（ZnO）非线性电阻构成（主要由国内厂家生产）。用于1000MW机组灭磁的非线性电阻由国外厂商提供的均采用SiC。

碳化硅非线性电阻的材质决定了其电阻的温度特性，其特征是当碳化硅电阻温度上升时，阻值会减少。在恒定电流负载条件下，其两端电压随温度升高而减少，或者在恒定电压负载下，其电流随温度上升而增加，呈负电阻温度系数特性。对恒定电流负载而言，负温度系数为温度每增加1℃，电流增加0.6%；对恒定电压负载而言，负温度系数为温度每增加1℃，电压下降0.12%。

将碳化硅非线性电阻用于灭磁，只是在灭磁回路动作时才接入发电机励磁回路中，在短暂的几秒时间的灭磁过程中，负电阻温度系数的影响也很小。这是由于：首先在灭磁电流衰减过程中，SiC灭磁电阻两端的电压波形并非如ZnO灭磁电阻呈恒电压特性，而是随灭磁电流的下降而降低的三角波，减小了负电阻温度系数的影响。同时，灭磁时励磁电流源的能量是有限的，无后续能量的输入。因此，不会出现由于负电阻温度系数的影响引起电流崩溃的问题。

但在失步和非全相运行时，转子感应过电压的能量和灭磁时有较大区别，作为过电压保护元件的碳化硅非线性电阻不能忽略负电阻温度系数的影响。但对大型同步发电机而言，此类故障应依靠继电保护及时切除，而不是寄望于碳化硅非线性电阻的保护。

在评价非线性灭磁电阻特性时，通常以非线性电阻系数予以表述，相应的表达式为

$$U = KI^{\beta} \tag{6-14}$$

或

$$I = HU^{\alpha} \tag{6-15}$$

式中　U——非线性电阻两端的电压；

I——流过非线性电阻的电流；

K、H——非线性电阻位形系数，与非线性电阻的体积形状，电阻片的串、并联组合以及材质有关；

β、α——电阻非线性系数，$\beta=1/\alpha$。

碳化硅（SiC）非线性电阻，其电阻非线性系数 α 为 2～4，即 β 为 0.25～0.5；氧化锌（ZnO）非线性电阻，其电阻非线性系数 α 为 20～40，即 β 为 0.025～0.05。

对于 SiC 非线性电阻，由于在较大的电流变化范围内，其电压变化范围相对较小，不便于查对，为此在实用中多将式（6-14）及式（6-15）以对数坐标形式来表示。

对于式（6-14），其对数表达式为

$$\lg U = \lg K + \beta \lg I \tag{6-16}$$

在以 $U-I$ 表示的双对数坐标系中，此时非线性电阻的伏安特性近似为一条直线，如图 6-12 所示。

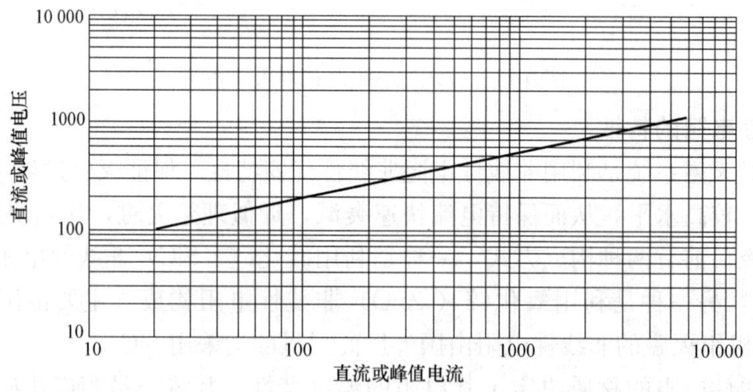

图 6-12　碳化硅非线性电阻的伏安特性

在式（6-16）中，当 $I=1$A 时可得出

$$\lg U = \lg K \quad 或 \quad V = K \tag{6-17}$$

式（6-17）说明，在 $U-I$ 双对数坐标系中，系数 K 等于 $I=1$A 时，$U-I$ 特性曲线与 U 轴相交的电压值。

同理由式（6-15）可得

$$\lg I = \lg H + \alpha \lg U \tag{6-18}$$

当 $U=1$ 时，在 $U-I$ 特性曲线中，与其对应的电流值 $I=H$。

下面讨论一下式（6-14）和式（6-15）中各系数 K、H、α 及 β 之间的关系式，由式(6-15)可求得

$$U = \sqrt[\alpha]{\frac{I}{H}} = H^{-\frac{1}{\alpha}} \times I^{-\frac{1}{\alpha}} \tag{6-19}$$

令式（6-14）等于式（6-19），可求得

$$K = H^{-\frac{1}{\alpha}} \quad \beta = \frac{1}{\alpha}$$

即

$$K = K^{-\beta}$$

目前英国 M&I MATERIALS 公司的 METROSIL 系列碳化硅灭磁电阻在 1000MW 机组中应用得较多，其典型 K 及 β 值见表 6-4。

表 6-4　　碳化硅灭磁电阻的 K 及 β 值

阀片厚度	K（对于单片阀片）	β（对于单片阀片）	阀片厚度	K（对于单片阀片）	β（对于单片阀片）
20mm	40～250	0.5～0.3	11.25mm	75	0.4
15mm	106	0.4	7.5mm	53	0.4

对于 20mm 厚的阀片，根据生产工艺及组成的不同，可使 K 和 β 值不同，从而满足不同灭磁情况的要求。

假定非线性电阻 N_p 片并联，N_s 片串联，其组合 $U-I$ 特性表达式为

$$U = KN_s\left(\frac{1}{N_p}\right)^{\beta} \tag{6-20}$$

对于 METROSIL 系列碳化硅灭磁电阻，在型号中表明了基本技术规范。例如型号600—A/US14/P/Spec. 6672. 1400V. 3500A. 1000KJ，其含义如下：

600—灭磁电阻每片元件的直径为 6in 或 ϕ152mm；A—元件的形状为环形；US14—每一单个组件由 14 片电阻片组成；US—各电阻片之间无大的缝隙；P—单个组件中，14 片电阻为并联连接；Spec. 6672—单个组件的订货代号；1400V—最大灭磁电压；3500A—额定灭磁电流；1000KJ—额定灭磁容量。

表 6-5 列出了 METROSIL 600-A 系列 SiC 非线性灭磁电阻技术规范，可供用户选用。

表 6-5　　Metrosil 600-A 系列 SiC 非线性灭磁电阻技术规范

M&I 型号	元件并联数	元件厚度	额定电流（A）	额定电流时最大电压（V）	额定能量		$U-I$ 特性曲线 $U=KI^{\beta}$	
					重复使用情况，每次灭磁后，应保证有足够冷却时间间隔。（灭磁时的温升）	偶尔发生情况（灭磁时的温升）	K	β
600A/US14/P/Spec 6672	14	20mm	3500	1400	1000kJ（105℃）	1250kJ（130℃）	60	0.37

续表

M&I 型号	元件并联数	元件厚度	额定电流（A）	额定电流时最大电压（V）	额定能量		U－I 特性曲线 $U=KI^{\beta}$	
					重复使用情况，每次灭磁后，应保证有足够冷却时间间隔。（灭磁时的温升）	偶尔发生情况（灭磁时的温升）	K	β
600A/US14/P/Spec 6693	14	20mm	3500	1200	1000kJ（105℃）	1250kJ（130℃）	40	0.39
600A/US14/P/Spec 6694	14	20mm	3500	1000	1000kJ（105℃）	1250kJ（130℃）	26	0.42
600A/US16/P/Spec 6298	16	15mm	4000	1100	880kJ（105℃）	1050kJ（125℃）	35	0.40
600A/US16/P/Spec 6695	16	15mm	4000	1000	880kJ（105℃）	1050kJ（125℃）	33	0.40
600A/US16/P/Spec 6696	16	15mm	4000	900	880kJ（105℃）	1050kJ（125℃）	29	0.40
600A/US16/P/Spec 6697	16	15mm	4000	800	880kJ（105℃）	1050kJ（125℃）	26	0.40
600A/US16/P/Spec 6321	16	11mm	4000	800	650kJ（105℃）	820kJ（128℃）	25	0.40
600A/US16/P/Spec 6698	16	11mm	4000	700	650kJ（105℃）	820kJ（128℃）	22	0.40

图 6-13 为 METROSIL 600-A 系列 SiC 非线性电阻元件组装图。

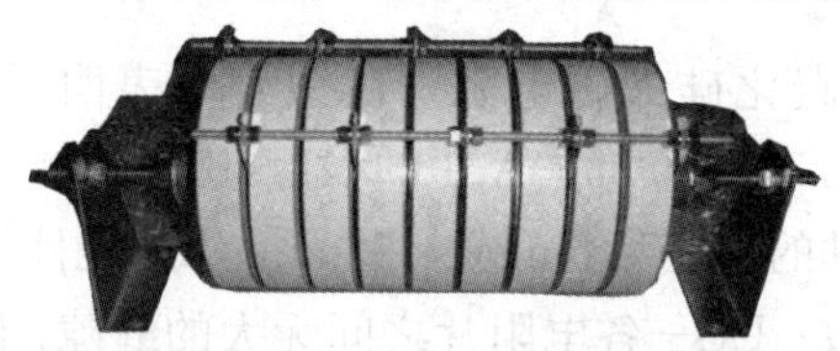

图 6-13　METROSIL 600-A 系列 SiC 非线性电阻元件组装图

第四节　自动励磁调节器

一、自动励磁调节器的作用

（一）自动励磁调节器的基本构成

自动励磁调节器是励磁控制系统的核心组成部件，其最基本的功能是实现发电机机端电压的自动调节，通常又称为自动电压调节器（automatic voltage regulator，AVR），其原理框图如图 6-14 所示。

自动励磁调节器的主要输入量是发电机机端电压 U_t，与电压给定值 U_{ref} 进行比较，得到电压偏差值 ΔU，再综合补偿信号，经过综合放大，结合辅助控制信号，根据同步信号，改变可控整流触发角的输出，调整励磁电压，最终使发电机机端电压稳定在给定水平上。

测量比较单元是励磁控制器的信息输入单元。它的主要作用是：将从同步发电机机端电压互感器来的三相交流电压，经过电压测量变压器降压，转化为所需要的机端电压信号，与

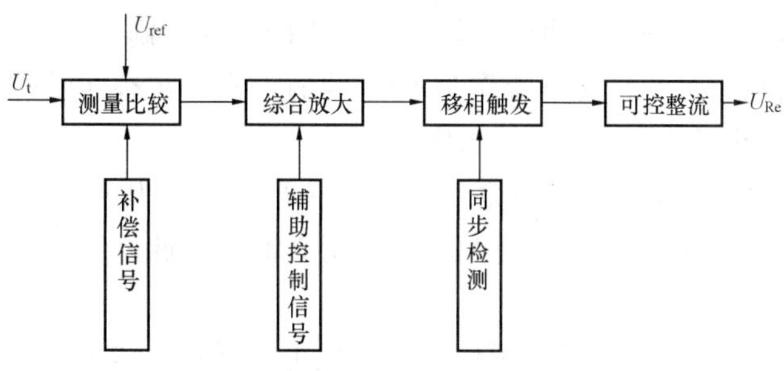

图 6-14 自动励磁调节器原理框图

给定的参考电压比较后，得出电压偏差信号，输出至综合放大单元。改变给定的参考电压时，就改变了被调电压。对微机励磁而言，A/D 采样部分应具有较高的分辨率。

综合放大单元的输入信号中，除了基本控制部分的电压偏差信号，还有多种辅助控制信号（如励磁系统稳定器信号和电力系统稳定器信号），限制信号（如最大、最小励磁限制信号）和补偿信号。因此，该单元要对多种辅助控制信号进行综合，即线性叠加，再进行放大。

现代大中型同步发电机励磁系统中，功率单元基本上都采用晶闸管整流桥来控制励电流的大小。晶闸管导通的条件是：①承受正向电压；②接收到有效触发脉冲。何时晶闸管上承受正向电压，由加在其上的三相交流电压决定。而何时加触发脉冲，则是根据励磁控制而确定的。

综合放大单元输出的是控制电压，不能直接把它加在晶闸管上，而需要将这个控制量转换为晶闸管对应控制角的触发脉冲序列，这就是移相触发单元的基本任务。移相触发单元的作用是产生触发脉冲，用来触发整流桥中的晶闸管，并控制触发脉冲的相位随综合放大单元输出的控制电压的大小而改变，从而达到调节励磁的目的。其基本原理是：利用主回路电源电压信号产生一个与主回路电压同步的幅值随时间单调变化的信号（称为同步信号），将其与来自综合放大单元的控制信号进行比较，在两者相等的时刻形成触发脉冲。在微机励磁中，通常采用数字移相的触发技术。

（二）自动励磁调节器的基本状态量和用途

自动励磁调节器的基本状态量可分为模拟量和开关量两大类。对于所需的基础模拟量包括机端电压、电流，励磁电压、电流，并列母线电压等，普遍采用交流采样技术获得，而其他的模拟量通过计算的方法获得，不需设置对应的硬件测量回路。

1. 模拟量的基本用途

模拟量的基本用途如下：

1）发电机机端电压 U_t。U_t 用作自动励磁调节器控制的反馈，是最基本的状态量。调节器需同时测取两路不同的机端电压信号，以实现 TV（电压互感器）断线判别功能，避免误强励。

2）发电机并列母线电压 U_{bus}。U_{bus} 在发电机空载自动启励时可作为跟踪电压；并网运行时可作为机端反馈电压的后备判据。

3）发电机励磁电流 I_e。I_e 用作恒电流调节方式（通常称为手动方式）的反馈量和过励磁限制的控制量。

4）发电机励磁电压 U_e。U_e 主要用于励磁系统稳定器（ESS）。ESS 在同步发电机的励磁电流由直流励磁机或交流励磁机供给的场合是必需的。在无刷励磁系统中，励磁电压的测量比较困难，往往用励磁机的励磁电流作为 ESS 的输入量。在有些励磁调节器中，通过 U_e 和 I_e 计算得到转子电阻，以估算转子的温度。

5）发电机有功功率 P 和无功功率 Q。有功功率 P 用作电力系统稳定器（PSS）及最优励磁控制器的输入变量。无功功率 Q 是无功调差所必需的。此外，有功功率 P 和无功功率 Q 还作为欠励限制的判断变量。

6）发电机频率 f。发电机频率 f 可用于计算发电机转速，也是 PSS 及最优励磁控制器的输入变量之一。此外，还是 V/Hz（伏/赫）限制的判断变量，并在频率跟踪中起重要作用。

2. 开关量的基本用途

开关量的基本用途如下：

1）发电机出口主断路器的状态。出口主断路器的状态是励磁控制选择空载还是并网运行模式的重要判断依据。一些限制和保护功能在不同状态下的逻辑和参数会有所区别。

2）发电机保护出口信号及发电机灭磁开关状态信号。两个信号主要用作灭磁时启动励磁调节器的灭磁控制逻辑和触发励磁调节器的事故记录。

3）功率单元局部故障信号。功率单元局部故障信号包括快熔熔断、冷却风机停风、元件温度过高等，作为限制功率单元最大出力的依据并发出报警信号。

4）励磁远方控制信号。励磁的启励与停机用作发电机空载自动启励和逆变灭磁。增、减磁信号用作发电机电压和无功的增减操作。

5）功能选择信号。功能选择信号用作功能及运行模式的选择，如恒 U 运行方式、恒 I_e 运行方式、PSS 投退等。

（三）自动励磁调节器的调差运行

对并列运行的发电机而言，自动励磁调节器还需要实现不同机组间无功的自动稳定分配。通常用电压调差率或者无功电流补偿率来描述发电机的调差外特性 U_t-I_Q 曲线。电压调差率的定义为：发电机在功率因数等于零的情况下，无功电流从零变化到额定定子电流值时，发电机端电压的变化率。

无功电流补偿率计算公式为

$$K_{RCC}(\%)=\frac{U_0-U}{U_N}\times 100 \tag{6-21}$$

式中　K_{RCC}——无功电流补偿率，%；

U_0——空载时发电机端电压，V；

U——功率因数等于零、无功电流等于额定定子电流值时的发电机机端电压，V。

按照定义，发电机机端电压随无功增加而下降的电压调差率为正，即 U_t-I_Q 曲线向下倾斜对应正调差。现代大型同步发电机励磁系统具有很高的静态放大倍数，U_t-I_Q 曲线接近水平，电压调差率接近零，为了实现无功的自动稳定分配，往往引入调差系数来调整 U_t-I_Q 曲线的斜率。

几台机组并列运行时，其中一台机组励磁电流的变化，不仅会改变该台机组的无功功率，而且会引起并列点电压的变化，进而影响到其他发电机的无功出力。各台机组的无功功率的具体变化情况则与机组本身的调差特性有关。

几台具有无差调节特性的机组是不能并联运行的，因为它们之间的无功分配不稳定。下面以两台机为例分析无差调节特性机组与有差调节特性机组之间并联运行情况和几台有差调节特性机组之间并联运行的情况。

1. 一台无差调节特性机组与一台正调差特性机组并联运行

一台具有无差调节特性的机组（$K_{RCC}=0$）和一台具有正调差特性的机组（$K_{RCC}>0$）直接并联运行在公共母线时，由于线电压必须等于无差调节特性机组的端电压，并保持不变；无功负荷改变只能由无差调节特性的机组的无功电流随之改变而满足，正调差特性的机组的无功电流维持不变。由此可见，一台无差调节特性的机组与正调差特性的机组并联运行时，系统的无功增量将全部由无差调节特性的机组承担，导致无功功率分配不合理，故这种并联运行方式基本上不采用。

2. 一台无差调节特性机组与一台负调差特性机组并联运行

一台无差调节特性的机组和一台具有负调差特性的机组（$K_{RCC}<0$）直接并联运行在公共母线时（此时尽管两台机可以形成一个确定的公共运行交点，但却是一个不稳定运行点），例如，当偶然因素使负调差特性的机组输出的无功电流增加，根据调节特性，励磁控制器将增大励磁电流，使机端电压进一步升高，从而导致发电机输出无功功率进一步增加；而无差调节特性的机组则试图维持端电压，使其励磁电流减小，无功电流也将减小，从而形成了一台机无功输出一直增加，另一台机无功输出一直减小，最终导致无法稳定运行。同样的道理，一台负调差特性机组与一台正调差特性机组也不能直接并联在公共母线上运行。总之，具有负调差特性的机组 U_t 与 I_Q 之间的正反馈关系使得它不能参与机端直接并联运行。

3．两台正调差特性机组并联运行

当两台都具有正调差特性的机组并联运行时，如果出现无功负荷增加，导致母线电压下降，根据电压调差率的定义，两台机分别承担的无功功率变化为

$$\Delta Q_1=\frac{\Delta U}{K_{RCC1}},\ \Delta Q_2=\frac{\Delta U}{K_{RCC2}}$$

因此，两台正调差特性的机组并联运行，当无功负荷扰动时（母线电压扰动），机组之间的无功分配与电压调差率的大小成反比，电压调差率小的分配到的无功多，而电压调差率大的分配到的无功少；如果要求无功负荷的变化量按各机组的容量分配，则每台机组的电压调差率必须相等。该结论同样适用于多台机组并列运行的方式。

4. 调差系数的作用

现代大型同步发电机励磁系统具有很高的静态放大倍数，U_t-I_Q 曲线接近于水平，电压调差率接近于零，为了实现并列机组之间无功的自动稳定分配，往往引入调差系数来调整 U_t-I_Q 曲线的斜率。

对于机端直接并列运行的机组，需要引入正的调差系数使得 U_t-I_Q 曲线向下倾斜以获得正的调差特性。

对于通过变压器在母线上并列运行的机组，考虑无功电流在变压器漏抗上的电压降落，发电机—变压器组的调差特性曲线向下倾斜度较大，需要引入负的调差系数使得 U_t-I_Q 曲线向上移动以减小电压调差率，部分补偿无功电流在变压器漏抗上的压降。

必须指出的是，自动励磁调节器内部无功电流补偿的系数由于不同励磁厂家的算法不同，整定时其数值的极性及大小需要特别留意。

二、数字式励磁调节器控制原理

随着计算机和数字信号处理技术的迅速发展，大型同步发电机运用数字式励磁调节器已是大势所趋。微机励磁调节器采用以微处理器为核心的硬件及功率部分并组成硬件系统，量测及运算由软件进行数字控制，由软件扩展实现高功能化，AVR 功能可以一体化或分散化，易于实现多重化控制。数字式运算回路的特性经久无变化，具备高可靠性。容易实现跟踪及自诊断功能；各种控制功能都可以根据需要进行取舍，十分灵活。在模拟式调节器中很难实现甚至无法实现的许多控制功能，在微机式励磁控制器中则很容易实现。

励磁控制理论一直是电力系统研究中受到重点关注的领域，现代最优控制理论也已应用到了励磁控制器的设计中，并有了初步的工程应用。但在 1000MW 机组上，成熟的 PID+PSS 励磁控制仍然是首选。

（一）PID 励磁控制原理

PID（比例—积分—微分）控制是依据古典控制理论的频域法进行设计的一种校正方法，此设计方法可用于改善发电机的电压静态、动态性能。

根据控制算法的差别，PID 控制分为串联型和并联型。瑞士 ABB 公司的 UNITROL 5000 系列励磁调节器即采用了串联型 PID，美国 GE 公司的 EX－2100 系列励磁调节器即采用了并联型 PID。

串联型 PID 的传递函数为

$$G(s) = K_S \times \frac{1 + T_1 s}{1 + \beta T_1 s} \times \frac{1 + T_2 s}{1 + \gamma T_2 s} \tag{6-22}$$

式中 β——一般为 5～10，$(1+T_1s)$ / $(1+\beta T_1s)$ 为滞后环节（又称积分环节）；

γ——一般为 0.1～0.2，$(1+T_2s)$ / $(1+\gamma T_2s)$ 为超前环节（又称微分环节）。

串联型 PID 的幅频特性如图 6-15 所示。

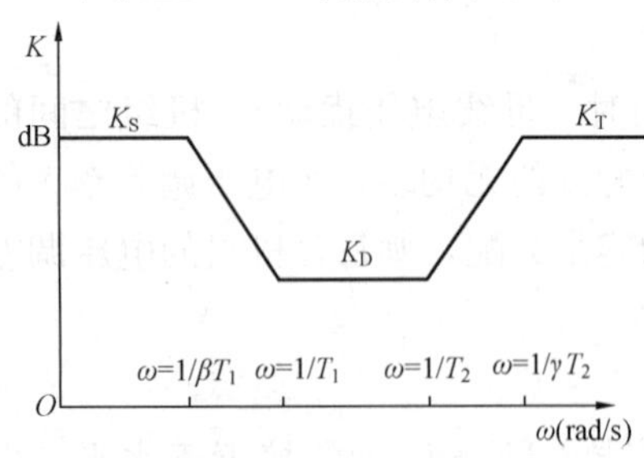

图 6-15 串联型 PID 的幅频特性

K_S—稳态增益；K_D—动态增益，$K_D=K_S/\beta$；K_T—暂态增益，$K_T=K_S/(\beta\cdot\gamma)$

K_S表示直流增益，用于确定调节器的调压精度，通过积分带宽控制时间数 βT_1、积分时间常数 T_1 确定的积分区段，在中频段表现为动态增益降低的比例增益 K_D，以保证系统的动态稳定性，对过渡过程的振荡次数影响较大；通过微分时间常数 T_2 和微分带宽控制时间常数 γT_2 确定的微分区段，在高频区表现为微分增益受到抑制的暂态增益 K_T，对过渡过程的超调影响较大，也用于防止高频杂散信号对微分环节的干扰。在具有励磁机的励磁系统中，微分区段主要用于补偿励磁机滞后对增益和相位裕度的影响，以提高调节系统的稳定性。如不采用微分调节，可应用转子电压软反馈或励磁机励磁电流硬反馈达到相同的目的。K_D 与大信号调节性能有关，当机端电压降低至额定值的 80%时，K_D 的最小值应保证励磁系统输出能够达到强励顶值。

并联型 PID 的传递函数为

$$G(s)=K_P\left(1+\frac{1}{T_I s}+T_D s\right) \tag{6-23}$$

式中 K_P——比例增益；

T_I——积分时间常数；

T_D——微分时间常数。

并联型PID励磁控制器各校正环节的作用如下：

（1）比例环节能迅速成比例地反映机端电压偏差信号，偏差一旦产生，控制器立即产生控制作用，以减少偏差，维持机端电压恒定。但比例控制不能消除稳态误差，稳态误差的大小主要与放大倍数有关，比例增益 K_P 越大，偏差越小，但 K_P 太大时，系统会趋于不稳定。

（2）积分环节的主要作用是消除稳态误差，提高系统积分时间常数的无差度。只要系统存在误差，积分控制作用就不断地累积，输出控制量以消除误差。但是，积分时间常数 T_I 偏小，积分作用太强会使系统超调加大，甚至使系统出现振荡。

（3）微分环节能反映偏差信号的变化趋势，从而在系统引入一个早期修正信号，即按预测的电压变化趋势进行调节，合适的微分时间常数 T_D 使得微分控制可以减少超调量，提高系统的稳定性，同时加快系统的动作速度，减小调节时间。但微分环节对高频干扰比较敏感，容易引起控制过程振荡。

（二）电力系统稳定器（PSS）

随着电网的扩大、输电距离的增加，快速励磁系统及快速励磁调节器的应用，电网的小干扰稳定性减弱，不少电力系统出现了联络线低频功率振荡。60年代美国西部系统在运行中发生了低频功率振荡，造成联络线过电流跳闸，其后欧洲、日本等，也多次发生输电线功率低频振荡的事例，引起了各国对这一问题的普遍重视。

研究表明，在重负荷、弱联系的电力系统中，具有高增益电压调节器的快速励磁容易产生负阻尼，引发电力系统以阻尼不足为特征的低频振荡。为此在励磁控制中采用PSS来解决这一问题。

PSS从20世纪60年代投入使用至今，一直是解决电力系统低频振荡的有效而又经济的重要手段，有利于提高电力系统的动态稳定性。

PSS是一种附加励磁控制的装置或功能，它借助于电压调节器控制励磁功率单元的输出，来阻尼同步电机的功率振荡。输入量可以是转速、频率或功率（或多个变量的综合）。

PSS的作用原理即是在励磁调节器中，引入领先于轴速度的附加信号，产生一个正阻尼转矩作用，去克服原电压调节器产生的负阻尼转矩作用。

PSS输出的附加控制信号加到励磁系统上，经过励磁调节器滞后产生附加力矩。该滞后特性称为励磁系统无补偿特性。附加力矩方向与发电机 E'_q 一致，但是无法实际测量 E'_q，而用测量发电机电压 U_t 代替。PSS输入信号（通常为转速 ω，频率 f，电气功率 P_e）与 $\Delta\omega$ 的相位关系为：转速 ω 和频率 f 与 $\Delta\omega$ 轴同相，电气功率 P_e 滞后 $\Delta\omega$ 轴90°。根据不同的输入信号，PSS环节相位补偿特性的相位 φ_{pss} 加上励磁系统无补偿特性的相

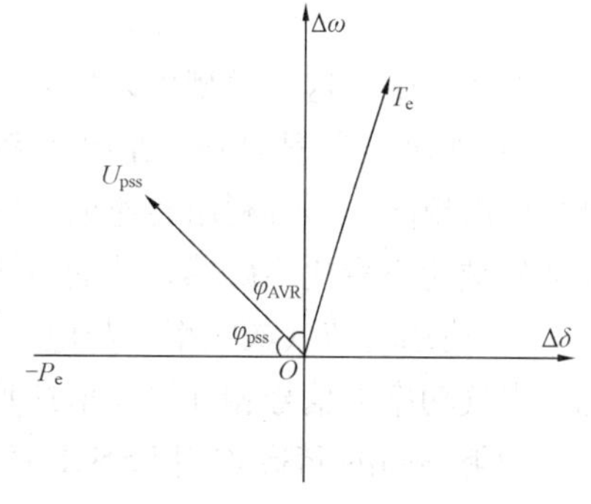

图6-16 PSS的相位补偿原理图

位 φ_{AVR}，可以获得所需的 PSS 附加力矩与 $\Delta\omega$ 轴的关系，如图 6-16 所示。目标是在低频振荡的频率范围内，PSS 产生的附加力矩相量 T_e 对应 $\Delta\omega$（转速）轴在超前 10°到滞后 45°以内，并使本机振荡频率力矩相量对应 $\Delta\omega$（转速）轴在 0°到滞后 30°以内。

典型的 PSS 传递函数有 PSS1A 模型 PSS2B 模型和 PSS4B 模型三种：

1．PSS1A 模型

图 6-17 给出了采用单输入的 PSS1A 模型。输入信号 V_{SI} 可以是转速 ω、频率 f、电气功率 P_e，通常采用电气功率 P_e 作为输入信号。

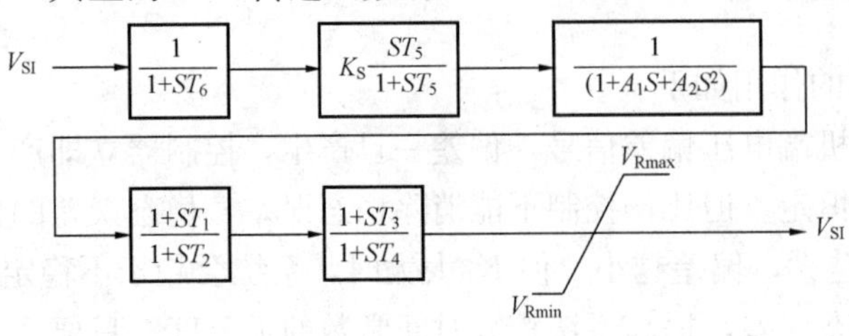

图 6-17　PSS1A 模型

T_6—代表量测环节时间常数；K_S—PSS 环节的增益；T_5—隔直环节时间常数

A_1、A_2 代表的滤波器在一些稳定器尤其是采用转速作为输入信号时可以防止轴系扭振频率信号的放大，如果不用于这一目的，也可以用来调整 PSS 的幅频和相频特性。$T_1 \sim T_4$ 构成了两阶超前—滞后补偿。图 6-17 中只是简单给出了由 V_{Rmax} 和 V_{Rmin} 构成的限幅环节，实际中的形式可能更为多样，或者受到多种限制条件的闭锁。

电气功率 P_e 作为输入信号的 PSS 当原动机功率变化时，其励磁输出会向相反方向变化，即所谓的“反调”现象，这点是无法完全消除的。

2．PSS2B 模型

图 6-18 给出了采用双输入的 PSS2B 模型。常见的 V_{SI1} 为转速 ω 或频率 f 信号，V_{SI2} 为电气功率 P_e 信号。

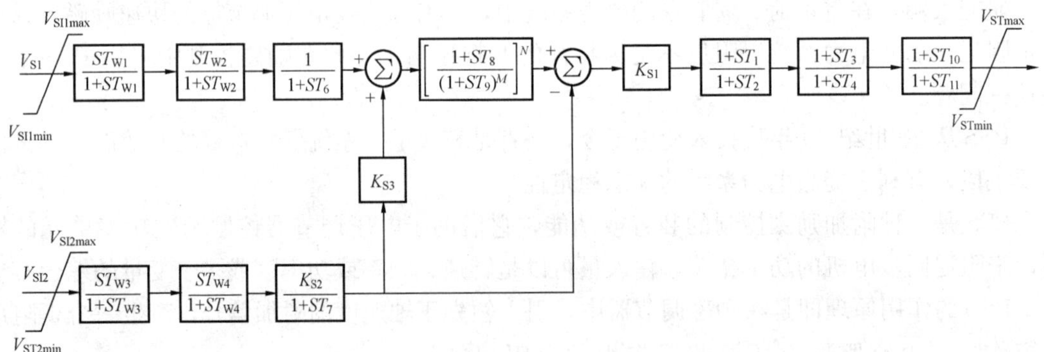

图 6-18　PSS2B 模型

在实际中，这一模型可以用来表示两类不同的双输入 PSS。

1）加速功率型 PSS。在电力系统振荡的频率范围内，与采用电气功率单输入信号的 PSS 作用相同。同时利用转速或频率输入产生等效的机械功率信号，合成后使得总的信号对单纯机械功率变化不敏感，从而克服“反调”现象。

2）使用转速（或频率）与电气功率信号相混合。这类系统往往直接采用转速信号与正比于电气功率的信号相加以获取所期望的合成信号。

两类不同的 PSS 均用 PSS2B 模型来表达，但是参数的设置有很大的不同。对于每个输入回路，均有两阶隔直环节（$T_{W1} \sim T_{W4}$）和一阶惯性环节（T_6、T_7）。对加速功率型 PSS

而言，V_{SI1} 通常取转速或频率信号，V_{SI2} 取电气功率信号，T_{W4} 和 T_6 对应的环节取消，取值时 $T_{W1}=T_{W3}$，$T_{W2}=T_7$，$K_{S3}=1$，$K_{S2}=T7/2H$，2H 表示整个汽轮发电机组的惯性时间常数。指数 M 和 N 代表了一个“斜坡函数”或简单的滤波特性，其典型取值为 $M=5$、$N=1$ 或 $M=2$、$N=4$。相位补偿通过三阶超前—滞后环节（$T_1 \sim T_4$、T_{10}、T_{11}）来实现，最后的限幅与 PSS1A 类似。

PSS2B 与较早的 PSS2A 模型相比只是增加了一级超前—滞后补偿环节（T_{10}、T_{11}），其余均相同。

3. PSS4B 模型

图 6-19 为多频段 PSS4B 模型。在这个采用 $\Delta\omega$ 转速信号的 PSS 中，用三个频段来分别对应功率振荡的低、中、高频率模式。

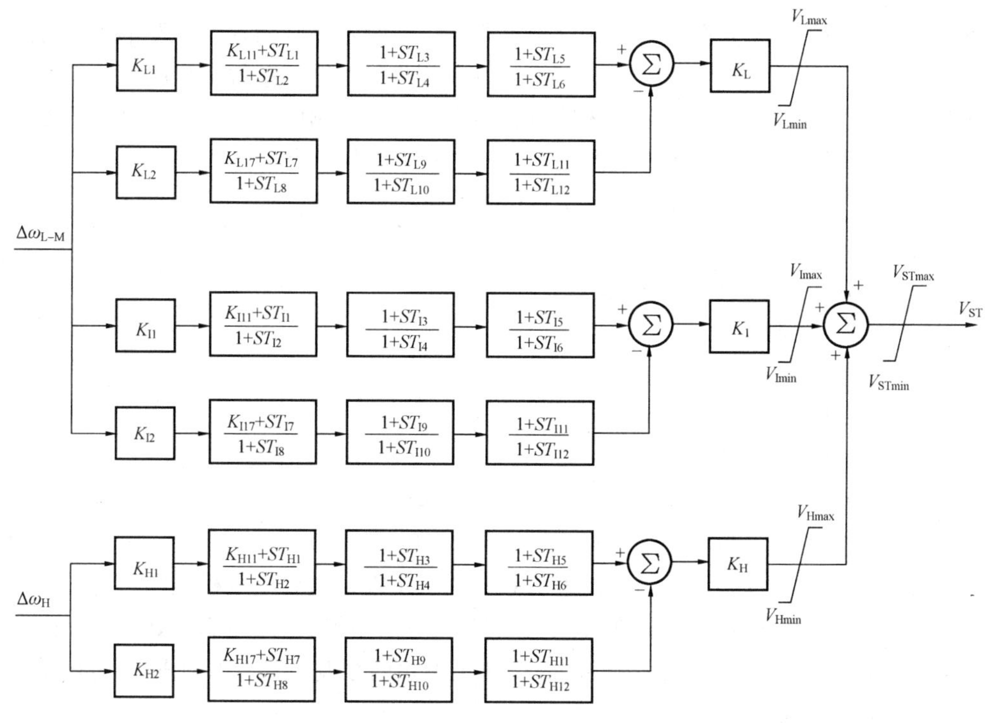

图 6-19 多频段 PSS4B 模型

通常，低频段与电力系统全局振荡模式相关，中频段与区域间振荡模式相关，而高频段与地区振荡模式相关。每个频段都有着不同的滤波器、增益、补偿及限幅，总的输出相加经过最终限幅 V_{STmax}/V_{STmin} 形成 PSS 输出 V_{ST}。

PSS4B 模型通过两种不同的方法来测量转速的偏差。$\Delta\omega_{L-M}$ 提供低一中频段信号，$\Delta\omega_H$ 则专注于高频段，这两种转速变换器的等效传递函数如图 6-20 所示。

参数可调整的陷波器 N_i（S）定义如下，可针对汽轮发电机的轴系振动模式有选择地使用

$$N_i(S)=\frac{S^2+\omega_{ni}^2}{S^2+B_{wi}S+\omega_{ni}^2} \tag{6-24}$$

式中 ω_{ni} ——滤波频率；

B_{wi} ——3dB 带宽。

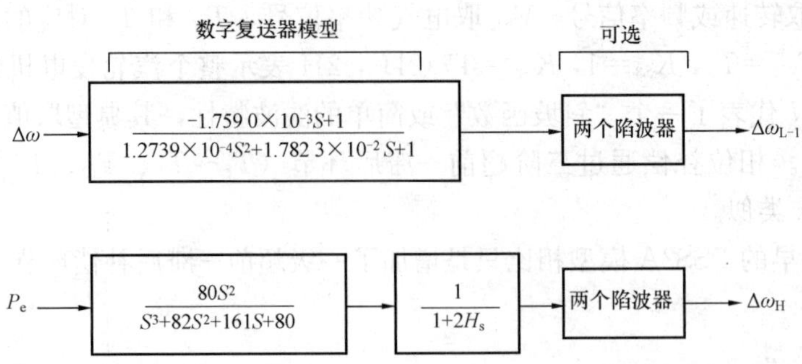

图 6-20 PSS4B 模型多频段 PSS 的转速变换器的等效传递函数

三、励磁调节器的限制和保护

励磁调节器的限制单元在正常情况下是不参与自动励磁控制的，而当发生非正常运行工况，需要励磁调节器投入某些特殊的限制功能时，这些附加控制通过综合放大单元的处理使相应的限制功能发挥作用。励磁限制环节对提高励磁系统的响应速度，提高电力系统稳定及保护发电机、变压器、励磁机等设备的安全运行有重要作用。

励磁调节器中的励磁限制单元主要实现以下一些限制功能：

1）励磁电流限制器；

2）欠励限制（也称最小励磁限制）；

3）V/Hz 伏赫限制；

4）定子过流限制；

5）空载强励限制；

6）功率柜最大出力限制。

1. 励磁电流限制器

励磁电流限制器用于防止转子励磁绕组回路及励磁功率单元过热受损。电力系统发生短路故障导致母线电压降低时，为了提高电力系统的稳定性，需要发电机强励，为了实现故障初期发电机励磁电流的快速增长，在可承受的范围内励磁顶值电压越高越好，但励磁电流的强励倍数一般都不会大于 2，持续时间同时受转子发热的限制。因此往往采用具有反时限特性的最大励磁电流限制器。

同步发电机正常运行过程中（无限制器在起作用），最大励磁电流限制器的有效控制点是强励顶值电流限制值 I_{max}。当电力系统发生故障需要强励时，励磁电流可以到达强励顶值电流。最大励磁电流限制器动作原理：限制器通过测量电路检测励磁电流，并将其与最大励磁电流限制值进行比较，若小于限制值，限制器被封锁，没有输出信号；若大于限制值，限制器瞬时动作，输出限制信号，减小励磁控制器输出，迫使励磁功率单元迅速减小出力，使励磁电流快速下降，当励磁电流下降到限制值以下时，最大励磁电流瞬时限制器解除动作。最大励磁电流限制器可以控制励磁电流保持在强励顶值电流限制值 I_{max} 附近。

在某些故障情况下，励磁电流超出长期允许运行值但又未达到强励顶值电流，考虑到转子的过热特性，在励磁电流增长过程中，只要励磁电流的实际值超出长期运行允许值，那么调节器就会启动一个热能累积积分器，这个积分的结果与励磁绕组的热能成正比。积分器的输出值一旦超过励磁绕组的热能允许值，反时限最大磁场电流限制器的限制功能将把励磁电流限制到长期允许运行电流之下。

参照 IEEE C50.13—2005，转子允许的过电流时间与过电流倍数的关系为

$$(I_r^2 - 1)t = 33.75\text{s} \tag{6-25}$$

通常所说的允许2倍强励电流10s按式（6-25）计算在允许范围内。

必须指出的是，实际励磁调节器的励磁电流限制器还必须考虑转子的散热过程。即一次强励的热能累积需要一段时间清零。如果在此时间内再次强励显然比第一次故障允许的时间短。

2. 欠励限制

欠励限制也称最小励磁控制，是用来防止发电机因励磁电流过度减小而引起失步或因机组过度进相运行而使发电机定子的端部过热。

欠励限制器的工作原理是：根据给定的欠励限制曲线和当前的有功功率，计算出对应无功功率下限，将当前测得的实际无功与计算无功下限进行比较，一旦出现实测无功功率小于下限值，则欠励限制器动作，通过提高励磁给定值使无功功率回升。

欠励限制通常用 $P-Q$ 平面上的一条曲线来表示，其具体数值由进相运行试验来确定，如果对进相没有特别要求，一般可按有功功率 $P=P_N$ 时允许无功功率 $Q=-0.05Q_N$ 及 $P=0$ 时 $Q=-0.3Q_N$ 两点来确定欠励限制的动作曲线。

3. V/Hz伏赫限制

V/Hz限制单元就是限制发电机的机端电压与频率的比值，其目的是防止发电机和主变压器在空载、甩负荷和机组启动期间，由于电压升高或频率降低使发电机、主变压器铁芯饱和而引起的发热超过危险值。

伏赫限制器的工作原理是：根据整定的最大允许伏赫比和当前的频率，计算出当前允许的最高电压，如果发电机机端实际电压超过允许值，则伏赫限制器动作降低发电机电压至允许值。

4. 定子过流限制

定子过流限制是为了限制在迟相和进相运行时的定子过电流。按 GB/T 7064—2008《隐极同步发电机技术要求》的规定，电机允许的定子过电流时间与过电流倍数的关系为

$$(I^2 - 1)t = 37.5\text{s} \tag{6-26}$$

式中 I——定子电流标幺值；

t——持续时间，适用范围10～60s。

定子过流限制器的工作原理是：如果定子电流超过允许连续运行值，则启动定子热积累计算，时间到后，根据迟相还是进相状态分别减小或增大励磁电流，返回允许连续运行值之下。

励磁调节器的定子过流限制器不能影响有功电流。如果有功电流的数值达到高于定子电流限制值的水平，那么为了避免限制器的误动作，无功功率将被调整到接近于零，同时给出报警信号。

5. 空载强励限制

强励是励磁控制系统的基本功能之一，当电力系统由于某种原因出现短时低电压时，励磁系统应能以足够快的速度提供足够高的励磁电流顶值，以提高电力系统的暂态稳定性。然而，在发电机组空载运行时，强励的需求并不突出，因此有些励磁调节器设置了空载强励限制。

空载强励限制的作用主要是限制机组在启励升压过程中和空载运行时，发生意外的误强励作用。它实质上是一个低限制值的瞬时电流限制器，在机组空载运行时投入，并网后退出。

空载励磁限制器以励磁电流的大小作为动作与否的判据，它并不限制励磁电压的顶值倍数和上升速度，因此对启励过程没有影响。在机组解列时，空载励磁限制环节将会自动投入工作，这也有利于限制发电机机端电压的超调。

6. 功率柜最大出力限制

当功率柜局部故障时，比如脉冲故障导致并联支路数减小、风机故障导致冷却条件恶化等，必须限制其最大出力，以免发生过载而扩大故障。如果此时不对功率柜的最大出力进行限制，当发电机发生强励时，功率柜可能出现严重过载而导致整个功率柜烧毁，严重危及发电机组的安全运行。

功率柜最大出力限制实质上是一个可变限制值的最大励磁电流瞬时限制，它根据功率柜故障程度及对出力的影响程度区别对待，并相应地设置一系列不同的限制值作为励磁电流反时限限制的动作整定值。

第五节　励磁系统的调试与试验

DL/T 843—2010《大型汽轮发电机励磁系统技术条件》规定，励磁装置的试验分四类，即型式试验、出厂试验、交接试验和大修试验，不仅详细地列出了各类试验所包含的试验项目，而且也在其附录中说明了各试验项目的具体方法。

表 6-6　　励磁系统试验项目表

序号	试验项目	型式试验	出厂试验	交接试验	大修试验
1	励磁系统各部件绝缘试验	√	√	√	√
2	交流励磁机带整流装置时空载试验和负载试验	√		√	
3	交流励磁机励磁绕组时间常数测定	√			
4	副励磁机负载特性试验	√	√		√
5	励磁系统各环节性能检查试验	√		√	√
6	自动及手动电压调节范围测量	√		√	√
7	励磁系统模型参数确认试验	√		√[a]	
8	电压静差率及电压调差率测定	√		√	
9	自动电压调节通道切换及自动/手动控制方式切换	√	√	√	√
10	发电机电压/频率特性	√			
11	自动电压调节器零起升压试验	√		√	√
12	自动电压调节器静态特性测定	√	√	√	
13	操作、保护、限制及信号回路动作试验	√	√	√	√
14	发电机空载阶跃响应试验	√		√	
15	发电机负载阶跃响应试验	√		√	

续表

序号	试验项目	型式试验	出厂试验	交接试验	大修试验
16	PSS试验	√		√[a]	
17	甩无功负荷试验	√		√	
18	灭磁试验及转子过电压保护试验	√		√	√
19	发电机各种工况(包括进相)时的带负荷调节试验	√		√	
20	功率整流装置额定工况下均流试验	√		√	
21	励磁系统各部件温升试验	√			
22	励磁装置老化试验	√	√		
23	功率整流装置噪声试验	√			
24	励磁装置抗干扰试验	√			
25	励磁系统仿真试验	√			
26	励磁系统顶值电压和顶值电流测定、励磁系统电压响应时间和标称响应测定	√[a]			

[a] 为特殊试验项目，不包括在一般性型式试验和交接试验项目内，需作专项安排。

励磁控制装置经过出厂试验合格后运到现场并安装，为了确保励磁控制装置的投运并检验励磁控制系统的各项功能、性能指标是否达到规定要求，以及是否符合现场运行的实际需要等，还须进行现场调试和投运试验，才能保证励磁系统的正常运行。

一、励磁系统静态调试

为了防止励磁部件碰撞、震动、受潮等原因受损，或因安装图纸错误或人为接线错误、接插件松动等原因不能正常工作，励磁系统在现场安装接线完毕后需要进行全面的静态调试。

1. 微机励磁控制器本体的完好性检查

对照图纸和元件清单，确认励磁系统各部件完好无损，以保证整机工作正常。

2. 电源回路检查

上电前检查励磁系统电源模块的输入、输出回路对地绝缘正常，输入电压大小、极性正确，输出电压大小、极性正确，防止电源接线错误烧毁控制板卡。电源回路正确无误后，方可对励磁系统上电调试。

3. 外部接线的正确性检查

外部接线包括输入的模拟量、开关量，送出的模拟量、开关量。开关量输入信号，要求在开关量信号的原始出处模拟开关触点的通断动作，有条件的进行实际动作，调节器应能正确检测到开关量输入信号的变化并对应正确的状态。对发电机出口断路器和发电机灭磁开关辅助触点，应选用开关自带的辅助触点，而不使用经中间继电器扩展的节点。考虑到可靠性的问题，发电机出口断路器、发电机灭磁开关应优先采用常闭辅助触点。对开关量输出信号，由励磁控制器发出动作信号和复归信号，应观察到输出信号的最终落点显示正确。对模拟量输入、输出信号，应特别关注交流信号的相序和极性，直流信号（励磁电流和励磁电压以及变送器输出）的极性。机端两路电压互感器回路不要共用隔离开关和熔断器，以免破坏两路电压信号的独立性。

4. 模拟量测量及限制保护定值检查

利用专用功率信号发生器作为信号源，通常使用继电保护综合测试仪，给励磁调节器施加模拟电量信号，检查励磁调节器各状态量测量、计算是否正确。当量值达到限制保护定值时，同时检查限制保护是否正确动作。试验时注意与外部接线的隔离，防止反送电进入外部回路。

5. 控制、操作、保护、信号回路检查

确认接线正确，接通控制电源后，对励磁系统控制、操作、保护、信号回路按照逻辑图，逐一进行传动检查，确认功能正确。对回路中各继电器或接触器均应测量其线圈电阻和动作特性。

6. 励磁功率单元的试验

励磁功率单元各设备都是高电压大电流设备，通常只有设备制造厂才有试验条件，因此其性能主要由设备制造厂在出厂前通过出厂试验来保证。在现场安装完毕和正式投运前进行的主要试验类别有：

(1) 励磁功率单元各设备连接的正确性检查，尤其需要注意交流输入母排连接的相序与图纸或励磁系统标识一致。

(2) 阻容吸收元件的检查，元件参数与设计值相符，电容外观正常无老化“爆肚”现象。

(3) 整流柜对地绝缘电阻测定。将整流柜输入、输出外部连接断开并用短路线临时短接在一起，根据运行电压的高低用 500V 或 1000V 绝缘电阻表检查绝缘电阻，一般应不小于 1MΩ。

7. 小电流开环试验

通过小电流开环试验可以检查励磁调节器的同步信号电路、触发脉冲输出电路和全控整桥及其相关接线的正确性。如果有多个整流桥并联运行，则需要对整流桥逐个进行测试。

试验方法：断开整流桥的交、直流侧连接并做好隔离，交流输入额定工作电压大于 380V 的，交流输入直接接 380V（400V）动力电源，否则通过自耦变压器降压后接入（如果是交流励磁机励磁，则需要使用中频发电机），特别注意相序需正确。用大功率的滑线电阻（电阻：几到几十欧姆，电流 10A 以上）代替转子绕组接在功率柜的直流输出端作为负载。微机励磁控制器采用恒控制角运行方式。操作增磁按钮减小控制角度，用示波器观察功率柜输出的直流电压波形。要求整流桥输出直流电压波形正确，每周有六个均匀波头；励磁控制器显示的控制角与反映的实际控制角必须一致；逆变灭磁功能正确可靠；全程电压调节平滑无突变。

二、励磁系统投运试验

励磁系统的投运试验是在励磁系统静态调试一切正常之后，即将投入长期运行之前重要的调试阶段，只有认真全面地经过现场投运试验的考核，才能保证励磁系统在以后的长期运行过程中达到设计要求的性能。事实上，现场曾经发生的很多故障都与励磁系统没有经过很好的调整有关。一些用户只关心运行稳定而忽略了励磁系统应有的增益，只要求平稳超调，而忽略了调整时间等性能指标，致使相当数量的励磁系统未能运行在最佳状态，没有达到应有的性能指标。

励磁系统投运试验应在机组具备整组启动的条件下进行：励磁系统静态试验完成无异

常，继电保护装置运行正常，投入相关连锁保护。

按照电厂发电机组启动试验程序，在励磁系统投运前，为配合发电机（发电机—变压器组）短路试验，对于励磁变压器高压侧接在发电机出口母线的自并励系统需要临时换接线，将励磁变压器高压侧断开由6kV厂用电源供电，特别需要注意此时整流柜的交流输入的相序要正确，否则投入励磁系统后会出现误强励。短路试验完毕后，恢复励磁变压器高压侧接线，准备进行励磁系统投运试验。

1. 启励试验

启励试验是发电机空载阶段励磁的第一个试验，检查励磁系统的基本接线和功能是否正确，测试励磁系统启励特性。

设置发电机过电压保护动作值为115%～120%额定电压，无延时跳开灭磁开关；准备好录波设备。第一次自动方式启励设置较低的启励值，如发现发电机电压波动过大或异常上升，应立即分断灭磁开关。

考虑到微机励磁调节器普遍采用软启励，因此DL/T 843—2010《大型汽轮发电机励磁系统技术条件》仅规定了超调量不大于额定值的5%，而不再对振荡次数和调节时间作出规定。

2. 自动和手动调节范围测定

设置励磁调节器自动或手动运行方式，进行增减磁操作确定调节范围。由于现代微机励磁调节器具有或近似无差调节特性，也可以通过静态试验检查给定值的上、下限来确定调节范围。DL/T 843—2010《大型汽轮发电机励磁系统技术条件》规定：自动励磁调节时，发电机空载电压能在额定电压的70%～110%范围内稳定平滑的调节。手动励磁调节时，上限不低于发电机额定励磁电流110%；下限不高于发电机空载额定励磁电流的20%。

3. 自动电压给定调节速度测定

在发电机空载运行时，自动励磁调节的调压速度，应不大于1%U_N/s，不小于0.3%U_N/s。

4. 发电机空载电压给定阶跃试验

通过发电机空载电压给定阶跃试验检验励磁系统的动态调节品质是否达到标准要求，调整并确定励磁调节器电压闭环的PID参数。

发电机空载电压给定阶跃试验的阶跃量为发电机额定电压的5%。电压上升时间不大于0.6s，振荡次数不超过3次，调整时间不超过10s。采用励磁机磁场电流或发电机磁场电压等反馈的励磁系统发电机机端电压超调量应不超过阶跃量的30%，其他交流励磁机励磁系统发电机机端电压超调量应不超过阶跃量的40%。

5. 发电机电压—频率特性试验

发电机单机空载额定运行，在额定电压处，在汽轮机转速允许调整的范围内改变发电机转速，记录发电机电压随频率变化的关系数据。DL/T 843—2010《大型汽轮发电机励磁系统技术条件》要求频率每变化1%，发电机机端电压的变化应不超过额定值的±0.25%。

6. 调节器切换试验

励磁系统为了提高励磁调节器自动方式的投入率往往采用两个自动通道结构，发生故障时退出故障通道，投入正常通道。调节器的通道切换指相同控制方式、不同通道的切换；调节器控制方式切换指同一通道或不同通道间不同控制方式的切换。切换执行方式包括人工切换和调节器故障切换。调节器故障切换一般有以下原因：调节器电源故障、调节器死机、低励保护、过励保护、断线、丢失脉冲等。切换状态监视包括运行调节器和备用调节器状态监视、跟踪情况监视、切换成功和失败监视。建立切换逻辑，包括严重故障下转入励磁系统故障执行程序，待发电机开关跳闸后分断灭磁开关。

在空载状态下，调节不同的发电机电压，人工操作调节器通道和控制方式切换，录波记录发电机电压。按照设计条件模拟通道故障，如调节器电源消失、TV 断线等，进行自动切换检查。

录波记录发电机电压无明显波动，发电机机端电压稳态值的变化小于 1%额定电压。

7. TV 断线试验

人为模拟工作通道 TV 断一相：对一自动一手动的调节器则切到手动运行；对双通道调节器则进行通道切换仍保持自动方式运行，同时发出 TV 断线故障信号，如有调节器切换取出则调节器发出切换信号。TV 断线无论调节器切换与否，发电机电压应基本不变。TV 接线恢复后，调节器的 TV 断线信号可复归，发电机电压应基本不变。

TV 断线后的调节器动作应与厂家说明相符。

8. 灭磁试验

在发电机空载额定电压下按正常停机操作及保护动作灭磁方式灭磁，测录发电机机端电压、磁场电流和发电机转子侧电压的衰减曲线，必要时测量灭磁动作顺序。

灭磁试验后检查灭磁开关灭弧栅和触头，不应有明显的灼痕，否则应清除灼痕。检查灭磁电阻或跨接器，不应有损坏、变形和灼痕。采用跨接器或非线性电阻灭磁时，测量灭磁时跨接器动作电压值或非线性电阻两端电压值应符合设计要求。

9. V/Hz 伏赫限制试验

临时修改 V/Hz 伏赫限制给定值，调节机组转速下降使得伏赫限制动作，记录发电机电压与频率变化关系符合限制曲线。

10. 整流柜均流系数

在空载额定电压下，测量各整流柜电流，计算整流柜均流系数不应小于 0.85。

11. 并网闭环试验

(1) 并网前励磁调节器运行在恒 U_t 方式，为防止功率计算错误，退出欠励限制。

(2) 并网后在线校正有功、无功，正确后投入欠励限制。

(3) 调节器切换试验：并网后通过人工切换检查调节器通道和控制方式切换正常。

(4) 欠励限制试验：欠励限制投入运行，在一定的有功功率时（如 $P=0$ 或 $P=0.5P_N$ 或 $P=P_N$），降低励磁电流使欠励限制动作，此动作值应与整定曲线相符。欠励限制动作时发电机无功功率应无明显摆动。在接近限制运行点进行电压负阶跃试验，观察欠励限制的快速性和稳定性。

(5) 在额定负荷下，检查整流柜均流系数不应小于 0.85。

(6) 甩无功负荷试验：在 $P=0$ 时，尽可能多带无功，跳开发电机出口断路器，进行甩无功负荷试验；或者尽可能多带无功结合有功甩负荷试验进行；要求机端电压应不大于甩前机端电压的 1.15 倍，振荡不超过 3 次。

三、励磁系统 PSS 试验

PSS 整定应在电压环参数（包括无功电流补偿率）调整好后进行。PSS 试验工况为发电机接近额定有功功率，功率因数约为1。被试机组的一次调频、AGC和自动无功功率调整功能应暂时退出；在系统条件允许的情况下，同一母线运行其他机组的PSS在试验期间退出。

1. 对电力系统稳定器基本性能的要求

电力系统稳定器基本性能应符合下列要求：

（1）PSS信号测量环节的时间常数应小于40ms。

（2）有1～2个隔直环节，隔直环节时间常数可调范围，对有功功率信号的PSS应不小于0.5～10s，对转速（频率）信号的PSS应不小于5～20s。

（3）有2～3个超前—滞后环节，交流励磁机励磁系统宜具备三级超前滞后环节。

（4）PSS增益可连续、方便调整，对功率信号的PSS增益可调范围应不小于0.1～10，对转速（频率）信号的PSS增益可调范围应不小于5～40。

（5）有输出限幅环节。输出限幅应在发电机电压标幺值的±5%～±10%范围内可调。

（6）应具有手动投退PSS功能以及按照发电机有功功率自动投退PSS功能，并显示PSS投退状态。

（7）PSS输出噪声应在±0.005pu以内。

（8）PSS调节应无死区。

（9）应具备进行励磁控制系统无补偿相频特性测量的条件，宜具备进行励磁控制系统有补偿相频特性测量的条件。

（10）应能接受外部试验信号，调节器内应设置信号投切开关，信号转换的变比和限幅可调。

（11）应具备必要的模拟量输入、输出接口和相应的软件逻辑，以完成PSS的模型和环节测试，数字式PSS的输入、输出接口的刷新速度不应低于主程序的运行周期。

（12）应能内部录制试验波形并能保存、输出和查看，或输出内部变量供外部录制波形。

（13）数字式PSS应能在线显示、调整和保存参数，时间常数应以有名值（单位为秒）表示，增益和限幅值应以标幺化表示，参数应以十进制表示。

（14）数字式PSS的各参数应能连续平滑设置，时间常数的最小分辨率应能达到1ms。

（15）当采用转速信号时应具有衰减轴系扭振信号的滤波措施。

（16）PSS输出信号位置宜选在AVR的电压相加点，PSS的输出至相加点间不应有其他环节。

2. 对试验仪器的要求

试验仪器应符合下列要求：

（1）宜采用频谱分析仪进行频率响应特性测量。测量的频率范围应不小于0.1～10Hz，频谱分辨率不小于400线，输入阻抗不小于200kΩ，输出的测量噪声信号可选随机噪声信号（Random Noise）或周期性调频信号（periodic chirp），信号的幅值可调范围应不小于0～2V，信号的负载电流应不小于20mA，幅值测量范围应不小于80dB。

（2）波形记录仪器的发电机电压测量环节的时间常数应不大于20ms；有功功率测量环节的时间常数应不大于40ms，分辨率应不大于0.1%额定值。

3. PSS现场试验的内容与步骤

（1）无补偿相频特性的测量。用频谱分析仪测量，其试验接线如图6-21所示。

1）选择试验信号源种类（随机噪声信号或周期性调频信号），选择频率范围。

2）将试验信号输出接到AVR的PSS嵌入点。

3）增大试验信号输出直至发电机电压有微小摆动，一般小于2%额定电压。

4）测量频率特性（$\Delta U_t/\Delta U_s$）。

5）减少试验信号输出至零。

6）观察、记录测量结果；曲线形状应符合规律、基本光滑、凝聚函数在关注频段内仅个别频率点小于0.8，否则应调整试验信号幅值或采用其他类型信号源。

7）试验信号接入应有必要的限幅措施，限幅值一般为3%～5%额定电压。

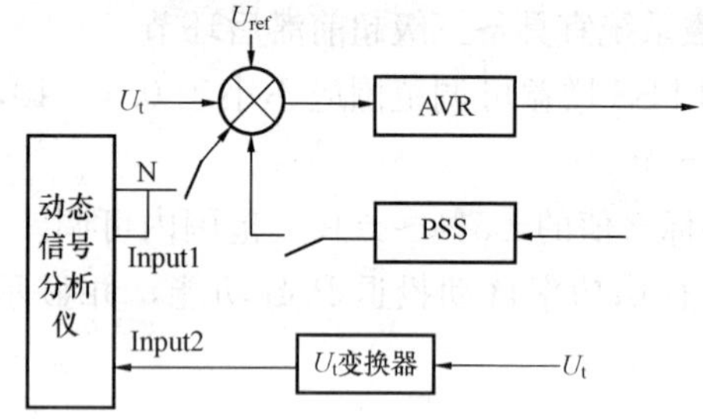

图6-21 无补偿相频特性的测量

（2）有补偿频率特性。有条件实测时，应通过实测确定励磁控制系统有补偿相频特性；无条件实测时，则应在完成PSS环节模型参数确认的前提下，通过计算确定有补偿相频特性。PSS对系统可能发生的、与本机强励相关的各种振荡模式（地区振荡模式和区域间振荡模式）应提供尽可能多的阻尼力矩。要求通过调整PSS相位补偿，使得有补偿相频特性在0.2～2.0Hz应保持基本平直，使得PSS输出力矩相量在0.2～2.0Hz频率范围内滞后$\Delta\omega$轴的角度在$-10°$～$45°$之间。

（3）增益的确定。

1）临界增益法试验步骤：

（a）在系统条件许可时宜退出同母线其他机组的PSS。

（b）选择频率等于1Hz时的交流增益为0.2。

（c）观察PSS输出为零时投入PSS。

（d）观察励磁调节器的输出或发电机转子电压有无持续振荡。

（e）退出PSS。

（f）如无持续振荡则增大PSS增益，如有持续振荡则减少PSS增益，对双输入信号的PSS要求按比例增加或减少两个信号的增益。

（g）重复本条步骤（c）～（f），直至励磁调节器的输出或发电机转子电压出现微小、持续振荡时为止，此时的增益即为临界增益。

（h）确定PSS增益，并确认PSS投入后运行稳定、励磁调节器输出电压无异常波动。

2）稳定裕量法试验步骤：

（a）确定解开PSS闭环的位置，如PSS输入点或PSS输出点。解开点的原信号流入端和流出端分别为测试信号的输出端和输入端。

（b）对数字式调节器设置A/D和D/A变换器参数。

（c）确定闭环系统的开环放大倍数为1的开环频率特性增益裕量频谱仪读数L_0（dB）。

（d）设置PSS增益为预计算值或1。

（e）逐步增大频谱仪噪声信号输出，直到所测频率特性在1～10Hz范围较为光滑，穿越频率明确。

（f）测量输出/输入相位差为360°处的增益L_m（dB）。

(g) 需要调整的增益计算公式为

$$K_m = 10^{\frac{(L_m + L_0 - L_{em})}{20}} \tag{6-27}$$

式中 K_m——需要增加的增益的倍数；

L_{em}——目标增益余量，取 6～9dB。

(h) 确认 PSS 投入后运行稳定、励磁调节器输出电压无异常波动。

(4) 负载阶跃响应检验。

1) 负载阶跃响应检验方法如下：

(a) 设置参考电压阶跃量 (0.01～0.04) pu。

(b) 进行同阶跃量下有、无 PSS 的阶跃试验。

(c) 比较有、无 PSS 时发电机负载阶跃响应的结果，应符合下述要求。

(d) 在地区振荡频率交流增益相同的情况下，选取补偿角度有差别的几组 PSS 参数进行负载阶跃响应试验，比较其效果。

2) 负载阶跃响应试验结果评判方法如下：

(a) 比较有、无 PSS 负载阶跃有功功率的振荡频率，检验 PSS 相位补偿和增益是否合理，有 PSS 的振荡频率应是无 PSS 的振荡频率的 95%～110%。

(b) 有 PSS 应比无 PSS 的负载阶跃响应的阻尼比提高 0.05 或 0.1，其中 0.05 值对应无 PSS 的阻尼比大于 0.1 的情况，0.1 值对应无 PSS 的阻尼比小于 0.1 的情况，对于机端并列机组有 PSS 的负载阶跃响应的阻尼比比无 PSS 的提高大约 0.1～0.2。

(c) 如果有功功率振荡次数不大于 1 次，其 PSS 也判为合格。

(5) 反调试验。水轮发电机组、燃气轮发电机组和具有快速调节机械功率作用的汽轮发电机组上使用的各种形式的 PSS 都应进行反调试验。

1) 试验步骤如下：

(a) 原动机出力不变时进行有、无 PSS 的稳态录波，观察有功功率和无功功率波动。

(b) 进行无 PSS 下的改变原动机出力试验，记录并观察有功功率、无功功率和发电机电压波动。

(c) 进行有 PSS 下的改变原动机出力试验，记录并观察有功功率、无功功率和发电机电压波动。

(d) 如不符合判别要求，则应视与区域间振荡模式相关程度选择以下措施：

a) 采用加速功率型的 PSS。

b) 采用转速型 PSS。

c) 增减原动机出力操作时短时闭锁 PSS 输出。

d) 减少隔直环节时间常数。

e) 减少 PSS 增益。

f) 减少原动机出力调整幅度和速度（临时措施）。

2) 反调试验结果评判为无功功率变化量小于 30%额定无功功率，机端电压变化量小于 3%～5%额定电压。

(6) PSS 自动投、退功能检验与整定。检查 PSS 自动投、退功能是否正常，并设定 PSS 自动投、退定值。试验步骤如下：

(a) 将 PSS 自动投、退定值临时设置为略低于机组当前功率。

(b) 调整机组功率越过该设定值再恢复原功率，确认 PSS 自动退出、投入功能是否正确起作用。

(c) 整定 PSS 自动投切功率值，保证机组在可能出现的各种稳态运行工况下 PSS 均能可靠投入。

(7) PSS 的输出限幅功能检验与整定。检查 PSS 输出限幅功能是否正常，并设定 PSS 输出限幅定值。试验步骤如下：

(a) 将 PSS 输出限幅定值临时设置为较小值（如±0.5%或更小）。

(b) 进行发电机负载阶跃试验，确认 PSS 输出限幅功能正确起作用。

(c) 整定 PSS 输出限幅定值为±5%～±10%。

大机组与大电网协调

第一节　互 联 大 电 网

一、互联大电网的组成

1. 国外大电网发展趋势

由于电力交易需求的发展和不同电源互补调剂的需要，国外同步电网的规模有逐步发展扩大的趋势。

美国、加拿大和墨西哥的部分电网已经互联形成北美电网，包含东部（Eastern Interconnection）、西部（Western Interconnection）、德克萨斯州（ERCOT Interconnection）和魁北克（Quebec Interconnection）四个互联电网。东部电网是全北美四个互联电网中最大的互联电网，装机约 6 亿 kW，最大负荷约 5 亿 kW，从加拿大的新斯科舍至美国的佛罗里达。西部电网居于次席，该电网与东部电网通过直流线路相连。德克萨斯电网是全美大陆唯一的以州为界的独立交流网，供电范围覆盖德克萨斯州的大部分地区，该电网也通过直流线路与东部电网联结。魁北克电网位于加拿大境内，该电网也是通过直流线路与东部电网相连。

美国、加拿大和墨西哥各地区之间建有许多联络线。1998 年统计，美国与加拿大的 7 个省电网之间建有 79 条输电线，交流互联线路的电压等级有 500、230、115kV 等，此外还有一条多端超高压直流输电线路及多个直流背靠背联系。美国与墨西哥之间有 27 条输电线，大部分为交流输电线路。

美国由于电网发展情况较为复杂，又以私营为主，形成了各自为政的局面，因此电压等级较为复杂，110～765kV 之间就有 8 个电压等级。此外还建设了 1000kV 以上等级的特高压试验短线路。美国邦纳维尔电力局（BPA ）20 世纪 70 年代曾做过在太平洋西北输电系统上 1100kV 输电线路的规划研究，并启动了 1100kV 试验线路的建设，但由于后来负荷增长速度降低，该计划被放弃。美国电力公司（AEP）1976 年也建成一条 1500kV 试验线路，同样由于后来电网负荷增长缓慢（年增长率 2%左右），不需要上该电压等级的输电线路，因此对 1500kV 输电线路建设也处于停顿状态。

巴西水电资源和电力负荷中心分布不均衡，有鉴于此，巴西采取了加强电网互联的措施，以实现能源的传输和利用。巴西电网结构按区域可分为南部电网、东南及中西部电网、北部和东北部电网，通过互联形成全国同步电网。其中南部地区—东南部地区电网通过 750kV 伊泰普交流干线实现同步互联。北部—东北部地区电网由单回 500kV 的交流线路互联。北部—南部通过单回 500kV 交流线路互联，实现跨流域补偿。在巴西南部—北部互联网的系统模拟中验证，南部—北部电网互联后两个子系统之间存在 0.17Hz 的低频振荡，因此设计了两组由晶闸管控制的串联补偿装置，用于抑制这一振荡。晶闸管控制的串联补偿装置安装在 500kV 联络线的两端。

印度电力部门计划发展国家电网，主要目的是进一步开发大容量发电厂，同时使大区之间可以自由地交换电力。印度计划完成国家电网互联。目前，正在对建设计划进行进一步的研究，以最终确定长期的输电计划。国家互联电网的联网线路，有可能采用 400、765kV 交流输电线路和±800kV 直流输电线路。

俄罗斯境内原有 70 个地区电网，其中的 65 个已经互相联结，形成一个巨大的同步电网，由俄罗斯统一电力系统股份公司（EES）管理。最近，俄罗斯境内的地区电网增加到 78 个，其中的 69 个由 220～1150kV（降压运行）输电线路连接在一起形成一个更大的同步电网（俄罗斯统一电网），其中有 500 多个发电厂并网同步运行。2001 年初，俄罗斯统一电网的发电容量为 1.922 亿 kW，占全俄罗斯总发电容量的 94%。俄罗斯统一电网的调度运行实行统一调度、分层管理，由中央调度中心、下属的 7 个大区调度所、地区调度所、发电站和供电监理所等按照统一调度、分层管理的原则负责运行。2000 年 6 月，俄罗斯统一电网和哈萨克斯坦电网恢复同步联网运行（苏联解体时解网运行）。同年 9 月，中亚地区的吉尔吉斯斯坦、塔吉克斯坦、土库曼斯坦等国家电网通过哈萨克斯坦电网与俄罗斯统一电网实现同步联网，2001 年 8 月乌克兰和莫尔多瓦两国同步联网，随后不久与俄罗斯统一电网同步联网。至此，2001 年秋季独联体的 12 个加盟国中除亚美尼亚以外，全部同步联网运行。

西欧电网结构属密集型结构，交流电网最高等级为 400kV。西欧国家面积较小，核电的比例较大，负荷与电源的分布较均衡。历史上，西欧各国首先围绕大城市各自形成受端系统。随着电力的发展，这些受端系统逐步扩大而扩展到全国，形成密集型的 400kV 网络，有较大的传输能力，并且通过联络线与临近国家相联。因此，西欧电网的 400kV 电网基本上可以满足输电要求。虽然 20 世纪 70 年代意大利曾考虑在南部靠海岸的地区建设总容量合计为 500 万 kW 以上的核电站和火电站，并计划于 1995 年前后采用 1000kV（最高运行电压 1050kV）特高压输电线路将这些电站的电力向北部工业地区输送，但由于后来用电需求增长缓慢，该特高压输电工程计划被取消。

欧洲电网正在形成和发展过程中，它在原有西欧电网的基础上，通过与周边跨国电网（如北欧电网）和周边国家电网（如东欧国家）互联扩大电网的规模。推进新的一轮电网互联的主要动力是有关各国希望促成在欧洲大陆上的全面互联，以发挥大电网的优势。欧洲互联电网在巴尔干西部重新加上罗马尼亚和保加利亚的联结以后，将来有进一步与俄罗斯、乌克兰、白俄罗斯和莫尔多瓦等国的互联网联结的趋势。西欧与东南欧之间通过高压输电线路于 2004 年 10 月 10 日实现了并网。在克罗地亚境内完成的西欧和东南欧之间的并网，为斯洛文尼亚与东南欧之间开展电力能源贸易创造了机遇。东南欧与西欧之间电网重新联结，有助于改善东南欧电力供应的稳定性，并形成了世界上最大的同步电网，可为进一步向亚洲地区拓展电网、扩大能源贸易提供通道。

2. 国内互联电网发展方向

随着我国经济和能源供应发生巨大变化以及我国电力工业的迅速发展，电网的建设和发展面临一系列新的挑战和问题，走集约化道路，进一步发展互联大电网已成为不二的选择。我国电网存在以下问题：

(1) 我国长期处于电力短缺状态，多年来致力于增加电源建设以满足电力供给需求。因此，形成了电网作为电源的配套工程的局面，电网被动地跟随着电源和负荷的发展而发展，未能通过电网的发展主动地引导电源的建设，结果导致我国南北向跨大区大容量输电网络规模过小，输电能力不足。近年来，由于我国经济发达地区燃煤电厂发展较快，而山东、河北、河南等地区的电煤供应日渐短缺，电煤的供应更多地依靠山西、内蒙古、陕西等北部地区的煤炭基地，在北电南送能力不足的条件下，使得北煤南运的数量和运程大大增加，最终导致近年来我国中部、东部和南部大部分地区电煤因运输“瓶颈”的限制而供应不足，出现严重缺电的局面。这一问题如不及时解决，随着上述地区用电负荷的进一步增长，缺电局面将会更加严重。

(2) 现有500kV电网输送能力不能满足大范围电力资源优化配置和电力市场的要求。输电走廊限制了输电线路的架设，沿海经济发达地区线路走廊尤其紧张，规划中拟建设的火电基地规模巨大，要将其电力输送至用电负荷中心，如果全部采用500kV及以下电压等级的输电线路，则输电线路回数将过多，线路走廊紧张的矛盾难以解决。

(3) 电力负荷密集地区电网短路电流控制困难，例如华东、华北电网，广东电网已经有一部分500kV母线的短路电流水平超过断路器最大遮断电流能力。

(4) 长链型电网结构动态稳定问题突出，在东北、华北、华中电网，南方电网500kV交流联网结构比较薄弱的情况下，存在低频振荡问题。

(5) 受端电网存在多直流集中落点和电压稳定问题。到2020年，如果西电东送华东电网全部采用直流输电方式，落点华东电网的直流换流站将超过10个，受端电网在严重短路故障的情况下，电力系统因电压低落发生连锁反应的风险较大。

为避免因能源运输“瓶颈”的制约而影响我国国民经济的健康持续发展，必须实现我国能源资源的优化配置。而解决将来因北煤南运运力不足和运费过高导致我国中部、东部和南部电力不足和电费过高的问题，需要建设和发展大电网，以实现输煤与输电并举的战略。而建设和发展大电网，必须同时解决上述电网发展中的技术问题，建设一个网络功能强大、具备跨区域、远距离、大容量、低损耗、高效率“西电东送、南北互供”的基本能力、满足我国电力市场灵活交易要求的互联大电网。

从理论和国外大电网联网的发展实践看，建设跨大区大规模同步电网在技术上是可行的。但由于交流联网具有故障传播速度快、事故波及面大的特点，电力系统振荡或失稳现象问题比较突出，特别是易形成区域性振荡模式，系统运行较为复杂，因此，在实施大区电网互联之前，需要通过电力系统模拟进行计算分析。我国大区电网模拟计算分析结果表明：当大区特高压电网交流互联达到一定强度后，受扰动后的区域性振荡能较快平息，大规模同步电网抵御严重故障能力也较强。以上结论在以特高压电网为骨干电网实现多个大区同步联网的国家电网模拟计算分析中得到进一步验证。由此可以确认，我国采用更高一级电压等级的交流输电线路实现大区电网同步互联，形成一个稳定性满足要求的全国同步电网在技术上是可行的。

从我国能源流通量大、距离远的实际情况看，应建立强大的特高压交流输电网络。一方面，它可以减轻运力不足的压力；另一方面，与超高压输电相比，它又可以大大地减少输电损耗，因而，它能减少能源运输燃料费用，降低能源输送的成本。在运输燃料价格急剧上升的趋势下，特高压交流输电网络的这一优势至关重要。此外，通过建立强大的特高压电网，

500kV 电网短路电流过大、长链型交流电网结构动态稳定性较差、受端电网直流集中落点过多等诸多问题均可得到较好的解决。

从电网规划方案安全稳定性和经济性计算结果看，对于输电距离为 1500km 之内的大容量输电工程，如果在输电线路中间落点可获得电压支撑，则交流特高压输电网的安全稳定性和经济性较好，而且具有网络功能强，对将来能源流变化适应性灵活的优点。除位于边远地区的大型能源基地，输电线路中间难以落点，因此难以获得电压支撑的情况外，一般情况应首先考虑通过特高压交流输电实现电能的跨区域、远距离、大容量输送。对于具体的大容量、远距离的输电工程，应从可靠性、经济性等方面对特高压交流和特高压直流输电方案进行技术经济论证比较，选择输电成本较低的方案。

为了同时满足电能大容量、远距离、低损耗、低成本输送的基本要求，适应未来能源流的变化，具备电网运行调度的灵活性和电网结构的可扩展性，我国未来宜建设以特高压交流电网为骨干网架，特高压、超高压、高压电网分层、分区，网架结构清晰、强大的互联大电网。

二、高压直流输电

交流输电与直流输电相互配合构成现代电力传输系统。直流输电是以直流电的方式实现电能的传输。电力系统中的发电和用电绝大部分为交流电，要采用直流输电必须进行交、直流电的相互转换。也就是说，在送端需将交流电转换成直流电（称为整流），而在受端又必须将直流电转换为交流电（称为逆变），然后才能送到受端交流系统中去。送端进行整流的场所称为整流站，受端进行逆变的场所称为逆变站，整流站和逆变站可统称为换流站。实现整流和逆变变换的装置分别称为整流器和逆变器，它们统称为换流器。

直流输电的系统结构可分为两端直流输电系统和多端直流输电系统两大类。两端直流输电系统只有一个整流站和一个逆变站，它与交流系统只有两个连接端口，是结构最简单的直流输电系统。多端直流输电系统具有三个或三个以上的换流站，它与交流系统有三个或三个以上的连接端口。目前世界上运行的直流输电工程大多为两端直流系统，只有少数工程为多端直流系统。

（一）两端直流输电系统

两端直流输电系统通常由整流站、逆变站和直流输电线路三部分组成，其原理接线如图 7-1 所示。具有功率反送功能的两端直流输电系统的换流站，既可作为整流站运行，又可作为逆变站运行；当功率反送时整流站变为逆变站运行，而逆变站则变为整流站运行。换流站的主要设备有换流变压器、换流器、平波电抗器、交流滤波器、无功补偿设备、直流滤波器、控制保护装置、远动通信系统、接地极线路、接地极等。

直流输电所用的换流器通常采用由 12 个（或 6 个）换流阀组成的 12 脉动换流器（或 6 脉动换流器）。早期的直流输电工程采用汞弧阀换流，20 世纪 70 年代以后均采用晶闸管换流阀。晶闸管是无自关断能力的低频半导体器件，它只能组成电网换相换流器。目前的直流输电工程绝大多数均采用这种电网换相换流器，只有小型的轻型直流输电工程是采用由绝缘栅双极晶体管（IGBT）所组成的电压源换流器进行换流。目前在直流输电工程中所采用的晶闸管有电触发晶闸管（ETT）和光直接触发晶闸管（LTT）两种。晶闸管换流阀是由许多个晶闸管元件串联所组成的。目前已运行的换流阀的最大容量为 250kV、3000A。另外，根据当前的技术水平和制造能力，已经能制造最大容量为 200kV、4000A 的换流阀，以满

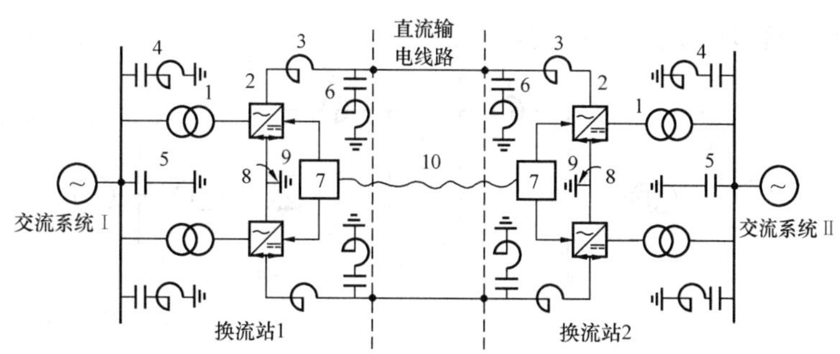

图 7-1 两端直流输电系统构成原理图

1—换流变压器；2—换流器；3—平波电抗器；4—交流滤波器；5—静电电容器；
6—直流滤波器；7—控制保护系统；8—接地极线路；9—接地极；10—远动通信系统

足特高压直流输电的需要。因此，实现特高压直流输电，换流阀已不存在技术上的困难。直流输电所用的换流阀大多采用空气绝缘、水冷却、户内式结构。

换流变压器可实现交、直流侧的电压匹配和电隔离，并且可限制短路电流。换流变压器的结构可采用三相三绕组、三相双绕组、单相三绕组和单相双绕组四种类型。换流变压器阀侧绕组所承受的电压为直流电压叠加交流电压，并且两侧绕组中均有一系列的谐波电流。因此，换流变压器的设计、制造和运行均与普通电力变压器有所不同。

平波电抗器与直流滤波器共同承担直流侧滤波的任务，同时它还具有防止线路上的陡波进入换流站，防止直流电流断续，降低逆变器换相失败率等功能。

换流器在运行时交流侧和直流侧均产生一系列的谐波，使两侧波形畸变。为了满足两侧的滤波要求，在两侧需要分别装设交流滤波器和直流滤波器。由晶闸管换流阀所组成的电网换相换流器，在运行中还吸收大量的无功功率（为直流传输功率的30%～50%）。因此，在换流站除利用交流滤波器提供的无功以外，有时还需要另外装设无功补偿装置（电容器、调相机或静止无功补偿装置等）。

控制保护装置是实现直流输电正常启停、正常运行、自动调节、故障处理与保护等功能的设备，它对直流输电的运行性能及可靠性起着重要的作用。20 世纪 80 年代以后，控制保护装置均采用高性能的微机处理系统，大大改善了直流输电工程的运行性能。

为了利用大地（或海水）为回路，以提高直流输电运行的可靠性和灵活性，两端换流站还需要有接地极和接地极线路。换流站的接地极大多是考虑长期通过运行的直流电流来设计的，它不同于通常的安全接地，需要考虑地电流对接地极附近地下金属管道的电腐蚀，以及中性点接地变压器直流偏磁的增加而造成的变压器饱和等问题。

两端的交流系统给换流器提供换相电压和电流，同时它也是直流输电的电源和负荷。一方面，交流系统的强弱、系统结构和运行性能对直流输电系统的设计和运行均有较大的影响；另一方面，直流系统运行性能的好坏，也直接影响两端交流系统的运行性能。

两端直流输电系统可分为单极系统（正极或负极）、双极系统（正、负两极）和背靠背直流系统（无直流输电线路）三种类型。

（1）单极系统有单极大地回线和单极金属回线两种接线方式，如图 7-2 所示。前者利用大地（或海水）为返回线，输电线路只有一根极导线，后者则由一根高压极导线和一根低压返回线所组成；前者要求接地极长期流过直流输电的额定电流，而后者地中无直流电流，其直流侧接地属安全接地性质。

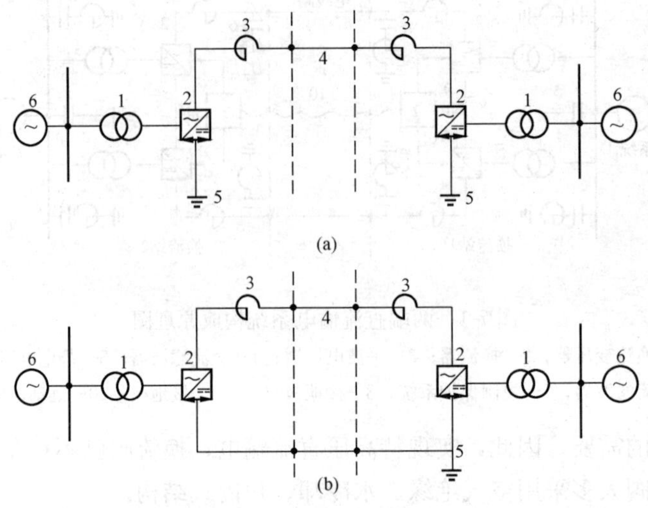

图 7-2　单极系统接线示意图

(a) 单极大地回线方式；(b) 单极金属回线方式

1—换流变压器；2—换流器；3—平波电抗器；4—直流输电线路；

5—接地极系统；6—两端的交流系统

(2) 双极系统大多采用两端中性点接地方式，如图 7- 1 所示，它由两个可独立运行的单极大地回线方式所组成，地中电流为两极电流之差。正常双极对称运行时，地中仅有很小的两极不平衡电流（小于额定电流的 1%）流过；当一极故障停运时，双极系统自动转为单极大地回线方式运行，可至少输送双极功率的一半，从而提高了输电的可靠性。同时这种接线方式还便于工程分期建设，可先建一极，然后再建另一极。双极系统还有双极一端换流站接地方式及双极金属中线方式，这两种接线方式工程上很少采用。

(3) 背靠背直流系统原理接线如图 7-3 所示，它是无直流输电线路的两端直流系统，主要用于两个非同步运行（不同频率或频率相同但非同步）的交流系统之间的联网或送电。背靠背直流系统的整流和逆变设备通常装设在一个换流站内，也称背靠背换流站。其主要特点是直流侧电压低、电流大，可充分利用大截面晶闸管的通流能力；可省去直流滤波器。背靠背换流站的造价比常规换流站的造价可降低 15%～20 %。

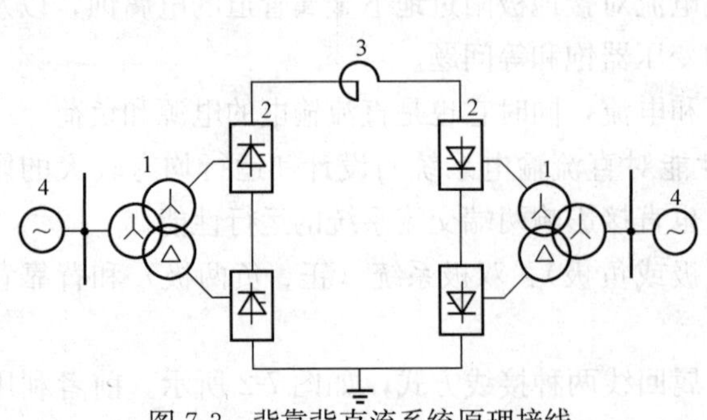

图 7-3　背靠背直流系统原理接线

1—换流变压器；2—换流器；3—平波电抗器；4—两端的交流系统

（二）多端直流输电系统

多端直流输电可以解决多电源供电或多落点受电的直流输电问题，它还可以联系多个交流系统或将交流系统分成多个孤立运行的电网。多端直流系统中的换流站可以作为整流运行，也可以作为逆变运行，但整流运行的总功率与逆变运行的总功率必须相等，即多端系统的输入和输出功率必须平衡。多端系统换流站之间的连接方式可以是并联或串联方式，连接换流站的直流线路可以是分支形或闭环形。多端系统比多个两端系统要经济，但其控制保护系统及运行操作较复杂。目前世界上已运行的多端直流工程只有意大利—撒丁岛（三端，小型）和魁北克—新英格兰（五端，实为三端运行）两项。此外，加拿大的纳尔逊河双极 1 和双极 2 及美国的太平洋联络线直流工程也具有多端直流输电的运行性能。

三、特高压交、直流输电网

在我国电网规划中，根据实际情况考虑采用合理的输电方式。根据大量的分析研究，特高压输电在我国的可选方案为 1000kV 特高压交流输电和±800kV 特高压直流输电两种输电方式。这两种输电方式各有相应的适用场合，两者相辅相成、互为补充。

我国发展 1000 kV 特高压交流输电，主要定位于更高一级电压等级的骨干网架建设和跨大区联网；我国发展±800kV 特高压直流输电，目前主要定位于我国西部大水电基地和大煤电基地电力的远距离大容量外送。

现主要从技术层面对特高压交流输电和特高压直流输电方式进行分析比较。

（一）特高压交流输电的主要技术特点

（1）特高压交流输电中间可以落点，具有网络功能，可以根据电源分布、负荷布点、输送电力、电力交换等实际需要构成国家特高压骨干网架。特高压交流电网的突出优点是输电能力大、覆盖范围广、网损小、输电走廊明显减少，能灵活适应电力市场运营的要求，适应“西电东送、南北互供”电力流的变化。

每提高一个电压等级，在满足短路电流不超标的前提下，电网输送功率的分区控制规模可以提高 2 倍以上，输电线路输电能力与相邻两个变电站之间的输电距离及短路容量比密切相关。从输电能力方面考虑，要求输电网有足够的短路容量；从设备安全方面考虑，要求主力机组分层接入系统，短路水平有一定限制。短路电流控制水平及相应的系统分区控制规模见表 7-1。

表 7-1　　短路电流控制水平及相应的系统分区控制规模

电压等级（kV）	平均电压（kV）	短路电流控制水平（kV）	系统分区控制规模（MW）
110	115	315	6200
220	230	31.5～40	12 500～16 000
500	525	50～63	45 000～57 000
1000	1050	63～80	114 500～145 000

注　分区控制规模含外区注入的电源规模。

（2）随着电力系统互联电压等级的提高和装机容量的增加，等值转动惯量加大，电网同步功率系数将逐步加强。同步功率系数为功角特性曲线 $P=P_m\sin\delta_0$ 运行点 δ_0 的微分，即 $P_s=P_m\cos\delta_0$，其中，δ_0 为正常运行的功角，P_s 为运行点的同步功率系数，从该式可以看出：δ_0 越小，P_s 越大，同步能力越强。初步计算结果表明：采用特高压实现联网，坚强的特高压交流同步电网中线路两端的功角差一般可以控制在 20° 及以下。因此，交流同步电网越坚强，同步能力就越大，电网的功角稳定性就越好。

同步电网结构越坚强，送受端电网的概念越模糊，电网将构成普遍密集型电网结构，功角稳定问题不突出，而电压稳定问题可能上升为主要稳定问题。

(3) 特高压交流线路产生的充电无功功率约为500kV的5倍，为了抑制工频过电压，线路必须装设并联电抗器。当线路输送功率变化时，送、受端无功功率将发生大的变化。如果受端电网的无功功率分层分区平衡不合适，特别是动态无功备用容量不足，在严重工况和严重故障条件下，电压稳定可能成为主要的稳定问题。

(4) 适时引入1000kV特高压输电，可为直流多馈入的受端电网提供坚强的电压和无功支撑，有利于从根本上解决500kV短路电流超标和输电能力低的问题。

(二) 特高压直流输电的主要技术特点

(1) 特高压直流输电系统中间不落点，可点对点、大功率、远距离直接将电力送往负荷中心。在送受关系明确的情况下，采用特高压直流输电，可实现交直流并联输电或非同步联网，电网结构比较松散、清晰。

(2) 特高压直流输电可以减少或避免大量过网潮流，按照送受两端运行方式变化而改变潮流。特高压直流输电系统的潮流方向和大小均能方便地进行控制。

(3) 特高压直流输电的电压高、输送容量大、线路走廊窄，适合大功率、远距离输电。选用4000 A换流阀，±800kV特高压直流输电能力约为6400MW，±600kV超高压直流输电能力为3500～4800MW；如果取低值，前者输电能力约为后者的2倍。以溪洛渡、向家坝、乌东德、白鹤滩水电站送出工程为例，采用±800kV直流与采用±600kV直流相比，输电线路可以从10回减少到6回，节省输电走廊占地约300平方公里。这一点对我国“西电东送、南北互供”电力流大、输电走廊拥挤（特别是环渤海、长江三角洲和珠江三角洲三大受端电网地区）、输电距离远（一般在1500～2000km及以上）是十分重要的。

(4) 在交直流并联输电的情况下，利用直流有功功率调制（如双侧频率调制—利用直流电流反相位调制），可以有效抑制与其并列的交流线路的功率振荡，包括区域性低频振荡，明显提高交流系统的暂态、动态稳定性能。

(5) 大功率直流输电，当发生直流系统闭锁时，两端交流系统将承受大的功率冲击。

四、灵活交流输电

灵活交流输电技术装置（FACTS）的概念提出以后，大量的FACTS装置先后被提出。按技术的成熟程度可以划分为三类：

(1) 第一类为已在实际工程中大量应用的。如静止无功发生器（static var compensator，SVC）；晶闸管控制的串联电容器（thyristor controlled series capacitor，TCSC）；静止同步补偿器（static synchronous compensator，STATCOM）。

(2) 第二类为已有工业样机，但仍处在研究阶段的。如统一潮流控制器（unified power flow controller，UPFC）。

(3) 第三类为刚刚提出原理设计，尚无工程应用的。如静止同步串联补偿器（static synchronous series compensatory，SSSC）；晶闸管控制的移相器（thyristor controlled phase shifting transformer，TCPST）。

柔性输电装置按其在系统中的连接方式可分为串联型、并联型和综合型。SVC和STATCOM是并联型的；TCSC和SSSC是串联型的；TCPST和UPFC是综合型的。由美国电力科学院（EPRI）提出原理设计、西屋公司（Westinhouse）制造、在美国AEP所属的电力系统试运行的UPFC是现今已提出的功能最强的柔性输电装置，但目前仍处在进一步研究其运行控制策略的阶段。

(一) SVC 的工作示意简介

电力系统的电压分布与系统中的无功潮流分布密切相关。因此，为了调整系统的电压，必须调整系统中无功潮流的分布。并联无功补偿是调整系统电压的常用措施。同步调相机在历史上曾作为并联无功补偿的一个重要手段，但是由于调相机是旋转元件，其运行和维护十分复杂，现已很少再安装新的调相机。区别于调相机的旋转并联无功补偿，静止并联无功补偿由于其造价低和运行维护简单而得到广泛应用。传统的静止并联无功补偿是在被补偿的节点上安装电容器、电抗器或者它们的组合以向系统注入或从系统吸收无功功率。并联在节点上的电容器和/或电抗器通过机械开关按组投入或退出。因此，这种补偿方法有三个重要缺点：①其调节是离散的；②其调节速度缓慢，不能满足系统的动态要求；③其电压负特性，即当节点电压降低（升高）时，并联电容注入系统的无功功率也降低（升高）。尽管如此，由于其造价低和维护简单的突出优点，系统中仍大量采用这种补偿措施。

属于柔性输电技术范畴的现代静止无功发生器将电力电子元件引入传统的静止并联无功补偿装置，从而实现了补偿的快速和连续平滑调节。理想的 SVC 可以支持所补偿的节点电压接近常数，良好的动、静态调节特性使 SVC 得到了广泛的应用。SVC 的构成形式有多种，但基本元件为晶闸管控制的电抗器（thyristor controlled reactor，TCR）和晶闸管投切的电容器（thyristor switched capacitor，TSC)。掌握了这种结构的 SVC 的工作原理则不难理解其他类型的 SVC。图 7-4 为这种 SVC 的原理示意图。为了降低 SVC 的造价，大多数 SVC 通过降压变压器并入系统。由于阀的控制作用，SVC 将产生谐波电流，因而为降低 SVC 对系统的谐波污染，SVC 中还应设有滤波器。对基波而言，滤波器呈容性，即向系统注入无功功率。图 7-5（a)、(b）分别表示 TCR 和 TSC 支路。

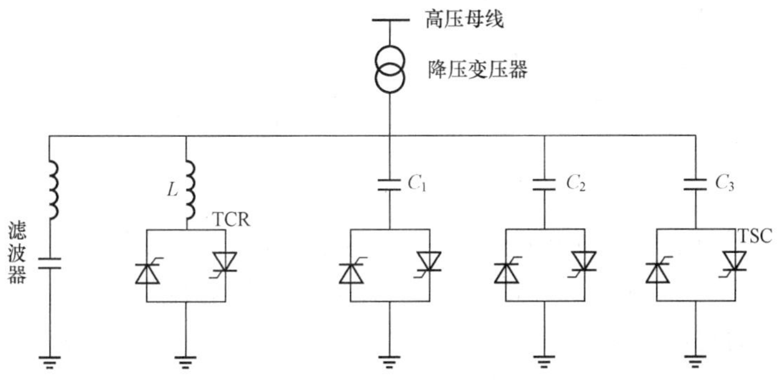

图 7-4 SVC 的原理示意图

(二) STATCOM 的工作示意简介

STATCOM 也称为静止无功发生器（advanced static var generator，ASVG)，其功能与 SVC 基本相同，但是运行范围更宽、调节速度更快。SVC 的控制元件为晶间管，晶闸管是半控型器件，只能在阀电流过零时关断；STATCOM 是用全控型器件实现的。目前已有不少 STATCOM 在实际系统中运行，中国也在 1996 年有±20MVA 的实验样机在河南省电力系统中运行。

STATCOM 的原理接线如图 7-6 所示。其中控制元件为全控型阀元件 GTO。理想的 GTO 开关特性为：当阀有正向电压且在门极加正向控制电流时，阀即时开通，阀在导通状

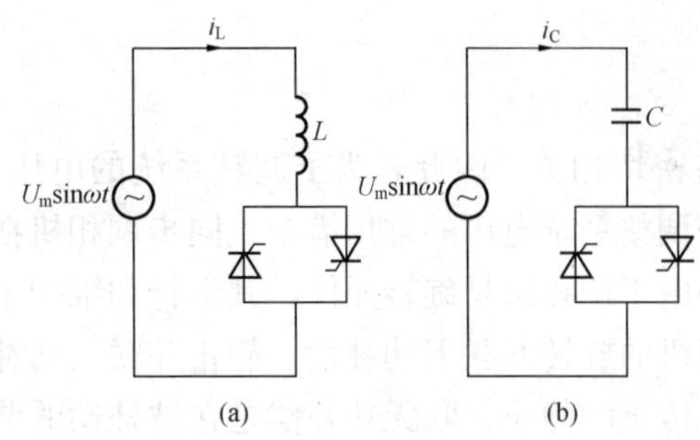

图 7-5　TCR 和 TSC 支路
(a) TCR 支路；(b) TSC 支路

态下阀电阻为零。当在门极加负向控制电压时阀即时关断，阀在关断状态下阀电阻为无穷大。

可见，GTO 与普通晶闸管的关键区别是其关断时刻由门极控制而并不要求阀电流过零。由电力电子学可知，图 7-6 所示的 STATCOM 实际上为一个自换相的电压型三相全桥逆变器。电容器的直流电压相当于理想的直流电压源，为逆变器提供直流电压支撑。与 GTO 反向并联的普通二极管的作用是续流，即为交流侧向直流侧反馈能量时提供通道。逆变器在正常工作时通过 GTO 的通断将直流电压转换成与电网同频率的相位与幅值都可控制的交流电压。由于三相对称正弦电路的三相功率瞬时值之和为常数，因此各相的无功能量不是在电源与负载之间而是在相与相之间周期性交换。这样，将逆变器看作负载时其直流侧可以不设储能元件。但是，由于谐波的存在，各次谐波之间的交叉功率使得逆变器与交流系统之间仍有少量的无功能量交换，因此，逆变器直流侧电容既起到提供直流电压的作用又起到储能作用。电容器上储存的电场能量为

$$W = \frac{1}{2}CU_C^2$$

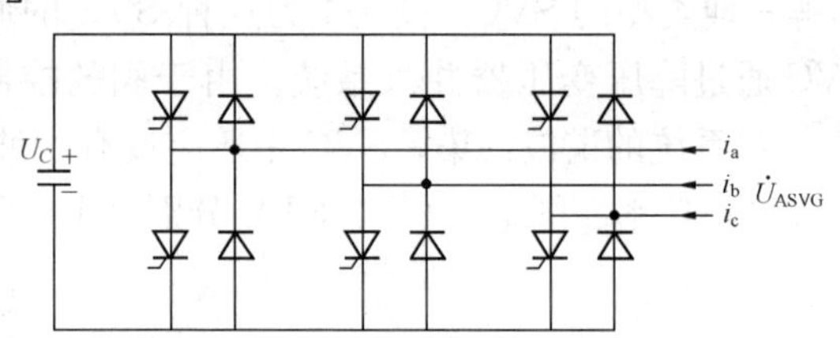

图 7-6　STATCOM 的原理接线

显然，若不考虑在电力系统动态过程中由上述能量支持交流系统，电容 C 的值可以较小而 STATCOM 能为系统提供的无功容量要远大于此。可以看出，STATCOM 为系统提供的最大无功容量主要受逆变器的容量所限。所以与 SVC 相比较，STATCOM 的构成避免了采用体积庞大的电抗器和电容器。

一般的，电压型逆变器的输出电压有三种控制模式，即移相调压、脉宽调制和直接调整直流电压源的电压。对于 STATCOM，由于直流侧电压是电容器的充电电压而不是直流电压源，所以一般不通过调整直流电压来调整输出电压而采用移相调压或脉宽调制。由于篇幅所限，不再详细介绍逆变器的工作原理。

（三）TCSC 的工作示意简介

TCSC 可以快速、连续地改变所补偿的输电线路的等值电抗，因而在一定的运行范围内，可以将此线路的输送功率控制为期望的常数。在暂态过程中，通过快速地改变线路等值电抗，可以提高系统的稳定性。最早的 TCSC 于 1991 年在美国投入运行。TCSC 的构造形式很多，其原理结构如图 7-7 所示。

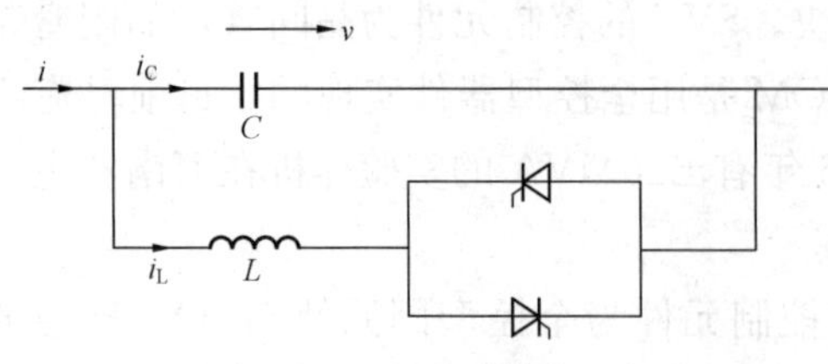

图 7-7　TCSC 原理结构示意图

图 7-7 中包括一个固定电容和与其相并联的晶闸管控制的电抗（TCR）。控制元件为晶闸管。在分析 SVC 的控制原理时，其中也涉及

TCR。但需注意，由于SVC并联在系统的节点上，所以认为加在TCR上的电压是正弦量，而流过TCR支路的电流由于阀的控制作用而发生畸变，其波形如图7-9所示。TCSC中的TCR与SVC中的TCR的运行条件大不相同。需要注意，TCSC串联在系统的输电线中，由于谐波管理的要求和系统运行条件的物理约束使得流过TCSC的电流即线路电流为正弦量。这样，由于阀的控制作用，当流过TCR支路的电流发生畸变时，与其并联的电容电压必发生畸变而成为非正弦量，如图7-8所示。这是两者的重要区别。

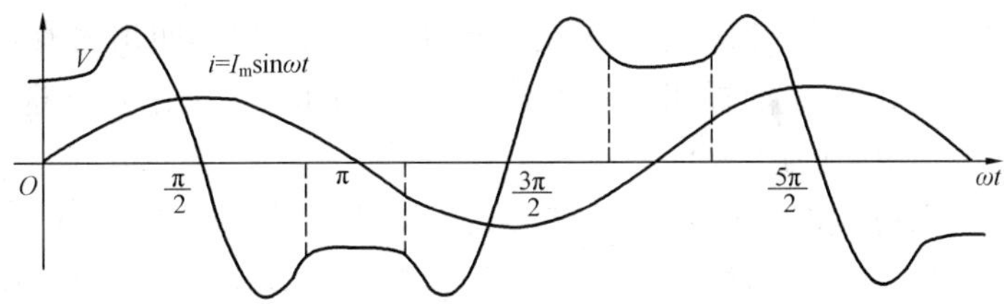

图7-8　TCSC所在的线路电流与电容电压波形

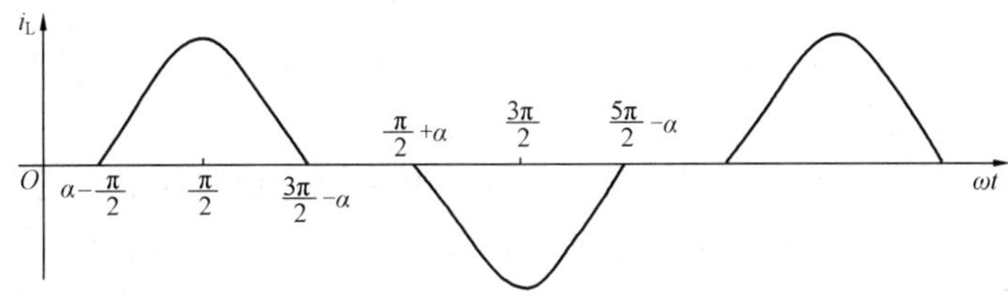

图7-9　TCSC的电感电流波形

其他FACTS装置原理示意不再一一介绍。

五、远距离大容量输电方式的应用前景

特高压电网具有不同于500kV电网的特点，具有远距离大容量输电方式特征的特高压电网将成为功能强大的跨大区能源流通网络。

（一）特高压电网的基本功能

我国电网特高压骨干网架将由1000kV级交流输电网和±800kV级直流系统构成。特高压骨干网架的建设应符合“规划科学，结构合理，技术先进，安全可靠，运行灵活，标准统一，经济高效”的目标要求。

为了满足我国未来能源流的基本要求，解决我国电网结构存在的问题，特高压电网应具备如下基本功能：

（1）特高压电网网架可为实现跨大区、跨流域水火电互济、全国范围内能源资源优化配置提供充分支持以满足我国国民经济发展的需求。

（2）特高压电网应满足大容量、远距离、高效率、低损耗地实现“西电东送、南北互供”的要求。

（3）特高压电网应满足我国电力市场交易灵活的要求，促进电力市场的发展。

（4）特高压电网应具有坚强的网络功能，具有电网的可扩展性，可灵活地适应远景能源流的变化。

（5）特高压电网的网架结构应有效解决目前500kV电网存在的因电力密度过大引起的

短路电流过大、输电能力过低和安全稳定性差等系统安全问题。

（二）特高压电网的建设与发展

特高压输电的突出特点是大容量、远距离输电。特高压电网形成和发展的基本条件是用电负荷的持续增长，大容量和特大容量规模电厂的建设和发展。从电源发展规划和特大容量机组的应用看，无论是煤电还是水电，都已具备或即将具备建设大容量规模电厂或发电基地的条件。

在水电方面，2020年之前，金沙江的溪洛渡、向家坝、白鹤滩、乌东德四大梯级电站总容量3850万kW将外送华中和华东（采用特高压直流输电）。四川另有1200万kW水电也将送往华中和华东。2020年前贵州送广东电力1100万kW，云南水电送广东规模为2080万kW（2030年可达到3080万kW）。

在煤电方面，根据有关部门对2010～2020年用电量预测和电源规划，以及对国家电网基本功能的要求，2015年我国可能形成覆盖华北、华中、华东地区的特高压交流同步电网，含蒙西、陕北、晋东南、淮南、徐州煤电基地及西南水电基地电力外送的特高压骨干电网。2020年后，华北、华中、华东地区内可能形成跨大区规模更大的特高压电网，大区电网之间的电气联系进一步加强。蒙西、陕北、晋东南、内蒙古锡盟、宁夏、关中煤电基地通过特高压电网实现“北电南送”。

西部水电通过特高压交流电网和特高压直流输电系统实现“西电东送”。特高压电网的进一步发展、区域电网之间的电气联系主要是特高压联络线。由于特高压输电线路标幺值电抗远比500kV线路小，送端和受端电网之间、区域之间电气联系阻抗将进一步减小。按照“西电东送、南北互供”要求，规划合理的特高压网架结构，我国特高压电网将形成坚强的网状结构，电网的稳定水平和输电能力将明显提高。

第二节　系统扰动与发电机轴系扭振

一、轴系扭振的物理概念

在一段弹性金属轴段的两端施加一对扭矩，轴段就会产生扭转变形，使轴段在两端的端面上扭转一个角度δ。如果应力在材料的弹性极限以内，当扭矩消失时，变形就会逐渐恢复。但当扭矩瞬间消失时，变形不会瞬间恢复。这是因为轴段具有转动惯量，应变最大时积聚的能量（势能）将转换为应变为零时的动能，然后形成反向应变。如此能量反复转换的过程，使扭转变形幅度在$\pm\delta$之间摆动，这称为轴段的扭振。

扭振会导致金属材料的疲劳并消耗疲劳寿命。其消耗寿命的量决定于外加扭矩的大小。连续扭振将导致材料破坏加速。

随着超高压大电网和大功率机组的投产运行，机组轴系扭振问题越来越严重，已成为当前电力系统发展中需要研究的重要课题。

二、汽轮发电机轴系扭振特点

大型汽轮发电机组的轴系是由多段轴段组成的，其中包括汽轮机的高压转子、中压转子、低压转子、发电机转子等。随着单机容量的增大，轴系长度与轴段断面之比相对增大。整个轴系不能再视为一段刚性的轴段，而是一柔性可扭转的轴系。汽轮机的叶片受蒸汽冲击，在每一级叶轮上施加一正的扭矩；发电机和励磁机的输出电负荷相当于在转子上施加一负扭矩。汽轮机低压缸与发电机之间的靠背轮是扭振的节点。汽轮机的正扭振又按高、中、低压汽缸的功率分布在不同的轴上，每个汽缸又按各级叶轮的功率分布在轴的不同断面上。沿整个轴系长度方向扭振的分布是十分复杂的。但最大扭矩出现在发电机与汽轮机（低压转子）的联轴器上，即扭振的节点上。

汽轮发电机在正常稳定运转时，输入的热功率与输出的电功率相平衡。整个轴系保持恒速运转。一个恒定的扭转变形存在于轴系上。蒸汽量的变动或电负荷的变动都会因此而产生短时的扭振。

三、系统扰动对轴系扭振的影响

大型汽轮发电机组在电网上运行时，随时会由于热力系统或电力系统的扰动而激发轴系扭振。热力方面的原因诸如汽轮机调速汽门的摆动、中压调门的快关等。由于轴系最低自然扭振频率一般都不大于10Hz，因此激振扭矩周期必须小于50ms才有可能产生扭振。上述高压调门或中压调门的动作时间一般都大于100ms。所以，因热力方面的原因而引起的轴系扭振是轻微的。电力系统扰动的因素相当多，诸如发电机的并列操作、失步、失磁、系统短路、重合闸、甩负荷等，这种扰动都是毫秒级的。此外，系统中存在着负序分量、谐波分量、静态无功补偿、串联补偿、直流输电等，这类扰动是持续的、长期的。因此，人们研究轴系扭振的主要方向是电力系统扰动对轴系扭振的影响。

至于大型水轮发电机组，由于其转子的转动惯量大、轴系的长度与断面比相对较小、轴系刚度大、自然扭振频率较高等原因，系统扰动对其扭振影响不大。

四、各种电气扰动对轴系疲劳的影响

综上所述，各种类型的电网扰动对轴系的影响，有的是长期的，有的是短期的，而且与运行方式有关。应力对金属材料的寿命消耗有统计规律，很难定量确定。根据国外研究，各种电气扰动对轴系疲劳的影响参见表7-2。

五、电气扰动对轴系扭振的机理分析

不同类型的电气扰动对汽轮发电机组轴系扭振的影响不同。同样，扰动还与系统的运行方式有关。轻微者可以忽略不计，较重者可能消耗轴系的疲劳寿命，严重者可导致轴系在短时间内被破坏。现就各种电气扰动分析如下。

1. 负序电流的影响

在电网三相负荷不平衡、各种不对称短路等情况下，发电机定子绕组中除存在正序电流外，还会出现负序电流。负序电流将会产生反向100Hz的旋转磁场。如果轴系的某一自然扭振频率在100Hz附近，就会产生共振。轴系自然频率越接近100Hz，扭振所产生的振幅就越大。因为负序电流分量是长期存在的，所以这类扭振对轴系疲劳寿命的影响是严重的。因为这种谐振频率接近100Hz，所以称为超同步谐振。

因此，汽轮机组轴系的自然扭振频率必须从设计上避开2倍工频。

2. 开关操作

电力系统元件的投切操作，可能导致机组负荷和系统参数的突变。这相当于对机组的轴系施加一突变的扭矩，使轴系发生一次扭振，消耗一定的轴系疲劳寿命。如果负荷的变化量超过±0.5%标幺值，其影响就会比较显著。大机组的“Runback”功能，使机组负荷突减限制到0.5额定值，所以这种突变引起的轴系扭振是轻微的。

表 7-2　　各种电气扰动对轴系疲劳的影响

故障与运行操作条件					每次事故的疲劳损耗(%) 可忽略　中等　严重 0.001　0.01　0.1　1　10　100
第一级 单一冲击	发电机—变压器单元两相短路		高压侧 低压侧		
	发电机、变压器单元三相短路		高压侧 低压侧		
	误并列　90°<δ<120°				
	甩满负荷				
	正常线路操作		ΔP<0.5 标幺值		
			ΔP>0.5 标幺值		
第二级 两次冲击	故障 切除	两相短路	残压=0.2		
			残压=0		
		三相短路	残压=0.2		
			残压=0		
第三级 多次冲击	重合	单相接地	三相重合	成功	
				不成功	
			单相重合	成功	
				不成功	
		两相短路	三相重合	成功	
				不成功	
		三相短路	三相重合	成功	
				不成功	
第四级 谐振冲击	次同步谐振				(低值决定于保护措施)←

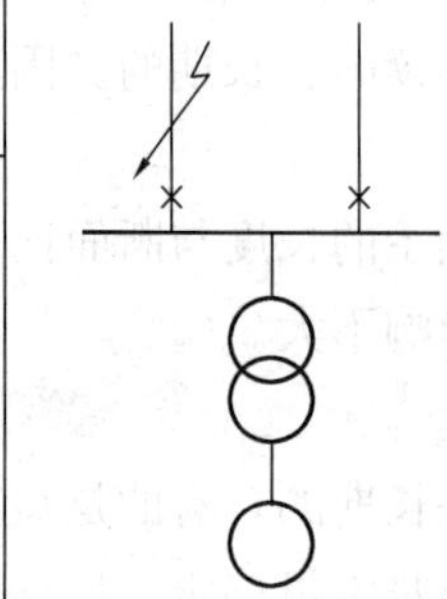

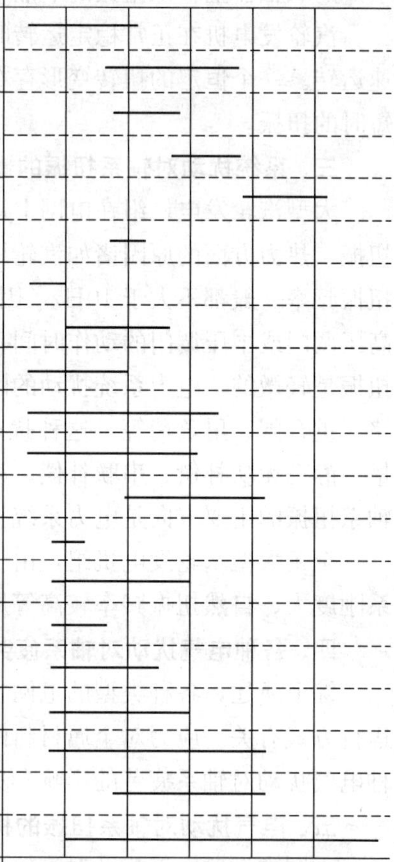

发电机在同期并列操作时，如果不是理论上的同期，也将会发生一次电磁功率的突变过程。这时，对轴系扭矩冲击的大小决定于相位角的大小。研究表明，不同相位角差时的最大扭矩见表 7-3。

表 7-3　　不同相位角差时的最大扭矩

相位角差	60°	90°	120°	150°	180°
最大扭矩/额定扭矩	4.4	5.3	5.1	3.9	2.4

由此表可见，最大扭矩出现在 90°，而不是 180°。

此外，还有等效并列。例如，发电厂两组母线之间的合环、环形输电网络的合环或开环、两种电压等级的电磁环网操作、发电厂厂用电源的切换操作等。由于合环操作前后潮流和功角的突变，发电机组也会受到一次相当于并列操作的冲击，这称为等效并列。当潮流变化很大时，对轴系扭振的影响也颇为显著。

3. 系统短路

当发电厂出线近距离发生短路时，将会形成一次电磁功率突变的过程，机组轴系将会受到一次冲击。在暂态过程中，发电机的电磁转矩可以分解为同步电磁转矩、暂态电磁转矩和直流分量引起的扭矩。研究证明：直流分量引起的扭矩冲击最严重。短路持续时间的长短和切除后电压恢复时相角差的大小，直接影响直流分量的大小和对轴系冲击的严重性。

当线路重合闸不成功时即出现“短路→短路切除→重合闸→再切除”这一循环过程，对轴系扭振疲劳寿命的消耗是严重的。这是由于数次电磁暂态过程，将会对轴系产生“应力叠加”。每一次冲击后的轴系扭振，按其固有的时间常数衰减（一般达10s左右），在未衰减到零时又出现第二次、第三次冲击，前后应力叠加，达到轴系不能承受的程度时，将导致轴系被破坏。

4. 次同步谐振

当高压输电线路采用串联电容补偿时，电容量C和线路的电感量L将会形成一个固有谐振频率f_e。设电网的同步频率为f_0，发电机组轴系的自然扭振频率为f_m。若$f_m=f_0-f_e$，则电气系统将出现负阻尼的振荡状态，轴系扭振的振幅将逐渐放大，最终使转子损伤，甚至造成毁机的恶性事故。因其振荡频率低于系统的同步频率，故称次同步谐振。次同步谐振会长期作用于轴系上，对轴系疲劳寿命造成严重的威胁，可能在短期内导致轴系的严重破坏。

次同步谐振还有可能是由晶闸管控制的电力设备引起的。由于机组在某一自然扭振频率下，与晶闸管控制的设备相互作用的总阻尼很小，甚至是负阻尼，所以，靠近发电机组装设由晶闸管控制的静止补偿器，也有可能引发次同步谐振。

另外加装不当的电力系统稳定器、发电机励磁系统和电液调节系统的反馈作用等，均有可能诱发次同步机电共振。

5. 直流输电

直流输电一般采用定功率调节。从交流电网看，直流换流站可以视为一恒定负荷，而直流逆变站可以视为一恒定电源。直流输电的触发角调节速度是微秒级的。当大幅度的调整输送功率甚至“潮流反转”，会引起交流网络中发电机相位角的较大变化。发电机相位角的变化，又导致直流输电系统触发角的变化，再引起直流输送功率的变化，形成一个闭式自激系统。在换流站附近的汽轮发电机组会按闭式自激系统的频率使轴系产生次同步谐振。

六、轴系动平衡的影响

大型汽轮发电机组的静平衡与动平衡一般是在制造工厂完成的。在制造工厂进行平衡时，是每一个转子（高压转子、中压转子、低压转子、发电机转子）加工完成后，分别到高速动平衡机上进行的。其平衡精度高，同时测出了转轴的转动惯量。

在发电厂的生产现场，有时也有做平衡的需要。对中小型机组做平衡时，一般是把机组启动起来，在低转速运转的工况下，采用试加质量法，也能够达到整个轴系的静平衡和动平衡。但是，试加质量往往是用相等的质量加在各转子不同的端面上，这可以在不影响静平衡的前提下解决整个轴系的动平衡，但不能达到每一个转轴的动平衡。因此，对大型汽轮发电机组做静平衡与动平衡时，用这种试加质量的办法要慎重。因为每一个转轴的动平衡的差异，会使较敏感的细长轴系产生自然扭振频率的变动而发生扭振现象。

七、国内外对轴系扭振研究现状

由于轴系扭振对发电机组所产生的严重损坏，使得国内外研究人员对轴系扭振现象进行了广泛而深入的研究。其主要研究领域有以下几个方面。

1. 扭振机理的研究

对于扭振机理的研究主要包括轴系模型、扭振响应算法及扭振疲劳寿命损耗的分析。

汽轮发电机轴系模型是扭振研究的基础，不良的轴系模型将导致过大的计算量和较大的仿真误差。目前常用的轴系模型主要有简单集中质量模型、多段集中质量模型和连续质量模型。

扭振故障通常是由瞬间的不平衡力矩引起的，对冲击力矩产生的响应计算是扭振研究的重要内容。常用的响应算法主要分为两种，即以传递矩阵法为主或以模态叠加法（振型叠加法）为主。

轴系扭转疲劳寿命损耗评估及寿命监测管理是汽轮发电机组扭振研究中非常重要的内容。但是由于金属材料疲劳问题的复杂性和汽轮发电机转子材料扭转疲劳试验数据的缺乏，目前的扭振疲劳寿命估算方法在实际应用中的可信度和精确度还有欠缺。而由美国、加拿大等研究出的雨流计数法被认为是最有效并被普遍接受的方法。

2. 扭振的测试

扭振测试是扭振研究的一个重要途径，其最关键的是确定激振方法。试验研究表明，可以采用的几种用来激发轴系扭振固有特性的方法有并网激振、盘车起合激振、起合串补电容激振、稳态不对称短路变频激振及励磁变频激振。

3. 在线监测和分析装置

目前，用于扭振的在线监测和分析的装置主要有三种，包括扭振仪、扭应力分析仪和扭振监测系统。由于扭振监测系统具有扭振仪、扭应力分析仪不可比拟的优点，因此在扭振监测领域应用广泛。国内目前已有的扭振监测装置有东南大学的 NZ 系列扭振仪、清华大学的旋转机械扭振监测仪和华北电力大学的扭振在线监测系统等。

4. 扭振的预防和抑制

为减少扭振造成的危害，通常采取的方法有继电保护装置、滤波器、扭振励磁控制及防止扭振的柔性输电技术等，在控制系统设计中也要充分考虑扭振的影响。

第三节 重合闸对机组轴系扭振的影响

一、线路不同故障类型对机组轴系扭振的冲击

当发电机—变压器组发电机出口或升压变压器出口故障时，继电保护动作，使发电机组与系统解列，同时切除发电机励磁开关。这种情况对机组仅是一次冲击。

当线路发生故障而被切除时，对大机组而言，将构成两次冲击。首先，故障开始瞬间就产生突然的扭矩传到轴机械系统，这一扭振以该机组轴系自然扭振频率与衰减时间常数（2.5～10s）作振荡衰减。当故障被切除时，机组承受了第二次冲击，由此而产生的第二次附加扭矩将叠加在正在扭振中的轴系上，可能使原来扭振的幅度减少，也可能使其更为放大，这主要取决于故障切除瞬间的相位。

在同等的条件下，当高压线出口发生不同的故障类型时，比较其所引起的两次冲击对机组轴系扭振的影响，得出表 7-4 的结果（以三相短路为 1）。

表 7-4 不同故障类型两次冲击时对机组轴系扭振的影响

故障类型	单相接地	两相短路	三相短路
最大扭矩	1/3	2/3	1
疲劳损耗	0.01	0.1	1

研究结果认为，当高压线出口发生三相短路时可能产生的最大轴系扭矩达 4 标幺值（以正常满负荷运行时扭矩为 1，下同），比发电机出口三相短路高 1.3～1.9 倍。对于这种故障，当有关条件变化时，其结果如下：

(1) 若故障点稍远，例如故障时电厂高压母线的残压 $U_{rem}=0.2$ 时，寿命损耗百分比差不多减少一个数量级。

(2) 系统短路容量减小时，承受的轴扭振也减小。

(3) 发电机采用快速励磁或通常的励磁调节，影响不大。

(4) 发电机少发或者吸收无功功率时，轴扭矩稍减小。

(5) 由于故障切除时产生的扭矩将叠加在故障发生时的扭振力矩上，所以故障切除时间的少许变化对轴扭矩影响很大。但总的趋势是故障切除时间越长，轴扭矩越大，因而很多国家对故障切除时间作了规定，如德国规定小于 90ms，比利时规定小于 125ms 等。

当高压线路发生两相或者三相故障，或者两回并列运行的线路中一回线出口发生故障，近故障侧与远故障侧的断路器往往不会同时切除，有可能构成比两次更多的冲击。如处在不利条件，也会发生比两次冲击更严重的轴系扭振现象。

二、重合闸对机组轴系扭振的影响

故障清除后重合时刻的选取对机组轴系扭振强弱有较大的影响，在不利的时刻重合可能对机组轴系造成较大的冲击，导致较大的轴系疲劳损耗。因此推荐采用延时重合闸，即等到轴系扭振衰减到大约 1/2 时，再进行重合。

基于不同重合闸方式对汽轮发电机组轴系扭振的影响，研究认为，三相重合闸在重合于高压线路出口附近的三相短路及两相接地短路时，有可能一次就足以耗尽发电机组扭振的全部疲劳寿命。为了避免重合于永久故障时对机组轴系造成较大的冲击，应尽量避免采用三相重合闸，而建议采用分相重合闸。

另外在高压线路出口发生不同类型故障，且重合不成功再跳闸，故障切除时间在 1～4.5 周波范围，重合闸时间在 2.5～28 周波范围，对机组造成轴系疲劳损耗的研究结果如下：

(1) 单相故障重合不成功时，最大的寿命损耗不超过 0.1%，影响甚微。

(2) 两相故障三相重合闸不成功，最大寿命损耗可能达到 10%。

(3) 对于三相故障，即使重合成功，最大寿命损耗也将达到 1%～10%，而重合不成功时，将由百分之几的概率达到 100%。这是一种对大机组最危险的故障冲击。

三、重合闸技术的应用

美国在 20 世纪 30 年代开始，就广泛而习惯地采用三相快速重合闸。1982 年，美国 IEEE 专门组织工作组对重合闸问题进行了研究并提出报告，建议改变使用三相快速重合闸的技术政策，改为：①同步检定；②延长三相重合时间（10s 或更长）；③改用单相重合闸；④不用重合闸。到目前，在美国几个主要电力公司的一些 500kV 线路上，已采用了单相重合闸。法、德等国家一直主张采用单相重合闸。

20 世纪 50 年代，我国也曾使用三相快速重合闸。1961 年开始，研究使用单相重合闸非常成功，并得到广泛地使用，三相重合闸都改为慢速重合闸。1978年以来，结合系统稳定的需要，并考虑对大机组的影响，推荐采用合理的重合闸方式及重合闸时间。目前，500kV线路已全部使用单相重合闸，大电厂的220kV出线，考虑系统稳定需要，也主要采用单相重合闸。对联系紧密的网络，为了简化保护，加速故障切除时间，而采用三相慢速重合闸。

第四节 快关汽门与电网稳定

快速操作阀门（有时称早动阀）是一种适用于火电机组的技术，有助于维持电力系统暂态稳定。这种技术是关于蒸汽阀门以预定方式快速关闭和开启，以减小输电系统严重故障后的发电机加速功率。

快速操作阀门作为一种稳定辅助手段，其原理在20世纪30年代初就已经认识到。但由于某些原因，该过程尚未得到广泛地应用。其中的一些原因为该过程可能对汽轮机和供能系统产生不利的影响。

自20世纪60年代中期以来，一些电力公司认识到某些场合下快速操作阀门将是提高系统稳定性的一种有效方法。一些阐述快速操作阀门基本概念和效果的技术论文也已公开发表。有些电力公司还在他们自己的机组上进行了快速操作阀门的试验并予以实施。

为说明快速操作阀门的应用，我们考虑一台燃烧矿物燃料的具有串联复式一次再热汽轮机的发电机组和一台核电机组。汽轮机的结构如图7-10所示。对这些机组，主入口控制阀（CVs）和再热器中间截止阀（IVs）为控制汽轮机机械功率提供了方便的手段。根据这些阀门如何用于控制汽流的情况，就会有各种可能的快速操作阀门的实施方案。

在一种通常应用的方案中，仅中间截止阀迅速关闭，并经一短时延迟后再重新完全开

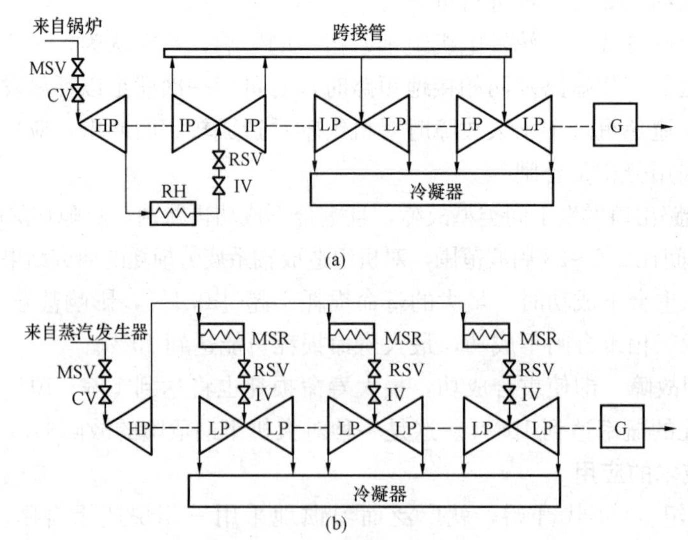

图7-10 典型的汽轮机结构

(a) 矿物燃料机组的串联复式一次再热式汽轮机；(b) 核电机组的汽轮机结构

HP—高压（汽轮机）；IP—中压（汽轮机）；LP—低压（汽轮机）；MSV—主（入口）安全阀；RSV—再热器安全阀；IV—中间截止阀；MSR—湿蒸汽分离再热器；CV—控制阀；RH—再热器

启。因中间截止阀控制了全部机组功率的近 70 %，该方法使汽轮机功率大幅度减小。如控制阀和中间截止阀两者均动作，可使汽轮机功率更为显著地暂时性减小。阀门的快速关闭及随后的完全开启过程称为瞬时快速操作阀门。

在某些情况下，故障后输电系统比故障前弱得多，因而需要原动机功率在快速降低后，恢复到低于初始功率的水平。一种方法为提供快速地关闭控制阀和中间截止阀，随后部分地开启控制阀和完全开启中间截止阀；另一种替代方法为提供快速地关闭中间截止阀，再完全开启，但伴随部分地关闭控制阀。汽轮机功率除了获得快速的临时性降低，还获得了持续性的降低，该过程称为持续快速操作阀门。

快速操作阀门通过降低汽轮机机械功率以帮助维持系统在严重故障后的稳定性。关于快速操作阀门增强个别系统稳定的有效性的研究结果，在文献中已有叙述。许多研究也考虑了加强系统稳定性的其他一些方法，例如，快速响应励磁机、串联电容器补偿、按相开关操作、电气制动及切机。

一般而言，当系统的设计和运行准则要求对一个三相故障且开关拒动而延迟切除的情况能维持系统稳定，快速操作阀门被认为是能适应电力系统性能要求的一种有效而经济的方法。这种情况下的暂态稳定问题一般与当地的某一发电站相关的摇摆模式有关，且具有 0.5～1.2s 的周期。

尽管尚未得到广泛的认识，当区域间由于存在周期为 2.0～4.0s 的缓慢摇摆而产生不稳定的情况时，快速操作阀门将是非常有效的。这种问题通常因某区域内发生一个故障，该区域中的一些发电机超前于其他互联区域内的发电机而引起的。这就使连接两区域的弱联络线上潮流很重，并进而造成区域解列。当故障发生时，该区域内一台或几台机组快速操作阀门使加速功率最小，因而减小了弱联络线上的暂态功率摇摆。这种情况下快速操作阀门特别有效，这是由于功率摇摆的周期很长，因而允许用更多的时间来减小功率。

通常，实施快速操作阀门的费用很小，但鉴于快速操作阀门可能会对汽轮机和锅炉/蒸汽发生器产生不利的影响，因而仅在其他更少“冒险”的措施不能维持系统稳定时才考虑采用这种措施。这种情况下，往往维持系统稳定的其他唯一有效的手段为切除发电机。与切除发电机相比，快速操作阀门具有机组仍与系统相连的优点，因而，系统总惯量并不减少，且几秒钟内可恢复全部或部分输出功率。此外，由此引起的对原动机的应力也被认为轻得多。然而，快速操作阀门对稳定的作用不如切除发电机有效。

阀门关闭和开启的顺序取决于快速操作阀门的供应厂商和预期用途式。一般而言，这种逻辑包括两个主回路：一个用于生成阀门控制程序，另一个用于生成减载信号，后者仅在快速操作阀门后，还需在降低发电机输出时才用。阀门控制程序将发出一个按预定速率关闭阀门的信号，并使阀门在一个可调时间段内保持关闭，然后以预定速率重新开启阀门。图7-11显示了一个典型的阀门关闭和开启顺序。允许的阀门启动时间受系统方面的影响，也受设备方面的影响。

蒸汽阀快速关闭和重新开启的能力取决于所用的调速器系统类型。应用固态电子器件和高液压伺服系统的电液压汽轮机调速系统能进行快速控制。实际应用中，特别是采用快速动作的液压阀，这些阀门布置成可将油从中间截止阀和控制阀的弹簧加压的促动器缸体中倾泻出来，以便快速关闭阀门。这就使阀门能在 0.08～0.4s 内全关。快速关闭后的重新开启将固有延迟 0.3～1.0s，以便让油回到液压缸。阀门开启时间决定于液压操作缸的尺寸，通常

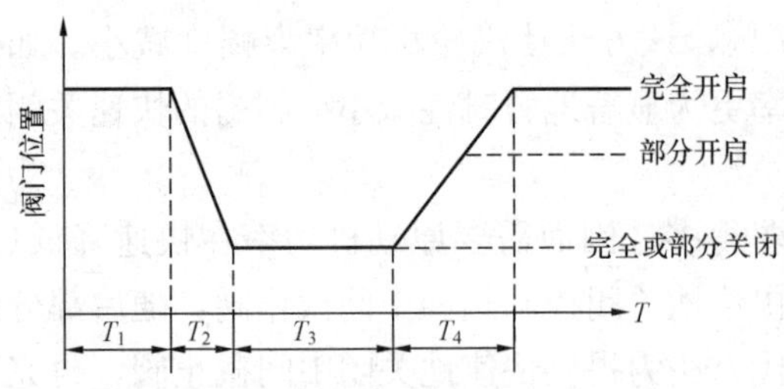

图 7-11 典型的阀门关闭和开启顺序

T_1—起始时间和阀门开始关闭时间之间的延时；T_2—阀门关闭过程时间；T_3—阀门保持关闭时间；T_4—阀门开启过程时间

在 3～10s 范围内。某些应用场合下，对快速操作阀门而言，阀门重新开启需要比正常的电液压调速器操作中所用的更快一些，这可借助于液力系统的储油器而获得。

快速操作阀门也可用于具有机械液压汽轮机调速器的机组，但其灵活性更小且更难以实施。

对于燃烧矿物燃料的机组，再热器金属保护方面的考虑支配了中间截止阀的开启时间。该问题为再热器管受热的问题之一，其蒸汽流被切断，随后又恢复。再热器中蒸汽流重新建立的时间典型的应在 10～12s 数量级。

从系统稳定观点出发，阀门应尽可能快地关闭。对于瞬时快速操作阀门，要求当转子角的第一次峰值即将到达之前便开始重新开启阀门。缓慢地重新开启使回摆增加，由此可能造成第二摆不稳定。如果阀门开启时的延迟很大，也会加大一个区域内的发电机相对于系统其他部分的摇摆，从而导致不稳定。对于任何特定系统，可接受的阀门动作时间应根据详细的稳定研究确定。

快速操作阀门的动作可由功率负荷不平衡继电器、加速检测仪或能识别输电系统严重故障的继电器来启动。大多数情况下，由于阀门的快速关闭是紧迫的，因此重要的是确保由选择逻辑引入的延迟为最小。

由反馈控制逻辑例如基于功率—负荷不平衡检测引入的时间延迟为 0.1s 数量级，这在某些场合下可能无法接受。直接从继电保护系统导出的前馈控制逻辑可将启动时间减少到 1～2 周波。

图 7-12 说明了快速操作阀门改善暂态稳定的有效性。图中显示了一个由两台 500MW 机组组成的矿物燃料电厂在有和没有快速操作阀门时的响应。快速操作阀门的顺序假定仅截止阀关闭和完全重新开启，且 $T_1=0.18$s，$T_2=0.25$s，$T_3=0.1$s，$T_4=0.85$s。这些机组具有晶闸管励磁系统并带有电力系统稳定器。所考虑的干扰为一靠近发电厂输电主线上的三相

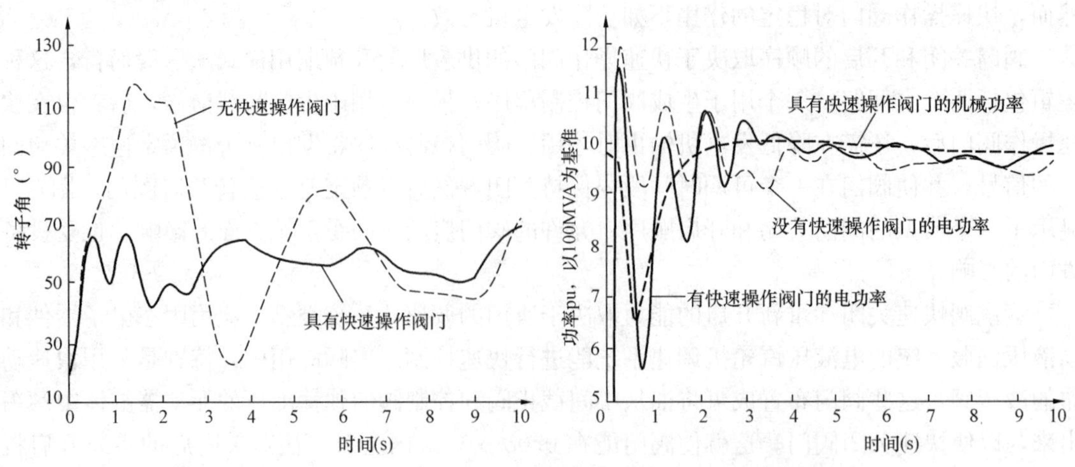

图 7-12 快速操作阀门对矿物燃料的电厂稳定性的作用

故障，60ms 内由主保护将其清除。没有快速操作阀门时，发电机组显示出具有约 4.5s 周期的明显的区域间摇摆。因此，快速操作阀门顺序对限制转子角的第一摆峰值非常有效。这里已假定阀门的关闭和开启时间非常快。若阀门开启时间较慢，这种快速操作阀门顺序就会造成第二摆不稳定。

第五节 谐波污染

一、发电厂的主要谐波源

发电厂的电气设备主要包括发电机、厂用电动机和升压站变压器。

一般情况下，发电机、厂用电动机本身产生的谐波可忽略不计。近年来，由于节能的需要，火电厂采用高压变频器来降低厂用电动机的能耗成为一种趋势，由于高压变频器是大容量的电力电子设备，如果选型、使用不当，有可能成为不可忽视的谐波源。

高压变频器可分为电压源型和电流源型两类。一般而言，电压源型由于脉冲数量较高，电平数较多，具有较好的输入输出波形，谐波含量小；电流源型由于脉冲数和电平数较低，输入输出波形相对较差，谐波含量较高，但电流源型有其他方面的优点，如可靠性高、能四象限运行。

升压站变压器在稳态工作时，产生的谐波很小，但在一些特殊情况下，会成为有影响的谐波源。变压器产生谐波的原因是由于它的铁磁饱和特性，正常情况下，变压器铁芯工作在线性区，变压器谐波含量小，但当出现下列情况时，变压器铁芯会工作在饱和区，谐波含量较大，特别是会出现明显的偶次谐波：

（1）若升压站变压器在高压直流输电系统接地极附近，当直流输电系统处于单极大地运行方式时，会在中性点接地的变压器绕组中产生直流电流，并造成不对称磁通，从而导致铁芯半周波饱和。

（2）地磁感应电流（GIC）对变压器的影响与直流输电系统的单极大地运行方式的影响相似。

（3）运行电压明显偏高，会导致变压器铁芯工作在饱和区。

二、谐波对电厂中电气设备的影响

（一）谐波对旋转电机的影响

谐波对旋转电机的影响主要表现在谐波损耗和谐波转矩两方面。

1. 谐波损耗

非正弦电压加到电机上会引起过热。谐波电压或电流可使定子绕组、转子回路及定子和转子叠片中的损耗增加。此外，由于涡流和集肤效应，定子和转子导线中的损耗也比直流电阻大。

谐波电流在定子和转子绕组端部的漏磁场也要产生额外的损耗。在斜槽转子感应电动机中，定子和转子内的磁场变化和高频磁场都要产生大量的铁损耗，这个损耗的大小与槽的斜度和叠片的铁损特性有关。

电机承受额外谐波电流的能力取决于总附加损耗，或者说这些附加损耗对整个电机温升和局部过热（特别是转子内）的影响。如果定子的温升不过高，鼠笼型感应电动机的转子就可以承受较高的损耗和温升。但对那些转子为绝缘绕组的电机，承受能力可能有限。电机允许的谐波含量可以根据发电机允许连续负序电流约 10%和感应电动机允许负序电压约 2%的限额进行确定。

2. 谐波转矩

在交流电机中，由谐波产生的磁场与基波磁场相互作用而产生脉动转矩，这些脉动转矩造成更大的可闻噪声。另外，正序（4、7、10、13、…）和负序（2、5、8、11、…）谐波导致的脉动磁场频率分别为 $3f_0$、$6f_0$、$9f_0$、…，其中 f_0为基波频率，如果发电机的自然频率接近上述频率之一，将会产生超同步谐振，伴随汽轮发电机轴系、旋转元件和叶片的扭转振荡和弯曲。

（二）谐波对保护设备的影响

谐波能使保护继电器的动作特性畸变或降级。畸变或降级的程度与继电器的设计特点和动作原理相关。当存在谐波畸变时，受电压、电流峰值或零值控制的继电器就会受到影响。

在大多数情况下，动作特性的变化很小，不会发生问题。有试验指出，当谐波电压含量低于 20%时，对多数类型的继电器没有显著影响。不过目前主要是对机电式和电子式继电器进行评估，缺少数字式继电器的数据。

电流谐波畸变可能影响断路器的开断能力。原因可能是过零时电流变化率较大，热磁开关的电流传感能力会变化以及线圈过热导致脱扣点降低。

电流谐波畸变可能影响熔丝的开断能力。谐波电流产生的过热会造成熔丝的时间—电流特性曲线移位。

（三）谐波对测量仪器的影响

模拟式交流测量仪器一般是按纯正弦交流刻度的，当把它们用于畸变电路时，会产生误差。

谐波对感应式有功电能表的计量有一定影响，主要是因为感应式电能表能准确测量基波电能，但不能准确测量谐波电能，且谐波电流本身会影响基波电能的测量误差；在正常情况下，谐波对感应式有功电能表的影响可以忽略，除非电路中存在显著的同次谐波电压、谐波电流。谐波对电子式电能表的影响较小，基本能满足精度要求。

谐波对感应式无功电能表的影响与对感应式有功电能表的影响相似。

变　压　器

变压器是一种重要的发电厂和变电站电气设备。它不仅能够实现电压的转换，以利于远距离输电和方便用户使用；而且能实现系统联络并改善系统运行方式和网络结构，以利于电力系统的稳定性、可靠性和经济性。变压器是构成电力网的主要变配电设备，具有传递、接受和分配电能的作用。在发电厂中，将发电机发出的电能升压后并入电力网的变压器，称为主变压器；另一种是分别接于发电机出口或电力网中将高电压降为用户电压，向发电厂厂用母线供电的变压器，称为厂总变压器（简称厂总变）和启动备用变压器（简称启备变）。

第一节　变压器的分类与基本概念

变压器是一种静止的电力机械，它的主要作用是通过电磁感应把一种电压等级的交流电能转变为同频率的另一种电压等级的交流电能。在电力系统中，变压器对电能的经济传输、灵活分配和安全使用具有重要意义。此外，在电量测试、控制和某些特殊用电设备上也大量地应用着各种类型的变压器。

为了适应不同的使用目的和工作条件，不同类型的变压器在结构和性能上有很大的差异。通常可按用途、相数、每相绕组数目和冷却方式进行分类。

一、按用途分类

（1）电力变压器：用于电力系统中，可分为升压变压器、降压变压器、配电变压器、联络变压器等。

（2）特殊变压器：如整流变压器、电炉变压器、电焊变压器。

（3）仪用互感器：即测量变压器，包括电压互感器和电流互感器。

（4）试验变压器：主要包括调压变压器以及电压很高、电流很小的高压试验用变压器。

二、按相数分类

（1）单相变压器：用于改变单相交流电压。

（2）三相变压器：用于改变三相交流电压。

（3）多相变压器：用于特殊场合。

三、按每相绕组数目分类

（1）单绕组变压器：即自耦变压器，每相只有一个绕组，低压绕组是高压绕组的一部分。

（2）双绕组变压器：每相有一个高压绕组和一个低压绕组。

（3）三绕组变压器：每相有高压、中压、低压三个绕组。

（4）多绕组变压器：每相绕组多于三个。

四、按冷却方式分类

（1）干式变压器：变压器的铁芯和绕组直接与空气接触，通过空气的对流将产生的热量散掉。这类变压器主要用于电压不太高、需要防火等场合。1000MW 机组用的厂用低压变压器，就出于防火要求而多采用干式变压器。

（2）油浸自冷变压器：变压器的铁芯和绕组全浸在变压器油中，通过变压器油的流动将热量传至油箱壁，再散到空气中。

（3）油浸风冷或油浸水冷变压器。

（4）强迫油循环风冷或强迫油循环水冷变压器。

（5）充气式变压器。

五、按调压方式分类

（1）无载调压变压器。

（2）有载调压变压器。

第二节　变压器主要结构部件

大型油浸式变压器一般由铁芯、绕组、变压器油、油箱、冷却装置、绝缘套管等主要部分构成，实物图如图 8-1 所示。

图 8-1　大型油浸式变压器

一、铁芯

铁芯是变压器的磁路部分，变压器通过铁芯内的磁通随时间变化而变换电压，在不同匝数的绕组内感应出不同等级的电压（自耦变压器在一个绕组内通过不同引出抽头得到不同匝数）。变压器的基本工作原理如图 8-2 所示。

为了降低铁芯在交变磁通作用下的磁滞损耗和涡流损耗，铁芯材料一般采用导磁系数高的冷轧晶粒取向硅钢片，以缩小体积和重量，同时也可以节约导线和降低导线电阻所引起的发热损耗。

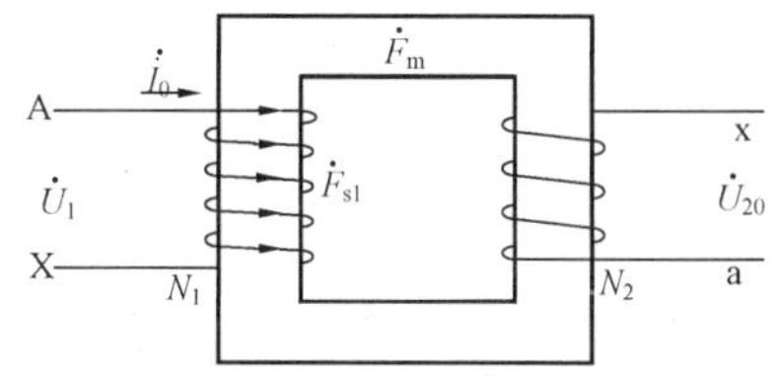

图 8-2 变压器的基本工作原理示意图

铁芯包括铁芯柱和铁轭两部分。绕组套在铁芯柱上，铁轭连接起铁芯柱，使之形成闭合磁路。

按照绕组在铁芯中的布置方式，变压器可分为芯式变压器和壳式变压器。

单相芯式变压器如图 8-3 所示，它有两个铁芯柱，用上、下两个铁轭将铁芯柱连接起来，构成闭合磁路。两个铁芯柱上都套有高压绕组和低压绕组。通常，低压绕组靠近铁芯装在内侧，高压绕组远离铁芯装在外侧，以符合绝缘等级要求。

芯式三相变压器有三相三铁芯柱式和三相五铁芯柱式两种结构。三相五柱式铁芯是在三相三柱式铁芯外侧增加两个旁轭构成，但其上、下铁轭的截面和高度比三相三柱式铁芯小，从而降低了变压器的高度。三相三柱式铁芯实物图如图 8-4 所示。

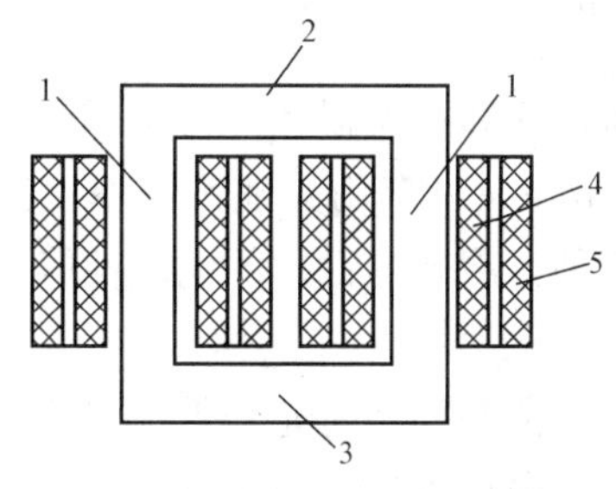

图 8-3 单相芯式变压器

1—铁芯柱；2—上铁轭；3—下铁轭；4—低压绕组；5—高压绕组

图 8-4 三相三柱式铁芯

三相五柱式铁芯各相磁通可经旁轭闭合，故三相磁路可看作是彼此独立的，而不像普通三相三柱式变压器各相磁路互相关联，因此当有不对称负荷时，各相零序电流产生的零序磁通可经旁轭闭合，故其零序励磁阻抗与堆成运行时励磁阻抗（正序）相等。三相五柱式铁芯实物图如图 8-5 所示。

图 8-5 三相五柱式铁芯

中、小容量的三相变压器都采用三相三芯式铁芯。大容量三相变压器常受运输高度限制多采用三相五柱式铁芯。

壳式变压器把绕组放在铁芯柱之间。单相壳式变压器与三相壳式变压器铁芯结构如图 8-6 和图 8-7 所示。

芯式变压器结构简单，绕组的安置和绝缘处理比较容易。壳式变压器结构比较坚固，对绕组的机械支撑强，使其能够承受较大的电磁力，抗短路冲击能力强，特别适用于通过大电流的变压器，但其制造工艺复杂，高压绕组与铁芯柱的距离较近，绝缘处理与检修困难，因此芯式变压器目前应用得最为广泛。

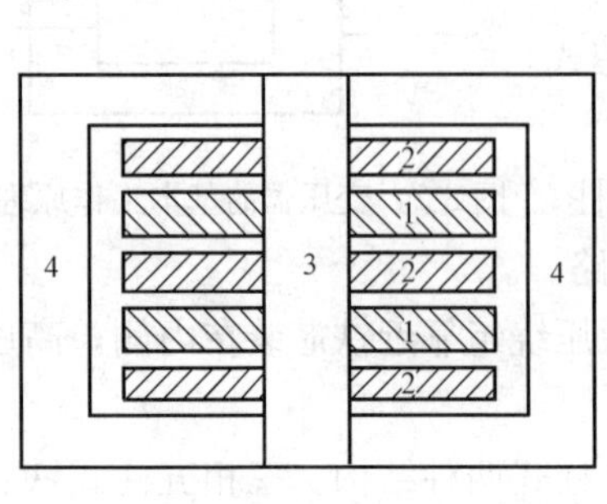

图 8-6 单相壳式变压器
1—高压绕组；2—低压绕组；
3—铁芯柱；4—旁轭

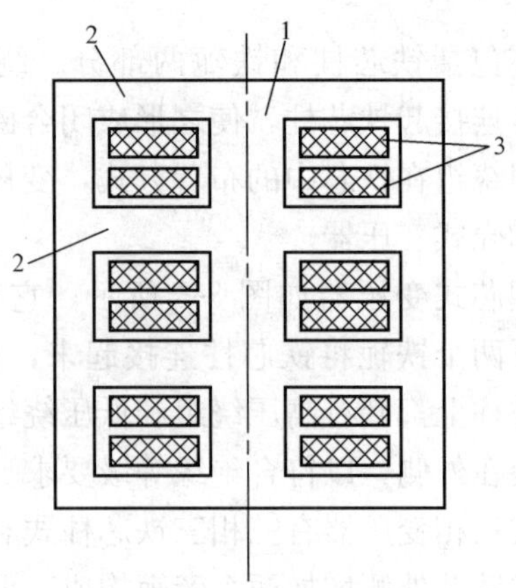

图 8-7 三相壳式变压器
1—铁芯柱；2—旁轭；3—绕组

变压器铁芯内的磁通是交变的，因而会产生一定的磁滞损耗和涡流损耗。为了减少这些铁耗，铁芯通常用含硅量5%左右、厚度为0.35mm或0.5mm（也有用其他不同厚度的）、两面涂有绝缘漆的硅钢片叠成。硅钢片又分为冷轧和热轧两种，冷轧硅钢片的电磁性能比热轧硅钢片好。

在大容量变压器中，为了使铁芯损耗发出的热量能被绝缘油在循环时充分带走，从而达到良好的冷却效果，通常在铁芯中还设有冷却油道。油道的方向可以做成与硅钢片的平面平行，也可以做成与硅钢片的平面垂直。

二、绕组

绕组是变压器的电路部分，用绝缘扁导线或圆导线绕在铁芯柱上。通过改变绕组的匝数可以改变变压器的输出电压。变压器的绕组应有足够的绝缘强度、机械强度和耐热能力。

大电流变压器的绕组应采用多股导线并联绕制，并绕时要进行换位。大截面导线单股绕制绕组时，一方面绕制困难，另一方面较厚的大截面导线在轴向漏磁作用下会引起较大的涡流损耗，而且损耗随导线的厚度成倍增加，因此多股导线并联绕制工艺简单，涡流损耗较小。多股并联的绕组，由于并联的各股导线在漏磁场中所处的位置不同，感应的电动势也不同；另外各并联导线的长度不同，电阻也不同，这些都会使并联导线间产生环流，增大损耗。因此并联的导线在绕制时必须进行换位，尽量使每根导线长度一样、电阻相等、交链的漏磁通相等。

根据高压绕组和低压绕组的相对位置，绕组可分为同心式与交叠式两类。同心式绕组的高压绕组和低压绕组均做成圆筒形，但圆筒直径不同，然后同轴心套在铁芯柱上，芯式变压器一般采用同心式绕组。交叠绕组，又称为饼式绕组，高压绕组和低压绕组各分为若干线饼，沿着铁芯柱的高度交错排列，交叠绕组多用于壳式变压器。

同心式绕组根据绕制特点又可分为圆筒式、螺旋式、连续式和纠结式等几种类型。

1. 圆筒式绕组

圆筒式绕组是最简单的一种绕组，它用绝缘导线沿铁芯高度方向连续绕制，绕制完第一层后，垫上层间绝缘纸再绕第二层。这种绕组一般用于小容量变压器的低压绕组。

2. 螺旋式绕组

螺旋式绕组由多根绝缘扁导线沿径向并联排列，然后沿铁芯柱轴向高度按螺旋线绕制成匝间带油道的若干线匝。每匝并联的几根导线按辐向平放，而并联导线又按同心式布置，且采取换位做法。

螺旋式绕组的优点是绕制工艺简单，绕组匝间有一定的距离，形成散热油道，具有良好的冷却条件。但由于高度的限制，不适用于匝数较多的绕组。螺旋式绕组一般适用于三相容量在 800kVA 以上、电压在 35kV 及以下的变压器绕组。

3. 连续式绕组

连续式绕组用导线连续绕制成若干带油道的线饼，相邻线饼间的连接是较低的在绕组的内侧和外侧，都用绕制绕组的导线自然连接，无焊接接头。当绕组由两根或者多根导线并联绕制时，应进行换位以减小并联导线的环流。连续式绕组机械强度高、散热效果好、焊点少、匝间工作电压低，但其绕制工艺复杂，耐受冲击电压能力较差。一般用于 35～110kV、三相容量在 630kVA 以上的三相变压器中。

4. 纠结式绕组

纠结式绕组用两根导线并绕，两个线饼成对地绕，然后通过连线将两个线饼的闲杂串联起来，形成一个单回路的绕组。纠结式绕组可以增加绕组的纵向电容以提高其抗冲击电压能力，同时散热性能较好，缺点是焊点多、绕制复杂、匝间工作电压高。一般用于三相容量 6300kVA、电压在 220kV 以上的变压器绕组。

三、变压器油

变压器中的绝缘油是由石油精炼而成的矿物油，它的作用主要有两点：一方面对变压器中的固体绝缘进行浸渍和保护，填充绝缘中的空气隙和气泡，防止外界空气与潮气侵入，保证绝缘的可靠；另一方面促进变压器绕组、铁芯及其他发热部件的散热。变压器油具有黏度小、闪光点高、击穿电压高及稳定性好等优点。同时要求变压器油十分纯净，水分对变压器油的绝缘强度影响很大。

变压器油在各运行阶段都应进行相应的试验，以控制其劣化情况。新的绝缘油由于提纯、运输、保管不当可能影响其电气与理化性能，因此，对新油必须进行全面分析试验或简化试验；两种不同类型的绝缘油混合使用时，应做混油试验；运行中的绝缘油由于受氧化、热老化、电老化等作用，其性能逐渐劣化，影响设备的绝缘性能，因此必须定期对油进行试验以掌握其老化状况，主要方法有击穿电压试验、介质损耗测量、微水含量测量及油色谱分析等。

四、油箱及附件

变压器的器身放在装有变压器油的油箱内。油箱采用钢板焊接而成，要求机械强度高、变形小、焊接处不渗漏，同时应满足变压器运行时的散热冷却要求及在检修和运输时的一些要求。中、小型变压器多采用吊器身式油箱，大、中型变压器广泛采用吊箱壳式油箱。根据变压器的容量和散热要求，可采用平板式油箱、管式油箱、散热器式油箱和专门油冷却式油箱等。

变压器的附件主要有冷却系统、保护测量装置以及分接开关等。

1. 冷却系统

变压器的冷却系统由内部冷却系统和外部冷却系统组成。内部冷却系统保证绕组、铁芯的热量散入油中，外部冷却系统保证油中的热量散到变压器外。中、小型电力变压器一般采用焊接在油箱两侧孔内的散热器，常在垂直排列的钢管上焊接数条钢带，将散热管连接成整体。大容量变压器采用强迫油循环风冷、导向强迫油循环风冷方式，这些冷却方式是由冷却器来完成的。

2. 保护测量装置

变压器的保护测量装置主要有储油柜、吸湿器、净油器、安全气道和气体继电器等。储油柜通过连通管与油箱相通，可以减少油与空气的接触面积，从而减轻和防止变压器油氧化、受潮和老化，使变压器油保持良好的绝缘性能。

吸湿器又称呼吸器，储油柜通过吸湿器与大气连通，变压器运行中油温变化时，起吸气和排气作用。当油温升高、油的体积膨胀时，油箱中多余的油进入储油柜油室，使油室体积变大，同时储油柜气室内的气体受排挤通过吸湿器排入大气；当油箱内的油温降低、油体积收缩时，油室的油进入油箱，同时大气通过吸湿器被吸进气室。吸湿器是变压器气室与外界进行气体交换的通道，对进入变压器的气体起干燥过滤作用。

净油器是用钢板焊成圆筒形的小油罐，罐内装有吸湿剂，当油温变化而上下流动时，经过净油器达到吸取油中水分、酸和氧化物的作用。

安全气道又称防爆管，当变压器内发生严重故障时，箱内的油产生很大的压力，气流可冲破玻璃或酚醛纸板而向外喷出，以降低油箱内的压力，保护油箱不会发生爆炸。

气体继电器又称瓦斯继电器，分为轻瓦斯继电器和重瓦斯继电器，安装在油箱与储油柜连接管之间，是反映变压器内部故障的保护装置。当变压器发生内部故障产生气体时，轻瓦斯保护动作报警，重瓦斯保护动作跳闸。

3. 分接开关

变压器的分接开关是用来连接和切断变压器绕组分接头，实现调压的装置，分为无载分接开关和有载分接开关两类。无载分接开关调压过程中电路都有一个被断开过程，因此必须将变压器从电网中断开后才能进行开关切换动作，无载分接开关调压时必须在变压器一、二次侧断开的状态下调节分接位置，使用不便，但是其成本低。有载分接开关是在不切断电、变压器带负荷运行下调压的开关，采用过渡电阻限制跨接两个分接头时产生的环流，达到切换分接头而不切断负荷电流的目的，开关调压级数较多，既能稳定电网在各负荷中心的电压，又可提高供电质量，但其成本较高，目前被大容量变压器广泛采用。

五、绝缘套管

变压器绕组的引出线从箱内穿过油箱引出时，必须经过绝缘套管，以使带电的引线绝缘。绝缘套管主要由中心导电杆和瓷套组成。导电杆在油箱内的一端与绕组连接，在外部的一端与外线路连接。

绝缘套管的结构主要取决于电压等级。电压低的套管一般采用简单的实心瓷套管；电压等级较高时，为了增强绝缘性能，在瓷套和导电杆间留有一道充油层，这种套管称为充油套管；电压在110kV以上时，一般采用电容式充油套管，简称电容式套管。电容式套管除了在瓷套内腔中充油，在中心导电杆（空心铜管）与安装法兰之间，还有电容式绝缘体包裹住导电杆，作为法兰与导电杆之间的主绝缘。电容式绝缘体是用油纸（或单面上胶纸）加铝箔卷制成型，该结构的目的是利用电容分压原理，使径向和轴向电位分布趋于均匀，以提高绝缘击穿强度。有的电容式套管则是环绕着导电杆包有基层贴附有铝箔的绝缘纸筒，各纸筒之间还留有筒形空间，构成有效的冷却通道，用以散热，以提高载流容量和热稳定性。

第三节 变压器的冷却方式

一、变压器常用冷却方式分类

变压器运行时，铁芯、绕组和金属结构件中均要损耗能量，这些损耗将转变为热量向外传递，从而引起变压器器身温度升高。变压器开始运行时，器身温度上升很快，但随着绕组和铁芯温度的升高，这种温度和周围冷却介质就有一定的温度差，将一部分热量传给周围介质，使介质温升增高。于是器身的温升速度就逐渐减慢，经过一定时间后，达到稳定状态（温度不再继续升高），此时绕组和铁芯所产生的热量全部散发到周围介质中，这种状态称为热平衡状态。变压器安全运行就是在一定温度限值下，保持这种热平衡状态。

变压器的冷却系统是变压器的重要组成部分，变压器的损耗是变压器的发热源，若冷却不良会导致变压器在运行时温度急剧上升，从而影响变压器正常工作，严重时会导致变压器损坏。

变压器依据其容量不同采用不同方式的冷却装置；变压器主绝缘材料不同，所选用的冷却方式也有较大的差异。目前变压器常用冷却方式见表 8-1。

表 8-1　　变压器常用冷却方式分类

变压器分类	冷却方式	冷却方式标志	适用范围	特　征
油浸式变压器	油浸自冷	ONAN	31 500kVA 及以下、35kV 及以下变压器，50 000kVA 及以下变压器	无须冷却动力、节能、维护简单、维护费用低廉、造价成本低
	油浸风冷	ONAF	12 500～63 000kVA、35～110kV 变压器，75 000kVA 及以下、110kV 变压器，24 0000kVA 及以下、220kV 变压器	对容量较大的变压器有较好的冷却效果，冷却功率最小；比较经济，维护工作量及费用较少
	强迫油循环风冷	OFAF	75 000kVA 及以下、110kV 变压器，240 000kVA 及以下、220kV 变压器	对大容量的变压器有良好的冷却效果，冷却装置动力的配置功率略大；维护工作量及费用大
	强迫导向油循环风冷	ODAF	220kV 及以上变压器，180 000kVA 及以上、220kV 变压器	特大型变压器采用，冷却装置动力的配置功率大；维护工作量及费用大
	强迫（导向）油循环水冷	OFWF（ODWF）	一般在水力发电厂的升压变压器上使用	采用水作为第二冷却介质，装置结构复杂，特别是慎防水渗入油中；维护工作量及费用大
干式变压器	空气自冷	ANAN	630kVA 以下的 10（或 6）kV 变压器	结构简单、无冷却动力功率、节能；维护工作量及费用小
	空气风冷	AFAF	630kVA 以上的 10（或 6）kV 变压器，35kV 变压器	结构较为复杂，需要冷却动力、节能；维护工作量及费用略大

注 1. 现已开发 220kV、180 000kVA 的油浸自冷电力变压器。

2. 一般在 100kVA 及以上的干式变压器设有两种冷却方式，但是厂家不推荐此方式长时间连续过负荷运行，仅作为短时急救过负荷运行。

二、电力变压器冷却方式的标志方法

变压器的每一种冷却方式由四个代号来标志，各种冷却方式的字母代号标志见表 8-2。

表 8-2　字母代号标志

冷却介质的种类	代　号
矿物油或相当的可燃性合成绝缘液体	O
不燃烧合成绝缘液体	L
气体	G
水	W
空气	A
循环种类	**代　号**
自然循环	N
强迫循环（油非导向）	F
强迫导向油循环	D

注　1. 在强迫导向油循环的变压器中（第二个字母代号为 D），流经主要绕组的油流量取决于泵，原则上不由负荷决定；从冷却设备流出的油流，也可能有一小部分有控制地导向流过铁芯和主要绕组以外的其他部分；调压绕组和（或）其他容量较小的绕组也可为非导向油循环。

2. 在强迫非导向冷却的变压器中（第二个字母代号为 F），通过所有绕组的油流量是随负荷变化的，与流经冷却设备的用泵抽出的油流没有直接关系。

（1）第一个字母表示与绕组接触的内部冷却介质。

O：矿物油或燃点不大于 300℃的合成绝缘液体。

L：燃点不可测出的绝缘液体。

G：采用气体（如 SF_6）作为绝缘、冷却介质。

（2）第二个字母表示内部冷却介质的循环方式。

N：流经冷却设备和绕组内部的油流是自然的热对流循环。

F：冷却设备中的油流是强迫循环，流经绕组内部的油流是热对流循环。

D：冷却设备中的油流是强迫循环，（至少）在主要绕组内的油流是强迫导向循环。

（3）第三个字母表示外部冷却介质。

A：空气。

W：水。

（4）第四个字母表示外部冷却介质的循环方式。

N：自然对流。

F：空气热对流循环（风冷）。

变压器每种冷却方式的定额由制造厂规定。一台变压器规定有几种不同的冷却方式时，在说明书中和铭牌上，应给出不同冷却方式下的容量值，以便变压器在某一冷却方式及所规定的容量下运行时，能保证温升不超过规定的限值。在最大冷却能力下的相应容量便是变压器（或多绕组变压器中某一绕组）的额定容量。不同的冷却方式一般是按冷却能力增大的次序进行排列。

所用代号的次序见表 8-3。不同冷却方式的代号组由斜线分开。如一台强迫导向油循环，风冷的油浸式变压器标志为 ODAF；一台油浸式变压器，在自冷与风冷交替使用的情况下，其标志为 ONAN/ONAF；一台油浸式变压器，在自冷与强迫油循环冷却（非导向）交替使用的情况下，其标志为 ONAN/OFAF。

表 8-3　代 号 的 次 序

第1个字母	第2个字母	第3个字母	第4个字母
表示与线圈相接触的冷介质		表示与外部冷却系统相接触的冷介质	
冷却介质的种类	循环种类	冷却介质的种类	循环种类

三、油浸式电力变压器的冷却方式

变压器运行时，绕组和铁芯中的损耗所产生的热量必须及时散逸出去，以免过热而造成绝缘损坏。由于变压器的损耗与其容积成比例，所以随着变压器容量的增大，其容积和损耗将以铁芯尺寸的三次方增加，而外表面积只依尺寸的二次方增加。因此，大容量变压器铁芯及绕组应浸在油中，并采取各种冷却措施。

油浸式电力变压器的冷却系统包括：①内部冷却系统，保证绕组、铁芯的热散入油中；②外部冷却系统，保证油中的热散到变压器外。

按油浸式变压器的冷却方式，冷却系统可分为油浸自冷式、油浸风冷式、强迫油循环风冷式、强迫油循环水冷式、强迫导向油循环风（水）冷式等几种。

（一）油浸自冷式

油浸自冷式冷却系统没有特殊的冷却设备，油在变压器内自然循环，铁芯和绕组所发出的热量依靠油的对流作用传至油箱壁或散热器。这种冷却系统的外部结构又与变压器容量有关，容量很小的变压器采用结构最简单的、具有平滑表面的油箱；容量稍大的变压器采用具有散热管的油箱，即在油箱周围焊有许多与油箱连通的油管（散热管）；容量更大些的变压器，为了增大油箱的冷却表面，则在油箱外加装若干散热器，散热器就是具有上、下联箱的一组散热管，散热器通过法兰与油箱连接，是可拆部件。

变压器运行时，油箱内的油因铁芯和绕组发热而受热，热油会上升至油箱顶部，然后从散热管的上端入口进入散热管内，散热管的外表面与外界冷空气相接触，使油得到冷却。冷油在散热管内下降，由管的下端再流入变压器油箱下部，自动进行油流循环，使变压器铁芯和绕组得到有效冷却。

油浸自冷式冷却系统结构简单、可靠性高、维护工作少，广泛用于容量在 10 000kVA 以下的变压器。现在很多高电压大容量的电力变压器也采用这种冷却方式，如 220kV 电压 180MVA 容量的变压器。

（二）油浸风冷式

油浸风冷式冷却系统，也称油自然循环、强制风冷式冷却系统。它是在变压器油箱的各个散热器旁安装一个至几个风扇，将空气的自然对流作用改变为强制对流作用，以增强散热器的散热能力。它与自冷式系统相比，冷却效果可提高 150%～200%，相当于变压器输出能力提高 20%～40%，为了提高运行效率，当负荷较小时，可停止风扇而使变压器以自冷方式运行；当负荷超过某一规定值，例如 70%额定负荷时，可使风扇自动投入运行。这种冷却方式广泛应用于 10 000kVA 以上的中等容量的变压器。

（三）强迫油循环风冷式

强迫油循环风冷式冷却系统用于大容量变压器。这种冷却系统在油浸风冷式的基础上，在油箱主壳体与带风扇的散热器（也称冷却器）的连接管道上装有潜油泵。油泵运转时，强制油箱内的油从上部吸入散热器，再从变压器的下部进入油箱内，实现强迫油循环。冷却的效果与油的循环速度有关。为了增强散热器（冷却器）的散热能力，在散热管外焊有许多散热片，并在每根散热管的内部装有专门机加工的内肋片。

（四）强迫油循环水冷式

强迫油循环水冷式冷却系统由潜油泵、冷油器、油管道、冷却水管道等组成。工作时，变压器上部的热油被油泵吸入后增压，迫使油通过冷油器再进入油箱底部，实现强迫油循环。油通过冷却器时，利用冷却水冷却油。因此，在这种冷却系统中，铁芯和绕组的热先传给油，油中的热又传给冷却水。水力发电厂中升压变压器很多采用强迫油循环水冷式。

在冷却器中，油与水是不直接接触的。但设计时和运行中，水压必须低于油压，以防止产生泄漏时，水不致进入变压器内将油污染导致事故。

（五）强迫导向油循环风（水）冷式

在采用强迫油循环风冷或水冷的大容量变压器中，为了充分利用油泵加压的有利条件，加强绕组的散热，变压器绕组部分常采用导向冷却。导向冷却就是使油按一定路线通过绕组，而不是像一般变压器中油在绕组中按照自然无阻无定向地流动。为了达到导向冷却，在铁芯式变压器或铁芯垂直放置的变压器中，通常需要设置导引油通过绕组的结构部件。压力油在高、低压绕组之间有各自的油流路线，绕组中有纵向和横向油道，油在油道中有规律地定向流动，以保证所有的绕组线盘都有低温冷却油流过，使绕组得到有效冷却。对于特大容量的变压器，常采用该种冷却方式。

四、干式变压器冷却方式

干式变压器冷却方式分为自然空气冷却（AN）和强迫空气冷却（AF）。自然空气冷却时，变压器可在额定容量下长期连续运行。强迫空气冷却时，变压器输出容量可提高50%，适用于断续过负荷运行，或应急事故过负荷运行；由于过负荷时负荷损耗和阻抗电压增幅较大，处于非经济运行状态，故不应使其处于长时间连续过负荷运行。

第四节 变压器的技术参数

变压器的技术参数主要有额定容量、额定电压、额定电流、额定温升、阻抗电压百分数，技术参数都标在变压器的铭牌上。此外，在铭牌上还标有相数、接线组别、额定运行时的效率及冷却介质温度等参数或要求。

1. 额定容量 S_N

额定容量是设计规定的在额定条件使用时能保证长期运行的输出能力，单位为kVA或MVA。对三相变压器而言，额定容量是指三相总的容量。对于双绕组变压器，一般一、二次侧的容量是相同的。对于三绕组变压器，当各绕组的容量不同时，变压器的额定容量是指容量最大的一个（通常为高压绕组）的容量，但在技术规范中应写明三侧的容量。例如，某厂总变压器，其额定容量为48/36/12MVA，一般就称这个厂总变压器的额定容量为48MVA。

2. 额定电压 U_N

额定电压是由制造厂规定的变压器在空载时额定分接头上的电压，在此电压下能保证长期安全可靠运行，单位为V或kV。当变压器空载时，一次侧在额定分接头的电压即为额定电压 U_{1N}，二次侧的端电压即为二次侧额定电压 U_{2N}。对于三相变压器，如不作特殊说明，铭牌上的额定电压是指线电压，而单相变压器是指相电压（如 $525/\sqrt{3}$kV）。

3. 额定电流 I_N

变压器各侧的额定电流是由相应侧的额定容量除以相应绕组的额定电压计算出来的线电流值，单位为 A 或 kA。对于三相变压器，如不作特殊说明，铭牌上标的额定电流是指线电流。

4. 额定频率 f_N

我国规定标准工业频率为 50Hz，故电力变压器的额定频率都是 50Hz。

5. 额定温升 T_N

变压器内绕组或上层油的温度与变压器外围空气的温度（环境温度）之差，称为绕组或上层油的温升。在每台变压器的铭牌上都标明了该台变压器的温升限值。我国标准规定，绕组温升的限值为 65℃，上层油温升的限值为 55℃，并规定变压器周围的最高温度为＋40℃。因此变压器在正常运行时，上层油的最高温度不应超过＋95℃。

6. 阻抗电压百分数 U_k（%）

阻抗电压百分数，在数值上与变压器的阻抗百分数相等，表明变压器内阻抗的大小。阻抗电压百分数又称为短路电压百分数，是变压器的一个重要参数。它表明了变压器在满载（额定负荷）运行时变压器本身的阻抗压降大小。它对变压器在二次侧发生突然短路时，将会产生多大的短路电流有决定性的意义；对变压器的并联运行也有重要意义。

短路电压百分数的大小与变压器容量有关，主要由变压器绕组的漏磁面积及绕组高度决定。当变压器容量小时，短路电压百分数也小；当变压器容量大时，短路电压百分数也相应较大。

7. 额定冷却介质温度

对于吹风冷却的变压器，额定冷却介质温度指的是变压器运行时，其周围环境中空气的最高温度不应超过＋40℃，以保证变压器载额定负荷运行时，绕组和油的温度不超过额定允许值。所以，在铭牌上有对环境温度的规定。对于强迫油循环水冷却的变压器，冷却水源的最高温度不应超过＋30℃，当水温过高时，将影响冷油器的冷却效果。对冷却水源温度的规定值，标明在冷油器的铭牌上。此外还对冷却水的进口水压有规定，必须比潜油泵的油压低，以防冷却水渗入油中，但水压太低，水的流量太小，将影响冷却效果，因此对水的流量也有一定要求。对不同容量和形式的冷油器，有不同的冷却水流量的规定。以上这些规定都标明在冷油器的铭牌上。

下面以某电厂升压变压器为例，列出其技术规范如下：

额定容量（MVA）：755

额定电压（kV）：525±2×2.5%/20

额定电流（A）：830/21800（高压/低压）

相数：3

频率（Hz）：50

接线组别：YNd11

阻抗电压（%）：13.32（保证值：13.5）

空载电流（%）：0.114（保证值：0.234%）

空载损耗（kW）：298.6（保证值 310）

允许温升（℃）：绕组 60 油 55

变压器质量（t）

总质量：494

油质量：87

铁芯和绕组质量：347

器身（油箱）质量：60

冲击耐压水平（kV）

高压绕组：1550

高压套管：1675

高压中性点：200

低压绕组：200

低压套管：200

冷却装置

冷却器：4 组

油泵：每组一台 380V 2.2kW

风扇：每组三台 380V 0.8kW

套管型式

高压：充油电容式

高压中性点和低压：充油式

第五节 变压器的允许温升

一、变压器的温度分布

变压器运行时，绕组和铁芯中的电能损耗都转变为热量，使变压器各部分的温度升高。在分析变压器的发热情况时，常假定铁芯和各绕组都是独立的发热单元。即认为铁芯的发热仅来自于铁芯损耗，各绕组的发热来源于各自的铜耗，它们相互间没有热量交换。

在油浸式变压器中，绕组和铁芯热量先传给油，受热的油又将其热传至油箱及散热器，它们与周围介质存在温差，热量便散发到周围介质中去，再散入到外部介质（空气或冷却水）。

绕组和铁芯内部与它们的表面之间有小的温差，一般只有几度；绕组和铁芯的表面与油有较大的温差，一般约占它们对空气温升的 20%～30%；油箱壁内外侧也有一不大的温差；油箱壁对空气的温升（温差）较大，约占绕组和铁芯对空气温升的 60%～70%。

变压器各部分沿高度方向的分布也是不均匀的。由于油的对流作用，它在受热后将上升，而在冷却后又将下降。例如，运行时变压器油沿着变压器器身上升时，不断吸收热量，温度不断升高，接近顶端又有所降低。绕组和铁芯的温度也随高度增高而增高。在变压器中，温度最高的地方是在绕组上。

二、变压器各部分的允许温升

变压器的允许温升决定于绝缘材料，油浸式电力变压器的绕组一般用纸和油作绝缘，属 A 级绝缘。我国电力变压器允许温升的国家标准是基于以下条件规定的：变压器在环境温度为+20℃下带额定负荷长期运行，使用期限为 20～30 年，相应的绕组最热点温度为 98℃。

对于自然油循环和一般的强迫油循环变压器，绕组最热点的温度高出绕组平均温度约 13℃；而对于导向油循环变压器，则高出约 8℃。因此，对于自然油循环和一般强迫油循环变压器，在保证正常使用期限下，绕组对空气的平均温升限值为 98－20－13＝65（℃）；同理可得出导向强迫油循环变压器的绕组对空气的平均温升限值为 70℃。

在额定负荷下，绕组对油的平均温升，设计时一般都保证：自冷式变压器为 21℃，一般强迫油循环冷却和导向强迫油循环冷却变压器为 30℃。

为了保证绕组在平均温升限值内运行，变压器油对空气的平均温升应为绕组对空气的温升减去绕组对油的温升，即：自冷式变压器，油对空气的平均温升为 65－21＝44（℃）；一般强迫油循环变压器，油对空气的平均温升为 65－30＝35（℃）；导向强迫油循环变压器，油对空气的平均温升为 70－30＝40（℃）。

在一般情况下，自冷式变压器其顶层油温高出平均油温约 11℃；一般强迫油循环和导向强迫油循环变压器，则高出约 5℃。所以，为保证绕组在平均温升限值内运行，变压器顶层油对空气的温升要求如下：自冷式变压器，顶层油对空气的温升为 44＋11＝55（℃）；一般强迫油循环变压器，顶层油对空气的温升为 35＋5＝40（℃）；导向强迫油循环变压器，顶层油对空气的温升为 40＋5＝45（℃）。

表 8-4 列出我国标准规定在额定使用条件下变压器各部分的允许温升。额定使用条件为：最高气温＋40℃；最高日平均气温＋30℃；最高年平均气温＋20℃；最低气温－30℃。

表 8-4　　额定使用条件下变压器各部分的允许温升

冷却方式 / 温升（℃）	自然油循环风冷	一般强迫油循环风冷	导向强迫油循环风冷
绕组对空气的平均温升	65	65	70
绕组对油的平均温升	21	30	30
顶层油对空气的温升	55	40	45
油对空气的平均温升	44	35	40

表 8-4 所列的温升是对额定负荷而言的。但对强迫油循环变压器，当循环油泵停用时，一般仍可以自然油循环冷却方式工作，带比额定负荷小的负荷运行，这也是强迫油循环变压器的一种运行方式，此时顶层油对空气的温升限值就是 55℃。因此，我国电力变压器标准的规定中，对顶层油的允许温升限值不分冷却方式，定为 55℃。

第六节　变压器绝缘老化

变压器的绝缘老化与许多外界因素有关，如长期运行的负荷大小、运行温度、湿度等，至今仍没有一种简单唯一的寿命终止准则可以用来定量判断变压器运行的寿命及其绕组老化的情况。但变压器绕组绝缘老化的情况以及其剩余寿命的预判都是对用户非常有用且在目前仍处于研究阶段的问题。

一、相对老化率

变压器绕组的老化或劣化是关于温度、含水量、含氧量和含酸量等的时间函数。其中，绕组绝缘老化的程度对绝缘温度最为敏感。所以，这里首先讨论在仅将绝缘温度作为控制参数时，绕组绝缘老化所显示的模式。

由于温度分布本身并不均匀，在最高温度下运行的一部分一般将遭受到最严重的老化及劣化。因此，老化率是以绕组热点的温度为基准的。此时，非热改性纸的相对老化率 V 的确定公式为

$$V = 2^{(\theta_h - 98)/6} \tag{8-1}$$

式中 θ_h——热点温度,℃。

式（8-1）中说明相对老化率对热点温度相当敏感，由热点温度引起的相对老化率见表8-5。

表 8-5 由热点温度引起的相对老化率

θ_h/（℃）	80	86	92	98	104	110
非热改性纸绝缘	0.125	0.25	0.5	1.0	2.0	4.0
θ_h/（℃）	116	122	128	134	140	
非热改性纸绝缘	8.0	16.0	32.0	64.0	132.0	

二、寿命损失计算

在一定时间内的寿命损失 L 的计算公式为

$$L = \int_{t_1}^{t_2} v\mathrm{d}t \text{ 或 } L = \sum_{n=1}^{N} (V_n \times t_n) \tag{8-2}$$

式中 V_n——第 n 个时间间隔内的相对老化率；

t_n——第 n 个时间间隔的时间；

n——所考虑期间内每个时间间隔的序数；

N——所考虑期间内的时间间隔的总数。

三、绝缘寿命

对绝缘寿命的估计存在几个不同的标准，在110℃参考温度下充分干燥、无氧气的热改性绝缘系统的正常绝缘寿命参见表8-6。

表 8-6 在110℃参考温度下充分干燥、无氧气的热改性绝缘系统的正常绝缘寿命

基　数	绝缘寿命	
	h	年
绝缘保留50%张力	65 000	7.42
绝缘保留25%张力	135 000	15.41
绝缘保留的聚合度为200	150 000	17.12
配电变压器功能寿命数据	180 000	20.55

表8-6中的寿命时间仅供参考，因为大部分电力变压器在其实际寿命期限内都低于满负荷运行。热点温度只要比额定值低6℃，其额定寿命损失就会减半，实际寿命时间就会成倍增加。

需要注意的是，对于连接作为基本负荷发电机的发电机变压器、向不变负荷供电的其他

变压器或运行在相对恒定环境温度下的变压器，它们的实际寿命需要特殊考虑。

第七节 变压器防故障能力

一、变压器过励磁能力

当变压器在电压升高或频率下降时，都将造成工作磁通密度增加，导致变压器铁芯饱和，称为变压器的过励磁。

由于电力系统在事故解列后，部分系统的甩负荷过电压、铁磁谐振过电压、变压器分接头连接调整不当、长线路末端带空载变压器或其他误操作、发电机频率未到额定值时过早增加励磁电流、发电机自励磁等情况，都可能产生较高的电压引起变压器过励磁。变压器过励磁时，造成变压器过热、绝缘老化，影响变压器寿命甚至将变压器烧毁。

防止过励磁的核心问题在于控制变压器温度的上升。其一般方法是，加装过励磁保护，当发生过励磁现象时，根据变压器特性曲线和不同的允许过励磁倍数发出报警信号甚至切除变压器。

如上所述，对于不同电压等级的变压器一般其允许过励磁的倍数均有所不同。目前，对220kV以上电压等级的主要变压器在采购过程中均会提出相关变压器过励磁能力的要求，在满载或空载情况下，分别对过电压的倍数及允许的时间作出规定。

对于500kV电压等级变压器，在满载及空载条件下，对其过励磁能力的规定见表8-7和表8-8。其表格中规定的数值均是在额定频率下，以最高运行电压为基准。

表8-7　　500kV变压器满载时过励磁能力

过电压倍数	1.58	1.5	1.25	1.1	1.05
允许时间	0.1s	1s	20s	20min	连续

表8-8　　500kV变压器空载时过励磁能力

过电压倍数	1.40	1.30	1.20	1.10
允许时间	5s	1min	30min	连续

表8-7和表8-8所列数值均为最起码的能力要求值，厂家所供应变压器的过励磁能力，应在满足上述要求的基础上如实提供。

对于220kV电压等级变压器，其在满载的条件下，对其过励磁能力的规定见表8-9。其表格中规定的数值均是在额定频率下，以最高运行电压为基准。

表8-9　　220kV变压器满载时过励磁能力

工频电压升高倍数	相-相	1.05	1.10	1.25	1.50	1.58
	相-地	1.05	1.10	1.25	1.90	2.00
持续时间		连续	≥20min	≥20s	≥1s	≥0.1s

表8-9所列数值均为最起码的能力要求值，厂家所供应变压器的过励磁能力，应在满足上述要求的基础上如实提供。

二、变压器承受短路故障的能力

像大多数电力设备一样，变压器在承受短路冲击后其短路电流效应分为两个方面，分别是热效应及机械效应。

1. 热效应

对于变压器短路电流热效应问题的处理，一般认为变压器短路电流的持续时间为已知(按照相关标准的规定为 2s)。在变压器的保护装置切除故障电流前，可以大致认为变压器所产生的热量都限制在铜导线内部而未向外部传递。因此，在已知铜导线质量、初始温度和所输入热量的条件下，就可以计算出短路一段时间后铜导线所达到的温度。显然，要求铜导线在短路故障发生时所承受的热量应该小于其所允许的热量。

根据相关标准的规定，铜导线所允许的最高温度为 250℃。因为在 250℃温度下铜导线本身的性能并不明显劣化。对于上述最高温度的限制因素实际上是与铜导线接触的绝缘材料所允许达到的温度。尽管在这一温度下纸绝缘可能出现某种程度的损伤，但由于短路事故只是偶尔发生，因而一般认为它对绝缘寿命的影响可以忽略不计。如果绕组由铝导线绕制，那么将绕组导线加热到如此程度是不能接受的。因为在 250℃温度下铝导线有发生变形或蠕变的危险。所以，对铝导线的限制温度应为 200℃。

2. 机械效应

短路故障发生时会产生巨大的短路机械力。首先，在高低压绕组之间存在互相排斥的辐向力，该力的作用是向内压缩低压绕组和向外引张高压绕组。低压绕组抵抗压缩变形，就需要合理设计低压绕组轴向撑条的宽度和数量，保证低压绕组内部具有足够可靠的支撑，以将低压绕组所受压力传递到铁芯上。高压绕组所受的向外引张力要由高压铜导线的拉伸应力来承担，同时在大量的高压线匝中还伴随有摩擦力，以防高压线匝松散。

其次，在短路状况下还存在着很大的轴向力。短路轴向力由两部分组成。第一部分是由于绕组端部漏磁弯曲部分后辐向分量与截流导体作用而产生。第二部分轴向力为绕组间的轴向压缩力，该力的出现是导线本身产生漏磁场的结果。尤其在变压器一次、二次绕组的安匝不平衡、磁场中心之间存在偏差等，这种情况会导致该轴向力的进一步增大。

短路的轴向力由铁芯来承担。铁芯上下结构件和绕组连接片或托板形成承受短路轴向力的主要结构，这些连接片或托板位于绕组的端部，由层压纸板或层压木板制成，它们分别承担了短路轴向力。

如上所述，一般要求变压器具备一定的承受短路故障的能力，具体应保证变压器绕组和铁芯的机械强度和热稳定性。变压器应能承受在无穷大电源条件下出口发生三相对称短路时，持续时间为 2s，变压器各部件不应有损伤，绕组和铁芯不应有不允许的变形和位移。短路后绕组温度应低于 250℃，并能承受重合于短路故障上的冲击力。

三、变压器过负荷能力

正常过负荷系指不影响变压器寿命的过负荷。其含义是变压器在运行中，负荷是经常变化的，在高峰负荷期，变压器可能短时过负荷，在低谷期，变压器低负荷。因此，低谷期损失小，可延长使用寿命；高峰期损失大，而缩短使用寿命。这样低谷可以补偿高峰，从而不影响变压器的使用寿命。

1. 变压器绝缘等值老化原则

变压器正常过负荷运行的依据是变压器绝缘等值老化原则。即变压器在一段时间内正常过负荷运行，其绝缘寿命损失大，在另一段时间内低负荷运行，其绝缘寿命损失小，两者绝缘寿命损失互补，保持变压器正常使用寿命不变。如在一昼夜内，高峰负荷时段，变压器过负荷运行，绕组绝缘温度高，绝缘寿命损失大；而低谷负荷时段，变压器低负荷运行，绕组绝缘温度低，绝缘寿命损失小，因此两者之间绝缘寿命损失互相补偿。同理，在夏季，变压器一般为过负荷或大负荷运行，冬季为低负荷运行，两者的绝缘寿命损失互为补偿。因此，若过负荷运行的变压器总的使用寿命无明显变化，则可以正常过负荷。

2. 一般过负荷能力的要求

根据不同的电压等级、不同的绕组结构等特性，其变压器的过负荷能力也有所不同，对于500kV变压器，对其过负荷能力的要求一般见表8-10。

表 8-10　　500kV 变压器过负荷能力的要求

过负荷倍数（额定电流倍数）	1.1	1.2	1.3	1.45	1.6	2.0
允许时间（min）	长期	480	120	60	45	10

其中，变压器在过负荷运行时，绕组最热点的温度不超过140℃。表8-10所列数值为最起码的要求，厂家所供应变压器的过负荷能力，应在满足上述要求的基础上如实提供。同时，关于变压器所允许持续荷载的情况与运行冷却装置数量也有密切的关系。

对于220kV变压器过负荷能力应符合相关标准的规定。在环境温度40℃、起始负荷80％额定容量时，事故过负荷能力为：150％额定容量，运行不低于30min，其中最热点温度不超过140℃。

第八节　变压器本体监测及保护装置

一、变压器本体的保护装置

变压器本体的保护装置应能检测变压器内部的故障，并应在最短时间内隔离设备，发出报警信号或跳闸。

1. 变压器非电量保护

变压器非电量保护由保护装置、电气回路及安装在变压器上的非电量保护元件组成，利用温度、压力、流速等非电气物理量对变压器实施保护、指示、报警、控制、监测。非电量保护元件包括气体继电器、压力释放阀、油压突变继电器、油位指示器、油温度控制器、绕组温度控制器等。

不同的非电量保护方式应按相关标准的规定动作于信号或跳闸。其中，变压器本体应装设轻瓦斯及重瓦斯保护，轻瓦斯动作于信号，重瓦斯动作于跳闸；有载开关应装设重瓦斯保护，并动作于跳闸；变压器本体应设置油面过高和过低信号，有载调压开关宜设置油面过高和过低信号；变压器应装设温度保护，当运行温度过高时，变压器上层油温和绕组温度分两级（即低值和高值）动作于信号，且两级信号的设计应能让变电站值班员能够清晰辨别；变压器本体应安装压力释放阀，设置压力释放阀的个数须符合国家标准要求，压力释放应动作于信号。

另外，当变压器配置有油压突变继电器时，该继电器应动作于信号；自然油循环风冷、强迫油循环风冷变压器，应装设冷却系统故障保护，当冷却系统部分故障时应发信号；强迫油循环风冷变压器，应装设冷却器全停保护，当冷却系统全停时，按相关要求整定出口跳闸；为防止变压器冷却系统电源故障导致变压器跳闸停电，强迫油循环变压器的冷却系统必须有两个相互独立的冷却系统电源，并装有自动切换装置。

对于有两组或多组冷却系统（"油泵＋片式散热器"方式或冷却器方式）的变压器，应具备自动分组延时启停功能；变压器非电量保护的元件、触点和回路应定期进行检查和试验。

对于上述保护的元件如气体继电器、油流继电器、油位计、温度计、压力释放阀等，作为非电量保护的主要元件，要进行定期的检查、校验及试验工作。

2. 变压器中性点间隙保护及其他保护

油浸式电力变压器的中性点间隙保护及零序保护配合的方式、类型、电压保护动作时间等根据不同电压等级的变压器中性点的绝缘水平而不同。在广东电网内，一般要求：自耦变压器的中性点必须直接接地运行（目前 500kV 主变压器中性点加装小电抗器的方案正在调研中）；220kV 变压器中性点一般采用间隙或间隙并联避雷器保护的方式，变压器 220kV 侧中性点间隙零序电流、电压保护动作时间整定为 1.2s，以便躲过相关线路单相重合闸时间（110kV 变压器中性点过电压保护问题这里不再详述）。各种保护方式必须跟踪并定期核对变压器高、低压侧电源上网情况，以便随时根据具体情况调整变压器中性点的保护方式。

另外，变压器差动保护也是变压器本体保护的一种主要方式。它是利用比较变压器两端电流的幅值和相位原理构成的。变压器始端和末端的电流互感器二次回路采用环流法接线。在正常运行和外部发生短路故障，即穿越性短路故障时，流过继电器的电流为零，保护不动作。当保护元件内部故障时，继电器中有很大的电流流过，继电器将灵敏地动作，从而起到保护作用。也就是说，变压器差动保护是指对变压器内部短路故障的保护，就是检测变压器的上游侧与下游侧电流的差值，如果差值为零，表明不存在内部短路，如果差值不等于零，表明变压器存在内部故障。变压器差动保护主要用来保护双绕组或三绕组变压器绕组内部及引出线上发生的各种相间短路故障，同时也可以用来保护变压器单相匝间短路故障。

变压器差动保护的范围是构成变压器差动保护的电流互感器之间的电气设备以及连接这些设备的导线。由于差动保护对保护区外故障不会动作，因此差动保护不需要与保护区外相邻元件保护在动作值和动作时限上相互配合，所以在区内故障时，可以瞬时动作。

二、变压器的监测装置

变压器应提供油温监测、绕组温度监测、油位监测、油流监测及油中气体在线监测装置（如果需要）等监测装置，以便及时了解变压器相关的运行情况。

油温监测装置反映变压器油温最高点温度，油温测点一般装设两个。同时应配套提供带电触点的油温指示器和匹配的装在主控制室的油温指示器，并利用相应的变送器安装在变压器本体处，再就地将油温度转换成 4～20mA 的输出电量与监控系统相连。

绕组温度监测装置为反映变压器绕组温度的电阻型传感元件，一般提供带电触点的绕组温度指示器和匹配的装在主控制室的绕组温度指示器，同时提供相应的变送器安装在变压器本体处，再就地将绕组温度转换成 4～20mA 的输出电量与监控系统相连。所有的测温装置应说明其准确等级。

测温装置的输出一般为两个整定值：低值→发信号，高值→跳闸。

油位监测装置用于监视储油柜内的油位，当油位高于或低于规定值时都应瞬时动作报警，同时提供测温装置的整定值及绕组温度计整定使用的铜油温差与负荷电流的关系曲线。

当油泵投入运行而油流停止时，油流监测装置应动作发出报警信号。

如果需要安装油中气体在线监测装置，宜采用能实时连续地对油中气体多组分含量的变化量进行监视的装置，乙炔的最小检测量不大于 1μL/L。装置能将溶于油中的气体进行在线分析，能测定其中的可燃性气体的含量和变化量。测定值超过预定值，装置应能发出报警信号。

第九节 变压器油气相色谱分析

一、油中气体成分与故障的关系

充油电气设备内部的绝缘材料分解所产生的气体可达二十多种，根据充油电气设备内部故障诊断的需要，绝缘油中溶解气体组分分析的对象一般包括永久性气体（H_2、O_2、N_2、CO 、CO_2）及气态烃（CH_4、C_2H_6、C_2H_4、C_2H_2）共 9 个组分。表 8-11 列出了分析这些气体的主要目的。但在一般情况下通过气相色谱分析方法分析油中溶解气体通常主要是 H_2、CH_4、C_2H_6、C_2H_4、C_2H_2、CO 和 CO_2 7 个组分，以分析诊断设备内部可能存在的过热或放电性故障。而 O_2 和 N_2 组分在有必要时才进行分析。

表 8-11　　9 种气体组分分析的主要目的

组分	主要目的	组分	主要目的
O_2	了解脱气程度和密封好坏，严重过热时 O_2 明显减少	C_2H_6	了解热源温度
		C_2H_4	了解热源温度
N_2	了解氮气饱和程度	C_2H_2	了解有无放电或高温热源
H_2	了解热源温度或有无局部放电或受潮	CO	了解固体绝缘有无热分解
CH_4	了解热源温度	CO_2	了解固体绝缘有无老化或平均温度是否高

绝缘油是由天然石油精炼而获得的矿物油，其化学组成主要是由碳氢元素所结合而成的碳氢化合物，简称为烃；绝缘纸的化学成分是纤维素（碳水化合物）。在它们的分子结构上有不同类型的化学键，例如 C—H、C—C、C—O、H—O 等。对于碳与碳的化学键又分为三种，即单键（C—C）、双键（C＝C）与三键（C≡C），分别称为烷键、烯键与炔键，其中烯键与炔键都属于不饱和键。对于纤维素，在其相邻葡萄糖基连接处还有一种配糖键，称为甙键（C—O—C）。这些化学键都具有不同的键能（见表 8-12）。键能反映化学键原子间结合的强度，是指在标准条件下将 1mol 的气态 AB 分子中的化学键 A—B 断开分成 A＋B 时所需的能量（kcal /mol）。能量越高，分子越稳定。因此，化学键的键型和键能是决定物质性质的一个关键因素。

表 8-12　　有关键能的数值　　kcal /mol

化学键	键 能	化学键	键 能
H—H	104.2	C≡C	194
C—H	94～102	C—O	84
C—C	71～97	C＝O	174
C＝C	147	O—H	110.6

从表 8-12 可以看出，由于具有不同化学键结构的碳氢化合物分子在高温下的不同稳定性，电或热故障的结果可以使某些 C—H 键和 C—C 键断裂，并伴随生成少量活泼的氢原子和不稳定的碳氢化合物的自由基，这些氢原子或自由基通过复杂的化学反应迅速重新组合，形成氢气和低分子烃类气体，即甲烷、乙烷、乙烯、乙炔等，也可能生成碳的固体颗粒及碳氢聚合物（X—蜡）。故障初期，所形成的气体溶解于油中，当故障能量较大时，也可能聚集成游离气体。碳的固体颗粒及碳氢聚合物可沉积在设备的内部。

低能量放电性故障，如局部放电，通过离子反应促使最弱的 C—H 键断裂，主要重新化合成氢气而积累。C—C 键的断裂需要较高的温度（较多的能量），然后迅速以 C—C 键、C＝C 键、C≡C 键的形式重新化合成烃类气体，依次需要越来越高的温度和越来越多的能量。因此，油在热解产气时的一般规律是：所产生的烃类气体的不饱和度随裂解能量密度（温度）的增加而增加，即随热解温度增高，裂解产物的出现次序是烷烃→烯烃→炔烃→焦炭。这是因为 C—C、C＝C、C≡C 化学键具有不同的键能所致。上述表明分子结构是决定故障产气特征的本质原因。

乙烯是在高于甲烷和乙烷的温度（大约为 500℃）下生成的（虽然在较低的温度时也有少量生成）。乙炔一般在 800～1200℃的温度下生成，而且当温度降低时，反应迅速被抑制，作为重新化合的稳定产物而积累。因此，大量乙炔是在电弧的弧道中产生的。当然在较低的温度下（低于 800℃）也会有少量乙炔生成。油可起氧化反应时，伴随生成少量 CO 和 CO_2，并且 CO 和 CO_2 能长期积累，成为数量显著的特征气体。油碳化生成碳粒的温度在 500～800℃。

哈斯特（Halsterd）根据热力动力学原理（阿累尼乌斯定律），运用化学反应速度常数和温度、活化能的函数公式，计算出热平衡状态下形成的气体与温度的关系。热平衡下的气体分压—温度关系如图 8-8 所示。结果表明：油裂解时生成的任何一种烃类气体，其产气速率都随温度而变化，而且在一特定温度下达到它的最大值。随着温度的上升，最大值出现的顺序是 CH_4、C_2H_6、C_2H_4 和 C_2H_2，如图 8-9 所示。

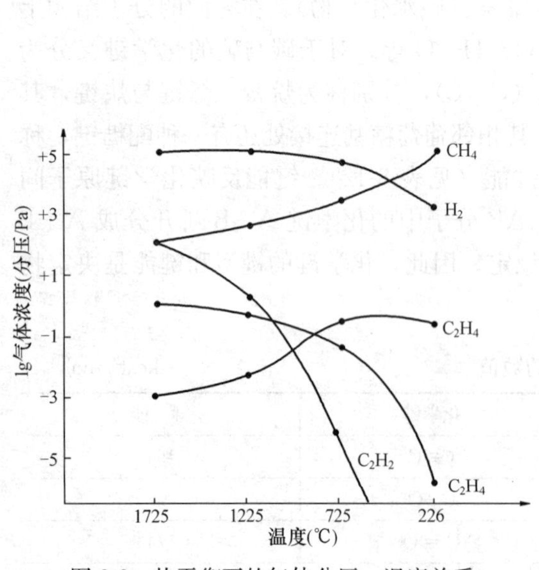

图 8-8 热平衡下的气体分压—温度关系

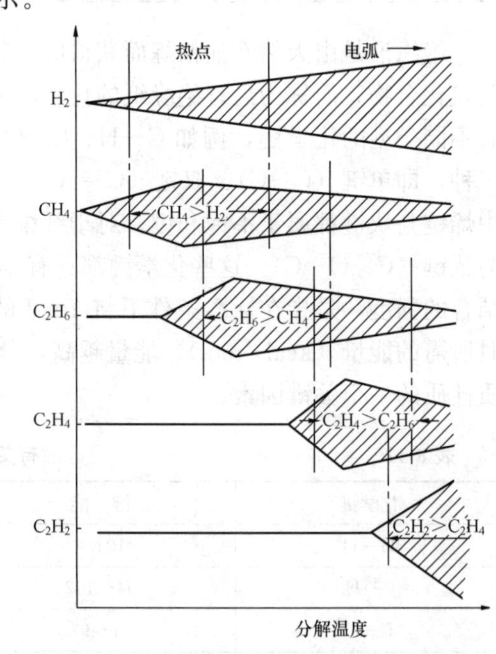

图 8-9 分解温度与油产气速率的关系

纸、层连接片或木块等固体绝缘材料分子内含有大量的无水右旋糖环和弱的 C—O 键即葡萄糖甙键，它们的热稳定性比油中的 C—H 键要弱，并能在较低的温度下重新化合。聚合物裂解的有效温度高于 105℃，完全裂解和碳化高于 300℃，在生成水的同时，生成大量的 CO 和 CO_2 及少量烃类气体和呋喃化合物，同时油被氧化。CO 和 CO_2 的形成不仅随温度而且随油中氧的含量和纸的湿度增加而增加。

二、油中气体含量正常值和注意值

一般充油电气设备油中溶解气体的主要成分是氧和氮（包括少量氩），它们都来源于空气对油的溶解。空气在油中溶解的饱和含量在 101.3 kPa、25℃时约为 10%。但其组成与空气不一样，空气中 N_2=79%、O_2=20%，其他气体=1%；油中溶解的空气则为 N_2=71%、O_2=28%，其他气体=1%。这是因为氧比氮在油中的溶解度大。

油中总含气量与设备的密封方式、油的脱气程序等因素有关。一般开放式变压器油中空气是饱和的，总含气量约为 10%左右；充氮保护的变压器油中氮气是饱和的，总含气量约为 6%～9%；隔膜密封的变压器则根据其注油、脱气方式与系统严密性而定，状况良好时，油中总含气量能维持低于 3%，目前国内多数的隔膜保护变压器不是全密封结构，一般总含气量为 3%～8%；少油设备（互感器、套管）由于制造过程中真空处理和真空浸油的原因，其总含气量一般应低于 3%，但也有因密封不严，使总含气量在 3%～6%之间。

变压器等电气设备在正常运行下，绝缘油和固体绝缘材料由于受到电场、热、湿度、氧的作用，随运行时间而发生速度缓慢的老化现象，除产生一些非气态的劣化产物外，还会产生少量的氢、低分子烃类气体和碳的氧化物等。其中，碳的氧化物（CO、CO_2）成分最多，其次是氢和烃类气体。这些气体大部分溶解在油中。根据统计分析，正常运行变压器中产生的气体存在以下现象：

（1）烃类气体。油中 C_1～C_2 总烃含量一般低于 150μL/L，但使用年久的变压器，C_3～C_4 烃类气体明显增多；一部分国外进口的变压器，投运不久即发现唯独 C_2～C_3 烷烃含量很高；一部分国产变压器，有时还发现有痕量乙炔，但无明显增加趋势。

（2）氢。油中氢含量一般低于 150μL/L，但有的互感器和电容式套管，由于制造工艺不良或油质不稳定，氢含量高的现象时有发生。

（3）碳的氧化物。油中 CO、CO_2 含量与设备运行年限有关，例如 CO 产气速率，国外提出与运行年限关系的经验公式为

$$\mathrm{CO}\ (\mu\mathrm{L/L}) = 374\lg_{10}(4Y) \tag{8-3}$$

式中 Y——运行年限（年）。

式（8-3）适用于密封式变压器。对于开放式国产变压器，一般 CO 含量多在 300μL/L 以下；对于电容式套管，因封闭严密，碳的氧化物往往较高。

CO_2 含量变化的规律性不强，除与运行年限有关外，还与变压器结构、绝缘材料性质、运行负荷以及油保护方式等有密切关系。

（4）新投运的变压器，特别是国产变压器，由于制造工艺或所用绝缘材料性质等原因，运行初期往往有 H_2、CO 或 CO_2 增加较快的现象，但达到一定增长的极限含量后会逐渐降低。

此外，其他原因引入的气体，如绝缘油在精炼过程或油处理过程中产生的气体，设备在制造中干燥、浸渍产生的气体，金属材料吸附的气体，新变压器在运输时充入的气体，在油

箱或辅助设备上进行电焊时油分解产生的气体等，都有可能与油接触溶解于油中。

当变压器等电气设备内部存在潜伏性故障时，在热、电和机械应力的作用下就会加速绝缘油和固体绝缘材料热裂解，从而加快上述气体的产生速度，随着故障的持续发展，分解出的气体形成的气泡在油中经对流、扩散，不断溶解在油中，使油中故障气体不断积累至含量很高，甚至达到饱和状态，并析出气泡进入气体继电器中。根据国内大量运行设备的分析数据，通过统计分析，电力行业标准GB/T 7252—2001《变压器油中溶解气体分析和判断导则》和DL/T 596—1996《电力设备预防性试验规程》提出了油中溶解气体含量的注意值，见表8-13和表8-14。当油中气体含量任一项超过表中所列的数值时应引起注意。

表8-13　　变压器、电抗器和套管油中溶解气体含量的注意值　　μL/L

设　备	气体组分	含　量	
		330kV及以上	220kV及以下
变压器和电抗器	总烃	150	150
	乙炔	1	5
	氢	150	150
	一氧化碳	见四、(四)	见四、(四)
	二氧化碳	见四、(四)	见四、(四)
套管	甲烷	100	100
	乙炔	1	2
	氢	500	500

注　1. 该表所列数值不适用于从气体继电器放气嘴取出的气样［见四、(五)］。

2. 关于330kV及以上电抗器的判断方法见四、(二) 1. (2)。

表8-14　　电流互感器和电压互感器油中溶解气体含量的注意值　　μL/L

设　备	气体组分	含　量	
		330kV及以上	220kV及以下
电流互感器	总烃	100	100
	乙炔	1	2
	氢	150	150
电压互感器	总烃	100	100
	乙炔	2	3
	氢	150	150

三、判断故障性质的特征气体法

变压器等设备涉及产气的内部故障一般可分为过热和放电两类。过热按温度高低，可分为低温过热、中温过热与高温过热三种情况，放电又可区分为局部放电、低能放电（火花放电）和高能放电（电弧放电）三种类型。另外，设备内部进水受潮也是一种内部潜伏性故障。

1. 过热故障

过热是指局部过热，又称为热点，它与变压器正常运行下的发热是有区别的。正常运行时，温度的热源，来自线卷绕组的铁芯，即铜损和铁损。在正常运行下，由铜损和铁损转化而来的热量使变压器油温升高。一般上层油温不大于85℃。变压器的运行温度直接影响绝缘的运行寿命。一般来说，每当温度升高8℃时，绝缘材料的使用寿命就减少一半。

过热性故障占变压器故障的比例很大，危害性虽然不像放电性故障严重，但发展的后果往往不好。存在于固体绝缘的热点会引起绝缘劣化与热解，对绝缘危害较大。热点常会从低温逐步发展为高温，甚至会发展为电弧性热点而造成设备损坏事故。一些裸金属热点也常发生烧坏铁芯、螺栓等部件，严重时也会造成设备损坏。

过热性故障在变压器内发生的原因和部位主要可归纳为三种：

（1）触点接触不良。如引线连接不良、分接开关接触不紧、导体接头焊接不良等。

（2）磁路故障。铁芯两点或多点接地，铁芯片间短路，铁芯被异物短路，铁芯与穿芯螺钉短路，漏磁引起的油箱、夹件、压环等局部过热等。

（3）导体故障。部分线圈短路或不同电压比并列运行引起的循环电流发热、导体超负荷过流发热；绝缘膨胀、油道堵塞而引起的散热不良等。

过热性故障产生气体的特征：

（1）热点只影响绝缘油的分解而不涉及固体绝缘的裸金属过热性故障时，产生的气体主要是低分子烃类气体，其中甲烷与乙烯是特征气体，一般两者之和常占总烃的80%以上。当故障点温度较低时，甲烷占的比例大，随着热点温度的升高（500℃以上），乙烯、氢组分急剧增加，比例增大。当严重过热（800℃以上）时，也会产生少量乙炔，但其最大含量不超过乙烯量的10%。

（2）涉及固体绝缘的过热性故障时，除产生上述的低分子烃类气体外，还产生较多的CO、CO_2，随着温度的升高，CO/CO_2 比值逐渐增大。对于只限于局部油道堵塞或散热不良的过热性故障，由于过热温度较低，且过热面积较大，此时对绝缘油的热解作用不大，因而低分子烃类气体不一定多。

2. 放电故障

（1）高能放电又称电弧放电，在变压器、套管、互感器内都会发生。引起电弧放电故障的原因通常是线卷匝、层间绝缘击穿，过电压引起内部闪络，引线断裂引起闪弧，分接开关飞弧和电容屏击穿等。这种故障气体产生剧烈、产气量大，故障气体往往来不及溶解于油就聚集到气体继电器引起瓦斯动作。由于这类故障多是突发性的，预兆不明显，测定油中溶解气体一般不易预诊断。通常在出现故障后，立即对油中气体和瓦斯气体成分进行分析以判断故障的性质和严重程度。这种故障气体的特征是乙炔和氢占主要部分，其次是乙烯和甲烷，如果涉及固体绝缘，瓦斯气体和油中气体的一氧化碳含量都较高。

（2）低能放电一般是火花放电，是一种间歇性的放电故障，在变压器、互感器、套管中均有发生。如铁芯片间、铁芯按地片接触不良造成悬浮电位放电，分接开关拔叉悬浮电位放电，电流互感器内部引线对外壳放电和一次绕组支持螺帽松动造成线圈屏蔽铝箔悬浮电位放电等。火花放电产生的主要气体成分也是乙炔和氢，其次是甲烷和乙烯，但由于故障能量较小，总烃一般不会高。

（3）局部放电是指液体和固体绝缘材料内部形成桥路的一种放电现象，一般可分为气隙形成的局部放电与油中气泡形成的局部放电（简称气泡放电）。这种故障在电流互感器和电容套管故障中所占比例较大。设备受潮、制造工艺差或维护不当，都会造成局部放电。局部放电常发生在油浸纸绝缘中的气体空穴内或悬浮带电体的空间内。局部放电产气特征是氢组分最多（占氢烃总量的85%以上），其次是甲烷。当放电能量高时，会产生少量乙炔。另外，在绝缘纸层中间，有明显可见的蜡状物（*X*—蜡）或放电痕迹。局部放电的后果是加速绝缘老化，如任其发展会引起绝缘破坏，甚至造成事故。

3. 受潮

设备内部进水受潮时，油中水分和带湿杂质易形成“小桥”，或者固体绝缘中含有的水分加上内部气隙空洞的存在，共同加速绝缘电老化过程，并在强烈局部放电作用下，放出氢气。另外，水分在电场作用下发生电解作用，水与铁又会发生电化学反应，都可产生大量的氢气。变压器等设备内部进水受潮，如不及早发现与及时处理，往往会发展成放电性故障，甚至造成设备损坏。

根据上述几种故障类型的产气特征，可归纳出一般规律，见表 8-15。

表 8-15　　不同故障类型产生的气体

故障类型	主要气体组分	次要气体组分
油过热	CH_4，C_2H_4	H_2，C_2H_6
油和纸过热	CH_4，C_2H_4，CO，CO_2	H_2，C_2H_6
油纸绝缘中局部放电	H_2，CH_4，CO	C_2H_2，C_2H_6，CO_2
油中火花放电	H_2，C_2H_2	—
油中电弧	H_2，C_2H_2	CH_4，C_2H_4，C_2H_6
油和纸中电弧	H_2，C_2H_2，CO，CO_2	CH_4，C_2H_4，C_2H_6
进水受潮或油中气泡放电	H_2	—

四、判断故障性质的三比值法

在热动力学和实践的基础上，推荐改良的三比值法作为判断充油电气设备故障类型的主要方法。改良三比值法是对五种气体组成 C_2H_2/C_2H_4、CH_4/H_2、C_2H_4/C_2H_6 的三对比值的范围确定编码，根据编码组合确定故障的类型。改良三比值法的编码规则和判断方法见表 8-16 和表 8-17。

表 8-16　　编　码　规　则

气体比值范围	比值范围编码			说　明
	C_2H_2/C_2H_4	CH_4/H_2	C_2H_4/C_2H_6	
＜0.1	0	1	0	例如： 1≤C_2H_2/C_2H_4＜3，编码为 1； 1≤CH_4/H_2＜3，编码为 2； 1≤C_2H_4/C_2H_6＜3，编码为 1
≥0.1～＜1	1	0	0	
≥1～＜3	1	2	1	
≥3	2	2	2	

表 8-17　　故障类型判断方法

编码组合			故障类型判断	故障实例（参考）
C_2H_2/C_2H_4	CH_4/H_2	C_2H_4/C_2H_6		
0	0	1	低温过热（低于 150℃）	绝缘导线过热，注意 CO 和 CO_2 的含量以及 CO_2/CO 值
	2	0	低温过热（150～300）℃	分接开关接触不良、引线夹件螺栓松动或接头焊接不良、涡流引起铜过热、铁芯漏磁、局部短路、层间绝缘不良、铁芯多点接地等
	2	1	中温过热（300～700）℃	
	0、1、2	2	高温过热（高于 700℃）	
	1	0	局部放电	高湿度、高含气量引起油中低能量密度的局部放电

续表

编码组合			故障类型判断	故障实例（参考）
C_2H_2/C_2H_4	CH_4/H_2	C_2H_4/C_2H_6		
2	0、1	0、1、2	低能放电	引线对电位未固定的部件之间连续火花放电，分接抽头引线和油隙闪络，不同电位之间的油中火花放电或悬浮电位之间的火花放电
	2	0、1、2	低能放电兼过热	
1	0、1	0、1、2	电弧放电	线圈匝间、层间短路，相间闪络，分接头引线间油隙闪络，引线对箱壳放电，线圈熔断，分接开关飞弧，因环路电流引起电弧，引线对其他接地体放电等
	2	0、1、2	电弧放电兼过热	

油中溶解气体分析检测与诊断变压器等充油电气设备内部的潜伏性故障，一般来说，主要是利用以下三个条件来达到：

（1）故障下产气的累积性。充油电气设备的潜伏性故障所产生的可燃性气体大部分会溶解于油。随着故障的持续，这些气体在油中不断积累，直至饱和甚至析出气泡。因此，油中故障气体的含量，即其累积程度是诊断故障存在与发展情况的一个依据。

（2）故障下的产气速率。正常情况下充油电气设备在热和电场的作用下也会老化分解出少量的可燃性气体，但产气速率很缓慢。当设备内部存在故障时，就会加快这些气体的产生速率。因此，故障气体的产生速率，也是诊断故障存在与发展程度的另一依据。

（3）故障下产气的特征性。变压器内部在不同故障下产生的气体有不同的特征。例如局部放电时总会有氢，较高温度的过热时总会有乙烯，而电弧放电时也总会有乙炔。因此，故障下产气的特征性是诊断故障性质的又一依据。

通过油中溶解气体分析，在诊断变压器等充油电气设备内部故障时，一般应包括下述内容：

（1）判定有无故障。

（2）判断故障的性质，包括故障类型、故障严重程度与故障发展趋势等。

（3）提出相应的安全防范措施。

油中溶解气体分析，在故障诊断方法上不仅是一门科学，而且是一门艺术。也就是说，正确的诊断离不开科学原理与实际经验的结合，离不开不同学科知识的综合以及不同专业（如化学、电气）人员的配合。

（一）对出厂和新投运的设备的要求

按 GB/T 7252—2001《变压器油中溶解气体分析和判断导则》规定，对出厂和新投运的变压器和电抗器要求为：出厂试验前后的两次分析结果，以及投运前后的两次分析结果不应有明显的区别。此外，气体含量应符合表 8-18 的要求，并注意积累数据，当根据试验结果怀疑有故障时，应结合其他检查性试验进行综合判断。

表 8-18　对出厂和新投运的设备气体含量的要求　μL/L

气体	变压器和电抗器	互感器	套管
氢	<30	<50	<150
乙炔	0	0	0
总烃	<20	<10	<10

（二）有无故障的判定

按 GB/T 7252—2001《变压器油中溶解气体分析和判断导则》或 DL/T 596—1996《电力设备预防性试验规程》对运行充油电气设备测检周期的规定，定期对设备进行检测。在充分掌握设备油中气体多次准确的色谱分析数据的基础上，根据故障判断的步骤，首先是判明有无故障。常用的方法是“三查”，即查对注意值、考查产气速率和调查设备状况。根据“三查”情况，进行综合分析，最后作出判定有无故障的结论。

1.“一查”查对特征气体含量分析数据是否超过注意值

将色谱分析结果中的几项主要特征气体含量与 GB/T 7252—2001《变压器油中溶解气体分析和判断导则》和 DL/T 596—1996《电力设备预防性试验规程》中推荐的注意值进行比较，当油中气体含量任一项超过表所列的数值时应引起注意。

查对注意值时，应注意以下几点：

（1）对注意值的理解要正确。GB/T 7252—2001《变压器油中溶解气体分析和判断导则》所推荐的注意值是根据国内大量运行设备的分析数据通过统计分析而得出的，在反映故障的概率上有一定的可能性，但不是划分设备有无故障的唯一标准。当气体浓度达到注意值时，应进行跟踪分析，查明原因。有的设备因某些原因使气体含量超过注意值，也不能断定有故障；而有的设备气体含量虽低于注意值，但含量增长迅速，也应引起注意。因此，注意值的作用在于给出“引起注意”的信号，以便对有问题的设备开展全面的综合分析以判别有无故障。

（2）对所诊断的设备和查对的特征气体组分要有重点、有区别。因为正常运行设备油中气体含量的绝对值与变压器的容量、油量、运行方式、运行年限等有密切关系，因此查对注意值时应对不同的设备（如 500kV 设备）有所区别。注意值中提出的几项主要指标，其重要性也有所不同，其中乙炔反映故障的危险性较大。因此，GB/T 7252—2001《变压器油中溶解气体分析和判断导则》对超高压设备的监督提出了更加严格的要求。对 330kV 及以上的电抗器，当出现痕量（少于 1μL/L）乙炔时也应引起注意；如气体分析虽已出现异常，但判断不至于危及绕组和铁芯安全时，可在超过注意值较大的情况下运行。

（3）影响电流互感器和电容式套管油中氢气含量的因素较多，有的氢气虽低于表中的数值，但有增长趋势，也应引起注意；有的只有氢气含量超过表中数值，若无明显增长趋势，也可判断为正常。

（4）对进口设备要区别对待。由于国外进口设备，其内部结构与用油型号等有所不同，按 GB/T 7252—2001《变压器油中溶解气体分析和判断导则》推荐的注意值往往不一定适合，而国外标准或厂家推荐的注意值也不尽相同。因此，国内标准只能作参考。

（5）注意区别非故障情况下的气体来源，进行综合分析。在某些情况下，有些气体可能不是设备故障造成的，如油中含有水，可以与铁作用生成氢；过热的铁芯层间油膜裂解也可生成氢；新的不锈钢中也可能在加工过程中或焊接时吸附氢而又慢慢释放到油中；特别是在温度较高、油中有溶解氧时，设备中某些油漆（醇酸树脂）在某些不锈钢的催化下，甚至可能生成大量的氢；某些改型的聚酸亚胺型的绝缘材料也可生成某些气体而溶解于油中；油在阳光照射下也可以生成某些气体；设备检修时，暴露在空气中的油可吸收空气中的 CO_2 等，这时，如果不真空滤油，则油中的 CO_2 含量约为 300μL/L（与周围环境的空气有关）。

另外，某些操作也可生成故障气体，如有载调压变压器中切换开关油室的油向变压器主油箱渗漏，或选择开关在某个位置动作时，悬浮电位放电的影响；设备曾经有过故障，而故障排除后绝缘油未经彻底脱气，部分残余气体仍留在油中；设备油箱带油补焊；原注入的油就含有某些气体等。

这些气体的存在一般不影响设备的正常运行，但当利用气体分析结果确定设备内部是否存在故障及其严重程度时，要注意加以区分。

2. “二查”考查特征气体的产气速率

仅根据分析结果的绝对值是很难对故障的严重性做出正确判断的。因为故障常以低能量的潜伏性故障开始，若不及时采取相应的措施，可能会发展成较严重的高能量的故障。因此，必须考虑故障的发展趋势，也就是故障点的产气速率。产气速率对反映故障的存在、严重程度及发展趋势更加直接和明显，产气速率与故障消耗能量大小、故障部位、故障点的温度等情况直接相关。因此，考查产气速率不仅可以进一步确定故障的有无，还可以对故障的性质做出初步的估计。

GB/T 7252—2001《变压器油中溶解气体分析和判断导则》推荐了两种计算产气速率的方法及其总烃注意值。

(1) 总烃绝对产气速率注意值。指每个运行日产生某种气体组分体积数的平均值，计算公式为

$$\gamma_a = \frac{C_{i,2} - C_{i,1}}{\Delta t} \cdot \frac{m}{\rho} \tag{8-4}$$

式中 γ_a——绝对产气速率，mL/d；

$C_{i,2}$——第二次取样测得油中某气体浓度，μL/L；

$C_{i,1}$——第一次取样测得油中某气体浓度，μL/L；

Δt——两次取样时间间隔中的实际运行时间，d；

m——设备总油量，t；

ρ——油的密度，t/m^3。

变压器和电抗器绝对产气速率的注意值见表 8-19。

表 8-19　　变压器和电抗器绝对产气速率的注意值　　mL/d

气体组分	开放式	隔膜式
总烃	6	12
乙炔	0.1	0.2
氢	5	10
一氧化碳	50	100
二氧化碳	100	200

注　当产气速率达到注意值时，应缩短检测周期，进行跟踪分析。

(2) 总烃相对产气速率注意值。指每个运行月（或折算到月）某种气体含量增加原有值的百分数的平均值，计算公式为

$$\gamma_r(\%) = \frac{C_{i,2} - C_{i,1}}{C_{i,1}} \times \frac{1}{\Delta t} \times 100 \tag{8-5}$$

式中 γ_r——相对产气速率，%/月；

$C_{i,2}$——第二次取样测得油中某气体浓度，μL/L；

$C_{i,1}$——第一次取样测得油中某气体浓度，μL/L；

Δt——两次取样时间间隔中的实际运行时间，月。

相对产气速率注意值为10%/月。

在考查产气速率时要注意：

(1) 考查期间尽量使负荷、散热条件保持稳定。

(2) 如需考察产气速率与负荷的相互关系，可有计划地改变负荷进行考查。

(3) 对于新设备及大修后的设备，在投运一段时间经多次检测准确测定油中气体含量的“起始值”后，才对产气速率进行正式考查。

(4) 对于气体浓度很高的设备或故障检修后的设备，应进行脱气处理后才考查产气速率，考查中还要考虑固体绝缘材料中的残油可能释放出气体的影响，以便可靠地判断实际的产气速率。

(5) 如果设备已脱气处理或运行时间不长，油中含气量很低，不宜采用相对产气速率判据，以免带来较大误差。

产气速率在很大程度上依赖于设备类型、负荷情况、故障类型和所用绝缘材料的体积及老化程度，应结合这些情况进行综合分析。判断设备状况时，还应考虑呼吸系统对气体的逸散作用。

3.“三查”调查设备的有关情况

要判明设备有无故障，还应全面了解所诊断设备的结构、安装、运行及检修等情况，弄清气体产生的真正原因，避免非故障原因所带来的误判断。调查设备的情况一般有：

(1) 在设备结构和制造方面。如有载调压变压器的切换开关室有无渗漏；设备的密封方式；设备内的绝缘结构、绝缘材料、金属材料（如有无不锈钢），以及出厂试验色谱分析情况等。

(2) 在安装、运行与检修方面。如新设备安装时保护用 CO_2 气体是否排除干净；充氮保护设备所用氮气纯度；油脱气处理状况；安装或检修中有无带油焊补；绝缘油质量（有无混用合成绝缘油）；设备内部清洁状况及净油器状况等。

(3) 在辅助设备方面。如潜油泵及其管道、阀件有无缺陷或运行不正常；油流继电器触点有无电火花；分接开关拨叉有无悬浮电位放电等。

当然，对设备有关情况的调查了解，应在电气、检修人员共同配合下进行，根据共同调查情况结合色谱分析数据进行综合分析以判定故障的有无。

（三）故障类型的判断

GB/T 7252—2001《变压器油中溶解气体分析和判断导则》推荐改良的三比值法作为判断充油电气设备故障类型的主要方法。在应用三比值法时应注意：

(1) 只有根据各组分含量注意值或产气速率注意值有理由判断设备可能存在故障时才能进一步用三比值法判断其故障的类型。对于气体含量正常，且无增长趋势的设备，比值没有意义。

(2) 表8-17中所列每一种故障对应的一组比值都是典型的。假如气体的比值与以前的比值不同，则可能有新的故障重叠在老故障或正常老化上。为了得到仅仅相应于新故障的气体比值，要从最后一次的分析结果中减去上一次的分析数据，并重新计算比值（尤其是在CO和 CO_2 含量较大的情况下）。在进行比较时，要注意在相同的负荷和温度等情况下及相同的位置取样。

(3) 应注意设备的结构与运行情况，如自由呼吸的开放式变压器，由于一些气体组分从油箱的油面上逸散，特别是氢与甲烷。因此，在计算 CH_4/H_2 比值时应作适当修正。

（4）特征气体的比值，应在故障下不断产气进程中监视才有意义，如果故障产气过程停止或设备已停运多时，将会使组分比值发生某些变化而带来判断误差。

（5）由于溶解气体分析本身存在的试验误差，导致气体比值也存在某些不确定性。利用GB/T 7252—2001《变压器油中溶解气体分析和判断导则》所述的方法分析油中溶解气体结果的重现性和再现性，对气体浓度大于 10μL/L 的气体，两次的测试误差不应大于平均值的10%，而在计算气体比值时，误差提高到 20%。当气体浓度低于 10μL/L 时，误差会更大，使比值的精确度迅速降低。因此，在使用比值法判断设备故障性质时，应注意各种可能降低精确度的因素。尤其是对正常值普遍较低的电压互感器、电流互感器和套管，更要注意这种情况。

（四）对 CO 和 CO_2 的判断

当故障涉及固体绝缘时，会引起 CO 和 CO_2 含量的明显增长。根据现有的统计资料，固体绝缘的正常老化过程与故障情况下的劣化分解，表现在油中 CO 和 CO_2 的含量上，一般没有严格的界限，规律也不明显。这主要是由于从空气中吸收的 CO_2、固体绝缘老化及油的长期氧化形成 CO 和 CO_2 的基值过高造成的。开放式变压器溶解空气的饱和量为 10%，设备里可以含有来自空气中的浓度为 300μL/L 的 CO_2。在密封设备里，空气也可能经泄漏而进入设备油中，这样，油中的 CO_2 浓度将以空气的比率存在。经验证明，当怀疑设备固体绝缘材料老化时，一般 $CO_2/CO>7$；当怀疑故障涉及固体绝缘材料时（高于 200℃），可能 $CO_2/CO<3$，必要时，应从最后一次的测试结果中减去上一次的测试数据，重新计算比值，以确定故障是否涉及固体绝缘。

当怀疑纸或纸板过度老化时，应适当地测试油中糠醛含量，或在可能的情况下测试纸样的聚合度。

（五）故障严重程度与发展趋势的判断

在确定设备故障存在及故障类型的基础上，必要时还要了解故障的严重程度与发展趋势，以便及时制订处理措施，防止设备发生损坏事故。对于判断故障的严重程度与发展趋势，在用改良的三比值法的基础上还有一些常用的方法，如瓦斯分析与判别、平衡判据等。

1. 瓦斯分析与判别

当故障变压器在运行中气体继电器内有瓦斯（游离气体）聚集或引起气体继电器动作时，往往反映出故障向更严重的程度发展。此时，对瓦斯进行分析，所得数据再配合油中气体含量数据进行分析，可判别故障的严重程度与发展趋势。瓦斯气量与气体继电器的动作频率也是很有价值的信息，对判明故障激化状况与危险性有参考作用。

在用瓦斯分析与判别手段时，应注意由于油路系统及其附件漏入空气或其他原因带来的假象对判断故障的干扰。对于开放式油箱的变压器，故障气体从油中析出与释放往往不是在油饱和的状态下发生的，因此，采用平衡判据方法用在瓦斯分析与判别上是不适用的。

2. 平衡判据

所有故障的产气速率均与故障的能量释放紧密相关。对于能量较低、气体释放缓慢（如低温热点或局部放电）的故障，所生成的气体大部分溶解于油中，就整体而言，基本处于平衡状态；对于能量较大（如铁芯过热）故障，气体释放较快，当产气速率大于溶解速率时，这时油分解产生的气体往往来不及溶解在油中而可能形成气泡并上升至气体继电器中聚集起来，当聚集的气体压力达到一定值后会引起气体继电器报警；对于高能量的电弧放电性故障，大量气体迅速生成，所形成的大量气泡迅速上升并聚集在继电器里，引起继电器报警，实际上这些气体与油中溶解气体远没有达到平衡。因此，当气体继电器发出信号时，除应立即取气体继电器中游离气体进行色谱分析外，还应同时取油样进行溶解气体分析，并比较油中溶解气体与继电器中的游离气体的浓度，以判别游离气体与溶解气体是否处于平衡状态，进而可以判断故障的持续时间和气泡上升的距离。通过分析可准确地判断出故障的存在和发生的严重程度，并可区分因潜油泵或其他密封部件漏气等原因而引起气体继电器报警的情况，从而采取相应的处理措施，避免故障的进一步扩大和减少不必要的经济损失。

平衡判据是根据气液溶解平衡的原理提出来的，此法主要适用于带有气垫层的密封式油箱的充油电气设备，对推断故障的持续时间和发展速度很有帮助。

比较方法是对气体继电器上气样进行色谱分析，把游离气体中各组分的浓度值，利用各组分的奥斯特瓦尔德系数 k_i 计算出平衡状况下油中溶解气体同组分浓度的理论值，再与从油样色谱分析中得到的溶解气体各组分浓度值（实测值）进行比较。平衡关系为

$$C_{o.i} = k_i C_{g.i} \tag{8-6}$$

式中 $C_{o.i}$——油中溶解气体组分 i 浓度的理论值，μL/L；

$C_{g.i}$——气体继电器中游离气体中各组分 i 的浓度值，μL/L；

k_i——组分 i 的奥斯特瓦尔德系数。

判断方法如下：

（1）如果通过计算的理论值和油中溶解气体组分实测值近似相等，可认为气体是在平衡条件下释放出来的。这里有两种可能：一种是故障气体各组分浓度均很低，说明设备是正常的。应搞清楚这些非故障气体的来源及继电器报警的原因。如潜油泵或其他密封部件漏气、检修中因换油或补油未按规定要求进行真空滤油或注油而使空气进入变压器本体（主要成分是 O_2、N_2）等原因引起气体继电器报警。另一种是实测值略高于理论值，则说明设备存在产生气体较为缓慢的潜伏性故障。

（2）如果气体继电器中游离气体浓度通过计算的理论值明显超过油中溶解气体浓度的实测值，则说明释放气体较多，设备内部存在产生气体较快的严重故障，应进一步计算气体的增长率。

（3）利用气体继电器中游离气体判断故障性质的方法，原则上与油中溶解气体相同，但应将游离气体浓度换算为平衡状况下油中溶解气体浓度的理论值，然后计算比值。

3. 举例

某变压器在运行过程中发生重瓦斯动作，主变压器高、中、低压三侧跳闸，立即同时取主变压器本体油样和气体继电器上气样进行色谱分析，分析结果见表 8-20。

表 8-20　　某变压器的平衡判据分析结果

组分	油中含量（实测值）（μL/L）	游离气体中含量（μL/L）	由游离气体中含量计算在平衡状况下油中含量（理论值，μL/L），20℃	理论值/实测值
H_2	471.9	9211.7	9211.7×0.05=460.6	460.6/471.9=0.98
CH_4	114.5	28 723	28 723×0.43=12 351	12 351/114.5=108
C_2H_6	9.8	48.0	48.0×2.40=115.2	115.2/9.8=11.8
C_2H_4	149.2	3624.9	3624.9×1.70=6162.3	6162.3/149.2=41.3
C_2H_2	298.2	13 893	13 893×1.20=16 672	16 672/298.2=55.9

续表

组分	油中含量（实测值）（μL/L）	游离气体中含量（μL/L）	由游离气体中含量计算在平衡状况下油中含量（理论值，μL/L），20℃	理论值/实测值
CO	1493	123 904	123 904×0.12=14 869	14 869/1493=9.96
CO_2	12 614	16 186	16 186×1.08=17 481	17 481/12 614=1.39
总烃	571.7	46 289		

注 1. 平衡判据计算用 k_i 采用 IEC（导则）20℃推荐值。
2. IEC 文件提出理论值/实测值比值为 0.5～2.0，可视为达到平衡状态。

表 8-20 中的平衡判据表明，气体继电器上游离气体除 H_2 可能有泄漏，CO_2 接近平衡外，其余各组分含量大大超过油中溶解气体各组分的实测值，说明故障气体是在非平衡状态下释放出来的。从特征气体含量和组成分析，H_2、C_2H_2 组分含量高且为总烃主要成分，其次是 C_2H_4、CH_4、CO、CO_2 组分，其中 CO 含量较高、增长速度较快，可判断变压器存在持续时间较短而发展较快并涉及固体绝缘的放电性故障。

（六）综合分析与提出处理措施

实践证明：油中气体分析对运行设备内部早期故障的诊断虽然灵敏，但由于这一方法的技术特点，使它在故障的诊断上有不足之处，如对故障的准确部位无法确定；对涉及具有同一气体特征的不同故障类型（如局部放电与进水受潮）的故障易于误判。因此，在判断故障时，必须结合电气试验、油质分析，以及设备运行、检修等情况进行综合分析，对故障部位、原因、绝缘或部件的损坏程度等作出准确的判断，从而制订出适当的处理措施。

1. 电气试验

对于过热性故障，为了查明故障部位是在导电回路上还是在磁路上，需要做绕组直流电阻、铁芯接地电流、铁芯对地绝缘电阻甚至空载试验（有时还需做单相空载试验）、负载试验等；对于放电性故障，为了查明放电部位与放电强度，需做局部放电试验、超声波探测局部放电试验，检查潜油泵及有载调压开关油箱等；当认为变压器可能存在匝间、层间短路故障时，还需进行变比和低压励磁电流测量等试验。

2. 油质分析

当怀疑故障可能涉及固体绝缘或绝缘过热发生热老化时，可进行油中糠醛含量测定；当发现油中氢组分单一增高，怀疑设备进水受潮时，应测定油中的微量水分；当油总烃含量很高时，应查对油的闪点是否有下降的迹象。

3. 设备情况检查

在监视故障过程中，应仔细观察负荷、油温的变化，油面与油温的关系，本体及辅助设备的响声及振动等的变化以及外壳有无局部发热等；当气体继电器或其他保护动作时，应查看设备的防爆膜是否破裂，是否有喷油、漏油、油箱变形、异常振动和放电迹象以及辅助设备有无异常等。

4. 处理措施

在对故障进行综合分析，比较准确地判明故障的存在及其性质、部位、发展趋向等情况的基础上，研究制订对设备应采取的不同处理措施，包括缩短试验周期、加强跟踪监视、限制负荷、近期安排内部检查、立即停止运行等，目的是确保设备的安全运行、避免无计划停电、合理安排检修和防止设备损坏事故。

第十节 互 感 器

互感器是电力系统内供测量和保护用的重要设备，分为电压互感器和电流互感器两大类：前者能将系统的高电压变为标准的低电压（100V或$100/\sqrt{3}$A）；后者能将高压系统的电流或低压系统中的大电流，变成低压的标准的小电流（5A或1A），用以给测量仪表和继电器供电。互感器的作用是：

（1）与测量仪表配合，对线路的电压、电流等进行测量；与继电器配合，对电力系统和设备进行过电压、过电流、过负荷和单相节点等保护。

（2）使测量仪表、继电保护装置与线路的高电压隔离，以保证操作人员和设备的安全。

（3）将电压和电流变换成统一的标准值，以利于仪表和继电器标准化。

一、电压互感器

电压互感器按其工作原理可以分为电磁感应原理和电容分压原理两类。常用的电压互感器是利用电磁感应原理工作的，其基本构造和普通变压器相同，主要由铁芯、一次绕组、二次绕组组成。电压互感器一次绕组匝数较多，二次绕组匝数较少，使用时一次绕组与被测量电路并联，二次绕组与测量仪表或继电器等电压线圈并联。由于测量仪表、继电器等电压线圈的阻抗很大，因此，电压互感器在正常运行中相当于一个空载运行的降压变压器，其二次电压基本上等于二次电动势值，且取决于恒定的一次电压值，所以电压互感器在准确度允许的负荷范围内，能够精确地测量一次电压。

电压互感器的主要额定技术参数有变比、误差、准确度等级（角差、比差）、容量（二次绕组允许接入的负荷功率）、接线组别等。其中，电压互感器的准确度等级，是以最大变比误差（比差）和相角误差（角差）来区分的，准确度等级在数值上就是变比误差等级的百分限制，通常将电压互感器的误差等级分为0.5、1、3级。

二、电流互感器

电流互感器也是按电磁感应原理工作的，其结构与普通变压器相似，主要由铁芯、一次绕组和二次绕组等几个主要部分组成。所不同的是电流互感器的一次绕组匝数很少，使用时一次绕组串联在被测线路里；而二次绕组匝数较多，与测量仪表和继电器等电流线圈串联使用。运行中电流互感器一次绕组内的电流取决于线路的负荷电流，与二次负荷无关，由于接在电流互感器二次绕组内的测量仪表和继电器的电流线圈阻抗都很小，所以电流互感器在正常运行时，接近于短路状态，相当于一个短路运行的变压器，这是互感器与变压器的主要区别。

电流互感器的种类较多，具体可以按照用途、结构形式、绝缘形式及一次绕组的形式来分类。其主要的技术参数有变比（一次绕组的额定电流与二次绕组的额定电流之比）、误差、准确度等级、容量（允许接入的二次负荷功率）等。其中，电流互感器的测量误差分为变比误差和相角误差两种。其准确度等级是以最大变比误差和相角差来区分的。一般使用的准确度等级有0.2、0.5、1、3、10级和D级几种。用于继电保护的电流互感器，为满足继电器灵敏度和选择性的要求，一般按照电流互感器的10%倍数曲线进行校验。

高 压 开 关 电 器

在高压电力系统中，用于接通或开断电路的电器称为高压开关电器，其作用主要表现为：

（1）在正常情况下接通或开断电路。

（2）改变运行方式时灵活地进行切换操作。

（3）在系统发生故障时迅速地切除故障部分以保证非故障部分的正常运行。

（4）在设备检修时可靠地隔离带电部分以保证工作人员的安全。

高压开关电器根据安装地点可以分为户内式和户外式两类。通常35kV及以下的开关电器采用户内式，110kV及以上的开关电器主要采用户外式。根据开关电器的不同功能又可以分为断路器、隔离开关、负荷开关、自动重合器、熔断器等。

第一节 高 压 断 路 器

额定电压为3kV及以上，能够关合、承载和开断运行状态的正常电流，并能够在规定时间内关合、承载和开断规定的异常电流（如短路电流、过负荷电流等）的开关电器称为高压断路器。

一、高压断路器的分类

高压断路器结构和动作原理各不相同，按照灭弧介质和灭弧原理的不同，高压断路器主要有以下几种类型：

（1）油断路器。采用绝缘油作为灭弧介质的断路器。

（2）压缩空气断路器。采用压缩空气作为灭弧介质及操动机构能源的断路器。

（3）真空断路器。采用真空的高绝缘强度来实现灭弧功能的断路器。

（4）SF_6 断路器。采用具有优良绝缘性能的 SF_6 气体作为绝缘介质和灭弧介质的断路器。

在上述断路器中，油断路器和压缩空气断路器已基本被淘汰，SF_6 断路器多用于额定电压110kV及以上的电力系统中，真空断路器目前多用于额定电压35kV以下，今后将向更高电压等级发展。

二、高压断路器的性能

高压断路器是发电厂、变电站及电力系统中最重要的控制和保护设备。它具有两方面的功能：一是控制作用，即根据电网调度要求，将一部分电气设备及线路投入或退出运行、备用或检修状态；二是保护作用，即在电气设备或线路发生短路故障时，通过继电保护装置使断路器动作，将故障部分从电网中迅速切除，防止事故扩大，保证电网的无故障部分得以继续安全运行。

因此，断路器要求具有以下功能：

(1) 导电。在正常的闭合状态时应为良好的导体，不仅对正常电流，而且对短路电流也能够承受发热和电动力作用，保持可靠的接通状态。

(2) 绝缘。要求相与相之间、相对地之间及断路器断口之间具有良好的绝缘性能，能长期耐受额定工作电压、短时耐受雷电过电压及操作过电压。

(3) 开断。在闭合状态的任何时刻，应能在不发生危险过电压的条件下，在尽可能短的时间内可靠地开断短路电流。

(4) 关合。在断开状态的任何时刻，应能在断路器触头不发生熔断的条件下，在短时间内可靠地闭合短路电流。

三、高压断路器的基本结构

高压断路器的主要结构大体分为导流部分、灭弧部分、绝缘部分和操动机构部分。

(1) 通断元件。执行接通或断开电路的任务，其核心部分是断路器触头。是否具有灭弧装置及灭弧能力的大小则决定了开关的开断能力。

(2) 操动机构。向通断元件提供分合闸操作的能量，实现各种规定的顺序操作。

(3) 传动机构。把操动机构提供的操作能量及发出的操作指令传递给通断元件。

(4) 绝缘部分。支撑固定通断元件，并起与各结构部分之间的绝缘作用。

四、高压断路器的技术参数

(1) 额定电压 (kV)。指断路器长时间正常运行所能承受的工作电压（线电压）。额定电压不仅决定了断路器的绝缘水平，而且决定了断路器的尺寸和灭弧条件。

(2) 高压电器的额定电压有 3.6、7.2、12、40.5、72.5、126、252、363、550、800、1200kV 等。

(3) 额定电流 (A)。指断路器在规定的环境温度下允许长期通过的最大工作电流的有效值。断路器长期通过额定电流时，其载流部分和绝缘部分的温升不会超过其最高允许温度。额定电流决定了断路器的导体和触头等载流部分的尺寸和结构。我国采用的额定电流有 200、400、630、1000、1250、1600、2000、3150、4000、5000、6300、8000、10 000、12 500、16 000、20 000A 等。

(4) 额定短路开断电流 (kA)。指在额定电压下，断路器能可靠开断的最大短路电流的有效值。它表明断路器开断电流的能力。我国规定的高压断路器额定短路开断电流为 1.6、3.15、6.3、8、10、12.5、16、20、25、31.5、40、50、63、80、100kA 等。

(5) 额定短路关合电流（峰值，kA）。指在额定电压下，断路器能可靠闭合的最大短路电流的峰值。它反映断路器关合短路电流的能力，主要决定于断路器灭弧装置的性能、触头结构及操动机构的形式。

(6) 额定短时耐受（热稳定）电流 (kA)。指断路器在规定时间（通常为 2、3、4s）内允许通过的最大短路电流的有效值。它表明断路器承受短路电流热效应的能力。其值等于额定短路开断电流。

(7) 额定峰值耐受（动稳定）电流 (kA)。指断路器在闭合状态下允许通过的最大短路电流的峰值。它表明断路器在冲击短路电流的作用下，承受电动力效应的能力，它决定于导体和绝缘等部件的机械强度。其值等于额定短路关合电流，并且等于额定短时耐受（热稳定）电流的2.5倍。

（8）合闸时间（s）。指断路器从接到合闸命令（合闸回路通电）起到断路器触头刚接触时所经过的时间间隔。

（9）分闸时间（s）。指断路器从接到分闸命令（分闸回路通电）起到断路器触头开断至三相电弧完全熄灭所经历的时间，是反映断路器开断过程快慢的参数，包括以下两个部分：

1）固有分闸时间。指断路器接到分闸命令起到触头刚分离时所经过的时间。

2）灭弧时间。指断路器触头分离到电弧完全熄灭所经历的时间。

分闸时间等于固有分闸时间和灭弧时间之和。

（10）额定操作顺序。指根据实际运行需要制定的对断路器的断流能力进行考核的一组标准规定操作。其操作顺序分为两类：

1）无自动重合闸断路器的额定操作顺序。一种是发生永久性故障断路器跳闸后两次强送电的情况，即“O—180s—CO—180s—CO”；另一种是断路器合闸在永久故障线路上跳闸后强送电一次的情况，即“CO—15s—CO”。

2）能进行自动重合闸断路器的额定操作顺序。该操作顺序为“O—0.3s—CO—180s—CO”。

五、高压断路器的型号含义

国产高压断路器的型号主要由以下部分组成：

①②③-④⑤/⑥-⑦

其代表意义为：

①—产品字母代号，S—少油断路器；D—多油断路器；K—空气断路器；L—六氟化硫断路器；Z—真空断路器；Q—产气断路器；C—磁吹断路器。

②—装置地点代号，N—户内，W—户外。

③—设计系列顺序号，以数字1、2、3……表示。

④—额定电压（或最高工作电压），kV。

⑤—补充工作特性标志，C—手车型，G—改进型，F—分相操作，W—防污型，Q—防震型。

⑥—额定电流，A。

⑦—额定短路开断电流，kA。

例：ZW8-12/630-20。表示是户外式真空断路器，设计序号为8，最高工作电压为12kV，额定电流为630A，额定短路开断电流是20kA。

第二节 油 断 路 器

一、油断路器概述

采用油作为灭弧介质的断路器称为油断路器。油断路器是出现最早、运行历史最悠久的断路器。在1930年以前，几乎所有的高压断路器都是油断路器。随着新技术的发展，运行中的油断路器已被淘汰更新。目前10kV电压等级上使用的油断路器已极为有限；除35kV的多油断路器仍在少量生产和使用外，其余电压等级的多油断路器均已停止生产；少油断路器仅在110kV和220kV的电压等级上还有少量使用。由于油断路器在电网中仍占有一定的数量，特别是在经济落后的地区，全部淘汰油断路器，实现断路器无油化还需要一个过程，所以对油断路器仍应予以足够的重视。

二、油断路器的分类及特点

油断路器按照绝缘结构的不同，可分为多油断路器和少油断路器两种。

多油断路器的触头和灭弧系统放置在由钢板焊接成的装有大量绝缘油的接地油箱中。其用油很多，油不仅作为灭弧介质和开断触头间的绝缘，而且作为导电部分对地（钢箱）的绝缘。在三相共享多油断路器中还作为相间绝缘。

多油断路器的优点是：①每相采用两个断口，可靠性高；②油箱内可以安装套管式电流互感器，配套性好；③结构简单，易于维护；④对气候适应性强，且价格低廉。其缺点主要包括：①用油量大，消耗金属材料多，体积庞大；②有发生火灾的可能；③相对而言其分、合闸速度慢，动作时间长，开断电流小；④同时由于是用油作为绝缘，必须经常对油的质量进行检查，当油被电弧的分解物（主要含碳）污染时，需要进行换油，这就要求运行部门储备大量新油和备有脏油净化设备。正是由于这些缺点，多油断路器在额定电压 110kV 以上的电网中已基本被性能更优越的其他类型断路器所取代。

少油断路器的触头和灭弧系统则放置在装有少量绝缘油的灭弧室中，其绝缘油只作为灭弧介质，不作为主要的绝缘介质。少油断路器中不同相的导电部分之间及导体与地之间是利用空气、陶瓷或有机绝缘材料来实现绝缘的。

少油断路器与多油断路器相比，油量少、体积小、质量轻，运输、安装和维修方便；结构简单，产品系列化程度强；主要技术参数比多油断路器好，动作快，可靠性高；价格优势明显，适用于要求不高的场合。

三、油断路器的灭弧原理

油断路器的触头在油中分断电流时，动、静触头分离的瞬间在触头之间会产生燃烧的电弧，称为油中电弧。此时由于电弧和空气隔离，所以虽然电弧温度很高，但并不会引起油的燃烧。油断路器就是利用具有高介电强度的矿物油（如变压器油）来增强灭弧能力的。燃烧电弧的高温将其周围的油加热成油蒸气，并被分解成其他气体。电弧的能量大约有 25%～30%用于油的分解，从而产生很大的气体量，在电弧周围形成气泡。该气泡中所含气体以氢气为主，因此油中电弧可以认为是在氢气中燃烧的电弧。氢气与其他气体相比，导热系数非常高，是空气的十几倍，因此电弧可受到热传导造成强烈冷却。

现代油断路器都装设有灭弧室。油断路器的灭弧室，就是装设在触头周围的、用绝缘材料制成的限制电弧燃烧并产生高速气流对电弧进行强烈气吹而使之熄灭的部件。如何有效地利用油分解的氢气形成所需的气吹压力，控制气体的流向使电弧得到有效地冷却是设计油断路器灭弧室的关键。

按照产生气吹的能量来源来分，有两类主要的灭弧方式：

（1）自能气吹式灭弧。利用电弧自身的能量使油分解出气体，提高灭弧室中的压力。当吹弧口（或喷口）打开时，由于灭弧室内外的压力差而在吹弧口产生高速油气流，对电弧进行气吹而使之熄灭。

对于这类灭弧装置，灭弧室中的气体压力大小，也就是吹弧能力的大小直接取决于电弧本身的能量。当电流从小增大时，燃弧时间随着电流的增加而增加，在达到一定电流值后，燃弧时间又随着电流的增加而减小。这是因为一方面开断电流越大，电弧中游离度越大，熄弧就越困难；另一方面，开断的电流越大，电弧的能量越高，单位时间内产生的气体就越多，灭弧室内的压力就越高，则吹弧能力越强，燃弧时间越短；相反，当开断的电流越小，灭弧室内的气体压力就越小，吹弧能力弱，燃弧时间就越长。因此这类灭弧装置开断小电流时，实际没有什么气吹作用，只能依靠足够长的时间来拉长电弧才能使之熄灭。自能气吹式灭弧装置所能开断的最大电流——极限开断电流，受灭弧室的机械强度、喷油程度、触头烧损等因素影响。

自能气吹式灭弧装置结构简单，制造方便，价格便宜，故获得广泛应用。但是由于它在开断小电流时灭弧能力不强，所以在开断空载长线的容性电流时，弧隙容易发生击穿而产生过电压。

（2）外能气吹式灭弧。利用外界能量（通常是利用油断路器合闸过程中储存的弹簧能）在分断过程中推动活塞，提高灭弧室的压力驱动油气吹弧来熄灭电弧，也称为强迫油吹式灭弧。外能气吹式灭弧装置的特点是其吹弧能力只取决于外界能量，与被开断电流的大小无关，燃弧时间差不多为一常数。其极限开断电流则取决于活塞运动时所产生的压力。

外能气吹式灭弧装置的特点为，熄灭后活塞还可将油压入燃弧区，以加速燃弧区气体排出灭弧室。这样不仅可以提高触头间隙的介质恢复强度，而且为下一次开断准备了有利条件，所以可以进行自动重合闸操作。

由于外能气吹式灭弧装置的吹弧能力与开断电流大小基本无关，在开断小电流时会有截流现象发生，所以在开断感性小电流（如切空载变压器）时容易引起过电压。其缺点是对操动机构的要求很高。目前外能气吹式灭弧装置已很少采用。

油断路器灭弧室的主要吹弧形式有纵吹、横吹、纵横吹、环吹等几种，如图 9-1 所示。

纵吹：油气沿电弧轴线方向吹过电弧表面。

横吹：油气垂直于电弧轴线方向吹弧。

纵横吹：分断过程中先利用横吹，后利用纵吹的吹弧形式。开断大电流时，通常由横吹来熄灭电弧；而在开断小电流时，横吹不足以使电弧熄灭，电弧就被拉长到下面的纵吹弧室，以纵吹来灭弧。

环吹：油气从四周垂直于电弧轴线方向来吹弧，它可使电弧的四周同时受到强烈的气吹，并压缩电弧直径，熄灭能力较强。

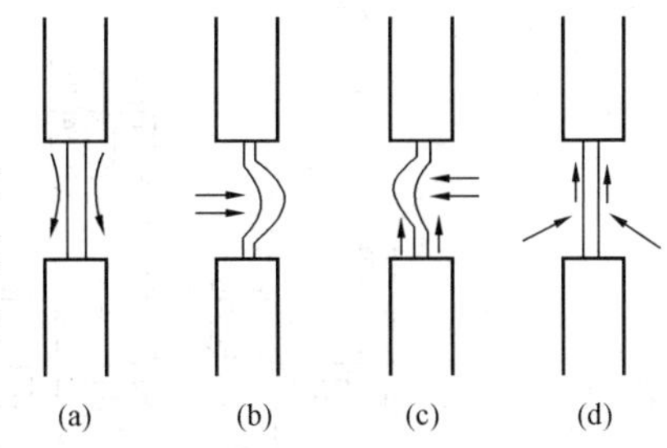

图 9-1 油断路器灭弧室的吹弧形式

(a) 纵吹；(b) 横吹；(c) 纵横吹；(d) 环吹

四、油断路器的类型

多油断路器与少油断路器采用工作原理相同的灭弧室，但由于所采用的主绝缘方式不同，用油量不同，它们在结构布置上也不大相同。

1. 多油断路器

图 9-2 为 35kV 多油断路器本体的单相结构布置图。该多油断路器为户外式，三相共有三个这样的结构，它们固定在一个钢架上并在机械上连接在一起，用一个操动机构来保证三相动触头运动的一致性。

导电回路由导电杆上的出线端子和穿过绝缘套管的导电杆，灭弧室内的静触头、动触头及横担和另一边的静触头、导电杆和出线端子组成。操动机构通过传动机构带动横担向上运

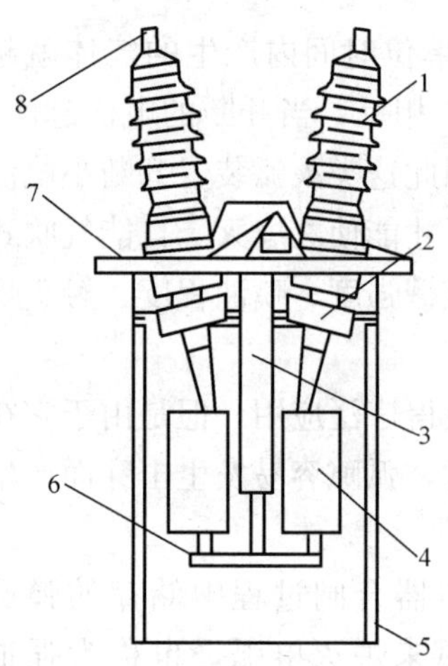

图 9-2　35kV 多油断路器本体的单相结构示意图

1—瓷套管；2—电流互感器；3—传动机构；4—灭弧室；5—油箱箱身；6—动触头及横担；7—油箱盖；8—导电杆

动，动触头便插入灭弧室中的静触头，使断路器闭合。在合闸位置时，导电回路对地绝缘由绝缘套管及箱内的变压器油担任。当开断电路时，横担在传动机构的带动下向下运动，于是动触头和静触头分离，在其间产生的电弧将油汽化和分解，灭弧室通过吹弧将电弧熄灭，实现分闸操作。

2. 少油断路器

(1) SN10-10 系列户内少油断路器。SN10-10 Ⅰ、Ⅱ、Ⅲ型少油断路器是我国 10kV 电压等级断路器的主要品种，其基本结构相似，均由框架、传动机构和断路器本体三部分组成。其中 SN10-10 Ⅰ型少油断路器结构如图 9-3 所示。

断路器通过绝缘子固定在钢制框架上。电流经上接线板、静触头、导电杆（动触头）、滚动式中间触头到下接线板，形成导电回路。

分闸时，操动机构中的分闸磁铁作用，解开合闸保持机构的钩锁，由于分闸弹簧的作用，主轴转动，经四连杆机构转动断路器各相的转轴，将导电杆向下拉动，动、静触头分开，触头间产生电弧，电弧在灭弧室中被熄灭。

合闸时，操动机构中的合闸机构动作，使主轴向与分闸时相反的方向旋转，一方面使导电杆向上运动，动、静触头闭合，另一方面拉伸分闸弹簧，使之储能，以备分闸时用。

SN10-10 系列少油断路器的静触头采用梅花触头，触指片端头电弧燃烧的部位焊有铜钨

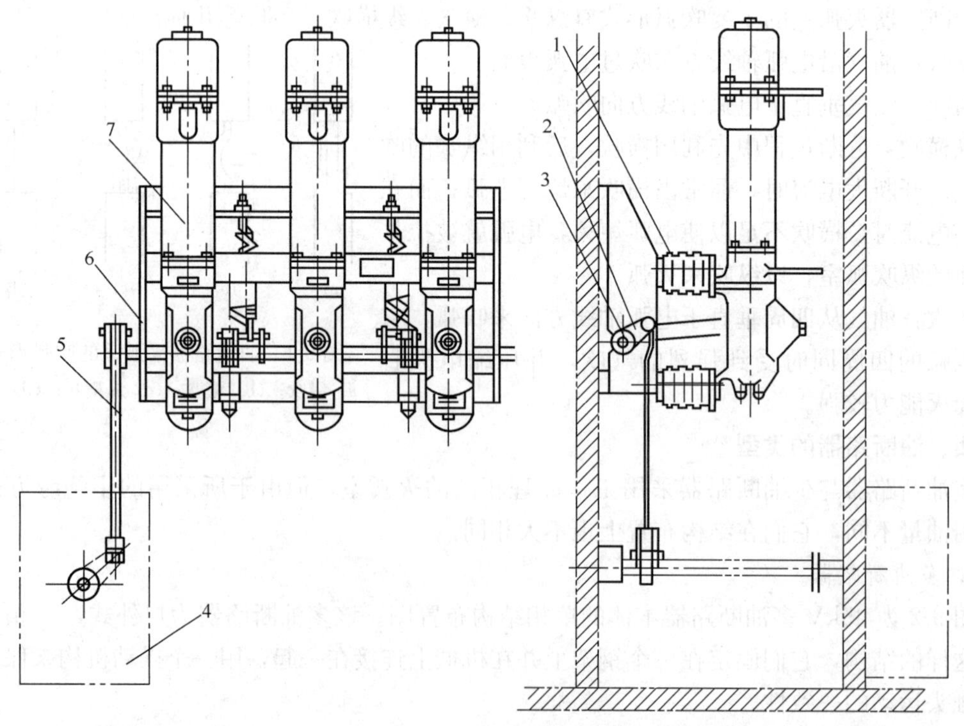

图 9-3　SN10-10 Ⅰ型少油断路器的结构图

1—支持绝缘子；2—拐臂；3—主轴；4—操动机构；5—拉杆；6—钢制框架；7—灭弧室

合金。动触头的端部也镶有铜钨合金端头。这样可使电弧根部在铜钨合金上燃烧，提高触头的电寿命，减少弧区的金属蒸气，提高过零时的介质恢复强度，提高灭弧能力。

（2）SW3-110 型户外少油断路器。户外少油断路器主要由底座、支柱绝缘子、传动机构、触头系统、灭弧室和油位指示器等部分组成。以 SW3-110 型少油断路器为例，其结构如图 9-4 所示。

SW3-110 型少油断路器是典型的双断口断路器，每两个灭弧室共用一个机构箱，连同支柱绝缘子组成一个标准的 Y 形单元。三相装在同一个底座上，由一个共同操动机构实现机械三相联动。底座由钢焊接而成，里面装有传动拐臂、油缓冲器和合闸保持弹簧。支柱绝缘子内部穿过绝缘拉杆，用以将操动机构的运动传向断路器的动触头。中间三角形结构箱里面是传动机构。灭弧室的主体是一个高强度环氧玻璃钢筒，它起压紧保护灭弧室瓷套的作用，同时也作为开断时承受高压力的承受件，筒内放有隔弧板，组成多油囊的纵吹灭弧室。

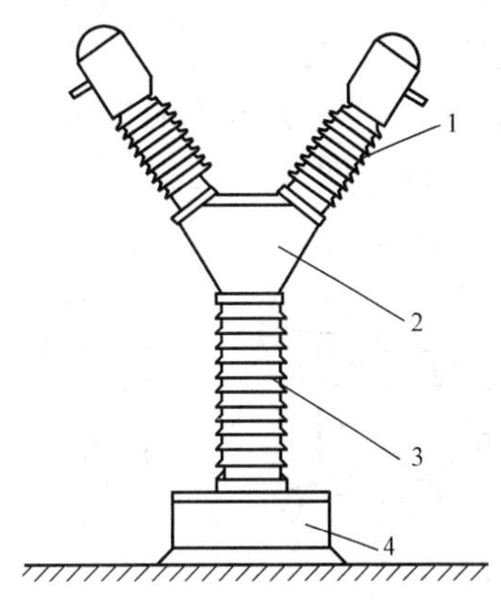

图 9-4　SW3-110 型少油断路器的结构图

1—灭弧室；2—三角形机构箱；3—支柱绝缘子；4—底座

能采用积木式组装成高电压等级的断路器是少油断路器的一个优点。额定电压为 220kV 和 330kV 的断路器可以简单地分别由两个和三个 Y 型单元组成，同时相应地加长支柱绝缘子的高度。由于该类型断路器的断口数目较多，为保证每一断口在灭弧过程中以及断路器在开断位置时电压均匀分布，常需要在灭弧室旁边并联上均压电容。

第三节　压缩空气断路器

一、压缩空气断路器概述

压缩空气断路器是利用压缩空气来吹弧并用压缩空气来作为操作能源的一类断路器。先用压缩空气机将空气压缩储存在灭弧室内。当进行分闸操作时，打开阀系统使灭弧室内的压缩空气按一定的要求自喷口喷出，对电弧进行强烈的冷却和气吹，从而使电弧熄灭。

1. 压缩空气断路器的特点和应用

压缩空气断路器是高压和超高压大容量断路器的主要品种之一，通常用于 110kV 及以上的大容量电力系统中。

压缩空气断路器自 20 世纪 40 年代问世以来，在五六十年代迅速发展，广泛用于高压和超高压的电力系统中。其主要特点是：①动作快，开断时间短，70 年代已使用一周波断路器，这在很大程度上提高了电力系统的稳定性。②具有较高的开断能力，可以满足电力系统所提出的较高额定参数和性能要求。③可以采用积木式结构，系列性强。其缺点是结构复杂，加工和装配要求高，需要较多的有色金属，价格要比油断路器高，而且使用时还要附加空气压缩装置。

由于出现了结构简单、灭弧性能良好和电寿命长的 SF_6 断路器，使得压缩空气断路器被大量取替。但北欧等一些高寒地区，由于 SF_6 气体液化和开断能力降低（降低 20%左右）

等原因，有些国家在高压、超高压电网中还在使用压缩空气断路器。此外，大容量发电机断路器要求开断容量大、动作迅速，现在还广泛应用压缩空气断路器。

2. 压缩空气断路器的灭弧原理

压缩空气断路器的灭弧室主要由喷口组成。电弧在喷口处燃烧，利用喷口喷出的气流对电弧的散热作用来熄灭电弧，因此它是一种外能式灭弧装置。其灭弧能力主要取决于喷口处气体的流量与气流速度。增大压缩空气的工作压力是提高压缩空气断路器开断能力的最有效措施。随着工艺技术的提高，压缩空气断路器的工作气压不断提高，早期的工作气压多为1～2MPa（即10～20倍标准大气压），目前已普遍采用3～4MPa，个别产品可高达5～6MPa。

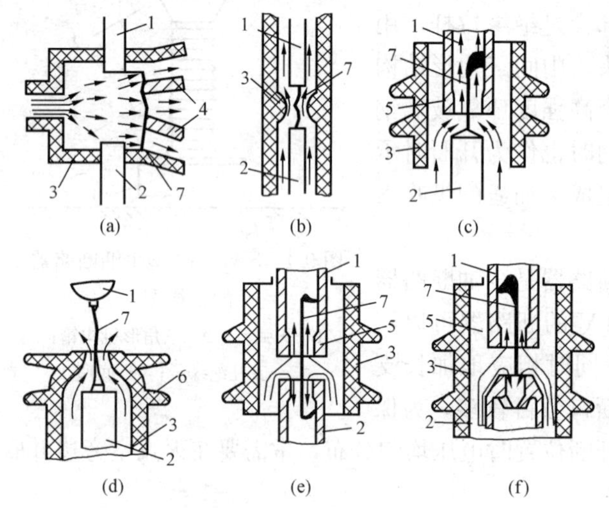

图 9-5　压缩空气断路器吹弧的基本形式图

（a）横吹弧室；（b）实心触头单向纵吹灭弧室；（c）一个空心和一个实心触头单向纵吹灭弧室；（d）自由喷射式单向纵吹灭弧室；（e）两个空心触头双向吹弧灭弧室；（f）两个空心触头双向非对称纵吹灭弧室

1—静触头；2—动触头；3—灭弧室壳体；4—绝缘隔板；5—金属喷头；6—绝缘喷口；7—电弧

断路器灭弧室的气吹方式分为横吹和纵吹两种。在实际应用中，通常是两种吹弧方式同时存在，但以一种吹弧方式为主。压缩空气断路器吹弧的基本形式如图9-5所示。

图9-5（a）是具有绝缘隔板的横吹灭弧室。气流方向与电弧轴向垂直。压缩空气气流将电弧吹入隔板，因此电弧有曲折的形状，长度增加，同时与隔板紧密接触，使去除电离过程加速。横向吹弧方式虽然熄弧效果较好，但灭弧室结构复杂、体积较大，一般只用于电压等级较低的断路器中（如发电机保护断路器），而不适用于高电压、大容量的场合。

图9-5（b）～（f）是几种纵吹形式。气流方向与电弧轴平行。纵吹可分为单向吹弧［图9-5（b）～（d）］和双向吹弧［图9-5（e）、（f）］。在单向吹弧中，两个触头可均为实心（棒），或者一个是空心而另一个是实心；在双向吹弧中，两个触头均为空心。

图9-5（b）是实心触头的单向纵吹灭弧室。压缩空气沿电弧轴向高速运动而强烈吹弧，从而使电弧直径缩小、表面冷却，并从弧隙去除电离粒子。这种结构的缺点是，触头顶端附近未能受到气吹而易受电弧烧损，弧隙中易有金属蒸气而降低弧隙介质强度，电弧易重燃。

图9-5（c）是具有一个空心和一个实心触头的单向纵吹灭弧室。压缩空气从弧隙带走电离粒子，经过空心静触头迅速排到大气中。气吹使电弧从静触头喷口的工作面移动到其内表面。实心触头端部采用圆锥形。

图9-5（d）是自由喷射式单向纵吹灭弧室。在开断时，实心动触头离开静触头，在灭弧室外部发生电弧。当动触头进入灭弧室体内而完全开放喷口时，压缩空气冲入大气中，使电弧受到强烈的横吹和纵吹。

图9-5（e）是具有两个空心触头的双向吹弧灭弧室。压缩空气开始时对电弧径向吹弧，

然后分成两个气流纵向吹弧。对于双喷口，两个弧根都在触头的内表面。双向吹弧比单向吹弧能更迅速地从弧隙去除电离粒子，但弧隙气压较低。为了提高弧隙气压，可以将其中一个空心触头做成收缩截面，成为双向非对称纵吹，如图 9-5（f）所示。

二、压缩空气断路器的类型

根据灭弧室充气方式的不同，压缩空气断路器可以分为瞬时充气式、半充气式、全充气式和恒压式。其中瞬时充气式、半充气式在现代高电压等级的压缩空气断路器中已不采用。

1. 全充气式压缩空气断路器

全充气式压缩空气断路器的总体布置采用积木式结构，110kV 为单柱双断口，220kV 为双柱四断口，330kV 为三柱六断口，其工作压力约为 2MPa。

KW4-220 压缩空气断路器的灭弧室安装在支柱绝缘子的上部，灭弧室通过绝缘子和底部的储气筒相连通，因此灭弧室内经常充满压缩空气。支持绝缘子中还装有绝缘拉杆，把处于低电位的分、合闸信号传递给位于灭弧室中的控制灭弧室动作的控制阀。导电杆经瓷套管进入灭弧室。导电杆端部是静触头，动触头由两排彼此相连的触指组成。当触指插入两个静触头之间时电路接通。触指自静触头拉开后形成两个串联的断口。为了使两断口间电压分布均匀，在断口上并联有均压电容。

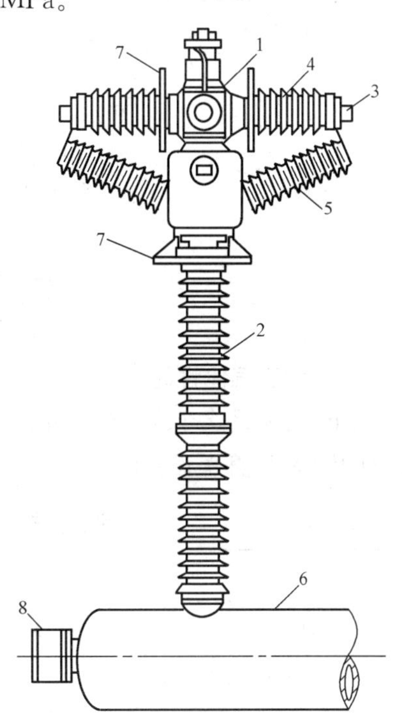

图 9-6　KW4-220 压缩空气断路器一柱的外形图

1—灭弧室；2—支柱绝缘子；3—导电杆；4—瓷套管；5—均压电容；6—储气筒；7—均压环；8—控制阀

KW4-220 压缩空气断路器灭弧室的灭弧原理如图 9-7 所示。合闸时排气阀关闭，灭弧室内充满压缩空气。分闸操作时排气阀比主触头提前 4ms 打开，在喷口处形成高速稳定的气流。因此电弧一产生就会在强烈气流的作用下被吹弧而冷却和熄灭。当电弧熄灭后，气流会把弧隙残留的游离气体排出干净，此时排气阀关闭，灭弧室恢复到额定气压，动静触头保持在分闸位置。

全充气式压缩空气断路器中的气体流动所造成的压力下降会使灭弧室喷口的气压降低。而且吹弧过程中随着气体的排出，压力还将继续降低。压力降低的现象在快速自动重合闸的第二次分闸过程中尤其明显。因为此时排气阀的两次动作间隔很短，灭弧室来不及从底部储气筒获得补充的气体，显然这是不利于断路器的灭弧能力的。

2. 恒压式压缩空气断路器

恒压式压缩空气断路器可以弥补全充气式压缩空气断路器的缺陷，它在灭弧室附近再设置一个比常规储气筒的气体压力更高的高压补气罐。在分闸过程中通过高压补气罐对灭弧室进行快速补气，使喷口气压不但不低于排气前的压力，甚至还略有提高，因此即使是自动重合闸的第二次分闸气体压力也不会降低。恒压式压缩空气断路器的灭弧室气体压力基本保持恒定，所以其开断能力比全充气式压缩空气断路器要高。当然这种补气过程要求十分准确可靠，其结构也更加复杂。

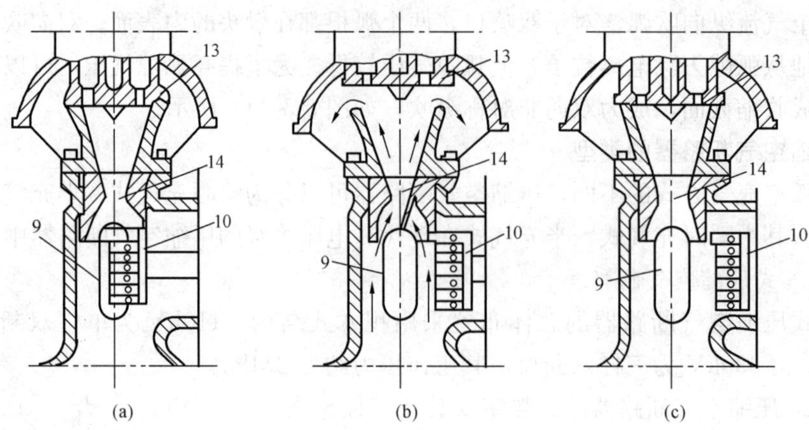

图 9-7　KW4-220 压缩空气断路器灭弧室的灭弧原理

(a) 合闸位置；(b) 吹弧位置；(c) 分闸位置

9—静触头；10—动触头；13—排气阀；14—喷口

第四节　SF_6 断　路　器

一、SF_6 气体性能

SF_6 气体是迄今为止最理想的绝缘和灭弧介质，大约从 20 世纪 60 年代起，SF_6 气体成功地用作高压开关设备的绝缘和灭弧介质。其主要物理特性见表 9-1。

表 9-1　　**SF_6 的主要物理特性**（压力 0.1MPa，温度 25℃）

密度	6.14kg/ m^3	压力	3.78MPa（绝缘气压）
热导率	0.013W/（m·k）	声速	136m/s
临界点		折射率	1.000 783
温度	45.55℃	生成热	−1221.66J/mol
密度	730kg/m^3	定压比热	96.60J/（mol·k）

SF_6 气体最主要的优点如下：

（1）耐电强度高。SF_6 是强电负性气体，其分子具有很强的吸附自由电子而形成负离子的能力，因而其耐电强度很高。在均匀电场中的耐电强度约为空气耐电强度的 2.5 倍。其主要电气特性见表 9-2。

表 9-2　　**SF_6 的主要电气特性**（压力 0.1MPa，温度 25℃）

相对于压力的临界击穿场强	89V/m·Pa
在 25℃和 0.1MPa 绝对气压下的相对介电常数	1.002 04
在 25℃和 0.1MPa 绝对气压下的损耗因数（tanδ）	$<2\times10^{-7}$

（2）灭弧能力强。在交流电弧电流过零时，SF_6 气体从导体向绝缘介质转化的速度非常

快，即弧隙的介质强度恢复得很快。这是因为 SF_6 气体在高温（>1000K）下分解需要大量能量，因而对弧道产生强烈的冷却作用。同时，SF_6 气体及其分解物均具有很高的绝缘强度。

（3）通常无液化问题。现代 SF_6 高压断路器均采用单压式灭弧，气体压力在 0.7MPa 左右。根据 SF_6 气体的物理特性，如 20℃时充气压力为 0.75MPa，则液化温度为－25℃；如 20℃时充气压力为 0.45MPa，则液化温度为－40℃。所以在大多数工程应用情况下不必担心 SF_6 气体的液化问题。只有在高寒地区，才必须对断路器部分采取加热措施，或采用 SF_6-N_2 混合气体作为断路器灭弧介质以降低液化温度。

（4）化学稳定性好。纯净的 SF_6 气体是一种无色、无味、无毒和不燃的惰性气体。温度在 180℃以下时它与电气设备中材料的相容性和氮气相似。纯 SF_6 气体在温度升高到 500℃时也不会分解。但与金属材料共存时，在 200℃时就有可能发生微量分解。电弧高温会使 SF_6 气体分解，但电弧熄灭后绝大部分分解物又重新结合成稳定的 SF_6 分子，只有极少数与游离的金属原子和水发生反应，产生金属氟化物和低价氟化物。此外火花放电和电晕也会使 SF_6 分解。SF_6 最大的优点是它不含碳，因此不会分解出影响绝缘性能的碳粒子；且其大部分气态分解物的绝缘性能与 SF_6 气体相当，所以不会使气体绝缘性能下降。SF_6 气体分解物有毒，但可以用吸附剂加以清除，只要措施得当，不会对运行和检修人员造成危害。

SF_6 气体作为绝缘介质仍然存在一些缺点：

（1）SF_6 气体本身虽无毒，但它的密度大，比空气大 5 倍，往往积聚在地面附近，不易稀释和扩散，是一种窒息性物质，有故障泄漏时容易造成工作人员缺氧，中毒窒息。

（2）SF_6 气体在电场中产生电晕放电时会分解出氟化亚硫酸、氟化硫酸、十氟化二硫、二氧化硫、氟化硫、氢氟酸等近十种气体。这些氟化物、硫化物气体不但有毒，而且很多还有腐蚀性。如对铝合金、瓷绝缘子、玻璃环氧树脂等绝缘材料，能损坏它们的结构；对人体及呼吸系统有强烈的刺激和毒害作用。

SF_6 气体的这些缺点，构成了 SF_6 电气设备在安全防护方面的主要问题。

二、SF_6 断路器概述

1. SF_6 断路器的特点

SF_6 断路器的优良性能得益于 SF_6 气体优良的灭弧性能和绝缘性能。目前，SF_6 断路器在使用等级、开断性能等方面都已超过其他类型的断路器，在 126kV 及以上的高电压等级中占据主导地位。其优点主要表现在以下几个方面：

（1）开断短路电流大。SF_6 气体的优良灭弧特性，使得 SF_6 断路器触头间燃弧时间短、开断电流能力大，一般能达到 40～50kA 以上，最高可以达到 80kA，并且对于近距离故障开断、失步开断、接地短路开断也能充分发挥其性能。

（2）载流量大、寿命长。由于 SF_6 气体的分子量大、比热大，对触头和导体的散热作用好，因此在允许的温升极限内，可通过的电流也比较大，额定电流可以高达 12 000A。

（3）操作过电压低。SF_6 气体能够保证电流在过零附近切断，电流截流趋势减至最小，避免因截流而产生过电压。SF_6 气体介质强度恢复速度特别快，因此在开断容性电流时不发生重燃。通常不加并联电阻就可以可靠地切断各种故障而不产生严重的过电压，降低了对设备绝缘水平的要求。

(4) 运行可靠性高。SF_6 断路器的导电和绝缘部件均安装在封闭金属容器内，不受大气条件的影响，也能防止外部物体侵入设备内部，减少了设备事故和人身意外触电的可能性。

(5) 安全性高。SF_6 断路器没有发生爆炸和火灾的危险，而且噪声低、无污染、无公害、安全性高。

(6) 体积和占地面积小。SF_6 气体良好的绝缘性能，使 SF_6 断路器各元件之间的电气距离缩小，断路器结构更为紧凑，体积减小。使用 SF_6 气体的高压开关设备，能大幅度地减少占地面积。

(7) 安装调试方便。通常制造厂以大组装件形式进行运输，到现场主要是单元吊装，安装和调试简单方便，施工周期短。

(8) 检修维护量小。SF_6 断路器允许开断次数多，无须进行定期的全面接替检修，检修周期长，日常维护量小，年运行费用大为降低。

SF_6 断路器存在以下缺点：

(1) 制造工艺要求高、价格贵。SF_6 断路器的制造精度和工艺要求比油断路器要高得多，其制造成本高、价格昂贵，约为油断路器的 2～3 倍。

(2) 气体管理技术要求高。需要时刻检查 SF_6 气体压力，且 SF_6 气体处理和管理工艺复杂，要有一套完备的气体回收、分析测试设备。

2. SF_6 断路器的灭弧原理

SF_6 断路器的发展经历了双压式、单压式、自能灭弧室等几个阶段。其中双压式和单压式的气吹式 SF_6 断路器，是一种外能式的断路器，主要用在 110kV 及以上电压等级。近年来，SF_6 断路器向中压 10～35kV 电压等级发展，出现了自能灭弧室的新型 SF_6 断路器。这里主要针对高压电力系统，故以下只简单介绍气吹式 SF_6 断路器的灭弧装置。

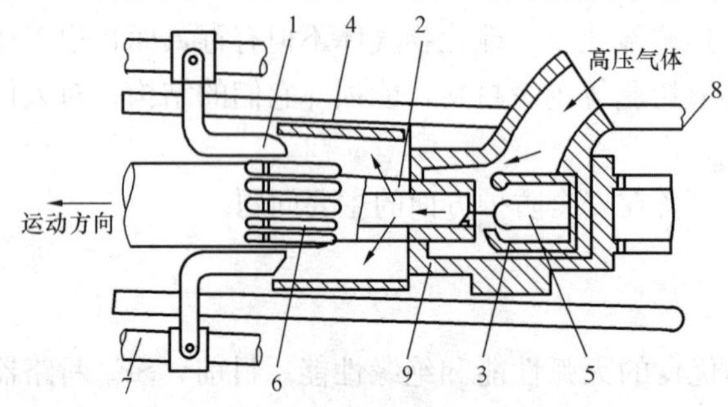

图 9-8 双压式灭弧室结构示意图

1—动触头上的横担；2—动触头；3—静触头；4—吹弧屏罩；5—定弧极；6—中间触头；7—绝缘操作棒；8—绝缘支持棒；9—灭弧室

(1) 双压式灭弧室。双压式灭弧室设有高压和低压两个气压系统。通常设计采用全密封结构，0.3MPa（表压）的低压气体作为断路器内部的绝缘介质，1.5MPa（表压）的高压气体用作灭弧。图 9-8 是双压式灭弧室结构示意图。

当触头处于闭合状态时，整个灭弧装置处于低气压的 SF_6 气体系统中。断路器接到分闸信号后，灭弧室通向高气压系统的主阀门打开，高压 SF_6 气体自高气压区进入低气压的触头区。动触头的侧面有孔，给高压 SF_6 气体提供通路，所以电弧一旦形成就受到高压 SF_6 气体的气吹作用，受到强烈冷却而熄灭。电弧熄灭后，主阀关闭，停止供气。其工作原理和压缩空气断路器的工作原理类同。由于这种断路器内部有两种不同的压力所以称为双压式 SF_6 断路器，也称为第一代 SF_6 断路器。

早期的 SF_6 断路器都是双压式灭弧装置，由于其结构复杂，所需辅助设备多，维护不便，目前已被单压式灭弧装置所代替。

(2) 单压式灭弧室。单压式灭弧室内部只有一种气体压力，一般为 0.6MPa（表压），它是利用压气作用来实现气吹灭弧的，所以又称为压气式灭弧室。单压式灭弧室的断口包括变开距和定开距。图 9-9 为单压式变开距灭弧室的结构原理图。

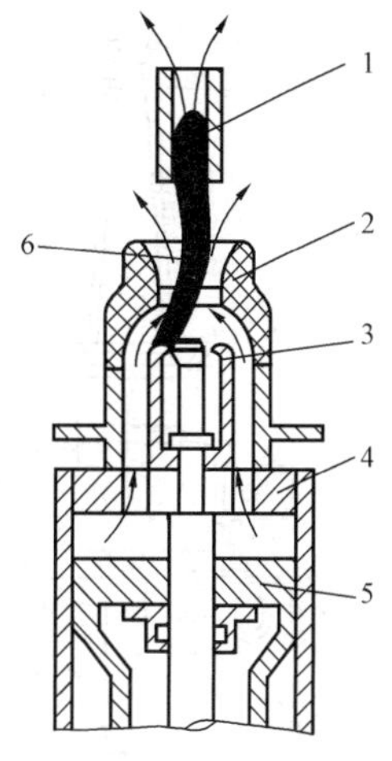

图 9-9 单压式变开距灭弧室的结构原理图
1—静触头；2—绝缘喷嘴；3—动触头；4—气缸；5—压气活塞（固定）；6—电弧

在分断过程中，当操动机构带动动触头向下运动时，因为活塞固定，所以压气腔内气体的压力将升高并从绝缘喷嘴处高速排出进行吹弧。一方面，为了使触头刚分离电弧刚产生时就有较好的气吹条件，单压式灭弧室的压气腔会有一段预压缩过程，等待气腔中的气压提高后，再打开喷口进行吹弧。预压缩过程的存在显然会增加断路器的分闸时间，这是采用单压式灭弧装置的 SF_6 断路器的缺点。另一方面是，为了满足压气的要求，其需要配置大功率的操动机构。

由于单压式灭弧室所用的气体压力低，液化温度也低，在低温地区使用时不需装加热器，加之可省去压气泵等装置，因此其结构简单，造价便宜，维护也较方便。近年来由于采用大功率液压操动机构和双向吹弧灭弧室，各项技术参数均已接近双压式灭弧室的水平。我国现在生产的 SF_6 断路器均采用单压式灭弧装置。

三、SF_6 高压断路器的类型

以高压和超高压电压等级中常见的 SF_6 高压断路器为例，其可分为瓷柱支持式和落地罐式两大类。

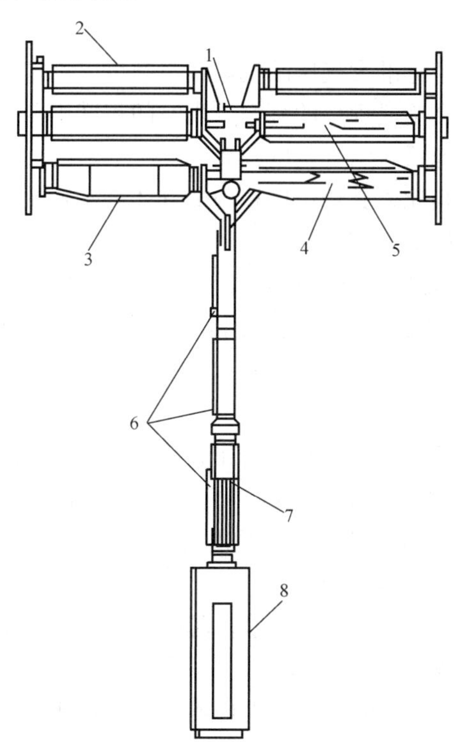

图 9-10 瓷柱支持式 SF_6 断路器
1—上部箱体；2—并联电容；3—灭弧室瓷套；4—灭弧室；5—合闸电阻；6—支柱绝缘子；7—绝缘拉杆；8—操动机构箱

1. 瓷柱支持式 SF_6 断路器

瓷柱支持式 SF_6 断路器如图 9-10 所示。其灭弧室安装在高强度瓷套中，用空心瓷柱支承并实现对地绝缘。灭弧室和绝缘瓷柱内腔相通，充有相同压力的 SF_6 气体，通过控制柜中的密度继电器和压力表进行控制和监视。穿过瓷柱的绝缘拉杆把灭弧室的动触头和操动机构的驱动杆连接起来，通过绝缘拉杆带动触头完成断路器的分合闸操作。

瓷柱支持式 SF_6 断路器按其整体布置可以分为“I”形布置、“Y”形布置及“T”形布置。“I”形布置一般是用于 220kV 及以下的单柱单断口断路器；“Y”形布置一般是用于 220kV 及以上的单柱双断口断路器；“T”形布置一般是用于 220kV 及以上特别是 500kV 的单柱双断口断路器。这类断路器的灭弧室可以方便地串联组合，构成 110、220、500kV 电压等级的断路器。

瓷柱支持式 SF_6 断路器的优点是系列性强、结构简单、用气量少、单断口电压高、开断电流大、运动部件少、价格相对便宜、运行可靠性高和检修维护工作量小。然而由于其重心高、抗振能力较差，且不能加装电流互感器，使用场所受到一定限制。

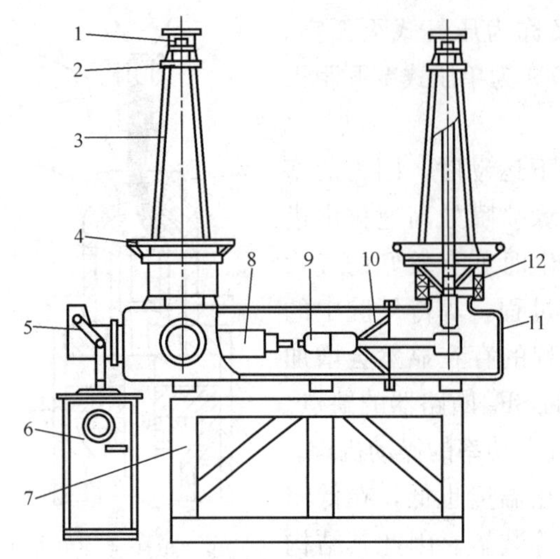

图 9-11 落地罐式 SF_6 断路器单相结构示意图

1—接线端子；2—上均压环；3—出线套管；4—下均压环；5—拐臂箱；6—机构箱；7—基座；8—动触头；9—静触头；10—盆式绝缘子；11—罐式壳体；12—电流互感器

2. 落地罐式 SF_6 断路器

落地罐式 SF_6 断路器的灭弧室安装在接地的充满 SF_6 气体的金属罐中，高压出线通过绝缘套管引出。在绝缘套管的底部安装有电流互感器。瓷套管的上下端分别装有均压帽和均压环。落地罐式 SF_6 断路器单相结构示意图如图 9-11 所示。

这类断路器结构重心低、抗振性能好、灭弧断口间电场较好、断流容量大、可以加装电流互感器，还能与隔离开关、接地开关、避雷器等融为一体，组合成复合式开关设备。借助于套管引线，基本上不用改装就可以用于全封闭组合电器中。但是罐体耗用材料多、用气量大、系列性差、难度较大、造价比较昂贵。

第五节 真空断路器

一、真空电击穿基本知识

真空是指气体稀薄的空气。凡是绝对压力小于一个标准大气压的气体状态都可以称作真空状态。绝对压力等于零，称为绝对真空，是真正的真空或理想的真空。真空的程度用真空度来度量，用气体的绝对压力值来表示，绝对压力值越低表示真空度越高。

真空这种特定气体状态的主要特点是与大气状态相比，其单位体积内的气体分子数减少了，气体分子之间或气体分子与其他质点之间相互碰撞的概率减少了。

真空间隙电击穿的原因一般认为有两种，即场致发射引起的电击穿和微粒引起的电击穿。对于小间隙（10mm 以下），场致发射模型的分析结果与试验比较接近；而较大间隙，微粒模型比较适合。

（一）场致发射引起电击穿

金属电极表面在足够强的电场作用下，会产生电子发射。随着温度和表面电场强度的增加，发射电子电流密度增大。当电子流达到一定的临界值，如 $10^{12}A/m^2$，真空间隙就击穿了。

如果只考虑电场的作用，要产生比较显著的场致发射电流，电场强度必须达到 $10^9V/m$ 以上。而实际场致击穿场强要低得多，这可能是由下列原因引起的：

（1）即便经过磨光和净洗的电极表面，从微观上看仍呈现凹凸不平，其中存在着许多尖峰突起物。这些尖峰突起处电场将局部增强，发射出电子。

（2）电极表面尖峰突起物场致发射的电子流尽管不大，但是因为尖峰的截面积极小，电流密度很大。当场致发射电流流过尖峰时，会使电极局部发热。这不仅使电子发射增强，而且可能产生电极局部蒸发、熔化，释放出大量的金属蒸气。产生的金属蒸气原子与电极表面发射的电子发生碰撞，造成游离放电。

（3）电极材料表面杂质、氧化膜的存在不可避免，导致了电极表面逸出功的降低，场致发射更容易发生。

（二）微粒引起电击穿

从微观观察，电极表面总是遗留着一些金属微粒。电极经燃弧后留下了微小的金属颗粒或在电场作用下从电极表面尖峰拉出金属须。这些微粒在电场作用下携带电荷离开电极，加速运动撞击到对面电极上，由动能转变为热能，引起局部加热、气化，释放大量金属蒸气，以致真空间隙发生击穿。

二、真空断路器概述

利用真空的高介质强度来灭弧的断路器，称为真空断路器。

真空断路器具有不爆炸、低噪声、体积小、高可靠性、检修周期长等优点，目前主要应用领域是10～35kV中压电压等级。

真空断路器和SF_6断路器从性能上看，都具有很大的短路电流开断能力，都能满足配电系统的要求。真空断路器的电寿命、机械寿命要比SF_6断路器长。真空断路器可以开断额定短路电流达100次或更多，SF_6断路器通常只有30次左右；真空断路器的机械寿命可达2万～3万次，SF_6断路器只有一万次左右。但配电系统实际上并不需要如此长的机械寿命和电寿命，只有在操作特别频繁的场合，如高压电动机控制、电弧炉控制、电容器组投切等场合，真空断路器的长寿命才有明显优势。

1. 真空断路器的特点

真空断路器具有如下特点：

(1) 真空断路器的熄弧能力强，所以触头行程很小，操动机构的操作功率要求较小。

(2) 真空断路器灭弧时间短、电弧电压低、电弧能量小、触头磨损小，因而分断次数多、使用寿命长，适合于频繁操作。

(3) 真空断路器的灭弧介质为真空，与海拔高度无关，没有火灾和爆炸的危险。

(4) 真空断路器在真空灭弧室使用期内，灭弧室部分不需要维修。

(5) 真空断路器开断功能齐全。

(6) 真空断路器开断可靠性高。

2. 真空断路器的灭弧原理

真空灭弧室是真空断路器最重要的元件，其结构示意图如图9-12所示。

真空灭弧室的中部，有一对圆盘状的触头。在触头刚分离时，由于场致发射和热电发射而使触头间发生电弧。电弧温度很高，可使触头表面产生金属蒸气。由于弧柱内外的压力与密度差别都很大，所以弧柱内的金属蒸气与带电质点会不断向外扩散。弧柱内部处在一面向外扩散，一面处于电极不断蒸发出新质点的动态平衡中。随着触头的分开和电弧电流的减小，触头间的金属蒸气密度也逐渐减小。当电弧电流过零时，电弧暂时熄灭，触头周围的金属离子迅速扩散，凝聚在四周的屏蔽罩上，以致在电流过零后只几个微秒的极短时间内，触头间隙实际上又恢复了原有的高真空度，即触头间隙的介质迅速由导电体变为绝缘体。因此，当

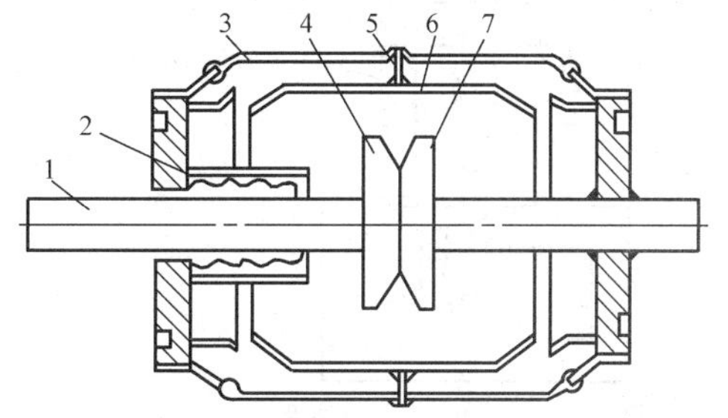

图9-12 真空灭弧室结构示意图

1—导电杆；2—波纹管；3—外壳；4—动触头；5—可阀环；6—屏蔽罩；7—静触头

电流过零后虽很快加上高电压，触头间隙也不会再次击穿，也就是说，真空电弧在电流第一次过零时就能完全熄灭。

由于触头的特殊构造，燃弧期间触头间隙会产生适当的纵向磁场，这个磁场可使电弧均匀分布在触头表面，维持低的电弧电压，从而使真空灭弧室具有较高弧后介质强度恢复速度、较小的电弧能量和腐蚀速率。这样，就提高了真空灭弧室开断电流的能力和使用寿命。

三、真空断路器的类型

真空断路器在总体结构上除真空灭弧室外，与油断路器没有多大差别，它由真空灭弧室、绝缘支撑、传动机构、分闸储能机构及基座等几部分组成。

真空灭弧室的固定，可以垂直也可以水平，还可选择任意角度进行安装，因此有多种总体结构形式。真空断路器根据本体的支承方式，可以分为落地式、悬挂式两种最基本的形式，以及这两种方式相结合的综合式及支架式。

1. 落地式

落地式布置方式是将真空灭弧室等高压带电部分安装在上方，操动机构设置在下方与大地相连，上下两部分通过绝缘操作杆连接起来。落地式真空断路器结构示意图如图 9-3 所示。

落地式布置方式的优点是真空灭弧室安装在上方，便于维护人员观察和更换，也便于装不同高度的真空灭弧室；绝缘操作杆与灭弧室动导电杆处在同一直线上，分合闸操作时直上直下，这样的传动变直性好，传动环节简单，传动摩擦小，传动效率高；操动机构和真空断路器支撑构架设置在下方，使整个断路器的重心降低，稳定性好，操作振动小，机械寿命较长；绝缘支撑杆合闸操作时受拉力，基本不承受弯曲力，其强度及刚度容易满足。但落地式布置总体高度尺寸较大，且操动机构距离高压较近，当需要手动操作或带电检修时，有所不便。

2. 悬挂式

悬挂式真空断路器结构为前后布置方式，即真空灭弧室在前方，操动机构在后方，前后两部分由绝缘操作杆连接。图 9-14 为悬挂式真空断路器结构示意图。

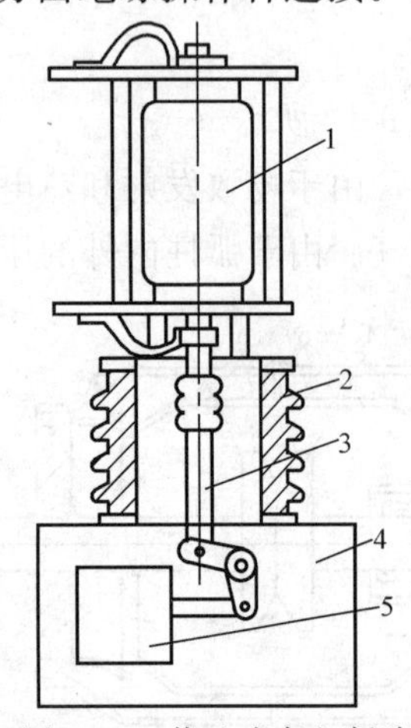

图 9-13　落地式真空断路器结构示意图

1—真空灭弧室；2—绝缘支撑；3—传动机构；4—操动机构；5—基座

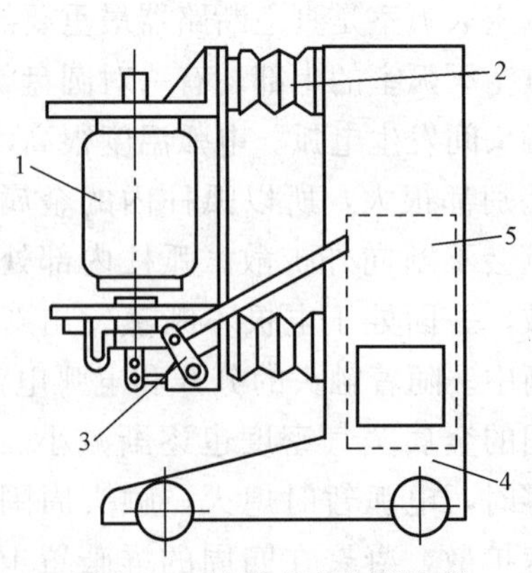

图 9-14　悬挂式真空断路器结构示意图

1—真空灭弧室；2—绝缘子；3—传动机构；4—基座；5—操动机构

悬挂式布置方式的优点主要是使操动机构与高压隔离，操作安全，便于维修；真空灭弧室的绝缘支撑只采用瓷绝缘子，有机绝缘材料用量较少；宜做成手车式开关柜。悬挂式布置方式的缺点是总体深度尺寸较大，用钢材料多，较重；操作时灭弧室振动大，支撑绝缘子受弯强度要求高；更换灭弧室较繁琐；传动效率一般不高。

第六节 高压熔断器

一、高压熔断器概述

高压熔断器是6～35kV电力系统小容量电路中常用的保护电器。它由熔体、支持触头和保护外壳组成，串接于电路中。当电路产生过负荷或短路电流时，故障电流超过熔体的额定电流，熔体被迅速加热熔断，从而切断故障电流，起到保护作用。

1. 工作原理

熔断器主要元件是一种易于熔断的熔断体，简称熔体。熔体或熔丝由熔点较低的金属制成，具有较小截面或其他结构的形式，当通过的电流达到或超过一定值时，由于熔体本身产生的热量，使其自身温度升高，达到其金属熔点时，发生熔断，切断电源，从而完成过负荷电流或短路电流的保护。为了得到大的切断能力和各种需要的保护特性，熔体的设计是一个重要问题。

熔断器工作包括以下四个物理过程：

(1) 流过过负荷或短路电流时，熔体发热达到熔断温度。

(2) 熔体的熔化和气化，电路开断。

(3) 电路开断后的间隙又被击穿，产生电弧。

(4) 电弧熄灭，电路被断开。

熔断器的切断能力决定于最后一个过程。熔断器的动作时间为上述四个过程的时间总和。

2. 熔断特性

(1) 安秒特性。熔断器的保护特性又称安秒特性，是熔体熔断电流与熔断时间的关系曲线，如图9-15所示。

图9-15中的I_0称为最小熔断电流。理论上熔体通过最小熔断电流I_0时，熔断时间为无穷大，即不应该熔断。而通过熔体的电流大于I_0很多时，熔断时间迅速减低至最小值（0.01s以下）。通过熔体的电流越大，熔断时间越短。通过相同的短路电流时，熔体的额定电流越大，熔断时间越长。熔断器的保护特性，在许多情况下需要通过实测确定。

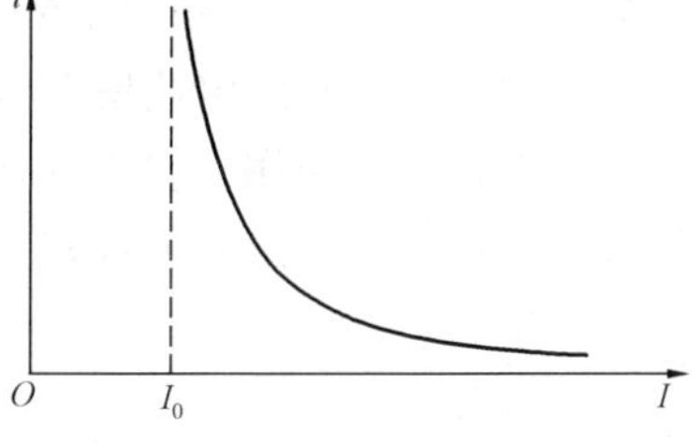

图9-15 熔断器的安秒特性

(2) 熔化系数。熔体的最小熔断电流与额定电流之比称为熔化系数，通常为1.5～2。该系数反映了熔断器在过负荷时的不同保护特性。

(3) 在不同电流值时，国家标准对熔体的熔断时间有规定，例如，当电流为熔体额定电流的130％时，熔化时间大于1h；当电流为熔体额定电流的200％时，熔化时间应小于1h。

（4）过电压。熔断器工作的物理过程是：间隙气化后，线路开断，断点间电压升高，使间隙击穿，产生电弧。因此在熔断器切断过程中，有过电压问题。这种过电压决定于线路电流被切断的情况以及被击穿间隙的长度。

二、常用高压断路器

1. 户内高压管式熔断器

国产高压管式熔断器有 RN1 和 RN2 两种，都是户内式充有石英砂填料的密封管式熔断器。两者结构基本相同，工作熔体都采用焊有小锡球的铜熔丝。利用“冶金效应”（锡是低熔点金属，过电流时，锡受热首先熔化，熔液包围铜，铜锡互相渗透，形成熔点比较低的铜锡合金，使铜丝能在较低的温度下熔化）使熔断器能在较小的故障或过负荷电流时动作。同时熔丝采用几根熔丝并联，使它们在熔断时产生几条并行电弧，使电弧与填料的接触面增大，去游离加强，加速电弧的熄灭。工作熔体熔断后，指示熔体接着熔断，红色指示器弹出。

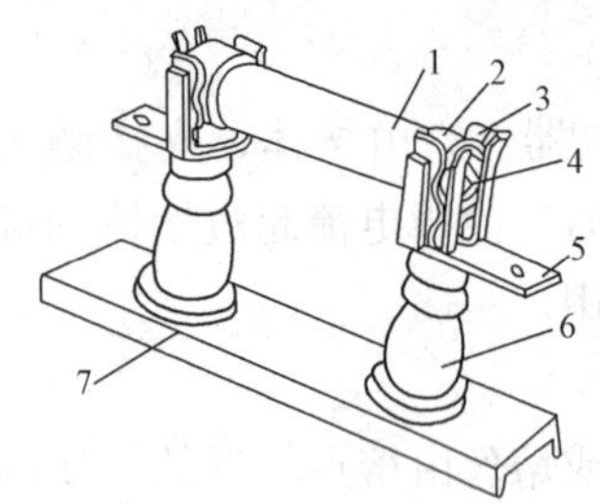

图 9-16　户内管式熔断器结构示意图

1—瓷熔管；2—金属管帽；3—弹性触座；4—熔断指示器；5—接线端子；6—瓷绝缘支柱；7—底座

户内管式熔断器结构示意图如图 9-16 所示。

2. 户外跌落式熔断器

户外型高压熔断器又称为跌落式熔断器，俗称跌落保险，是 10kV 配电线路分支线和配电变压器最常用的一种短路保护开关。它具有经济、操作方便、适应户外环境性强等特点，被广泛应用于 10kV 配电线路和配电变压器一次侧作为保护和进行设备投、切操作之用。它安装在 10kV 配电线路分支线上，可缩小停电范围，因其有一个明显的断开点，具备了隔离开关的功能，给检修段线路和设备创造了一个安全作业环境，增加了检修人员的安全感；安装在配电变压器上，可以作为配电变压器的主保护。所以，跌落式熔断器在 10kV 配电线路和配电变压器中得到了普及。图 9-17 为跌落式熔断器的实物图。

图 9-17　跌落式熔断器实物图

在正常情况下，熔管上部的动触头借助熔丝张力拉紧后，推上静触头内锁紧闭合保持闭合状态。当被保护的变压器或线路发生故障时，故障电流使熔丝熔断，在熔管内产生电弧，消弧管在电弧高温作用下分解出大量气体，使熔管内压力急剧增大，气体向外喷出，形成对电弧有力的纵吹，使电弧迅速拉长去游离，在电流交流过零时电弧熄灭，同时由于熔丝管拉力消失，使锁紧机构释放，在静触头的弹力和自重的作用下，使熔管跌落下来，电弧被迅速拉长，既有利于灭弧，又形成明显的断点。

第七节　断路器操动系统

高压断路器的操动系统包括操动机构、传动机构、提升机构、缓冲装置和二次控制回路等几个部分。

一、操动机构

操动机构是指独立于断路器本体以外的对断路器进行操作的机械操动装置，其主要任务是将其他形式的能量转换成机械能，使断路器准确地进行分、合闸操作。一种型号的操动机构可以配用不同型号的断路器，而同一型号的断路器也可装配不同型号的操动机构。

1. 操动机构的功能

操动机构要求具有以下主要功能：

（1）合闸操作。要求操动机构必须有足够的合闸力，满足所配断路器刚合速度的要求，在各种规定的使用条件下都能可靠关合电路。

（2）保持合闸。操动机构应该在合闸命令消失和合闸操作结束后，都能可靠地将断路器保持在合闸位置，不应由于电动力及机械振动等原因引起触头分离。

（3）分闸操作。要求操动机构不仅能根据需要接受自动或遥控指令使断路器快速电动分闸，而且在紧急情况下可在操动机构上进行手动分闸，并且分闸速度不因为手动而变慢。

（4）复位。断路器分闸后，操动机构的各部件能自动恢复到准备合闸的位置。

（5）闭锁。为保证对断路器的操作安全可靠，操动机构都应具备闭锁功能。主要包括分、合闸位置闭锁，高、低气压（液压）闭锁，弹簧操动机构中合闸弹簧的位置闭锁等。

2. 操动机构的分类

高压断路器的操动机构种类繁多，机构差异大，但基本是由操作能源系统、分闸与合闸控制系统、传动系统及辅助装置四个部分构成。

按操作能源性质的不同，操动机构可以分为以下几类：

（1）手动操动机构。手动操动机构是直接依靠人力使断路器合闸的机构。它机构简单，制造和操作方便。在110kV以下的高压隔离开关中使用较为普遍，但不再用于操作额定电压低于10kV、开断电流低于3.15kA的断路器中。

（2）电磁操动机构。电磁操动机构是靠直流电磁铁产生的吸力使断路器合闸的机构。由于分、合闸电磁铁均采用直流电源供电，所以使用这种机构必须备有蓄电池或整流电源，并且合闸瞬间要求电源提供上百安培的电流。此外这种机构合闸时间较长，它仅用于额定电压为110kV以下的断路器中。

（3）弹簧操动机构。弹簧操动机构是以储能弹簧为动力对断路器进行分、合闸操作的机构。弹簧操动机构的储能电机所需功率较小，可实现交流供电操作，而且合闸功恒定，并能实现自动重合闸。但是这种机构较复杂，部分零件的加工和热处理要求高。如果增加输出功率，其重量将显著增加。目前弹簧操动机构适用于220kV及以下电压等级的断路器中。

（4）液压操动机构。液压操动机构是利用液体作为力传递的介质，一般用高压油推动工作缸活塞运动，使开关合闸的机构。它有两种操作方式：一种是直接驱动，即电动机带动油泵，产生高压力油，直接推动活塞操作开关，这种操作方式常用于隔离开关中；另一种是储能式驱动，活塞由于两边油压的不同而运动，从而分/合开关。液压操动机构功率大、动作快、冲击力小、能快速自动重合闸，可采用交流或直流电动机，暂时失去电动机电源也仍可操作，直至低压闭锁；但其结构复杂、密封及加工工艺要求高、价格较贵。液压操动机构适用于 110kV 及以上电压等级的断路器中，特别是超高压断路器。

（5）气动操动机构。气动操动机构是利用压缩空气（一般选用 0.5～1MPa 气压）通过阀门控制气缸内活塞运动以使开关分合闸的机构。它也有两种操作方式：一种是触头的分、合动作全部采用气动操作，这种操作方式仅用于压缩空气断路器中；另一种是仅利用压缩空气推动活塞运动，以代替电磁操动机构中的合闸电磁铁，开关的其余部分均与电磁操动机构一样。由于气动操动机构的输出功率较易改变，故可适用于不同电压等级和类型的断路器和隔离开关。但因为操作时噪声大，又需要一套空气压缩装置，使其应用场合受到限制，只适用于 220kV 及以下电压等级的断路器中。目前基本被液压操动机构或弹簧操动机构所代替。

二、传动系统

传动系统是操动机构的做功元件与动触头之间相互联系的中间环节。高压断路器的操动机构和本体在分、合闸过程中通过传动系统传递能量和运动，按照设计的性能要求完成分、合闸的操作。高压断路器的传动系统主要由操动机构的传动元件、断路器中的提升机构和它们之间的传动机构三部分组成。

传动元件由连杆机构或液压、气压传动机构等组成，通过传动机构与断路器的提升杆相连。

传动机构是连接操动机构与提升机构的中间环节，起改变运动方向、增加行程并向断路器传递能量的作用。由于提升机构与操动机构总是相隔一定的距离，而且两者的运动方向也不一定相同，因此需要传动机构。传动机构一般由连杆机构构成。

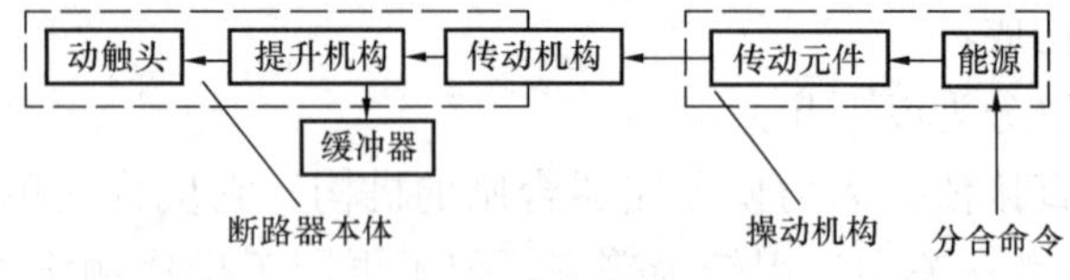

图 9-18　传动系统各部分之间的关系示意图

提升机构是带动断路器动触头按一定轨迹运动的机构，它将传动机构的运动变为动触头的直线运动，使断路器分、合闸，所以也称变直机构。

传动系统各部分之间的关系示意如图 9-18 所示。

三、缓冲装置

在分、合闸过程中，当动触头运动到预定的合闸位置时，由于机构运动部分的动能不可能全部耗尽，这些多余的能量将以冲击振动的形式消耗在构件上。为合理设计构件强度，提高构件的机械寿命，必须采用适当的缓冲装置吸收这部分多余的能量。因此，缓冲装置要尽可能平滑地吸收大部分或全部的能量，并且不发生返回现象。

根据吸收介质的不同，缓冲装置有四种类型，即油缓冲器、弹簧缓冲器、气体缓冲器和橡皮缓冲器。

（1）弹簧缓冲器。弹簧缓冲器把触头的冲击动能转换成弹簧的势能。但由于它又会释放能量，将出现多次振动，所以这种缓冲器吸收能量的效果不十分理想。在开关中只能限于吸收不太大的冲击振动，常用作合闸弹簧。

（2）油缓冲器。油缓冲器将触头的冲击能量消耗在油的流动损失上。它能吸收大部分动能而不发生回弹，被广泛用作断路器的分闸缓冲器。当高速运动的部件撞击到油缓冲器活塞上的撞杆后，活塞与运动部件一同向下运动，由于活塞下的油只能通过很小的缝隙向上流到活塞上方，使油流受阻，对活塞底部产生压力，阻碍活塞向下运动，形成对运动部件的缓冲。

(3) 气体缓冲器。气体缓冲器利用运动部分与带活塞的撞杆相碰后使活塞压缩气缸内的气体而得到缓冲的效果。调节气缸内压力的大小（预充气体的压力及调节排气孔的大小）就可以改变制动力的大小。气体缓冲器一般仅在压缩空气断路器中作分闸缓冲用。

(4) 橡皮缓冲器。橡皮缓冲器利用橡皮垫沿径向伸长、收缩及与铁板表面摩擦生热而消耗能量从而起到缓冲作用。橡皮缓冲器的优点是构造简单、反冲力不大，缺点是低温时橡皮弹性变坏。它一般用在缓冲能量不大的地方。

第八节 隔 离 开 关

一、隔离开关概述

高压隔离开关是我国目前电力系统中用量最大、使用范围最广的高压开关设备，主要用于开断前或关合过程中电路中无电流或接近无电流的情况下开断和关合电路，并形成明显可见断点。由于隔离开关没有专门的灭弧装置，所以不能用来开断负荷电流和短路电流，通常与断路器配合使用。

1. 隔离开关的作用

(1) 在电气设备检修时，用断路器开断电路后，再用隔离开关将需要检修的电气设备与带电部分隔离，形成明显可见的断点，以保证人身和设备的安全。

(2) 根据运行需要倒换线路。

(3) 可用来关合和开断小电流，如母线的电容电流、断路器均压电容的电容电流和小容量空载变压器的励磁电流等。

2. 对隔离开关的要求及其结构特点

(1) 应具有明显可见的断口，使运行人员能清楚地观察隔离开关的分、合状态。

(2) 绝缘稳定可靠，特别是断口绝缘，一般要求比断路器高出10%～15%。即使在恶劣的天气条件下，也不会发生漏电或闪络现象，确保检修运行人员的人身安全。

(3) 导电部分要接触可靠。除能承受长期工作电流和短时动、热稳定电流外，户外产品应考虑在各种严重的工作条件下（包括大风、地震、冰冻、污秽等不利情况），触头仍能正常分合和可靠接触。

(4) 隔离开关与断路器配合使用时，要有机械和电气闭锁，以保证动作次序的正确无误。即分电路时先分断路器，再分隔离开关；合电路时先合隔离开关，再合断路器。

(5) 在隔离开关上装有接地开关时，隔离开关和接地开关之间必须具有机械或电气连锁，以保证动作次序的正确性。即在隔离开关分开后，接地开关才能合上；接地开关没有断开时，不允许合隔离开关。

(6) 尽量缩小外形尺寸，特别是在超高压隔离开关中，缩小导电闸刀运动时所需要的空间尺寸，有利于减少变电站的占地面积。

(7) 隔离开关要有好的机械强度，结构简单可靠，操作时，运动平稳、无冲击。

3. 隔离开关的种类

隔离开关种类众多，根据装设地点、电压等级、极数和构造进行分类，主要有以下几种：

(1) 按装设地点可以分为户内式和户外式。

(2) 按支柱绝缘子数目可以分为单柱式、双柱式和三柱式。

(3) 按触头的动作方式可以分为闸刀式、水平旋转式、垂直旋转式和插入式。

(4) 按有无接地开关可以分为带隔离开关和不带隔离开关。

(5) 按所配操动机构可以分为手动式、电动式、气动式和液压式等。

二、户内式隔离开关

户内式隔离开关的型号用GN表示，其额定电压一般在35kV以下。图9-19为一般配电用户内隔离开关的原理图。隔离开关的三相装在一个共同的底架上，操动机构通过连杆操动转轴完成分合操作。闸刀为矩形铜条型，以便用磁锁装置来提高隔离开关对短路电流的稳定性。

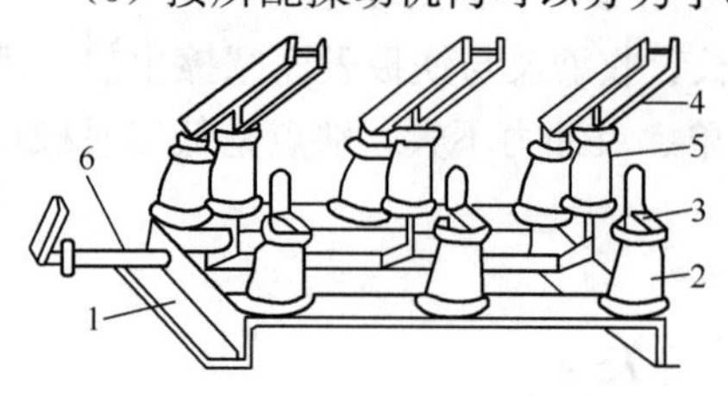

图9-19 一般配电用户内隔离开关原理图
1—底架；2—支柱绝缘子；3—静触头；4—闸刀；5—操作绝缘子；6—转轴

磁锁装置是在闸刀的两个铜条的外侧各装一片和闸刀平行的铁片，这样当短路电流沿着平行的闸刀流向静触头时，铁片在磁场的作用下将相互吸引，从而增加闸刀片和静触头之间的压力，使之接触良好。

这种隔离开关的工作原理是：关合电路时，通过操动机构使转轴6转动，操作绝缘子5拉动闸刀4向下运动，使之夹住静触头3，于是电路接通；开断电路时，只要将转轴6向相反方向转动，操作绝缘子5就推动闸刀4向上运动，使之与静触头3分离，形成可见的空气间隙。

三、户外式隔离开关

户外式隔离开关按支柱绝缘子数目可以分为单柱式、双柱式和三柱式三种。

1. 单柱式隔离开关

以GW46-252型隔离开关（如图9-20所示）为例，其每极具有两个绝缘子，分别是支柱绝缘子和操作绝缘子。由于只有一个支柱绝缘子，所以称为单柱式。该类型隔离开关的静触头固定在架空硬母线上或悬挂在架空软母线上。通过操动机构使操作绝缘子转动，带动传动装置去操作导电折架上下运动，从而使动触头垂直上下运动，夹住或释放静触头，即可实现合、分闸。

2. 双柱式隔离开关

以GW4B-126型隔离开关（如图9-21所示）为例，其为双柱单断口水平旋转式结构，由底座、支柱绝缘子、导电部分和操动机构组成。每极有两个实心的支柱绝缘子，分别装在底座两端的轴承座上，可以水平转动。导电闸刀分成两段，分别固定在两个支柱绝缘子的顶端。触头接触的地方在两个支柱绝缘子中间。操作时，操动机构带动两个支柱绝缘子向相反方向转动90°，闸刀便断开或闭合。

3. 三柱式隔离开关

以GW27-800型隔离开关（如图9-22所示）为例，其采用三柱双断口水平旋转开启式结构。静触头分别安装在两边的支柱绝缘子上端，中间支柱绝缘子用以支持闸刀，并可带动闸刀做水平转动，即可完成分、合闸动作。

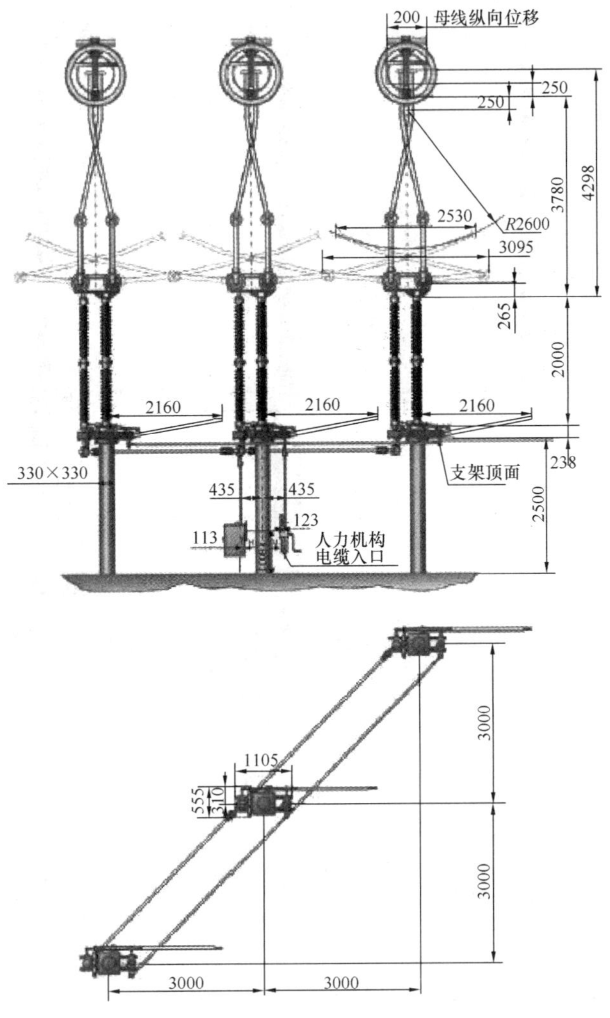

图 9-20 GW46-252 型隔离开关总体布置图（斜列式布置）

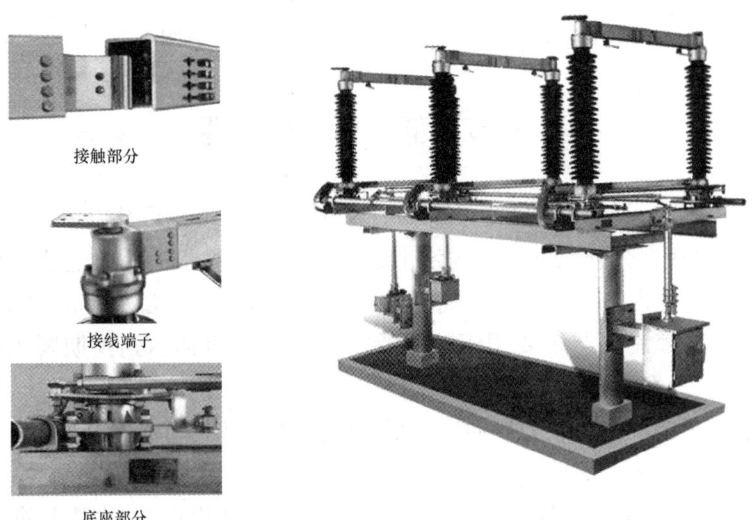

图 9-21 GW4B-126 型隔离开关外观图

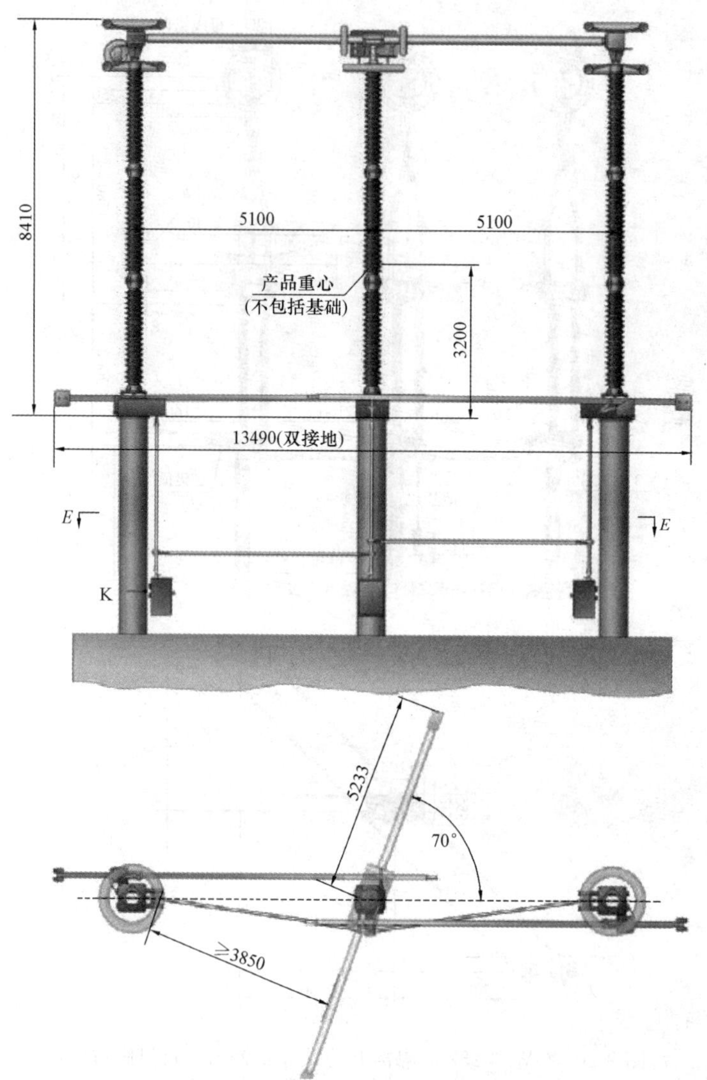

图 9-22 GW27-800 型隔离开关总体布置图

第九节 低 压 电 器

低压电器指用于交流 50Hz（或者 60Hz）、额定电压为 1200V 及以下，直流额定电压为 1500V 及以下的电路内起通断、保护、控制或调节作用的电器。低压电器主要分为配电电器和控制电器两种。配电电器主要用于配电电路，是对电路及设备进行保护以及通断、转换电源或负荷的电器；控制电器主要用于控制受电设备，是使其达到预期要求的工作状态的电器。

低压电器主要有接触器、磁力启动器、低压断路器和磁吹断路器四种。

一、接触器

接触器是在按钮或继电器的控制下，通过电磁铁在通电时的吸引力使动触头、静触头闭合或断开的控制电器。其适用于低压配电系统中远距离控制，频繁操作交、直流主电路及大容量控制电路的自动控制开关电路。它是电气传动和自动控制系统中应用最广的一种电器。

接触器的分类有几种不同的方式：按操作方式分，有电磁接触器、电动接触器和电磁气动接触器；按灭弧介质分，有空气电磁式接触器、油浸式接触器和真空接触器等；按主触头控制的电流种类分，有交流接触器、直流接触器和切换电容接触器等。

接触器由电磁系统、触头系统、灭弧系统、释放弹簧机构、辅助触头及基座等几部分组成。电磁系统包括吸引线圈、动铁芯和静铁芯；触头系统包括主触头和辅助触头，它和动铁芯一起联动。接触器的基本工作原理是利用电磁原理通过控制电路的控制和可动衔铁的运动带动触头控制主电路通断。

交流接触器和直流接触器的结构和工作原理基本相同，但在电磁机构方面有所不同。对于交流接触器，为了减少因涡流和磁滞损耗造成的能量损失和升温，铁芯和衔铁用硅钢片叠成。线圈绕在骨架上做成扁而厚的形状，与铁芯隔离，这样有利于铁芯和线圈的散热。而对于直流接触器，由于铁芯中不会产生涡流和磁滞损耗，所以不会因它们而发热，铁芯和衔铁用整块电工软钢做成，为使线圈散热良好，通常将线圈绕制成高而薄的圆筒状，且不设线圈骨架，使线圈与铁芯直接接触以利于散热。大容量的直流接触器往往采用串联双绕组线圈，一个为启动线圈，另一个为保持线圈，接触器本身的一个动断辅助触头与保持线圈并联连接，在电路刚接通瞬间，保持线圈被动断触头短接，可使启动线圈获得较大的电流和吸力。当接触器动作后，常闭触头断开，两线圈串联通电，由于电源电压不变，所以电流减小，但仍可保持衔铁吸合，因而可以减少能量损耗和延长电磁线圈的使用寿命。

真空接触器以真空为灭弧介质，其主触点密封在特制的真空灭弧管内。当操作线圈通电时，衔铁吸合，在触点弹簧和真空管自闭力的作用下触点闭合；当操作线圈断电时，反力弹簧克服真空管自闭力使衔铁释放，触点断开。真空接触器分断电流时，触点间隙中会形成由金属蒸气和其他带电粒子组成的真空电弧。因真空介质具有很高的绝缘强度，且介质恢复速度很快，所以真空中燃弧时间一般小于 10ms。

常用接触器型号：

(1) 空气电磁式交流接触器。CJ20（国内统一设计产品）、CJ21（引进德国芬纳尔）、CJ26、CJ29、CJ35、CJ40（CJ20 基础上更新设计产品）、NC、B（引进德国 ABB）、LC1—D（引进法国 TE，国内型号 CJX4）、3TB 和 3TF（引进德国西门子，3TF 是在 3TB 基础上改进设计产品）等系列。此外还有 CJ12、CJ15、CJ24 等系列大功率重任务交流接触器。

(2) 机械连锁（可逆）交流接触器。LC2-D（国内型号 CJX4-N）、6C、3TD、B 等系列。

(3) 切换电容器接触器。CJ16、CJ19、CJ41、CJX4、CJX2A、LC1—D、6C 等系列。

(4) 真空交流接触器。CKJ 和 EVS 等系列。

(5) 直流接触器。CZ18、CZ21、CZ22 和 CZ0 等系列。

二、磁力启动器

磁力启动器分为全压启动器和减压启动器两种。减压启动器有星—三角启动器、自耦减压启动器、电抗减压启动器、电阻减压启动器和延边星—三角启动器等。

减压启动器一般用于轻载启动、启动转矩要求不大的场合。直接启动虽然对电源的冲击较大，但因启动器转矩大，力矩增加快，所以在很多场所仍需采用直接全压启动。

全压启动器是由接触器、热（过负荷）继电器、控制按钮等组成的组合电器，装于有一定防护能力的外壳中，用以控制电动机的启动、停止，并且有过负荷、失压保护（如有的熔断器还有短路保护）功能。其优点是可防止电源发生故障后又恢复供电时电动机误启动；可进行远距离控制。目前常用的全压启动器主要有 QC0、QC8、QC10 和 QC12 等系列。

三、低压断路器

低压断路器俗称自动空气开关，它不仅可以接通和分断正常负荷电流、电动机工作电流和过负荷电流，还可以接通和分断短路电流。它主要在不频繁操作的低压配电线路或开关柜（箱）中作电源开关使用，并对线路、电气设备及电动机等实行保护，当它们发生严重过电流、过负荷、短路、断相、漏电等故障时，能自动切断线路，起到保护作用。较高性能的万能式断路器带有三段式保护特性，并具有选择性保护功能，它带有各种保护功能脱扣器，包括智能化脱扣器，可实现计算机网络通信。

低压断路器的分类方式有很多：

（1）按使用类别分为选择型、非选择型。

（2）按灭弧介质分为空气式、真空式。

（3）按采用灭弧技术分为零点灭弧式、限流式。

（4）按结构型式分为万能式、塑壳式（装置式）等。

（5）按操作方式分为人力操作式、动力操作式、储能操作式。

（6）按极数分为单极、二极、三极、四极式。

（7）按安装方式分为固定式、插入式、抽屉式。

（8）按在电路中不同用途分为配电用、电动机保护用、其他负荷用（如照明等）。

低压断路器由三个基本部分组成，即触头和灭弧系统、具有不同保护功能的脱扣器、自由脱扣器和操动机构。触头和灭弧系统，是执行电路通断的重要部件；具有不同保护功能的脱扣器可以组合成不同性能的低压断路器；自由脱扣器和操动机构，是联系其余两部分的中间传递部件。

常用低压断路器型号：

（1）万能框架式断路器。DW16（一般型）、DW15HH（多功能、高性能型）、DW95（智能型）、ME、AE（高性能型）和 M（智能型）等系列。

（2）塑料外壳式断路器。DZ20、H（引进美国西屋）、T（引进日本寺崎）、3VE、3WE（引进德国西门子）、N2M（德国金钟）、NS、S 等系列。

（3）剩余电流动作（漏电）保护器。DZ15LE、DZL16、DZL18、DZ20L、DZL25 和 JC 等系列。

四、磁吹断路器

磁吹断路器是利用磁场的作用使电弧熄灭的一种断路器。磁场通常由分断电流本身产生，电弧被磁场吹入灭弧片狭缝内，并使之拉长、冷却，直至最终熄灭。磁吹断路器的触头在空气中闭合和断开。

磁吹断路器按磁吹原理分为电磁式和电弧螺管式两类。电磁式磁吹断路器利用分断电流流过专门的磁吹线圈产生吹弧磁场将电弧熄灭。这种结构需要专门设置磁吹线圈和磁极板等元件，其结构比较复杂和笨重，分断性能也较差，在早期的磁吹断路器中曾广泛采用。串联磁吹线圈的熄弧原理在低压直流磁吹断路器中也被采用。电弧螺管式磁吹断路器出现于20世纪60年代，其原理是利用绝缘灭弧片和小弧角（装在灭弧片下端的U形钢片）将电弧分割，形成连续的螺管电弧，并产生强磁场，从而驱使电弧在灭弧片狭缝中迅速运动，直至熄灭（如图9-23所示）。这种断路器三相装在一个手车式底架上，配用一个操动机构。合闸时由动、静主触头快速接通导电回路；分闸时，电弧在动、静触头之间产生，在流经触头回路的电流磁场和压气皮囊产生的作用下，电弧被转移到大弧角上。此时，在辅助系统的磁场驱动下，电弧继续迅速向上运动，当到达小弧角时，电弧被分割成相互串联的若干短弧，这些短弧在电流磁场和小弧角磁性的推拉作用下，很快进入狭缝，形成一个直径不断增大的螺管电弧。这种断路器结构较简单、体积较小、质量较轻、分断性能高。

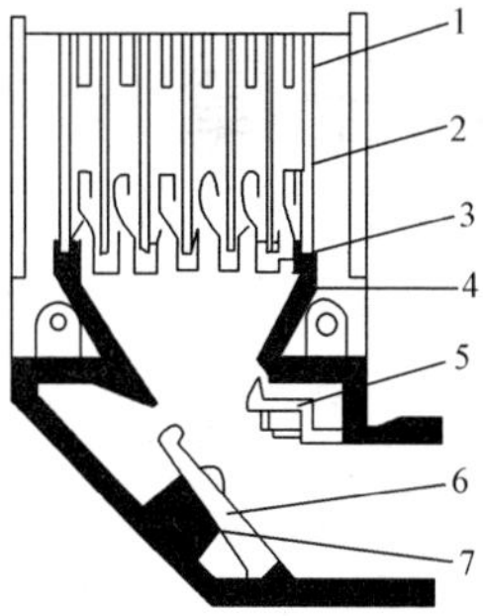

图9-23 电弧螺管式磁吹断路器原理图

1—灭弧片；2—螺管电弧；3—小弧角；4—大弧角；5—静触头；6—动触头；7—压气皮囊

磁吹断路器以大气为介质，用耐热陶瓷或云母玻璃作灭弧片，电气寿命长，能适应频繁操作的场合。在分断过程中，电弧电阻迅速增加，可以改善功率因数；产生的过电压最小，分断特性优良。其额定电流和分断电流较大，可适应电网发展的需要，分断电流现已达60kA。磁吹断路器运行安全、维护方便，但与其他断路器相比，其结构复杂、体积大、成本高，一般只适用于20kV以下的电压等级。

第十章 配电装置

第一节 概　　述

配电装置是指电压在 1kV 及以上的电气装置，按主接线的要求，由开关设备、保护和测量电器、母线装置和必要的辅助设备构成，用来接受和分配电能，是发电厂的重要组成部分。

一、配电装置分类及其要求

配电装置按电压等级的不同，可分为高压配电装置和低压配电装置；按安装地点的不同，可分为室内配电装置、室外配电装置；按其结构形式，又可分为装配式配电装置和成套配电装置。

（一）室内配电装置

室内配电装置的特点是：占地面积小；运行维护方便。

（二）室外配电装置

室外配电装置的特点是：建设周期短；扩建方便；易于带电作业；占地面积大；受外界污秽影响较大，设备运行条件较差；外界气象变化使对设备维护和操作不便。

（三）装配式配电装置

在现场将电气装置组装而成的称为装配式配电装置。

装配式配电装置的特点是：建造安装灵活；投资较少；金属消耗量少；安装工作量大；施工工期较长。

（四）成套配电装置

在制造厂预先将开关电器、互感器等组成各种电路成套供应的称为成套配电装置。

成套配电装置的特点是：电气设备布置在封闭或半封闭的金属外壳中，相间和对地距离可以缩小，结构紧凑，占地面积小；所有电器元件已在工厂组装成一个整体（开关柜），大大减少了现场安装工作量，有利于缩短建设工期，也便于扩建和搬迁；运行可靠性高，维护方便；耗用钢材较多，造价较高。

配电装置形式的选择，应考虑所在地区的地理情况及环境条件，因地制宜，节约用地，并结合运行及检修要求，通过经济技术比较确定。一般情况下，在大、中型发电厂和变电站中，110kV 及以上电压等级一般多采用屋外配电装置；35kV 及以下电压等级的配电装置多采用室内配电装置。

二、室内外配电装置最小安全净距

配电装置的整个结构尺寸，是综合考虑设备外形尺寸、检修和运输的安全距离等因素而决定的。在各种间隔距离中，最基本的是带电部分对接地部分之间和不同相的带电部分之间的空间最小安全净距，即 A_1 和 A_2 值。最小安全净距，是指在此距离下，无论是处于最高工作电压之下，或处于内外过电压下，空气间隙均不致被击穿。我国 DL/T 5352—2006《高压配电装置设计技术规程》规定的室内、室外配电装置的安全净距，见表 10-1 和表 10-2，其中，B、C、D、E 等类电气距离是在 A_1 值的基础上再考虑一些其他实际因素决定的，其含义如图 10-1 和图 10-2 所示。

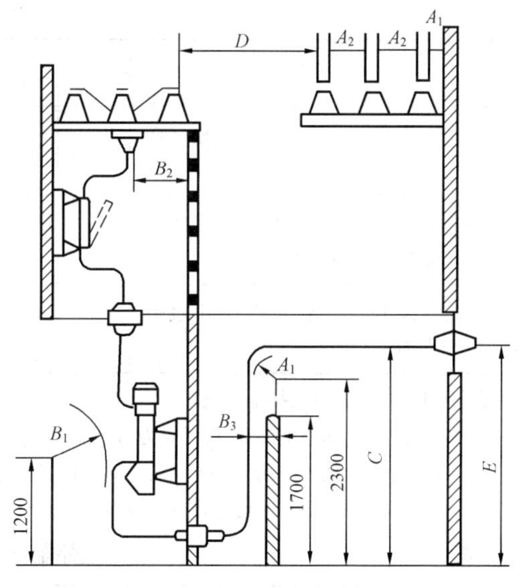

图 10-1 室内配电装置安全净距校验图

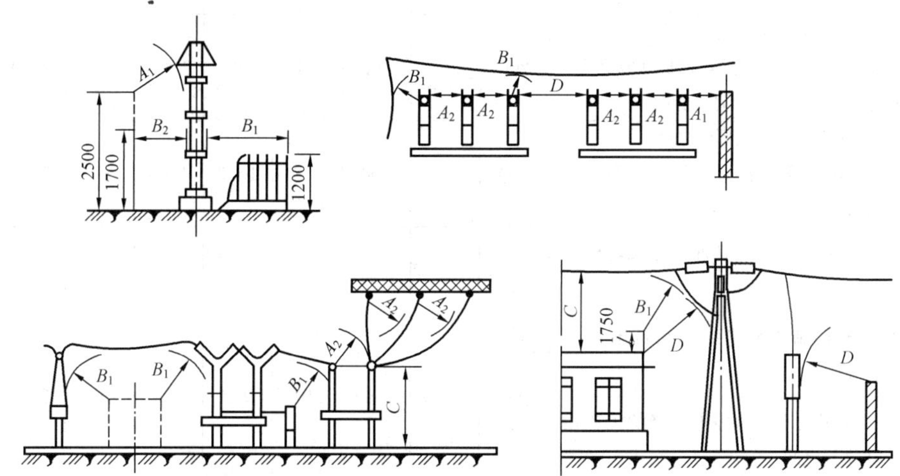

图 10-2 室外配电装置安全净距校验图

表 10-1 **室内配电装置的安全净距**

符号	适用范围	额定电压（kV）									
		3	6	10	15	20	35	60	110J	110	220J
A_1	1. 带电部分至接地部分之间 2. 网状和板状遮栏向上延伸线距地 2.5m 处，与遮栏上方带电部分之间	70	100	125	150	180	300	550	850	950	1800
A_2	1. 不同相的带电部分之间 2. 断路器和隔离开关的断口两侧带电部分之间	75	100	125	150	180	300	550	900	1000	2000
B_1	1. 栅状遮栏至带电部分之间 2. 交叉的不同时停电检修的无遮栏带电部分之间	825	850	875	900	930	1050	1300	1600	1700	2550
B_2	网状遮栏至带电部分之间	175	200	225	250	280	400	650	950	1050	1900

续表

符号	适用范围	额定电压（kV）									
		3	6	10	15	20	35	60	110J	110	220J
C	无遮栏裸导体至地（楼）面之间	2375	2400	2425	2450	2480	2600	2850	3150	3250	4100
D	平行的不同时停电检修的无遮栏裸导体之间	1875	1900	1925	1950	1980	2100	2350	2650	2750	3600
E	屋外出线套管至屋外通道路面	4000	4000	4000	4000	4000	4000	4500	5000	5000	5500

注　1. J 指中性点直接接地系统。

2. 当遮栏为板状时，B_2 值可取为 A_1＋30mm。

3. 当出线套管外侧为室外配电装置时，E 值不应小于表 10-2 中所列室外部分 C 值。

4. 室内电气设备外绝缘体最低部位距离地面小于 2.3m 时，应装设固定遮栏。

表 10-2　室外配电装置的安全净距

符号	适用范围	额定电压（kV）								
		3～10	15～20	35	60	110J	110	220J	330J	500J
A_1	1. 带电部分至接地部分之间 2. 网状遮栏向上延伸线距地 2.5m 处与遮栏上方带电部分之间	200	300	400	650	900	1000	1800	2500	3800
A_2	1. 不同相的带电部分之间 2. 断路器和隔离开关的断口两侧带电部分之间	200	300	400	650	1000	1100	2000	2800	4300
B_1	1. 设备运输时，其外廓至无遮栏带电部分之间 2. 栅状遮栏至绝缘体和带电部分之间 3. 交叉的不同时停电检修的无遮栏带电部分之间 4. 带电作业时的带电部分至接地部分之间	950	1050	1150	1400	1650	1750	2550	3250	4550
B_2	网状遮栏至带电部分之间	300	400	500	750	1000	1100	1900	2600	3900
C	1. 无遮栏裸导体至地面之间 2. 无遮栏导体至建筑物、构筑物顶部之间	2700	2800	2900	3100	3400	3500	4300	5000	7500
D	1. 平行的不同时停电检修的无遮栏带电部分之间 2. 带电部分与建筑物、构筑物的边缘部分之间	2200	2300	2400	2600	2900	3000	3800	4500	5800

注　1. J 指中性点直接接地系统。

2. 带电作业时，不同相或交叉的不同回路带电部分之间的 B_1 值，可取为（A_2＋750）。

3. 配电装置中相邻带电部分的额定电压不同时，应按较高的额定电压确定其安全净距。

第二节 室 内 配 电 装 置

一、室内配电装置特点

室内配电装置具有以下特点：

(1) 由于允许安全净距小、可分层布置，故占地面积较小。

(2) 维修、巡视和操作在室内进行，基本不受天气影响。

(3) 外界污秽对电气设备影响较小，可减少维护工作量。

(4) 适宜于一些非标准设备的安装，如槽形母线、大电流母线隔离开关。

(5) 房屋建筑投资较大。

二、室内配电装置布置

发电厂的室内配电装置，按其布置形式的不同，一般可分为两层式和单层式。两层式是将所有电气设备依其轻重分别布置在各层中；单层式是把所有的设备都布置在一层中。

室内配电装置的布置一般应满足以下要求：

(1) 同一回路的电器和导体应布置在同一个间隔内，以满足检修安全和限制故障范围。

(2) 尽量将电源布置在每段母线的中部，使母线截面通过较小的电流。

(3) 较重的设备（如电抗器）布置在下层，以减轻楼板的荷重并便于安装。

(4) 充分利用间隔的位置。

(5) 布置尽量对称，对同一用途的同类设备布置在同一标高，以便于操作。

(6) 布置时应尽量考虑到以后扩建和技改的要求。

(7) 各回路的相序排列尽量一致，一般为面对出线电流流出方向从左到右、由远到近、从上到下按 A、B、C 相序排列。对硬导体涂色，色别为：A 相黄色、B 相绿色、C 相红色。对绞线一般只标明相别。

(8) 为保证检修人员在检修电器及母线时的安全，电压为 63kV 及以上的配电装置，对断路器两侧的隔离开关和线路隔离开关的线路侧，宜配置接地开关；每段母线上宜装设接地开关或接地器，其装设数量主要按作用在母线上的电磁感应电压确定。在一般情况下，每段母线宜装设两组接地开关或接地器，其中包括母线电压互感器隔离开关的接地开关。母线电磁感应电压与接地开关或接地器安装间隔距离需经计算确定。

(9) 配电装置的布置为便于设备操作、检修和搬运，设置了维护通道、操作通道和防爆通道。凡用来维护和搬运各种电器的通道，称为维护通道；如通道内设有断路器（或隔离开关）的操动机构、就地控制屏等，称为操作通道；仅和防爆小室相通的通道，称为防爆通道。

(10) 配电装置室可以开窗采光和通风，但应采取防止雨雪、风沙、污秽和小动物进入室内的措施。配电装置室应按事故排烟要求，装设足够的事故通风装置。1000MW 机组电厂厂用 3～10kV 室内配电装置一般采用成套配电装置。

第三节 室 外 配 电 装 置

一、室外配电装置特点

室外配电装置的特点是：

(1) 土建工程量和费用较小，建设周期短。

(2) 扩建比较方便。

(3) 相邻设备之间距离较大，便于带电作业。

(4) 占地面积大。

(5) 受外界空气影响，设备运行条件较差，需要加强绝缘。

二、室外配电装置类型

根据电气设备和母线布置的高度，室外配电装置可分为中型、半高型和高型。

中型配电装置的所有电器都安装在同一水平面内，并使带电部分对地保持必要的高度，以便工作人员能在地面安全的活动。中型配电装置母线所在的水平面稍高于电器所在的水平面，这种布置是室外配电装置普遍采用的一种方式。

高型和半高型配电装置的母线和电器分别装在几个不同高度的水平面上，并重叠布置。凡是将一组母线与另外一组母线重叠布置的，称为高型配电装置；如果仅将母线与断路器、电流互感器等重叠布置，则称为半高型配电装置。由于高型与半高型配电装置可节省大量占地面积，因此，近年来也得到了比较广泛的应用。

三、超高压配电装置特殊问题

1. 500kV 配电装置的优化设计

500kV 配电装置是 500kV 变电站的电源侧，担负着向 220kV 系统输送电力的任务；500kV 配电装置又是 500kV 系统的枢纽点，担负着 500kV 系统功率的交换和分配的任务。由于 500kV 系统电压高、输送功率大，一旦出现故障对系统的安全运行将造成重大影响，因而对 500kV 配电装置接线的可靠性、灵活性提出了更高的要求。另外，500kV 配电装置设备价格昂贵，占地面积大，在变电站总投资和总占地面积中占有很大比例，因此 500kV 配电装置采用何种接线、如何降低其造价和减少占地面积等问题受到各设计单位的普遍关注。

主接线的技术经济比较主要从可靠性、灵活性和经济性三个方面比较。可靠性是指断路器检修时不影响供电，断路器或母线故障及母线检修时，尽量减少停运的回路数和停运时间，尽量避免全站停电；灵活性是指可以灵活地投切线路和变压器、调配负荷，可以方便地停运断路器和进行母线检修而不影响供电；经济性是指占地要小、投资要省。

从已有的研究成果来看，目前对于 3/2 断路器接线与双母线分段带旁路母线接线的经济技术比较，已有许多学者进行了深入的分析和论述，普遍的观点认为：

(1) 具有可靠性。两种接线型式都能满足可靠性的要求，但 3/2 断路器接线可靠性更高。

(2) 具有灵活性。3/2 断路器接线充分显示了这一接线方式的优越性，在双母线分段带旁路接线中，隔离开关既作为隔离电器同时又作为操作电器，而在 3/2 断路器接线中，隔离开关只作为隔离电器，因而操作简单、灵活，给运行带来极大方便，减少了操作事故。

(3) 占地面积不大，3/2 断路器接线三列式布置的配电装置比双母线分段带旁路的占地面积小。

(4) 投资不大，3/2 断路器接线在四串时，其投资与双母线分段带旁路的相差不大，当串数增加时，投资比双母线分段带旁路接线的高。

基于上述原因，现在国内 500kV 配电装置已很少采用双母线分段带旁路，山东省内的

500kV变电站，除第一座潍坊变电站外，其余也都采用3/2断路器接线，实际运行情况非常好，得到运行单位的认可。500kV配电装置规模大都在线路6～8回，变压器2～4台的范围内，非常适合采用3/2断路器接线，可组成四至五串，因此在一般情况下应推荐采用3/2断路器接线。

对应于3/2断路器接线，500kV配电装置以三列式布置最为优越，它布置清晰，引线方便，占地面积少，出线灵活，可以从两个方向甚至三个方向出线，因此得到广泛应用。目前设计的500kV变电站都是采用这种型式的配电装置，并且在应用中又加以逐步完善和优化改进。

因此，对500kV配电装置的优化设计有以下几点建议：

（1）电气主接线采用3/2断路器接线，不带线路、变压器出口隔离开关，两台主变压器时从串内引接，四台主变压器时，两台进串，另两台接成母线—变压器组。

（2）500kV配电装置采用三列式布置，悬吊管母、剪刀式母线隔离开关，阻波器悬挂安装，进串变压器引线采用低架横穿或一台低架横穿、一台高架横跨。

（3）500kV配电装置的尺寸为间隔宽度28m，管型母线架19.9m，低架横穿架18.5m，进出线架27m。

（4）线路并联电抗器接在阻波器母线侧。

建议尽快开展27m间隔宽度和电抗器接于阻波器线路侧的调研，以便进一步优化500kV配电装置。

2. 超高压配电装置分裂导线次档距长度的选择

500kV超高压配电装置，单根导线已不能满足电晕等条件的要求，而分裂导线虽然具有导线拉力大、金具结构复杂、安装麻烦等缺点，但因它能提高导线的自然功率和有效降低导线表面的电场强度，所以500kV配电装置中多用由空心扩径导线或铝合金铰线组成的分裂导线。在500kV变电站内主要采用双分裂导线，如2XLGKK—600、2XIGJQT—1400等。

分裂导线短路张力（即动态张力）具有特殊性。当分裂导线受到大的短路电流的作用时，同相次导线间由于电磁吸引力的作用，使导线产生大的张力和偏移。在严重情况下，其张力值可达到故障前初始张力（即静态张力）的几倍甚至几十倍，所以设计分裂导线时，需考虑该附加张力的影响。动态张力与短路电流大小、分裂间距、次档距长度等因素有关。500kV配电装置中双分裂导线分裂间距由电晕校验结果确定，一般取40cm，所以应合理选择次档距长度，将动态张力限制在电气设备和架构允许的受力范围内。

当次档距长度取不同值时动态张力差别较大，短路电流不同时动态张力差别也很大，合理选择次档距长度对架构受力影响很大。但这一附加张力带有冲击性质，作用时间不超过1s，还会受到金具的阻尼作用，另外考虑架构本身的挠度对作用力的缓冲作用，可减轻短路时动态张力对架构的作用，在设计时应考虑这些因素。

第四节 发电厂升压变电站污秽

一、绝缘子污闪机理和危害

1. 绝缘子污闪机理

绝缘子一般由固体绝缘材料制成，安装在不同电位的导体之间或导体与接地构件之间，是同时起到电气绝缘和机械支撑作用的器件。外绝缘指空气间隙和暴露在大气中的绝缘子表面的绝缘，外绝缘的耐受电压与大气条件密切相关。气隙击穿和沿面闪络是外绝缘丧失绝缘性能的表现形式。

污闪放电是一个涉及电、热和化学现象的错综复杂的变化过程。宏观上可将污闪过程分为四个阶段：①绝缘子表面的积污；②绝缘子表面的湿润；③局部放电的产生；④局部电弧发展至闪络。

污秽绝缘子在雷电和操作冲击电压下的绝缘强度，与清洁绝缘子相比，也有相当程度的降低。在通常情况下，污闪事故主要是指在运行电压下发生的闪络事故，在由雷电和操作过电压造成的闪络事故中很少有造成污闪的气象条件，因而往往忽略了污秽这个影响因素。

国内外科研人员从不同角度对染污绝缘子表面的放电现象进行了分析解释，提出了不同的观点。污闪机理还有待进一步的研究。

2. 污闪的危害

运行经验表明，电网面临的两大威胁是系统稳定破坏和发生大面积污闪。电网失去稳定往往因偶发因素引起的连锁反应所致，污闪可以是偶发因素之一。大面积污闪总会使局部电网解列甚至崩溃，造成电网的大面积停电。

自20世纪80年代以来，大面积污闪事故始终是导致我国电网大面积停电的首要原因。据统计，20世纪80年代以来的20年中我国电网发生局部区域性及大面积停电事故共68起。其中因较大面积污闪引发的有29起，变电站和发电厂升压站污闪引发的有4起，两者约占大面积停电事故总数的1/2。

污闪是个区域性的问题，其显著特点是同时多点跳闸的概率高，且重合成功率小。重合不良意味着存在永久故障，而多点故障则意味着多处供电失去电源，负荷严重失衡，进而造成电网解列，发生大面积的停电事故。

二、污秽等级的划分

GB/T 26218—2010将污秽分为A和B两类。但根据运行经验，两者现场污秽度都可用等值盐密和灰密来描述。现场污秽等级由现场等值盐密和灰密两参数（兼顾污秽不均匀分布影响）、运行经验和污湿特征确定。对绝缘子现场污秽度的测量一般应在绝缘子连续积污三五年（未经人工清扫）、绝缘子表面积污达到或接近饱和情况下进行，在不带电绝缘子串上获得的现场污秽度数据，换算为带电绝缘子串的现场污秽度时，带电修正系数可暂取1.1～1.5。一般在普通盘形绝缘子经连续3～5年积污后测量其表面等值盐密和灰密，目的是尽可能获取现场饱和污秽度；污秽取样时间应选择在年度积污期结束时进行，以获取最大值。如果是一年期的绝缘子获得的污秽度，换算为带电绝缘子串的现场污秽度时，饱和修正系数可暂取1.5～1.8。

现场污秽度测试应包括现场等值盐密、灰密的测试和绝缘子上下表面污秽不均匀度（即上表面对下表面等值盐密之比）的测试。具体测量程序和污秽度计算方法请参见GB/T 26218.1—2010《污秽条件下使用的高压绝缘子的选择和尺寸确定　第1部分：定义、信息和一般原则》附录C：ESDD和NSDD的测量。

本标准按GB/T 26218.1—2010《污秽条件下使用的高压绝缘子的选择和尺寸确定　第1部分：定义、信息和一般原则》的要求，统一将现场污秽度从很轻到很重分为5个等级：a级—非常轻污秽、b级—轻污秽、c级—中等污秽、d级—重污秽和e级—非常重污秽。这与原习惯使用的0级、Ⅰ级、Ⅱ级、Ⅲ级和Ⅳ级的表示方法没有本质的区别。

图10-3给出了普通盘形悬式绝缘子与每一现场污秽度等级相对应的等值盐密/灰密值的范围，该值是根据现场测量、经验和污秽试验确定的，是3～5年积污的测量结果。图10-4中数值是基于我国电网参照绝缘子表面自然积污实测结果和GB/T 26218.1—2010《污秽条件下使用的高压绝缘子的选择和尺寸确定　第1部分：定义、信息和一般原则》规定的各级污区所用统一爬电比距并计及自然污秽与人工污秽的差别计算而得，而不是简单由人工污秽试验所得。现场污秽度从一级变到另一级不表明突变。

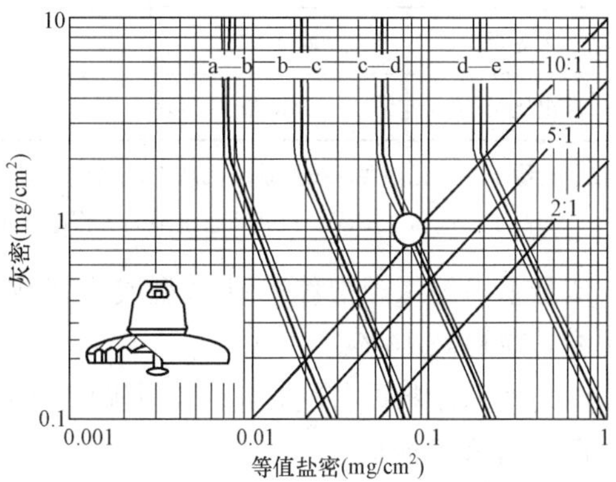

图10-3　普通盘形悬式绝缘子与每一现场污秽度等级相对应的等值盐密/灰密值的范围

a—b、b—c、c—d、d—e为各级污区的分界线。三条直线分别为灰密、等值盐密比值为10∶1、5∶1、2∶1的等灰盐比线

变电站的现场污秽度，同样由盘形绝缘子的等值盐密和灰密来确定，污闪后支柱绝缘子的测量值参考IEC 6081进行评估。

要全面地认识和描述污湿特征，充分认识和了解大环境污染的影响。既要看到视野范围内的污染源，更要关注来自远方大、中城市的工业污染；既要注意常年气候变化与潮湿天气的分布，又要考虑多年一遇的“久旱无雨”和“灾害性浓雾”的周期性；既要顾及经济发展可能带来的污染，还要注意大气污染与恶劣天气相互作用所带来的湿沉降。

三、设备外绝缘配置

鉴于电力系统设备外绝缘配置水平的统一性，根据电监市场〔2006〕42号《发电厂并网运行管理规定》和技术监督管理的有关要求，凡并入公司所属电网的发电厂、高压用户的设备外绝缘选择也应按照所并入电网的污区等级选择设备外绝缘配置。

根据GB/T 16434—1996《高压架空线路和发电厂、变电站环境污区分级及外绝缘子选择标准》以及参考《广东电网公司防污闪工作管理规定》和《广东电网公司悬式绝缘子选型及爬电比距配置导则》等有关规定，根据污区等级和绝缘子爬电比距配置输变电设备外绝缘的方法说明见表10-3～表10-5。

表10-3　玻璃和瓷悬式绝缘子爬电比距配置　cm/kV

污区等级 爬电比距	110kV、220kV系统				500kV系统			
	a、b级	c级	d级	e级	a、b级	c级	d级	e级
耐张串和直线串非防污型	≥1.74	≥1.96	≥2.48	≥3.04	≥1.82	≥2.05	≥2.59	≥3.18
直线串、跳线串的钟罩型、深棱型绝缘子	≥1.83	≥2.06	≥2.91	≥3.57	≥1.91	≥2.15	≥3.04	≥3.74

表10-4　复合绝缘子爬电比距配置　cm/kV

污区等级	a、b、c级	d、e级
爬电比距	≥2.00	≥2.50

表 10-5　　变电站设备瓷质外绝缘爬电比距配置　　cm/kV

污区等级	a、b 级	c 级	d 级	e 级
爬电比距	≥1.60	≥2.00	≥2.50	≥3.10

注　绝缘子爬电比距要求按照系统最高工作电压计算（以下同），即 500kV 系统最高工作电压 550kV、220kV 系统最高工作电压 252kV、110kV 系统最高工作电压 126kV。

双悬垂串绝缘子推荐采用 V 型或八字型布置。当串间距小于 600mm 时，悬垂并联串的爬距配置应提高 10%。

涂防污闪涂料设备的外绝缘，爬距等效系数取 1.5。

四、防污闪措施

对电网主网架、大电厂和枢纽变电站及其送出线要尽可能防止污闪的发生。电力系统防污闪工作涉及电力设备外绝缘本身的耐污闪能力、当地的气象条件、环境的污染状况、现场运行维护管理水平以及设备的制造质量、安装水平等。输变电设备污闪事故严重威胁电网运行安全，是电力系统重点防范的主要事故之一。科学地确定电网污区等级、合理选择设备的外绝缘配置水平是防止发生电网污闪事故的有效措施。

绝缘子表面受到污染和绝缘子表面的污染物被湿润，是使绝缘子发生污闪的两个必要条件。因此，针对任何一个因素采取对策，都可以达到防止污闪的目的。表 10-6 列举了国内外防止污闪的主要方法。

表 10-6　　国内外防止污闪的主要方法

种　类	具体措施
针对脏污：保持绝缘子清洁	1. 根治污染源，加强环境保护
	2. 避开污染源：①把电站设备装设在户内；②采取 GIS 设备
	3. 净化：①绝缘子选型；②停电或带电清扫；②停电或带电水冲洗
针对潮湿：保持绝缘子表面干燥	1. 户内电站设备附加通风防潮装置
	2. 喷涂 RTV 防污闪涂料
针对作用电压：加强绝缘，限制表面泄漏电流	1. 增加绝缘子的爬距
	2. 加装辅助伞裙

电力部门总结现场多年来采用的防污闪方法，主要是加强绝缘、加强清扫和喷涂防污闪涂料，简称为“（增）爬、（清）扫、（喷）涂”，这些都是积几十年经验并被证明是行之有效的方法。它们各有优缺点及一定的适用范围，三条措施互为补充、相辅相成。

我国幅员辽阔，各地区的地理环境、气象条件、污源状况不尽相同，各地区必须根据本地区的具体情况，因地制宜，从安全、有效、经济、可行等方面做比较后，合理选择利用。

第五节　高压开关设备闭锁装置

一、安全闭锁装置

安全闭锁装置的作用是防止误操作，其闭锁方式主要有机械闭锁、电气闭锁、程序锁和微机防误闭锁装置。

(1) 机械闭锁是在开关柜或户外闸刀的操作部位之间用互相制约和联动的机械机构来达到先后动作的闭锁要求。机械闭锁在操作过程中无须使用钥匙等辅助操作，可以实现随操作顺序的正确进行，自动地步步解锁。在发生误操作时，可以实现自动闭锁，阻止误操作的进行。机械闭锁可以实现正向和反向的闭锁要求，具有闭锁直观、不易损坏、检修工作量小、操作方便等优点。

然而机械闭锁只能在开关柜内部及户外闸刀等设备的机械动作相关部位之间应用，而电器元件动作间的联系用机械闭锁无法实现。对两柜之间或开关柜与柜外配电设备之间及户外闸刀与开关（其他闸刀）之间的闭锁要求也无法达到。所以在开关柜及户外闸刀上，只能以机械闭锁为主，还需辅以其他闭锁方法，方能达到全部五防要求。

(2) 程序锁（或称机械程序锁）是用钥匙随操作程序传递或置换而达到先后开锁操作的要求。其最大优点是钥匙传递不受距离的限制，所以应用范围较广。程序锁在操作过程中有钥匙传递和钥匙数量变化的辅助动作，符合操作票中限定开锁条件的操作顺序的要求，与操作票中规定的行走路线完全一致，所以也容易为操作人员所接受。

程序锁在使用中所暴露的问题是：①某些程序锁功能简单，只能在较简单的接线方式下采用，由于不具备横向闭锁功能，在复杂的接线方式下根本不能采用；②具有较灵活闭锁方式的程序锁虽然能满足复杂的接线，但在闭锁方案中必须设置母线倒排锁，使操作过程十分复杂；③在大容量的变电站中，隔离开关分合闸采用按钮控制电动机正反转，而程序锁对按钮无法进行程序控制；④程序锁也需要众多的程序钥匙，由于安装不规范、生产工艺及材料差等问题，使程序锁易被氧化锈蚀、发生卡涩，致使一定时间内失去闭锁功能；⑤倒闸操作中，分、合两个位置的精度无法保证；⑥程序锁使用时，必须从头开始，中间不能间断。所以程序锁现在已不采用。

(3) 电气闭锁通过电磁线圈的电磁机构动作，来实现解锁操作，在防止误入带电间隔的闭锁环节中是不可缺少的闭锁元件。电气闭锁的优点是操作方便，没有辅助动作，但是在安装使用中也存在以下几个突出问题：①一般来说，电磁锁单独使用时，只有解锁功能没有反向闭锁功能，需要和电气闭锁电路配合使用才能具有正反向闭锁功能；②作为闭锁元件的电磁锁结构复杂，电磁线圈在户外易受潮霉坏，绝缘性能降低，增加直流系统的故障率；③需要敷设电缆，增加额外施工量；④需要串入操动机构的辅助触点，根据运行经验，辅助触点容易产生接触不良而影响动作的可靠性；⑤在断路器的控制开关上，一般都缺少闭锁措施。

(4) 微机防误闭锁装置。自 20 世纪 90 年代初，微机技术就进入了防误闭锁领域。微机防误闭锁装置应用在电厂、电站中，对操作人员进行的电气操作实施监控，防止出现“五防”恶性事故。该类型闭锁装置由智能模拟屏、电脑钥匙、电编码锁、机械编码锁等组成，智能模拟屏对人的模拟操作进行监控，进行五防逻辑分析，获取操作信息（可打印操作票），并通过光电通信将操作信息传给电脑钥匙。电脑钥匙对人的实际操作进行监控，给出提示信息，当操作正确时对开电编码锁和机械编码锁，解除闭锁，允许操作。

微机防误闭锁装置是一种采用计算机技术，用于高压开关设备防止电气误操作的装置。经过 10 多年来的发展，微机防误闭锁装置已逐渐成熟，并已在电力系统中广泛推广。微机防误系统通过软件将现场大量的二次闭锁回路变为电脑中的五防闭锁规则库，实现了防误闭锁的数字化，并可以实现以往不能实现或者很难实现的防误功能，应该说是电气设备防误闭锁技术的最新技术。

二、开关柜“五防”功能

开关柜中的“五防”是指：

(1) 防止误分、合断路器。

(2) 防止带负荷分、合隔离开关。

(3) 防止带电挂（合）接地线（接地开关）。

(4) 防止带接地线（接地开关）合断路器（隔离开关）。

(5) 防止误入带电间隔。

电气“五防”功能的实现是保证电力安全生产的重要措施之一。随着电网的不断发展、技术的不断更新，防误装置得到不断改进和完善。防误装置的设计原则是：凡有可能引起误操作的高压电气设备，均应装设防误装置和相应的防误电气闭锁回路。

第六节　成套配电装置

成套配电装置是制造厂成套供应的设备，由制造厂预先按主接线的要求，将每一回线路的电气设备（如断路器、隔离开关、互感器等）装配在封闭或半封闭的金属柜中，构成各单元电路分柜，此单元电路分柜称为成套配电装置。安装时，按主接线方式将各单元电路分柜（又称间隔）组合起来，就组成整个配电装置。

一、成套配电装置的特点和分类

1. 成套配电装置的特点

成套配电装置具有以下特点：

(1) 成套配电装置有金属外壳（柜体）的保护，电气设备和载流导体不易积灰，便于维护，特别是处在污秽地区时更为突出。

(2) 成套配电装置易于实现系列化、标准化，具有装配质量好、速度快、运行可靠性高的特点。由于进行定型设计与生产，所以其机构紧凑、布置合理，缩小了体积和占地面积，降低了造价。

(3) 成套配电装置的电器安装、线路敷设与变配电室的施工分开进行，缩短了基建时间。

2. 成套配电装置的分类

成套配电装置的分类如下：

(1) 按柜体结构特点，可分为开启式和封闭式。开启式的电压母线外露，柜内各元件之间也不隔开，结构简单，造价低；封闭式开关柜的母线、电缆头、断路器和测量仪表均相互隔开，运行比较安全，可防止事故扩大，适用于工作条件差、要求高的用电环境。

(2) 按元件固定的特点，可分为固定式和手车式。固定式的全部电气设备均固定于柜体内；手车式的断路器及其操动机构（有时还包括电流互感器、仪表等）都装在可以从柜内拉出的小车上，便于检修和更换。断路器在柜内经插入式触头与固定在柜内的电路连接，并取代了隔离开关。

(3) 按其母线套数，可分为单母线和双母线两种。35kV 以下的配电装置一般都采用单母线。

(4) 按电压等级又可以分为高压开关柜和低压配电屏（柜）。

二、低压配电屏

低压配电屏，又称低压配电柜或低压开关柜，是将低压电路中的开关电器、测量仪表、保护装置和辅助设备等，按照一定的接线方案安装在金属柜内，用来接受和分配电能的成套配电装置。低压配电屏一般用在1000V以下的供配电电路中。

我国生产的低压配电屏基本以固定式和手车式（又称抽屉式）为主。现在常见的产品有PGL型、GGD型和GCS型等低压配电屏。

1. PGL型低压配电屏

PGL型低压配电屏是户内安装、具有开启式、双面维护的低压配电装置，广泛应用于发电厂、变电站、厂矿企业的交流50Hz、额定工作电压交流380V、额定工作电流1500A及以下的低压配电系统中作为动力、配电、照明之用。

其型号代表的含义是：P—低压开启式；G—元件固定安装、固定接线；L—动力用。PGL型低压配电屏结构如图10-4所示。

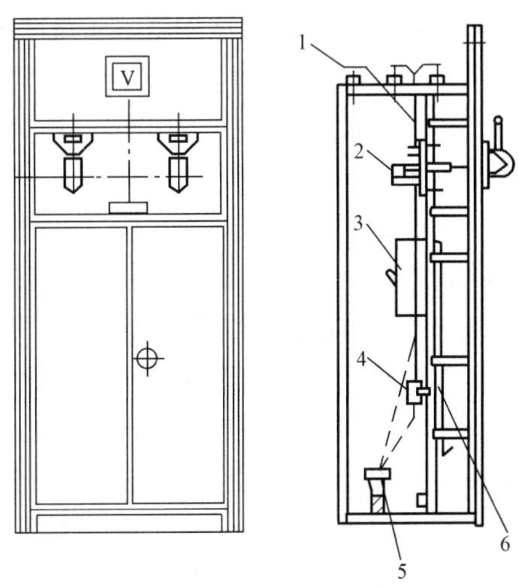

图10-4 PGL型低压配电屏结构图

1—母线；2—闸刀开关；3—低压断路器；4—电流互感器；5—电缆头；6—继电器

PGL型低压配电屏的柜架用角钢和薄钢板焊接而成，可前后开启，双面进行维护。

屏面正方上部有仪表板，为开启式的小门，可装设指示仪表；屏面中段安装有开关的操动机构和控制按钮等；屏面下方有门，门内装有继电器、二次端子和电能表等。

屏后柜体构架上方放置低压母线并装有母线防护罩，以防止上方坠落金属物造成母线短路事故。屏内装有低压断路器、闸刀、熔断器及相关仪器仪表。中性母线装置于屏的下方绝缘子上。

该低压配电屏具有良好的保护接地系统。主接地点焊接在下方的骨架上，仪表门也有接地点与壳体相连。这样就构成了一个完整的接地保护电路。这个接地保护电路使产品防止触电的能力大为加强。

每一个屏都可作为一个独立单元，并且能以屏为单元组成各种不同的方案。组合屏的屏间还装有钢制隔板，可限制故障范围。屏内外涂有防护漆。多屏并列时，始端屏和终端屏的左右两侧装有防护侧板。

PGL型低压配电屏实际样品如图10-5所示。

2. GGD型低压配电屏

GGD型低压配电屏是单面操作、双面维护的低压配电屏。GGD型系列低压配电屏适用于发电厂、变电站、厂矿企业等电力用户的交流50Hz、额定工作电压380V、额定工作电流3150A的配电系统中作为动力、照明及配电设备的电能转换、分配与控制之用。产品具有分断能力高，动热稳定性好，电气方案灵活、组合方便、系列性强、实用性强，结构新颖，

图 10-5 PGL 型低压配电屏实际样品图

防腐蚀等级高等特点。可作为低压成套开关设备的更新换代产品使用，其主要优点是结构牢固、外形美观、元器件性能优越、价格合理。

其型号代表的含义是：G—交流低压配电柜；G—电器元件固定安装、固定接线；D—电力用柜。

GGD 型固定式低压配电屏采用通用柜的形式，基本框架为拼装式结合局部焊接，框架与柜内结构件采用螺栓紧固连接，加上门和封板组成一台完整的配电柜。框架和零部件外形尺寸即开孔分别按 $E=20$mm 和 $E=100$mm 模数变化，零部件通用性强，适用性好。框架与所有结构件均以螺栓紧固连接，减少了焊接变形和应力，使整个框架挺直，增强了机械强度。主母线排列在柜的上部后方，采用的 EMJ 型母线夹为积木式结构，用高阻燃 PP0 合金材料铸成型，机械强度和绝缘强度高，能承受有效值 50kA、峰值 105kA 的动、热稳定的冲击力，长期允许温度可达 120℃。低母线的位置适当移高，便于电缆进、出线。

1000mm 和 1200mm 宽的柜，正面采用不对称 800mm＋200mm、800mm＋400mm 的双门结构；600mm 和 800mm 宽的柜采用整体单门结构。柜体后面采用对称式双门结构。柜门采用镀锌转轴式铰链与结构相连。柜门周边均加有橡胶嵌条，关门时与柜体之间的嵌条有一定的压缩行程，以防门边与柜体直接碰撞，并提高了门的防护等级。装有电器元件的仪表门用多股软铜线与构架相连。柜内的安装件与构架间用螺栓连接。柜体前后、顶面及两端的防护等级达到 IP30 级，也可根据用户要求在 IP20～IP40 级之间选择。

为加强通风和散热，在柜体的下部、后上部和顶部均有通风、散热装置，使柜体在运行中形成自然通风道，有较好的散热性能。

GGD 型低压配电屏实际样品图如图 10-6 所示。

3. GCS 型低压配电屏

GCS 型低压配电屏是交流低压抽屉式开关柜，为密封式结构、正面操作、双面维护的低压配电装置，适用于发电厂、石油、化工、冶金、纺织、高层建筑等行业的配电系统，三相交流频率为 50 (60) Hz，额定工作电压为 380V（400、600V），额定电流为 4000A 及以下的发、供电系统中的配电、电动机集中控制、无功功率补偿使用的低压成套配电装置。

其型号代表的含义是：G—封闭式开关柜；C—抽出式；S—森源电气系统。

图 10-6 GGD 型低压配电屏实际样品图

该类型装置的框架采用 8MF 冷轧型材，其型材的两侧面分别有模数为 20mm 和 100mm 的安装孔，使得框架组装灵活方便。框架的侧框装配形式设计有两种，即全组装式结构和部分（侧框和横梁）焊接式结构，供用户选择。

开关柜前面的门上装有仪表、控制按钮和电压断路器操作手柄。开关柜的各功能室相互隔离，其隔室分为功能单元室、母线室和电缆室。各室的作用相对独立。水平母线采用柜后平置式排列方式，以增强母线抗电动力的能力，是提高主电路抗短路能力的基本措施。电缆隔室的设计使电缆上、下进出均十分方便。抽屉高度的模数为 160mm。抽屉改变仅在高度尺寸上变化，其宽度、深度尺寸不变。相同功能单元的抽屉具有良好的互换性，若回路发生故障可以立即换上备用的抽屉，迅速恢复供电。单元回路额定电流在 400A 及以下。抽屉面板具有分、合、试验、抽出等位置的明显标志。抽屉单元有机械联锁装置。抽屉进出线根据电流大小采用不同片数的同一规格片式结构的接插件。单元抽屉与电缆室的转接按电流分挡采用相同尺寸棒式或管式结构 ZJ-1 型转接件。1/2 单元抽屉与电缆室的转接采用背板式结构 ZJ-2 型转接件。

GCS 开关柜分断、接通能力高，动热稳定性好，电气方案灵活，组合方便，系列性、实用性强，结构新颖，防护等级高，将逐步取代固定式低压配电屏。

GCS 型低压抽屉式配电屏实际样品如图 10-7 所示。

三、高压开关柜

高压开关柜，即高压成套配电装置，以断路器为主体，将检测仪表、保护设备和辅助设备按一定主接线要求装在封闭或半封闭的金属柜中。以一个柜（有时两个柜）构成一条电路，所以一个高压开关柜就是一个间隔。柜内电器、载流部分和金属外壳相互绝缘，绝缘材料大多用绝缘子和空气，绝缘距离可以缩小，使结构紧凑，从而节省材料和占地面积。高压开关柜可靠性高、维护安全、安装方便，已在 3～35kV 电力系统中大量使用。

图 10-7 GCS 型低压抽屉式配电屏实际样品图

（一）高压开关柜的种类和型号

高压开关柜按结构形式可分为固定式（用 G 表示）和手车式（用 Y 或 C 表示）两种。固定式高压开关柜（如 XGN2-10、GG-1A 等）的断路器安装位置固定，采用母线和线路的隔离开关作为断路器检修的隔离措施。断路器体积小，但维修不便。各功能区相通而且敞开，容易造成故障的扩大。手车式高压开关柜（如 KYN28A-12）的高压断路器安装于可移动手车上，断路器两侧使用一次插头与固定的母线侧、线路侧静触头构成导电回路。检修时将插头式的触头分离，断路器小车可移出柜体进行检修。同类型断路器小车具有通用性，可使用备用断路器小车代替检修的断路器小车。其各功能区采用金属封闭或者绝缘板的方式封闭，有一定的限制故障扩大的能力。

高压开关柜按安装地点分为户内型和户外型。用于户内（用 N 表示）表示只能在户内安装使用，如 KYN28A-12 等开关柜；用于户外（用 W 表示）表示可以在户外安装使用，如 XLW 等开关柜。

高压开关柜按柜体结构可分为金属封闭铠装式开关柜、金属封闭间隔式开关柜、金属封闭箱式开关柜和敞开式开关柜四大类。金属封闭铠装式开关柜（用字母 K 来表示）主要组成部件（如断路器、互感器、母线等）分别装在接地的用金属隔板隔开的隔室中，如 KYN28A-12 型高压开关柜；金属封闭间隔式开关柜（用字母 J 来表示）与铠装式金属封闭开关设备相似，其主要电器元件也分别装于单独的隔室内，但具有一个或多个符合一定防护等级的非金属隔板，如 JYN2-12 型高压开关柜；金属封闭箱式开关柜（用字母 X 来表示），外壳为金属封闭式的开关设备，如 XGN2-12 型高压开关柜；敞开式开关柜，无保护等级要求，外壳有部分是敞开的开关设备，如 GG-1A（F）型高压开关柜。

高压开关柜都应具有“五防”功能：高压开关柜内的真空断路器小车在试验位置合闸后，小车断路器无法进入工作位置（防止带负荷合闸）；高压开关柜内的接地开关在合位时，小车断路器无法进合闸（防止带接地线合闸）；高压开关柜内的真空断路器在合闸工作时，盘柜后门用接地开关上的机械与柜门闭锁（防止误入带电间隔）；高压开关柜内的真空断路器在工作时合闸，合接地开关无法投入（防止带电挂接地线）；高压开关柜内的真空断路器在工作合闸运行时，无法退出小车断路器的工作位置（防止带负荷拉隔离开关）。

（二）高压开关柜的结构类型

1. KGN-10 型固定式开关柜

KGN-10 型固定式开关柜具备“五防闭锁”功能，使用于三相交流 50Hz、额定电压 3～10kV、额定电流 2500A 的单母线系统中，用以接受和分配电能，其结构如图 10-8 所示。

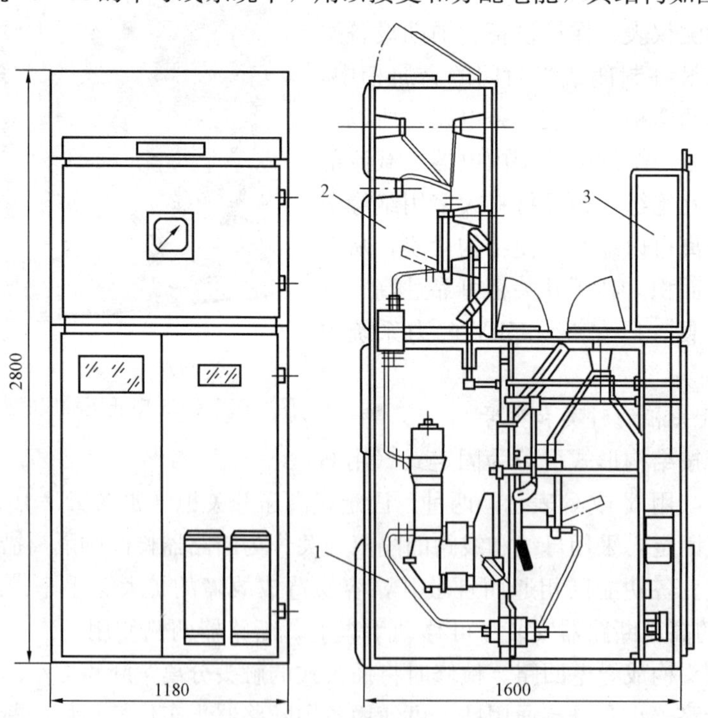

图 10-8　KGN-10 型固定式开关柜结构

1—断路器室；2—母线室；3—继电器室

该开关柜为金属封闭式结构，柜体框架由角钢或钢板弯制焊接而成，柜内用接地的金属隔板分成母线室、断路器室、电缆室、操动机构室、继电器室和压力释放通道。

母线室在柜体后方上部。为了有效利用空间，母线采用三角行排列，带接地开关的隔离开关也装在母线室，以便与主母线进行电气连接。

断路器室在柜体后方下部。断路器传动部分通过上下拉杆和水平轴在电缆室与操动机构连接，并设有压力释放通道。断路器灭弧时，气体可经排气通道将压力释放。

电缆室在柜体的下部中间，除作电缆连接外，还装有带接地开关的隔离开关。

操动机构室在柜体前方下部，内装有操动机构、合闸接触器、熔断器及连锁板等，机构不外露，其门上装有母线室带电指示氖灯显示器。

继电室在柜体前方上部，室内装各种继电器，门上可安装指示仪表、信号元件、操动开关等。

KGN-10 型固定式开关柜为双面维护，前面维护检修二次部分、操动机构及其传动部分、程序锁及机械联锁、电缆和下隔离开关等；后面维护检修主母线、上隔离开关及断路器。后门上有观察窗，后壁装有照明灯，以便观察断路器的油面及运行情况。

2. KYN1-12 型铠装式开关柜

KYN1-12 型铠装移开式交流金属封闭开关柜适用于额定电压 7.2～12kV、三相交流 50Hz、单母线（或单母线分段）系统中。作为接受和分配电能的户内成套装置，主要应用于发电厂送电、电业系统和工矿企业变电站受电、配电，还可用于控制频繁启动的高压电动机等，其结构如图 10-9 所示。

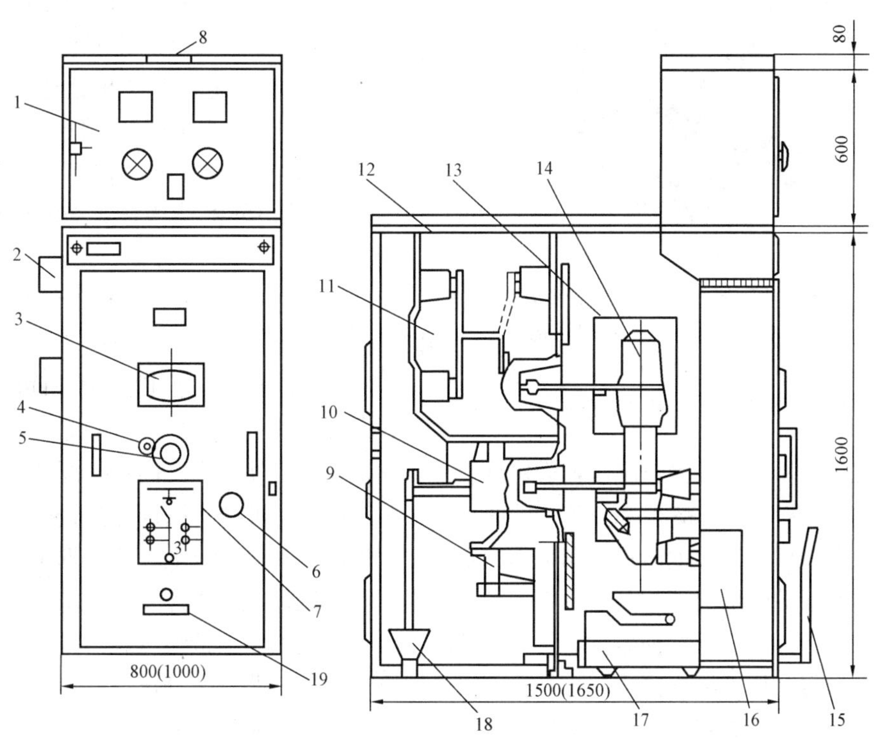

图 10-9　KYN1-12 型开关柜结构

1—仪表室；2—瓷套管；3—观察窗；4—推进机构；5—手车位置指示及锁定旋钮；6—紧急分闸旋钮；7—模拟母线牌；8—标牌；9—接地隔离开关；10—电流互感器；11—母线室；12—排气窗；13—绝缘隔板；14—断路器；15—接地隔离开关手柄；16—电磁式弹簧机构；17—手车；18—电缆头；19—厂标牌

该类型开关柜为金属铠装式，结构设计符合 GB 3906—2006《3.6kV～40.5kV 交流金属封闭开关设备和控制设备》、IEC 298、DL/T 402《高压交流断路器订货技术条件》、DL/T 404《3.6kV～40.5kV 交流金属封闭开关设备和控制设备》标准。壳体用钢板弯制焊接、螺栓连接而成，小车断路器面板即是开关柜前门。开关柜内部用金属隔板分隔为断路器室、主母线室、电缆室、继电器室。整体外壳和各隔室的防护等级为 IP2X，所有金属结构件均可靠接地。主回路系统的各隔室均有独立排气的压力释放通道。

有安全的一次触头隔离活门断路器在试验位置与工作位置之间运动时，隔离活门自动打开或关闭，确保无小车断路器时金属活门自动关闭，有效地起到了与高压带电体的安全隔离。

有足够的电气绝缘强度。柜内极间、极对地间的空气间隙不小于 125mm。

具有可靠的机械闭锁装置，满足"五防"要求。断路器在合闸状态不能推入或抽出开关柜；断路器只有在分闸状态才能解除闭锁；小车断路器出柜后才能合上接地开关；工作状态无法打开后门维修。

主母线采用"品"字型布置，垂直安装。KYN1-12 型开关柜操作简便省力、易于维护。所配真空断路器小车进出柜体采用蜗轮蜗杆摇进结构，轻便、省力；采用长寿命的真空灭弧室、断路器，使维修保养工作量降到最低。

3. PIX 中压空气绝缘开关柜

PIX 中压空气绝缘开关柜适用于三相交流 50Hz、额定电压 24kV、母线和馈线电流 4000A 的单母线和单母线分段系统，作为接受和分配电能的户外铠装移开式交流金属封闭开关设备。

PIX 中压空气绝缘开关柜的结构示意图如图 10-10 所示。

图 10-10 PIX 中压空气绝缘开关柜结构示意图
1—低压箱；2—断路器；3—主母线；4—帘门；5—接地开关；6—电流互感器；7—电缆连接；8—电压互感器

该类型高压开关柜由柜体和可移开部件（以下称为小车）两大部分组成。其结构特点是：①开关柜采用敷铝锌钢板制作，模块化设计，拼装灵活方便，强度高；②配装阿海珐公司技术先进的 HVX 真空断路器；③真空断路器免维修，其操动机构可以选择弹簧操动机构或先进的永磁操动机构；④可抽出式小车采用中置式，对地面平整度要求低；⑤可抽出式部件互换性好；⑥在面板关闭情况下才可进行所有的开关操作，使操作人员更加安全；⑦完善的机械闭锁，且更简单可靠；⑧可根据需要，选择经断路器从开关柜前（前接线方式）或开关柜后（后接线方式）进行高压电缆连接，每相最多可接 6 根电缆；⑨断路器室、母线室和电缆室均设置独立朝上的压力释放装置；⑩抗内部电弧能力高；⑪可实现智能化的测控和保护功能。

4. HXGN-12ZF（R）型环网开关柜

HXGN15-12ZF（R）型固定式封闭环网开关柜是为满足城市电网改造和建设需要而生产的新型高压开关柜，在供电系统中也作为开断负荷电流和短路电流以及关合短路电流之用。本环网柜配用真空负荷开关。操动机构为弹簧操动机构，该机构可手动操作，也可电动操作。本环网柜成套性强、体积小、无燃烧和爆炸危险，具有可靠的“五防”功能，适用于交流 10kV、50Hz 的配电系统中，广泛地用于城市电网建设和改造工作、工矿企业、高层建筑和公共设施等处。本环网柜作为环网供电单元和终端设备，起电能的分配、控制和电气设备的保护作用，也可装在箱式变电站中。

HXGN 环网开关柜结构如图 10-11 所示。该类型环网柜采用空气绝缘，外壳由钢板或敷铝锌板经双折边组合而成，结构紧凑，“五防”功能可靠。柜内由钢板分隔成母线室、负荷开关室和仪表室。环网柜上部为母线室，中下部为负荷开关室；仪表室位于母线室前面，室内可装设电压表、电流表、切换开关等元件及二次回路端子。柜后有两处压力释放孔，能够最大限度地保障人身安全和运行设备的可靠。

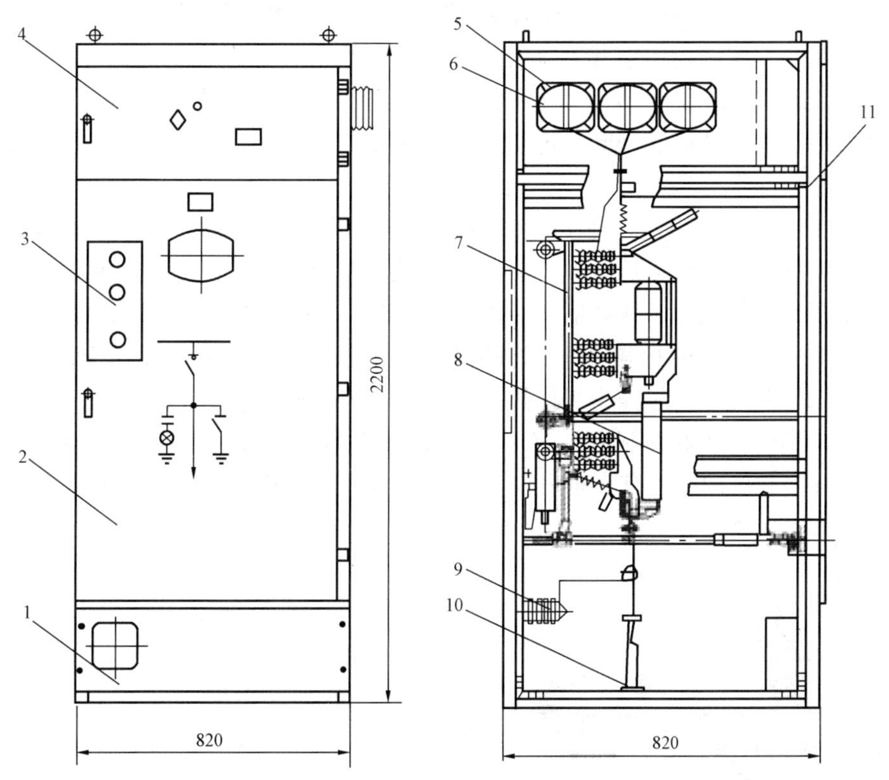

图 10-11 HXGN 环网开关柜结构

1—盖板；2—前门；3—仪表门操作面板；4—仪表；5—母线套管；6—主母线；
7—真空负荷开关；8—熔断器；9—传感器；10—电缆；11—插板

主开关采用真空负荷开关及负荷开关—熔断器组合，并有接地开关和隔离开关。采用熔断器组合电器方案可代替造价昂贵、体积庞大的断路器柜。一次设备和二次设备完全隔离，其安全性好；在负荷开关静触头断口间装设有接地的金属活门；柜体、负荷开关、金属活门之间设有可靠的机构连锁。

四、熔断器+接触器柜

1. 熔断器+接触器柜概述

接触器能关合、承载和开断正常电流及规定的过负荷电流。其真空灭弧室采用杯状触头，具有截流值低、操作功小、可频繁操作等特点。真空接触器一般都采用电磁操动机构，具有功耗小、寿命长、可频繁动作等优势。正是因此，接触器在频繁启动类负荷的应用中较为普遍，特别是在电动负荷的保护和控制下更具有优势。

高压限流熔断器在电流动作范围内，能够将短路故障电流限制到远低于预期电流峰值。其反时限电流保护特性与系统的保护要求一致，即故障电流越大，开断速度越快。一般情况下，流经限流熔断器的短路故障电流将在第一个波峰前被熔断器开断，因此熔断器开断电流的时间约为10ms。

熔断器＋接触器柜又称F-C回路柜，是用高压限流熔断器、高压接触器和多功能的保护继电器集成的一种配电装置。F-C回路具备真空接触器和熔断器各自的优势，并利用两种开关电器的配合，具有分断能力高、使用寿命长、成本低、占地空间小、检修周期长，且无燃烧爆炸危险等不可比拟的优势。接触器和熔断器的配合将断路器所具有的控制和保护功能合理划分，解决了在实际应用中开关应用不合理的问题。

以F-C回路取代断路器，接触器承担了全部的控制功能和部分保护功能，通过恰当的继电保护装置后，接触器能够开断一定的过负荷电流，并且可以频繁操作，充分发挥了接触器寿命长的优势。

而短路保护由熔断器担当。在F-C回路中，高压限流熔断器是后备熔断器，对回路正常和可能过负荷的电流来讲为后备保护，即当回路电流等于或小于真空接触器额定开断电流时，应由综合保护装置动作由接触器切断电流；当回路电流大于综合保护装置整定电流或真空接触器拒动时，才能使熔断器动作。熔断器内配有撞击器，其熔管内带有撞针。任意一相熔断器熔断后撞针弹出，通过撞击杆使接触器跳闸，从而避免了设备缺相运行。

在电动机负荷的保护和控制方面，F-C回路以其独特的优势，应用尤为广泛，在其他频繁启动类负荷中，F-C回路也有卓越表现。早在20世纪70年代，国外就有许多大容量发电厂高压厂用电系统采用F-C回路，自20世纪80年代末，F-C回路在我国大机组高压厂用电系统中得到推广。如今在中小机组和其他行业的中压配电装置上也时有采用。

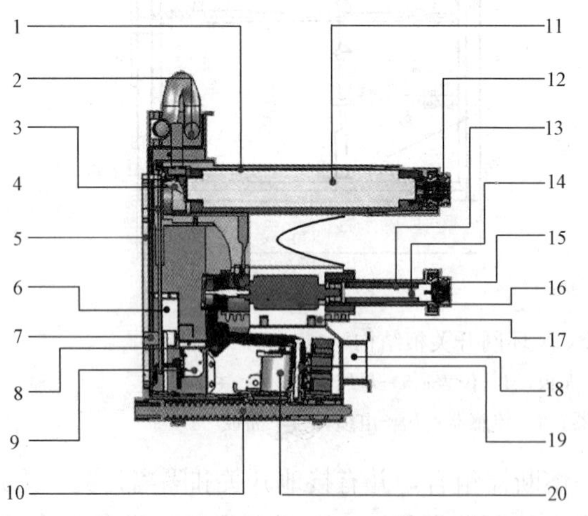

图10-12 VCF真空接触器—熔断器组合电器手车结构图

1—高压熔断器筒；2—二次航空插头；3—撞针机构；4—熔断器筒后盖；5—手车面板；6—电子线路模块；7—电子计数器；8—驱动板；9—熔断器熔断辅助开关；10—手车底盘；11—高压熔断器；12—上梅花触头；13—下触臂套管；14—下触臂；15—下梅花触头；16—真空灭弧室；17—固封模块；18—活门机构顶板；19—分闸弹簧；20—合闸和保持线圈

2. 熔断器＋接触器柜的结构特点

关于F-C回路的结构类型，以VCF真空接触器—熔断器组合电器为例说明，VCF真空接触器—熔断器组合电器为中置柜手车式结构，其手车结构图如图10-12所示。

该类型产品采用环氧树脂固封技术设计，即核心部件真空灭弧室和一次回路主导电元件用环氧树脂APG工艺固体绝缘，因而杜绝了因灭弧室外露，容易在安装调试过程中由于机械冲撞而引起灭弧室漏气，以及因灭弧室外露，其表面因静电易吸附尘埃，尤其在不利的运行环境中，如灰尘、潮湿、高海拔或小动物进入等，其外绝缘水平降低从而引起闪络事故等。VCF产品的真空接触器在使用寿命内是完全免维护的。熔断器模块也采用环氧树脂APG工艺，杜绝了熔断器及其支座等导电元件的绝缘隐患。VCF真空接触器—熔断器组合电器代表着当今真空接触器—熔断器组合电器的国际先进水平。

五、箱式变电站

箱式变电站（即组合式变压器）是由高压开关设备、配电变压器和低压配电装置，按一定接线方案排成一体的工厂预制户内、户外紧凑式配电设备，即将高压受电、变压器降压、低压配电等功能有机地组合在一起，安装在一个防潮、防锈、防尘、防鼠、防火、防盗、隔热、全封闭、可移动的钢结构箱体内，从而实现机电一体化和全封闭运行，特别适用于城网建设与改造，是继土建变电站之后崛起的一种崭新的变电站。

箱式变电站主要有以下特点：

(1) 技术先进安全可靠。箱体部分采用目前国内领先技术及工艺，外壳一般采用镀铝锌钢板，框架采用标准集装箱材料及制作工艺，有良好的防腐性能，保证20年不锈蚀，内封板采用铝合金扣板，夹层采用防火保温材料，箱体内安装空调及除湿装置，设备运行不受自然气候环境及外界污染影响，可保证在－40～＋40℃的恶劣环境下正常运行。

箱体内一次设备采用全封闭高压开关柜、干式变压器、干式互感器、真空断路器、弹簧操动机构、旋转隔离开关等国内技术领先设备，产品无裸露带电部分，为全封闭、全绝缘结构，完全能达到零触电事故，全站可实现无油化运行，安全性高；二次采用微机综合自动化系统，可实现无人值守。

(2) 自动化程度高。全站智能化设计，保护系统采用变电站微机综合自动化装置，分散安装，可实现“四遥”，即遥测、遥信、遥控、遥调，每个单元均具有独立运行功能，继电保护功能齐全，可对运行参数进行远方设置，对箱体内湿度、温度进行控制和远方烟雾报警，满足无人值班的要求；根据需要还可实现图像远程监控。

(3) 工厂预制化。设计时，只要设计人员根据变电站的实际要求，作出一次主接线图和箱外设备的设计，就可以选择由厂家提供的箱式变电站规格和型号，所有设备在工厂一次安装、调试合格，真正实现变电站建设工厂化，缩短了设计制造周期；现场安装仅需箱体定位、箱体间电缆联络、出线电缆连接、保护定值校验、传动试验及其他需调试的工作，整个变电站从安装到投运大约只需5～8天的时间，大大缩短了建设工期。

(4) 组合方式灵活。箱式变电站由于结构比较紧凑，每个箱均构成一个独立系统，这就使得组合方式灵活多变，我们可以全部采用箱式，也就是说，35kV及10kV设备全部箱内安装，组成全箱式变电站；也可以仅用10kV开关箱、35kV设备室外安装、10kV设备及控保系统箱内安装，这种组合方式特别适用于农网改造中的旧站改造，即原有的35kV设备不动，仅安装一个10kV开关箱即可达到无人值守的要求。总之，箱式变电站没有固定的组合模式，使用单位可根据实际情况自由组合一些模式，以满足安全运行的需要。

(5) 投资省见效快。箱式变电站比同规模常规变电站减少投资40%～50%，以35kV单主变压器4000kVA规模变电站为例计算，土建工程（包括征地费用）箱式变电站要比常规变电站节约100余万元；若从竣工投产角度分析，保守估计按每站提前4个月投运计算，若平均负荷2000kW，售电利润0.10元/kWh，三个月可增加净利润60余万元；从运行角度分析，在箱式变电站中，由于先进设备的选用，特别是无油设备运行，从根本上彻底解决了常规变电站中的设备渗漏问题，变电站可实行状态检修，减少维护工作量，每年可节约运行维护费用 10 万元左右，整体经济效益十分可观。

（6）占地面积小。以 4000kVA 单主变压器规模变电站为例，建设一座常规 35kV 变电站，大约需占地 3000m^2，而且需要进行大规模的土建工程；而选用箱式变电站，主变压器箱和开关箱两箱体占地面积最小可至 100m^2，包括 35kV 其他设备总占地面积最大为 300m^2，仅为同规模变电站占地面积的 1/10，可充分利用街心、广场及工厂角隅即可安装投产，符合国家节约土地的政策。

（7）外形美观，易与环境协调。箱体外壳采用镀铝锌钢板及集装箱制造技术，外形设计美观，在保证供电可靠性前提下，可以选择箱式变电站的外壳颜色，从而极易与周围环境协调一致，特别适用于城市建设，如城市居民住宅小区、车站、港口、机场、公园、绿化带等人口密集地区，它既可作为固定式变电站，也可作为移动式变电站，具有点缀和美化环境的作用。

根据产品结构不同及采用元器件的不同，箱式变电站分为欧式箱式变电站和美式箱式变电站两种典型风格。

我国自 20 世纪 70 年代后期，从法国、德国等引进及仿制的箱式变电站，从结构上采用高、低压开关柜和变压器组成方式，这种箱式变电站称为欧式箱式变电站。欧式箱式变电站实际样品图如图 10-13 所示。

从 20 世纪 90 年代起，我国引进美国箱式变电站，在结构上将负荷开关、环网开关和熔断器简化放入变压器油箱浸在油中。避雷器也采用油浸式氧化锌避雷器。变压器取消储油柜，油箱及散热器暴露在空气中，这种箱变称为美式箱式变电站。美式箱式变电站实际样品图如图 10-14 所示。

图 10-13　欧式箱式变电站实际样品图

图 10-14　美式箱式变电站实际样品图

从体积上看，欧式箱式变电站由于内部安装常规开关柜及变压器，产品体积较大。美式箱式变电站由于采用一体化安装，体积较小。

从保护方面看，欧式箱式变电站高压侧采用负荷开关加限流熔断器保护。发生一相熔断器熔断时，用熔断器的撞针使负荷开关三相同时分闸，避免缺相运行，要求负荷开关具有切断转移电流的能力。美式箱式变电站高压侧采用熔断器保护，而负荷开关只起投切转换和切断高压负荷电流的功能，容量较小；低压侧采用塑壳自动空气断路器保护。当高压侧出现一相熔丝熔断时，低压侧的电压就降低，塑壳自动空气断路器欠电压保护或过电流保护就会动作，低压运行不会发生。

从产品成本看，欧式箱式变电站成本高。从产品降价空间看，美式箱式变电站还存在较大降价空间，一方面，美式箱式变电站三相五柱铁芯可改为三相三柱铁芯；另一方面，美式箱式变电站的高压部分可以改型后从变压器油箱内挪到油箱外，占用高压室空间。

六、厂用电系统

厂用电系统是指由机组高、低压厂用变压器和停机/检修变压器及其供电网络和厂用负荷组成的系统。供电范围包括主厂房内厂用负荷、输煤系统、脱硫系统、除灰系统、水处理系统、循环水系统等。其任务是保证发电厂连续安全满负荷运行，满足机组启动、正常运行和停机等工况下供电的需要。根据电厂安全运行要求，厂用电系统设置有监视、控制、保护和连锁等功能。设计要求厂用电系统应做到：

（1）各机组的厂用电系统各自独立，当一台机组故障停运或其辅机的电气设备故障时，不致影响另一台机组的正常运行，并能在短时间内使本机组恢复运行。

（2）配备可靠的备用（或启动/备用）电源，接线简单，在工作电源故障时能可靠投入，在启停过程中便于切换操作，并能与工作电源短时并列。

（3）考虑电厂分期建设和连续施工过程中厂用电系统的运行方便，对公用负荷的供电要合理安排，便于过渡，尽可能减少改变接线和更换设备。

（4）200MW及以上机组设置交流事故保安电源，在全厂停电时能够快速启动投入，向保安负荷供电。同时要设置交流不停电电源，保证计算机和自动装置等不间断运行。

厂用电系统由厂用电源、配电装置（母线和开关设备等）、厂用负荷和馈线等组成。厂用电系统分高压厂用电系统（国际上称中压厂用电系统）和低压厂用电系统，前者电压为3～10kV，后者为380/220V，厂用电源厂用电系统对安全供电有较高的要求，必须设置可靠的工作电源和备用电源。重要负荷应有两个独立的供电电源，正常情况由工作电源向厂用负荷供电，工作电源故障退出运行时，备用电源自动投入。现代火力发电厂厂用工作电源均由发电机通过厂用工作变压器或发电机提供，厂用备用电源通过备用变压器或电抗器由电力系统提供。当小容量发电厂有发电机电压母线时，厂用工作电源由各段母线引接。200MW及以上的机组设置快速启动的柴油发电机组作为交流事故保安电源，交流不停电电源则采用静态逆变装置。高、低压厂用电母线一般多采用单母线按炉分段，母线段数的设置与机组容量有关，中、小型机组每炉设1～2段，大型机组每炉设2～4段，当公用负荷较多、容量较大时，设公用段。配电装置多采用成套配电装置，内设断路器、熔断器、接触器、电流互感器、电压互感器等电器，用于正常关合和事故时负荷的切除。厂用配电装置有3～10kV高压开关柜、380V动力中心、配电柜、电动机控制中心配电柜等。厂用负荷按工艺系统可以划分为单元负荷和公用负荷。单元负荷指每台机、炉专用的辅机负荷，如凝结水泵及引风机、送风机等；公用负荷指全厂公用的输煤、除灰、化学处理设施等的辅机负荷。根据厂用机械设备在生产过程中的作用，厂用负荷可分为：①正常负荷，为保证机组的正常运行需供电的负荷，包括单元负荷和公用负荷；②事故保安负荷，在发生全厂事故停电时，为保证汽轮机、锅炉的安全停运，需要继续进行供电的直流负荷（如直流润滑油泵等）和交流负荷（如200MW及以上机组的盘车电动机等），这些负荷分别由蓄电池及快速启动的柴油发电机供电；③不停电负荷，在机组运行期间及停机过程中和停机后的一段时间内需要进行连续（不间断）供电的负荷，如计算机负荷等。厂用电率是发电厂的自用电量与同一时期发电量之比，是考核发电厂经济运行的重要指标之一。

以某厂厂用电系统为例，其电压等级有10kV、6kV和400V三种。容量不小于4000kW的机组双套辅机的电动机以及主厂房低压厂用变压器（如汽机变压器、锅炉变压器、除尘变压器、除灰变压器、检修变压器、照明变压器、厂区变压器等）分接在二段10kV母线上；容量小于4000kW大于200kW的机组双套辅机电动机分接在二段6kV母线上；容量小于4000kW大于2000kW的机组辅机电动机要平衡10kV、6kV母线的负荷，个别辅机电动机分接在二段10kV、6kV母线上。每台机组脱硫6kV负荷分接在6kV的A、B段上。两台机组的公用负荷分摊接在两台机组10kV的A、B段上。200kW及以下容量的电动机由低压400V母线供电。

第七节 封 闭 母 线

一、封闭母线的作用、类型及型号

随着发电机单机容量的不断增大，发电机的额定电流也相应增大。对大容量发电机母线而言，不仅有母线本身电动力问题、发热问题，还有母线支持、悬吊钢构架以及母线附近混凝土柱、楼板、基础内的钢筋在交变强磁场中感应涡流引起的发热问题。一旦母线短路，不仅一般敞露母线和绝缘子的机械强度很难满足要求，而且发电机本身也遭受损伤，并由此影响系统安全供电以及系统的稳定运行。

为了解决上述问题，采用能承受巨大短路电动力的特殊绝缘子；选用槽型、方管、圆管等形状的母线来改善母线材料的有效利用，提高母线机械强度；采用强迫冷却（如风冷或水冷）解决母线散热问题；在母线附近避免使用钢构件或在钢构件上装设短路环，在混凝土内的钢筋采取屏蔽隔磁以及在楼板上铺设铝板等措施降低感应发热。即使采取了上述措施，对220MW及以上机组，仍不能彻底解决这些问题。国内外实践证明，采用金属外壳的分相封闭母线，是解决上述问题的有效办法。金属外壳的分相封闭母线，是将载流母线分别用金属外壳密封保护起来，并将外壳接地。

1. 封闭母线的作用

（1）减少接地故障，避免相间短路。大容量发电机出口短路电流很大，发电机承受不住出口短路电流的冲击。封闭母线因为具有金属外壳保护，所以基本上可消除由外界潮气、灰尘和异物引起的接地故障。采用封闭母线基本避免了相间短路故障，提高了发电机运行的可靠性。

（2）减少母线周围钢构件发热。裸露大电流母线会使周围钢构件在电磁感应下产生涡流和环流，产生损耗并引起发热。金属封闭母线的外壳起到屏蔽作用，使外壳以外部分的磁场大约可降到裸露的10%以下，大大减少了母线周围钢构件的发热。

（3）减少相间电动力。由于金属外壳的屏蔽作用，使短路电流产生的磁通大大减弱，降低了相间电动力。

（4）母线封闭后，通常采用微正压充气方式运行，可防止绝缘子凝露，提高了运行的可靠性，并且为母线强迫通风冷却创造了条件。

（5）封闭母线由工厂成套生产，施工安装简便，简化了对土建结构的要求，运行维护工作量小。

2. 封闭母线的类型

（1）按外壳结构可分为共箱封闭母线和分相封闭母线。共箱封闭母线是指三相共用一个封闭外壳，相间无隔板或有隔板的封闭母线形式。每相都由各自的封闭外壳封闭的母线称为分相或离相封闭母线。分相封闭母线又分为不全连分相封闭母线、全连分相封闭母线、经电抗器接地的全连分相封闭母线和全段全连分相封闭母线。封闭母线的结构示意图如图 10-15 所示。全连分相封闭母线的外壳中，除母线电流在外壳上感应出大小与母线电流几乎相等、方向相反的轴向环流外，还产生了邻相剩余磁场在外壳上感应出的涡流。由于外壳不是超导体，壳外尚有剩余磁场，不过其强度只有敞露母线的百分之几。该剩余磁场在周围钢构件上感应出的涡流和功率损耗都很小，可以忽略不计。

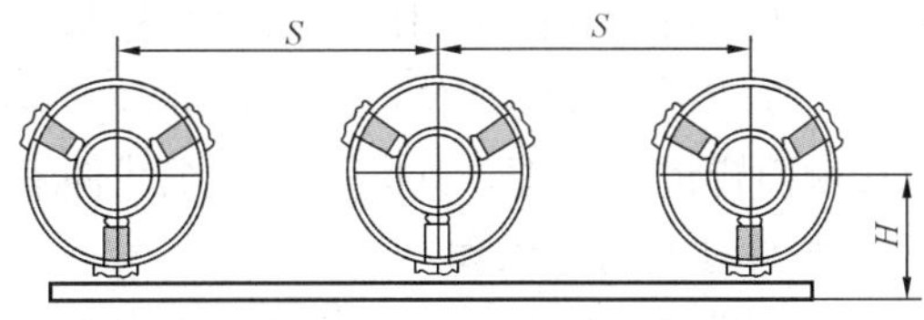

图 10-15 封闭母线结构示意图

（2）按外壳材料可分为塑料外壳封闭母线和金属外壳封闭母线。塑料外壳对外部磁场不起屏蔽作用，所以从电磁性能上来说，相当于普通的敞露母线，既不能减少母线短路时的电动力，也不能减少母线附近钢结构的发热问题，仅能防止人身触电及带电母线和金属物落到母线上形成的相间短路，因此不适用于大型机组。大型机组的封闭母线都采用金属铝外壳。

（3）按冷却方式可分为自然冷却封闭母线和人工强迫冷却封闭母线。自然冷却封闭母线，母线及外壳的发热完全靠辐射及对流散至周围环境，分为普通自然冷却封闭母线和微正压充气自然冷却封闭母线两种。这种冷却方式简单、工作可靠、运行维护容易，但金属消耗量大。人工强迫冷却封闭母线又可分为强迫风冷封闭母线和强迫水冷封闭母线两种。强迫风冷封闭母线，用母线或封闭母线外壳作风道，以强迫通风的办法将母线及外壳热量带走散去；强迫水冷封闭母线，在母线内通水将母线热量带走，这种冷却方式结构复杂，附属设备多，造价高。

3. 封闭母线的型号

封闭母线的型号如图 10-16 所示。

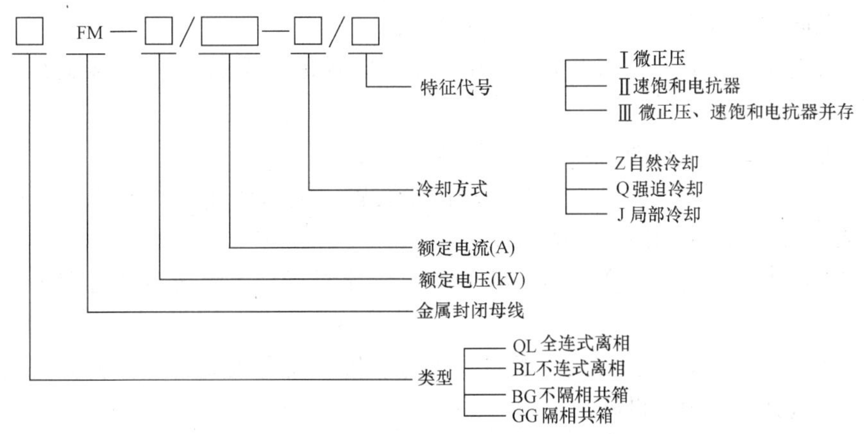

图 10-16 封闭母线的型号

二、封闭母线的结构

1. 母线导体

母线导体均采用圆管铝母线。封闭母线在一定长度范围内，设置有焊接的不可拆卸的伸缩补偿装置，母线导体采用由多层薄铝片制成的伸缩节，与两端母线搭焊连接；封闭母线与设备连接处或需拆卸的部位，设置可拆卸的螺接伸缩补偿装置，母线导体与设备端子连接的导电接触面皆镀银处理，其间用铜编织线伸缩节连接。

2. 支持母线的绝缘体

三相母线导体分别密封于各自的铝制外壳内，导体主要采用同一断面三个绝缘子支撑方式。绝缘子上部开有凹孔或装有附件，内装橡胶弹性块及蘑菇型金具或带有调节螺纹的金具。金具顶端与母线导体接触，导体可在金具上滑动或固定；绝缘子下部固定于支撑板上，支撑板用螺栓紧固在焊接于外壳外部的绝缘子底座上。

3. 母线金属外壳

外壳的支持采用铰销式底座，在支持外先用槽钢（铝）抱箍将外壳抱紧，抱箍通过铰销与底座连接，而底座用螺栓固定于支撑横梁上，横梁则支撑或吊装于工地预埋的钢构架上。

各段外壳间采用对接或双半圆抱瓦搭接焊接，封闭母线外壳在一定长度范围内，采用多层铝制波纹管，与两端外壳搭焊连接作为伸缩补偿装置。

封闭母线外壳与设备连接处或需要拆卸的部位，设置可拆卸的螺接伸缩补偿装置，外壳采用橡胶伸缩套连接，同时起到密封作用。外壳间需要全连导电时，伸缩套两端外壳间加装可伸缩的导电外壳伸缩节，构成外壳回路。

三、封闭母线电气接线及技术参数

2×1000MW 机组发电机引出线至主变压器侧及高压厂用变压器高压侧间用全连式分相封闭母线。

(1)“发电机—变压器”单元接线，不设发电机出口断路器和隔离开关，但在主母线上设可拆连接点。

(2) 发电机出口侧经高压熔断器接有三组电压互感器；发电机出口侧有一组避雷器。

(3) 发电机出口主封闭母线上有接地开关，母线接地开关能承受主回路动、热稳定的要求。接地开关附近有观察接地开关位置的窥视孔。

(4) 在发电机出口侧和中性点侧、高压厂用变压器高压侧及励磁变压器高压侧每相都装有电流互感器。

(5) 发电机中性点经过隔离开关接有接地变压器。

(6) 在发电机出口主封闭母线上有短路试验装置，主回路 T 接引至电压互感器柜，在 A 列外 T 接至两台高压厂用变压器高压侧。

(7) 主变压器为三台单相变压器，沿 A 列柱一字排开，主变压器低压侧用封闭母线接成△。

(8) 封闭母线设有氢检测安装点及自动排氢装置、发电机短路试验装置及检修接地装置、微正压充气装置等附属设施。

(9) 设有温度在线监测装置和就地监测仪表，可就地及远方显示温度并带有通信接口。在线监测装置设置远方报警开关量和遥测模拟量输（测温点最少应包括：6 点在发电机出口，6 点在主变压器处）。如果主封闭母线导体中间有软连接，则在软连接处设测温点。各测温点均分别将温度信号以 4～20mA 模拟量送往 DCS。

QLFM-27 系列全连式分相封闭母线的主要技术参数见表 10-7。

表 10-7　　QLFM-27 系列全连式分相封闭母线的主要技术参数

序　号	名　称	参　数
分相封闭母线型式及基本技术参数		
1	型式	离相、自冷
2	额定电压（kV）	27
3	最高电压（kV）	30
4	额定电流（A）	主：27000 三角：15500　分支：4000
5	额定频率（Hz）	50
6	额定雷电冲击耐受电压（峰值，kV）	185
7	额定短时工频耐受电压（湿试、有效值，kV） 额定短时工频耐受电压（干试、有效值，kV）	80 100
8	动稳定电流（kA）	500/800
9	4s 热稳定电流（kA）	200/315
10	泄漏比距（mm/kV）	≥25
允许温度和允许温升		
11	铝导体允许温度（℃）	90
12	铝导体允许温升（K）	50
13	螺栓紧固连接的镀银接触面允许温度（℃）	105
14	螺栓紧固连接的镀银接触面允许温升（K）	65
15	铝外壳允许温度（℃）	70
16	铝外壳允许温升（K）	30
封闭母线材料及外形尺寸（mm）		
17	主回路母线材料成分	纯铝（1060）
18	三角连接回路母线材料成分	纯铝（1060）
19	分支回路母线材料成分	纯铝（1060）
20	主回路外壳材料成分	纯铝（1060）
21	三角回路外壳材料成分	纯铝（1060）
22	分支回路外壳材料成分	纯铝（1060）
23	主回路母线外径（mm）厚度（mm）	ϕ940×16
24	三角连接回路母线外径（mm）厚度（mm）	ϕ600×15
25	分支回路母线外径（mm）厚度（mm）	ϕ150×12
26	主回路外壳外径（mm）厚度（mm）	ϕ1572×11
27	主回路相距（mm）	2000
28	三角连接回路外壳外径（mm）厚度（mm）	ϕ1230×7
29	三角连接回路相距（mm）	1800
30	分支回路外壳外径（mm）厚度（mm）	ϕ780×5
31	主回路母线导体损耗（W/m）	606.439
32	主回路母线外壳损耗（W/m）	367.26

续表

序　号	名　称	参　数
33	三角连接回路母线导体损耗（W/m）	305.77
34	三角连接回路母线外壳损耗（W/m）	230.12
35	分支连接回路母线导体损耗（W/m）	98.35
36	分支连接回路母线外壳损耗（W/m）	36.78
37	主回路母线单相对地电容（pF/m）	111.183
38	三角连接回路母线单相对地电容（pF/m）	78.902
39	分支回路母线单相对地电容（pF/m）	33.994
40	导体及外壳板材宽度（m）	1.5
微正压装置		
41	额定输入空气压力（Pa）	（5～7）×100 000
42	母线壳内空气压力（Pa）	500～2500
43	额定充气量	42
44	输入空气湿度（露点）（℃）	－20
45	所需电源容量/电压等级	500W/380V

四、封闭母线的运行维护

（一）运行规定

（1）运行中封闭母线各温度不允许超过表10-7中允许值。

（2）应定期检测母线及外壳的运行情况，并作好运行数据记录。

（3）在正常情况下，封闭母线内部不需进行清扫和检修，但在每次发电机停机检修时，应对母线及外壳进行必要的清扫、擦拭、检查（微正压封闭母线通常不必进行），并与发电机、主变压器等做绝缘预防性试验后，方可投入运行。

（4）各部位绝缘子应无裂纹、破碎现象，应清洁、无放电痕迹及电晕现象。

（二）正常维护检查项目

（1）检查封闭母线所有紧固部分的紧固螺栓有无松动，如发现松动，则应按要求紧固。

（2）检查密封情况，必要时测母线与外壳的绝缘电阻，若与上次测值相差较大，则可认为是密封不好，必须进行处理。

（3）检查有无漏水的痕迹，若有检修时应找出原因并修理，淋水试验合格后才能投运。

（4）检查设备柜内有无异常，如锈蚀、线头松动等。

（5）检查微正压装置压力、油位是否正常，是否渗油、漏油等，并及时清除废物，清擦干净。

第十一章

发电厂防雷与过电压保护

第一节 雷电放电、雷电流及雷电过电压

一、雷电放电

雷电是大自然中最宏伟和恐怖的气体放电现象。对雷电的物理本质了解始于18世纪，最有名的当属美国的富兰克林和俄国的罗蒙诺索夫。富兰克林在18世纪中期提出了雷电是大气中的火花放电，首次阐述了避雷针的原理并进行了试验；罗蒙诺索夫则提出了关于乌云起电的学说。近几十年来，由于雷电放电对现代航空、电力、通信、建筑等领域都有很大的影响，促使人们开始加强对雷电及其防护技术的研究，特别是利用高速摄影、数字记录、雷电定向定位等现代测量技术所作的实测研究的成果，大大丰富了人们对雷电的认识。

雷电是由雷云放电引起的，关于雷云的聚集和带电至今还没有令人满意的解释，目前比较普遍的看法是：热气流上升时冷凝产生冰晶，气流中的冰晶碰撞后分裂，导致较轻的部分带负电荷并被风吹走形成大块的雷云；较重的部分带正电荷并可能凝聚成水滴下降，或悬浮在空中形成一些局部带正电的云区。整块雷云可以有若干个电荷中心。负电荷中心位于雷云的下部，离地大约500～10 000m，它在地面上感应出大量的正电荷。

随着雷云的发展和运动，一旦空间电场强度超过大气游离放电的临界电场强度（大气中约为30kV/cm，有水滴存在时约为10kV/cm)，就会发生云间或对大地的火花放电。在防雷工程中，主要关心的是雷云对大地的放电。

雷云对大地放电通常分为先导放电和主放电两个阶段。云—地之间的线状雷电在开始时往往从雷云边缘向地面发展，以逐级推进方式向下发展。每级长度约10～200m，每级的伸展速度约10^7m/s，各级之间有10～100μs的停歇，所以平均发展速度只有（1～8）$\times 10^5$m/s，这种放电称为先导放电。当先导接近地面时，地面上一些高耸的物体（如塔尖或山顶）因周围电场强度达到了能使空气电离的程度，会发出向上的迎面先导。当它与下行先导相遇时，就出现了强烈的电荷中和过程，出现极大的电流（几十到几百千安)，伴随着雷鸣和闪光，这就是雷电的主放电阶段。主放电的过程极短，只有50～100μs，它沿着负的下行先导通道，由下而上逆向发展，故又称“回击”，其速度高达2×10^7～1.5×10^8m/s。以上是负电荷雷云对地放电的基本过程，可称为下行负雷闪；对应于正电荷雷云对地放电的下行正雷闪所占的比例很小，其发展过程也基本相似。

从旋转相机拍下的光学照片显示，大多数云对地雷击是重复的，即在第一次雷击形成的放电通道中，会有多次放电尾随，放电之间的间隔大约为0.5～500ms。其主要原因

是：在雷云带电的过程中，在云中可形成若干个密度较高的电荷中心，第一次先导—主放电冲击泄放的主要是第一个电荷中心的电荷。在第一次冲击完成之后，主放电通道暂时还保持高于周围大气的电导率，别的电荷中心将沿已有的主放电通道对地放电，从而形成多重雷击。第二次及以后的放电，先导都是自上而下连续发展的，没有停顿现象。放电的数目平均为2～3次，最多观测到42次。通常第一次冲击放电的电流最大，以后的电流幅值都较小。图11-1为用旋转相机和高压示波器拍摄和记录的负雷云对地放电的发展过程和雷电流的波形。

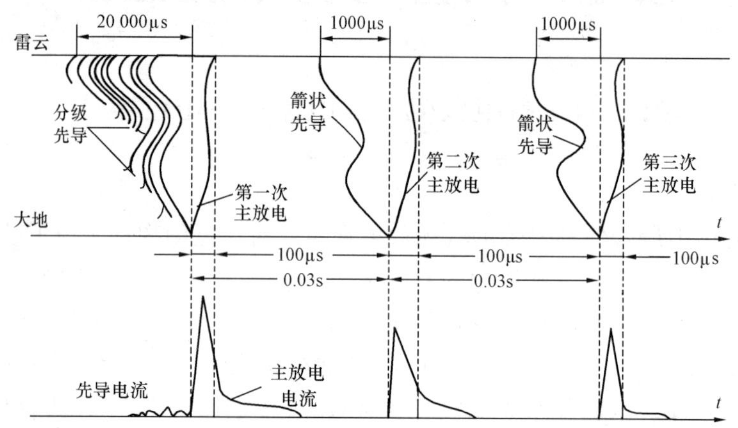

图 11-1 负雷云对地放电的发展过程和雷电流的波形

雷击地面发生主放电的开始，可以用图11-2中开关S的闭合来表示。图中Z是被击物与大地（零电位）之间的阻抗，σ是先导放电通道中电荷的线密度，S闭合之前相当于先导放电阶段。S突然闭合，相当于主放电开始，如图11-2（b）所示。发生主放电时，将有大量的正、负电荷沿先导通道逆向运动，并中和雷云中的负电荷。由于电荷的运动形成电流i，因此雷击点A的电位也突然发生变化（$u=iZ$）。雷电流i的大小与先导通道的电荷密度以及主放电的发展速度有关（$i=\sigma v$）。

在防雷研究中，最关心的是雷击点A的电位升高，可以不考虑主放电速度、先导电荷密度及具体的雷击物理过程，因此可以从A点的电位出发来把雷电放电过程简化为一个数学模型，如图11-2（c）所示；进而得到其彼得逊等值电路，如图11-2中（d）、（e）所示。图中，Z_0表示雷电通道的波阻抗（建议取300～400Ω）。需要说明的是：尽管雷云有很高的初始电位才可能导致主放电，但地面被击物体的电位并不取决于这一初始电位，而是取决于雷电流与被击物体阻抗的乘积。所以，从电源的性质看，雷电具有电流源的性质。

研究表明，尽管先导放电是不规则的树枝状，但它还是具有分布参数的特征，作为粗略估计一般假设它是一个具有均匀电感、电容等分布参数的导电通道，即可以假设其波阻抗是均匀的。

在雷击点A与地中零电位面之间串接着一个阻抗，它可以代表被击中物体的接地电阻R，也可以代表被击物体的波阻抗Z。从图11-2（e）中可以看出，当$Z=0$时，$i=2i_0$；若$Z \ll Z_0$（如$Z \leqslant 30\Omega$），仍然可得$i \approx 2i_0$。所以国际上习惯于把流经波阻抗为零（或接近于零）的被击物体的电流称为雷电流。从其定义可以看出，雷电流i的幅值恰好等于沿通道Z_0传来的流动电流波i_0的幅值的两倍。

二、雷电流波形与雷电流幅值

雷电放电涉及气象、地貌等自然条件，随机性很大，关于雷电特性的诸参数因此具有统计的性质，需要通过大量实测才能确定，防雷保护设计的依据即来源于这些实测数据。在防雷设计中，最关心的是雷电流波形、幅值分布及落雷密度等参数。

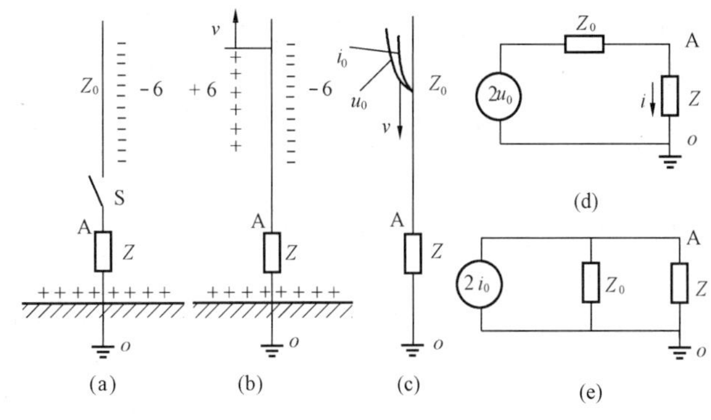

图 11-2 雷电放电模型和等值电路

(a) 先导放电；(b) 主放电；(c) 数学模型；(d) 电压源等值电路；(e) 电流源泵等值电路

1. 幅值分布的概率

雷电流是单极性的脉冲波。对一般地区，我国现行标准推荐雷电流幅值分布的概率如下

$$\lg P = -\frac{I}{88} \tag{11-1}$$

式中 I——雷电流幅值，kA；

P——幅值大于 I 的雷电流概率。

例如，当雷击时，出现幅值大于 50kA 雷电流的概率为 33%，大于 88kA 的概率为 10%。公式（11-1）是从 1025 个有效的雷电流观测数据中归纳出来的。

对年雷暴日数小于 20 的地区（我国除陕南以外的西北地区、内蒙古的部分地区），雷电流幅值较小，P 计算公式为

$$\lg P = -\frac{I}{44} \tag{11-2}$$

2. 波形和极性

虽然雷电流的幅值随各国气象条件相差很大，但各国测得的雷电流波形却是基本一致的。根据实测统计，雷电流的波头时间大多为 1～5μs，平均为 2～2.5μs。我国的防雷规程建议雷电流的波头时间取 2.6μs，此时雷电流的平均波头陡度 $\bar{a}$ 与幅值成正比，即

$$\bar{a} = \frac{I}{2.6} \quad (\text{kA}/\mu\text{s}) \tag{11-3}$$

雷电流的波长大多为 20～100μs，平均约为 50μs，大于 50μs 的仅占 18%～30%。因此，在保护计算中，雷电流的波形可以采用 2.6/50μs 的双指数波。

在线路防雷设计中，一般可取斜角平顶波头以简化计算，我国 DL/T 620—1997《交流电气装置的过电压保护和绝缘配合》规定雷电波的波头时间采用 2.6μs。而在特高塔的防雷设计中，为更接近于实际，可取半余弦波头，其表达式为

$$i = \frac{I}{2}(1 - \cos\omega t) \tag{11-4}$$

$$\omega = \pi/\tau_f = 1.2\times10^6 \quad (\text{s}^{-1})$$

式中 I——雷电流幅值；

ω——角频率；

τ_f——波头时间，取 2.6μs。

对半余弦波头，其最大陡度出现在 $t=\tau_f/2$ 时，其值为平均陡度的 $\pi/2$ 倍。

根据国内外的实测统计，75%～90%的雷电流是负极性的。因此电气设备的防雷保护和绝缘配合一般都按负极性雷进行研究。

3. 雷暴日和雷暴小时

为了表征不同地区的雷电活动的频繁程度，常用年平均雷暴日作为计量单位。雷暴日是一年中有雷电的天数，在一天内只要听到雷声就算一个雷暴日。我国各地雷暴日的多少与纬度及距海洋的远近有关。海南岛及广东的雷州半岛雷电活动频繁而强烈，平均年雷暴日高达100～133。北回归线（北纬 23.5°）以南一般在 80 以上（但台湾省只有 30 左右），北纬 23.5°到长江一带约为 40～80，长江以北大部地区（包括东北）多在 20～40，西北多在 20 以下。西藏沿雅鲁藏布江一带约达 50～80。我国把年平均雷暴日不超过 15 的地区称为少雷区，超过 40 的称为多雷区，超过 90 的称为强雷区。在防雷设计中，要根据雷暴日的多少因地制宜。

雷暴小时是一年中有雷暴的小时数，在一小时内只要听到雷声就算一个雷电小时。据统计，我国大部分地区雷暴小时与雷暴日之比约为 3。

4. 地面落雷密度和输电线路落雷次数

雷暴日和雷暴小时中，包含了雷云之间的放电，而防雷实际中关心的是云—地之间的放电。地面落雷密度表征了雷云对地放电的频繁程度，其定义为每平方千米每雷暴日的对地落雷次数，用 γ 表示。世界各国根据各自的具体情况，γ 的取值不同。根据规定，对雷暴日 $T=40$ 的地区，$\gamma=0.07$ 次/（平方千米·雷暴日）。

输电线路的存在，改变了雷云—地之间的电场分布，有引雷作用。根据模拟试验及运行经验，线路每侧的引雷宽度为 $2h$（h 为避雷线的平均高度，m）。因此，对雷暴日 $T=40$ 的地区，避雷线或导线平均高度为 h 的线路，每 100km 每年雷击的次数为

$$N=\frac{(b+4h)}{1000}\times 100\times T\times\gamma=0.28(b+4h)\text{ 次} \tag{11-5}$$

式中　b——两根避雷线之间的距离，m。

三、雷电过电压

雷电过电压主要有两种，即为直击雷过电压和感应雷过电压。前者由雷击线路引起，后者由雷击线路附近地面和电磁感应引起。

线路雷害事故的形成通常要经历下述阶段：在雷电过电压作用下，线路绝缘发生闪络，然后从冲击闪络转化为稳定的工频电弧，引起线路跳闸，如果在跳闸后线路不能迅速恢复绝缘，则发生停电事故。因此，提高输电线路的防雷性能，首要措施是防止线路闪络。雷击线路但不致引起绝缘闪络的最大雷电流峰值（kA）称为线路的耐雷水平。从直击雷和感应雷过电压的形成机理看，它们所对应的耐雷水平是不相同的。

1. 输电线路感应雷过电压

（1）雷击线路附近大地时，线路上的感应过电压。当雷击线路附近的大地时，由于电磁感应，在导线上将产生感应过电压。感应过电压的形成如图 11-3 所示，设雷云带负电荷。在主放电开始之前，雷云中的负电荷沿先导通道向地面运动，线路处于雷云和先导通道形成的电场中。由于静电感应，导线轴向上的电场强度 E_x 将正电荷吸引到最靠近先导通道的一段导线上，成为束缚电荷。导线上的负电荷则受 E_x 的作用向导线两端运动，经线路的泄漏

电导和系统的中性点流入大地。由于先导发展的速度很慢，导致导线上束缚电荷的聚集过程也比较缓慢，因而导线上由此而形成的电流很小，可以忽略不计，在不考虑工频电压的情况下，导线将通过系统的中性点或泄漏电阻保持零电位。主放电开始后，先导通道中的负电荷被迅速中和，使导线上的束缚电荷得到释放，沿导线向两侧运动形成过电压。这种由于先导通道中电荷所产生的静电场突然消失而引起的感应电压称为感应过电压的静电分量。同时，主放电通道中的雷电流在通道周围空间产生了强大的磁场，该磁场的变化也将使导线上感应出很高的电压。这种由于主放电通道中雷电流所产生的磁场变化而引起的感应电压称为感应过电压的电磁分量。由于主放电通道与导线互相垂直，因此电磁分量不大，约为静电分量的1/5。从图 11-3 中可以看出，感应过电压的极性与雷电流极性相反。

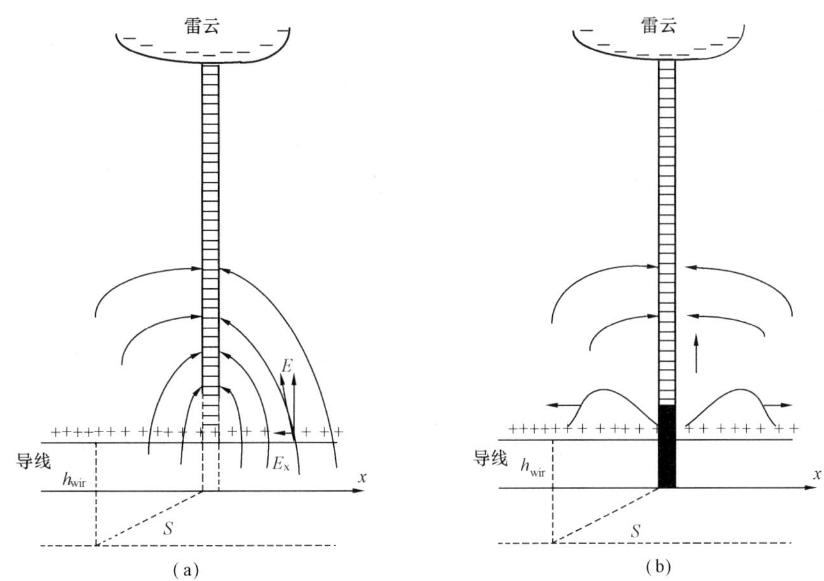

图 11-3 感应雷过电压形成示意图

(a) 主放电前；(b) 主放电后

h_{wir}—导线高度；S—雷击点与导线间的距离

根据理论分析和实测结果，当雷击点离导线的距离超过 65m 时，导线上的感应雷过电压最大值 U_i 的计算公式为

$$U_i = 25\frac{I_m \times h_{wir}}{S}(\text{kV}) \tag{11-6}$$

式中 I_m——雷电流峰值，kA；

h_{wir}——导线高度，m；

S——雷击点离导线的距离，m。

由式（11-6）可知，感应过电压与雷电流峰值 I_m 成正比，与导线平均高度 h_{wir}成正比，h_{wir}越大则导线对地电容越小，感应电荷产生的电压就越高；感应过电压与雷击点到线路的距离 S 成反比，S 增大时，感应过电压就减小。

由于雷击地面时雷击点的自然接地电阻较大，雷电流峰值一般不超过 100kA。因此在式（11-6）中可按 I_m 不大于 100kA 进行估算。实测证明，感应过电压峰值最大可达 300～400kV。对 35kV 及以下钢筋混凝土杆线路，可能造成绝缘闪络；但对于 110 kV 及以上线路，由于绝缘水平较高，一般不会引起闪络。感应过电压在三相导线中同时存在，相间不存在电位差，故只能引起对地闪络；如果两相或三相同时对地闪络，则形成相间短路。

如果导线上方挂有避雷线，其影响相当于增大了导线的对地电容，导线上的感应过电压将会下降。避雷线的屏蔽作用可用叠加法求得。设导线和避雷线的对地平均高度分别为 h_{wir} 和 h_b，若设避雷线不接地，则由式（11-6）可以求得导线上和避雷线上的感应过电压 $U_{i.wir}$ 和 $U_{i.lig}$ 分别为

$$U_{i.wir}=25\frac{I_m h_{wir}}{S}\text{ 和 }U_{i.lig}=25\frac{I_m h_{lig}}{S},\text{故 }U_{i.lig}=\frac{h_{lig}}{h_{wir}}U_{i.wir}$$

但实际上避雷线是通过杆塔接地的，其电位为零。为满足这一条件，可以设想在避雷线上还存在一个电位 $-U_{i.lig}$。该电位将在导线上产生耦合电位 k（$-U_{i.lig}$），其中 k 为避雷线与导线间的耦合系数。耦合电位与导线的雷电感应过电压相叠加后，导线上实际的感应过电压 $U'_{i.wir}$ 为

$$U'_{i.wir}=U_{i.wir}-kU_{i.lig}=U_{i.wir}\left(1-k\frac{h_{lig}}{h_{wir}}\right)\approx U_{i.wir}(1-k) \tag{11-7}$$

从式（11-7）可以看出，避雷线的存在使导线上的感应雷过电压下降了（$1-k$）倍。耦合系数越大，感应过电压越低。

（2）雷击线路杆塔时，导线上的感应过电压。式（11-6）和式（11-7）只适用于 S 大于 65m 的情况，更近的落雷事实上将因线路的引雷作用而击中线路（避雷线或导线）或杆塔。

雷击线路杆塔时，由于主放电通道所产生的磁场迅速变化，将在导线上感应出与雷电流极性相反的过电压，其计算问题至今尚有争论，不同方法的计算结果相差很大，也缺乏实践数据。对一般高度（约 40m 以下）无避雷线的线路，导线上感应的过电压的最大值可计算为

$$U_{i.wir}=ah_{wir} \tag{11-8}$$

式中　a——感应过电压系数，kV/m，其值近似等于以 kA/μs 计的雷电流平均波前陡度，即 $a\approx I_m/2.6$。

有避雷线时，导线上的感应过电压相应为

$$U'_{i.wir}=ah_{wir}(1-k) \tag{11-9}$$

式中　k——耦合系数。

2. 输电线路的直击雷过电压

我们以中性点直接接地系统中有避雷线的线路为例进行分析，其他线路的分析原则相同。

如图 11-4 所示，雷直击于带避雷线的线路有三种情况，即雷击杆塔顶部，雷击避雷线档距中央和雷击导线（即绕击）。

（1）雷击杆塔时的反击过电压。雷击线路杆塔顶部时，由于塔顶电位与导线电位相差很大，可能引起绝缘子串的闪络，即发生反击。运行经验表明，在线路落雷总次数中，雷击杆塔的次数与避雷线的根数和经过地区的地形有关。

雷击杆塔顶部瞬间，如图 11-5 所示，负极性雷电流一部分沿杆塔向下传播，还有一部分沿避雷线向两侧传播；同时，自塔顶有一正极性雷电流沿主放电通道向上运动，其数值等于三个负极性雷电流数值之和。线路绝缘上的过电压即由这几个电流波引起。由雷电主放电

通道中正电流波的运动在导线上所产生的感应过电压已在前面进行了分析，这里主要分析流经杆塔和地线中的电流所引起的过电压。

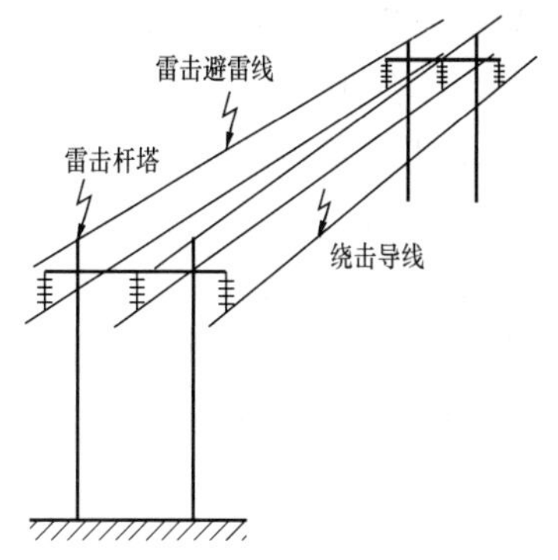

图 11-4 带避雷线线路遭受雷直击的三种情况

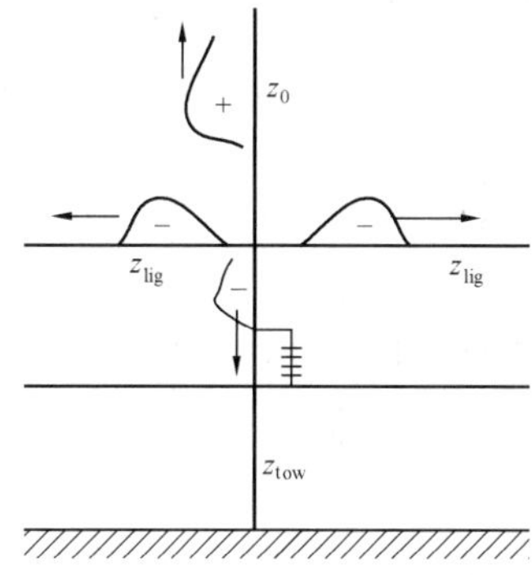

图 11-5 雷击塔顶时雷电流的分布

1）塔顶电位。对于一般高度（约 40m 以下）的杆塔，工程上常采用图 11-6 所示的集中参数等值电路进行分析计算。图中，L_{tow}和L_{lig}分别为杆塔和避雷线的等值电感，R_{sh}为杆塔的冲击接地电阻。单根避雷线的等值电感约为 $0.67l\mu H$（l 为避雷线档距长度，m），双根避雷线约为 $0.42l\mu H$。

考虑到雷击点的阻抗较小，故在计算中可忽略主放电通道波阻抗的影响。由于避雷线的分流作用，流经杆塔的电流 i_{tow}将小于雷电流 i_{thu}，$i_{tow}=\beta i_{thu}$，其中 β 为杆塔的分流系数。β 的值可由图 11-6 所示的等值电路求出。

塔顶电位 $u_{tow.top}$为

$$u_{tow.top}=R_{sh}i_{tow}+L_{tow}\frac{di_{tow}}{dt}=\beta\left(R_{sh}i_{thu}+L_{tow}\frac{di_{thu}}{dt}\right) \tag{11-10}$$

以 $\frac{di_{thu}}{dt}=\frac{I_{thu}}{2.6}$ 代入，则塔顶电位的幅值为

$$U_{tow.top}=\beta I_{thu}\left(R_{sh}+\frac{L_{tow}}{2.6}\right) \tag{11-11}$$

2）导线电位。与塔顶相连的避雷线具有与塔顶相等的电位 $u_{tow.top}$（幅值为 $U_{tow.top}$）。由于避雷线与导线之间的耦合作用，在导线上将产生耦合电位 $ku_{tow.top}$，此电位与雷电流同极性。此外，发生主放电时，根据式（11-7），导线上存在感应电位 ah_{wir}（$1-k$），该电位与雷电流极性相反。因此，导线上总的电位的幅值 U_{wir}为

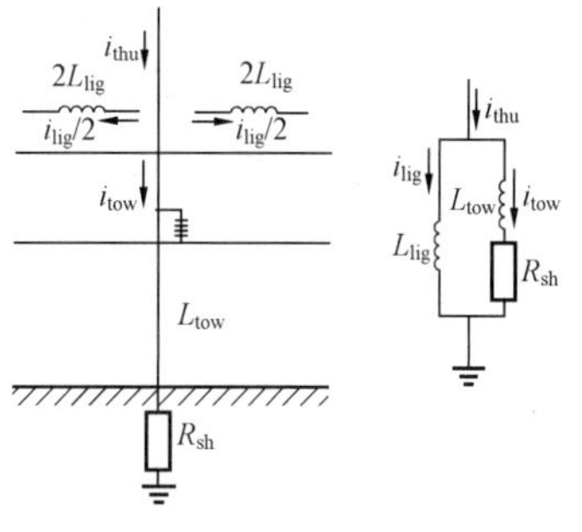

图 11-6 雷击塔顶的等值电路

$$U_{wir}=kU_{tow.top}-ah_{wir}(1-k) \tag{11-12}$$

3）线路上绝缘子串两端电压。由式（11-12）可得线路上绝缘子串两端电压的幅值 U_{ins}为

$$U_{ins}=U_{tow.top}-U_{wir}=(1-k)U_{tow.top}+ah_{wir}(1-k)=(1-k)(U_{tow.top}+ah_{wir}) \tag{11-13}$$

将式（11-11）及 $a=\frac{I_{thu}}{2.6}$代入式（11-13），得

$$U_{\mathrm{ins}} = I_{\mathrm{thu}}(1-k)\left(\beta R_{\mathrm{sh}} + \beta \frac{L_{\mathrm{tow}}}{2.6} + \frac{h_{\mathrm{wir}}}{2.6}\right) \tag{11-14}$$

需要指出的是，上述计算所得的绝缘子串两端电压并未考虑导线上的工作电压。对于220kV及以下线路，工作电压值所占比例不大，可以忽略不计；但对超高压线路而言，则不可忽略，雷击时导线上的工作电压的瞬时值应作为一随机变量加以考虑。

4）耐雷水平的计算。由式（11-14）可知，线路上绝缘承受的电压与雷电流成正比关系。当U_{ins}大于绝缘子串的$U_{50\%}$时，绝缘子串将发生闪络，发生反击。由于90%以上的雷电流为负极性，同时绝缘子串下端（导线侧）为正极性时$U_{50\%}$较低，所以$U_{50\%}$应以下端为正极性时的值为标准。令式（11-14）等于$U_{50\%}$，即可求得雷击杆塔时的耐雷水平I_1为

$$I_1 = \frac{U_{50\%}}{(1-k)\left(\beta R_{\mathrm{sh}} + \beta \frac{L_{\mathrm{tow}}}{2.6} + \frac{h_{\mathrm{wir}}}{2.6}\right)} \tag{11-15}$$

由式（11-15）可知，k越小则I_1越小，较易发生反击，因此，应选取远离避雷线的导线作为计算对象。

（2）雷击避雷线档距中央时的过电压。雷击避雷线档距中央时，虽然也会在雷击点产生很高的过电压，但由于避雷线的半径较小，会在避雷线上产生强烈的电晕；又由于雷击点离杆塔较远，当过电压波传播到杆塔时，已不足以使绝缘子串击穿，因此通常只需考虑雷击点避雷线对导线的反击问题。

雷击避雷线档距中央如图11-7所示，图中Z_0和Z_{lig}分别为主放电通道和避雷线的波阻抗。由于雷击点离杆塔较远，过电压波到达两侧杆塔入地，再反射到达雷击点的时间较长，因此在反射波到达前，雷击点电压可用彼得逊等值电路计算。

雷击时的电流源彼得逊等值电路如图11-8所示。由图可得雷击点处的电压u_{A}为

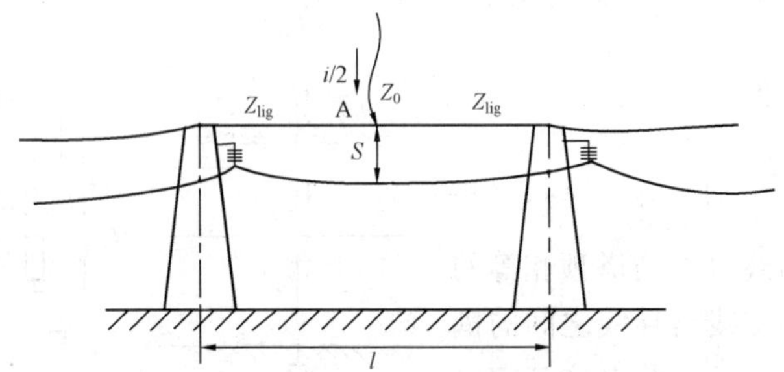

图11-7　雷击避雷线挡距中央

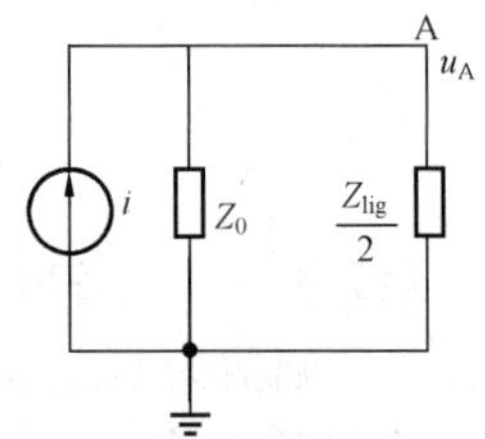

图11-8　彼得逊等值电路

$$u_{\mathrm{A}} = i\frac{Z_0}{Z_0 + \frac{Z_{\mathrm{lig}}}{2}} \cdot \frac{Z_{\mathrm{lig}}}{2} = i\frac{Z_0 Z_{\mathrm{lig}}}{2Z_0 + Z_{\mathrm{lig}}} \tag{11-16}$$

电压波u_{A}自雷击点沿避雷线向两侧杆塔运动，经$\frac{l}{2v_{\mathrm{lig}}}$（$l$为档距长度，$v_{\mathrm{lig}}$为避雷线中的波速）时间到达杆塔。由于杆塔接地，因此将有一负反射波沿原路返回，又经$\frac{l}{2v_{\mathrm{lig}}}$时间后到达雷击点。若此时雷电流尚未到达峰值，则雷击点的电位自负反射波到达后开始下降，故雷击点A的最高电位将出现在$t=2\times\frac{l}{2v_{\mathrm{lig}}}=\frac{l}{v_{\mathrm{lig}}}$时。

若雷电流取为斜角波头 $i=at$，将 t 的值代入，则由式（11-16）可得雷击点避雷线的最高电位 U_A 为

$$U_A = a \cdot \frac{l}{v_{lig}} \cdot \frac{Z_0 Z_{lig}}{2Z_0 + Z_{lig}} \tag{11-17}$$

由于避雷线与导线间的耦合作用，在导线上将产生耦合电位 kU_A，故雷击处避雷线与导线间空气间隙 S 上所承受的最高电压 U_S 为

$$U_S = a \cdot \frac{l}{v_{lig}} \cdot \frac{Z_0 Z_{lig}}{2Z_0 + Z_{lig}}(1-k) \tag{11-18}$$

由式（11-18）可知，雷击避雷线档距中央时，雷击处避雷线与导线间空气绝缘所承受的电压与耦合系数 k、档距 l 及雷电流陡度 a 有关。当此电压超过空气间隙的放电电压时，间隙就会发生击穿。

对于大跨越档距，若 $\frac{l}{v_{lig}}$ 大于雷电流波头，则从相邻杆塔来的负反射波到达雷击点时，雷电流已过峰值，故雷击点的最高电位由雷电流峰值决定。

由式（11-18），结合空气间隙的抗电强度，可以计算出不发生击穿的最小空气间隙距离 S。我国 DL/T 620—1997 规定，档距中央避雷线与导线间的空气间隙距离 S 为

$$S \geqslant 0.012l + 1(\mathrm{m}) \tag{11-19}$$

式中 l——档距长度，1m 是考虑到杆塔和接地体中波过程的影响。

国内外的长期运行经验表明，雷击避雷线档距中央引起避雷线与导线间空气间隙闪络的事例是非常少见的，这可能是由于根据空气间隙的击穿强度来确定间隙距离的绝缘设计方法不符合实际情况造成的。一种解释认为，闪络发生前，避雷线与导线间的预击穿降低了间隙上的电位差。

因此，在线路防雷工程设计中，只要避雷线和导线间的空气距离满足式（11-19）的要求，雷击避雷线档距中央引起线路的闪络跳闸可以忽略不计。

第二节 避雷针与避雷线保护范围

雷电过电压的幅值可高达几十万伏、甚至几百万伏，如不采取防护措施，电力设备的绝缘一般是难以耐受的。防直击雷最常用的措施是装设避雷针（线）。

当雷云的先导通道开始向下伸展时，其发展方向几乎完全不受地面物体的影响，但当先导通道到达某一离地高度，空间电场已受到地面上一些高耸的导电物体的畸变影响，在这些物体的顶部聚集起许多异号电荷而形成局部强场区，甚至可能向上发展迎面先导。由于避雷针（线）一般均高于被保护对象，它们的迎面先导往往开始得最早、发展得最快，从而最先影响下行先导的发展方向，使之击中避雷针（线），并顺利泄入地下，从而使处于它们周围的较低物体受到屏蔽保护、免遭雷击。在先导放电的起始阶段，由于和地面物体相距甚远（雷云高度达数 km），地面物体的影响很小，先导随机地向任意方向发展。当先导放电发展到距地面高度较小的距离 H 时，才会在一定范围内受到高度为 h 的避雷针（线）的影响，发生对避雷针（线）的放电。在传统的避雷针保护作用的模拟试验中，一般当 $h \leqslant 30$m 时，$H \approx 20$h；当 $h > 30$m 时，$H \approx 600$m。

避雷针（线）是接地的导电物，其作用是将雷吸引到自己身上并安全地导入地中。因

此，避雷针（线）的名称其实并不确切，称为引雷针（线）更为合适。为了使雷电流顺利下泄，必须有良好的导电通道，因此，避雷针（线）的基本组成部分是接闪器（引发雷击的部位）、引下线和接地体。

避雷针（线）的保护范围是指被保护物体在此空间范围内不致遭受雷击。由于雷电的路径受很多偶然因素的影响，因此要保证被保护物绝对不受直接雷击是不现实的。通常保护范围是按照99.9%的保护概率（即屏蔽失效率或绕击率为0.1%）而定的。保护范围是根据在实验室中进行的雷电冲击电压放电的模拟试验结果求出的，并经多年实际运行经验的校核。

一、避雷针保护范围

单支避雷针的保护范围如图11-9所示，它是一个旋转的圆锥体。设避雷针的高度为h，被保护物体的高度为h_x，在h_x高度上避雷针保护范围的半径r_x的计算公式为

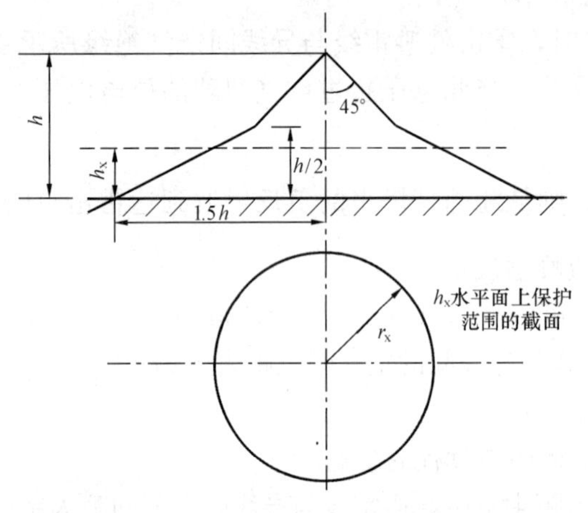

图11-9　单支避雷针的保护范围

$$\left.\begin{aligned}&当 h_x \geqslant \frac{h}{2} 时, r_x=(h-h_x)p\\&当 h_x<\frac{h}{2} 时, r_x=(1.5h-2h_x)p\end{aligned}\right\}\tag{11-20}$$

式中　p——考虑避雷针高度影响的校正系数，称为高度影响系数。

当$h \leqslant 30$m时，$p=1$；当$30\text{m}<h\leqslant 120$m时，$p=\dfrac{5.5}{\sqrt{h}}$；当$h>120$m时，按120m计算。

工程上多采用两根或多根避雷针以扩大保护范围。两支等高避雷针相距不太远时，由于两针的联合屏蔽作用，使两针中间部分的保护范围比单针时要大，避雷针外侧的保护范围与单根避雷针时相同，保护范围如图11-10所示。两针间保护范围的上部边缘应按通过两针顶点及中间最低点O的圆弧来确定。

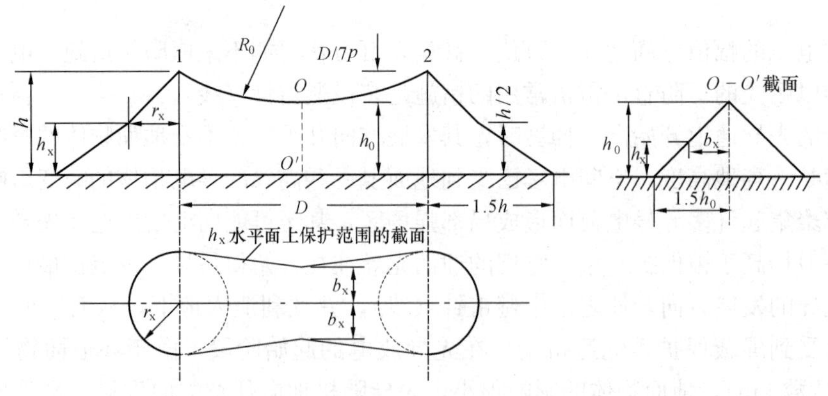

图11-10　两支等高避雷针的联合保护范围

O点的高度h_0的计算公式为

$$h_0=h-\frac{D}{7p}\tag{11-21}$$

式中 D——两针间的距离，m；

p——高度影响系数。

两针间高度为 h_x 的水平面上保护范围的截面如图 11-10 所示，其最小宽度 b_x 为

$$b_x = 1.5(h_0 - h_x) \tag{11-22}$$

为保证两针联合保护效果，两针间距离与针高之比 D/h 不宜大于 5。

当两支避雷针不等高时，两针外侧的保护范围仍按单针方法确定。两针之间的保护范围可按图 11-11 所示方法确定：首先按单针作出高针 1 的保护范围，然后由低针 2 的顶点作水平线与之交于点 3，再设点 3 为一假想避雷针的顶点，按两支等高避雷针的方法，求出 2～3 之间的保护范围。图中 $f=\dfrac{D'}{TP}$。

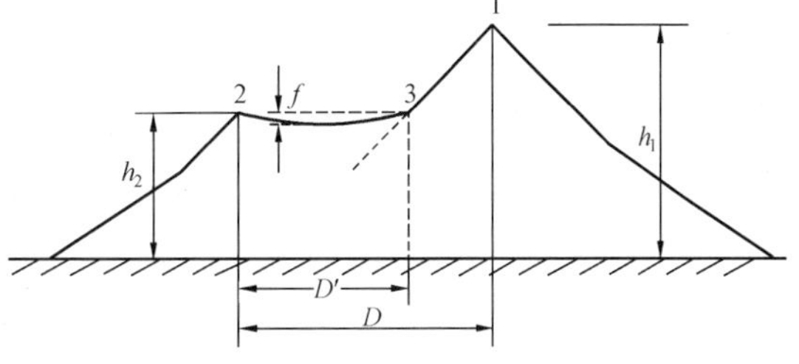

图 11-11 两支不等高避雷针 1 及 2 的保护范围

由于发电厂或变电站的面积较大，实际上都采用多支避雷针保护的方法。图 11-12 表示三支和四支等高避雷针的保护范围。对于三支避雷针的情况，其外侧的保护范围分别按两根避雷针的方法确定，其内侧根据被保护物体的高度 h_x，分别计算各相邻两针之间的保护范围，只要内侧的最小宽度都满足 $b_x \geqslant 0$，那么三支针组成的三角形的中间部分都能受到三支针的联合保护。四支及以上多支避雷针的保护范围，可先将其分成两个或多个三角形，然后按确定三支等高针保护范围的方法计算。

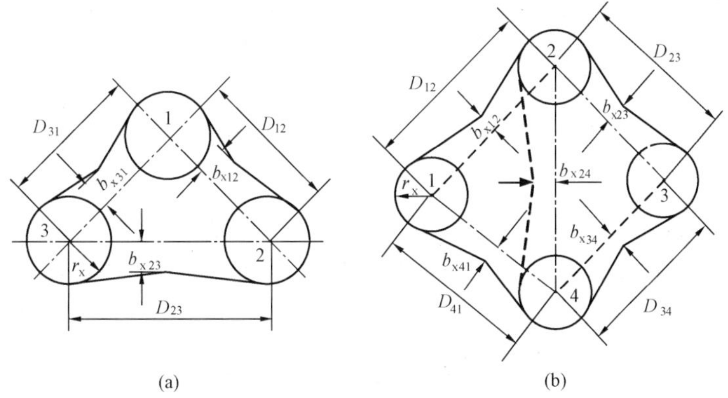

图 11-12 等高避雷针的保护范围

(a) 三支等高避雷针的保护范围；(b) 四支等高避雷针的保护范围

二、避雷线保护范围

因为避雷线对雷云与大地间电场畸变的影响比避雷针小，所以其引雷作用和保护宽度比避雷针要小。但因避雷线的保护长度与线路等长，故特别适于保护架空线路及大型建筑物，目前世界上大多数国家已转而用避雷线来保护 500kV 大型超高压变电站。

单根避雷线的保护范围如图 11-13 所示，其计算公式为

$$\left.\begin{aligned} &\text{当 } h_x \geqslant \frac{h}{2} \text{ 时}, r_x = 0.47(h - h_x)p \\ &\text{当 } h_x < \frac{h}{2} \text{ 时}, r_x = (h - 1.53h_x)p \end{aligned}\right\} \tag{11-23}$$

式中 p——高度影响系数。

两根平行避雷线的联合保护范围如图 11-14 所示。其中外侧的保护范围按单线时确定，两线内侧的保护范围横截面可通过 1、O、2 点的圆弧确定。O 点的高度 h_0 为

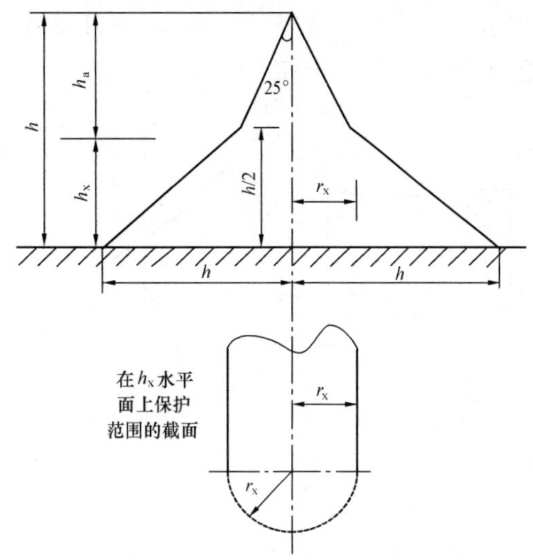

图 11-13 单根避雷线的保护范围

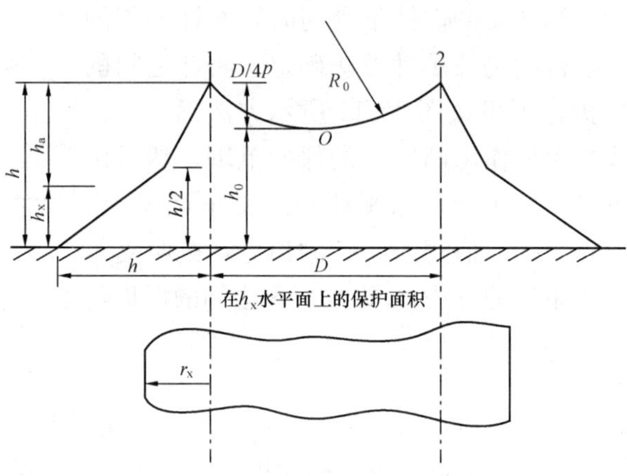

图 11-14 两根平行避雷线的联合保护范围

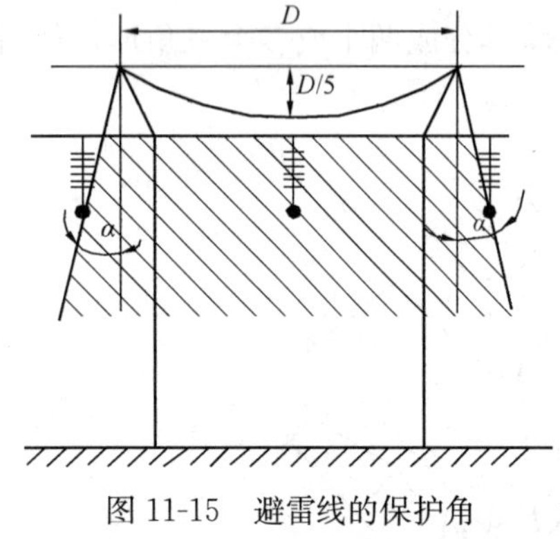

图 11-15 避雷线的保护角

$$h_0 = h - \frac{D}{4p} \tag{11-24}$$

式中 D——两线间的距离，m；

p——高度影响系数。

用避雷线保护输电线路时，常用保护角来表示避雷线对导线的保护程度。保护角是指避雷线与所保护的外侧导线之间的连线与经过避雷线的铅垂线之间的夹角，如图 11-15 中的 α。显然，α 越小，避雷线对导线的屏蔽保护作用越有效。

第三节 避　雷　器

避雷针和避雷线虽然可防止雷电对电气设备的直击，但被保护的电气设备仍然有被雷击过电压损坏的可能。当雷击线路和雷击线路附近的大地时，将在输电线路上产生过电压，这种过电压以波的形式沿线路传入发电厂和变电站，危及电气设备的绝缘。为了限制入侵波过电压的幅值，基本的过电压保护装置就是避雷器。

避雷器实质上是一种限压器，并联在被保护设备附近，当线路上传来的过电压超过避雷器的放电电压时，避雷器先行放电，把过电压波中的电荷引入地中，限制了过电压的发展，从而保护了其他电气设备免遭过电压的损害而发生绝缘损坏。

为了达到预想的保护效果，必须使避雷器满足以下基本要求：

(1) 具有良好的伏秒特性。避雷器与被保护设备之间应有合理的伏秒特性的配合，要求

避雷器的伏秒特性比较平直、分散性小，避雷器伏秒特性的上限应不高于被保护设备伏秒特性的下限。工程上常用冲击系数来反映伏秒特性的形状。冲击系数是指冲击放电电压与工频放电电压之比，其比值越小，则伏秒特性越平缓。因此，避雷器的冲击系数越小，保护性能越好。

（2）具有较强的绝缘自恢复能力。避雷器一旦在冲击电压作用下放电，就会导致电压突变。当冲击电压的作用结束后，工频电压继续作用在避雷器上，在避雷器中继续通过工频短路电流（称为工频续流），它以电弧放电的形式出现。当工频短路电流第一次过零时，避雷器应具有能自行截断工频续流、恢复绝缘强度的能力，使电力系统能继续正常运行。

按其发展历史和保护性能的改进过程，避雷器可分为保护间隙、管型避雷器、普通阀型避雷器、磁吹阀型避雷器和金属氧化物避雷器等类型。

一、保护间隙

保护间隙是最简单的一种避雷器。它由两个间隙组成，如图 11-16 所示，为 3、6、10kV 电网常用的角型保护间隙。为使被保护设备得到可靠保护，间隙的伏秒特性上限应低于被保护设备绝缘的冲击放电伏秒特性下限，并有一定的安全裕度。当雷电波侵入时，间隙先击穿，工作母线接地，避免了被保护设备上的电压升高。

过电压消失后，间隙中仍有工频续流。保护间隙中的电极做成角形，是为了使工频电弧在自身电动力和热气流作用下易于上升被拉长而自行熄灭。但保护间隙的灭弧能力很差，只能熄灭中性点不接地系统中不大的单相接地短路电流，一般难以使相间短路电弧熄灭，需要配以自动重合闸装置才能保证安全供电。

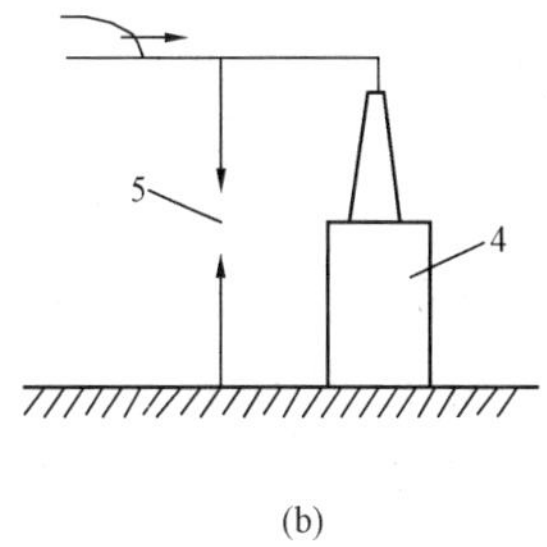

图 11-16 角型保护间隙及其与被保护设备的连接

（a）结构；（b）与被保护设备的连接

1—主间隙；2—辅助间隙（为防止主间隙被外界物体短路而装设）；3—绝缘子；4—被保护设备；5—保护间隙

除灭弧能力差以外，保护间隙还具有以下缺点：

（1）间隙间的电场为极不均匀电场，又裸露在大气环境中，受气象条件的影响很大，因此伏秒特性很陡且分散性很大，将直接影响其保护效果。

（2）保护间隙击穿后是直接接地，将会有截波产生，不能用来保护有绕组的设备。

由于存在上述缺点，保护间隙仅用于不重要和单相接地不会导致严重后果的场合。

二、阀型避雷器

变电站防雷保护的重点对象是变压器，而保护间隙和管型避雷器显然都不能承担保护变压器的重任（伏秒特性难以配合、动作后出现大幅值截波），因而也就不能成为变电站防雷中的主要保护装置。变电站的防雷保护广泛采用阀型避雷器，它在电力系统过电压防护和绝缘配合中都起着重要的作用，它的保护特性是选择高压电力设备绝缘水平的基础。

阀型避雷器分为普通阀型避雷器和磁吹阀型避雷器两种，后者通常简称为磁吹避雷器。

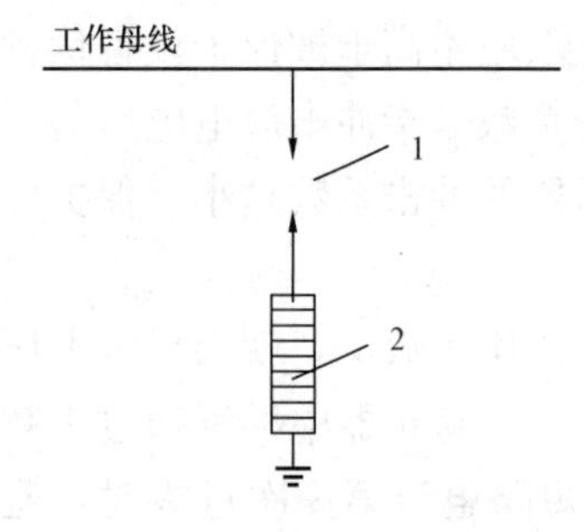

图 11-17　普通阀型避雷器原理结构图
1—火花间隙；2—电阻阀片

(一) 普通阀型避雷器

1. 工作原理

普通阀型避雷器主要由火花间隙和非线性电阻两大部分串联而成，如图 11-17 所示。为了避免外界因素（如大气条件、潮气、污秽等）的影响，火花间隙和电阻阀片都被安置在密封良好的瓷套中。在电力系统正常工作时，间隙将电阻阀片与工作母线分开，以免母线的工作电压在电阻阀片中产生的电流烧坏阀片。当母线上出现过电压且其幅值超过间隙放电电压时，间隙击穿，冲击电流通过阀片流入大地。由于阀片的非线性特性，故在阀片上产生的压降（称为残压）将得到限制，使其低于被保护设备的冲击耐压，设备就得到了保护。当过电压消失后，间隙中由于工作电压产生的工频电弧电流（称为工频续流）仍将继续流过避雷器，但受电阻阀片的非线性特性作用，此电流远比冲击电流小，从而能在工频续流第一次过零时就将电弧切断。以后，就依靠间隙的绝缘强度能够承受电网恢复电压的作用而不会发生重燃。这样，避雷器从间隙击穿到工频续流的切断不超过半个工频周期，继电保护来不及动作系统就已恢复正常。

2. 基本元件

(1) 火花间隙。普通阀型避雷器的火花间隙由许多如图 11-18 所示的单个间隙串联而成。间隙的电极由黄铜板冲压而成，呈小圆盘状，两电极间以云母垫圈隔开形成间隙，间隙距离为 0.5～1.0mm，单个间隙的工频放电电压约为 2.7～3.0kV（有效值）。由于间隙电场近似均匀电场，同时，在过电压作用下云母垫圈与电极间的空气缝隙中会发生电晕放电，为间隙提供光辐射预游离因子，因此火花间隙的放电分散性较小且伏秒特性较为平缓，冲击系数可以下降到 1.1 左右，与被保护设备的绝缘配合较易实现。

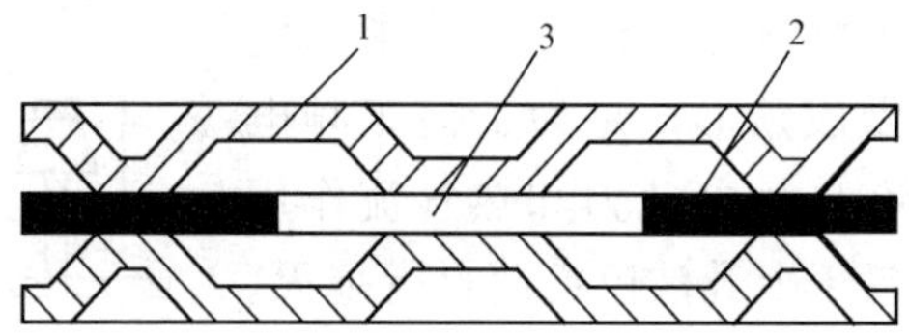

图 11-18　普通阀型避雷器单个火花间隙
1—黄铜电极；2—云母垫圈；3—间隙放电区

若干个火花间隙串联组成一个标准组合件，如图 11-19 所示。多个标准组合件串联在一起，就构成了全部的火花间隙。这样，避雷器动作后，工频续流被分割成许多短弧，利用短

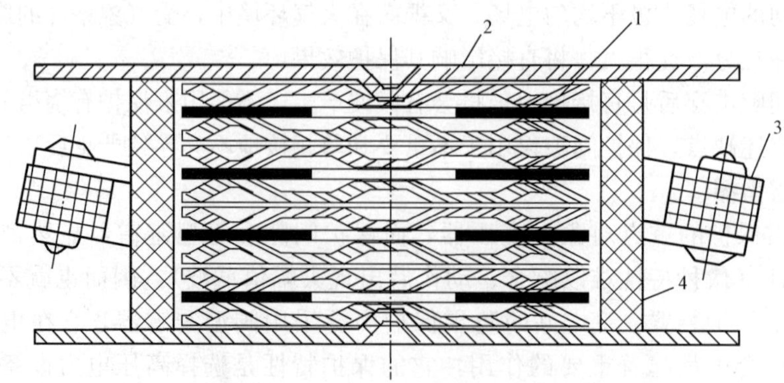

图 11-19　普通阀型避雷器的火花间隙
1—单元火花间隙；2—黄铜盖板；3—分路电阻；4—瓷套筒

间隙的自然熄弧能力（极板上的复合与散热作用）使电弧熄灭。实践表明，在没有热电子发射时，单个间隙的初始恢复强度可达 250V 左右，然后还将很快上升，对熄弧非常有利。间隙绝缘强度的恢复速度与工频续流的大小有关。我国生产的 FS 和 FZ 型避雷器，当工频续流分别不大于 50A 和 80A（峰值）时，能够在续流第一次过零时电弧熄灭。

（2）火花间隙的并联电阻。多间隙串联使用后间隙电容形成了一等值电容链，由于间隙各电极对地和对高压端存在寄生电容，导致恢复电压在各间隙上的分布不均，影响了其熄弧能力的充分发挥，其工频放电电压也将下降和显得不稳定。同时，瓷套表面状况也影响了各单元间隙电压分布的均匀性。

为了解决这个问题，除用于低压配电系统的阀型避雷器外，均在火花间隙上并联一组均压电阻，称为分路电阻。在工频电压和恢复电压作用下，火花间隙的串联等值电容的容抗大于分路电阻，间隙电压主要由分路电阻决定，故间隙上电压分布均匀，从而提高了熄弧电压和工频放电电压。在冲击电压作用下，由于其等值频率较高，因此串联等值电容的容抗小于分路电阻，间隙电压的分布主要取决于电容分布。此时，寄生电容的影响使火花间隙电压分布不均匀，避雷器的冲击放电电压低于单个间隙放电电压的总和，冲击系数为 1 左右，甚至可能小于 1，反而改善了避雷器的保护性能。为防止高压避雷器的冲击系数过低引起不必要的动作，有时需在避雷器的顶部采用均压环。

采用分路电阻均压后，在电网正常运行时，分路电阻中将长期有电流流过。因此，分路电阻必须具有足够的热容量，通常采用非线性电阻，其非线性系数 α 约为 0.35～0.45。

（3）非线性电阻阀片。电阻阀片的作用是限制工频续流，使之能在第一次过零时就熄弧。理想的电阻应在大电流（冲击电流）时呈现为小电阻以保证其上的压降（残压）足够低；而在冲击电流过去之后，当加在阀片上的电压是电网的工频电压时，阀片应呈现为大电阻以限制工频续流，易于灭弧。阀片最好具有不随冲击电流变化的残压和大的通过电流的能力。

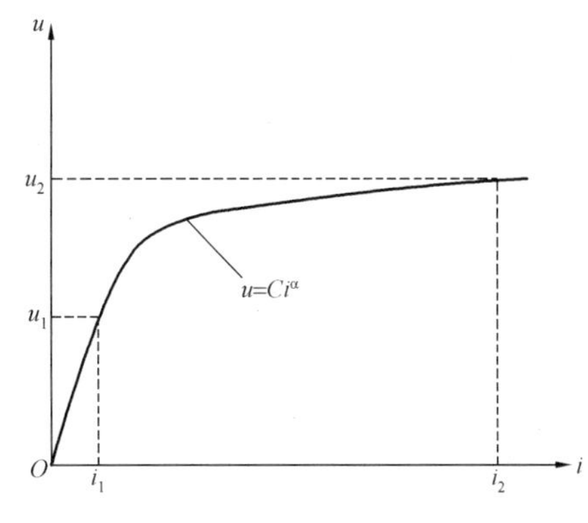

图 11-20　阀片的伏安特性

i_1—工频续流；i_2—雷电流；
u_1—残压；u_2—工频电压

普通阀型避雷器的限流电阻是由多个非线性电阻盘串联叠加而成的，这种非线性电阻盘又称阀片。阀片是碳化硅（SiC，又名金刚砂）粉末加结合剂（如水、玻璃）模压、烧结而成的圆饼，其直径一般为 100mm，厚度为 20～30mm。

阀片的电阻随流过的电流大小呈非线性变化，其伏安特性如图 11-20 所示，计算公式为

$$U = Ci^{\alpha} \tag{11-25}$$

式中　C——与阀片的材料和尺寸有关的常数；

α——非线性系数，与阀片材料有关，普通阀型避雷器的 α 一般在 0.2 左右。

阀片的作用是当雷电流通过时，阀片呈低阻抗，在阀片上出现的电压（残压）受到限制；当工频续流通过时，由于电压相对较低，阀片呈高阻值，因而限制了工频续流，有利于灭弧。α 越小，说明避雷器的非线性程度越高，残压越低，保护性能越好。

当阀片中通过很大的冲击电流时，在阀片内部的 SiC 颗粒表面会留下一定的伤痕，从而

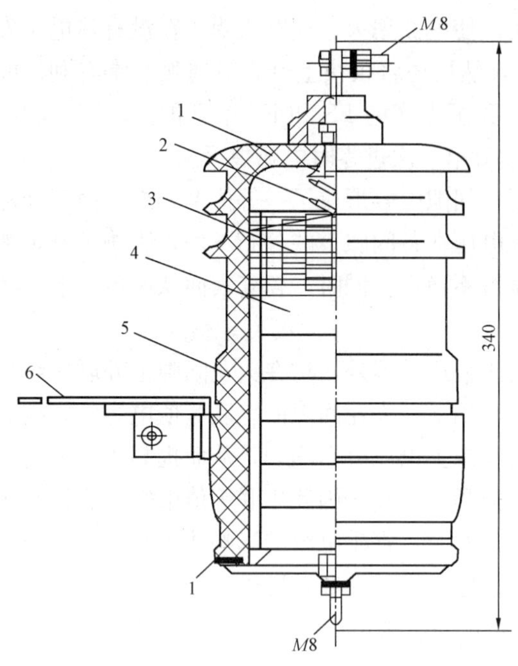

图 11-21 FS_3-10 型普通阀型避雷器结构
1—密封橡皮；2—压紧弹簧；3—间隙；
4—阀片；5—瓷套；6—安装卡子

影响阀片的非线性。因此，阀片允许通过的大电流次数是有限的，长时间通过大电流可能使阀片爆炸。目前我国生产的普通阀片的通流容量（即通过电流的能力）为电流波形为 20/40μs、幅值为 5kA 的冲击电流 20 次；时间为 0.01s、幅值为 400A 的工频电流 20 次。

根据我国实测统计，在具有 DL/T 620—1997《交流电气装置的过电流保护和绝缘配合》建议的防雷接线的 35～220kV 的变电站中，流经阀型避雷器的雷电流超过 5kA 的概率是非常小的。因此我国对 35～220kV 的阀型避雷器以 5kA（其波形为 8/20μs）作为设计依据，此类电网的电气设备的绝缘水平也以避雷器 5kV 的残压作为绝缘配合的依据；对 330kV 及更高的电网，由于线路绝缘水平较高，入侵雷电波的峰值也高，故流过避雷器的雷电流较大，我国规定取 10kA 作为计算标准。

3. 普通阀型避雷器的电气特性

火花间隙和阀片是阀型避雷器的基本元件，组装在瓷套管中组成避雷器的标准单元，可组成不同电压等级的避雷器，以适应电网运行的要求。普通阀型避雷器有 FS 和 FZ 两种型号，其中 FS 型适用于配电系统，FZ 型适用于变电站。它们的结构特点和应用范围见表 11-1，其电气特性见表 11-2。图 11-21 所示为 FS_3-10 型普通阀型避雷器结构。

表 11-1　　普通阀型避雷器系列

系列名称	系列型号	额定电压（kV）	结构特点	应用范围
配电所型	FS	3、6、10	有火花间隙和阀片，无分路电阻，阀片直径 55mm	配电网中变压器、电缆头、柱上开关等设备的保护
变电站型	FZ	3～220	有火花间隙、阀片和分路电阻，阀片直径 100mm	220kV 及以下变电站电气设备的保护

表 11-2　　普通阀型避雷器的电气特性

型 号	额定电压（有效值，kV）	灭弧电压（有效值，kV）	工频放电电压（干燥及淋雨状态）（有效值，kV）		冲击放电电压（预放电时间 1.5～2.0μs，kV）		冲击残压（波形 8/20μs，kV）不大于				备 注
					不大于		FS 系列		FZ 系列		
			不小于	不大于	FS 系列	FZ 系列	3kA	5kA	5kA	10kA	
FS-0.25	0.22	0.25	0.6	1.0	2.0		1.3				

续表

型号	额定电压（有效值，kV）	灭弧电压（有效值，kV）	工频放电电压（干燥及淋雨状态）（有效值，kV）		冲击放电电压（预放电时间1.5～2.0μs，kV）不大于		冲击残压（波形8/20μs，kV）不大于				备注
							FS系列		FZ系列		
			不小于	不大于	FS系列	FZ系列	3kA	5kA	5kA	10kA	
FS-0.50	0.38	0.50	1.1	1.6	2.7		2.6				
FS-3（FZ-3）	3	3.8	9	11	21	20	(16)	17	14.5	(16)	
FS-6（FZ-6）	6	7.6	16	19	35	30	(28)	30	27	(30)	
FS-10（FZ-10）	10	12.7	26	31	50	45	(47)	50	45	(50)	
FZ-15	15	20.5	42	52		78			67	(74)	组合元件用
FZ-20	20	25	49	60.5		85			80	(88)	组合元件用
FZ-30J	30	25	56	67		110			83	(91)	组合元件用
FZ-35	35	41	84	104		134			134	(148)	
FZ-40	40	50	98	121		154			160	(170)	110kV变压器中性点保护专用
FZ-60	60	70.5	140	173		220			227	(250)	
FZ-110J	110	100	224	268		310			332	(364)	
FZ-154J	154	142	304	368		420			466	(512)	
FZ-220J	220	200	448	536		630			664	(728)	

注 残压栏内加括号者为参考值。

表征阀型避雷器电气特性的参数主要如下：

（1）额定电压。指使用此避雷器的电网额定电压，也就是正常运行时作用在避雷器上的工频工作电压的有效值。

（2）灭弧电压。指保证避雷器能在工频续流第一次过零时就熄灭电弧的条件下，允许加在避雷器两端的最高工频电压。换言之，如果作用在避雷器上的工频电压超过了灭弧电压，该避雷器就将因不能熄灭续流电弧而损坏。由此可见，灭弧电压应该大于避雷器安装点可能出现的最大工频电压。在110kV及以上的中性点有效接地电网中，可能出现的最大工频电压只等于电网额定（线）电压的80%；而在35kV及以下的中性点非有效接地电网中，发生一相接地故障时仍能继续运行，但另外两健全相的对地电压会升为线电压，如这两相上的避雷器此时因雷击而动作，则作用在它上面的最大工频电压将等于该电网额定（线）电压的100%（中性点不接地系统）和110%（中性点经消弧线圈接地系统）。

应该强调指出，灭弧电压才是一支避雷器最重要的设计依据，例如应采用多少个单元间隙、多少个阀片，都是根据灭弧电压而不是其额定电压选定的。

（3）冲击放电电压。指在冲击电压作用下，避雷器放电的电压值（幅值）。由于其伏秒特性应低于被保护设备绝缘的冲击击穿电压的伏秒特性，因此，通常给出的是上限值。

随着系统工作电压等级的不断提高，操作过电压对电气设备绝缘的危害逐渐占主要地位。在操作过电压作用下绝缘的放电特性存在分散性大、波形的影响大等不同于雷电和工频放电电压的特点。另外，在陡波作用下绝缘的放电特性也有所不同。因此，对额定电压为220kV及以下的避雷器，指的是在标准雷电冲击波下（预放电时间为1.5～2.0μs，波形为1.5/40μs）的放电电压上限；对于330kV及以上的超高压避雷器，除雷电冲击放电电压外，还包括在标准操作冲击波（预放电时间为100～1000μs）和陡波（1200kV/μs）下的放电电压上限。

（4）工频放电电压。指在工频电压作用下，避雷器将发生放电的电压值。由于间隙击穿的分散性，工频放电电压都是给出一个上下限值。

普通阀型避雷器没有专门的灭弧装置，就靠非线性电阻与火花间隙的配合来使电弧不能维持而自熄，所以它们的灭弧能力和通流容量都是有限的，故一般不容许它们在延续时间较长的内部过电压作用下动作，以免损坏。正由于此，它们的工频放电电压除应有上限值（不大于）外，还必须规定一个下限值（不小于），以保证它们不至于在内部过电压作用下误动作。

（5）残压。指冲击电流通过避雷器时，在阀片电阻上产生的电压（峰值）。由于避雷器所用阀片材料的$\alpha \neq 0$，所以残压仍会随电流幅值的增大而有些升高。为此在规定残压上限（不大于）时，必须同时规定所对应的冲击电流幅值，我国DL/T 620—1997对此所作的规定分别为5kA（220kV及以下的避雷器）和10kA（330kV及以上的避雷器），电流波形则统一取8/20μs。

上述避雷器的各基本电气特性参数之间存在一定的联系。下述几个指标可用来评价避雷器的整体保护性能。

（6）冲击系数。指避雷器冲击放电电压与工频放电电压幅值之比。一般希望它接近于1，这样避雷器的伏秒特性就比较平坦，有利于绝缘配合。

（7）切断比。指避雷器工频放电电压的下限与灭弧电压之比。这是体现火花间隙灭弧能力的一个技术指标。因为间隙绝缘强度的恢复需要一个去游离过程，因此灭弧电压总是低于工频放电电压。切断比越接近于1，说明该火花间隙的绝缘强度恢复速度越快，灭弧能力越强。普通阀型避雷器的切断比为1.8左右。

（8）保护比。指避雷器的残压与灭弧电压之比。保护比越小，表明残压越低或灭弧电压越高，意味着绝缘上受到的过电压较小，而工频续流又能很快被切断，因而该避雷器的保护性能越好。FS和FZ系列阀型避雷器的保护比分别为2.5和2.3左右。

（二）磁吹阀型避雷器

普通阀型避雷器依靠间隙的自然熄弧能力熄弧，故其灭弧性能不是很强；其次，阀片的通流能力有限。因而普通阀型避雷器只能用于雷电过电压防护，而不能用作持续时间较长的内部过电压保护。

为了减小阀型避雷器的切断比和保护比之值，即为了改进阀型避雷器的保护性能，人们在普通阀型避雷器的基础上，又发展了一种新的带磁吹间隙的阀型避雷器，简称磁吹避雷器，其基本结构和工作原理与普通阀型避雷器相似，主要区别在于采用了灭弧能力较强的磁吹火花间隙和通流能力较大的高温阀片。

磁吹火花间隙是利用磁场对电弧的电动力，迫使间隙中的电弧加快运动（如旋转或拉长），使弧柱中去电离作用增强，从而大大提高其灭弧能力。磁吹间隙种类繁多，目前我国生产的主要是限流式间隙，又称拉长电弧型间隙，其单个间隙的基本结构如图 11-22 所示。间隙由一对角状电极织成，磁场是轴向的，由工频续流通过与间隙相串联的线圈时产生。磁吹避雷器的原理电路如图 11-23 所示。工频续流被轴向磁场拉入灭弧栅中，如图 11-22 中虚线所示，其电弧的最终长度可达起始长度的几十倍。灭弧盒由陶瓷或云母玻璃制成，电弧在灭弧栅中受到强烈去游离而熄灭。由于电弧形成后很快就被拉到远离击穿点的位置，故间隙绝缘强度恢复很快，熄弧能力很强，可切断 450A 左右的续流。由于续流电弧很长且处于去游离很强的灭弧栅中，所以电弧电阻很大，可以起到限制续流的作用，因此被称为限流间隙。采用限流间隙后可以适当减少阀片数目，使避雷器残压得到降低。

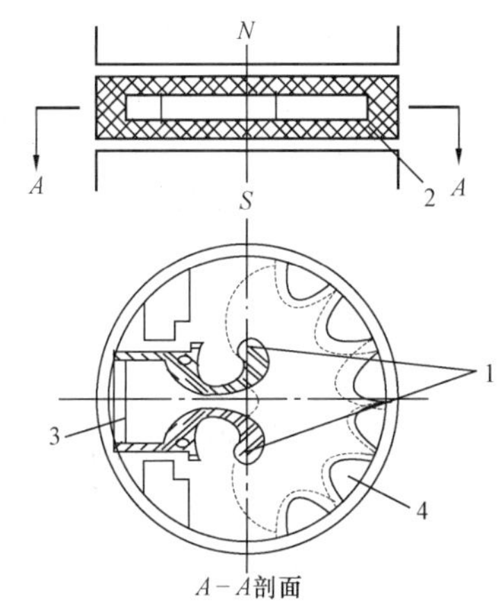

图 11-22　限流式磁吹间隙

1—角状电极；2—灭弧盒；3—并联电阻；4—灭弧栅

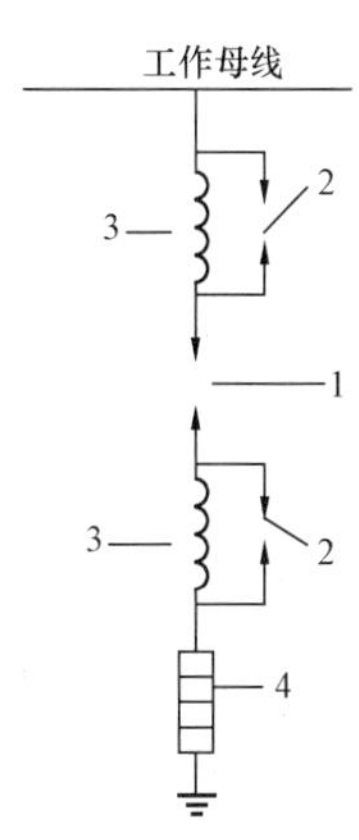

图 11-23　磁吹避雷器原理电路

1—主间隙；2—辅助间隙；

3—磁吹线圈；4—电阻阀片

由于磁吹间隙能切断的工频续流很大，所以磁吹避雷器采用通流能力较大的阀片电阻。这种阀片电阻也是以 SiC 为原料，在高温下（1350～1390℃）焙烧而成，所以也称高温阀片。其通流能力较大，但非线性系数较高（α=0.23～0.28）。

三、氧化锌避雷器

ZnO 非线性电阻片是在以 ZnO 为主要材料的基础上，附以微量的其他金属氧化物，在高温下烧结而成的，所以也称金属氧化物电阻片，以此制成的避雷器也称为金属氧化物避雷器（MOA）。

氧化锌电阻片的结晶相包括三部分：

（1）ZnO 晶粒，粒径为 10μm 左右，电阻率为 1～10Ω·cm。

（2）包围着 ZnO 晶粒的 Bi_2O_3 晶界层，厚度为 0.1μm 左右，电阻率大于 10^{10}Ω·cm。

（3）零散分布于晶界层中的尖晶石 $Zn_7Sb_2O_{12}$。

尖晶石在晶界层内部不是连续存在的，与电阻片的非线性无直接关系。ZnO 电阻片的非线性特性主要取决于晶界层，在低电场下其电阻率很高；当层间电位梯度达到 10^4～10^5V/cm 时，其电阻率急剧下降到低阻状态。晶界层的介电常数约为 1000～2000，因此 ZnO 电阻片存在较大的固有电容。

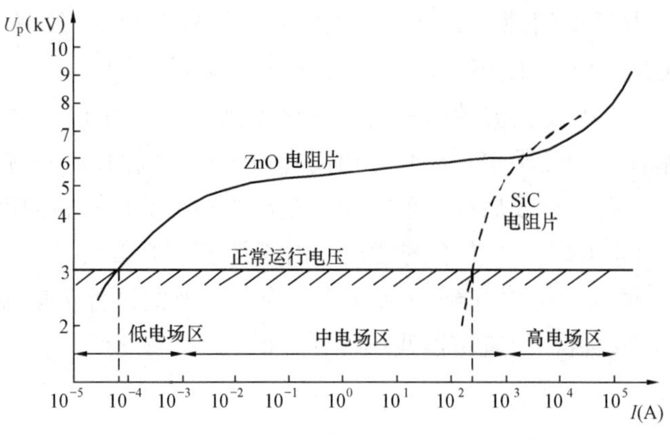

图 11-24　氧化锌电阻片的伏安特性

ZnO 电阻片的伏安特性如图 11-24 所示，它在 10^{-3}～10^{4}A 的范围内呈现出良好的非线性，图中画出了 SiC 阀片的伏安特性曲线以进行比较。图中，ZnO 电阻片的伏安特性可分为三个典型区域：区域Ⅰ为低电场区，电流密度与电场强度的开方成正比，非线性系数 α 约为 0.1～0.2；区域Ⅱ为中电场区，晶界层电阻 R_v 减小，非线性系数 α 大为下降，约为 0.01～0.04；区域Ⅲ为高电场区，ZnO 本体电阻 R 起主要作用，电流与电压成正比，伏安特性曲线向上翘。

1. ZnO 避雷器的主要优点

与普通阀型避雷器相比，ZnO 避雷器具有优越的保护性能。

(1) 无间隙。在正常工作电压下，ZnO 电阻片相当于一绝缘体，工作电压不会使 ZnO 电阻片烧坏，因此可以不用串联火花间隙。由于实现了无间隙，因此其结构简单、体积缩小、重量轻（较 SiC 同类产品轻 50%），而且避免了 SiC 避雷器由于瓷套外污秽、内部气压变化等因素而使串联火花间隙电压分布不均、放电电压不稳的缺点。

同时，无间隙结构也大大改善了陡波响应特性，不存在间隙放电电压随雷电波陡度增大而增大的问题，提高了保护的可靠性，特别适合于伏秒特性平坦的 SF_6 组合电器和气体绝缘变电站（GIS）的保护。

(2) 无续流。当电网中出现过电压时，通过避雷器的电流增大，ZnO 电阻片上的残压受其良好的非线性特性控制；当过电压作用结束后，ZnO 电阻片又恢复绝缘体状态，续流仅为微安级，实际上可认为无续流。所以在雷电或内部过电压作用下，只需吸收过电压的能量，而不需吸收续流能量，因而动作负载轻；再加上 ZnO 阀片的通流容量远大于 SiC 阀片，所以 ZnO 避雷器具有耐受多重雷击和重复发生的操作过电压的能力。

(3) 电气设备所受过电压能量可以降低。虽然在 10kA 雷电流下的残压值 ZnO 避雷器与 SiC 避雷器相差不多，但由于后者只在串联火花间隙放电后才有电流流过，而前者在整个过电压过程中都有电流流过，因此降低了作用在变电站电气设备上的过电压幅值。例如，某 500kV 变电站的计算结果为：当雷电流是 150kA（2/70μs）时，过电压下降 6%～13%；当雷电流是 100kA 时，过电压下降 6%～11%。如雷电流波头取为 0.8μs，过电压可下降13%～20%。

(4) 通流容量大。ZnO 避雷器的通流能力，完全不受串联间隙被灼伤的制约，仅与阀片本身的通流能力有关。实测表明：ZnO 电阻片单位面积的通流能力要比 SiC 阀片大 4～4.5 倍，因而可用来对内部过电压进行保护。还可很容易地采用多阀片柱并联的办法进一步增大通流容量，制造出用于特殊保护对象的重载避雷器，解决了长电缆系统、大容量电容器组等的保护问题。

(5) 易于制成直流避雷器。因为直流续流不像工频续流一样存在自然零点，所以直流避雷器如用串联间隙就难以灭弧。ZnO 避雷器没有串联间隙，所以易于制成直流避雷器。

2. ZnO 避雷器的电气性能

由于 ZnO 避雷器没有串联火花间隙，也就没有灭弧电压、冲击放电电压等特性参数，但也有某些独特的电气特性。

（1）额定电压。指避雷器能短期耐受的最大工频电压有效值。在系统中发生短时工频电压升高时（此电压直接施加在 ZnO 电阻片上），避雷器应能正常可靠地工作一段时间（完成规定的雷电及操作过电压动作负载、特性基本不变、不会出现热损坏）。

（2）最大持续运行电压。指避雷器能长期持续运行的最大工频电压有效值。它一般应等于系统的最高运行相电压。

（3）起始动作电压（又称参考电压或转折电压）。大致位于 ZnO 电阻片伏安特性曲线由小电流区上升部分进入大电流区平坦部分的转折处，可认为避雷器此时开始进入动作状态以限制过电压。通常以通过 1mA 工频阻性电流分量峰值或直流电流时的电压 U_{1mA} 作为起始动作电压。

（4）压比。指避雷器在波形为 8/20μs 的冲击电流规定值（例如 10kA）作用下的残压 U_{10kA} 与起始动作电压 U_{1mA} 之比。压比（U_{10kA}/U_{1mA}）越小，表明非线性越好，通过冲击大电流时的残压越低，避雷器的保护性能越好。目前产品制造水平所能达到的压比约为 1.6～2.0。

（5）荷电率。指最大长期工作电压的幅值与起始动作电压之比。它是表示电阻片上电压负荷程度的一个参数。设计 ZnO 避雷器时为它选择一个合理的荷电率是很重要的，应综合考虑电阻片特性的稳定度、漏电流的大小、温度对伏安特性的影响、电阻片预期寿命等因素。选定的荷电率大小对电阻片的老化速度有很大的影响，一般选用 45%～75%或更大。在中性点非有效接地系统中，因一相接地时健全相上的电压会升至线电压，所以一般选用较小的荷电率。

（6）工频耐受电压特性。这是考核 ZnO 避雷器对工频过电压的耐受能力。按我国技术条件规定，对中性点非有效接地系统，ZnO 避雷器应在下列时间内耐受相应的工频过电压为：

1000s 内耐受的工频过电压为 $1.2U_m$；100s 内耐受的工频过电压为 $1.3U_m$；1s 内耐受的工频过电压为 $1.4U_m$。其中 U_m 为系统最大允许工作电压。

（7）保护比。指避雷器的额定残压与最大长期工作电压峰值之比。保护比越小，表明通过冲击大电流时的残压越低，避雷器的保护性能越好。

我国国家标准所规定的 ZnO 避雷器的电气特性见表 11-3。

表 11-3　　110～500kV 变电站用 ZnO 避雷器电气特性

避雷器额定电压（有效值，kV）	系统额定电压（有效值，kV）	容许最大持续运行电压（有效值，kV）	直流 1mA 参考电压峰值，kV，不小于			残压峰值（kV）								
						雷电冲击电流下，不大于			操作冲击电流下，不大于			陡波冲击电流下，不大于		
			避雷器等级（标称放电电流，kA）											
			5	10	20	5	10	20	5	10	20	5	10	20
100	110	73	145	145	—	260	260	—	221	221	—	299	291	—
						290	290	—	247	247	—	334	325	—
126			214	—	—	332	—	—	282	—	—	382	—	—

续表

避雷器额定电压(有效值，kV)	系统额定电压(有效值，kV)	容许最大持续运行电压(有效值,kV)	直流 1mA 参考电压峰值，kV，不小于			残压峰值（kV）								
						雷电冲击电流下，不大于			操作冲击电流下，不大于			陡波冲击电流下，不大于		
			避雷器等级（标称放电电流，kA）											
			5	10	20	5	10	20	5	10	20	5	10	20
200	220	146	290	290	—	520	520	—	442	442	—	598	582	—
						580	580	—	494	494		668	650	—
228	330	210	—	408	—	—	698	—	—	593	—	—	782	—
300		215	—	424	—	—	727	—	—	618	—	—	814	—
312		220	—	441	—	—	756	—	—	643	—	—	847	—
396	500	312	—	532	532	—	905	986	—	804	808	—	1015	1104
420		318	—	565	565	—	960	1046	—	852	858	—	1075	1170
444		324	—	597	597	—	1015	1106	—	900	907	—	1137	1238
468		330	—	630	630	—	1070	1166	—	950	956	—	1198	1306

表 11-4 为保护间隙和各种避雷器的综合性能比较。

表 11-4　　保护间隙和各种避雷器的综合比较

比较	保护间隙	管型避雷器	阀型避雷器		
			普通阀型避雷器	磁吹避雷器	氧化锌避雷器
放电电压的稳定性	周围的大气条件对暴露在大气中的火花间隙的放电电压有影响，同时间隙中的不均匀电场导致极性效应		大气条件和电压极性对放电电压无影响		有十分稳定的起始动作电压
伏秒特性与绝缘配合	两者的伏秒特性 3 均很陡，难以与设备绝缘的伏秒特性 2 取得良好的配合，但能与线路绝缘的伏秒特性 1 取得配合		避雷器的伏秒特性 2 很平坦，能与设备绝缘的伏秒特性 1 很好配合		具有良好的陡波响应特性
动作后产生的波形	动作后产生陡度很大的截波，对变压器类设备的绝缘（特别是其纵绝缘）很不利		因有非线性电阻上的压降，动作后电压不会降至零		不产生陡波

续表

比较	保护间隙	管型避雷器	阀型避雷器		
			普通阀型避雷器	磁吹避雷器	氧化锌避雷器
灭弧能力（切断工频续流的能力）	无灭弧能力，需与自动重合闸配合使用	有		很强	几乎无续流
通流容量	大	相当大	较小		较大
内部过电压保护能力	不能，但在内部过电压下动作，本身并不会损坏		不能，在内部过电压下动作，本身将损坏		能
结构复杂程度	最简单	较复杂	复杂	最复杂	较简单
价格	最便宜	较贵	贵	最贵	较便宜
应用范围	低压配电网，中性点非有效接地系统	输电线路的绝缘弱点，变电站、发电厂的进线段保护	变电站	变电站、旋转电机	所有场合

第四节 发电厂接地装置

一、接地电阻基本概念

接地是指把地面上的电气设备的一部分经埋入地中（包含水泥和水）的接地体（如金属棒、管、带、网等），与大地作电气连接，从而使接地点对地保持尽可能低的电位。各种防雷保护装置都必须配备合适的接地装置才能有效地发挥其保护作用。

电工中“地”的定义是地中不受入地电流的影响而保持着零电位的土地。将电气设备导电部分和非导电部分（如电缆外皮）的某一节点通过导体与大地进行人为连接，使该设备与大地保持等电位的方法，称为接地。接地起着维持正常运行、保安、防雷、防干扰等作用。

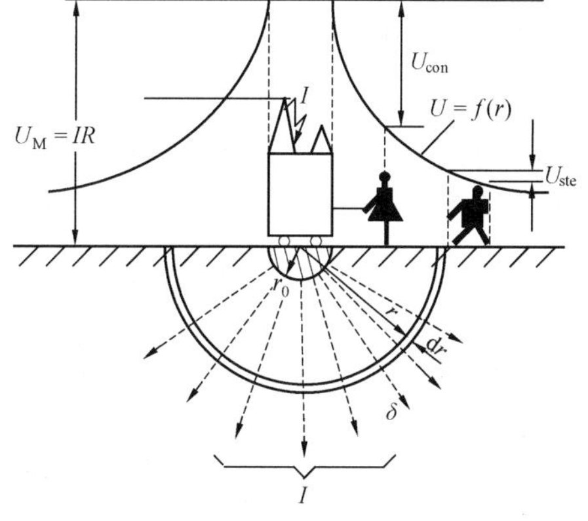

图 11-25 接地装置原理图

U_M—接地点电位；I—接地电流；U_{con}—接触电压；U_{ste}—跨步电压；δ—地中电流密度；$U=f(r)$—大地表面的电位分布；r_0—半球型接地体半径

实际上大地并不是理想的导体，它具有一定的电阻率。当有电流流过的时候，大地就不再保持等电位。如图 11-25 所示，当通过接地装置的电流注入大地时，电流以电流场的形式向周围远处扩散。设土壤电阻率为 ρ，地中电流密度为 δ，则大地中存在相应的电场分布，其值为 $E=\rho\delta$。离注入点越远，地中电流的密度就越小，电场就越弱。因此可以认为在相当远（或称为无穷远）处，电流密度已近似为零，电场 E 也为零，即该处仍保持零电位。由此可见，当接地点有电流流入大地时，该点相对于无穷远处的零电位有确切的电位升高，图 11-25 中 $U=f(r)$ 表示了大地的电位分布情况。

我们把接地点处的电位 U_M 与接地电流 I 的比值定义为该点的接地电阻 R，即 $R=U_M/I$。当接地电流 I 一定时，接地电阻 R 越小，则电位 U_M 越低，反之则越高。此时地面上的接地体（如变压器的外壳）也具有了电位 U_M，不利于电气设备的绝缘及人身安全，因此需要降低接地电阻值。

电气设备需要接地的部分与大地的连接是靠接地装置来实现的，它由接地体和接地引线组成。接地体有人工和自然两大类，前者专为接地的目的而设置，而后者主要用于别的目的，但也兼起接地体的作用，如钢筋混凝土基础、电缆的金属外皮、轨道、各种地下金属管道等都属于天然接地体。接地引线也有可能是天然的，如建筑物墙壁中的钢筋等。

电力系统中的接地可分为工作接地、保护接地和防雷接地。

1. 工作接地

根据电力系统正常运行的需要而设置的接地，如三相系统的中性点接地、双极直流输电系统的中性点接地等。其作用是稳定电网的对地电位，在接地故障状态下泄放短路电流，降低接地电网电位。工作接地要求的接地电阻一般为 0.5Ω 或以下。在工频对地短路时，要求流过接地网的短路电流 I 在接地网上造成的电位差 IR 不致太大。在中性点直接接地的系统中，要求 $IR\leqslant 2000$V；如 $I>4000$A 时，可取 $R\leqslant 0.5\Omega$。在土壤电阻率 ρ 值太高，按 $R\leqslant 0.5\Omega$ 的条件在技术经济上极不合理时，允许将 R 值提高到 $R\leqslant 5\Omega$，但在这种情况下，必须验证人身的安全。

2. 保护接地

不设这种接地，电力系统也能正常运行，但为了人身安全而将电气设备的金属外壳等加以接地。这样可以保证金属外壳处于地电位，一旦设备绝缘损坏而使外壳带电，不致有危险的电压升高对人身安全造成威胁。

对人身安全造成威胁的电位差包括接触电位差和跨步电位差。人所站立的地点与接地设备之间的电位差称为接触电位差（取人手摸设备的 1.8m 高处，人脚离设备的水平距离 0.8m），如图 11-25 中的 U_{con}；人的两脚着地点之间的电位差称为跨步电位差（取跨距为 0.8m），如图 11-25 中的 U_{ste}。它们都有可能达到很高的数值而使通过人体的电流超过危险值（一般规定为 10mA），减小接地电阻或改进接地装置的结构形状可以降低接触电位和跨步电压，通常要求两电压不超过 $\frac{250}{\sqrt{t}}$ V（t 为作用时间，单位为 s）。高压设备要求保护电阻约为 1～10Ω。

3. 防雷接地

这是针对防雷保护的需要而设置的，目的是减小雷电流通过接地装置时的地电位升高。

从物理过程看，防雷接地与前两种接地有两点区别：一是雷电流的幅值大，二是雷电流的等值频率高。雷电流的幅值大，就会使地中电流密度 δ 增大，从而提高了土壤中的电场强度（$E=\rho\delta$），在接地体附近尤为显著。若此电场强度超过土壤击穿场强（约 6～12kV/cm）时，则在接地体周围的土壤中便会发生局部火花放电，使土壤导电性增大，其效果犹如增大了接地电极的尺寸，使接地电阻减小。因此，同一接地装置在幅值甚高的冲击电流作用下，其接地电阻要小于工频电流下的数值，这种效应称为火花效应。

另一方面，由于雷电流的等值频率较高，这就使接地体自身电感的影响增加，阻碍电流向接地体远端流通。对于长度较长的接地体，这种影响更加明显。其结果会使接地体得不到充分利用，使接地装置的电阻值大于工频接地电阻值。这种现象称为电感影响。接地体越长、土壤电阻率越小及雷电流波前越陡，则冲击电阻值增大越多。

因此，同一接地装置在冲击和工频电流作用下，将具有不同的电阻值，分别用 R_{sh} 和 R_{pow} 表示。通常用冲击系数 α 表示两者的关系，即

$$\alpha=\frac{R_{sh}}{R_{pow}} \tag{11-26}$$

二、接地电阻允许值

变电站接地的主要目的是保障变电站工作人员的人身安全和系统设备能够安全可靠地运行。变电站的接地是防雷接地、工作接地和保护接地的三合一地网。

防雷接地是为了把强大的雷电流引入大地，消除雷电压对设备的危害而设计的接地。如避雷针（线）、避雷器的接地。防雷接地装置只是在雷电流冲击作用下才会有电流流过，经防雷接地装置向地中流散的电流可高达几百千安，而持续时间却只有几十微秒。小型变电站也有一些独立避雷针，独立雷针是指避雷针的接地网是独立的，不和变电站的地网连接。大型变电站一般都不采用独立避雷针。

工作接地是满足电力系统运行方式的需要，保证电力设备和电子设备在正常或事故情况下能可靠工作而设立的接地。如变压器的中性点直接接地、低压系统的工作和保护接地、电器设备的金属外壳接地、弱电设备的逻辑接地。

保护接地是为了防止设备因绝缘损坏带电危及人身安全的接地。保护接地装置只是在设备绝缘损坏的情况下才会有电流通过，电流的大小在较大的范围内变动。如所有的电气设备和家用电器的金属外壳要求接地。

变电站的接地装置是以外缘闭合中间敷设装若干以导体为主的水平接地体构成。外缘各角成圆弧形，圆弧半径不宜小于均压带间距的一半；接地网内为等间距或不等间距布置的水平均压带，接地网埋深不宜小于0.6m；变电站地网边缘走道处，应为碎石、沥青路面或地下设有接地均压带。为了降低地网的接地电阻，有打深井的、站外引出地网的或加降阻剂。在高土壤地区也有采用深井爆破加灌加降阻剂方法降低接地电阻。防雷接地只需要在避雷针（线）和避雷器的附近埋设一组集中的垂直接地体，并辅以一定的起均压作用的水平接地体，按规程要求的地中距离与变电站的水平主地网连接。

在有效接地系统中，其地网接地电阻值的规定，目前世界上有两种方法，一种是采用均压及防止高电位引出、低电位引入等措施后，即不再规定地网的接地电阻值。如美国的接地规程就属这种方法，该规程在计算实例中，甚至在短路时接地电压升高到10kV以上，也认为可行。从理论上讲，如果接地网的均压效果好，接触电位差和跨步电位差满足标准要求，而且又采了防止高电位引出、低电位引入等措施，则不规定接地电阻值，一般也不会发生人体电击伤害和设备损坏事故。但是，人体受到电击的情况十分复杂，一个很大的地区，很难避免某些地方不出现危险的电位差。管道、电线、电缆也难于做好绝缘隔离或难于保证长期运行中完全有效率，因而遭受电击的可能性并非完全消除。特别是接地电位升高后，对低压和弱电设备的反击目前还研究的很少。由于这些原因，一些国家还是限制接地电压的大小，也就是控制接地电阻值不超过某一允许值。如日本规定 $R\leqslant(1000\sim3000)/I$。

国家标准GB 50065—2011《交流电气装置的接地设计规范》规定了有效接地系统和低电阻接地系统（主要指110kV及以上变电站和发电厂）接地网的接地电阻的取值要求，该

接地电阻宜应符合

$$R \leqslant 2000/I_G \tag{11-27}$$

式中　R——考虑季节变化的最大接地电阻，Ω；

I_G——计算用经接地网入地的最大接地故障不对称电流有效值，A，确定方法见 GB 50065—2011《交流电气装置的接地设计规范》附录 B。

应采用年内系统最大运行方式下接地网内、外发生接地故障时，经接地网流入地中并计及直流分量的最大接地故障电流有效值，并应考虑系统中各接地中性点间的短路电流分配，以及架空避雷线和电缆外皮分走的接地故障电流（即分流）。

当接地网的接地电阻不符合式（11-27）要求时，可通过技术经济比较适当增大接地电阻。在符合 GB/T 50065—2011《交流电气装置的接地设计规范》第 4.3.3 条规定，即满足等电位联结、二次电缆屏蔽层热稳定要求、防止转移电位和高电位引外措施、6kV 和 10kV 氧化锌避雷器吸收能量安全性、核算跨步电压和接触电压等诸多要求的前提下，接地网地电位升高可提高至 5kV。必要时，经专门计算，且采取的措施可确保人身安全和设备安全可靠运行时，地电位升高还可进一步提高。

接地电阻是接地网最重要的特性参数，但并不是唯一的、绝对的参数指标，它概要性地反映了接地网的散流状况，而且与接地网的面积和所在地的地质情况有密切的关系。长期以来，由于种种原因，接地电阻一直作为评估接地网的最重要参数，甚至是唯一参数，人们对接地网的评估习惯于只提接地电阻一项指标，认为只要接地电阻小于 0.5Ω 接地网就是合格的，足以保证安全运行。因而在实际工作中，往往简单地追求这一指标，不惜任何代价，一定要把接地电阻降至 0.5Ω 以下。这一观念是不合适的，简单的说，对于同一接地网，接地电阻一定，当入地短路电流不一样时，接地网相关参数都会随之变化。部分单位片面强调接地电阻达标而进行接地网改造，结果浪费了大量的人力和物力。虽然 DL/T 621—1997《交流电气装置的接地》中取消了接地电阻小于 0.5Ω 的安全判据，近年来一些新的标准和文章也一直在宣贯和宣传着这样的思想：接地网的状况评估应综合考虑各项指标，绝对化地看待接地电阻一项指标是不可取的。但是片面强调接地电阻的想法和做法流传甚广，影响深远，难以一时转变纠正。

对接地网的各项参数进行全面考核，根据各顶指标综合判断接地网的状况，而不是像以往片面强调接地电阻或某一项指标，这是近年来国内外同行们的共识。接地电阻取值问题是一个系统工程，应按照 GB 50065—2011《交流电气装置的接地设计规范》和 DL/T 621—1997《交流电气装置的接地》等有关规范要求，综合变电站短路电流水平、地形地质状况、短路状态下接地网电位升高、场区电位差、对二次设备运行的影响、跨步电压、接触电压，以及降阻技术经济分析等因素进行多维度评价，结合实际情况进行综合判断，以保证电力系统安全运行为中心出发点，辩证地处理实际问题。关于接地电阻值的探讨和研究还在继续，实践中应注意研究和积累经验，本书不拟对该问题进行展开，但不再以接地电阻作为评估接地网的唯一参数。

DL/T 621—1997《交流电气装置的接地》对不满足式（11-27）的规定的条件下提出 3 点要求：

a）为防止转移电位引起的危害，对可能将地网的高电位引向厂、所外或将低电位引向厂、所内的设施，应采取隔离措施。例如：对外通信设施加隔离变压器；向厂、所外供电的低压线路采用架空线，其电源中性点不在厂、所内接地，改在厂、所外适当的地方接地；通向厂、所外的管通采用绝缘段，铁路轨道分别在两处加绝缘鱼尾板等。

b）考虑短路电流非周期分量的影响，当接地网电位升高时，发电厂、变电所内的 3～10kV 阀型避雷器不应动作或动作后应承受被赋与的能量。

c）设计地网时，应验算接触电位差和跨步电位差。

第 1 点要求通俗一点说就是要隔离。向站外供电的三相四线制电源中性点和地网连接时，地网上的接地电位经过相线、中性线或电缆的金属外皮传到用户，可能造成用户处的人员或设备承受很高地网电位而伤害或损坏。因此变电站引出的低压线路最好使用架空线路，且电源中性点不在地网内接地，而改在用户处单独接地。第 1 点要求还要补充水管和 10kV 电缆出线。绝大多数变电站生活用水是外部供给的，存在着低电位引入问题，需要在进入变电站的地点加一段绝缘水管。10kV 电缆出线的屏蔽端不能两端都接地，一般是在变电站内一点接地，需要在另一端加装过电压保护器。要解决高电位引出问题，最好能把金属外皮的电缆埋入地中，或在电缆进入用户处将金属外皮剥去 50～100cm。电缆的屏蔽层的护套工频耐压一般不超过 2000V，有可能在短路时击穿。

第 2 点所述的考虑短路电流非周期分量的影响的意思是指当系流发生短路故障时，短路电流存在非周期分量，非周期分量使得地网的工频暂态电位升高。最高可按 1.8 倍考虑。阀型避雷器已经过时了，现在变电站内可能已经都是氧化锌避雷器了。氧化锌避雷器没有动作电压，变电站 10kV 氧化锌避雷器可考虑直流 1mA 电压，一般情况下可按 25kV 直流电压。通流通容可按 150A 的 2ms 方波容量。

第 3 点的接触电位差和跨步电位差一般有较大的裕度，有的变电站即使地网的接地电阻不合格或仅仅合格，但计算的接触电位差和跨步电位差却远远低于标准要求。例如某 500kV 变电站，经计算变电站地网的接触电位差允许值为 119.1V，跨步电位差允许值为 219.3V。投产前变电站地网的接地电阻实测为 0.43Ω，接触电位差和跨步电位差的实测加 50A 电流，实测值然后按电力设计院提供的最大单相短路电流 5.89kA（500kV 侧）换算，接触电位差为 50.1V，跨步电位差为 2.59V，满足要求。

三、接触电压和跨步电压

跨步电位为当接地短路电流流过接地装置时，地面上水平距离为 1.0m 的两点间电位差。

接触电位为当接地短路电流流过接地装置时，在地面上距设备水平距离 1m 处与沿设备外壳、架构或墙壁离地面的垂直距离 1.8m 处两点间电位差。

同测试其他工频特性参数一样，跨步电位差、跨步电压、接触电位差、接触电压和转移电位测试时，接地装置按照 DL/T 475—2006《接地装置特性参数测量导则》6.1.2 的有关要求施加试验电流。

跨步电位差数值上即单位场区地表电位梯度，可直接在场区地表电位梯度曲线上量取折算，也可根据定义，在所关心的区域，如场区边缘测试。

参见图 11-26 可测试设备的接触电位差，重点是场区边缘的和运行人员常接触的设备，如隔离开关、构架等。

根据定义并参照接触电位差的测试方法，可测试接地装置外引金属体，如金属管路的转移电位。

测试电极可用铁钎紧密插入土壤中，如果场区是水泥路面，可采用包裹湿抹布的直径20cm的金属圆盘，并压上重物。

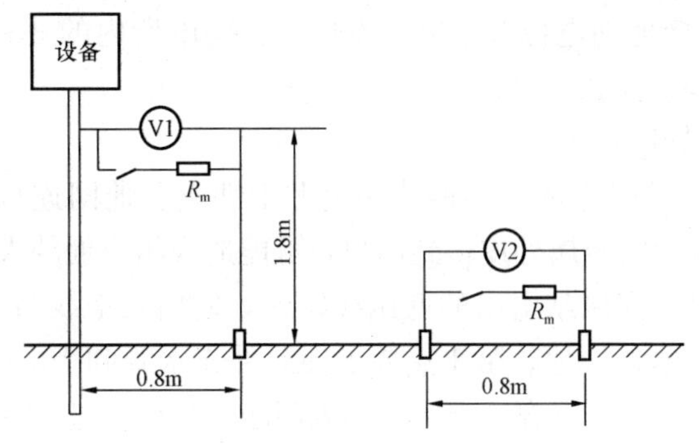

图 11-26　电位差、跨步电压、接触电位差、接触电压测试示意图

实际的跨步电位差按公式（11-28）计算，结果为跨步电位差测试值。实际的接触电位差和转移电位也可参照公式（11-28），即

$$U_s = U'_s \frac{I_s}{I_m} \tag{11-28}$$

式中　I_m——注入地网中的测试电流；

I_s——被测接地装置内系统单相接地故障电流。

图 11-26 两端并上等效人体的电阻 R_m 时，所得的值即跨步电压和接触电压。

跨步电位差和接触电位差的安全界定值参见 DL/T 621—1997《交流电气装置的过电压保护和绝缘配合》。当该接地装置所在的变电站的有效接地系统的最大单相接地短路电流在 35kA 不超过时，跨步电位差一般不宜大于 80V；一个设备的接触电位差不宜明显大于其他设备，一般不宜超过 85V；转移电位一般不宜超过 110V。当该接地装置所在的变电站的有效接地系统的最大单相接地短路电流超过 35kA 时，参照以上原则判断测试结果。

1. 站内接触电压的测量

在变电站中可能有接地短路电流流过的电力设备外壳或构架上测量接触电压，试验原理如图 11-26 所示。将电流注入点引至待测设备外壳或构架上，高内阻电压表 V1 的一端接至地面上离设备外壳或构架水平距离 1.0m 的测量极上，电压测量极采用 ϕ22mm 圆钢打入地下 0.5m，并保证钢钎紧密插入土壤，电压表的另一端接至设备外壳或构架离地面 1.8m 处。加测量电流 I，读取电压表指示值可测出通过主地网电流 I 对应的接触电压 U_T。

站内接触电压与通过地网流入土壤的电流值成正比。实测的接触电压尚需按经接地网流入地中地最大短路电流 I_{max}（500kV 场地取 39.12kA，220kV 场地取 44.55kA）换算，接触电压的最大值按式（11-29）确定

$$U_{Tjmax} = U_T \times I_{max}/I \tag{11-29}$$

2. 跨步电压的测量

在变电站中工作人员经常活动的区域测量跨步电压，试验原理如图 11-26 所示。电流注入点取接地短路电流可能流入接地网的地方注入，将两根 ϕ20mm 圆钢电压测量极按 1.0m 间距打入地下 0.5m，并保证钢钎紧密插入土壤，高内阻电压表 V2 的两端分别接至两根测量极上。加测量电流 I，读取电压表指示值可测量出通过主地网电流 I 对应的跨步电压 U_S。如在水泥地面上测量，需在测量点放置两块包裹湿抹布、半径约为 10cm 的圆盘电极，并在每块圆盘上加不小于 40kg 的重量。

跨步电压与通过地网流入土壤中的电流值成正比。实测的跨步电压尚需经按接地网流入地中的最大短路电流 I_{max}（取 44.55kA）换算，跨步电压的最大值按式（11-30）确定

$$U_{Smax} = U_S \times I_{max}/I \tag{11-30}$$

DL/T 621—1997《交流电气装置的接地》中推荐的110kV及以上有效接地系统发生单相接地或同点两相接地时，变电站接地装置的接触电压U_T和跨步电压U_S允许值不应超过

$$U_T=\frac{174+0.17\rho_S}{\sqrt{t}} \text{和} U_S=\frac{174+0.7\rho_S}{\sqrt{t}}$$

式中 ρ_S——变电站表层土壤的电阻率。

四、发电厂接地装置

接地装置主要是用扁钢、圆钢、角钢或钢管组成，埋于地表面下0.5～1m处。水平接地体多用宽度为20～40mm、厚度不小于4mm的扁钢，或者用直径不小于6mm的圆钢。垂直接地体一般用角钢（20mm×20mm×3mm～50mm×50mm×5mm）或钢管，长度约为2.5m。根据敷设地点的不同，接地装置可分为输电线路接地和发电厂及变电站接地。

根据恒流场与静电场的相似性，可以将静电学中电容的计算公式，改换为计算接地电阻的公式，即

$$R=\frac{U}{I}=\frac{U}{\oint j_n ds}=\frac{U}{\oint \frac{E_n}{\rho}ds}=\frac{U}{\frac{1}{\varepsilon\rho}\oint D_n ds}=\frac{\varepsilon\rho U}{Q}=\frac{\varepsilon\rho}{C}(\Omega) \tag{11-31}$$

式中 j_n——电流密度，A/m²；

E_n——电场强度，V/m；

ρ——土壤电阻率，Ω·m；

ε——土壤的介电常数，F/m；

C——接地体对无穷远处的电容，F。

下面介绍一些典型接地体的接地电阻计算公式。

1. 垂直接地体

设垂直接地体的长度为l（m），直径为d（m）。当$l \gg d$时，单根垂直接地体（如图11-27所示）接地电阻为

$$R=\frac{\rho}{2\pi l}\ln\frac{4l}{d} \quad (\Omega) \tag{11-32}$$

当用宽度为b的扁钢时，$d=b/2$；当用边长为b的角钢时，$d=0.84b$。

当有n根垂直接地体时，总接地电阻R_Σ可按并联电阻计算，但需考虑到各根接地极间的屏蔽效应，如图11-28所示。R_Σ为

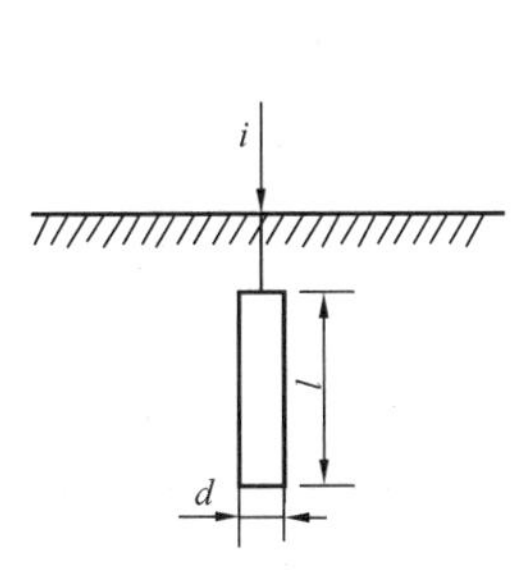

图11-27 单根垂直接地体

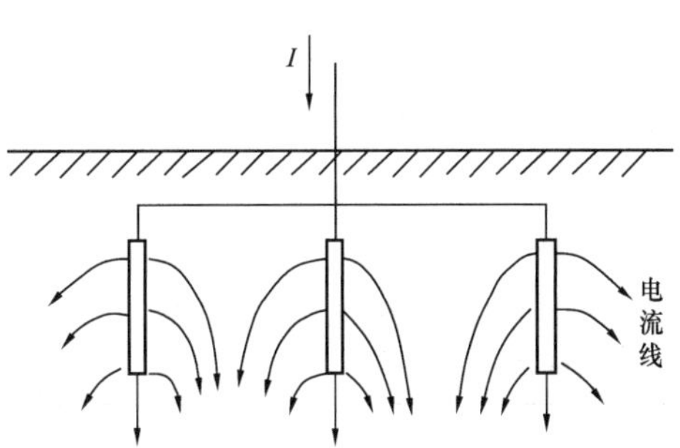

图11-28 接地体的屏蔽效应

$$R_\Sigma=\frac{R}{\eta n} \tag{11-33}$$

式中 R——每根垂直接地体的接地电阻；

η——接地体的利用系数。

由于屏蔽效应，$\eta<1$。接地体间距离 a 与接地体长度 l 的比值越小，η 就越小，一般$\eta=0.65\sim0.8$。

2. 水平接地体

水平接地体的电阻计算公式为

$$R=\frac{\rho}{2\pi L}\left(\ln\frac{L^2}{dh}+A\right) \tag{11-34}$$

式中 L——接地体的总长度，m；

h——接地体埋设深度，m；

A——形状系数，表示电极间的屏蔽效应，其数值见表 11-5。

表 11-5　　水平接地体的形状系数 A

序　号	1	2	3	4	5	6	7	8
接地体形式	—	└	人	○	＋	□	✳	✳
屏蔽系数 A	0	0.38	0.48	0.87	1.69	2.14	5.27	8.81

由表 11-5 可知，总长 L 相同时，由于形状不同，A 值会有明显的不同。

由以上公式算出的是工频接地电阻值。雷电流作用下冲击接地电阻的计算，还需要利用冲击系数 α，α 的数值根据计算分析和实验得到。表 11-6 为工程中常用接地体的冲击系数和利用系数。

表 11-6　　接地体冲击系数和利用系数

接　地　体	在不同土壤电阻率 ρ（Ω·m）下的冲击系数				利用系数
	100	200	500	1000	
用水平钢管连接起来的垂直钢棒（棒间距离等于其长度的 2 倍）：					
2～4 根钢棒	0.5	0.45	0.3	—	0.75
8 根钢棒	0.7	0.55	0.4	0.3	0.75
15 根钢棒	0.8	0.7	0.55	0.4	0.75
两根长 5m 的水平钢带，埋在电流入地点的两侧（一字形）	0.65	0.55	0.45	0.4	1.0
三根长 5m 的水平钢带，对称地埋在电流入地点的周围（辐射形）	0.7	0.6	0.5	0.45	0.75

3. 伸长接地体

在土壤电阻率较高的岩石地区，为了减少接地电阻，有时常要加大接地体的尺寸，主要是增加水平埋设的扁钢的长度，通常称这种接地体为伸长接地体。由于雷电流的等值频率很高，接地体自身的电感将会产生很大影响，此时接地体将表现出具有分布参数的传输线的阻抗特性，加之火花效应的出现将使伸长接地体的电流流通成为一个很复杂的过程。一般在简化条件下通过理论分析，对这一问题作出定性的描述，并结合实验得到工程应用的依据。通常，伸长接地体只在40～60m的范围内有效，超过这一范围接地阻抗基本上不再变化。

发电厂和变电站内需要有良好的接地装置以满足工作、安全和防雷保护的接地要求。一般的做法是根据安全和工作接地要求敷设一个统一的接地网，然后再在避雷针和避雷器下面增加接地体以满足防雷接地的要求。

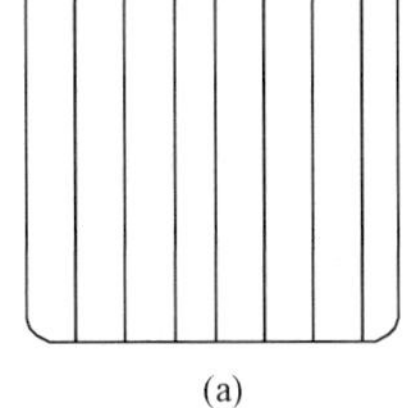
(a)

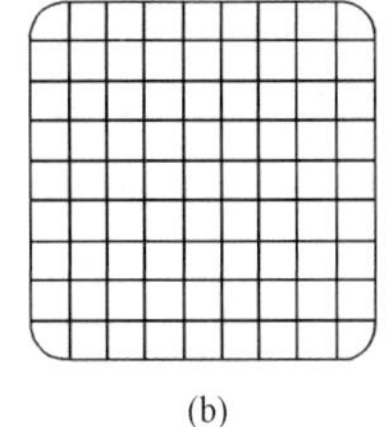
(b)

图 11-29　接地网示意图

(a) 长孔；(b) 方孔

接地网由扁钢水平连接，埋入地下0.6～0.8m处，其面积S大体与发电厂和变电站的面积相同，如图11-29所示，这种接地网的总接地电阻为

$$R=\frac{0.44\rho}{\sqrt{S}}+\frac{\rho}{L}\approx 0.5\frac{\rho}{\sqrt{S}}\quad(\Omega)\tag{11-35}$$

式中　L——接地体（包括水平的和垂直的）总长度，m；

S——接地网的总面积，m^2。

可见，当ρ一定时，地网的接地电阻基本上由变电站的面积决定，是很难改变的。

接地网构成网孔形的目的，主要在于均压。接地网中两水平接地带之间的距离，一般可取为3～10m，然后校核接触电位差U_{con}和跨步电位差U_{ste}后再予以调整。

发电厂和变电站工频接地电阻的数值一般在0.5～5Ω的范围内，这主要是为了满足工作及安全接地的要求。需要指出的是，接地网在冲击电流作用下同样具有火花效应和电感影响，需要通过试验来掌握其基本规律。

五、仪控系统接地特殊要求和接地方式

关于电压互感器的二次回路必须有一点接地的要求，在相应的规程中都有明确的规定，如1983年颁布实施的水利电力部SDJ 6—1983《继电保护和安全自动装置技术规程》第4.0.13条规定“电压互感器的二次侧中性点或线圈引出端子之一应接地……”。

接入继电保护装置的电压互感器二次回路，只能允许有一点接地，这一点对继电保护的正确动作，往往是一个必要的前提条件。对于连接多组电压互感器的二次回路，由于运行中不能严格做到只允许在一点接地的要求，还存在因此引起线路继电保护不正确动作而扩大了事故的例子。

现只允许在电压互感器二次回路上一点接地，其最主要的理由是为了防止将开关场的地电位差错误地引入继电器保护的回路中，从而避免因此可能引起的不正确动作。另一个原因是，为了在必要时便于临时断开和重接接地线，以检查二次回路的绝缘是否良好，以及在互感器的二次回路中是否存在偶然的另一个接地点。

目前，对变电站电压互感器（TV）二次绕组中性点接地方式的处理，有两种做法，即在开关场接地或控制室接地。国际大电网会议的调查资料表明，电压互感器二次回路宜在何处实施一点接地，并无统一的规定。某些国家对在何处实施接地并无具体要求，可在控制室也可在开关场。

在开关场接地的方法是直接将TV二次绕组中性点在开关场接地。有的国家主张在电压互感器的安装处实现接地，主要是为了限制电压互感器二次绕组的过电压，保护二次绕组本身的安全，以求得最大的安全保证。电压互感器二次回路引入控制室后各不相连，必要时，采用隔离变压器。主张这种方式的某些国外系统认为，当在几百米外的较远处接地时，不能对二次绕组实现可靠的雷击过电压保护。

我国现行的继电保护规程和IEEE的推荐意见相似，明确规定“接地点宜设在控制室内”。在北美，IEEE推荐在引入控制室的第一点（配电盘或保护盘）对二次回路实施接地，理由是应在最易遭受回路过电压威胁的点上对人员和连接设备提供最好的保护。在距电压互感器若干距离外的控制室配电盘处，则可能因接地故障而引入明显的过电压，同时实验和运行人员在配电盘上工作的机会更多。IEEE推荐的零相接地的接地方式，和我国的习惯做法相似，将各配电盘的专用接地端子相互连接而形成零相小母线。各配电盘的二次回路引入线，先接在自己的端子上，然后将需要接地的电压线端子与专用接地端子连接，这样便于断开该引入的二次回路接地，进行绝缘检查，同时不破坏其他二次回路的接地。

我国的继电保护规程和IEEE的推荐意见，除要求在控制室一点接地外，并未提及对电压互感器二次绕组的额外保护要求。我国原电力系统继电保护及安全自动装置反事故措施作了相关的规定：经控制室零相小母线（N600）连通的几组电压互感器二次回路，只应在控制室将N600一点接地，各电压互感器二次中性点在开关场的接地点应断开；为保证接地可靠，各电压互感器的中性线不得接有可能断开的开关或接触器等；为了更好地保护TV二次回路免受雷电过电压的危害，必要时可在现场TV安装处对其中性点实现附加保护。已在控制室一点接地的电压互感器二次绕组，如认为必要，可以在开关场将二次接绕组中性点经放电间隙或氧化锌阀片接地，其击穿电压峰值应大于$30I_{max}$（V），I_{max}为电网接地故障时通过变电站的可能最大接地电流有效值，单位为kA。

按照以上措施的要求，我国部分地区电网实施只在控制室一点接地的同时，将电压互感器二次绕组中性点在变电站现场经过电压保护器（放电间隙或避雷器）接地以实现对电压互感器二次绕组的保护。许多变电站的控制室或继电器室相距就地电压互感器端子箱（即二次回路绕组处）较远，距离一般都达100m以上，有些变电站可长达300m以上。在这种情况下，当高压母线发生单相接地故障时，大电流经接地点流入地网，使接地点乃至整个地网的电位升高，电压端子箱处的电位与保护柜（即控制室处）之间的地电位差可达到几千伏。若电压互感器二次绕组的中性点在端子箱实现一点接地，高电位则会引入保护柜内，危及二次设备和人身安全。在这种情况下，电压互感器二次绕组的中性点应在保护柜实现一点接地，在电压互感器端子箱将二次绕组中性点经过电压保护器接地，当高压母线发生单相接地故障时，电压互感器二次绕组中性点的高电位被过电压保护器所隔离，而保护柜内电压互感器二次绕组的中性点地电位较低，足以保护二次设备的安全可靠运行。

六、阴极保护

由于金属是从矿石中提取出来的，因此在提炼过程中必须要给它一定的能量，使其处于高能量状态。材料基本规律总是趋向于最低的能量状态，因此金属都是热力学不稳定的，具有和周围环境（如氧和水）发生反应的趋势，以达到较低的、更稳定的能量状态，如生成氧化物。以铁为例，阳极：$Fe-2e\rightarrow Fe^{2+}$，阴极：$O_2+4e+2H_2O\rightarrow 4OH^-$，反应为$Fe^{2+}+2OH^-\rightarrow Fe(OH)_2$和$Fe(OH)_2+1/2O_2+H_2O\rightarrow 2Fe(OH)_3\downarrow$。对于所有金属的腐蚀倾向，理论上采用电位的概念进行比较。电位负的金属，活性较强，容易发生腐蚀；电位正的金属活性相对较弱，腐蚀倾向性小。

多年的实践证明，最为经济有效的腐蚀控制措施主要是覆盖层（涂层）加阴极保护。与国外相比，我国75%的防蚀费用用在涂装上，而电化学保护使用的相对较低。涂层的作用主要是物理阻隔作用，将金属基体与外界环境分离，从而避免金属与周围环境的作用。但是有两种原因导致金属腐蚀：一是涂层本身存在缺陷，有针孔的存在；二是在施工和运行过程中不可避免涂层会破坏，使金属暴露于腐蚀环境。这些缺陷的存在导致大阴极小阳极的现象，使涂层破损处腐蚀加速。

阴极保护技术是电化学保护技术的一种，其原理是向被腐蚀金属结构物表面施加一个外加电流，被保护结构物成为阴极，从而使金属腐蚀发生的电子迁移得到抑制，避免或减弱腐蚀的发生。目前阴极保护技术已经发展成熟，广泛应用到土壤、海水、淡水、化工介质中的钢质管道、电缆、钢码头、舰船、储罐罐底、冷却器等金属构筑物等的腐蚀控制。1834年，法拉第的阴极保护原理奠定基础；1890年，爱迪生提出强制电流保护船舶；1902年，柯恩实现了爱迪生的设想；1905年，美国用于锅炉保护；1906年，德国建立第一个阴极保护厂；1913年，阴极保护命名为电化学保护；1924年，实现了地下管网阴极保护。

阴极保护技术有牺牲阳极阴极保护和强制电流（外加电流）阴极保护两种。

1. 牺牲阳极阴极保护技术

牺牲阳极阴极保护技术是用一种电位比所要保护的金属还要负的金属或合金与被保护的金属电性连接在一起，依靠电位比较负的金属不断地腐蚀溶解所产生的电流来保护其他金属。优点是：①一次投资费用偏低，且在运行过程中基本上不需要支付维护费用；②保护电流的利用率较高，不会产生过保护；③对邻近的地下金属设施无干扰影响，适用于厂区和无电源的长输管道，以及小规模的分散管道保护；④具有接地和保护兼顾的作用；⑤施工技术简单，平时不需要特殊专业维护管理。缺点是：①驱动电位低，保护电流调节范围窄，保护范围小；②使用范围受土壤电阻率的限制，即土壤电阻率大于50Ω·m时，一般不宜选用牺牲阳极保护法；③在存在强烈杂散电流干扰区，尤其受交流干扰时，阳极性能有可能发生逆转；④有效阴极保护年限受牺牲阳极寿命的限制，需要定期更换。

2. 强制电流阴极保护技术

强制电流阴极保护技术是在回路中串入一个直流电源，借助辅助阳极，将直流电通向被保护的金属，进而使被保护金属变成阴极，实施保护。优点是：①驱动电压高，能够灵活地在较宽的范围内控制阴极保护电流输出量，适用于保护范围较大的场合；②在恶劣的腐蚀条件下或高电阻率的环境中也适用；③选用不溶性或微溶性辅助阳极时，可进行长期的阴极保护；④每个辅助阳极床的保护范围大，当管道防腐层质量良好时，一个阴极保护站的保护范围可达几十千米；⑤对裸露或防腐层质量较差的管道也能达到完全的阴极保护。缺点是：①一次性投资费用偏高，而且运行过程中需要支付电费；②阴极保护系统运行过程中，需要严格的专业维护管理；③离不开外部电源，需常年外供电；④对邻近的地下金属构筑物可能会产生干扰作用。

阴极保护效果的判据主要依据以下五个准则：

（1）普通钢阴极保护准则：

1）施加阴极保护时被保护结构物的电位负移至少达到−850mV或更负（相对饱和硫酸铜参比电极CSE）。

2）相对于饱和硫酸铜参比电极的负极化电位至少为850mV。

3）在构筑物表面与接触电解质的稳定参比电极之间的阴极极化值最小为100mV。

4）存在硫酸盐还原菌的环境，被保护结构物的电位负移至950mV（CSE）或更负。

（2）铝合金阴极保护准则：

1）构筑物与电解质中稳定参比电极之间的阴极极化值最小为100mV，准则适用于极化建立或衰减过程。

2）极化电位不应负于−1200mV（CSE）。

（3）铜合金阴极保护准则：构筑物与电解质中稳定参比电极的阴极极化值最小为100mV。极化建立或衰减过程均可以被应用。

（4）异种金属阴极保护准则：

所有金属表面与电解质中稳定参比电极之间的负电压等于活性最强的阳极区金属的保护电位。

（5）高强钢阴极保护准则：

1）700MPa以上的钢腐蚀速率降低至0.0001mm/a的保护电位为−760～−790mV（Ag/AgCl）。

2）在存在硫酸盐还原菌的环境下，钢屈服强度大于700MPa，保护电位应在800～950mV（Ag/AgCl）的范围内。

3）屈服强度大于800MPa的钢，其保护电位应不低于−800mV（Ag/AgCl）。

强制电流阴极保护系统又称为外加电流系统，是在回路中串入一个直流电源，借助辅助阳极，将直流电通向被保护的金属，使被保护金属变成阴极实施保护。强制电流阴极保护系统主要由电源、控制柜、辅助阳极、焦炭（碳素）填料、电缆、控制参比电极、电位测试桩、电流测试桩、保护效果测试片、电绝缘装置、电绝缘保护装置构成。电源的作用是向阴极保护系统不间断提供电流。电源主要有恒流、恒压整流器、恒电位仪。从整流形式上主要有晶闸管、磁饱和、数控高频开关。晶闸管和磁饱和恒电位仪体积较大、纹波系数较大、控制精度较差、效率较低（低于70%），不易实现数字化。磁饱和恒电位仪除上述不足外，额定功率20%以下的输出无法控制。数控高频开关恒电位仪体积较小、纹波系数小、控制精度高、效率较高（90%以上）。

辅助阳极的作用是通过其本身的溶解，与介质（如土壤、水）、电源、管道形成电回路。辅助阳极根据介质来分，土壤中有废钢、硅铁、石墨、混合氧化物阳极、柔性阳极。水介质中有混合氧化物阳极、硅铁阳极、铅阳极等。控制参比电极主要有长寿命饱和硫酸铜参比电极、高纯锌参比电极、银/氯化银参比电极、二氧化钼参比电极。土壤中可使用饱和硫酸铜参比电极和高纯锌参比电极，水介质中使用高纯锌参比电极和银/氯化银参比电极。二氧化钼参比电极主要用于混凝土中。饱和硫酸参比电极的寿命一般小于10年。其他的参比电极可以根据寿命来设计。牺牲阳极主要有镁合金牺牲阳极、铝合金牺牲阳极、锌合金牺牲阳极。

第五节 电厂防雷保护

一、发电厂直击雷保护

发电厂和变电站是电力系统的枢纽，一旦发生雷害事故，停电的影响面很大，且由于发电机、变压器等主要电气设备的内绝缘击穿后大多没有自恢复功能，使得停电时间比较长。因此，发电厂和变电站的防雷保护必须十分可靠。

对直击雷的防护一般采用避雷针和避雷线。我国的运行经验表明，凡按规程要求装设避雷针和避雷线的发电厂和变电站，绕击和反击的事故率都非常低，每年每100个变电站发生绕击或反击的次数约为0.3次，防雷效果比较好。

为了防止雷直击于发电厂和变电站，应该使所有被保护物体处于避雷针或避雷线的保护范围之内；同时还要求雷击避雷针或避雷线时，不应对被保护物体发生反击。

避雷针的装设可分为独立避雷针和构架避雷针两种。

如图11-30所示，当独立避雷针遭受雷击时，雷电流流过避雷针和接地装置，将会出现很高的电位。设避雷针在高度 h 处的电位为 u_k，接地装置上的电位为 u_e，则

$$u_k = L\frac{di_{thu}}{dt} + i_{thu}R_{sh} \tag{11-36}$$

$$u_e = i_{thu}R_{sh} \tag{11-37}$$

式中 L——h 长避雷针的电感；

R_{sh}——避雷针的冲击接地电阻；

i_{thu}——流经避雷针的电流。

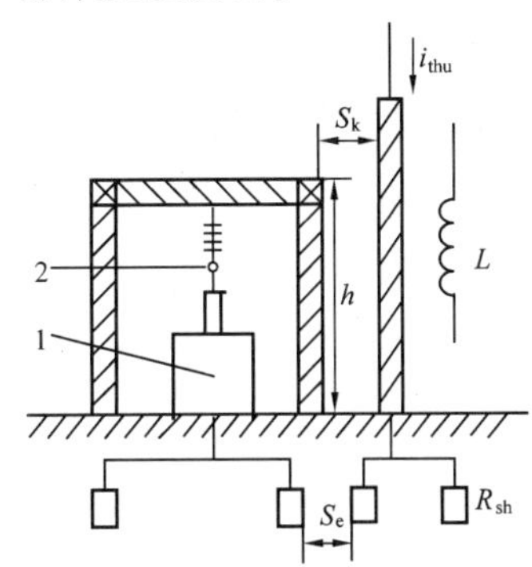

图11-30 雷击独立避雷针

1—变压器；2—母线

为防止避雷针对被保护物体发生反击，避雷针与被保护物体之间的空气间隙 S_k 应有足够的距离。若取空气间隙的击穿场强为 E_k，则 S_k 应满足

$$S_k > u_k / E_k \tag{11-38}$$

为防止避雷针接地装置与被保护物体接地装置之间发生反击，两者之间的地中距离 S_e 也应有足够的距离。若取土壤击穿场强为 E_e，则 S_e 应满足

$$S_e > u_e / E_e \tag{11-39}$$

取雷电流的幅值为100kA，雷电流的平均上升陡度为100/2.6=38.5kA/μs，避雷针的电感为1.55μH/m，空气间隙和土壤的击穿强度分别为 E_k=500kV/m、E_e=300kV/m，则可得

$$S_k > \frac{100R_{sh} + 38.5 \times 1.55h}{500} = 0.2R_{sh} + 0.12h \quad (\text{m})$$

$$S_e > \frac{100R_{sh}}{300} = 0.33R_{sh} \quad (\text{m})$$

按实际运行经验进行校验后，我国标准DL/T 620—1997《交流电气装置的过电压保护和绝缘配合》推荐用式（11-40）、式（11-41）校核独立避雷针的空气间距 S_k 和地中距离 S_e。

$$S_k \geqslant 0.2R_{sh} + 0.1h \tag{11-40}$$

$$S_e \geqslant 0.3R_{sh} \tag{11-41}$$

一般情况下，S_k 不应小于5m，S_e 不应小于3m。对于110kV及以上的配电装置，由于其绝缘水平较高，可以将避雷针装设在配电装置的构架上。装设避雷针的构架应就近装设辅助接地装置，该装置与变电站接地网的连接点离主变压器与接地网连接点的距离不应小于15m，其目的是使雷击时在避雷针接地装置上产生的高电位，在沿地网向变压器接地点传播的过程中逐渐衰减，以避免对变压器造成反击。由于变压器是变电站中最重要的设备，且其绝缘较弱，因此在变压器门型构架上不应装设避雷针。

对于35kV及以下的变电站，由于其绝缘水平较低，故不允许将避雷针装设在配电构架

上，应架设独立避雷针，其接地电阻一般不超过10Ω，以免出现反击事故。

发电厂厂房一般不装设避雷针，以免发生反击事故和引起继电保护误动作。

关于是否采用避雷线的问题，过去因为强调避雷线断线有造成母线短路的危险，所以在发电厂和变电站用得很少。但国外多年的运行经验表明，用避雷线同样可以得到很高的防雷可靠性。我国新的技术标准也规定了可采用避雷线保护。架设避雷线时同样要注意避免引起反击事故。

二、发电厂入侵波与避雷器保护作用

由于线路落雷频繁，所以沿线路入侵的雷电波是发电厂、变电站遭受雷害的主要原因。由线路入侵的雷电波电压，虽受到线路绝缘的限制，但线路绝缘水平比发电厂、变电站电气设备的绝缘水平高。若不采取防护措施，势必造成发电厂、变电站电气设备的损坏事故。据统计，我国每年每100个35kV和110～220kV变电站由入侵雷电波引起的事故率分别为0.67次和0.5次。

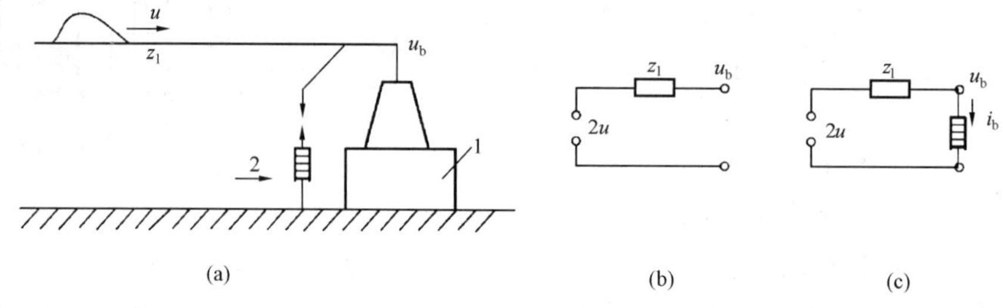

图11-31 避雷器接在变压器端的接线和等值电路

(a) 接线；(b) 电压上升后等值电路；
(c) 间隙放电后等值电路

防止侵入波危害的主要保护措施是在发电厂、变电站内装设阀型避雷器以限制入侵雷电波的幅值，使设备上的过电压不超过其冲击耐压值，在发电厂、变电站的进线上设置进线保护段以限制流经阀型避雷器的雷电流和限制入侵雷电波的陡度。

1. 避雷器的保护作用分析

首先分析阀型避雷器直接装设在变压器出线端的简单接线，如图11-31 (a) 所示。为简化分析，不计变压器的对地入口电容，并假定避雷器的伏秒特性$u_f(t)$和伏安特性$u_b=f(i_b)$已知。

侵入波$u(t)$沿波阻抗为Z_1的线路入侵，根据彼得逊法则，侵入波u到达避雷器后，在避雷器动作前相当于末端开路，避雷器上电压上升为$2u(t)$，其等值电路如图11-31 (b) 所示。

当避雷器上的电压$2u(t)$与避雷器伏秒特性u_f (t) 相交时，间隙放电，其后的等值电路如图11-31 (c) 所示，可得

$$2u=u_b+i_bZ_1 \qquad (11\text{-}42)$$

对式 (11-42) 包含非线性变量的方程，可用图解法求解。如图11-32所示，

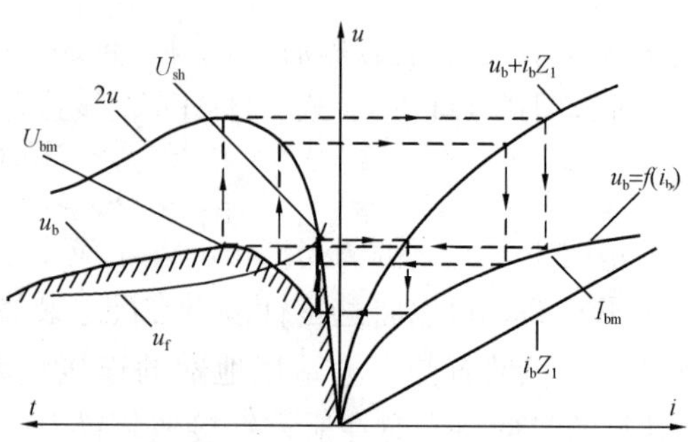

图11-32 避雷器电压U_b的图解法

u—来波；u_f—避雷器伏秒特性；u_b—避雷器上的电压；
$u_b=f$ (i_b) —避雷器的伏安特性

纵坐标取电压 u，横坐标分别取时间 t 和电流 i。在 $u-t$ 坐标平面内，避雷器上的电压 $2u(t)$ 与避雷器伏秒特性相交的点对应避雷器的冲击放电电压 U_{sh}。在 $u-i$ 坐标平面内（适用于间隙击穿后），画出曲线 $u_b+i_bZ_1$，然后自侵入波的幅值处作一水平线与曲线 $u_b+i_bZ_1$ 相交，交点的横坐标就是流过避雷器的最大雷电流 I_{bm}，由 I_{bm} 对应的 $U_b=f(i_b)$ 曲线上的电压 U_{bm} 就是避雷器的最大残压。其他时刻避雷器上的电压 u_b 可按此用图解法求得。

由于阀型避雷器的伏秒特性比较平坦，故其冲击放电电压值 U_{sh} 基本上不随侵入波的陡度而变化。避雷器的残压值与流过的电流大小有关，但因阀片的非线性特性，在较大的雷电流变化范围内，其残压近乎不变。在具有正常防雷接线的 110～220kV 变电站中，流经避雷器的雷电流一般不超过 5kA（对 330kV 及以上系统为 10kA），故残压的最大值取 5kA 下的数值；在一般情况下，避雷器的冲击放电电压与 5kA 下的残压基本相同。因此，在以后的分析中，可以将避雷器上的电压 u_b 近似视为一斜角平顶波，其幅值为 5kA 下的残压 U_{b-5}，波头时间（即避雷器放电时间）则取决于侵入波的陡度。若侵入波为斜角波 $u=at$，则避雷器的作用相当于在避雷器放电时刻 t_f 在装设避雷器处产生一负电压波 $-a(t-t_f)$，如图 11-33 所示。

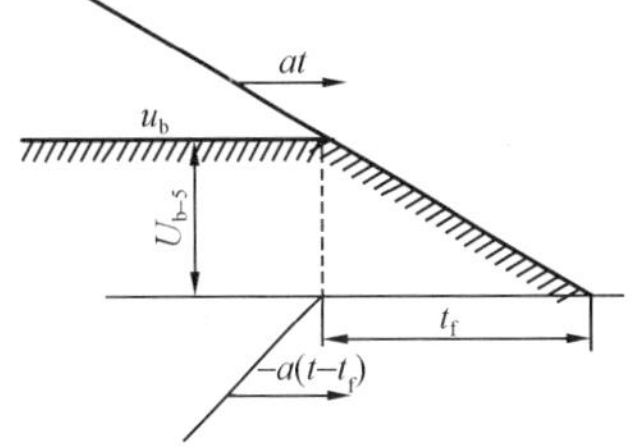

图 11-33 分析用避雷器上电压波形

由于避雷器直接接在变压器旁，故变压器上的过电压波形与避雷器上的电压完全相等，只要避雷器的冲击放电电压和 5kA 下的残压低于变压器的冲击耐压，则变压器将得到可靠的保护。

2. 距离效应

变电站中有很多电气设备，我们不可能在每个设备旁装设一组避雷器加以保护，一般只在变电站母线上装设避雷器。由于变压器是最重要的设备，因此避雷器应尽量靠近变压器。这样，避雷器离变压器和各电气设备都有一段长度不等的距离。当雷电波入侵时，由于波的反射，被保护的电气设备上的电压将不同于避雷器上的残压。

以图 11-34（a）所示的典型接线为例。由于一般电气设备的等值入口电容都不大，因此可以忽略其影响。被保护设备处可以认为是开路，故得到等值电路，如图 11-34（b）所示。

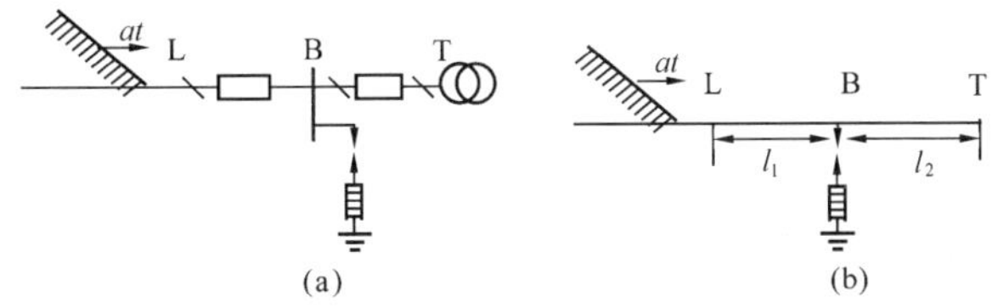

图 11-34 分析雷电波侵入变电站的典型接线和等值电路

（a）典型接线；（b）等值电路

可以应用网格法进行分析，如图 11-35 所示。设侵入波为斜角波 $u(t)=at$，分析时分别以各点出现电压的时刻为各自的时间零点。

（1）避雷器上的电压 $u_B(t)$。T 点的反射波尚未到达 B 点时，$u_B(t)=at$。

T 点的反射波到达 B 点以后至避雷器动作前，$u_B(t)=at+a\left(t-\frac{2l_2}{v}\right)=2a\left(t-\frac{l_2}{v}\right)$（假

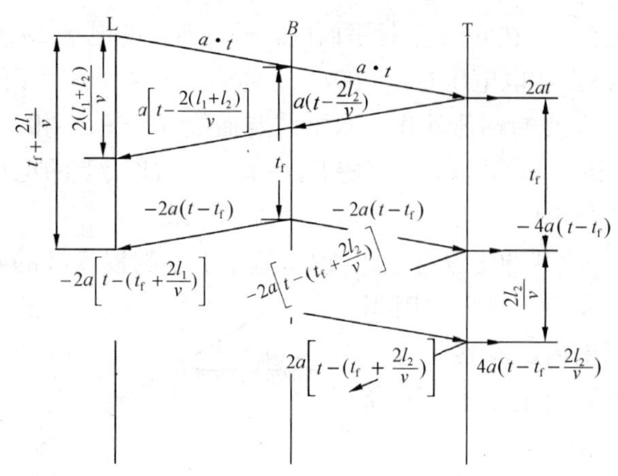

图 11-35　计算电压用的网络图

设避雷器的放电时间 $t_f > \frac{2l_2}{v}$)，其中 v 为波速。

当 $t = t_f$ 时，$u_B(t)$ 与避雷器伏秒特性相交，避雷器动作，由于避雷器非线性特性较好，此后可以认为避雷器保持不变的残压 U_{b-5}（5kA 下的残压)。这样，可以认为在 $t=t_f$ 时在 B 点叠加了一个负的电压波 $-2a(t-t_f)$，即当 $t \geqslant t_f$ 时

$$u_B(t) = 2a\left(t - \frac{l_2}{v}\right) - 2a(t - t_f) = 2a\left(t_f - \frac{l_2}{v}\right) = U_{b-5} \quad (11\text{-}43)$$

图 11-36 分别表示图 11-35 中 L、B 和 T 点的电压波形。

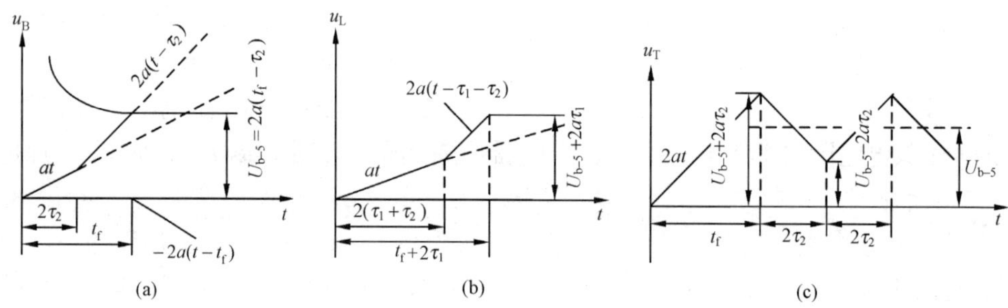

图 11-36　接线上各点的电压波形

(a) L 点；(b) B 点；(c) T 点

由式（11-42）可得

$$t_f = \frac{U_{b-5}}{2a} + \frac{l_2}{v} \quad (11\text{-}44)$$

避雷器上电压 $u_B(t)$ 见表 11-7。

表 11-7　　避雷器上电压 u_B（t）

t	u_B
$t < \frac{2l_2}{v}$	at
$t_f > t > \frac{2l_2}{v}$	$at + a\left(t - \frac{2l_2}{v}\right) = 2a\left(t - \frac{l_2}{v}\right)$
$t > t_f$	$2a\left(t - \frac{l_2}{v}\right) - 2a(t - t_f) = 2a\left(t_f - \frac{l_2}{v}\right) = U_{b-5}$

(2) 进线隔离开关上的电压 $u_L(t)$ 和变压器上的电压 $u_T(t)$。变压器上电压的最大值 u_T 为

$$u_T = U_{b-5} + 2a\frac{l_2}{v} \quad (11\text{-}45)$$

因此，不论被保护设备位于避雷器前或避雷器后，只要设备离避雷器有一段距离 l，则设备上所受冲击电压的最大值必然高于避雷器的残压，其差值为

$$\Delta u = 2a\frac{l}{v} \tag{11-46}$$

进线隔离开关上的电压 $u_L(t)$ 和变压器上的电压 $u_T(t)$ 见表 11-8 和表 11-9。

表 11-8　进线隔离开关上的电压 u_L (t)

t	u_L
$t<\frac{2(l_1+l_2)}{v}$	at
$t_f+\frac{2l_1}{v}>t>\frac{2(l_1+l_2)}{v}$	$at+a\left[t-\frac{2(l_1+l_2)}{v}\right]=2a\left(t-\frac{l_1+l_2}{v}\right)$
$t>t_f+\frac{2l_1}{v}$	$2a\left(t-\frac{l_1+l_2}{v}\right)-2a\left[t-\left(t_f+\frac{2l_1}{v}\right)\right]=2a\left(t_f+\frac{l_1-l_2}{v}\right)=U_{b-5}+2a\frac{l_1}{v}$

表 11-9　变压器上的电压 u_T (t)

t	u_T
$t<t_f$	$2at$
$t=t_f$	$2at_f=U_{b-5}+2a\frac{l_2}{v}$
$t=t_f+\frac{2l_2}{v}$	$2a\left(t_f+\frac{2l_2}{v}\right)-4a\left[t_f-\left(t_f-\frac{2l_2}{v}\right)\right]=2a\left(t_f-\frac{2l_2}{v}\right)=U_{b-5}-2a\frac{l_2}{v}$
$t=t_f+\frac{4l_2}{v}$	$2at_f=U_{b-5}+2a\frac{l_2}{v}$
⋮	⋮

变压器上电压具有振荡性质，其振荡轴为 U_{b-5}，这是由于避雷器动作后产生的负电压波在 B 点与 T 点之间多次反射引起的。

以上分析是从最简单、最严重的情况出发的。实际上，变电站接线比较复杂，出线可能不止一路，设备本身又存在对地电容，这些都将对变电站的波过程产生影响。

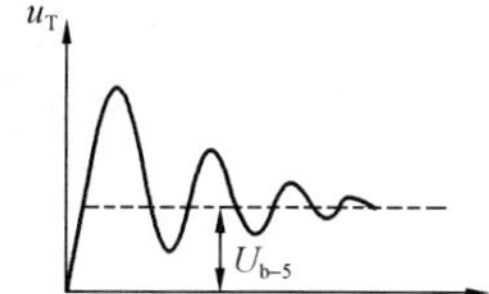

图 11-37　雷电波侵入变电站时，变压器上典型的实际过电压波形

实际的过电压波形如图 11-37 所示，其振荡轴为避雷器的残压。这种波形和冲击全波相差很大，它对变压器绝缘的作用与截波相近，所以通常拿它的最大值与变压器的多次截波耐压值（约等于三次截波耐压值的 1/1.15）。表 11-10 列出了不同电压等级变压器多次截波耐压值与避雷器的残压。

表 11-10　变压器多次截波耐压值与避雷器残压的比较

额定电压 (kV)	变压器三次截波耐压 U_{ch0-5} (kV)	变压器多次截波耐压 U_{ch0} (kV)	FZ 避雷器 5kA 残压 U_{b-5} (kV)	FCZ 避雷器 5kA 残压 U_{b-5} (kV)	变压器多次截波耐压与避雷器残压的比	
					FZ	FCZ
35	225	196	134	108	1.46	1.81
110	550	478	332	260	1.44	1.83
220	1090	949	664	515	1.43	1.85
330	1300	1130	—	820	—	1.38

3. 最大电气距离

从前面的分析可以看出，当侵入波陡度一定时，避雷器与被保护设备之间的电气距离越大，设备上电压高出避雷器的残压也就越多。因此，要使避雷器起到良好的保护作用，它与被保护设备之间的电气距离就不能超过一定的值，即存在一个最大电气距离。超过最大电气距离后，设备上所受的冲击电压 U_{sh} 将超过其冲击耐压（多次截波耐压值）U_{ch0}，保护失效。在变电站设计时，应使所有设备到避雷器的电气距离都在保护范围内，即满足

$$U_{sh} \leqslant U_{ch0} \tag{11-47}$$

$$U_{b-5} + 2a\frac{l}{v}K \leqslant U_{ch0} \tag{11-48}$$

对于一定陡度的侵入波，最大允许电气距离 l_{max} 为

$$l_{max} = \frac{U_{con} - U_{b-5}}{2\dfrac{a}{v}K} \tag{11-49}$$

图 11-38（a）和（b）分别表示一路进线与两路进线的变电站避雷器与主变压器、电压互感器间的最大电气距离与侵入波陡度的关系，横坐标为波的空间梯度 $a'\left(=\dfrac{a}{v}\right)$。变电站内其他设备的冲击耐压值较变压器高，它们与避雷器间的电气距离可相应增大 35%。图中 35～220kV 级系按普通阀型避雷器计算，330kV 级系按磁吹阀型避雷器计算。不难理解，采用保护性能比普通阀型避雷器更好的磁吹避雷器或氧化锌避雷器，就能增大保护距离。表 11-11 和 11-12 分别列出了我国标准推荐的采用普通阀型避雷器和金属氧化锌避雷器后的最大电气距离。

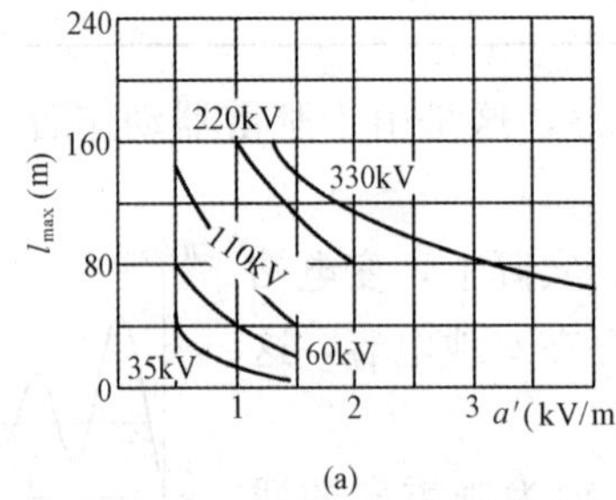

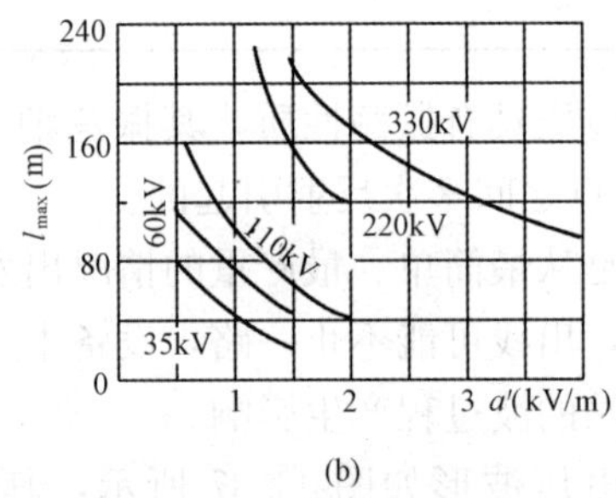

图 11-38　避雷器与变压器间的最大电气距离与侵入波陡度的关系

（a）一路进线时；（b）两路进线时

表 11-11　　普通阀型避雷器至主变压器之间的最大电气距离　　m

额定电压（kV）	进线段长度（km）	进线路数			
		1	2	3	≥4
35	1	25	40	50	55
	1.5	40	55	65	75
	2	50	75	90	105
66	1	45	65	80	90
	1.5	60	85	105	115
	2	80	105	130	145

续表

额定电压（kV）	进线段长度（km）	进线路数			
		1	2	3	≥4
110	1 1.5 2	45 70 100	70 95 135	80 115 160	90 130 180
220	2	105	165	195	220

注 1. 全线有避雷线时按进线段长度为 2km 选取，进线段长度在 1～2km 之间时按补插法确定。

2. 35kV 也适用于有串联间隙金属氧化物避雷器的情况。

表 11-12　金属氧化物避雷器至主变压器之间的最大电气距离　m

额定电压（kV）	进线段长度（km）	进线路数			
		1	2	3	≥4
110	1 1.5 2	55 90 125	85 120 170	105 145 205	115 165 230
220	2	125(90)	195(140)	235(170)	265(190)

注 1. 本表也适用于电站碳化硅磁吹避雷器（FM）的情况。

2. 本表括号内所对应的雷电冲击全波耐受电压为 850kV。

对一般变电站的雷电侵入波保护设计主要在于选择避雷器的安装位置，其原则是在任何可能的运行方式下，变压器和各设备到避雷器的电气距离均应小于其最大电气距离。避雷器一般装设在母线上，如一组避雷器不能满足要求，则应考虑增设。对于接线复杂和特殊的变电站，需要通过模拟试验和计算来确定阀型避雷器的安装数量和位置。

三、变电站的进线段保护

当雷电波侵入变电站时，要使变电站的电气设备得到可靠的保护，必须限制侵入波的陡度，并限制流过避雷器的雷电流以降低残压。运行经验表明，变电站的雷电侵入波事故约有 50%是由雷击离变电站 1km 以内的线路引起的，约有 71%是由雷击 3km 以内的线路引起的。这就要求变电站的线路进线段应有更好的保护，它是对雷电侵入波防护的一个重要辅助手段。

进线段保护是指在临近变电站 1～2km 的一段线路上加强防雷保护措施。对于 35～110kV 全线无避雷线的线路，进线段须架设避雷线，保护角取 20°；同时，对于上述线路以及 110km 以上已沿全线架设避雷线的线路，在进线段内应使保护角减小，并使线路有较高的耐雷水平，以减小进线段内由于绕击或反击所形成的侵入波的概率。这样，可以认为侵入变电站的雷电波主要来自进线保护段之外，在进入变电站以前必须经过进线段这一段距离。

变电站内设备距避雷器的最大电气距离 l_{max} 就是根据进线段以外落雷的条件求得的，这样就可以保证进线段以外落雷时变电站不会发生事故。35kV 及以上变电站的进线段保护典型接线如图 11-39 所示。

1. 进线段保护的作用

进线段主要起两方面的作用：①进入变电站的雷电过电压波将来自进线段以外的线路，

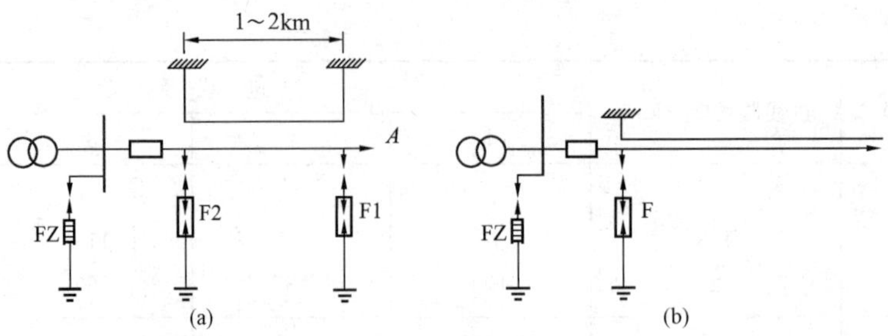

图 11-39　35kV 及以上变电站的进线段保护接线

（a）未沿全线架设避雷线的 35～110kV 线路的变电站的进站保护接线；（b）全线有避雷线的变电站的进站保护接线

它们在流过进线段时将因冲击电晕而发生衰减和变形，降低了波前陡度和幅值；②利用进线段来限制流过避雷器的冲击电流幅值。

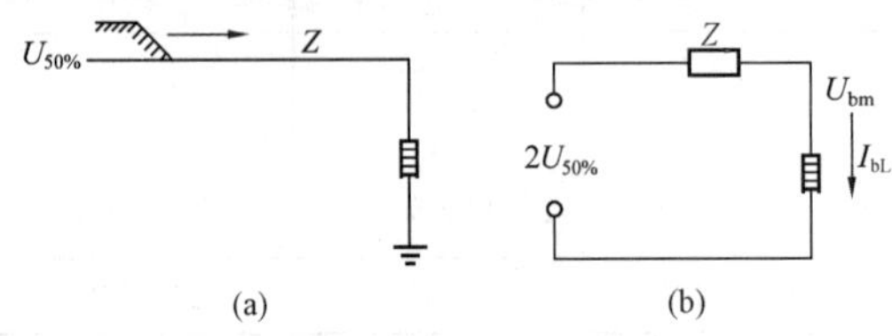

图 11-40　进线段限制避雷器电流的原理接线及等值电路

（a）原理接线；（b）等值电路

（1）进线段首端落雷，流经避雷器的电流。首端落雷是最严重的情况。受线路绝缘放电电压的限制，雷电侵入波的最大幅值为线路绝缘的 50%冲击闪络电压 $U_{50\%}$。雷电波在 1～2km 的进线段内往返一次所需要的时间为 $t=2l/v=6.7\sim13.3\mu s$，而侵入波的波头很短，故避雷器动作后产生的负电压波折回雷击点在雷击点产生的反射波到达避雷器前，流经避雷器的雷电流已过峰值。因此可以不计再次反射及以后过程的影响，只按原侵入波进行分析，可用图 11-40 所示的等值电路列出方程，即

$$2U_{50\%}=I_{bL}Z+U_{bm} \tag{11-50}$$

式中　I_{bL}——流经避雷器的最大雷电流；

Z——进线段导线波阻；

U_{bm}——避雷器的最大残压。

由于避雷器阀片的良好的非线性特性，可以假定残压不随 I_{bL} 的变化而为常数 U_{b-5}，则式（11-50）的解为

$$I_{bL}=\frac{2U_{50\%}-U_{b-5}}{Z} \tag{11-51}$$

可见，避雷器中的雷电流不超过 5kA，这也是避雷器电气特性中一般给出 5kA 下残压值作为标准的理由。不同电压等级的变电站避雷器雷电流幅值计算结果见表 11-13。

表 11-13　变电站外落雷，流经单路进线的变电站避雷器雷电流幅值计算结果

额定电压（kV）	避雷器型号	线路绝缘的 $U_{50\%}$（kV）	I_{bL}（kA）
35	FZ-35	350	1.4
110	FZ-110J	700	2.7
220	FZ-220J	1200～1400	4.5～5.3
330	FCZ-330J	1645	7
500	FCZ-500J	2060～2310	8.6～10

从表可知，1～2km 长的进线段已能够满足限制避雷器中雷电流不超过 5kA（或 10kA）的要求。

（2）进入变电站的雷电波的陡度。在分析进线段对进入的雷电波陡度的影响时，可以从最严重的情况出发，即出现在进线段首端的入侵雷电波的最大幅值为线路的 $U_{50\%}$ 且具有直角波头。由于 $U_{50\%}$ 已大大超过导线的临界电晕半径，因此在侵入波的作用下，线路上将出现冲击电晕，导致波形变形、波头变长，可以求得进入变电站的雷电波的陡度 a 为

$$a=\frac{U}{\Delta\tau}=\frac{U}{\left(0.5+\frac{0.008U}{h_{\text{wir}}}\right)l}\quad(\text{kV}/\mu\text{s})\tag{11-52}$$

或

$$a'=\frac{a}{v}=\frac{a}{300}\quad(\text{kV/m})\tag{11-53}$$

式中 U——来波幅值，kV；

h_{wir}——导线平均高度，m；

l——进线段长度，km。

表 11-14 列出了用式（11-52）、式（11-53）计算得到的不同电压等级的变电站侵入波的计算陡度 a' 值。由该表按已知的进线段长度求出 a' 值后，求得变压器或其他设备到避雷器的最大电气距离 $l_{\max}$。

表 11-14　　变电站侵入波计算陡度

额定电压（kV）	计算用进波陡度 a'（kV/m）	
	进线段长 1km	进线段长 2km 或全线有避雷线
35	1.0	0.5
110	1.5	0.75
220	—	1.5
330	—	2.2
500	—	2.5

图 11-39 所示的 35kV 及以上变电站的进线段保护典型接线中，另外安装了三组避雷器。安装在进线段首端的 F1 为管型避雷器用以限制入侵雷电波的幅值。在雷雨季节，进线的断路器或隔离开关可能经常处于开路状态，而此时线路侧又经常带工频电压（开关处于热备用状态），当沿线有 $U_{50\%}$ 幅值的雷电波入侵时，在此断开点将发生全反射，电压加倍，有可能使断路器或隔离开关对地闪络。此时由于线路侧带电，将进一步导致工频短路，有可能将断路器或隔离开关的绝缘部件烧毁。因此，必须在靠近隔离开关或断路器处装设一组管型避雷器 F2，在断路器闭合运行时该避雷器不能动作，即此时 F2 应在变电站阀型避雷器的保护范围内。如 F2 在断路器闭合运行时由于侵入波而发生放电，则将造成截波，可能危及纵绝缘与相间绝缘。若选不到适当参数的避雷器，则 F2 可用阀型避雷器或保护间隙代替。

四、变电站防雷的几个具体问题

1. 三绕组变压器的保护

当三绕组变压器的高压侧或中压侧有雷电过电压波袭来时，通过绕组间的静电耦合和电磁耦合，在低压绕组上也会出现一定的过电压。最不利的情况是低压绕组处于开路状态，对地电容很小，这时静电感应分量可能很大而危及绝缘。考虑到静电分量将使低压绕组的三相

导线电位同时升高，所以只要在任一相低压绕组出线端加装一只该电压等级的阀型避雷器，就能保护好三相低压绕组。中压绕组虽也有开路运行的可能，但因其绝缘水平较高，一般不需加装避雷器来保护。

2. 自耦变压器的保护

自耦变压器除有高、中压绕组外，还有三角形接线的非自耦绕组，以减小零序阻抗和改善电压波形。在此非自耦低压绕组上，应加装一台避雷器，以限制静电感应过电压。

在运行中，有可能出现高、低压绕组运行、中压绕组开路及中、低压绕组运行、高压绕组开路的情况。

由于高、中压绕组的中性点均直接接地，因而在雷电波（幅值为 U_0）侵入高压侧时，自耦绕组各点的电压初始分布、稳态分布和各点最大电压的包络线均与中性点接地的单绕组相同。因此，在开路的中压侧端子 A′上可能出现的最大电压约为高压侧电压 U_0 的 $2/k$（k 为变压器变比），如图 11-41（a）所示。这可能使处于开路状态的中压端的套管闪络，故在中压套管与断路器之间应装设一组避雷器保护。

当幅值为 U'_0 的雷电波从中压侧侵入而高压侧开路时，绕组中的初始和稳态电位分布分别如图 11-41（b）中的曲线 1、2 所示，曲线 3 为最大电位包络线。从图中可以看出，A′-0 段和 A′-A 段的稳态电位分布是不同的，前者与末端接地的变压器绕组相同，后者取决于电磁感应。因此，高压端 A 的稳态电位上升到 kU'_0，且振荡电压的最大值约为 kU'_0，这将危及处于开路状态的高压端，因此在高压端和断路器之间也应装设一组避雷器。

自耦变压器的防雷保护接线如图 11-42 所示。

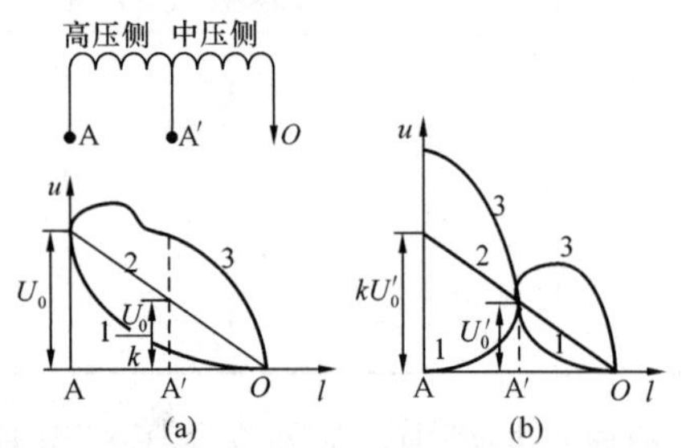

图 11-41 雷电波侵入自耦变压器时的过电压

（a）中压侧开路情形；（b）高压侧开路情形

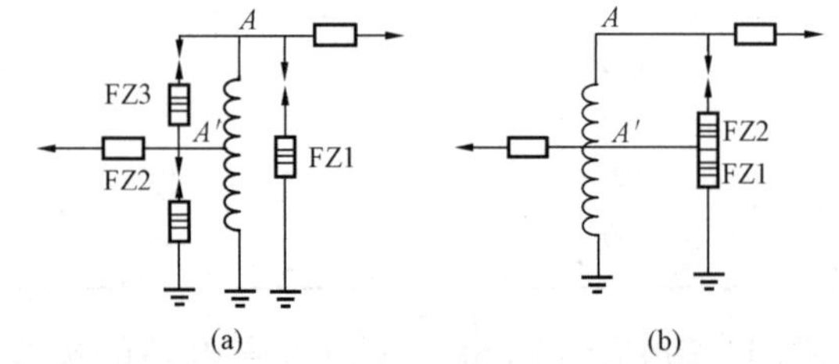

图 11-42 自耦变压器的防雷保护接线

（a）避雷器保护方式一；

（b）避雷器保护方式二

此外，需要注意下述情况：当中压侧接有出线时（相当于 A′点经线路波阻抗接地），如高压侧有过电压波入侵，A′点的电位接近于零，大部分过电压将作用在 A-A′段绕组上，这显然是危险的；同样地，高压侧接有出线时，中压侧进波也会造成类似的后果。显然，A-A′绕组越短（即变比 k 越小），危险性越大。一般在 $k<1.25$ 时，还应在 A-A′之间再跨接一组避雷器（图 11-42 中的 FZ3）。图 11-42（b）是采用“自耦”避雷器的保护接线，与（a）相比，可以节省避雷器元件，但引线较麻烦。

3. 变压器中性点的保护

当三相来波时，变压器中性点的电位，会达到绕组首端电压的两倍，因此需要考虑变压器中性点的保护问题。

对于 35kV 及以下的中性点非有效接地系统，变压器是全绝缘的，其中性点的绝缘水平与相线端相同。由于三相来波的概率较小，来波大多源自远处从而使波头较缓，进线多起分流作用等因素，因此一般不用接避雷器保护。

对于 110kV 及以上的中性点有效接地系统，由于继电保护的需要，可能有一部分变压器的中性点不接地运行。而在这些系统中的变压器往往是分级绝缘的，即变压器中性点绝缘水平比相线端低得多（如我国 110kV 和 220kV 变压器中性点的绝缘分别为 35kV 级和 110kV 级绝缘)，故需在中性点上加装阀型避雷器或间隙。避雷器的灭弧电压应大于该电网一相接地而引起的中性点电位升高的有效值，以免爆炸。在中性点直接接地的电网中，一相接地时中性点电位升高的稳态值最大可达到最高运行线电压的 35%，所以中性点保护用避雷器的灭弧电压可选用系统最高运行线电压的 0.4 倍。

4. 配电变压器的保护

配电变压器的保护接线如图 11-43 所示。应尽量在靠近高压侧线上装设氧化锌或阀型避雷器，其接地线应与变压器的金属外壳以及低压侧中性点（变压器中性点绝缘时则为中性点的击穿保险管的接地端）连在一起共同接地，并应尽量减小接地线的长度，以减小其上的压降。这样，当避雷器动作时，作用在变压器主绝缘上的就主要是避雷器残压，不包括接地电阻上的压降。这种共同接地的缺点是避雷器动作时引起的地电位升高，可能危害低压用户安全。

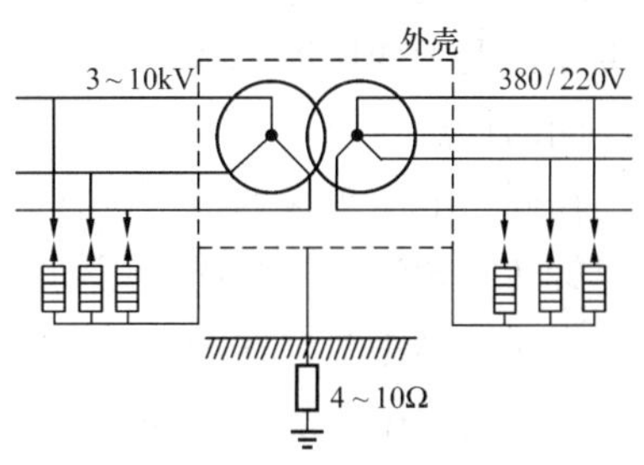

图 11-43 配电变压器的保护接线

运行经验表明，如果只在高压侧装设避雷器，还不能免除变压器遭受“正、反变换过电压”的危害。正、反变换过电压是指高压侧线路受到直击或感应雷击使避雷器动作时，冲击大电流在接地电阻上产生较大的冲击电压，该电压将同时作用在低电压侧线路的中性点上；低压线路可视为经波阻抗接地，因此中性点电压的大部分降落在低压绕组上，这部分电压经过电磁耦合，按变比关系在高压绕组上感应出过电压。由于高压绕组的出线端的电压受避雷器限制，故在高压绕组上感应出的过电压将沿高压绕组分布，在中性点处达到最大值，可能危及中性点附近的绝缘，也会危及绕组的相间绝缘。为了防止这种过电压，应该在配电变压器的低压侧加装氧化锌避雷器。

5. GIS 防雷保护的特点

全封闭 SF_6 气体绝缘变电站（GIS）因具有一系列优点而日益获得广泛采用。它的防雷保护除与常规变电站具有共同的原则外，也有自己的一些特点：

(1) 由于内部电场为均匀场或稍不均匀场，GIS 绝缘的伏秒特性很平坦，其冲击系数接近于 1（约为 1.2～1.3)，且负极性击穿电压较正极性低，因此其绝缘水平主要取决于雷电冲击水平，因而对所用避雷器的伏秒特性、放电稳定性等技术指标都提出了特别高的要求，最好采用保护性能优异的氧化锌避雷器。

(2) GIS 结构紧凑，设备之间的电气距离大大缩减，被保护设备与避雷器相距较近，比常规变电站有利。

(3) GIS 的同轴母线的波阻抗一般只有 60～100Ω，约为架空线的 1/5。从架空线入侵的过电压波经过折射，其幅值和陡度都显著变小，这对变电站的侵入波防护也是有利的。

(4) GIS 内的绝缘，大多为稍不均匀电场结构，一旦出现电晕，电子崩很容易发展成击穿，而且不能恢复原有的电气强度，甚至导致整个 GIS 系统损坏，而 GIS 本身的价格远较敞开式变电站昂贵，因而要求它的防雷保护措施更加可靠，在绝缘配合中留有足够的裕度。

根据以上分析和模拟计算结果，GIS 的雷电过电压较敞开式变电站低，实现过电压保护比较容易。例如，对于 500kV 级 GIS，2000m 进线段只要最靠近变电站的一基杆塔的工频接地电阻保持在 15Ω 以下，其余为 20Ω，就能保证有足够的耐雷水平。

在实施保护时，应尽可能避免采用性能不同的避雷器搭配对 GIS 进行保护，因为这会妨碍 ZnO 避雷器发挥应有的保护作用。

五、旋转电机的防雷保护

1. 旋转电机防雷保护的特点

旋转电机（发电机、调相机、大型电动机等）防雷保护要比变压器困难得多，雷害事故率也往往大于变压器。这是因为旋转电机在绝缘结构、性能和绝缘配合方面具有一些与变压器不同的特点。

在同一电压等级的电气设备中，旋转电机的冲击绝缘强度最低。原因在于：①电机具有高速旋转的转子，故只能采用固体介质，而不能像变压器那样可以采用固体－液体（变压器油）介质组合绝缘；在制造过程中，固体介质容易受到损伤，绝缘内易出现空洞或缝隙，因此在运行过程中容易发生局部放电，导致绝缘劣化。②电机绝缘的运行条件最为严酷，要受到热、机械振动、空气中的潮气、污秽、电气应力等因素的联合作用，老化较快。③电机绝缘结构的电场比较均匀，其冲击系数接近于 1，因而在雷电过电压下的电气强度是最薄弱的一环。因此，电机的额定电压、绝缘水平都不可能太高。表 11-15 所示为旋转电机主绝缘与变压器冲击耐压值、避雷器特性的比较，表中 U_e 为额定电压值。从表中可以看出，电机的冲击耐压只有变压器的 1/4～1/2。

表 11-15　旋转电机主绝缘与变压器冲击耐压值、避雷器特性的比较

电机额定电压（kV）	电机出厂工频试验电压（kV）	电机出厂冲击耐压估计值（幅值）（kV）	同级变压器出厂冲击试验电压（幅值）（kV）	运行中交流耐压 $1.5\sqrt{2}U_e$（幅值）（kV）	运行中直流耐压 $2.5U_e$（幅值）（kV）	相应的磁吹避雷器 3kA 残压（幅值）（kV）	氧化锌避雷器 3kA 残压（幅值）（kV）
3.15	$2U_e+1$	10.3	43.5	6.7	7.9	9.5	7.8
6.3	10MW 以下 $2U_e+1$	19.2	60	13.4	15.8	19	15.8
	10MW 及以上 $2.5U_e$	22.3					
10.5	$2U_e+3$	34.0	80	22.3	26.3	31	26
13.8	$2U_e+3$	43.3	108	29.3	34.5	40	34.2
15.75	$2U_e+3$	48.8	108	33.4	39.4	45	39

保护旋转电机用的 FCD 磁吹避雷器、ZnO 避雷器的残压和电机的冲击耐压值很接近，裕度很小。因此发电机只靠避雷器保护是不够的，还必须与电容器、电抗器、电缆段等配合起来进行保护。

匝间绝缘要求侵入波陡度受到严格限制。因为发电机绕组的匝间电容很小和不连续，迫使过电压波进入电机绕组后只能沿绕组导体传播，而它每匝绕组的长度又远比变压器绕组大，作用在相邻两匝间的过电压与进波的陡度 a 成正比。为了保护好电机的匝间绝缘，必须严格限制进波陡度。

总之，旋转电机的防雷保护要求高、困难大，需要全面考虑绕组的主绝缘、匝间绝缘和中性点绝缘的保护要求。

从防雷的观点来看，发电机可分为两大类：一类是经过变压器再接到架空线上去的电机，简称非直配电机；另一类是直接与架空线相连（包括经过电缆段、电抗器等元件与架空线相连）的电机，简称直配电机。因线路上的雷电波可以直接传入直配电机，故直配电机的防雷保护显得特别突出。

六、直配电机的防雷保护

直馈线的电压等级都在 10kV 及以下，绝缘水平较低。雷击线路或邻近线路的大地产生的直击雷或感应雷，都有可能沿线路侵入，危及直配发电机的绝缘。我国电力行业标准 DL/T 620—1997 推荐的 25～60MW 直配发电机防雷保护接线如图 11-44 所示，它采用了多种保护措施。由图可见，直配发电机防雷的主要措施有：

（1）在发电机出线母线上装设一组保护旋转电机专用的 ZnO 避雷器或 FCD 型磁吹避雷器（图 11-44 中 FCD2），这是限制进入发电机绕组的侵入波幅值的最后一关。

（2）发电机母线上装设一组并联电容器 C，以限制进波陡度和降低感应雷击过电压的作用。为了保护发电机的匝间绝缘，侵入波陡度必须限制到一定值（5kV/μs）以下（图 11-44 中 C=0.25～0.5μF/相）。

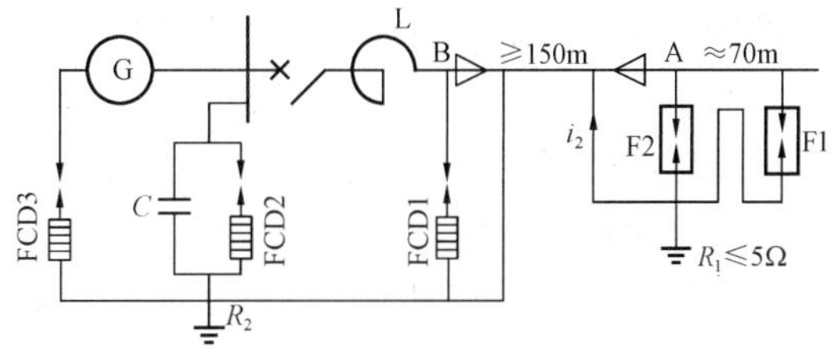

图 11-44 25～60MW 直配发电机防雷保护接线

（3）插接一段电缆段（图 11-44 中长度 150m 以上），通过电缆外皮对缆芯的分流，限制流入避雷器 FCD2 的冲击电流，以限制避雷器上的电压。

如侵入波幅值太大，当电缆前端的管型避雷器（图中 F2）动作后，电缆芯线与外皮短接，电流主要通过 R_1 入地，其上压降同时加在芯线和外皮上。当电缆外皮流过电流时，由于电缆芯线与外皮间的互感近似等于外皮的自感，因此电缆芯线中被外皮电流感应出来的反电动势阻止电流沿芯线流向电机，绝大部分雷电流自外皮流走。阀型避雷器或氧化锌避雷器（图中 FCD1）用来保护电抗器和电缆头的绝缘。装设限制工频短路电流的电抗器，它在防雷方面也能发挥降低进波陡度和减小流过 FCD2 的冲击电流的作用。

（4）发电机中性点有引出线时，在中性点加装一只旋转电机中性点避雷器保护（图 11-44 中 FCD3），否则需加大母线并联电容以进一步限制侵入波陡度（2kV/μs 以下）。

发电机的中性点大多不接地或经消弧线圈接地，因此在电网中发生单相接地故障时，发电机的中性点电位将升至相电压，所以用于保护中性点绝缘的 FCD3 灭弧电压应高于相电压。

（5）加装管型避雷器以发挥电缆段的作用。

由以上分析可知，电缆段发挥限流作用的前提是管型避雷器 F2 发生动作。但实际上，由于电缆的波阻抗远小于架空线，过电压波到达电缆始端 A 点时会发生负反射波，使 A 点的电压立即下降，所以 F2 很难动作，这样电缆也就无从发挥作用了。为了解决这一问题，可以在离 A 点 70m 左右的前方安装一组管型避雷器 F1。应特别注意的是，F1 不能就地接地，而必须用一段专门的耦合连线（它在 F1 处需对塔身绝缘）连接到 A 点的接地装置 R_1 上（R_1 的阻值应不大于 50Ω），只有这样，F1 的动作才能代替 F2 的动作，让电缆段发挥其限流作用。保留 F2 的目的是，让它在遇到强雷击时作为 F1 的后备保护措施；另外，它还能为 A 处绝缘薄弱的电缆头提供保护。

即使采用了上述严密的保护措施后，仍然不能确保直配电机绝缘的绝对安全，因此 DL/T 620—1997《交流电气装置的过电压保护和绝缘配合》仍规定 60MW 以上的发电机不能与架空线路直接连接，即不能以直配电机的方式运行。

七、非直配电机的防雷保护

国内外运行经验表明，经变压器送电的电机在防雷上比直配电机更可靠，但也有一些被雷击坏的情况。

经变压器送电的发电机可能受到的雷电过电压是经由变压器绕组传递的过电压。这一电压可分为静电感应和电磁感应两个分量。如变压器低压绕组到电机绕组的连线是电缆或封闭式母线，则由于它们对地的杂散电容较大，一般可使静电感应分量降低到对电机无害的程度。

如发电机与变压器间有较长（大于 50m）的架空母线或软连接线时，除应有直击雷保护外，还应防止雷击附近避雷针时产生感应过电压。为此，应在电机出线上装设电容器（每相不小于 0.15μF）或避雷器，它们同时可以用于限制静电感应过电压。

电磁感应分量的大小与变压器高压侧避雷器的特性、进波方式、变压器的变比及接线方式以及电路对振荡的阻尼条件等有关，一般对电机绝缘的危害较小。运行经验表明，在出现某些不利因素组合的情况下，仍有在电机绕组上出现较高电压的可能。因此，经变压器送电的特别重要的发电机，在其出线上宜装设一组磁吹避雷器或氧化锌避雷器，以保证安全。

第六节　内部过电压

在电力系统中，除了前面所介绍的雷电过电压，还经常出现另一类过电压——内部过电压，它的产生根源在电力系统内部。由于断路器操作、故障或其他原因，使系统参数发生变化，在系统内部引起电磁能量的积累和振荡的过渡过程中产生的过电压就称为内部过电压。

内部过电压可按其产生原因分为操作过电压和暂时过电压，前者因操作或故障引起；后者因系统的电感电容参数配合不当引起，包括谐振过电压和工频电压升高。它们也可以按持续时间的长短来区分，一般操作过电压的持续时间在 0.1s（5 个工频周波）以内，而暂时过电压的持续时间要长得多。

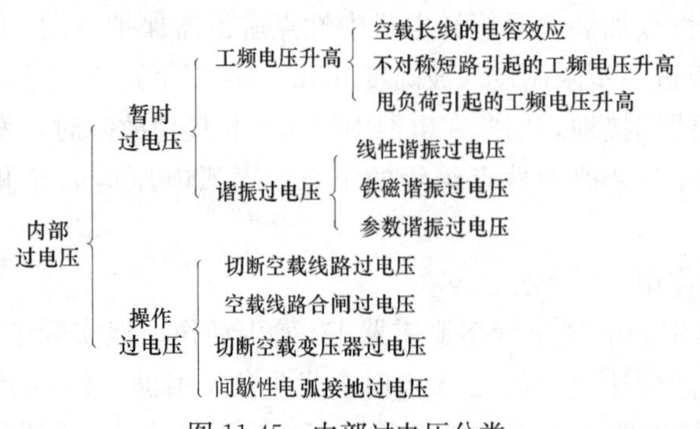

图 11-45　内部过电压分类

内部过电压因其产生原因、发展过程、影响因素的多样性，而具有种类繁多、机理各异的特点。图 11-45 所示为出现频繁、对绝缘水平影响较大、发展机理也较典型的内部过电压。

与雷电过电压不同，内部过电压的

能量来自电网本身，是在电网额定电压的基础上产生的，故其幅值大小与电网的工作电压大致上有一定的比例关系，因而往往用工作电压的倍数来表示。内部过电压倍数是指内部过电压峰值与该处工频相电压的幅值之比。内部过电压倍数与电网结构、系统容量及参数、中性点接地方式、断路器性能、母线上出线回数及电网运行接线、操作方式等因素有关，一般情况下为2～4倍。

一、工频电压升高

工频电压升高又称工频过电压，工频过电压的幅值不高，对系统中具有正常绝缘的电气设备没有危险，但在超高压系统的绝缘配合中，工频过电压具有重要作用。因为它和操作过电压常常同时发生，因此其大小直接影响操作过电压的幅值；同时，工频过电压的大小也是决定避雷器额定电压的重要依据。另外，如果持续时间很长，工频过电压对设备绝缘及其运行性能也有重大影响。

1. 空载长线的电容效应

当输电线路不太长时，可以用集中参数的T型或π型等值电路来代替。图11-46（a）所示为单相线路的T型等值电路，图中R_0、L_0分别为电源的内电阻和内电感，R_T、C_T、L_T分别为T型等值电路中的线路等值电阻、电容和电感，$e(t)$为电源相电动势。对于空载线路，可以简化成图11-46（b）所示R、L、C串联电路。空载线路的工频容抗X_C大于感抗X_L，且R一般要比X_L和X_C小得多，则在电源电压的作用下，回路中将流过容性电流。由于电感上压降U_L与电容上的压降U_C反相，且$U_C>U_L$，因此电容上的压降大于电源电动势，这就是空载线路的电容效应引起的工频电压升高，如图11-46（c）所示。其关系式为

$$\dot{E}=\dot{U}_R+\dot{U}_L+\dot{U}_C=R\dot{I}+jX_L\dot{I}-jX_C\dot{I} \tag{11-54}$$

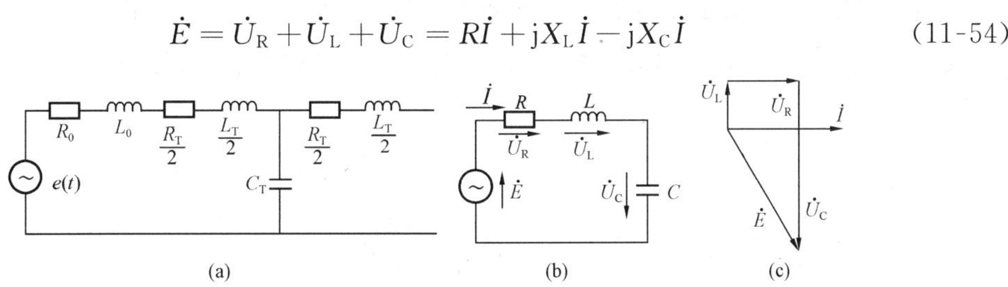

图11-46　单相输电线路的集中参数等值电路

（a）T型等值电路；（b）简化等值电路；（c）相量图

若忽略R的作用，则

$$\dot{E}=\dot{U}_L+\dot{U}_C=j\dot{I}(X_L-X_C) \tag{11-55}$$

随着输电电压的提高和输送距离的增长，在分析空载长线的电容效应时，需要采用分布参数等值电路，如图11-47所示。由图11-47可以求得空载无损线路上距开路的末端x处的

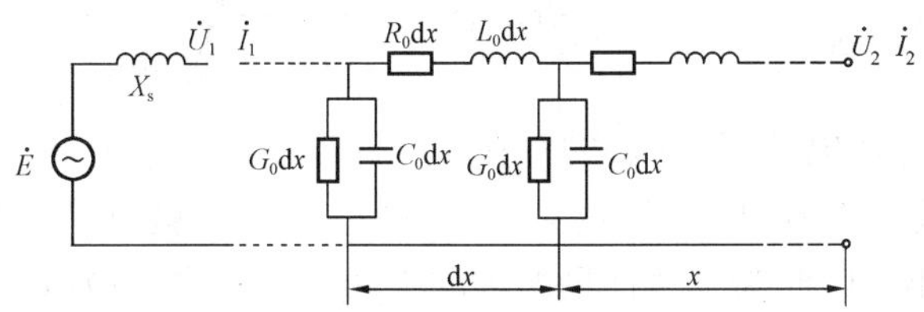

图11-47　线路分布参数链型等值电路

电压为

$$\dot{U}_x = \frac{\dot{E}\cos\theta}{\cos(\alpha l + \theta)}\cos\alpha x \tag{11-56}$$

$$\theta = \arctan\frac{X_s}{Z}, Z = \sqrt{\frac{L_0}{C_0}}, \alpha = \frac{\omega}{v}$$

式中 $\dot{E}$——系统电源电压；

Z——线路波阻抗；

X_s——系统电源等值电抗；

ω——电源角频率；

v——光速。

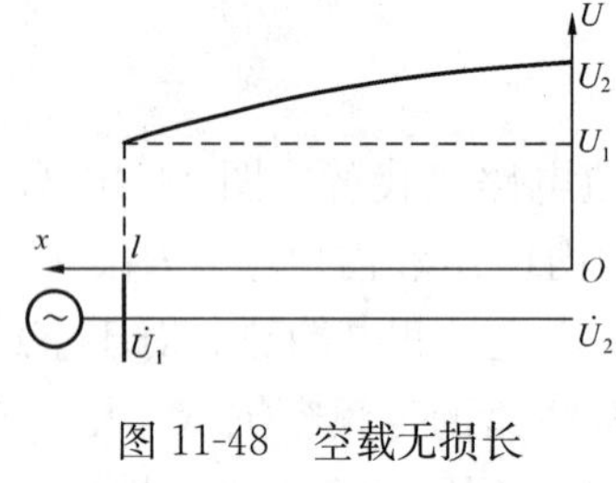

图 11-48 空载无损长线电压分布

由式（11-58）可见：

（1）线路上的工频电压自首端起逐渐上升，沿线按余弦曲线分布。如图 11-48 所示，在线路末端电压最高。

线路末端电压 $\dot{U}_2$ 为

$$\dot{U}_2 = \frac{\dot{E}\cos\theta}{\cos(\alpha l + \theta)}\cos\alpha x \Big|_{x=0} = \frac{\dot{E}\cos\theta}{\cos(\alpha l + \theta)} \tag{11-57}$$

将式（11-57）代入式（11-56），得

$$\dot{U}_x = \dot{U}_2\cos\alpha x \tag{11-58}$$

这表明 $\dot{U}_x$ 为 αx 的余弦函数，且在 $x=0$（即线路末端）处达到最大。

（2）线路末端电压升高程度与线路长度有关。线路首端电压 $\dot{U}_1$ 为

$$\dot{U}_1 = \frac{\dot{E}\cos\theta}{\cos(\alpha l + \theta)}\cos\alpha x \Big|_{x=l} = \frac{\dot{E}\cos\theta}{\cos(\alpha l + \theta)}\cos\alpha l = \dot{U}_2\cos\alpha l \tag{11-59}$$

$$\frac{\dot{U}_2}{\dot{U}_1} = \frac{1}{\cos\alpha l} \tag{11-60}$$

这表明线路长度越长，线路末端工频电压比首端升高得越厉害。对于架空线路，α 约为 $0.06°/\text{km}$，当 $l = \dfrac{90°}{0.06°/\text{km}} = 1500\text{km}$ 时，$\alpha l = 90°$，$U_2 = \infty$。此时，线路处于谐振状态。实际上，由于线路电阻和电晕损耗的限制，在任何情况下，工频电压升高都不会超过 2.9 倍。

（3）工频电压升高受电源容量的影响。将式（11-57）展开，得

$$\begin{aligned}\dot{U}_x &= \frac{\dot{E}\cos\theta}{\cos(\alpha l + \theta)}\cos\alpha x = \frac{\dot{E}\cos\theta}{\cos\alpha l\cos\theta - \sin\alpha l\sin\theta}\cos\alpha x \\ &= \frac{\dot{E}}{\cos\alpha l - \tan\theta\sin\alpha l}\cos\alpha x = \frac{\dot{E}}{\cos\alpha l - \dfrac{X_S}{Z}\sin\alpha l}\cos\alpha x\end{aligned} \tag{11-61}$$

由式（11-61）可知，电源感抗 X_s 的存在使线路首端的电压升高，从而加剧了线路末端工频电压的升高。电源容量越小（X_s 越大），工频电压升高就越严重。当电源容量无穷大时，工频电压升高最小。因此为了估计最严重的工频电压升高，应以系统最小电源容量为依据。在单电源供电的线路中，应取最小运行方式时的 X_s 为依据。在双端电源的线路中，线

路两端的断路器必须遵循一定的操作顺序，以降低工频电压升高：线路合闸时，先合电源容量较大的一侧，后合电源容量较小的一侧；线路切除时，先切容量较小的一侧，后切容量较大的一侧。

2. 不对称短路引起的工频电压升高

不对称短路是输电线路最常见到的故障形式，短路电流中零序分量会使非故障相出现工频电压升高。系统中出现不对称短路时，以单相接地时非故障相的电压较高，且这种故障最为常见。阀型避雷器的灭弧电压通常也是依据单相接地时的工频电压升高来选定的，因此这里以单相接地故障为例进行分析。

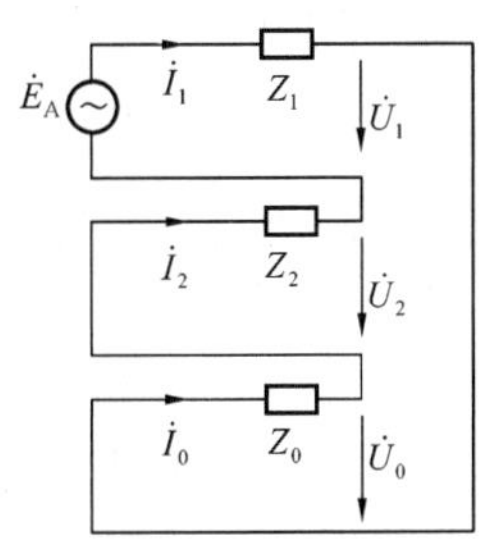

图 11-49 单相接地的复合序网络

设系统中 A 相发生单相接地故障，其边界条件为故障点 A 相电压 $\dot{U}_A=0$，非故障相的故障电流 $\dot{I}_B=\dot{I}_C=0$。由边界条件，按对称分量关系可作出如图 11-49 所示的复合序网络。其中，$\dot{E}_A$ 为正常运行时故障点处的电压，Z_1、Z_2、Z_0 分别为从故障点看进去的网络正序、负序、零序入端阻抗（相应的电抗分别为 X_1、X_2、X_0），$\dot{U}_1$、$\dot{U}_2$、$\dot{U}_0$ 和 $\dot{I}_1$、$\dot{I}_2$、$\dot{I}_0$ 分别为电网中电压和电流的正、负、零序分量。图中，电流、电压为

$$\left.\begin{aligned}\dot{I}_1=\dot{I}_2=\dot{I}_0&=\frac{\dot{E}_A}{Z_1+Z_2+Z_0}\\ \dot{U}_1=\dot{E}_A-\dot{I}_1Z_1,\dot{U}_2&=-\dot{I}_2Z_2,\dot{U}_0=-\dot{I}_0Z_0\end{aligned}\right\}\tag{11-62}$$

故障点处非故障相的电压为

$$\left.\begin{aligned}\dot{U}_B&=a^2\dot{U}_1+a\dot{U}_2+\dot{U}_0\\ \dot{U}_C&=a\dot{U}_1+a^2\dot{U}_2+\dot{U}_0\end{aligned}\right\}\tag{11-63}$$

其中，$a=e^{j\frac{2\pi}{3}}$。

将式（11-62）代入（11-63），得

$$\left.\begin{aligned}\dot{U}_B&=\frac{(a^2-1)Z_0+(a^2-a)Z_2}{Z_0+Z_1+Z_2}\dot{E}_A\\ \dot{U}_C&=\frac{(a-1)Z_0-(a^2-a)Z_2}{Z_0+Z_1+Z_2}\dot{E}_A\end{aligned}\right\}\tag{11-64}$$

对于电源容量较大的系统，$Z_1\approx Z_2$；如再忽略阻抗中的电阻分量，则式（11-64）可改写成

$$\left.\begin{aligned}\dot{U}_B&=\left(-\frac{1.5\dfrac{X_0}{X_1}}{2+\dfrac{X_0}{X_1}}-j\frac{\sqrt{3}}{2}\right)\dot{E}_A\\ \dot{U}_C&=\left(-\frac{1.5\dfrac{X_0}{X_1}}{2+\dfrac{X_0}{X_1}}+j\frac{\sqrt{3}}{2}\right)\dot{E}_A\end{aligned}\right\}\tag{11-65}$$

$\dot{U}_B$、$\dot{U}_C$ 的模量为

$$|\dot{U}_B| = |\dot{U}_C| = K|\dot{E}_A| \tag{11-66}$$

$$K = \sqrt{\left(\frac{1.5\dfrac{X_0}{X_1}}{2+\dfrac{X_0}{X_1}}\right)^2 + \frac{3}{4}} \tag{11-67}$$

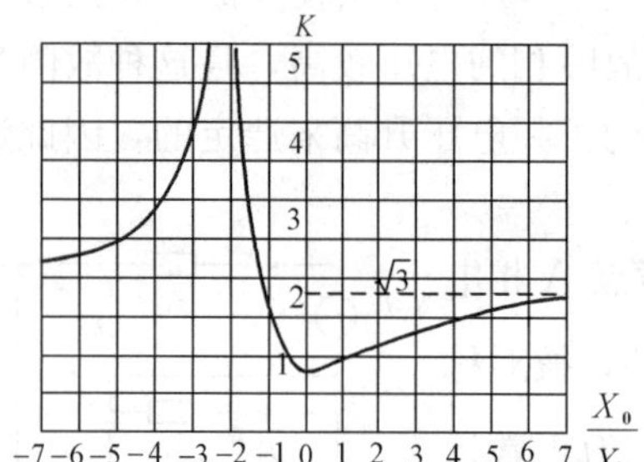

图 11-50 单相接地时非故障相的电压升高

系数 K 表示单相接地故障时非故障相的最高对地工频电压有效值与无故障时对地电压有效值之比。图 11-50 给出了 K 与 X_0/X_1 的关系曲线。

系统中零序电抗 X_0 的值与中性点接地方式有关。对于中性点不接地系统，X_0 取决于线路的容抗，故为负值。单相接地时非故障相上的工频电压升高约为额定线电压 U_N 的 1.1 倍，避雷器的灭弧电压按 110%U_N 选取，可称为“110%避雷器”。对于中性点经消弧线圈接地的 35～60kV 电网，在过补偿状态下运行时，X_0 为很大的正值，单相接地时非故障相上电压接近于额定电压，故采用“100%避雷器”。对于中性点有效接地的 110kV 及以上的电网，X_0 为不大的正值，单相接地时非故障相上的电压升高不大于 0.8U_N，故采用的是“80%避雷器”。

3. 甩负荷引起的工频电压升高

当输电线路重负荷运行时，由于某种原因（如发生短路故障）线路末端断路器突然甩掉负荷，也是造成工频电压升高的一个重要原因，通常称作甩负荷效应。

甩负荷引起工频电压升高的主要原因如下：

（1）发电机电动势不能突变。当线路输送大功率时，发电机的电动势必然高于母线电压。甩负荷后，发电机的磁链不能突变，将在短时间内维持输送大功率时的暂态电动势 E_d，但电源电抗上的压降不变，导致母线电压上升。

（2）空载长线的电容效应。

（3）调速器和制动设备的惰性。由于这些设备的惰性，甩负荷后不能立即起到调速作用，使发电机转速增加，造成短时间内（一般持续几秒钟）电压和频率都上升，工频电压升高就更严重。

要准确地计算甩负荷引起的工频电压升高，需要具备电机参数、调速器和励磁系统的详细数据。运行经验表明，若系统发生单相接地，继电保护动作使线路突然甩负荷，考虑到线路的容升效应，则工频过电压可达 2 倍相电压。

我国的运行经验指出，220kV 及以下电网一般不需要采取特殊措施去限制工频电压升高。在 330kV 及以上的高压系统中，与雷电过电压或操作过电压同时出现的工频过电压应限制在 1.3～1.4 倍以下。

二、切除空载长线路时的过电压

切除空载线路是电网中最常见的操作之一。在切除空载线路时，断路器切断的是较小的容性电流，通常只有几十安到几百安，远比短路电流小。但是，能够切断巨大短路电流的开关却不一定能够不重燃地切断空载线路，这是因为在开关分闸初期，由于恢复电压较高，容易引起断路器触头间的电弧重燃。电弧重燃将引起电路内的电磁振荡，产生过电压。切空线过电压不仅幅值高，而且线路侧过电压持续时间长达 0.5～1 个工频周期。在实际电网中，常可遇到切空线过电压引起阀型避雷器爆炸、断路器损坏、套管或线路绝缘闪络等情况。因此，切除空载线路过电压成为确定 220kV 及以下电网操作冲击绝缘水平的主要依据。

1. 过电压产生的物理过程

空载线路可用 T 型等值电路代替，如图 11-51 所示。图中，L_T 为线路电感，C_T 为线路对地电容，L_s 为电源系统等值电感（发电机、变压器的漏感之和），$e(t)$ 为电源电动势，C_s 为电源侧对地电容（变压器、母线等对地电容），u_{AB}为断路器触头两端的电压。

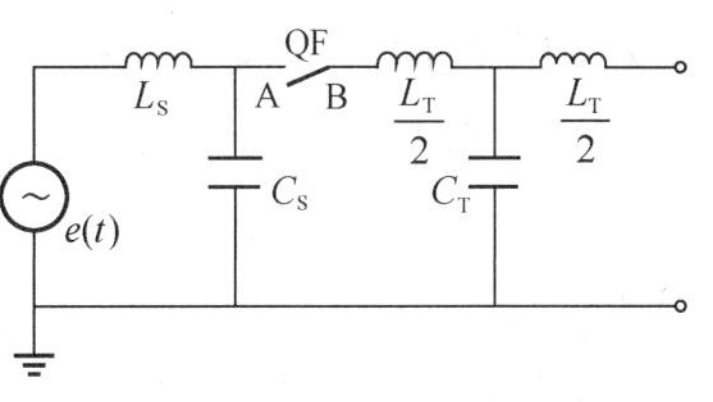

图 11-51　切除空载线路时的等值电路

设电源电动势为 $e(t)=E_m\cos\omega t$，电路中的容抗大于感抗，流过容性电流，因此，电流 $i(t)$ 超前 $e(t)$ 90°。忽略线路的容升效应，断路器分断之前线路电压 $u(t)$（即电容 C_T 上的电压）就等于电源电动势。

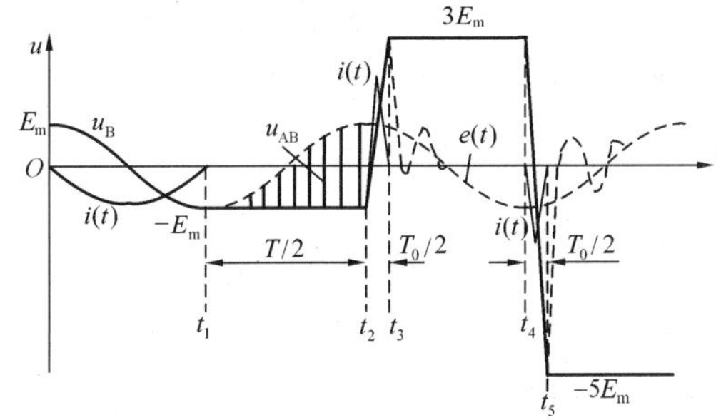

图 11-52　切空线过电压的发展过程

t_1—第一次断弧；t_2—第一次重燃；t_3—第二次断弧；t_4—第二次重燃；t_5—第三次断弧

在开断过程中，由于电弧的重燃和熄灭都具有很大的随机性，从偏高的角度出发，在分析时，以可能导致最大过电压的前提来决定电弧的熄灭和重燃时刻。设断路器动作以后，触头开始分离；当 $t=t_1$ 时，工频电流过零，电弧熄灭，此时电容上的电压为 $u(t)=-E_m$，如图 11-52 所示。不考虑线路的泄漏，断路器分断后，C_T 上的电压将保持 $-E_m$ 不变；但电源侧触头（A 点）上的电压仍按电源电动势变化（图中虚线所示），于是断路器触头上恢复电压 u_{AB}（其值为 $u_{AB}=e(t)-(-E_m)=E_m(1+\cos\omega t)$，图中阴影部分）越来越大。

如果断路器触头间介质强度恢复很快，则电弧从此熄灭，线路被断开，分闸过程结束，不会产生过电压；否则，在 $t_1\sim t_2$ 的时间间隔内可能发生重燃。

按最严重情况考虑，设重燃发生在恢复电压 u_{AB}最大的时刻 t_2，重燃前瞬间 $u_{AB}=2E_m$。电弧的重燃首先使 C_T 与 C_s 并联起来，两电容上的电荷重新分配，然后电容 C（$C=C_s+C_T$）上的电压过渡为电源电压 E_m。而此回路是一振荡回路，所以电弧重燃后将产生暂态的振荡过程，振荡频率为 $f_0=1/(2\pi\sqrt{L_sC})$，因网络参数的不同可达几百至几千赫兹。

电荷重新分配后电容上的电压为振荡电压的起始值，计算公式为

$$U_{C_0}=\frac{E_mC_T+(-E_m)C_s}{C_T+C_s} \tag{11-68}$$

从式（11-68）可以看出，电源侧电容的存在使电压的起始值有所降低从而更接近于稳态值 E_m，这就减小了振荡产生的过电压。但在一般情况下，$C_s\ll C_T$，因此在分析时忽略 C_s 的作用，仍设起始电压为 $-E_m$。可以认为在高频振荡过程中，电源电势保持 E_m 不变，由于回路中的损耗，C_T 上的电压 $u(t)$ 会趋于电源电动势 E_m。高频振荡时 $u(t)$ 的最大值为 $E_m+[E_m-(-E_m)]=3E_m$。

由图 11-52 可知，t_3 时刻振荡电压到达最大值 $3E_m$，线路容性电流 $i(t)$ 刚好过零点。从开关试验波形看，绝大多数是在高频电流第一次（很少有在第二次的情况）过零值瞬间熄弧，因此高频电流一般只有半个周波。电弧熄灭后，线路电容电压保持在 $3E_m$。

此后，触头之间的距离越来越大，但恢复电压越来越高。到 t_4 时刻，恢复电压 u_{AB} 可达 $4E_m$，如在此时再次发生重燃，则 C_T 上的电压将由 $3E_m$ 振荡变为 $-E_m$，振荡时的最大值为 $-E_m+[-E_m-(3E_m)]=-5E_m$。假如继续每半个工频周期后就重燃，则线路上的过电压将按 $3E_m$、$-5E_m$、$7E_m$ … 的规律变化，越来越高，直到触头间已有足够的绝缘强度，断路器不重燃为止。

2. 影响过电压的因素

以上分析都是按最严重的条件考虑的，实际上电弧的重燃不一定要等到触头两端达到最大值时才发生，重燃的电弧也不一定在高频电流第一次过零就立即熄灭，在高频振荡时电源电压也会略有下降，线路上的电晕放电、泄漏电导等也会使过电压的最大值有所降低。会影响过电压大小的因素归纳如下：

（1）断路器的性能。虽然重燃次数不是决定过电压大小的唯一因素，另外还要看电弧重燃的时刻以及灭弧时刻，这两个因素有很大的随机性。但是，如断路器灭弧性能差、重燃次数多，发生高幅值过电压的概率就大。SF_6 断路器比油断路器的灭弧性能更好，且基本不重燃，所以过电压也较低。

（2）母线出线数。当母线上有多路出线时，相当于加大了母线电容。切除其中的一条线路时，工频电流过零时熄弧，被分闸的线路保持 $-E_m$，未分闸的线路电压按电源电压变化。在重燃的瞬间，未开断线路（电压为 E_m）上的电荷将迅速与断开线路（电压为 $-E_m$）上的残余电荷中和，改变了电压的初始值使之更接近于稳态值，因而降低了过电压。

（3）线路负载及电磁式电压互感器。当线路末端有负载（如空载变压器）或线路侧装有电磁式电压互感器时，断路器分闸后，线路上的电荷经由它们释放，将降低重燃后的过电压。我国 220kV 线路的多次拉闸试验表明，如果被切除的线路上接有电磁式电压互感器，则可使最大重燃过电压降低 30%左右。

（4）中性点接地方式。中性点直接接地系统中，各相自成独立的回路，相间电容影响不大，切除空载线路过电压的产生过程如上所述。但在中性点非有效接地系统中，三相断路器的分闸不同期会形成瞬间的不对称电路，使中性点发生偏移，相间电容也将产生作用，使整个分闸过程变得更为复杂，在不利的条件下，过电压明显增大，一般比中性点直接接地时的过电压高 20%左右。

3. 限制过电压的措施

目前降低切空线过电压的主要因素有以下几种。

（1）提高断路器灭弧性能。因为切除空载线路过电压的主要原因是断路器开断后触头间电弧的重燃，因此限制这种过电压的最有效措施是改善断路器的结构、提高触头间介质的恢复强度和灭弧能力，以减少或避免电弧重燃。近年来，已经广泛采用的压缩空气断路器、带压油式灭弧装置的少油断路器以及 SF_6 断路器都大大改善了灭弧性能，在切除空载线路时，基本上不重燃。

（2）采用带并联电阻的断路器。这种断路器有两个触头，主触头 QF1 并联一个电阻 R，QF2 是辅助触头，如图 11-53 所示。断路器的动作分两步进行。分闸时先断开主触头 QF1，

线路仍通过 R 与电源相连，线路上的残余电荷可通过 R 向电源释放。这时 R 上的电压即为 QF1 上的恢复电压；只要 R 不太大，主触头间就不会发生电弧重燃。再经过 1.5～2 个工频周期后，辅助触头 QF2 断开，因 R 消耗了部分能量，线路残余电压较低，故触头 QF2 上的恢复电压不高，QF2 上不易发生电弧重燃。即使发生重燃，因 R 串在回路中抑制了振荡，过电压也显著降低，实际值只有 2.28 倍左右。从 QF1 断开不易发生重燃的目的出发，希望 R 值小些；从抑制振荡和使 QF2 不易发生重燃的角度看又希望 R 值大些，对一般开关取 1000～3000Ω，这样的电阻称为中值并联电阻。

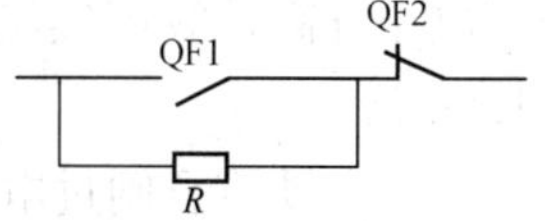

图 11-53 并联分闸电阻的接法

此外，在线路首端或末端装设 ZnO 或阀型避雷器也有助于降低切除空载线路过电压。

我国在几十条 110～220kV 线路上进行了实测，结果表明，切除空载线路过电压是随机变量，其统计分布近似正态分布。按断路器性能分类有如下结果：使用重燃次数较多的断路器时，出现 3.0 倍过电压的概率为 0.86%；使用重燃次数较少的空气断路器时，出现 2.6 倍过电压的概率为 0.73%；使用油断路器时的最大过电压为 2.8 倍；使用中值和低值并联电阻时，过电压被限制在 2.2 倍以下。在中性点非有效接地的电网中，这种过电压一般不超过 3.5 倍。

国际电工委员会对 7 个国家 100kV 以上电网操作过电压（包括合闸）的统计表明，超过 2.63 倍的过电压的出现概率是 2.24%，统计分布接近正态分布。

在 110～220kV 电网中这种过电压低于线路绝缘水平，所以我国生产的 110～220kV 系统的各种断路器一般不加并联电阻。在超高压电网中，断路器都带有并联电阻，从而基本上消除了电弧的重燃。在 330kV 中测到的最大过电压只有 1.19 倍，而合闸过电压却达到 2.03 倍。这些情况说明，在超高压电网中，切除空载线路过电压已被限制，合闸过电压已成主要矛盾，成为决定超高压电网绝缘水平的主要因素之一。

三、空载线路合闸过电压

在电力系统中，空载线路的合闸也是一种常见的操作。通常分成正常（计划性）合闸和自动重合闸两种情况。由于初始条件的差别，重合闸过电压是合闸过电压中较为严重的情况。

1. 过电压产生的物理过程

（1）正常合闸过电压。由于正常运行的需要而进行的合闸操作称为正常合闸。合闸前，线路不存在接地故障，三相对称，为零初始状态。假设三相接线完全对称，且三相断路器同时合闸，则可按单相电路进行分析。等值电路如图 11-54 所示，图中 L_s 为系统等值电感，C_T 为线路对地电容，$e(t)$ 为电源电动势。

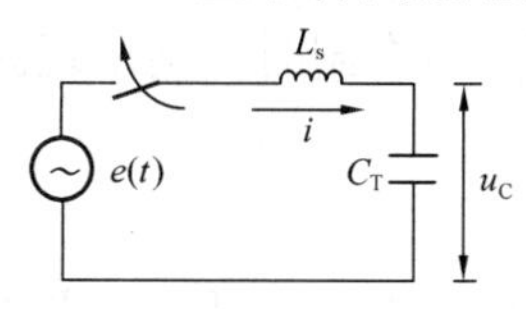

图 11-54 空载线路合闸的等值计算电路

在合闸初瞬，电源电压通过 L_s 对 C_T 充电，回路中将发生高频振荡，振荡频率为 $f_0=1/(2\pi\sqrt{L_sC_T})$。可以认为在较短的时间内电源电压 $e(t)$ 为恒定值，它与合闸时电源的相角有关。最严重的情况是在电源电压 $e(t)$ 为幅值 E_m 时合闸，此时可以看作是合闸于直流电源 E_m 的振荡回路，则合闸过电压的幅值＝稳态值＋（稳态值－初始值）$=E_m+(E_m-0)=2E_m$。合闸过电压波形如图 11-55 所示。

考虑到回路中存在损耗，最严重的过电压低于 $2E_m$。另外考虑到输电线路的电容效应使交流电压升高，我国实测到的过电压的最大倍数为1.9～1.96倍。

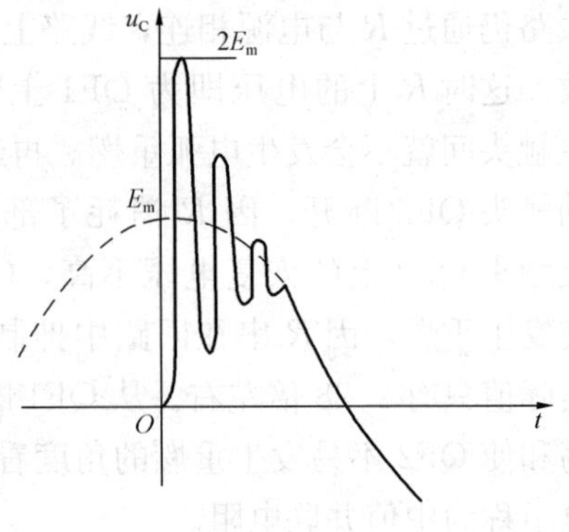

图11-55　合闸过电压的波形

(2) 自动重合闸过电压。自动重合闸是线路发生故障跳闸后，由自动装置控制而进行的合闸操作，这是中性点直接接地系统中经常遇到的一种操作。如图11-56所示，当C相接地时，QF2先跳闸，然后QF1跳闸。在开关QF2跳闸以后，流经开关K_1中非故障相的电流是线路电容电流。当电流为零、电源电压达到最大值E_m时，K_1熄弧，于是在健全相线路上将留有残余电压。考虑到线路单相接地、空载线路的容升效应，该残余电压的数值会略高于E_m，平均残余电压为$u_T=1.3E_m$。在开关QF1重合闸前，线路上的残余电荷将通过线路泄漏电阻入地，残余电压将按指数规律下降，110～220kV线路残余电压变化的实测曲线如图11-57所示，残余电压的下降速度与线路绝缘子的污秽状况、气候条件有关。

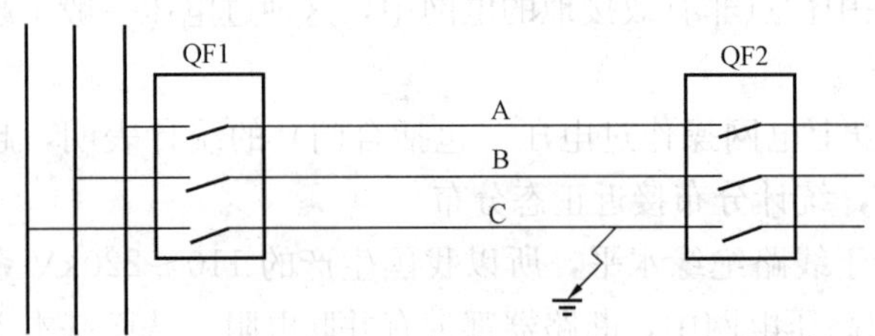

图11-56　自动重合闸示意图

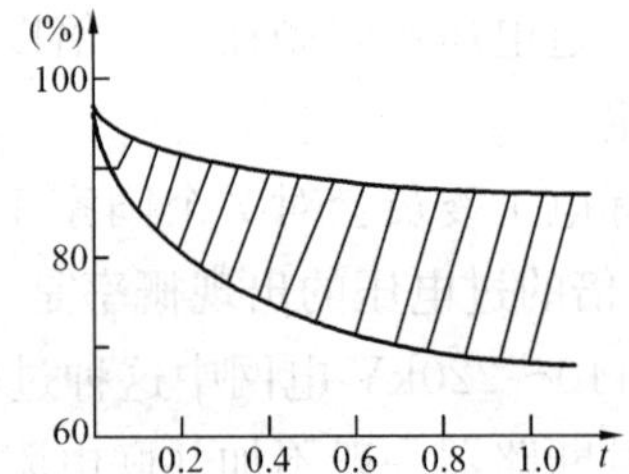

图11-57　实测110～220kV线路残余电压的下降曲线

设QF1重合闸前，线路残余电压已下降了30%，即$u_r=(1-0.3)\times1.3E_m=0.91E_m$。最严重的情况是电源电压与线路残余电压反极性且为峰值$-E_m$时合闸，这时线路发生高频振荡，稳态值为$-E_m$，初始值为$0.91E_m$，故最大值为

$$u_{0V}=-E_m+(-E_m-0.91E_m)=-2.91E_m$$

如果不考虑线路电荷泄漏，过电压还会更高；但重合闸时刻电源电压不一定为$-E_m$，这时过电压就比较低。

若采用单相重合闸，只切除故障相，则因线路上不存在残余电荷，重合闸时不会出现高值的过电压。

2. 影响过电压的因素

(1) 合闸相位。如果合闸不是在电源电压接近幅值时发生，则合闸过电压较低。电源电压在合闸瞬间的瞬时值取决于它的相位，它遵从于统计规律。由于断路器在合闸时有预击穿现象，因此较常见的合闸是在接近最大电压时发生的。对油断路器的统计表明，合闸相位多半处于电源电压最大值附近的±30%范围之内。但对快速的空气断路器与SF_6断路器，预击穿对合闸相位影响较小，合闸相位的统计分布比较均匀。

(2) 线路残余电压的大小与极性。残余电压的大小取决于故障引起分闸后非故障相上残余电荷的泄漏速度。在重合闸之前，导线上的残余电荷在这段时间内会泄放一部分，一般会在 0.3～0.5s 内使残余电压下降 10%～30%，因而有助于降低重合闸过电压的幅值。

另外，空载线路合闸过电压还与系统参数、电网结构、断路器合闸时三相的同期性、母线的出线数、导线的电晕等因素有关。

3. 限制过电压措施

限制空载线路合闸过电压的主要措施有以下几点。

(1) 采用带并联电阻的断路器。这是限制这种过电压最有效的措施。如图 11-53 所示，带并联电阻断路器合闸时，辅助触头 QF2 先接通，电阻 R 对回路中的振荡过程起阻尼作用，使过渡过程中的过电压降低，电阻越大，阻尼作用越强，过电压也就越低。经 1.5～2 个工频周期左右，主触头 QF1 再闭合，将合闸电阻 R 短接，完成了合闸操作。由于前一阶段回路振荡受到 R 阻尼而被削弱，电阻 R 两端的电压较低，因此和电阻 R 并联的主触头两端的电位差也比较小，因而主触头闭合后回路中的振荡过程也就较弱，过电压也就较低。很明显，R 越小，其两端的电位差也就越小，过电压就越低。

从以上分析可见，辅助触头 QF2 闭合时要求合闸电阻 R 大，而主触头 QF1 闭合时要求 R 小，因此，合闸过电压的高低与电阻值有关，在某一适当的电阻值下可将合闸过电压限制到最低。图 11-58 所示为 500kV 开关并联合闸电阻与过电压倍数的关系曲线，当采用 450Ω 的并联电阻时，过电压可限制在 2 倍以下，超过 2 倍的概率为 4%。

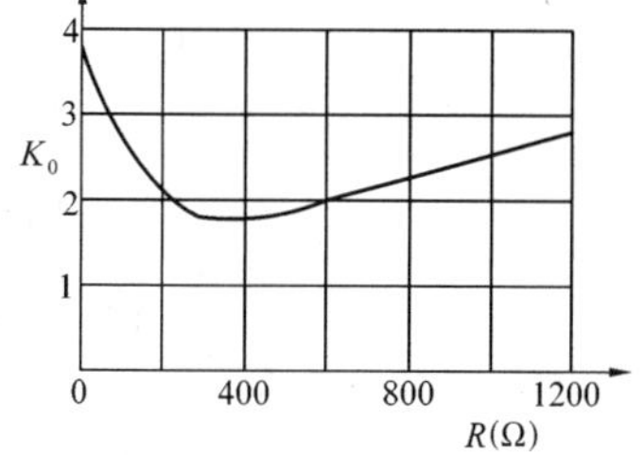

图 11-58　合闸电阻 R 与过电压倍数 K_0 的关系

(2) 同相位合闸。即通过专门装置控制，使断路器触头间电位差接近于零时完成合闸操作，使合闸过电压降到最小的程度。

(3) 消除和削弱线路残余电压。采用单相自动重合闸装置后完全消除了线路残余电压，重合闸时就不会出现高值过电压。如线路侧装有电磁式电压互感器，通过泄放线路上的残余电荷，也有助于减小这种过电压。

(4) 安装避雷器。安装在线路首端和末端（线路断路器的线路侧）的 ZnO 或磁吹避雷器，均能对这种过电压进行限制，有可能将过电压的倍数限制在 1.5～1.6，因而可不必再在断路器中安装合闸电阻。

四、切除空载变压器引起的过电压

在电力系统中常有开断电感性负载的操作，如切除空载变压器、电抗器、电动机、消弧线圈等，在切除过程中有可能在被切除的电器和开关上出现过电压。

1. 过电压产生的原因

如图 11-59 所示为切除空载变压器的等值电路，图中 L_T 为空载变压器的励磁电感，C_T 为变压器的等值对地电容，QF 为断路器，$e(t)$ 为电源电动势。

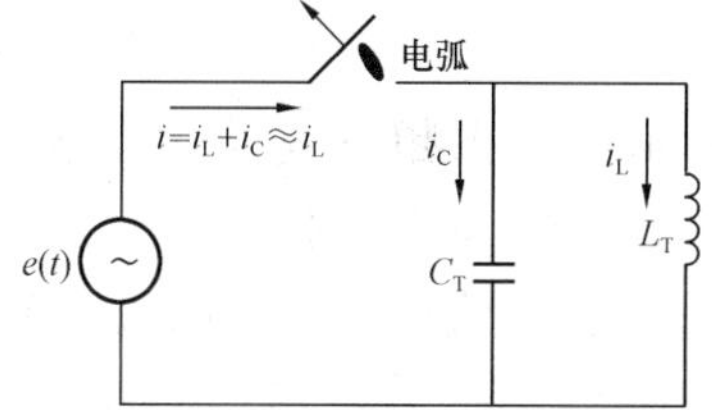

图 11-59　切除空载变压器的等值电路

由于 $X_{C_T} \gg X_{L_T}$，因此空载变压器切除前，流过 C_T 的电流远小于流过 L_T 的电流。流过断路器 QF 的电流可以看成是电感电流 i，通常为变压器额定电流的 0.5%～4%，小的只有 0.3%，有效值约为几安至几十安。通常在切断大于 100A 的较大的交流电流时，断路器触头间的电弧是

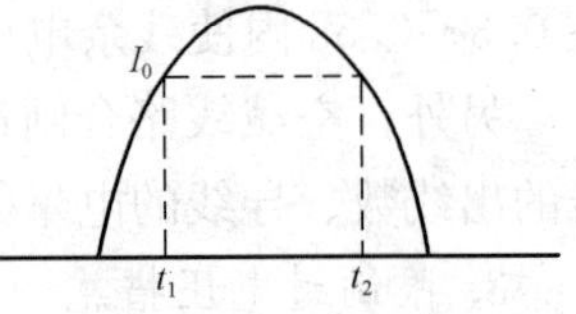

图 11-60　截流现象
t_1—上升时截流；t_2—下降时截流；
I_0—截流值

在工频电流自然过零时熄弧，在这种情况下，电气设备的电感中储存的磁场能量为零，不会产生过电压。但在切除空载变压器时，由于励磁电流很小，而断路器中的去游离作用又很强，故当电流不为零时，就会发生强制熄弧的截流现象，如图11-60所示。这种截流现象将导致截断前L_T中的磁场能量全部转变为截断后C_T中的电场能量，从而产生切除空载变压器过电压。

设空载电流$i=I_0$时发生截断（即由I_0突然至零），$I_0=I_m\sin\alpha$（α为截流时的相角），此时电源电压为U_0，$U_0=E_m\sin(\alpha+90°)=-E_m\cos\alpha$。截流前瞬间回路总能量为

$$\frac{1}{2}L_TI_0^2+\frac{1}{2}C_TU_0^2=\frac{1}{2}L_TI_m^2\sin^2\alpha+\frac{1}{2}C_TE_m^2\cos^2\alpha \tag{11-69}$$

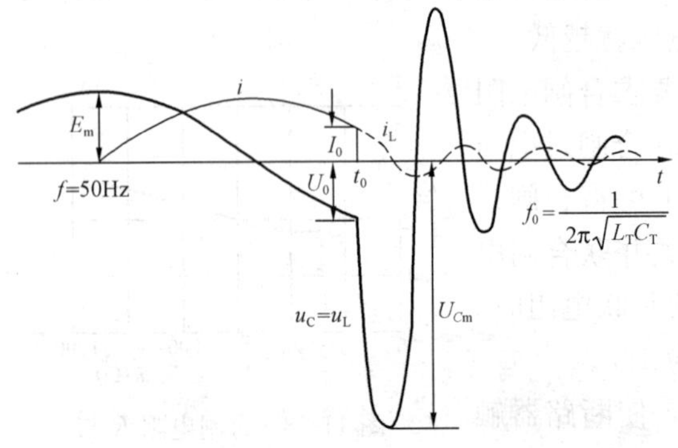

图 11-61　截流前后变压器上的电压和电流波形

截流后，这些能量在L_T-C_T回路中振荡，由于C_T值一般很小，所以在全部储能都转化为电场能的瞬间，在电容上将产生很高的过电压，如图11-61所示。设过电压的最大值为U_{C_m}，则

$$\frac{1}{2}C_TU_{Cm}^2=\frac{1}{2}L_TI_0^2+\frac{1}{2}C_TU_0^2$$

得$U_{Cm}=\sqrt{E_m^2\cos^2\alpha+\frac{L_T}{C_T}I_m^2\sin^2\alpha}$　(11-70)

将$I_m=\frac{E_m}{2\pi fL_T}$，$f_0=\frac{1}{2\pi\sqrt{L_TC_T}}$（自振频率）代入式（11-70），得

$$U_{Cm}=E_m\sqrt{\cos^2\alpha+\left(\frac{f_0}{f}\right)^2\sin^2\alpha} \tag{11-71}$$

过电压倍数为

$$K=\frac{U_{Cm}}{E_m}=\sqrt{\cos^2\alpha+\left(\frac{f_0}{f}\right)^2\sin^2\alpha} \tag{11-72}$$

在有铁芯电感元件的回路中，磁能转化为电能的高频振荡中必然有损耗，如铁芯的磁滞、涡流损耗，导线的铜耗等，可以通过引入一转化系数η_m（$\eta_m<1$）加以考虑，则

$$K=\frac{U_{Cm}}{E_m}=\sqrt{\cos^2\alpha+\eta_m\left(\frac{f_0}{f}\right)^2\sin^2\alpha} \tag{11-73}$$

转化系数η_m一般小于0.5，国外大型变压器约为0.3～0.45。自振频率f_0与变压器的参数和结构有关，通常为工频的10倍以上，但超高压变压器则只有工频的几倍。

当空载变压器励磁电流在幅值处被截断，即$\alpha=90°$时，过电压数值达到可能的最大值，此时

$$K=\sqrt{\eta_m}\frac{f_0}{f} \tag{11-74}$$

2. 影响过电压的因素

(1) 断路器性能。由式(11-71)可以看出，切除空载变压器过电压的大小近似与截流值 I_0 成正比。截流值与断路器性能有关，每种类型的断路器每次开断时的截流值有很大的分散性，但其最大值有一定的限度，且基本上比较稳定。切断小电流电弧时性能差的断路器(尤其是多油断路器)由于截流能力不强，故切除空载变压器过电压也比较低；而 SF_6、真空、空气断路器等切除小电流性能好的断路器，其切除空载变压器过电压比较高。另外，当断路器去游离作用不强时(由于灭弧能力差)，截流后在断路器触头间容易引起电弧重燃，而这种电弧的重燃使变压器侧的电容中的电场能量向电源释放，也降低了过电压。使用相同的断路器，当变压器引线电容较大时(如空载变压器带有一段电缆式架空线)，过电压较小。

(2) 变压器特性。变压器空载励磁电流 I_e 或电感 L_T 的大小对过电压有一定影响。空载励磁电流的大小与变压器容量有关，也与变压器铁芯所用的导磁材料有关。近年来，随着优质导磁材料的广泛应用，变压器的励磁电流减小很多；此外，变压器绕组改用纠结式绕法以及增加静电屏蔽等措施使对地电容 C_T 有所增大，使过电压有所降低。

我国对切除 110～220kV 空载变压器的实测数据表明，在中性点直接接地的电网中，这种过电压一般不超过 3 倍相电压；在中性点不接地电网中，一般不超过 4 倍相电压。

3. 限压措施

虽然切除空载变压器的过电压幅值较高，但这种过电压持续时间短、能量小，采用普通阀型避雷器或 ZnO 避雷器即可进行有效的限制。用来限制切除空载变压器过电压的避雷器应装在断路器的变压器侧，否则在切除空载变压器时将使变压器失去避雷器的保护。另外，这组避雷器在非雷雨季节也不能退出运行。如果变压器高低压侧电网中性点接地方式一致，则只需在低压侧安装避雷器，这就比较经济方便；如果高压侧中性点直接接地，而低压侧电网中性点不直接接地，则只在变压器低压侧装避雷器，应装磁吹阀型避雷器或 ZnO 避雷器。

在断路器的主触头上并联一线性或非线性电阻，在分闸时不使绕组中的电流突然降为零，能降低过电压。但为了充分发挥阻尼作用和限制励磁电流，其阻值应接近于被切电感的工频励磁阻抗(几十千欧)，这对限制空载线路合闸和分闸过电压而言都显得太大。考虑避雷器已能限制这种过电压，同时断路器并联电阻的设计主要以限制切除合闸空载线路过电压为主要目的，因此断路器一般不装设这种高阻值电阻。

五、间歇性电弧接地过电压

单相接地是电力系统中的主要故障形式，约占总数的 60%以上。在中性点不接地的电力系统中，单相接地并不改变电源变压器三相绕组电压的对称性，且经过故障点流过不大的容性电流，不影响对用户的供电，允许带故障运行一段时间(一般为 1.5～2h)，以便运行人员查明故障、进行处理，具有较高的供电可靠性。当然，单相接地运行会使非故障相电压升高，但对 60kV 及以下的电网而言，高压输电线路的绝缘费用在线路投资中只占很小比例，且变电站的绝缘裕度较大，因此我国 60kV 及以下的电网多采用中性点不接地的运行方式。

中性点不接地系统发生单相接地时绝大多数是以电弧形式接地的，流过接地点的是容性电流。如电网不大，则接地电流很小，电弧可自行熄灭。随着电网规模的扩大，容性电流会增大。对于 10kV 电网，若线路总长不超过 1000km，其接地电流将不超过 30A；35kV 线路若总长不超过 100km，其接地电流将不超过 10A。这种电弧不足以稳定燃烧，而是形成时断时续的间歇性电弧，这将导致系统电感电容回路的振荡，造成电弧接地过电压。

考虑到产生间歇性电弧的具体情况（如电弧部位介质、外界气象条件）等的影响，实际的过电压发展过程极其复杂。长期以来，多数研究者认为电弧的熄灭与重燃时间对最大过电压起决定作用。以工频电流过零时电弧熄灭来解释电弧接地过电压的发展过程，称为工频熄弧理论；以高频振荡电流第一次过零时电弧熄灭来解释电弧接地过电压的发展过程，称为高频熄弧理论。空气中的开放性电弧大多在工频电流过零时刻熄灭，以下的分析以工频熄弧理论为基础。

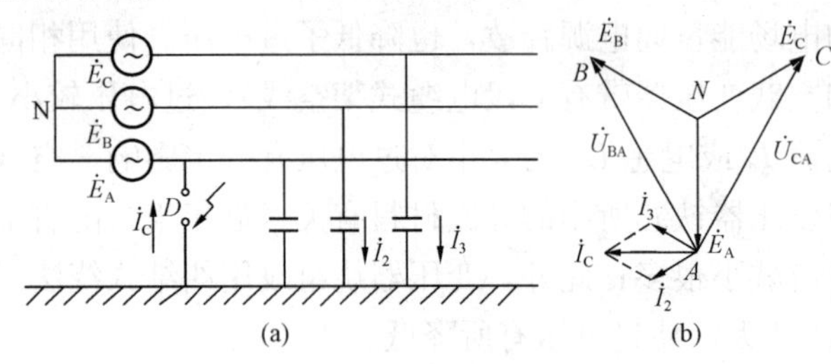

图 11-62　中性点绝缘系统的单相接地

（a）等值电路图；（b）相量图

1. 过电压产生的物理过程

为使分析不过于复杂，可忽略线间电容的影响，且认为各相导线的对地电容相等，即设 $C_A = C_B = C_C = C_0$。设 A 相对地发生电弧接地，以 D 点表示故障点发弧间隙，则得到等值电路如图 11-62 所示，e_A、e_B、e_C 为三相电源电压，幅值为U_{xg}，u_A、u_B、u_C 为三相线路对地电压。当 A 相发生故障接地时，中性点电位由零升至相电压，即 $\dot{U}_N = -\dot{E}_A$，B、C 相对地电压 $\dot{U}_B$、$\dot{U}_C$ 升至线电压 $\dot{U}_{BA}$、$\dot{U}_{CA}$。

设 t_1 瞬间 A 相电压达最大值时对地发生电弧，这是过电压最严重的情况。发弧前瞬间（以 t_1^- 表示），线路上的电压分别为 $u_A(t_1^-) = U_{xg}$、$u_B(t_1^-) = -0.5U_{xg}$、$u_C(t_1^-) = -0.5U_{xg}$。

故障点发弧后瞬间以 t_1^+ 表示，A 相电容 C_A 上的电荷经电弧泄放入地，其电压突降为零，即 $u_A(t_1^+) = 0$。非故障相的电容 C_B、C_C 通过电源的电感充电，对地电压由原来的$-0.5U_{xg}$ 变为新的电压$-1.5U_{xg}$。这个过程是一个高频振荡过程，其振荡频率取决于电源的电感和导线对地电容，在振荡过程中过电压的最大值为

过电压幅值＝稳态值＋（稳态值－初始值）

因此，在振荡过渡过程中，B、C 两相的线上出现的过电压幅值为

$$U_{Bm} = U_{Cm} = 2(-1.5U_{xg}) - (-0.5U_{xg}) = -2.5U_{xg}$$

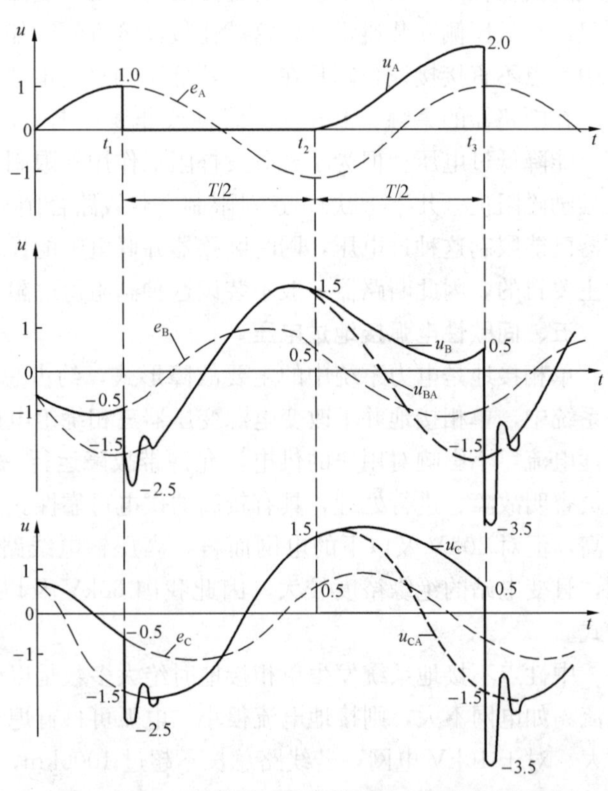

图 11-63　工频熄弧时弧光接地过电压的发展过程

过渡过程结束后，u_B、u_C 按 u_{BA}、u_{CA}变化，如图 11-63 所示。

故障点处的电弧电流包含工频分量和逐渐衰减的高频分量，假定高频电流分量过零时，电弧不熄灭，则电弧电流将持续半个工频周期，待工频电流过零时才熄灭。由于电弧电流的工频分量 $\dot{I}_C$ 与电源电压 $\dot{E}_A$ 相差 90° ［见图 11-64（b)］，因此在 t_2 时刻电流过零时，$e_A(t_2^-)=-U_{xg}$ 、$e_B(t_2^-)=0.5U_{xg}$ 、$e_C(t_2^-)=0.5U_{xg}$ 。

在熄弧瞬间 $t=t_2^-$ 时，$u_A(t_2^-)=0$ ，$u_B(t_2^-)=1.5U_{xg}$ ，$u_C(t_2^-)=1.5U_{xg}$ 。熄弧后，B、C 相上储有电荷 $q=2C_0\times1.5U_{xg}$ ，这些电荷无处泄漏，于是在三相对地电容间平均分配，其结果是三相导线对地有一个电压偏移 $\frac{q}{3C_0}=U_{xg}$ 。这样，接地电弧第一次熄灭后，作用在三相导线对地电容上的电压为三相电源电压叠加此偏移电压，即在熄弧后瞬间，$u_A(t_2^+)=-U_{xg}+U_{xg}=0$，$u_B(t_2^+)=u_C(t_2^+)=0.5U_{xg}+U_{xg}=1.5U_{xg}$ 。这样第一次熄弧瞬间前后的电压值相同，因此熄弧后不会引起过渡过程。

设又经过半个周期后，$t=t_3$ 时 u_A 达到 $2U_{xg}$，电弧重燃。发弧前瞬间 B、C 相的对地电压均为 $0.5U_{xg}$，发弧后瞬间变为对 A 相的线电压 $-1.5U_{xg}$，因此振荡过程中的过电压幅值均为 $-3.5U_{xg}$。

根据与以上相同的分析，以后每隔半个工频周期的熄弧与再隔半个周期的重燃，过渡过程与上面完全相同，过电压幅值也相同。从以上分析可以看出，中性点不接地系统发生间歇性电弧接地时，非故障相最大过电压为 $3.5U_{xg}$，而故障相上的最大过电压为 $2.0U_{xg}$。

2. 影响过电压的因素

影响间歇性电弧接地过电压的主要因素有：

（1）电弧熄灭与重燃时的相位。这种因素有很大的随机性，前述分析为最严重的情况。

（2）系统的相关参数。考虑线间电容时比不考虑线间电容时在同样的情况下过电压要低，原因在于线间电容的存在将使发弧后振荡发生之前存在一个电荷重新分配的过程，使振荡开始前的初始值增大，与振荡结束后的稳态值的差别减小，故过电压将下降。在振荡过程中由于线路损耗的存在，过电压幅值也会降低。

综上所述，这种过电压的幅值并不太高，一般电气设备和线路的绝缘应能承受得住。但这种过电压遍及全系统，且持续时间较长，对绝缘较弱的设备如直配电机等威胁较大。

3. 消弧线圈的作用

为了消除这种过电压对绝缘的威胁，必须消除产生间歇性电弧的可能性。若中性点直接接地，一旦发生单相接地，接地点将流过很大的短路电流，断路器将跳闸，从而彻底消除电弧接地过电压。这样，操作次数增多，设备增加，又影响供电的连续性，所以在单相接地故障较为频繁的低电压等级系统中仍采用中性点不接地方式。在中性点不接地系统中限制电弧接地过电压的有效措施是中性点经消弧线圈接地。

消弧线圈是一个具有分段（即带间隙的）铁芯的可调电感线圈，其伏安特性不易饱和，它接在中性点和地之间。同样假设 A 相发生电弧接地，如图 11-64 所示。忽略回路的损耗，A 相接地后，流过接地点的电弧电流 $\dot{I}$ 除了原先的非故障相通过对地电容 C_B、C_C 的电容电流 $\dot{I}_C$ ，还包括流经消弧线圈 L 的电感电流 $\dot{I}_L$ ，相量分析图如图 11-64（b）所示。由于 $\dot{I}_C$ 与 $\dot{I}_L$ 相位相反，所以适当选择消弧线圈的电感值 L，即选取合适的 $\dot{I}_L$ ，可使接地点中流过

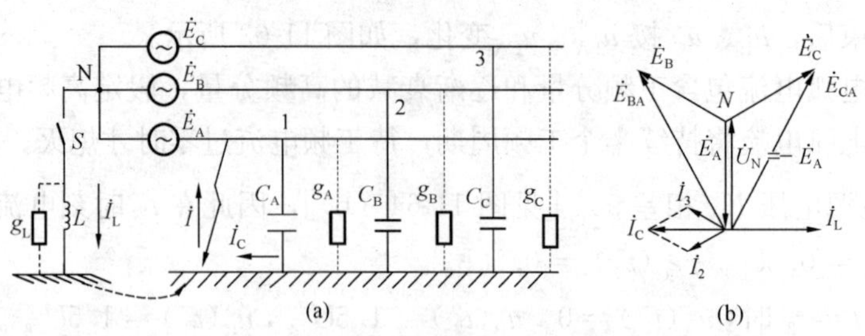

图 11-64　中性点经消弧线圈接地后的单相接地

(a) 等值电路图；(b) 相量图

的电流 $\dot{I}=\dot{I}_L+\dot{I}_C$ 的数值足够小，使接地电弧很快熄灭，且不易重燃，从而限制了间歇性电弧接地过电压。

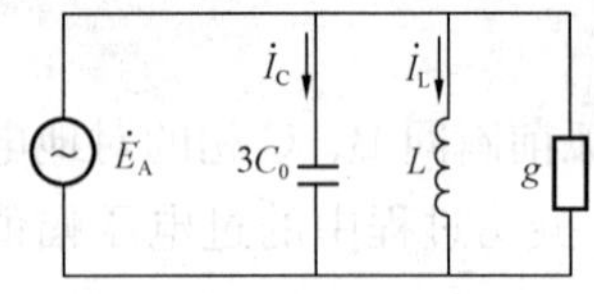

图 11-65　求解短路电流的等值电路

A 相线路接地后，可以看成是两个系统的叠加：一是原来的正常三相系统，二是将原来三相电动势抹去而在短路点与大地之间加一个单相电动势 $-\dot{E}_A$。要计算短路电流 $\dot{I}$，显然只要计算后一种情况下流过电源 $-\dot{E}_A$ 的电流即可。求解短路电流的等值电路如图 11-65 所示，图中 g 为考虑消弧线圈以及导线对地泄漏和电晕等损耗后的等值电导。

故障点流过的电容电流为

$$\dot{I}_C = 3\omega C_0 \dot{E}_A$$

流过的电感电流为

$$\dot{I}_L = \frac{\dot{E}_A}{\omega L}$$

电感电流补偿电容电流的百分数称为消弧线圈的补偿度（或调谐度）K。

$$K = \frac{I_L}{I_C} = \frac{(1/\sqrt{3LC_0})^2}{\omega^2} = \frac{\omega_0^2}{\omega^2} \tag{11-75}$$

其中 $\omega_0 = \dfrac{1}{\sqrt{3LC_0}}$，为电路的自振角频率。

工程中还可以用脱谐度 v 表示，即

$$v = 1 - K = 1 - \frac{\omega_0^2}{\omega^2} \tag{11-76}$$

根据补偿度（或脱谐度）的不同，消弧线圈具有三种不同的工作状态：

(1) 欠补偿。$I_L<I_C$，消弧线圈的电感电流不足以完全补偿电容电流，此时故障点流过的电流（残流）为容性电流。此时，$K<1$，$v>0$。

(2) 全补偿。$I_L=I_C$，消弧线圈的电感电流等于电容电流，此时故障点流过的电流（残流）为非常小的电阻性泄漏电流。此时，$K=1$，$v=0$。

(3) 过补偿。$I_L>I_C$，消弧线圈的电感电流大于电容电流，此时故障点流过的电流（残流）为感性电流。此时，$K>1$，$v<0$。

忽略电路中的损耗，在全补偿（即 $L=\dfrac{1}{\omega^2 \cdot 3C_0}$）时，电路处于并联谐振状态。从消弧线圈的应用目的出发，采用全补偿无疑是最佳方案。但在实际电网中，这种情况可能导致中性点产生很大的位移电压，分析如下。

对图 11-64（a）所示电路，利用节点电压分析法对中性点 N 列出方程

$$Y_1(\dot{E}_A+\dot{U}_N)+Y_2(\dot{E}_B+\dot{U}_N)+Y_3(\dot{E}_C+\dot{U}_N)+Y_L\dot{U}_N=0 \tag{11-77}$$

若不考虑损耗，则式（11-73）中 $Y_1=j\omega C_A, Y_2=j\omega C_B, Y_1=j\omega C_C$ ，$Y_L=\dfrac{1}{j\omega L}$ 。将其代入式（11-77）得

$$\dot{U}_N=\frac{-j\omega(C_A\dot{E}_A+C_B\dot{E}_B+C_C\dot{E}_C)}{j\omega(C_A+C_B+C_C)-j\dfrac{1}{\omega L}}=\frac{-j\omega(C_A\dot{E}_A+C_B\dot{E}_B+C_C\dot{E}_C)}{j3\omega C_0-j\dfrac{1}{\omega L}} \tag{11-78}$$

通常系统三相电源是对称的，即 $\dot{E}_A+\dot{E}_B+\dot{E}_C=0$ ，但各相对地电容，由于导线对地面的不对称布置，一般并不相等，即 $C_A\neq C_B\neq C_C$ 。这样，式（11-74）中分子将不为零。当 L 选取全补偿方式时，式中分母将为零，于是中性点电压 $\dot{U}_N$ 将显著上升，其具体数值将由电网中的损耗决定。因此，在实际电网中并不采用全补偿方式。

通常消弧线圈采用 5%～10%的过补偿（即 v 为−0.05～−0.1）。之所以采用过补偿方式，是因为电网发展过程中可以逐渐发展成为欠补偿运行，不至于像欠补偿那样因为电网的发展而导致脱谐度过大，失去消弧作用。其次，若采用欠补偿，在运行中部分线路可能退出运行，可能形成全补偿，产生较大的中性点电压偏移，有可能引起零序网络中产生严重的铁磁谐振过电压。

中性点经消弧线圈接地在大多数情况下能够迅速地消除单相的瞬间接地电弧而不破坏电网的正常运行，接地电弧一般不重燃，从而把单相电弧接地过电压限制到不超过 $2.5U_{xg}$ 的数值。在很多单相瞬间接地故障的情况下（如多雷地区、大风地区等），采用消弧线圈可以看作是提高供电可靠性的有力措施。但是，消弧线圈的阻抗较大，既不能释放线路上的残余电荷，也不能降低过电压的稳态分量，因而对其他形式的操作过电压不起作用。并且，在高压电网中，由于有功泄漏电流分量较大，消弧线圈对故障点电容电流的补偿作用也被削弱了，如使用不当还会导致谐振。上述因素限制了消弧线圈在较高电压等级的电网中使用。

数字化和信息技术的发展为消弧线圈的广泛应用提供了技术支持。自动跟踪补偿装置是一种实时调谐补偿装置，与人工调谐消弧线圈相比，在调谐速率和调谐精度方面具有显著的优越性，能及时限制电网的电弧接地过电压和谐振过电压等，有利于电网的安全运行。自动跟踪补偿装置一般由驱动式消弧线圈和自动测控系统配套构成，自动完成跟踪测量和跟踪补偿。驱动式消弧线圈分为多级有载细调消弧线圈和无级连续细调消弧线圈两种。

第七节 谐振过电压

电力系统中存在电感和电容元件，如电力变压器、互感器、发电机、电抗器等的电感，串、并联补偿电容器组、过电压保护用电容器、线路和各种设备的杂散电容等。当系统进行操作或发生故障时，这些电感和电容元件，可能形成不同的振荡回路，在一定能源的作用下，产生谐振现象，引起谐振过电压。

谐振是指振荡系统中的一种周期性的或准周期性的运行状态，其特征是某一个或几个谐波幅值的急剧上升。复杂的电感、电容电路可以有一系列的自振频率，而电源中也往往含有

一系列的谐波，因此只要某部分电路的自振频率与电源的谐波频率之一相等（或接近）时，这部分电路就会出现谐振现象。在通常情况下，串联谐振现象会在电网的某一部分造成过电压，危及电气设备的绝缘，还可能产生过电流而烧毁设备，而且还能影响过电压保护装置的工作条件，如影响阀型避雷器的灭弧条件等。

谐振是一种稳态现象，电力系统中的谐振过电压不仅会在操作或事故时的过渡过程中产生，而且还可能在过渡过程结束后的较长时间内稳定存在，直到发生新的操作，谐振条件受到破坏为止。所以谐振过电压的持续时间要比操作过电压长得多，一旦发生，将造成严重后果。运行经验表明，谐振过电压可在各种电压等级的电网中产生，尤其是在35kV及以下的电网中，因谐振造成的事故较多，已成为一个普遍注意的问题。在进行电网设计和操作时，应尽量防止谐振的发生或缩短谐振存在的时间。

一、谐振过电压的类型

电力系统中的电容和电阻元件，一般可认为是线性参数。可是电感元件则不然，由于振荡回路中包含不同特性的电感元件，相应地谐振过电压有三种不同的类型。

1. 线性谐振过电压

电路中的电感 L 与电容 C、电阻 R 一样，都是常数。这类线性电感元件主要有不带铁芯的电感元件（如输电线路的电感、变压器的漏电感）及励磁特性接近线性的带铁芯的电感元件（如消弧线圈，其铁芯常带空气间隙）。它们与系统中的电容元件形成串联回路，当交流电源的频率接近于回路的自振频率时，回路的感抗和容抗相等或相近而互相抵消，回路中产生串联谐振。串联谐振将在回路的电感和电容上产生远大于电源电压的过电压，回路电流受回路电阻限制。

2. 参数谐振过电压

系统中某些元件的电感会发生周期性变化，如发电机转动时其电感的大小随着转子位置的不同而周期性地变化（凸极发电机的同步电抗在 $X_d \sim X_q$ 间周期变化）。当发电机带有电容性负载（如一段空载线路），参数配合不当时，就有可能引发参数谐振现象。

由于回路中有损耗，所以只有当参数变化所吸收的能量（由原动机供给）足以补偿回路中的损耗时，才能保证谐振的持续发展。从理论上来说，这种谐振的发展将使振幅无限增大，而不像线性谐振那样受到回路电阻的限制；但实际上当电压增大到一定程度时，电感一定会出现饱和现象，从而使回路自动偏离谐振条件，使过电压不致无限增大。

3. 铁磁谐振过电压

铁磁谐振仅发生在含有铁芯电感的电路中。当电感元件带有铁芯（如变压器、电压互感器等）时，一般都会出现饱和现象，这时电感不再是常数，而是随着电流或磁通的变化而变化，在满足一定条件时，就会产生铁磁谐振现象。铁磁元件的饱和特性，使其电感值呈现非线性特性，所以铁磁谐振又称为非线性谐振。

铁磁谐振过电压具有一系列不同于其他谐振过电压的特点，可在电力系统中引发某些严重事故，这里将对此进行较详细的分析。

二、铁磁谐振过电压

1. 铁磁谐振的产生条件

为了探讨铁磁谐振过电压最基本的特性，可利用图11-66所示的 L-C 串联谐振电路进行分析。假设在正常运行条件下，其初始感抗大于容抗（$\omega L > 1/\omega C$），电路不具备线性谐振的条件。当电感线圈中出现涌流时就有可能使铁芯饱和，感抗下降，使 $\omega L = 1/\omega C$，满足串联谐振条件，发生谐振，在电感和电容两端形成过电压，这就是铁磁谐振现象。

如图 11-67 所示为铁芯电感和回路电容上的电压（U_L、U_C）随电流变化的曲线，电压和电流均用有效值表示。显然，U_C 为一直线；在铁芯未饱和前，U_L 基本上是一直线（见图中起始部分）；当电流增大，铁芯饱和后，电感值减小，U_L 不再是直线，因此两条伏安特性曲线要相交，这是产生铁磁谐振的前提。因此，产生铁磁谐振的必要条件是

$$\omega L_0 > \frac{1}{\omega C} \tag{11-79}$$

式中 L_0——未饱和时的电感值。

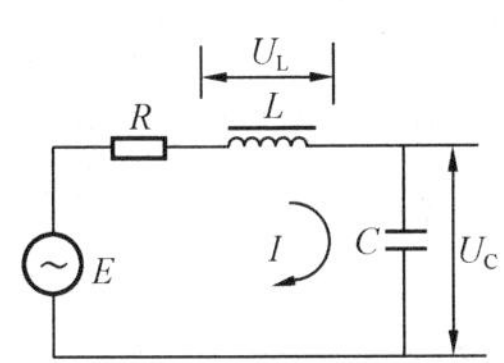

图 11-66 串联铁磁谐振现象

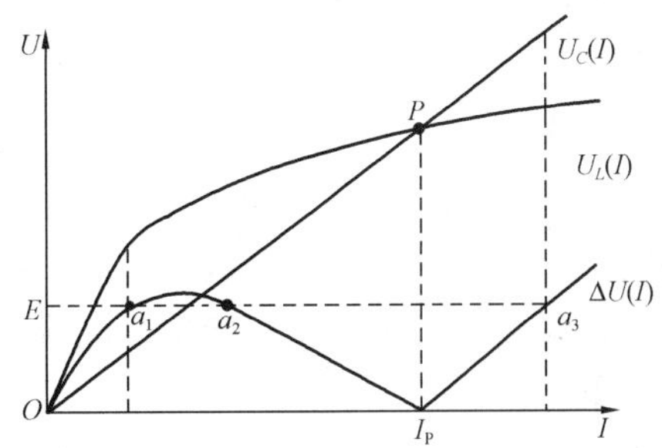

图 11-67 串联铁磁谐振电路的特性曲线

2. 铁磁谐振产生的物理过程

若忽略回路电阻，则图 11-67 所示回路中电感和电容上的压降之和应与电源电动势相平衡，即 $\dot{E} = \dot{U}_L + \dot{U}_C$。由于 $\dot{U}_L$ 与 $\dot{U}_C$ 相位相反，故此平衡方程变为 $E = \Delta U = |U_L - U_C|$，在图 11-67 中也画出了 ΔU 曲线。从图中可以看出，ΔU 曲线与 E 线（虚线）在 a_1、a_2、a_3 三点相交，这三点都满足电动势平衡条件 $E = \Delta U$，称为平衡点，即电路可能的工作点。

平衡点满足平衡条件，但不一定满足稳定条件。研究某一点是否稳定，在物理上可以用“小扰动”来进行判断。可假定回路中有一微小的扰动，分析此扰动是否能使回路脱离此工作点。若能回到平衡点，说明平衡点是稳定的；反之是不稳定的。以 a_1 点为例，若回路中的电流由于某种扰动而有微小的增加，$\Delta U > E$，即电压降大于电动势，使回路电流减小，回到 a_1 点。反之，若电路中电流略有减小，$\Delta U <$E，即电压降小于电动势，使回路电流增大，同样回到 a_1 点。因此，a_1 点是稳定的。用同样的方法分析可以得到，a_3 点也是稳定的，而 a_2 点是不稳定的。

由此可见，在一定外加电动势 E 的作用下，铁磁谐振回路稳定时有可能有两个稳定工作状态。在 a_1 点工作状态时，$U_L > U_C$，整个回路呈感性，回路中电流很小，电感上与电容上的电压都不太高，不会产生过电压，回路处于非谐振工作状态。在 a_3 点工作状态时，$U_L < U_C$，整个回路呈容性，此时不仅回路电流大，而且在电感电容上都会产生较大的过电压（如图 11-67 所示，U_L 和 U_C 均远大于 E），回路处于谐振工作状态。

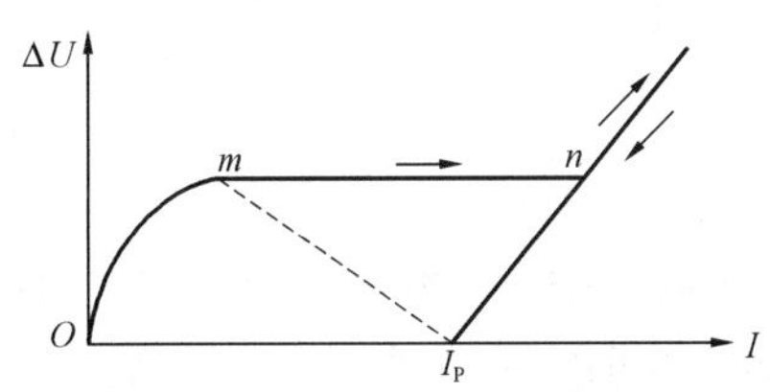

图 11-68 铁磁谐振中的跃变现象

串联铁磁谐振现象，也可从电源电动势增加时回路工作点的变化中看出。如图 11-68 所示，当电源电动势由零逐渐增加时，回路中的工作点将由 O 逐渐上升到 m 点，然后跃变到 n 点，再继续

上升，同时回路电流将由感性突变成容性。这种回路电流相位发生 180°的突然变化的现象，称为相位反倾现象。在跃变过程中，回路电流激增，电感和电容上的电压也将大幅度提高，这就是铁磁谐振的基本现象。为了建立稳定的谐振点 a_3（如图 11-67 所示），回路必须经过强烈的扰动过程，如发生故障、断路器跳闸、切除故障等。这种需要过渡过程建立的谐振现象称为铁磁谐振的“激发”。谐振一旦激发，则谐振状态可以自保持（因为 a_3 属于稳定工作点），维持很长时间而不衰减。

在 P 点（如图 11-67 所示）处 $U_L=U_C$，这时回路发生串联谐振（回路的自振角频率等于电源的角频率）。但 P 点不是平衡点，故不能成为工作点。由于铁芯的饱和，随着振荡的发展，在外界电动势作用下，回路将偏离 P 点，最终稳定在 a_3 点或 a_1 点。因此，a_3 点被称为谐振点。

3. 铁磁谐振的基本特点

对于铁磁谐振电路，在相同的电源电动势作用下，回路可能有不只一种稳定的工作状态，如基波的非谐振状态和谐振状态。电路稳定在什么状态要看外界冲击引起的过渡过程的情况。回路处在谐振形态下，将产生过电流和过电压，同时电路从感性突然变成容性，产生相位反倾现象。

（1）非线性铁磁特性是产生铁磁谐振的根本原因，但铁磁元件饱和效应本身也限制了过电压的幅值。此外，回路损耗也使谐振过电压受到阻尼和限制，当回路电阻大于一定的数值时，就不会出现强烈的铁磁谐振过电压，这就说明电力系统中的铁磁谐振过电压往往发生在变压器处在空载或轻载时的原因。

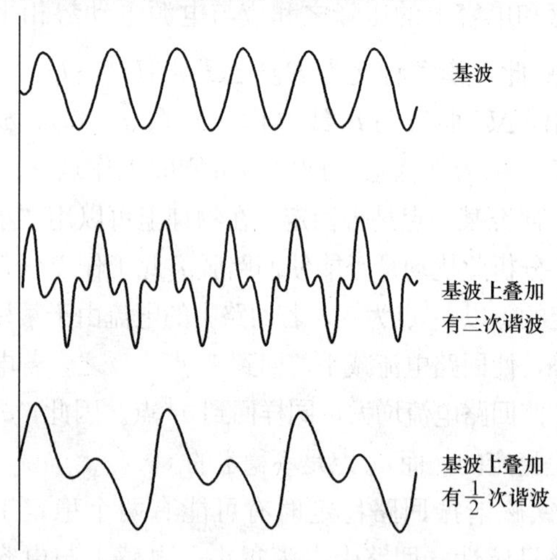

图 11-69　铁磁谐振过电压的典型波形

（2）对串联谐振电路而言，产生铁磁过电压的必要条件是 $\omega_0=\frac{1}{\sqrt{L_0C}}<\omega$，因此铁磁谐振可以在很大参数范围内产生。

由于电感不是常数，故回路没有固定的自振频率。当谐振频率为工频时，回路为基波谐振。实际运行经验表明，在铁磁谐振回路中，如果满足一定的条件，还可能出现持续性的其他频率的谐振现象。当谐振频率为基波的整数倍（如 2 次、3 次、5 次等）时，回路为高次谐波谐振；当谐振频率是工频的分数倍（如 1/2 次、1/3 次、1/5 次等）时，回路为分次谐波谐振。因此，铁磁谐振的一个重要特点是具有各种谐波谐振的可能性。如图 11-69 所示为若干典型的铁磁谐振过电压的波形。

三、传递过电压

传递过电压是由静电和电磁耦合传递引起的铁磁谐振过电压。

在正常运行条件下，中性点绝缘或经消弧线圈接地的电网中性点位移电压很小。但是，当电网中发生不对称接地故障、断路器非全相或不同期操作时，中性点位移电压将显著增大，通过静电耦合和电磁耦合，在变压器的不同绕组之间或相邻的输电线路之间会发生电压传递的现象。若此时参数配合不利，耦合电路将产生线性谐振或铁磁谐振传递过电压。

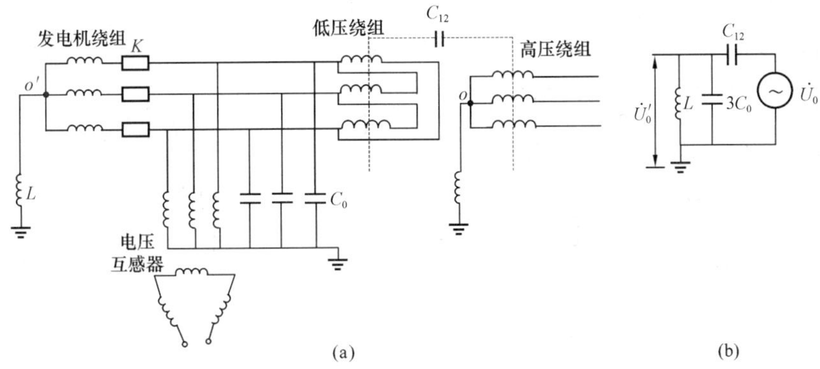

图 11-70 发电机—变压器组的接线图和等值电路

(a) 接线图；(b) 等值电路

现以发电机—升压变压器接线分析传递过电压的产生过程，如图 11-70 所示为其接线图和等值电路。其中，C_{12}为变压器高低压绕组间的耦合电容，C_0 为低压侧每相对地电容，L 为低压侧对地等值电感。

当发生前述不对称接地短路或断路器操作时，高压侧中性点将有较高的位移电压$\dot{U}_0$（单相接地时$\dot{U}_0$为相电压）。该电压将通过静电与电磁的耦合传递至低压侧，传递至低压侧的电压为$\dot{U}'_0$。通常低压侧消弧线圈采用过补偿运行方式，所以当 L 与 $3C_0$ 并联后呈感性。在特定条件下，当$1/\left(\frac{1}{\omega L}-3\omega C_0\right)=\frac{1}{\omega C_{12}}$时，将发生串联谐振，$\dot{U}'_0$达到很高的数值，即出现了传递过电压。当出现这种传递过电压时同时伴随消弧线圈、电压互感器等的铁芯饱和时可表现为铁磁谐振，否则为线性谐振。

防止传递过电压的措施首先是尽量避免出现中性点位移过电压，如尽量使断路器三相同期动作，不出现非全相操作等；其次是适当选择低压侧消弧线圈的脱谐度，不使回路参数形成谐振。

四、断线引起的铁磁谐振过电压

电力系统中发生基波铁磁谐振比较典型的另一类情况是断线过电压。断线过电压是泛指由于导线的故障断线、断路器的非全相动作或严重的不同期切合及熔断器的不同期熔断等造成系统非全相运行时所出现的铁磁谐振过电压。只要电源侧和受电侧中任一侧中性点不接地，在断线时都可能出现谐振过电压。

对于断线过电压，最常遇到的是三相对称电源供给不对称三相负载。现以中性点不接地系统线路末端接有空载（或轻载）变压器，变压器中性点不接地，其中的一相导线断线为例分析断线过电压的产生过程。

如图 11-71 所示，电源内阻抗、线路阻抗等与线路容抗相比数值很小可以忽略，L 为空载（或轻载）变压器的励磁电感，C_0 为每相导线对地电容，C_{12}为导线相间电容，l 为线路长度，变压器接在线路末端。若在离电源 xl（$x=0\sim1$）处 A 相导线断线，断线处两侧 A 相导线的对地等值电容分别为$C'_0=xC_0$和$C''_0=(1-x)C_0$。A 相电源侧导线的相间电容为$C'_{12}=xC_{12}$，变压器侧导线的相间电容为$C''_{12}=(1-x)C_{12}$。线路正序电容与零序电容的比值为

$$\delta=\frac{C_0+3C_{12}}{C_0} \tag{11-80}$$

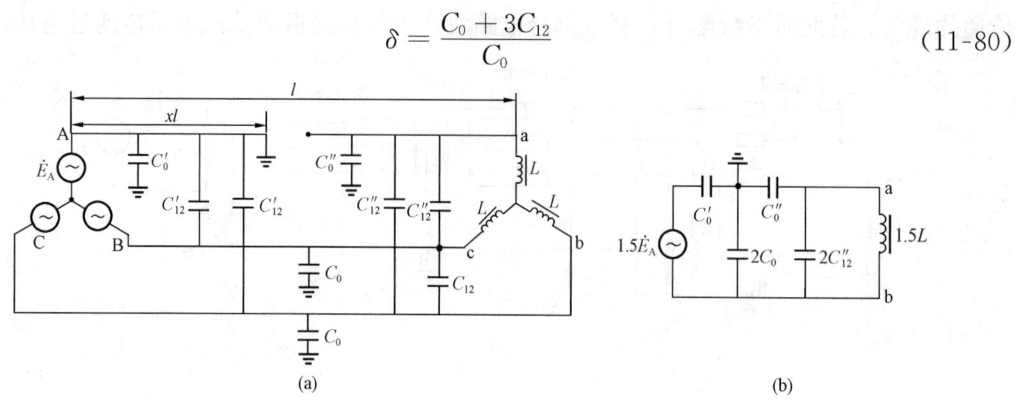

图 11-71　中性点不接地系统一相断线时的电路
(a) 接线图；(b) 等值电路图

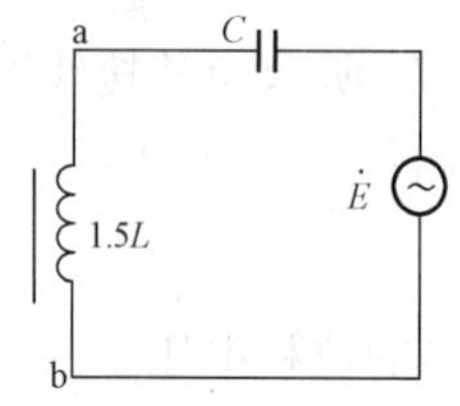

图 11-72　戴维南等值串联谐振电路

一般 $\delta=1.5\sim2.0$。由式（11-80）可知，$C_{12}=\frac{1}{3}(\delta-1)C_0$ 。由于电源三相对称，且 A 相断线后，B、C 相从电路上完全对称，因而可以得到如图 11-72 的等值单相电路。利用戴维南定理可以进一步将该电路简化为一串联谐振电路，如图 11-72 所示。图中电源 $\dot{E}$ 为 a、b 两端点间的开路电压，等值电容 C 为 a、b 间的入口电容（电压源短接）。

等值电容计算过程如下：

$$\begin{aligned}C&=\frac{(C_0'+2C_0)C_0''}{C_0''+C_0'+2C_0}+2C_{12}''\\&=\frac{(xC_0+2C_0)(1-x)C_0}{3C_0}+\frac{2(1-x)(\delta-1)C_0}{3}\\&=\frac{C_0}{3}[(x+2\delta)(1-x)]\end{aligned} \tag{11-81}$$

$$\begin{aligned}\dot{E}&=1.5\dot{E}_A\frac{C_0'}{C_0'+\left(2C_0+\frac{C_0''\cdot 2C_{12}''}{C_0''+2C_{12}''}\right)}\cdot\frac{C_0''}{C_0''+2C_{12}''}\\&=1.5\dot{E}_A\frac{1}{1+\frac{2\delta}{x}}\end{aligned} \tag{11-82}$$

随着断线（非全相运行）的具体情况不同，都有相应的等值单相接线图和等值串联谐振回路。

非全相运行时的谐振电路，在一定的参数配合和激发条件下，可能会产生基频、高频或分频谐振。当发生基频谐振时，会出现三相对地电压不平衡，如一相升高、两相降低，或两相升高、一相降低，或三相同时升高的现象。在负载变压器侧可能会使三相绕组电压的负序分量占主要成分，造成相序反倾。

第三种情况即在中性点不接地系统单相断线且负载侧导线接地时，等值电容的数值较大，即当断线故障发生在负载侧（$x=1$）时，电容 C 最大，达 $C_{max}=3C_0$。因此不发生由于断线引起基波铁磁谐振过电压的条件为

$$3\omega C_0 \leqslant \frac{1}{1.5\omega L_0}（L_0 \text{ 为变压器不饱和时的励磁电感}） \tag{11-83}$$

若变压器的励磁阻抗 $X_e = \omega L_0$，则上述情况下不发生断线引起的基波铁磁谐振过电压的条件改写成

$$C_0 \leqslant \frac{1}{4.5\omega X_e} \tag{11-84}$$

可见，短路故障时，基波铁磁谐振在实际的电力系统中是完全可能发生的。

为防止断线过电压，可采取以下一些措施：

（1）保证断路器的三相同时动作；避免发生拒动；不采用熔断器设备。

（2）加强线路巡视和检修，避免发生断线。

（3）如断路器操作后发生异常现象，应立即复原和进行检查。

（4）在中性点直接接地的电网中，操作时应将负载变压器的中性点临时接地，此时变压器合闸相的绕组电压已被固定，未合闸相则通过三角形的低压绕组感应出一个恒定电压，谐振条件被破坏。

（5）必要时在变压器的中性点装设棒间隙。

五、电磁式电压互感器饱和引起的谐振过电压

在中性点不接地系统中，为了监视三相对地电压进行电能计量或保护，在发电机或变电站母线上常接有 Y0 接线的电磁式电压互感器，且其绕组中性点直接接地。于是，网络对地参数除电力设备和导线的对地电容 C_0 外，还有电压互感器的励磁电感 L，如图 11-73 所示。正常运行时，电压互感器的感抗很大，网络对地仍呈容性，三相基本平衡，电网中性点 O 的位移电压很小。当系统中出现某些操作（如电压互感器突然合闸、线路瞬间单相接地等）时，在某一相或两相绕组中出现巨大的涌流，使电压互感器各相电感的饱和程度不同，会出现互感器的一相或两相电压升高，就可能出现较高的中性点位移电压，可能激发谐振过电压。

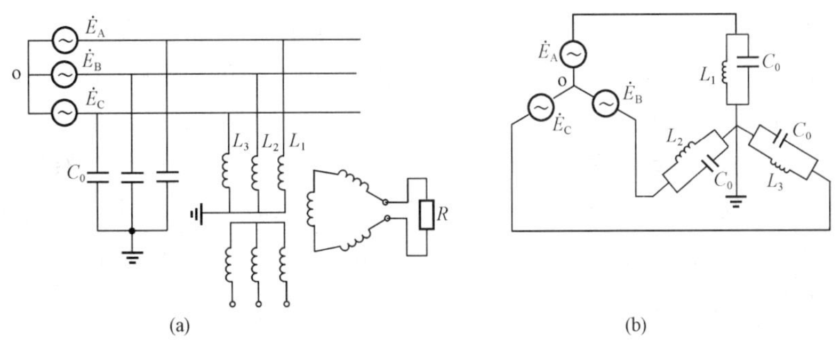

图 11-73 带有 Y_0 接线电压互感器的三相回路

（a）原理接线；（b）等值接线

由于过电压是由零序电压引起的，因此网络零序参数的不同或外界激发条件的不同，使这种过电压可以是基波谐振过电压，也可以是高次或分次谐波过电压。下面以基波谐振过电压的产生为例进行分析。

由于过电压仅取决于零序回路的参数，因此导线的相间电容、补偿用电容器组、负载变压器等都是接在相间的，对过电压没有影响，因此可以得到如图 11-73（b）所示的等值电

路。中性点位移电压 $\dot{U}_0$ 为

$$\dot{U}_0 = \frac{\dot{E}_A Y_1 + \dot{E}_B Y_2 + \dot{E}_C Y_3}{Y_1 + Y_2 + Y_3} \tag{11-85}$$

式中　Y_1、Y_2、Y_3——分别为三相回路的导纳。

正常运行时，$Y_1 = Y_2 = Y_3$，所以 $|\dot{U}_0|$ 很低，一般不大于 $15\% |\dot{E}_A|$，各相对地导纳呈容性。扰动的结果是电压互感器上某些相的对地电压升高。假定 B、C 两相电压升高，流过 L_2 和 L_3 的电流增大，由于电感的饱和使 L_2 和 L_3 减小，这样就可能使 B 和 C 相的对地导纳 Y_2 和 Y_3 呈感性，而 Y_1 呈容性，容性导纳与感性导纳的抵消作用使 $Y_1 + Y_2 + Y_3$ 显著减小，导纳中性点位移电压大大增加。如参数配合不当使 $Y_1 + Y_2 + Y_3 = 0$，则发生串联谐振，使中性点位移电压急剧上升。如图 11-74 所示为中性点位移后的相量图。中性点位移电压为 U_0，在此情况下，B、C 两相电压升高，A 相电压下降。这种结果与系统出现单相接地（如 A 相接地）的情况是相仿的，但实际上并不存在单相接地，所以此时出现的这种现象称为虚幻接地现象。显然，中性点位移电压越高，出现相对地的过电压也越高。

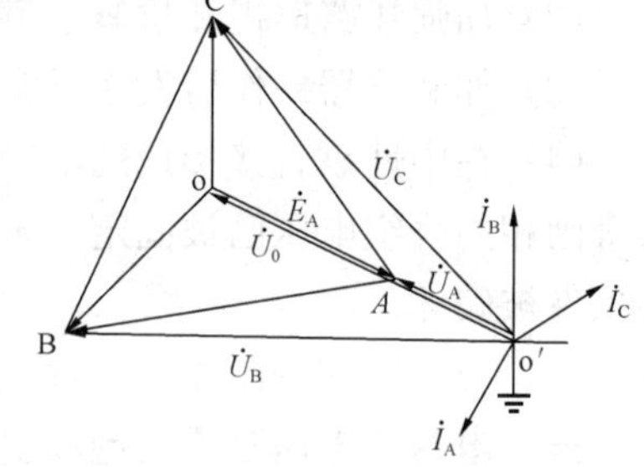

图 11-74　中性点位移时的三相电压相量图

我国长期以来的试验研究和实测结果表明，由电磁式电压互感器饱和引起的基波和高次谐波谐振过电压很少超过 3 倍，因此除非存在弱绝缘设备，一般是不危险的，但其经常引起电压互感器冒烟、高压熔断器熔断等异常现象以及接地指示的误动作（虚幻接地），影响电量计量及保护正确动作。从危害性而言，分频谐振的过电压最大。对分次谐波过电压而言，由于受到电压互感器铁芯严重饱和的限制，过电压一般不超过 2 倍，但励磁电流急剧增加，引起高压熔断器频繁熔断甚至造成电压互感器烧毁。

为了限制和消除这种铁磁谐振过电压，可以采取以下措施：

（1）选用励磁特性较好的电磁式电压互感器或改用电容式电压互感器。

（2）在零序回路中加装阻尼电阻。电压互感器的开口三角绕组为零序电压绕组，在此绕组的两端接上电阻 R（$R \leqslant 0.4X_T$，X_T 为互感器在额定线电压作用下换算到电压侧绕组的单相绕组励磁阻抗），可以消除各次谐波的谐振现象。正常运行时，因为没有零序电压，R 不会消耗能量。对于 35kV 及以下的中性点不接地系统，则阻值不能过小，因为通常允许系统内带单相接地故障运行 2h，长时间接入较小的电阻，可能会使电压互感器过热而烧毁，为此最好采用非线性电阻。

（3）在母线上加装一定的对地电容，使 $\frac{X_{C0}}{X_T} \leqslant 0.01$，则不会出现谐振。

（4）在判定产生饱和过电压时，可采取临时倒闸措施，如投入消弧线圈，将变压器中性点临时接地以及投入事先规定的某些线路或设备等。

继　电　保　护

在电力系统中，大型的发电机—变压器组是十分重要和贵重的电力设备，它的安全运行对电力系统的正常工作、用户的不间断供电、保证电能质量等方面，都起着极其重要的作用。对于1000MW的大型发电机—变压器组，由于单机容量在系统容量中所占比例较大，它在电力系统的重要性不言而喻。

发电机是长期连续运转的设备，它既要承受机械振动，又要承受电流、电压的冲击，因而常导致转动的部件受力损伤以及定子、转子绕组绝缘损坏。因此，发电机在运行过程中，定子绕组和转子励磁回路都有可能产生危险的故障和不正常的运行情况。对于1000MW的大型发电机，其结构尤为复杂，一旦发生故障遭到破坏，其检修难度大、检修时间长。而且，由于单机容量较大，一旦突然切除，会给电力系统造成较大扰动。为了使同步发电机能根据故障的情况有选择地、迅速地发出信号或将故障发电机从系统中切除，以保证发电机免受更为严重的损坏，减少对系统运行所产生的不良后果，使系统其余部分继续正常运行，在发电机上装设能反应各种故障的继电保护是十分必要的。

与发电机连接的升压变压器也是十分重要的电力设备，它是发电机与电力系统连接的枢纽，其容量与体积相当巨大。1000MW发电机—变压器组的主变压器往往需要三台分相的单相变压器才能满足。它如果发生异常或故障将直接影响发电机对系统的发电，给电力系统的运行带来严重后果。为了保证主变压器的安全运行和防止扩大事故，并满足机组和系统两方面的要求，我们必须按照变压器可能发生的故障，装设灵敏、快速、可靠和选择性好的保护装置。

另外，高压厂用变压器和励磁变压器也是发电厂必不可少的设备，它们直接关系到整个厂用电系统和励磁系统的供电。没有它们的正常工作，发电机发电便无从谈起。因此，这些设备的继电保护不容忽视。

本章首先介绍发电机和各变压器的故障和异常运行状态，进而根据这些故障和异常运行状态赘述发电机—变压器组继电保护配置的原则，然后分别针对各种故障和异常运行状态，详细介绍各配置的保护。

第一节　发电机和变压器故障及异常运行状态

一、发电机故障和异常运行状态

1. 发电机的故障

一般来说，发电机故障主要是绕组故障，发电机绕组的故障类型主要有：定子绕组相间短路、定子绕组单相匝间短路、定子绕组单相接地、转子回路一点接地或两点接地。

定子故障通常都是由定子绕组绝缘损坏引起的。定子绕组绝缘损坏通常有绝缘体的自然老化和绝缘击穿。当发电机端口处发生相间短路时，发电机可能出现4～5倍额定电流的大电流，急剧增大的短路电流和产生的巨大电磁力和电磁转矩，对定子绕组、转轴、机座都将产生极大的冲击而导致其损伤，巨大的冲击力将直接损坏发电机定子端部线棒，使其严重变形、断裂，造成绝缘损坏。由外部原因引起的绕组绝缘损坏也很常见，如定子铁芯叠装松动、绝缘体表面落上磁性物体、绕组线棒在槽内固定不紧，在运行中因振动使绝缘体发生摩擦而造成绝缘损坏；在发电机制造中因下线安装不严格造成的线棒绝缘局部缺陷、转子零部件在运行中端部固定零件脱落、端部接头开焊等都可能引起绝缘损坏，从而进一步造成定子绕组接地、单相匝间短路或相间短路故障。

发电机转子绕组的接地故障包括一点接地和两点接地。当发电机组运行时，转子在不停地运转，使绕组受到较大的离心力作用，经过长期的运行后，会使转子绕组产生轻微松动而使绕组的绝缘受到损伤；同时绕组内通过励磁电流，由于热效应作用，会加速转子绕组绝缘的老化变质；此外，长时间的运转，空气中的灰尘及其他污垢会积附在绕组上面，检修时检修人员不小心将异物自转子大盖的网孔中掉入而损伤绕组的绝缘。这些都是导致发电机转子回路出现一点接地和两点接地的原因所在。发电机转子一点接地是一种较为常见的不正常运行状态。励磁回路一点接地故障对发电机一般不会造成危害，因为发电机发生转子绕组一点接地故障时，励磁电源的泄漏电阻（对地电阻）很大，限制了接地泄漏电流的数值，但如果再有另外一个接地点，即发生两点接地故障时会形成部分线匝短路，这是一种非常严重的短路事故。近几年来，国内大型发电机由于转子绕组接地所引起的严重运行事故并不少见。转子两点接地在控制屏上一般表现为励磁电流及定子电流增大、励磁电压及机端出口电压下降、功率因数上升（甚至进相），并伴有剧烈的振动等现象，这时应做事故紧急停机处理。

两点接地故障的危害有：①发电机励磁绕组发生两点接地后，绕组部分被短接，使得绕组直流电阻变小，励磁电流增大；若短路匝数较多，会使发电机磁路中主磁通减少，使机组向外输出的感性无功减少，引起机端出口电压下降，同时定子电流可能会急剧上升。②由于绕组短接的磁极磁通势减小，而其他磁极的磁通势未改变，转子磁通的对称性受到破坏，转子上出现了径向的电磁力，因此引起机组的振动。振动的程度与励磁电流的大小及短接绕组的多少有关。此外，汽轮发电机励磁回路两点接地，还可能使轴系和汽轮发电机磁化。③当转子发生两点接地后，两点之间构成回路，一部分励磁绕组被短接，两接地点之间将可能流过很大的短路电流，电流产生的电弧可能会烧坏励磁绕组及转子本体，甚至引发火灾。

2. 发电机的主要异常运行状态

（1）励磁电流异常下降或消失与失步。励磁电流异常下降或消失也称发电机失磁。引起失磁的原因有转子绕组故障、励磁机故障、自动灭磁开关误跳闸、半导体励磁系统中某些元件损坏或回路发生故障以及误操作等。发电机失磁后，会从电力系统中吸收大量无功功率，引起电力系统的电压下降，如果系统中无功功率储备不足，将使电力系统发生异步运行乃至失步状态，甚至因电压崩溃而瓦解。另外，失磁将导致其他发电机被动地增发无功，进而使电流上升，导致过电流保护动作而跳闸，使故障的波及范围扩大。对1000MW大型发电机—变压器组而言，一旦失磁，引起的无功功率缺额将会相当巨大，对电力系统的不利影响就更加严重。对于发电机本身，重负荷下失磁后，由于出现转差，使定子和转子出现过电流，将使定子、转子以及端部的部件和边段铁芯过热，并且伴随着发电机的转矩、有功功率发生剧烈的周期性摆动。此时转差也作周期性变化，转差率最大值可能达到4%～5%，发电机周期性地严重超速，直接威胁着机组的安全。

（2）负序电流引起的发电机转子表层过热及振动。当电网非全相运行或非全相重合闸，以及电力系统在正常情况下三相负荷不平衡或者发生不对称短路时，在发电机定子绕组中将出现负序电流，此电流在发电机气隙中建立负序旋转磁场，相对于转子为两倍的同步转速，因此在转子绕组、阻尼绕组以及转子铁芯等部件上感应出100Hz的倍频电流，该电流使转子上电流密度很大的转子端部及护环内表面等处出现局部灼热，甚至可能使护环受热松脱，从而导致发电机的重大事故。此外，负序气隙旋转磁场与转子电流之间以及正序气隙旋转磁场与定子负序电流之间所产生的100Hz交变电磁转矩，将同时作用在转子大轴和定子机座上，从而引起频率为100Hz的振动。

（3）定子绕组过电压。强行励磁、满负荷下突然甩去全部负荷或者做短路试验时出现主回路突然断开等情况下，由于调速系统和自动调节励磁装置由惯性环节组成，使得定子绕组在短时间内出现过电压，电压过大将影响定子绕组的绝缘。

（4）定子绕组过电流。当发电机或发电机相邻元件短路以及系统振荡时，将导致发电机定子绕组过电流，使定子绕组过热。

（5）定子绕组过负荷。对于1000MW的大型发电机，由于定子和转子的材料利用率很高，其热容量和铜损的比值较小，因而热时间常数也较小，从而导致发电机容易受到过负荷的损害。

（6）励磁回路过负荷。大型发电机的励磁绕组过负荷能力较低，励磁系统故障或强力时间过长将引起励磁回路过负荷。

（7）定子铁芯过励磁。由于发电机的启停或者甩负荷等原因，发电机产生过电压和频率降低，引起发电机和主变压器过励磁，从而可能使发电机、主变压器因铁芯过热而损坏。

（8）频率异常。当电力系统有功功率变化时，发电机可能在非额定频率状态下运行。频率升高，说明系统中有功功率过剩；频率过低，说明系统出现有功功率缺额。长时间的频率异常的运行状态会导致发电机和汽轮机的疲劳损伤。

（9）发电机突然加电压。发电机突然加电压又称为误上电，即汽轮机处于盘车或低速转动状态时，发电机出口断路器误合闸，突然加上了三相电压，而使发电机异步启动。这种情况下，定子绕组的电流可达3～4倍额定电流，定子电流所建立的旋转磁场将在转子中产生差频电流，流过电流的持续时间过长，则在转子上产生较大的热效应，引起转子过热而损坏。

（10）发电机启停故障。在发电机启动或停机过程中，如果有励磁电流流过励磁绕组，此时定子电压频率很低，则出现的短路故障为发电机启停故障。

（11）发电机逆功率运行。当主汽门误闭合，或者机炉保护动作关闭主汽门而发电机出口断路器未跳闸时，发电机变成了电动机运行，从电力系统中吸收有功功率。这种情况对发电机并无威胁，但由于鼓风损失，汽轮机尾部叶片有可能过热，从而造成汽轮机事故。

（12）出口断路器断口闪络。大型发电机同步并列时，如果出现非同期合闸，则作用于断口上的电压将造成断路器断口闪络故障。断口闪络给断路器本身造成损坏，并且产生的冲击转矩将作用于发电机上。另外，当为一相或两相闪络时，将产生负序电流，在转子上引起附加损耗，威胁发电机的安全。

二、变压器故障和不正常状态

1. 变压器可能发生的故障

(1) 各绕组之间的相间短路和接地短路。这是变压器最严重的故障类型。包括变压器箱体内部和引出线的相间短路。相间短路会损坏变压器本体，严重时会使变压器整体报废。因此，当变压器出现此类故障应瞬时予以切除。

(2) 接地短路。1000MW 发电机—变压器组的主变压器高压侧中性点一般直接接地，并不设接地开关。因此高压侧接地短路时，将产生巨大电流损坏变压器本体。接地短路包括绕组和铁芯之间绝缘损坏引起的接地短路，引出线通过铁芯或者外壳发生的接地短路。

(3) 单相绕组部分线匝之间的匝间短路。对于大型变压器，为了承受冲击过电压的性能，广泛采用了纠结式绕组，匝间和层间电压显著升高，匝间短路故障发生的概率有增加的趋势。

(4) 小电流故障时的绝缘油气体分解。变压器内部故障，有时故障电流比较小，反应电流的保护往往不能动作。对于油冷却的变压器，油箱内短路时，在短路电流和短路点电弧的作用下，绝缘油和其他绝缘材料会受热分解，产生气体。这些气体必然会从油箱流向储油柜上部。故障越严重，产生的气体就越多，流向储油柜的气流速度也越快。

(5) 铁芯局部发热和烧损。由于变压器制造上的缺陷，铁芯片间存在局部短路，会使铁芯局部发热和烧损。如不能及时发现，会引发严重的铁芯故障。

2. 变压器的异常运行状况

(1) 过负荷。变压器有一定的过负荷能力，但若长期处于过负荷下运行，会由于热效应使变压器绕组的绝缘水平下降，加速老化，缩短寿命。

(2) 过电流。过电流一般是由于外部短路后大电流流经变压器而引起的。过大的电流流经变压器绕组会将变压器烧损。

(3) 过励磁。对于大容量变压器，由于其额定工作时的磁通密度相当接近于铁芯的饱和磁通密度，因此在过电压或者低频等异常运行方式下，会发生变压器的过励磁故障。

另外，变压器还有可能出现冷却系统故障、油箱压力过高、油位过低等故障。

第二节　1000MW 发电机—变压器组继电保护配置原则

一、发电机—变压器组继电保护概述

发电机—变压器组继电保护是在发电机—变压器组内部或外部故障或发生异常时能够自动发出信号和跳闸命令隔离故障点的自动装置。发电机—变压器组的继电保护与电力系统其他设备一样，包括主保护和后备保护，以及增设的辅助的非电量保护。主保护是指满足系统稳定和设备安全要求，能以最快速度有选择地切除被保护设备故障的保护。后备保护是指当主保护或断路器拒动时，用以切除故障的保护。非电量保护，是指由非电气量反映的故障动作或发信的保护，保护的判据不是电量，如电流、电压、频率、阻抗等，而是非电量，如瓦斯保护、温度保护、压力保护等。

继电保护装置应满足可靠性、选择性、灵敏性和速动性的要求。

可靠性是指保护该动作时动作，不该动作时不动作。为保证可靠性，宜选用性能满足要

求、原理尽可能简单的保护方案，应采用由可靠的硬件和软件构成的装置，并应具有必要的自动检测、闭锁、告警等措施，以及便于整定、调试和运行维护。

选择性是指首先由故障设备或线路本身的保护切除故障，当故障设备或线路本身的保护或断路器拒动时，才允许由相邻设备、线路的保护或断路器失灵保护切除故障。为保证选择性，对相邻设备和线路有配合要求的保护和同一保护内有配合要求的两元件（如启动与跳闸元件、闭锁与动作元件），其灵敏系数及动作时间应相互配合。

灵敏性是指在设备或线路的被保护范围内发生故障时，保护装置具有的正确动作能力的裕度，一般以灵敏系数来描述。

速动性是指保护装置应能尽快地切除短路故障，其目的是提高系统稳定性，减轻故障设备和线路的损坏程度，缩小故障波及范围，提高自动重合闸和备用电源或备用设备自动投入的效果等。

二、配置要求及主要功能

发电机—变压器组继电保护的配置是根据被保护的设备制作的。当发电机—变压器组发生故障或异常工况时，在可能实现的最短时间和最小区域内，自动将故障设备从系统中切除，或发出信号由值班人员消除异常工况根源，以减轻或避免设备的损坏和对相邻地区供电的影响。

不同容量、不同型号以及不同生产厂家的发电机—变压器组，由于其制作工艺和在电力系统中的重要性不同，所配置的保护也不尽相同。作为目前国内单机容量最大的火力发电机—变压器组，1000MW 发电机—变压器组的继电保护配置比容量较小的发电机—变压器组的保护要求更加全面和细致。按 GB 14285—2006《继电保护和安全自动装置技术规程》和国电调〔2002〕138 号《“防止电力生产重大事故的二十五项重点要求”继电保护实施细则》的要求，1000MW 发电机—变压器组的主保护和后备保护均应按双重化配置，非电量保护配置单套。

双重化配置是指每一种保护必须配置两套不同原理的保护装置或两个多 CPU 微机保护装置，这两套保护应分别独立安装在各自的保护屏中，各套保护的直流电源取自不同的蓄电池，各套保护用的电流和电压互感器的二次侧各自独立，各套保护分别经过断路器的两个独立的跳闸线圈出口。

采用双重化配置的原则，可以保证一套失灵时，另一套仍能起到保护设备的作用，体现了“宁可误动，不可拒动”的设计思想。另外，双重化配置还能做到在运行中做保护整组试验，试验时一套运行，一套试验，而不至于被保护设备因检验其保护而停运。

针对发电机—变压器组的故障和异常运行状态，应配置相应的保护功能。

（1）针对发电机故障设置的保护有发电机纵联差动保护、发电机匝间短路保护、发电机定子接地保护、发电机转子接地保护、断路器闪络保护。

（2）针对发电机异常运行状态设置的保护有发电机复压闭锁过电流保护、发电机定子过负荷保护、发电机励磁绕组过负荷保护、发电机失磁保护、设置过励磁保护、发电机频率异常保护、发电机失步保护、发电机突加电压保护、发电机启停机保护、发电机过电压保护、发电机逆功率保护、发电机程跳逆功率保护、发电机转子表层过负荷保护。

（3）针对主变压器、高压厂用变压器以及励磁变压器故障及异常运行状态设置的保护有主变压器纵联差动保护、主变压器复合电压过电流保护、主变压器零序过电流保护、主变压器瓦斯保护、主变压器压力释放、主变压器温度保护、主变压器冷却器故障、高压厂用变压器纵联差动保护、高压厂用工作变压器低压闭锁过电流保护、高压厂用工作变压器分支过电流及零序保护、高压厂用工作变压器零序过电流保护、高压厂用变压器瓦斯保护、高压厂用工作变压器压力释放、高压厂用工作变压器温度保护、高压厂用工作变压器冷却器故障、励磁变压器纵联差动保护、励磁变压器过电流保护、励磁变压器过负荷保护、励磁变压器温度保护。

三、电流互感器选型及配置

在电力系统的设计中，电流互感器的选型和配置关系到测量和计量装置的测量精度、继电保护的动作正确性。其选型原则和注意事项如下。

1. 选型原则

(1) 电流互感器的额定电流不小于一次设备的额定电流。

(2) 互感器所接二次负荷（包括电工仪表和继电器）不应超过相应准确等级下的额定容量，否则准确等级会下降。

(3) 根据电气测量和继电保护的要求，选择电流互感器的适当准确等级。

2. 选用互感器时的注意事项

(1) 电流互感器一般按一次额定电流为线路的 1.2～1.4 倍电流选用，这主要是考虑线路过负荷时不至于烧毁电流互感器和电流表或电能表等用电设备。

(2) 电流互感器的一次额定电流也不能选得与一次设备的实际工作电流相差太大，否则将影响电流互感器的计量精度。例如 0.5 级电流互感器，当它工作在 100%额定一次电流时误差为 0.5%，若工作在 20%额定一次电流时误差变为 0.75%。

(3) 互感器在额定的二次输出负荷范围内才能保证互感器精度。因此二次线路负荷以及计量装置的负荷都为互感器实际工作的负荷，当互感器二次实际输出负荷大于互感器二次额定输出负荷时，互感器精度将降低，严重过负荷时将烧毁互感器，当互感器二次实际输出负荷低于互感器二次额定输出负荷时，互感器的精度将降低。

(4) 互感器选用时根据线路要求选用适合的计量精度。当电流互感器主要用于监测电流或电压或继电保护用时，一般选用 0.5 级互感器就能满足要求。

(5) 根据不同的使用场合选用适宜的互感器产品。互感器根据产品的不同外型结构、使用环境，具有不同的产品型号。在同一使用场合可能有不同的型号互感器适合选用，这主要从经济性角度进行选用。

(6) 户外型互感器和户内型互感器不能混用。户内型互感器不能在户外使用。户内型互感器一般用户内树脂浇注，在户外使用后，互感器浇注体不耐紫外线，易开裂，容易发生绝缘击穿。同规格户外互感器由于价格比户内互感器高，不适宜用在户内。

(7) 大型发电机组差动保护不能使用常规的 5P（10P）级电流互感器。因为此类电流互感器在外部发生短路故障的暂态饱和及剩磁问题常会引起差动保护误动作。因此大型发电机组保护系统应采用暂态特性较为理想的 TPY 型电流互感器。而且同一电压等级要尽量选用相同型号的电流互感器，以减小不平衡电流的影响。

四、保护设置及出口动作方式

根据故障及异常运行方式的性质，上述各项保护可动作于下列出口动作方式：

(1) 全停，即断开发电机出口断路器，灭磁，关闭汽轮机主汽门。

(2) 解列并灭磁，即断开发电机出口断路器，灭磁，汽轮机甩负荷。

(3) 解列，即断开发电机出口断路器，汽轮机甩负荷。

(4) 减出力，即将汽轮机出力减到给定值。

(5) 程序跳闸，即先关闭汽轮机主汽门，等待逆功率继电器动作后，再断开发电机出口断路器并灭磁。

(6) 高压厂用变压器分支跳闸，即高压厂用变压器本侧分支断路器跳闸，闭锁厂用电切换。

(7) 发出报警信号。

第三节 发电机保护

一、发电机纵联差动保护

作为反应发电机相间短路的主保护，发电机纵联差动保护（简称发电机差动保护）不但要求能区分发电机内、外故障，而且还要求无延时的切除内部故障。

发电机差动保护的工作原理和其他电力设备的纵联差动保护的工作原理相同。图 12-1 为发电机差动保护 TA 接线方式。由于 1000MW 发电机—变压器组的主保护要求双重化配置，因此在中性点侧装设两组电流互感器 1TA 和 2TA，在机端引出线处装设另两组电流互感器 3TA 和 4TA。而对于发电机有出口断路器的接线方式的 1000MW 发电机—变压器组，发电机差动保护的范围要求包括发电机及其出口断路器。因此，这种接线方式的另两组差动电流互感器 3TA 和 4TA 装设在出口断路器相对于发电机的外侧。

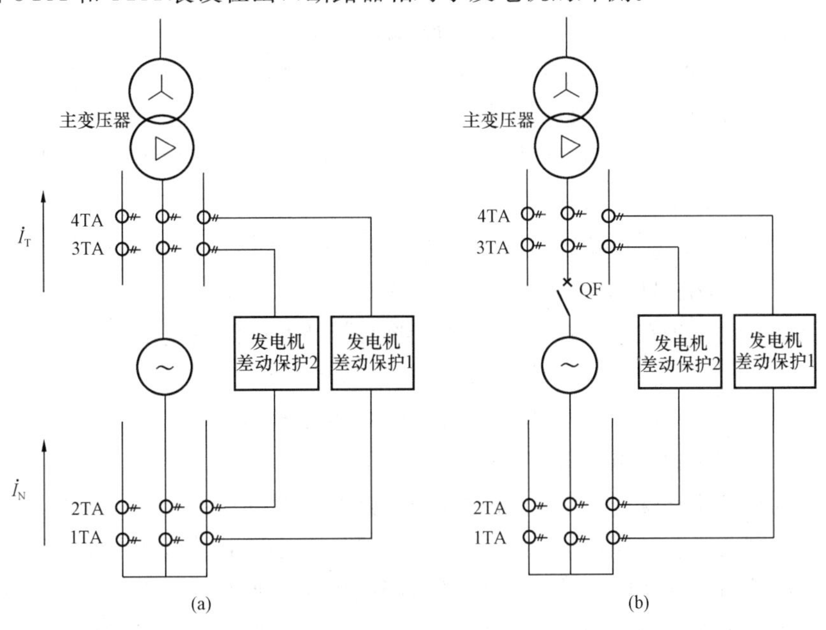

图 12-1 发电机差动保护 TA 接线方式

(a) 发电机无出口断路器；(b) 发电机有出口断路器

1. 发电机比率制动式差动保护

发电机比率制动式差动保护只反应相间短路而不能反应匝间短路。现假设发电机机端电

流为 $\dot{I}_S$，发电机中性点电流为 $\dot{I}_N$，如图 12-1 所示，那么发电机比率制动式差动保护的动作方程可表示为

$$|\dot{I}_S - \dot{I}_N| > K|\dot{I}_S + \dot{I}_N|/2 \tag{12-1}$$

$$|\dot{I}_S - \dot{I}_N| = I_D$$

$$|\dot{I}_S + \dot{I}_N|/2 = I_{res}$$

式中 $|\dot{I}_S - \dot{I}_N|$——差动电流；

$|\dot{I}_S + \dot{I}_N|/2$——制动电流；

K——比率制动系数。

当发生发电机区外故障时，发电机机端电流和中性点电流大小相等，方向相同，即 $\dot{I}_S = \dot{I}_N$，即差动电流 I_D 理论上为零。而制动电流 I_{res} 则为 $|\dot{I}_S + \dot{I}_N|/2 = I_T$，并且随着外部故障电流线性增大。因此，区外故障越强烈，发电机比率制动式差动保护越可靠不动作；当发生发电机区内故障并且满足动作方程时，比率制动式差动保护将瞬时动作，保证保护的选择性。

发电机比率制动式差动保护的交流回路取自机端及中性点的电流互感器的电流。正常运行或外部短路电流虽然在一次侧满足差动电流为零的条件，但一次电流经互感器传变后，由于互感器的误差，尤其是饱和的影响，使得二次电流的差动电流并不为零，即存在的一定的不平衡电流 $\dot{I}_{unb}$。对一般性的差动保护进行不平衡电流计算时，只考虑由于电流互感器特性不一致而产生的最大不平衡电流，即

$$I_{unb.max} = K_{aper}K_{ss}f_iI_{D.max}^{(3)} \tag{12-2}$$

式中 K_{aper}——非周期分量影响系数，即考虑外部短路暂态非周期分量电流对互感器饱和的影响，一般取 K_{aper} 为 1.5～2.0；

K_{ss}——电流互感器的同型系数。发电机差动保护用的互感器是同一型号的，取 K_{ss} 为 0.5；

f_i——电流互感器幅值误差，工程中要求不大于 10%，故取 f_i 为 0.1；

$I_{D.max}^{(3)}$——发电机出口最大三相短路电流。

为防止纵联差动保护在外部短路时误动，继电器最大动作电流 $I_{k.op.max}$ 应躲过最大不平衡电流，即

$$I_{k.op.max} = K_{rel}I_{unb.max} = K_{rel}K_{aper}K_{ss}f_iI_{D.max}^{(3)} \tag{12-3}$$

式中 K_{rel}——可靠系数，取 1.3～1.5。

但对比率制动式差动保护而言，由于区外短路时，制动电流会随故障电流的增大而增大，因此，比率制动式差动保护的动作电流 $I_{k.op}$ 可以在小于最大不平衡电流的区外故障时整定得小一些，然后让动作电流 $I_{k.op}$ 随外部短路电流增大而增大。这样既可以保证保护不误动，又大大提高了保护的灵敏度。这就是比率制动式差动保护得以广泛应用的根本原因。

具体的整定原则中，最小动作电流 $I_{k.op.min}$ 只考虑最大负荷状态下保护不误动。即

$$I_{k.op.min} = K_{rel}K_{aper}K_{ss}f_iI_{N.G} \tag{12-4}$$

式中 $I_{N.G}$——发电机额定电流。

而在外部短路电流大于发电机额定电流 $I_{N.G}$ 并且小于发电机出口最大三相短路电流

$I_{D.max}^{(3)}$ 时，继电器呈现比率制动特性。因此最小制动电流 $I_{res.0}$ 应小于或等于发电机额定电流 $I_{N.G}$，取

$$I_{res.0} = (0.8 \sim 1.0) I_{N.G} \qquad (12\text{-}5)$$

综上所述，发电机比率制动式差动保护的比率制动特性如图 12-2 所示。

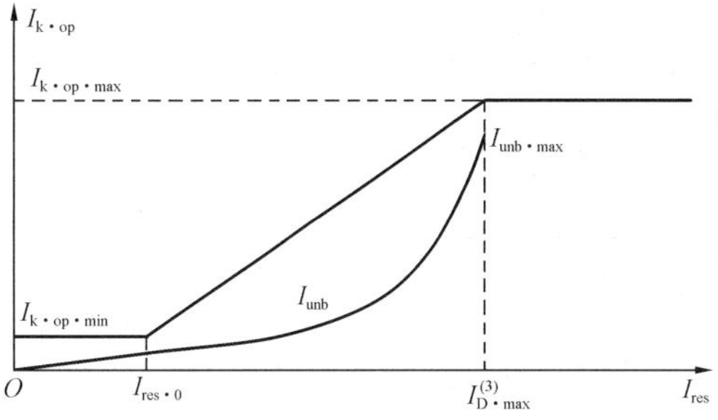

图 12-2 发电机比率制动式差动保护的比率制动特性

2. 发电机的标积制动式纵联差动保护

另一种与比率制动式纵联差动保护非常接近但具有更高灵敏度的标积制动式纵差保护，也只能反应相间短路而不反应匝间短路。它也由两侧电流 $\dot{I}_T$ 和 $\dot{I}_N$ 组成动作电流和制动电流，发电机的标积制动式纵联差动保护的动作方程可表示为

$$|\dot{I}_S - \dot{I}_N| > \sqrt{I_T I_N \cos\alpha} \qquad (12\text{-}6)$$

$$|\dot{I}_S - \dot{I}_N| = I_D \sqrt{I_S I_N \cos\alpha} = I_{res}$$

式中 $|\dot{I}_S - \dot{I}_N|$ ——差动电流；

$\sqrt{I_S I_N \cos\alpha}$ ——制动电流；

α —— $\dot{I}_S$ 和 $\dot{I}_N$ 的相位差。

发电机外部短路时，$\alpha = 0°$，制动电流 $I_{res} = I_S = I_N$，此为较大的故障电流，而 I_D 仅为不大的不平衡电流，保护可靠制动。

发电机内部短路时，大多数情况下 $\cos\alpha < 0$，此时令 $I_{res} = 0$，而 I_D 很大，保护灵敏动作。当发电机未并网而发生内部短路时，$I_S = 0$，$I_{res} = 0$，$I_D = I_N$，保护仍能可靠动作。

由于在同等内部故障的条件下，标积制动式纵联差动保护的动作量和制动量的差异要远比比率制动式的大，因此灵敏度更高。

3. 发电机纵联差动保护对电流互感器的要求

（1）由于发电机出口和尾部流过的电流大小相等、方向相同，因此发电机纵联差动保护用的电流互感器的型号要求完全一样，暂态特性要好。

（2）1000MW 机组由于发电机出口电流非常大，导致发电机差动保护用的电流互感器的变比也十分大。一旦电流互感器二次回路发生断线故障，二次侧将产生很高的感应电压，对设备和人身的安全威胁极大。出于安全角度的考虑，1000MW 机组的发电机差动保护的电流互感器断线后，多数动作于差动保护跳闸，而不是像容量较小的机组一样动作于信号。

二、发电机定子单相接地保护

发电机定子单相接地是发电机最常见的一种故障，由于发电机中性点是不接地或经高阻抗接地的，所以定子单相接地故障并不引起大的故障电流，而是通过每相的接地电容形成故障电流，相应的定子绕组单相接地保护通常只发信号而不立即跳闸停机。对于大型发电机组发生单相接地后，接地电容电流应限制在一个很小的范围内，此时宜迅速平稳转移负荷后停机。

1. 发电机定子单相接地时的基波零序分量分析

对于中性点不接地运行的发电机，在定子绕组内 α（由接地点到中性点的绕组匝数，占

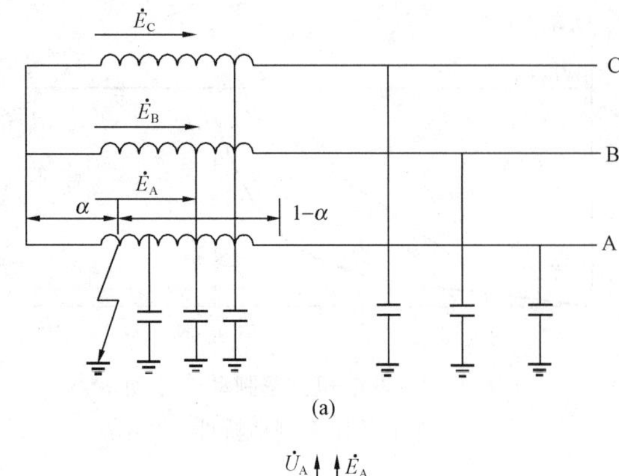

(a)

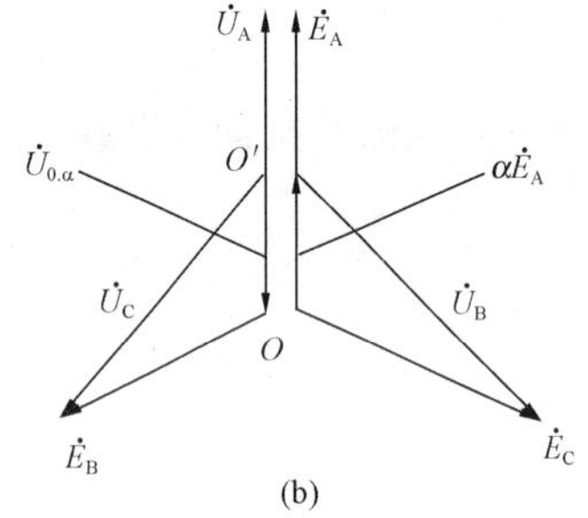

(b)

图 12-3　发电机定子接地
(a) 电路图；(b) 相量图

全部定子绕组匝数的百分比）处 A 相接地时，如图 12-3 所示，机端各相对地电压 $\dot{U}_A$、$\dot{U}_B$、$\dot{U}_C$ 为

$$\left.\begin{aligned}\dot{U}_A &= (1-\alpha)\dot{E}_A \\ \dot{U}_B &= \dot{E}_B-\alpha\dot{E}_A \\ \dot{U}_C &= \dot{E}_C-\alpha\dot{E}_A\end{aligned}\right\}\tag{12-7}$$

接地点基波零序电压 $\dot{U}_{0.\alpha}$ 计算得

$$\dot{U}_{0.\alpha}=\frac{1}{3}(\dot{U}_A+\dot{U}_B+\dot{U}_C)=-\alpha\dot{E}_A\tag{12-8}$$

式（12-8）表明，接地点基波零序电压 $\dot{U}_{0.\alpha}$ 随 α 线性变化。当 $\alpha=1$ 时，$\dot{U}_{0.\alpha}=-\dot{E}_A$；当 $\alpha=0$ 时，$\dot{U}_{0.\alpha}=0$。

2. 利用基波零序电压构成的发电机定子绕组单相接地保护

发电机内部单相接地的信号装置，一般反应于零序电压而动作。过电压继电器连接于发电机机端电压互感器二次侧开口三角形的输出电压上或者中性点的电压互感器上。一般情况下，宜取自中性点的电压互感器。原因是：

（1）如果取自发电机出口电压互感器，该互感器一旦发生一次侧故障，如一次熔丝熔断等，随即产生基波零序电压，从而导致保护误动作。此时，还应通过相应的逻辑闭锁该保护，如互感器断线闭锁。这样定子接地保护的可靠性有所降低。

（2）如果取自发电机中性点电压互感器，则不存在上述问题。即使出现中性点电压互感器断线，也不至于保护误动作。而且目前很多保护厂家的保护可以通过“中性点三次谐波电压消失”等信号监视中性点电压互感器断线故障。

由于在正常运行时，发电机相电压中还含有三次谐波。另外，当主变压器高压侧发生接地故障时，由于变压器高、低压绕组之间有电容存在，在发电机端也会产生基波零序电压。为了保证保护动作的选择性，保护装置的整定值应躲开正常运行时的不平衡电压，以及变压器高压侧接地时在发电机端产生的零序电压。根据运行经验，继电器的启动电压一般整定为 15～30V。

按以上条件整定的保护，由于整定值较高，因此，当中性点附近发生接地故障时，保护装置不能动作，因而出现死区。为了减少死区，可采取加装三次谐波滤过器和利用保护的延时来躲开高压侧的接地故障来降低启动电压。虽然零序电压保护范围有所提高，但在中性点附近接地时，仍然有 5%～10%的死区。

由此可见，利用基波零序电压构成的接地保护，对定子绕组都不能达到 100%的保护范围。由于中、小型发电机定子绕组通常不是水内冷的冷却方式，靠近中性点附近电位又不高，因此发生单相接地的概率较小，可允许中性点附近有一定的保护死区。但对于大型机组，由于它在系统中的地位重要，其结构及冷却方式复杂，损坏后修复难度大，尤其是水内冷机组，中性点附近绕组漏水造成定子绕组单相接地可能性大。如果在中性点附近的保护死区发现单相接地，接地电容电流持续存在，可能进一步导致发生匝间或相间短路。另一种可能是如果又在其他地点发生接地，则形成两点接地回路。这两种结果都会造成发电机的严重损坏。所以要求装设动作范围为100%的高灵敏度的单相接地保护。

目前，100%定子接地保护装置一般由两部分组成：第一部分是零序电压保护，它能保护定子绕组的85%以上；第二部分保护则用来消除零序电压保护不能保护的死区。为提高可靠性，两部分的保护区域应相互重叠。构成第二部分保护的方案主要有：

(1) 利用发电机固有的三次谐波电动势，以发电机中性点侧和机端侧三次谐波电压比值的变化或比值和方向的变化，来作为保护动作的判据。

(2) 附加直流或低频（20Hz或25Hz）电源，通过发电机端的电压互感器将其电流注入发电机定子绕组，当定子绕组发生接地时，保护装置将反应于此注入电流的增大而动作。

3. 利用三次谐波电压构成的100%定子绕组单相接地保护

由于发电机气隙磁通密度的非正弦分布和铁磁饱和的影响，在定子绕组中感应的电动势除基波分量外，还含有高次谐波分量。其中三次谐波电动势虽然可在线电动势中消除，但在相电动势中依然存在。因此，每台发电机总有约百分之几的三次谐波电动势，设以 E_3 表示。

如果把发电机的对地电容等效地看作集中在发电机的中性点N和机端S，每端为$\frac{1}{2}C_{0G}$，并将发电机端引出线、主变压器、厂用变压器以及电压互感器等设备的每相对地电容 C_{0S} 也等效地放在机端，则正常运行情况下的等值电路如图12-4所示，由此即可求出中性点及机端的三次谐波电压分别为

$$\left.\begin{aligned} U_{N3} &= \frac{C_{0G}+2C_{0S}}{2(C_{0G}+C_{0S})}E_3 \\ U_{S3} &= \frac{C_{0G}}{2(C_{0G}+C_{0S})}E_3 \end{aligned}\right\} \tag{12-9}$$

此时，机端三次谐波电压与中性点三次谐波电压之比为

$$\frac{U_{S3}}{U_{N3}} = \frac{C_{0G}}{C_{0G}+2C_{0S}} < 1 \tag{12-10}$$

由式（12-10）可见，在正常运行时，发电机中性点侧的三次谐波电压 U_{N3} 总是大于发电机端的三次谐波电压 U_{S3}。极限情况是，当发电机出线端开路（$C_{0S}=0$）时，$U_{N3}=U_{S3}$。

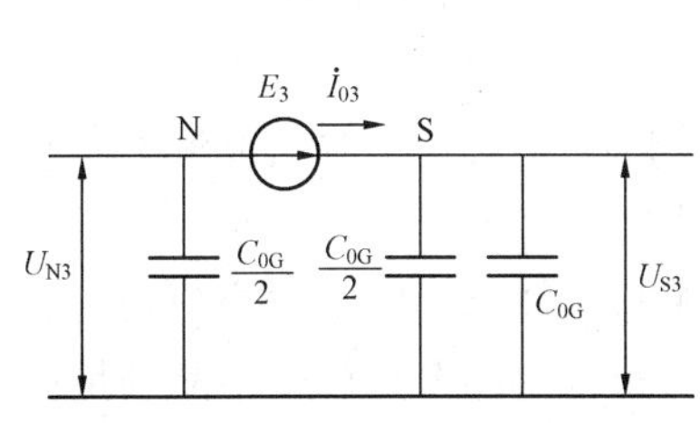

图12-4 发电机三次谐波电动势和对地电容的等值电路图

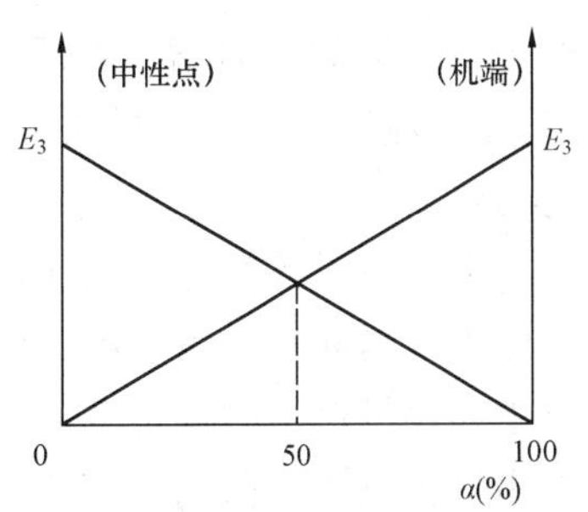

图12-5 U_{S3}、U_{N3}随α的变化曲线

当发电机定子绕组发生金属性单相接地时，设接地发生在距中性点 α 处，U_{S3}、U_{N3} 随 α 的变化曲线如图 12-5 所示。此时有

$$\left.\begin{aligned}U_{N3} &= \alpha E_3\\U_{S3} &= (1-\alpha)E_3\end{aligned}\right\} \tag{12-11}$$

则

$$\frac{U_{S3}}{U_{N3}}=\frac{1-\alpha}{\alpha} \tag{12-12}$$

当 $\alpha<50\%$ 时，恒有 $U_{S3}>U_{N3}$。因此，如果利用机端三次谐波电压 U_{S3} 作为动作量，而用中性点侧三次谐波电压 U_{N3} 作为制动量来构成接地保护，且当 $U_{S3}\geqslant U_{N3}$ 时为保护的动作条件，则在正常运行时保护不可能动作。而当中性点附近发生接地时，则具有很高的灵敏性。利用这种原理构成的接地保护，可以反应定子绕组中性点侧约 50%范围以内的接地故障。

综上所述，利用三次谐波电压构成的接地保护可以反应发电机绕组中 $\alpha<50\%$ 范围以内的单相接地故障，且当故障点越接近于中性点时，保护的灵敏性越高；而利用基波零序电压构成的接地保护，则可以反应 $\alpha<15\%$ 以上范围的单相接地故障，且当故障点越接近于发电机出线端时，保护的灵敏性越高。因此，利用三次谐波电压比值和基波零序电压的组合，构成了 100%定子绕组接地保护。

三、发电机负序过电流保护

负序电流在转子中所引起的发热量，正比于负序电流的平方所持续时间的乘积。在最严重的情况下，假设发电机转子不向周围散热，则不使转子过热所允许的负序电流和时间的关系为

$$\int_0^t i_2^2\,\mathrm{d}t = I_2^2 t = A \tag{12-13}$$

推得

$$I_2=\sqrt{\frac{\int_0^t i_2^2\,\mathrm{d}t}{t}} \tag{12-14}$$

式中 i_2 ——流经发电机的负序电流；

t —— i_2 所持续时间；

I_2^2 ——在时间 t 内 i_2^2 的平均值，应采用以发电机额定电流为基准的标幺值；

A——与发电机型式和冷却方式有关的常数，应采用制造厂所提供的数据。

随着发电机组容量的不断增大，所允许的承受负序过负荷的能力也随之下降（A 值减小）。其允许负序电流与持续时间的关系如图 12-6 中的曲线所示。这就对负序电流保护的性能提出了更高的要求。

针对上述情况而装设的发电机负序过电流保护实际上是对定子绕组电流不平衡而引起转子过热的一种保护，因此应作为发电机的主保护方式之一。

此外，由于大容量机组的额定电流很大，而在相邻元件末端发生两相短路时的电流可能较小，此时采用复合电压（低电压和负序电压）启动的过电流保护往往不能满足作为相邻元件后备保护时对灵敏系数的要求。在这种情况下，采用负序电流作为后备保护，就可以提高不对称短路时的灵敏性。由于负序过电流保护不能反应三相短路，因此，当用它作为后备保

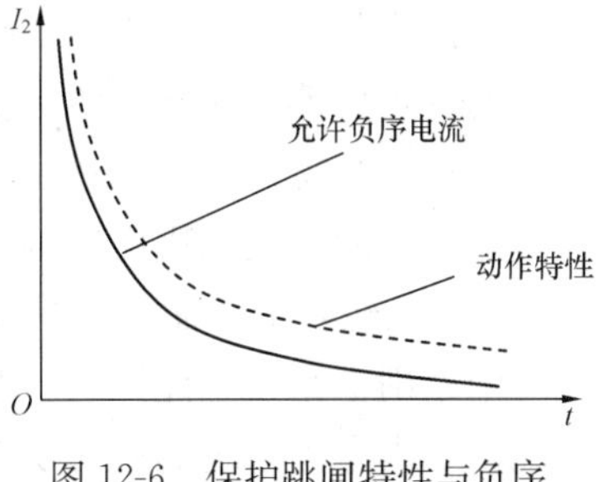

图 12-6 保护跳闸特性与负序电流曲线的配合

护时，还需要附加装设一个单相式的低电压启动过电流保护，以专门反应三相短路。

负序反时限动作跳闸的特性与发电机允许的负序电流曲线相配合时，通常采用图 12-6 所示的方式，即动作特性在允许负序电流的上面，其间的距离按转子温升裕度决定。这样配合可以避免在发电机还没有达到危险状态时就把发电机切除。此时保护装置的动作特性可表示为

$$t=\frac{A}{I_2^2-a} \text{ 或 } I_2^2t=A+at \tag{12-15}$$

式中 a——与转子的温升特性、温升裕度等因素有关的常数。

式（12-15）所代表的意义是：发电机允许负序电流的特性 $I_2^2t=A$ 是在绝热的条件下给出的，实际上考虑转子的散热条件后，对于同一时间内所允许的负序电流值要比 $I_2^2t=A$ 的计算值略高一些，因此在保护动动作特性中引入了 at 。

对过负荷的信号部分的整定值可按以下原则考虑：应按照躲开发电机长期允许的负序电流和最大负荷过滤器的不平衡电流（均应考虑继电器的返回系数）来确定。根据有关规定，汽轮发电机的长期允许负序电流为 12%的额定电流。因此，一般情况下负序过负荷发信号整定值可取为

$$I_{2.\mathrm{op}}=0.1I_{\mathrm{N.G}} \tag{12-16}$$

其动作时限则应保证外部不对称短路时保护动作的选择性，一般采用 5～10s。

四、发电机失磁保护

失磁保护，也称为低励保护。发电机失磁故障是指发电机的励磁突然全部或部分消失。低励、失磁是发电机常见的故障形式之一。特别对于大型机组，励磁系统的环节较多，使发生低励和失磁的概率增加。

1. 发电机的失磁运行及其产生的影响

造成发电机低励失磁的主要原因有：

（1）励磁回路开路，励磁绕组断线，灭磁开关误动作，励磁调节装置的自动开关误动，晶闸管励磁装置中部分元件损坏。

（2）励磁绕组由于长期发热，导致绝缘老化或损坏，引起短路。

（3）运行人员误操作等。

无论是哪种形式，发电机失磁后将进入异步运行，对电力系统和发电机产生以下影响：

（1）需要从电网中吸取大量的无功功率以建立发电机的磁场。失磁前带的有功功率越大，失磁后转差就越大，所吸收的无功功率就越大，因此，在重负荷下失磁进入异步运行后，如不采取措施，发电机将因过电流使定子绕组过热。

（2）发电机从电力系统中吸取大量的无功功率，引起电力系统电压下降。对 1000MW 大型发电机组而言，若系统的容量较小或无功功率储备不足，电压大幅度下降可能引起系统振荡，甚至导致电力系统电压崩溃而瓦解。

（3）转子出现转差，在转子及励磁回路中将产生频率为 f_G-f_s（其中 f_G 为对应发电机转速的频率，f_s 为系统频率）的差频电流，因而形成附加损耗，使转子和励磁回路过热。

特别是直接冷却的大型机组，其热容量的裕度相对较低，转子更易过热。而流过转子表层的差频电流，还可能使转子本体与槽楔、护环的接触面上发生严重的局部过热。

(4) 低励磁或失磁运行时，定子端部漏磁增加，将使端部和边部铁芯过热。实际上，这一情况通常是限制发电机失磁异步运行能力的主要条件。

(5) 对汽轮发电机而言，其异步功率比较大，调速也比较灵敏，在很小转差下异步运行一段时间原则上是完全允许的。此时是否需要并允许异步运行，则主要取决于电力系统的具体情况。如当电力系统的有功功率供给比较紧张，同时一台发电机失磁后，系统能够供给它所需要的无功功率，并能保证电力系统的电压水平时，则失磁后应该继续运行；反之，若系统没有能力供给失磁后发电机所需要的无功功率，并且系统中有功功率有足够的储备，则失磁后不应该继续运行。

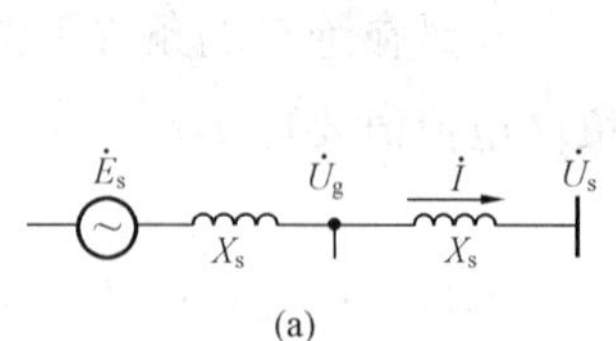

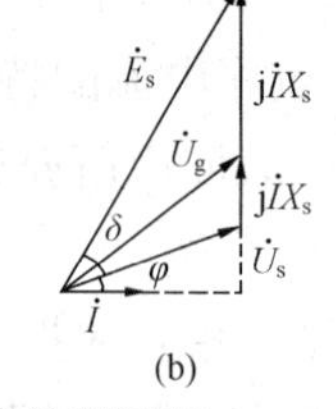

图 12-7 发电机与无穷大系统并列运行

(a) 等值电路；(b) 相量图

$\dot{E}_s$—电机的同步电动势；$\dot{U}_g$—发电机端的相电压；$\dot{U}_s$—无穷大系统的相电压；$\dot{I}$—发电机的定子电流；X_s—发电机的同步电抗；X_{suc}—发电机与系统之间的联系电抗，$X_\Sigma = X_s + X_{suc}$；φ—受端的功率因数角；δ—$\dot{E}_s$ 与 $\dot{U}_s$ 之间的夹角，即功角

因此，在发电机上，尤其是在大型发电机上应装设失磁保护，以便及时发现失磁故障，并采取必要的措施，如发出信号由运行人员及时处理、自动减负荷、动作于跳闸等，以保证发电机和电力系统的安全。

2. 失磁发电机机端测量阻抗的变化轨迹

以汽轮发电机经一联络线与无穷大系统并列运行为例，其等值电路和相量图如图 12-7 所示。

根据电机学，发电机送到受端的功率 $S = P - jQ$ 得

$$P = \frac{E_s U_s}{X_\Sigma} \sin\delta \tag{12-17}$$

$$Q = \frac{E_s U_s}{X_\Sigma} \cos\delta - \frac{U^2}{X_\Sigma} \tag{12-18}$$

受端的功率因数角为

$$\varphi = \tan^{-1}\frac{Q}{P} \tag{12-19}$$

在正常运行时，$\delta < 90°$；一般当不考虑励磁调节器的影响时，$\delta = 90°$，为稳定运行的极限；当 $\delta > 90°$ 后发电机失步。为了构成有效的发电机失磁保护，除了可以利用已介绍的特点，还经常利用失磁发电机的机端测量阻抗变化的特点。发电机在不同的运行工况和不同的系统故障行为时，其机端测量阻抗是不同的，即在失磁情况下，处于失步前、临界失步点和失步后，其阻抗也有差异。

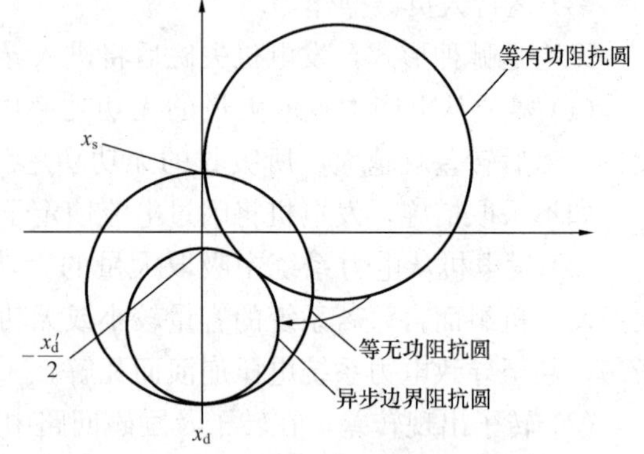

图 12-8 失磁后的发电机机端测量阻抗的变化

发电机失磁后，其机端测量阻抗的变化情况如图 12-8 所示。失磁后，功角 δ 逐渐增大，当功角 $\delta < 90°$ 时，其机端测量阻抗沿等有功阻抗圆向第四象限变化；当功角 $\delta = 90°$ 时，为临界失步点，此时阻抗为临界失步阻

抗圆（又称等无功阻抗圆或静稳边界圆）上的一点，随即进入等无功阻抗圆内；若及时消除失磁原因和切换备用励磁系统，也未能有效地减小有功负荷，发电机将失步而转入异步运行状态，测量阻抗进入异步边界阻抗圆内。总之失磁后的发电机机端测量阻抗的轨迹，最终都是向第四象限移动，而且在一般情况下，失步后的阻抗轨迹，最终将稳定在第四象限内的异步边界阻抗圆内。通常，失磁前发电机带的有功功率越大，失磁异步运行的滑差就越大，测量阻抗进入第四象限的速度就越快。

3. 发电机失磁保护的构成方案

发电机失磁后不直接危害电力系统和发电机本身，同时对于大型汽轮发电机，突然跳闸可能会给机组本身及其辅机以及电力系统造成很大的冲击。因此，保护方案体现了这样一个原则：发电机失磁后，电力系统或发电机本身的安全运行遭到威胁时，应将故障的发电机切除，以防止故障扩大。在发电机失磁而对电力系统或发电机的安全不构成威胁时（短期内），则尽可能推迟切机，运行人员可及时排除故障，避免切机。

失磁保护一般由发电机机端测量阻抗判据、转子低电压判据、定子过电流判据、发电机机端低电压判据和变压器高压侧低电压判据等构成。

(1) 阻抗整定边界常为静稳边界圆或异步边界圆，但也可以为其他形状。

(2) 转子低电压判据可以较早地发现发电机是否失磁，从而在发电机尚未失去稳定前及早地采取措施，以防止事故扩大。同时利用励磁电压的下降，可以区分外部短路、系统振荡及发电机失磁。当发电机失磁时，励磁电压及励磁电流均要下降；但是，在外部短路、系统振荡过程中，励磁电压及励磁电流不但不会下降，反而会因强励作用而上升。

(3) 定子过电流判据用以判断失磁后机组运行是否安全。

(4) 为防止因电压严重下降而使系统失去稳定，还需监视高压侧母线电压，以防止母线电压降到不能维持系统稳定运行的水平。

(5) 由于目前很多地区的电网无功储备已较为宽裕，即便是一台 1000MW 的发电机失磁，也难以使系统电压明显降低。因此，采用发电机机端低电压判据，能够在接入无功充足的电网的发电机发生失磁时，快速判断出失磁故障。

下面以静稳边界判据为例说明失磁保护原理构成。发电机失磁保护出口逻辑如图 12-9 所示。

对于无功储备不足的系统，当发电机失磁后，有可能在发电机失去静稳之前，高压侧电压就达到了系统崩溃值。所以，转子低电压判据满足且高压侧低电压判据满足时，说明发电机的失磁已对电力系统安全运行造成了威胁，经“&2”电路发出跳闸命令，迅速切除发电机。

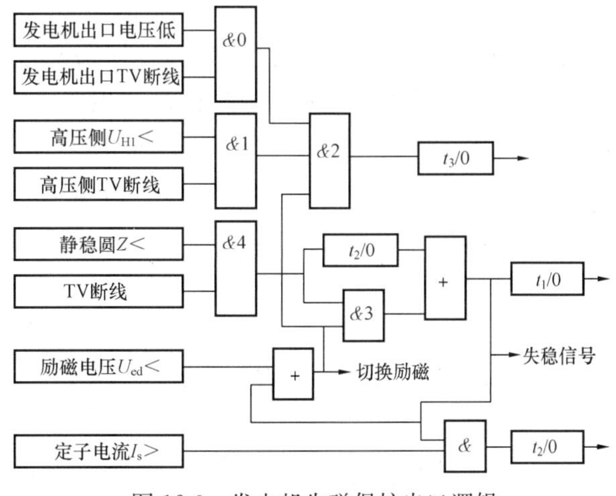

图 12-9 发电机失磁保护出口逻辑

转子低电压判据满足且静稳边界判据满足时，经“&3”电路发出失稳信号。此信号表明，发电机因失磁导致失去了静稳。当转子低电压判据在失磁中拒动时（如转子电压检测点到转子绕组之间发生开路时），失稳信号由静稳边界判据产生。

发电机失磁时，允许异步运行一段时间，此期间用过电流判据监测汽轮机的有功功率。若定子电流大于 1.05 倍的额定电流，则表明平均异步功率超过 0.05 倍的额定功率，发出压出力命令，压低发电机的出力，使汽轮机继续作稳定异步运行，稳定异步运行时间一般允许为 2～15min（t_1），所以经过 t_1 之后再发跳闸命令。在 t_1 期间，运行人员可有足够的时间去排除故障，重新恢复励磁，这样就避免了跳闸，这对经济运行有很大意义。如果出力在 t_1 内不能压下来，而过电流判据又一直满足，则发跳闸命令，以保证发电机本身的安全。

保护方案体现了这样一个原则：1000MW 发电机失磁后，电力系统或发电机本身的安全运行遭到威胁，将故障的发电机切除，以防止故障扩大。

五、发电机转子接地保护

1. 励磁回路接地故障

发电机励磁回路的故障除了失磁故障，还包括转子绕组的一点接地和两点接地故障。

发电机转子一点接地故障是发电机比较常见的故障。由于正常运行时，励磁回路与地之间有一定的绝缘电阻，转子发生一点接地故障时，不会形成故障电流的通路，对发电机不会产生直接危害。但是，当一点接地之后，若再发生第二点接地，即形成了短路电流的通路，这时，由于故障点流过相当大的故障电流，不仅可能把励磁绕组和转子烧坏，还可能引起机组强烈振动，将严重威胁发电机的安全。此外，对于汽轮发电机励磁回路两点接地，还可能使轴系和汽轮机磁化。因此，励磁回路两点接地故障的后果是严重的。

对于汽轮发电机，转子一点接地后，若不出现第二点接地，则不会有直接的危险。但要考虑出现第二点接地的可能性，以及励磁回路两点接地故障后果的严重性。大型机组也可不装设两点接地保护，此时一点接地保护动作于跳闸，以避免发生两点接地短路时，励磁电流急剧增大而造成汽轮机磁化。

由于目前尚缺少选择性好、灵敏度高、经常投运且运行经验成熟的励磁回路两点接地保护装置，对于进口大型发电机组，一般不装设两点接地保护。

2. 发电机励磁回路一点接地保护

(1) 乒乓式。

1）保护原理。该保护主要反映转子回路一点接地故障。如图 12-10 所示，采用乒乓式开关切换原理，通过求解两个不同的接地回路方程，实时计算转子接地电阻和接地位置。

图 12-10 中，S1、S2 为由微机控制的电子开关，R_g 为接地电阻，α 为接地点位置，E 为转子电压。4 个降压电阻 R，一个测量电阻 R_1。当 S1 闭合，S2 断开时（状态 1），在 R_1 上测得电压为 U_1；S1 断开，S2 接通时（状态 2），在 R_1 上测得电压为 U_2。$\Delta U=U_1-U_2$。

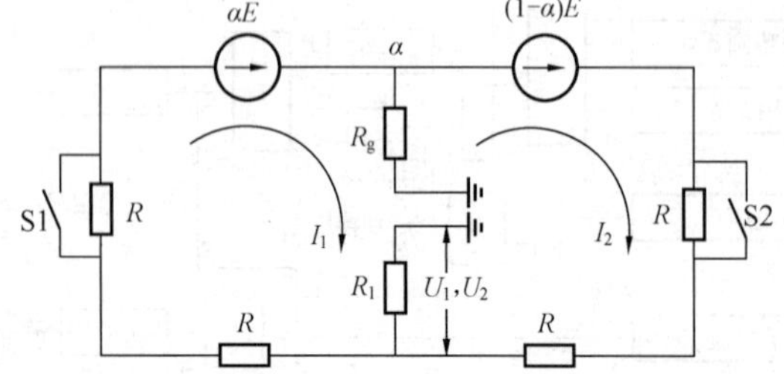

图 12-10　转子一点接地保护切换采样原理接线图

接地电阻和接地位置计算公式如下

$$R_g = \alpha\frac{R_1}{3\Delta U} - R_1 - \frac{2}{3}R \quad (12\text{-}20)$$

式（12-20）中接地位置比例系数为

$$\alpha = \frac{1}{3} + \frac{U_1}{3\Delta U} \quad (12\text{-}21)$$

计算接地位置并记忆，为判断转子两点

接地做准备。为防止保护误动及计算溢出，特设启动判据 $E>50V$（即 $E>50V$ 启动此保护判断程序）。

当 R_g 小于或等于接地电阻整定值时，经延时发出转子一点接地信号或作用于跳闸。该保护还可实时显示转子接地电阻值和接地位置。

2）定值整定计算。接地电阻整定值取决于正常运行时转子回路的绝缘水平。当接地电阻高定值整定为 10kΩ 时，延时 4～10s 动作于发信号；当接地电阻低定值整定为 10kΩ 时，延时 1～4s 动作于跳闸。应注意，转子一点接地保护（包括两点接地保护）不能与其他励磁回路绝缘监视装置共同使用，以免互相影响。

（2）叠加方波电压式。励磁回路的一点接地保护，要求简单可靠，能够反应励磁回路中任一点发生的接地故障，并有足够高的灵敏度。在评价励磁回路一点接地保护的灵敏度时，是用故障点对地之间的过渡电阻大小来定义的，若过渡电阻为 R_{tr}，保护装置处于动作边界上，则称保护装置在该点的灵敏度为 R_{tr}（Ω）。

发电机励磁回路一点接地保护采用叠加方波电压的原理。如图 12-11 所示，将单相 50Hz 电压整形为方波电源，周期为 τ，经隔直电容 C 加在转子绕组的两端，测量电阻 R 产生测量电压 $u_r=iR$，u_r 送至测量元件。

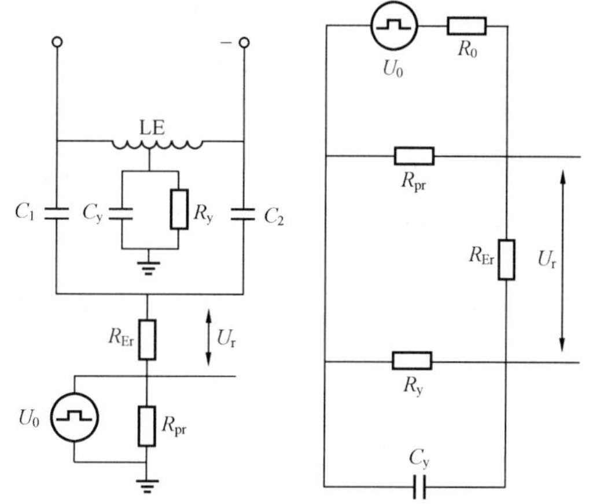

图 12-11 叠加方波电压式转子一点接地保护原理图及等值电路图

由于方波电压加于励磁绕组的两端，绕组磁通势互相抵消，所以它的电感可以不计，且使耦合电容 $C_1+C_2\gg C_y$；再令 R_0 表示方波电源内阻，则得到图 12-11 所示的等值电路。从等值电路图中可以看出，若 R_0、R_{pr}、R_{Er}、C_y、U_0 等参数都保持不变，只改变对地电阻 R_y，则当 R_y 下降时，电压 U_r 将随之上升。因电容 C 的影响，电源电压由 0 跃变到 U_0 时，电容 C_y 的端电压不能突变，而 $u_c(0)=0$，所以在 t=0 时的 $U_r(0)$ 只决定于 R_0、R_{pr}、R_{Er} 的分压比，而与 R_y 无关。一般保护装置按躲过正常情况下 $U_r(\tau/2)$ 整定。

3. 发电机励磁回路两点接地保护

发电机励磁回路一点接地故障对发电机并未造成危害，但若再相继发生第二点接地故障，则将严重威胁发电机的安全。转子两点接地后短路电流大，励磁电流增加，可能烧坏绕组；气隙磁通失去平衡使机组剧烈振动；同时还会产生使轴系磁化等严重后果。该保护主要反应转子回路两点接地故障。

（1）保护原理。保护共享转子一点接地时测得接地位置 a 的数据。在一点接地故障后，保护装置继续测量接地电阻的接地位置，以后若再发生转子另一点接地故障，则已测得的 a 值将变化。当其变化值 Δa 超过整定值时，保护装置就确认为已发生转子两点接地故障，发电机被立即跳闸。保护判据为 $|\Delta a|>a_{set}$（a_{set} 为转子两点接地时位置变化的整定值）。

（2）定值整定。接地位置变化动作值一般可整定为（5%～10%）U_e（U_e 为发电机励磁电压）；动作时限按避开瞬时出现的两点接地故障整定，一般为 0.5～1.0s。

六、发电机失步保护

发电机失步保护是反应发电机机端测量阻抗变化速率的保护。

当电力系统发生诸如负荷突变、短路等破坏能量平衡的事故时，往往会引起不稳定振荡，使一台或多台发电机失去同步，进而使电网中两个或更多的部分不再运行于同步状态，这种情况称为失步。失步就是同步发电机的励磁仍维持着的非同步运行。这种状态表现为有功功率和无功功率的强烈摆动。

1. 发电机失步的原因及危害

在实际运行中，造成失步的原因主要有如下四个：

(1) 系统发生短路故障。

(2) 发电机励磁系统故障引起发电机失磁，使发电机电动势急剧下降。

(3) 发电机电动势过低或功率因数过高。

(4) 系统电压过低。

发电机失步振荡时，振荡电流的幅值可以和机端三相短路电流相比，且振荡电流在较长时间内反复出现，对大机组造成动、热稳定性的损伤。振荡过程中出现的扭转转矩，周期性地作用于机组轴系，使大轴扭伤，缩短运行寿命。中小型发电机组的失步故障一般由运行值班人员处理，不装设失步保护。对于大型发电机组，因失步后果严重，必须有相应保护，其振荡次数或时间应受到严格限制。

基于失步对大型汽轮发电机造成的上述危害，300MW 及以上的大型发电机（特别是大型汽轮发电机）宜装设失步保护。保护可以采用双阻抗元件或测量振荡中心电压及变化率等实现。

2. 对失步保护的基本技术要求

对失步保护的基本技术要求如下：

(1) 在短路故障、系统稳定振荡、电压回路断线等情况下保护不应该动作，失步保护只在失步振荡时动作。

(2) 失步保护动作后的行为应由系统安全稳定运行的要求决定，不应立即动作于跳闸，而应在振荡次数或持续时间达到规定时动作。保护通常动作于信号，当振荡中心位于发电机—变压器组内部，失步运行时间超过整定值或电流振荡次数超过规定值时，保护应动作于解列。

(3) 应能选择切断电流较小的时刻使发电机跳闸。

(4) 由于系统振荡时，当两侧电动势夹角为 180°时，发电机—变压器组的断路器断口电压将为两电动势之和，远大于断路器的额定电压，此时断路器能开断的电流将小于额定开断电流。因此，失步保护在必要时，还应装设电流闭锁装置，以保证断路器开断时的电流不超过断路器额定失步开断电流。

七、发电机匝间短路保护

由于发电机纵差保护不反应定子绕组一相匝间短路，因此，发电机定子绕组一相匝间短路后，如不能及时进行处理，则可能发展成相间故障，造成发电机严重损坏。因此，在发电机上（尤其是大型发电机）应装设定子匝间短路保护。以往对于双星形接线而且中性点侧引出 6 个端子的发电机，通常装设单元件式横联差动保护（简称横差保护）。但是，对于一些大型机组，出于技术上和经济上的考虑，发电机中性点侧常常只引出三个端子，更大的机组甚至只引出一个中性点，这就不可能装设常用的单元件式横差保护。

图 12-12 为由负序功率闭锁的纵向零序电压匝间短路保护的原理示意图。图中 TVN1 一次侧中性点必须与发电机中性点直接相连，而不能再直接接地，正因为 TVN1 的一次侧中性点不接地，因此，其一次绕组必须采用全绝缘，且不能被用来测量相电压，故图中的 TVN1 是零序电压匝间短路保护专用电压互感器。开口三角绕组安装了具有三次谐波滤过器的高灵敏性过电压继电器。

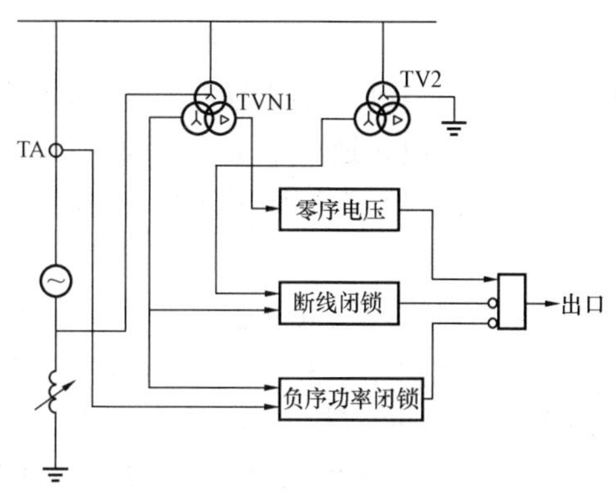

图 12-12 由负序功率闭锁的纵向零序电压匝间短路保护原理图

当发电机正常运行和外部相间短路时，TVN1 辅助二次绕组没有输出电压，即 $3U_0=0$。当发电机内部或外部发生单相接地故障时，虽然一次系统出现了零序电压，即一次侧三相对地电压不再平衡，中性点电位升高为 U_0，但由于 TVN1 一次侧中性点不接地，所以即使中性点的电位升高，三相电压也仍然对称，故开口三角绕组输出电压为 0V。

只有当发电机内部发生匝间短路或对中性点不对称的各种相间短路时，TVN1 一次对中性点的电压才不再平衡，开口三角绕组才有电压输出，从而使零序匝间短路保护正常动作。

为了防止低定值零序电压匝间短路保护在外部短路时误动，设有负序功率方向闭锁元件。因为三次谐波不平衡电压随外部短路电流增大而增大，为提高匝间短路保护的灵敏性，就必须考虑闭锁措施。采用负序功率闭锁是一成熟的措施，因为发电机内部相间短路以及定子绕组分支开焊，负序源位于发电机内部，它所产生的负序功率一定由发电机流出。而当系统发生各种不对称运行或不对称故障时，负序功率由系统流入发电机，这是一个明确的特征量，利用它和零序电压构成匝间短路是十分可取的。

为防止 TVN1 一次熔断器熔断而引起保护误动，还必须设有电压闭锁装置。

保护的零序动作电压由正常运行负荷工况下的零序不平衡电压 $U_{0.unb}$ 决定，$U_{0.unb}$ 中的成分主要是三次谐波电压，为此，在零序电压继电器中采用滤过比高的三次谐波滤波器和阻波器。一般负荷工况下的基波零序不平衡电压（二次值）为百分之几伏，所以 $U_{0.set}$ 整定为 1V 左右。外部短路时，$U_{0.set}$ 急剧增长，但由于有负序功率方向元件闭锁，故不会引起误动。

国内有闭锁的零序电压匝间保护短路保护 $U_{0.set}$ 整定为 1V 左右；国外进口机组无负序功率方向元件闭锁的保护一般整定为 3V 左右。当然整定值越高死区就越大。

可以看出，该保护由零序电压、功率方向和电压断线闭锁三部分组成，装置比较复杂，灵敏性也不太高，因此适于在不装设单元件式横差保护的情况下采用。

值得指出的是，一次中性点与发电机中性点的连线如发生绝缘对地击穿，就形成发电机定子绕组单相接地故障，如果定子接地保护动作于跳闸，这无疑就扩大了故障范围。

八、发电机其他保护

1. 发电机逆功率保护

发电机逆功率保护，主要用于保护汽轮机。

正常运行时，发电机向系统输送有功功率。当主汽门误关闭或机炉保护动作关闭主汽门而发电机组出口开关未跳闸时，发电机将迅速转为电动机运行，出现系统向发电机倒送有功和无功，即发电机逆功率运行。这种工况对发电机组并无影响，但由于鼓风损失，汽轮机尾部叶片有可能过热，损坏尾部叶片而造成汽轮机事故。因此大机组不允许在这种状况下长期运行。

为了及时发现发电机逆功率运行的异常工作状况，欧洲一些国家，不论大、中型机组，一般都装设逆功率保护。我国行业标准规定，对发电机变电动机运行的异常运行方式，200MW 及以上的汽轮发电机，宜装设逆功率保护，对燃气轮发电机，应装设逆功率保护。保护装置由灵敏的功率继电器构成，带时限动作于信号，经长时限动作于解列。

逆功率保护有两种实现方法。一种是反应逆功率大小的逆功率保护，当发现发电机处于逆功率运行时该保护动作；另外一种是习惯上称为程序跳闸的逆功率保护，程序跳闸的逆功率保护动作，保护出口一般动作于全停。在发电机停机时，可利用该保护的程序跳闸功能，先将汽轮机中的剩余功率向系统送完后再跳闸，从而更能保证汽轮机的安全。

程序逆功率主要用于程序跳闸方式，即当过负荷保护、过励磁保护、低励失磁保护等出口于程序跳闸的保护动作后，首先关闭主汽门，等到出现逆功率状态，同时有主汽门关闭信号时，程序逆功率保护动作，跳开发电机—变压器组出口开关，就可避免因主汽门未关而断路器先断开，引起灾难性“飞车”事故。其定值一般为 $P_{op}=(1\%\sim3\%)P_N$。其出口逻辑如图 12-13 所示。

该保护是以反应发电机从系统吸收有功功率的大小而动作的，是以主汽门是否关闭的条件决定动作时间的。

逆功率继电器的最小动作功率，应保证发电机逆功率运行出现最不利情况时有足够的灵敏系数。

当发电机处于逆功率运行时该保护动作，其出口逻辑如图 12-14 所示。

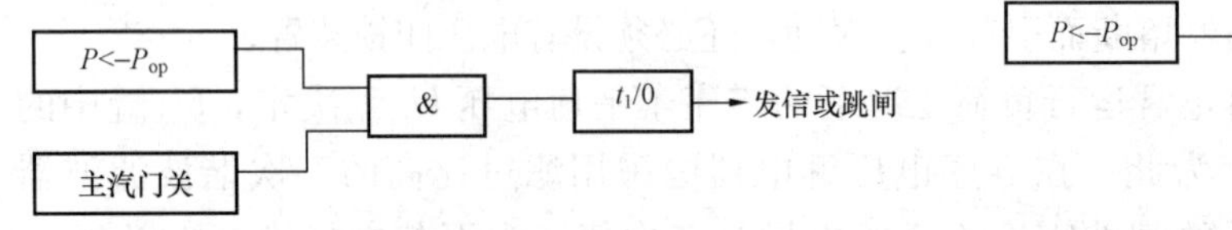

图 12-13　发电机程序跳闸逆功率出口逻辑

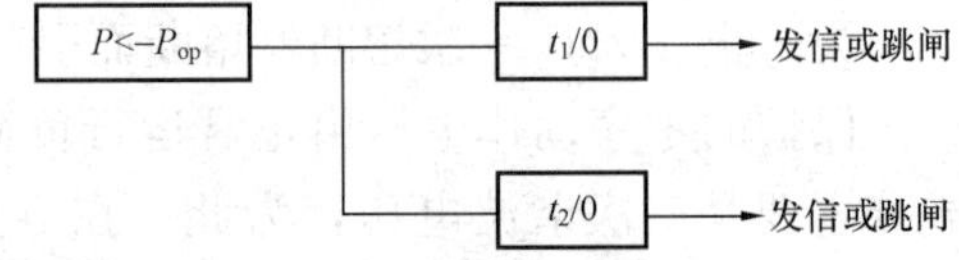

图 12-14　发电机逆功率保护出口逻辑

当主汽门关闭后，发电机有功功率下降并变到某一负值。发电机的有功损耗一般为 $(1\%\sim1.5\%)P_N$，而汽轮机的损耗与真空度及其他因素有关，一般约为 $(3\%\sim4\%)P_N$，有些还要大些。因此，发电机变为电动机运行后，从电力系统中吸收的有功功率稳态值约为 $(4\%\sim5.5\%)P_N$，而最大暂态值可达 $10\%P_N$ 左右。考虑到当主汽门虽已关闭但有一定的泄漏时，由系统倒送的逆功率值就可能小于 $1\%P_N$，汽轮发电机逆功率保护的动作功率一般可取为

$$P_{op}=(0.5\%\sim1.0\%)P_N$$

当 $\cos\varphi=1$ 时，其延时分两段，短延时 1.0～1.5s 动作于信号，长延时 2～3min 动作于跳闸。

2. 发电机频率异常保护

发电机低频保护，主要用于保护汽轮机不受低频共振的影响。

频率异常包括频率的降低和升高。汽轮机的叶片有一个自然振荡频率，如果发电机运行频率升高或者降低，以致接近叶片自然振荡频率时，汽轮机的叶片将发生谐振，叶片承受很大的谐振应力，使材料疲劳，达到材料不允许的程度时，叶片或拉金就会断裂，造成严重事故。材料的疲劳是一个不可逆的积累过程，因此，汽轮机都给出在规定的频率下允许的累计运行时间。

频率异常保护本应包括反应频率升高部分和频率下降部分，从对汽轮机叶片及其拉金影响的积累作用方面看，频率升高对汽轮机的安全是有危害的。但由于一般汽轮机允许的超速范围较小，通过各机组的调速系统或切除部分机组等措施，可以迅速使频率恢复到额定值。且频率升高大多在轻负荷或空载时发生，此时汽轮机叶片和拉金所承受的应力要比满负荷时小得多，为了简化保护装置，故不设置反应频率升高部分，只装设低频异常运行保护（简称低频保护）。

低频保护反应系统频率的降低，并受出口断路器辅助触电闭锁，即发电机退出运行时低频保护也自动退出运行。低频保护不仅能监视当前频率状况，还能在发生低频工况时，根据预先划分的频率段自动累计各段异常运行的时间，无论达到哪一频率段相应的累计运行时间规定值，保护均动作于声光信号告警。其出口逻辑如图 12-15 所示。

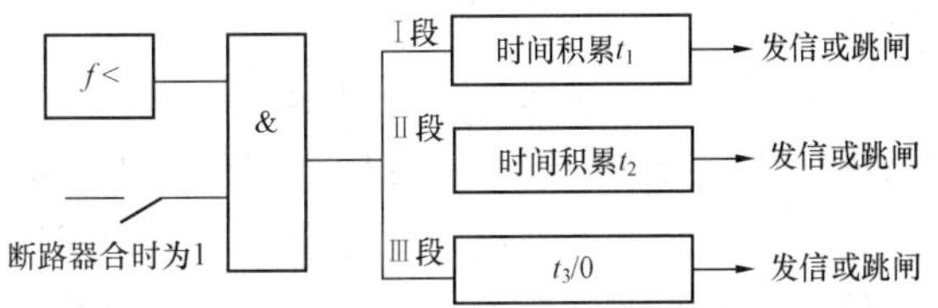

图 12-15 发电机低频保护出口逻辑

3. 过电压保护

对于中、小型汽轮发电机，一般都不装设过电压保护；对于 200MW 及以上大型汽轮发电机，定子电压等级较高，相对绝缘裕度较低，并且在运行实践中表明，大型汽轮发电机出现危及绝缘安全的过电压是比较常见的故障，因此要求装设过电压保护。

在正常运行中，尽管汽轮发电机的调速系统和自动励磁调节装置都投入运行，但当满负荷下突然甩负荷时，电枢反应突然消失，由于调速系统和自动励磁调节装置都存在惯性，转速仍然上升，励磁电流不能突变，使得发电机电压在短时间内升高，其值可能达到额定电压的 1.3～1.5 倍，持续时间长达几秒。若此时调速系统或自动励磁调节装置故障或退出运行，过电压持续时间将更长。

发电机主绝缘工频耐压一般为 1.3 倍额定电压，且持续 60s，而实际运行中出现的过电压值和持续时间往往超过这个数值，因此，这将对发电机主绝缘构成威胁。鉴于这些原因，国内外对大型发电机都装设过电压保护。一般规定 200MW 及以上汽轮发电机宜装设过电压保护，其定值一般取为 $U_{op}=1.3U_N$，$t=0.5s$，动作于解列灭磁。

目前大型机组的过电压保护采用以下几种形式：

（1）一段式定时限过电压保护。根据整定电压大小而取相应的延时，然后动作于信号或跳闸。

（2）两段式定时限过电压保护。Ⅰ段动作电压整定值按在长期允许的最高电压下能可靠返回的条件确定，经延时动作于信号。Ⅱ段的动作电压取较高的整定值，按允许的时间动作于跳闸。

（3）定时限和反时限过电压保护。定时限部分取较低的整定值，动作于信号。反时限部分的动作特性，按发电机允许的过电压能力确定。对于给定的电压值，经相应的时间动作于跳闸。

4. 定子绕组的过负荷保护

大型发电机定子绕组的过负荷保护，一般由定时限和反时限两部分组成。保护装置的构成形式，与负序过电流保护相似。

定时限部分的动作电流，按在发电机长期允许的负荷电流下能可靠返回的条件整定，经延时动作于信号。

反时限部分的动作特性，按下式确定

$$t_{y}=\frac{K}{\left(\frac{I}{I_{|0|}}\right)^{2}-1} \tag{12-22}$$

式中 K——与定子绕组铜损、绕组热容量和温升相关的常数；

$I_{|0|}$——定子绕组正常运行的电流；

t_{y}——定子电流 I 通过定子绕组允许的时间。

取 $I_{|0|}$ 等于额定电流 I_{N}，保护动作于解列或程序跳闸（即首先关闭主汽门或导水叶，随后逆功率继电器动作，最后才断开主断路器，这种程序跳闸保证机组不发生“飞车”灾难性事故）。

定子绕组过负荷保护，可以采用三相式，引入三相电流，电压形成回路的输出电压决定于三相中最大的一相电流。这样，保护装置能够反应伴随不对称短路之后发电机最严重的发热状况。但在实际上，常为简化而采用单相式接线。

负荷电流波动、振荡过程电流的变化以及短路切除后的电压恢复过程中，流过发电机的电流不是恒定数值，定子绕组将出现发热和散热的交替过程。为了正确反应发电机定子绕组的温升，保护装置都要设置模拟热积累过程的环节。

5. 发电机励磁绕组的过负荷保护

励磁绕组的过负荷保护，与定子绕组过负荷保护类似，也由定时限和反时限两部分组成。定时限部分的动作电流按在正常励磁电流下能够可靠返回的条件整定；反时限部分的动作特性按式（12-22）来确定。1000MW发电机应装设定时限和反时限励磁绕组过负荷保护，后者作用于解列灭磁。

大型发电机的励磁系统，有的用交流励磁电源经可控或不可控整流装置组成。对于这种励磁系统，发电机励磁绕组的过负荷保护，可以配置在直流侧，也可以配置在交流侧。当有备用励磁机时，保护装置配置在直流侧的好处是用备用励磁机时励磁绕组不失去保护，但此时需要装设比较昂贵的直流变换设备（直流互感器或大型分流器）。为了使励磁绕组过负荷保护能兼做励磁机、整流装置及其引出线的短路保护，常把它配置在励磁机中性点侧，当中性点没有引出端子时，则配置在励磁机的机端。此时，保护装置的动作电流要计及整流系数，并换算到交流侧。

应指出，现代自动励磁调节装置，为防止励磁绕组过电流，都有过励限制环节，与励磁绕组过负荷保护有类似的功能，从保护功能方面看，励磁绕组过负荷保护可看作过励限制环节的后备保护。

6. 发电机突加电压保护

发电机突加电压保护又称发电机误上电保护。突加电压保护为发电机盘车状态下的主断路器误合闸时的保护。1000MW 发电机组，要求装设误上电保护，以防止发电机启停机期间的误操作。当发电机盘车或转子静止发生误合闸操作时，定子的电流（正序电流）在气隙产生的旋转磁场能在转子本体中感应工频或接近工频的电流，会引起转子过热而损伤。目前，500kV 系统中广泛采用的 3/2 断路器接线增加了误上电的概率。

（1）保护原理。发电机在盘车过程中，由于出口断路器误合闸，系统三相工频电压突然加在机端，使同步发电机处于异步启动工况，由系统向发电机定子绕组倒送大电流。同时，将在转子中产生差频电流。所以，保护由低频元件和两相过电流元件组成。突加电压保护逻辑图如图 12-16 所示。

发电机盘车时误合闸，低频元件动作，瞬时动作延时 t 返回的时间元件立即启动，如果此时定子电流 I 大于最小误合闸电流，则保护动作，跳开发电机主断路器。突加电压保护在发电机并网后自动退出运行，解列后自动投入运行。

（2）定值整定计算。低频元件 f 小于启动频率，一般可选取 40～45Hz；返回延时 t 一般可取为 0.3～0.5s；电流动作值应不小于盘车状态下误合闸最小电流的 50%。

7. 启停机保护

启停机保护作为发电机升速升励磁尚未并网前的定子接地短路故障的保护。

（1）保护原理。该保护原理多为零序电压原理，其零序电压取自发电机中性点侧 $3U_0$，并经断路器辅助触点控制，发电机并网前，断路器触点将保护投入，并网运行后保护自动退出。启停机保护逻辑图如图 12-17 所示。

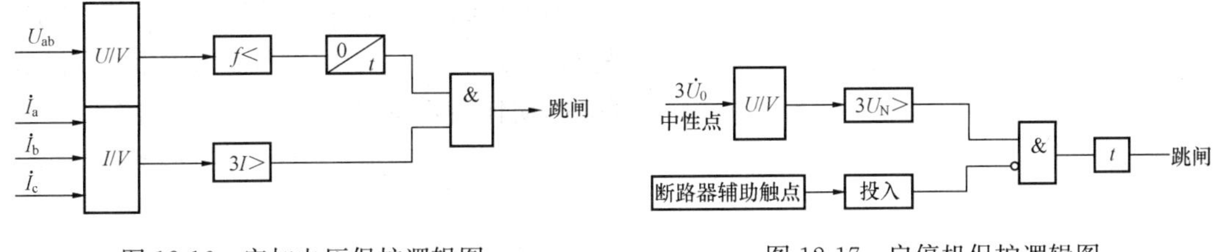

图 12-16　突加电压保护逻辑图　　　　图 12-17　启停机保护逻辑图

（2）定值整定原则。零序电压动作值一般可取为 100V 及以下；延时 t 一般可取为 2～5s。

该保护只在发电机—变压器组启动、停机的低频过程中投入，在正常工频条件下必须退出。为此应引入断路器辅助触点作为本保护的闭锁条件。

8. 过励磁保护

当电压升高和频率降低，工作磁通密度快速上升超出额定磁通密度时，就会引起铁芯饱和从而产生极大的涡流，导致绝缘过热老化。由于发电机或变压器发生过励磁故障时并非每次都造成设备的明显破坏，因此往往容易被人忽视，但是多次反复过励磁，将因过热而使绝缘老化，降低设备的使用寿命。GB 14285—2006《继电保护和安全自动装置技术规程》规定，对频率降低和电压升高引起的铁芯工作磁通密度过高，300MW 及以上发电机和 500kV 变压器应装设过励磁保护。

在运行中，大型发电机和变压器都可能因以下各种原因发生过励磁现象：

（1）发电机—变压器组与系统并列前，由于操作错误，误加大励磁电流引起过励磁。

（2）发电机启动过程中，发电机解列减速，若误将电压升至额定值，则会因发电机和变压器低频运行而造成过励磁。

(3) 切除发电机过程中，发电机解列减速，若灭磁开关拒动，则会使发电机—变压器组遭受低频而引起过励磁。

(4) 发电机—变压器组出口断路器跳闸后，若自动励磁调节装置退出或失灵，则电压与频率均会升高，但因频率升高较慢而引起发电机—变压器组过励磁。

(5) 运行中，当系统过电压及频率降低时也会发生过励磁。

过励磁将使发电机和变压器的温度升高，若过励磁倍数高、持续时间长，可能使发电机和变压器过热而遭受破坏。下面简要介绍过励磁保护的原理。

对发电机，过励倍数为

$$n=U/f\text{（标幺值）}$$

当 n 大于 1 时，会引起发电机过励磁。过励磁主要表现为发电机铁芯饱和之后谐波磁通密度增加，使附加损耗增加，引起过热。另外由于定子铁芯背部漏磁场增强，处于这一漏磁场中的定子定位筋，也要感应出电动势，并且与相邻定位筋中的感应电动势存在相位差，通过定子铁芯形成闭路，流过电流。当过励磁时，漏磁场急剧增强，铁芯中的电流也将随之增大，使在定位筋附近的部位的电流密度很大，将引起局部过热，造成机组局部烧伤。

对发电机—变压器单元接线的大型机组而言，一般来说，发电机承受过励磁能力比变压器要弱一些，当发电机和变压器之间没有断路器相接时，过励磁保护可按发电机过励磁特性来整定。

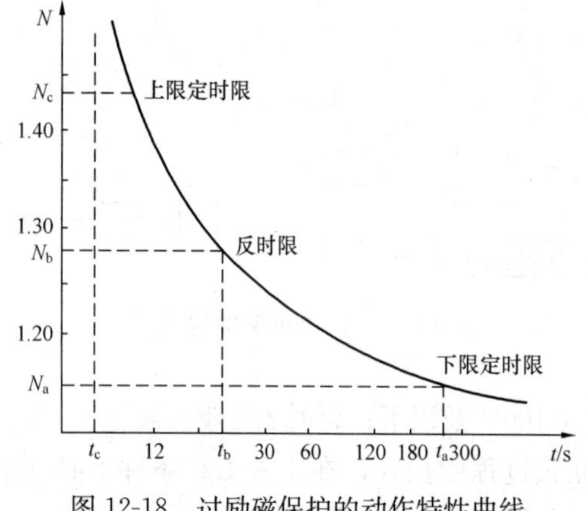

图 12-18 过励磁保护的动作特性曲线

过励磁保护可采用定时限和反时限两种。对于大型机组，一般采用反时限特性。过励磁保护是通过反应 U/f 的增加而动作的。过励磁保护的动作特性曲线 $N=f(t)$ 如图 12-18 所示，包括下限定时限、上限定时限和反时限特性三部分。

过励磁倍数 N 有两个定值：N_a 和 N_c（$N_a<N_c$），当 $N_a>N_c$ 时，按上限整定时间延时 t_c 动作；当 $N_a<N<N_c$，按反时限特性动作；若 N 刚大于 N_a，不足以使反时限部分动作时，则按下限整定时间延时 t_a 动作。

9. 主变压器高压侧断路器或发电机出口断路器失灵保护

1000MW 发电机组主变压器和发电机之间有可能有断路器，也有可能没有。无论哪种情况，当发电机—变压器组在某种异常情况或故障状态下，保护装置常常要求跳开发电机出口断路器或者主变压器高压侧断路器，使发电机脱离系统。但由于控制回路或者机械方面的原因，断路器动作可能因失灵而拒动。当保护装置出口动作发出跳闸脉冲而断路器拒动时，应该以较短的时限断开相邻元件的断路器。如果相邻元件的断路器失灵，也应该断开发电机出口断路器或主变压器高压侧断路器。断路器失灵保护的主要功能和技术要求如下：

(1) 采用“零序或负序电流”动作，配合“保护动作”和“断路器合闸位置”三个条件组成的与逻辑，经第一时限去解除断路器失灵保护的复合电压闭锁回路。

(2) 同时再采用“相电流”、“零序或负序电流”动作，配合“断路器合闸位置”两个条件组成的与逻辑，经第二时限去启动断路器失灵保护并发出“启动断路器失灵保护”中央信号。

(3) 采用主变压器保护各侧“复合电压闭锁元件”（或逻辑）动作，解除断路器失灵保护的复合电压闭锁元件，当采用微机变压器保护时，应具备主变压器“各侧复合电压闭锁动作”信号输出的空触点。

10. 发电机出口断路器闪络保护

在机组同期并列过程中断路器合闸之前，作用于断口上的电压，随待并发电机与系统等效电源电动势之间的角度差的变化而变化。当角度差＝180°时，其值最大，为两者电动势之和。当两电动势相等时，则有两倍的运行电压作用于断口上，从而造成闪络事故。

断口闪络给断路器本身造成损坏，并且还可能由此引起事故扩大，破坏系统的稳定运行。此外，闪络时一般是一相或者两相闪络，会产生冲击转矩作用于发电机，并且产生负序电流引起转子损耗，威胁发电机的安全。

闪络保护逻辑图如图 12-19 所示。

一般地讲，闪络保护动作于发电机灭磁使断口停止闪络；如果无效，再启动失灵保护。

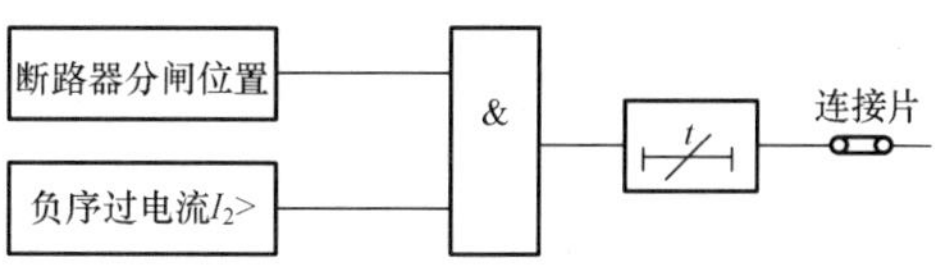

图 12-19　闪络保护逻辑图

11. 发电机非电量保护

发电机非电量保护是指直接由外部输入触点驱动的保护，包括发电机定子断水保护、稳控装置切机、励磁系统故障等。

(1) 发电机定子断水保护。发电机定子断水保护反应发电机定子绕组冷却水的状况，反应量来自热工控制。当定子绕组入口水压低于给定值，或定子冷却水流量低于给定值，或出水温度异常高于给定值时，发电机定子断水保护动作，出口于全停。

(2) 稳控装置切机。稳控装置目前普遍应用于电力系统之中。它根据网络的输电断面功率变化、区域的负荷变化等因素来判断是否切机和切负荷。一旦判断为切机，则通过硬触点来全停发电机，并不受电厂方控制。

(3) 励磁系统故障。励磁系统作为发电机的重要设备，能否正常工作，直接影响发电机的安全、经济和稳定运行。励磁电压互感器接线错误、一次部分损坏、励磁采样错误、晶闸管损坏等都有可能引起励磁系统出现故障。此时，应通过发电机保护停机。

第四节　主变压器保护

一、主变压器差动保护

1. 变压器差动保护的基本原理

变压器差动保护主要用来反应变压器绕组、引出线及套管上的各种短路故障，是变压器的主保护。变压器差动保护和发电机差动保护类似，是按照循环电流原理构成的，图 12-20 为双绕组变压器差动保护原理接线图。

变压器差动保护可以是比率制动式差动保护，也可以是标积制动式纵联差动保护，下面只讲述其不同之处。

由于变压器高压侧和低压侧的额定电流不同，因此，为了保证差动保护的正确工作，就必须适当选择两侧电流互感器的变比，使得正常运行和外部故障时，两个电流相等。

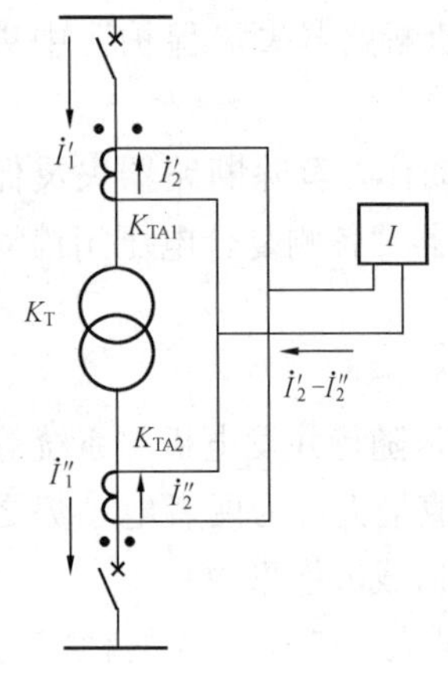

图 12-20 双绕组变压器差动保护原理接线图

正常运行或外部故障时，差动继电器中的电流等于两侧电流互感器的二次电流之差，欲使这种情况下流过继电器的电流基本为零，则应恰当选择两侧电流互感器的变比。因为

$$\dot{I}'_2=\dot{I}''_2=\frac{\dot{I}'_1}{K_{TA1}}=\frac{\dot{I}''_1}{K_{TA2}} \tag{12-23}$$

即

$$\frac{K_{TA2}}{K_{TA1}}=\frac{\dot{I}''_1}{\dot{I}'_1}=K_T \tag{12-24}$$

式中 K_{TA1}——TA1 的变比，一般指高压侧；

K_{TA2}——TA2 的变比，一般指低压侧；

K_T——变压器的变比。

若上述条件满足，则当正常运行或外部故障时，流入差动继电器的电流为

$$\dot{I}'_K=\dot{I}'_1-\dot{I}''_1=0$$

当变压器内部故障时，流入差动继电器的电流为

$$\dot{I}'_K=\dot{I}'_1+\dot{I}''_1$$

为了保证动作的选择性，差动继电器的动作电流 I_{set} 应按躲开外部短路时出现的最大不平衡电流来整定，即

$$I_{set}=K_{rel}I_{unb.max} \tag{12-25}$$

式中 K_{rel}——可靠系数，其值大于1。

从式（12-25）可见，不平衡电流 I_{unb} 越大，继电器的动作电流也越大。I_{unb} 太大，就会降低内部短路时保护的灵敏度，因此，减小不平衡电流及其对保护的影响，就成为实现变压器差动保护的主要问题。为此，应分析不平衡电流产生的原因，并讨论减少其对保护影响的措施。

2. 不平衡电流产生的原因

（1）稳态情况下的不平衡电流。

1）变压器正常运行时由励磁电流引起的不平衡电流。变压器正常运行时，励磁电流为额定电流的 3%～5%。当外部短路时，由于变压器电压降低，此时的励磁电流更小，因此，在整定计算中可以不考虑。

2）电流互感器计算变比与实际变比不同。变压器高、低压两侧电流的大小是不相等的。要满足正常运行或外部短路时，流入继电器差回路的电流为零，则应使高、低压侧流入继电器的电流相等，则高、低压侧电流互感器变比的比值应等于变压器的变比。但实际上由于电流互感器在制造上的标准化，往往选出的是与计算变比相接近且较大的标准变比的电流互感器。这样，由于变比的标准化使得其实际变比与计算变比不一致，从而产生不平衡电流。

3）变压器各侧电流互感器型号不同。由于变压器各侧电压等级和额定电流不同，所以变压器各侧的电流互感器型号不同，它们的饱和特性、励磁电流（归算至同一侧）也就不同，从而在差动回路中产生较大的不平衡电流。

（2）暂态情况下的不平衡电流。差动保护是瞬动保护，它是在一次系统短路暂态过程中

发出跳闸脉冲的。因此，暂态过程中的不平衡电流对它的影响必须给予考虑。在暂态过程中，一次侧的短路电流含有非周期分量，它对时间的变化率（di/dt）很小，很难变换到二次侧，主要成为互感器的励磁电流，从而使铁芯更加饱和。本来按10%误差曲线选择的电流互感器在外部短路稳态时，已开始处于饱和状态，加上非周期分量的作用后，则铁芯将严重饱和。因而电流互感器的二次电流的误差更大，暂态过程中的不平衡电流也将更大。变压器的励磁涌流就是一种暂态电流，对差动保护回路不平衡电流的影响更大。

3. 变压器的励磁涌流

变压器差动保护继电器的正确选型、设计和整定，都与变压器励磁电流有关。变压器的励磁电流只流入变压器接通电源一侧的绕组，对差动保护回路来说，励磁电流的存在就相当于变压器内部故障时的短路电流。因此，它必然给差动保护的正确工作带来影响。正常情况下，变压器的励磁电流很小，通常只有变压器额定电流的3%～6%或更小，故差动保护回路中的不平衡电流也很小。在外部短路时，由于系统电压下降，励磁电流也将减小，因此，在稳态情况下，励磁电流对差动保护的影响常常可忽略不计。但是，在电压突然增加的特殊情况下，例如在空载投入变压器或外部故障切除后恢复供电等情况下，就可能产生很大的励磁电流，其数值可达额定电流的6～8倍。这种暂态过程中出现的变压器励磁电流通常称为励磁涌流。由于励磁涌流的存在，常导致差动保护误动作，给变压器差动保护的实现带来困难。为此，应讨论变压器励磁涌流的产生原因和特点，并从中找到克服励磁涌流对差动保护影响的方法。

产生励磁涌流的原因主要是变压器铁芯的严重饱和使励磁阻抗大幅度降低。励磁涌流的大小和衰减速度与合闸瞬间电压的相位、剩磁的大小和方向、电源和变压器的容量等有关。当电压为最大值时合闸，就不会出现励磁涌流，只有正常励磁电流。而对于三相变压器，无论在任何瞬间合闸，至少会有两相出现程度不等的励磁涌流。

根据实验结果及分析可知，励磁涌流具有以下三个特点：

(1) 励磁涌流很大，其中含有大量的直流分量。

(2) 励磁涌流中含有大量的高次谐波，其中以二次谐波为主，而短路电流中二次谐波成分很小。

(3) 励磁涌流的波形有间断角。

为了防止励磁涌流对差动保护的影响，根据励磁涌流的特点，变压器差动保护常采用利用二次谐波制动的比例制动式差动保护。

4. 二次谐波制动原理

在变压器励磁涌流中含有大量的二次谐波分量，一般约占基波分量的40%以上。利用差电流中二次谐波所占的比率作为制动系数，可以鉴别变压器空载合闸时的励磁涌流，从而防止变压器空载合闸时保护误动。

在差动保护中差电流的二次谐波幅值用 I_{op2} 表示，差电流 I_{op} 中二次谐波所占的比率 K_2 可表示为

$$K_2 = I_{op2} / I_{op} < D_3 \tag{12-26}$$

如选二次谐波制动系数为定值 D_3，那么只要 K_2 大于定值 D_3 就可以认为是励磁涌流出现，保护不应动作。在 K_2 值小于 D_3 同时满足差动其他判据时才允许保护动作。

二次谐波制动系数 D_3 有0.15、0.2、0.25三种系数可选。根据变压器动态试验，典型

取值为0.15。

5. 过励磁电流的检测

通常过励磁状况本身并不要求电力变压器快速跳闸，但被差动保护视作为差动电流的相对较大的励磁电流可能引起误动作，因此必须对过励磁电流进行快速检测。

过电压和低频率都会增大变压器的磁通密度。过励磁电流与励磁涌流的最大区别在于过励磁为一对称现象。由于波形对称于水平时间轴，过励磁电流含有一、三、五、七次等谐波。若饱和程度逐渐增加，不仅谐波成分整体增加，而且五次谐波的相对比例增大，最终可赶上并超过三次谐波的比例。

过励磁电流常叠加到正常负荷电流（即穿越电流）上，因此仅包含过励磁电流时需对瞬时差动电流进行分析。

由于三次谐波电流不可能流进△绕组，所以五次谐波是用作过励磁判据的最低次谐波。在△侧，过励磁产生的过励磁电流含有的基波分量较大，而奇次谐波分量较小。在此情况下，五次谐波限定值需整定至一相对较小的值。

二、主变压器高压侧零序差动保护

主变压器高压侧零序差动保护是鉴于单相短路时相间短路的差动保护灵敏度不高提出的。当短路点靠近中性点时，通常的差动保护灵敏度不高且有动作死区。

对于单相短路灵敏度低的问题，如果在高压侧三相电流互感器二次侧接成零序滤过器方式或自产方式，再与中性点互感器二次侧组成差动接线，就构成了变压器的接地零序差动保护。

在实际运行中，主变压器高压侧零序差动保护应用不是很广。因为零序差动保护存在一些误动问题，其原因分析如下：

（1）零序差动保护所用的电流互感器二次侧只允许一个接地点，并应在保护屏上经端子排接地。

（2）零序差动保护用的电流互感器为高压侧和中性点电流互感器，它们之间型号往往不同。区外故障时电流互感器的饱和程度不同将影响差动的制动特性。

（3）涌流期间的二次谐波制动问题也是零序差动误动的一个原因。

（4）在变压器正常运行的情况下，实测零序差动保护的零序不平衡电流即使很小也不能说明二次侧接线正确。即二次侧接线正确性很难确定。通过模拟单相接地故障或者变压器空载合闸试验录取穿越性励磁涌流的方法，可证明二次接线的正确性。

综上所述，主变压器零序差动保护在运行开始多出口于信号而不投跳闸。

三、主变压器零序保护

变压器装设零序保护作为变压器内部绕组、引线、母线和线路接地故障的保护。变压器接地保护方式及其整定值的计算与变压器的型式、中性点接地方式及所连接系统的中性点接地方式密切相关。变压器零序保护要与线路的零序保护在灵敏度和动作时间上相配合。

1000MW发电机组出线一般是500kV。对于500kV系统，变压器中性点绝缘水平为38kV，比较低，只能直接接地运行，不允许将中性点接地回路断开运行。因此，1000MW发电机组的主变压器不配置间隙零序保护。

中性点直接接地变压器的零序电流保护为了缩小接地故障的影响范围及提高后备保护动作的快速性和可靠性，一般配置两段式零序电流保护，每段还各带两级延时，如图12-21

所示。

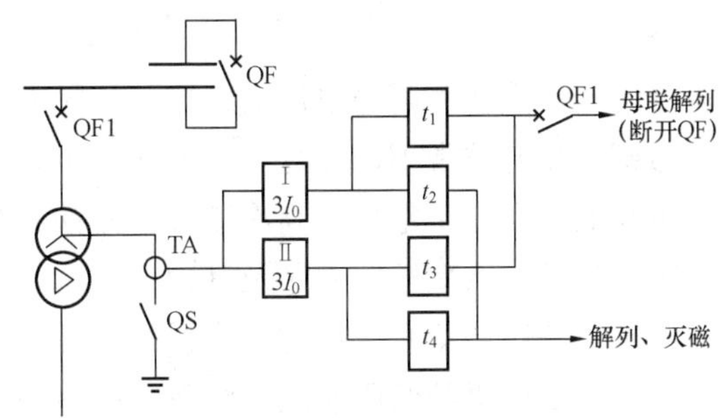

图 12-21 中性点直接接地运行变压器零序电流保护原理接线图

零序电流保护Ⅰ段作为变压器及母线的接地故障后备保护，其动作电流和延时 t_1 应与相邻元件单相接地保护Ⅰ段相配合，通常以较短延时 $t_1=0.5\sim1.0\text{s}$ 动作于母线解列，即断开母线联络断路器或分段断路器，以缩小故障影响范围；以较长的延时 $t_2=t_1+\Delta t$ 有选择地跳开变压器高压侧断路器。由于母线专用保护有时退出运行，而母线及附近发生短路故障时对电力系统影响又比较严重，所以设置零序电流保护Ⅰ段，用以尽快切除母线及其附近的故障。

零序电流保护Ⅱ段作为引出线接地故障的后备保护，其动作电流和延时 t_3 应与相邻元件接地后备段相配合。通常 t_3 应比相邻元件零序保护后备段最大延时一个 Δt，以断开母线联络断路器或分段断路器，$t_4=t_3+\Delta t$ 动作于断开变压器高压侧断路器。

为防止变压器与系统并列之前，在变压器高压侧发生单相接地而误将母线联络断路器断开，在零序电流保护动作于母线解列的出口回路中串入变压器高压侧断路器辅助动合触点 QF1。当断路器 QF1 断开时，QF1 的辅助动合触点将保护闭锁。

四、主变压器其他保护

1. 主变压器相间短路的后备保护

主变压器常见的相间后备保护有过电流保护、低电压启动过电流保护、复合电压启动过电流保护、负序电流和单相式低电压启动的过电流保护构成的复合过电流保护、阻抗保护等。对采用单元接线的大型机组而言，发电机与变压器往往共用相间后备保护，也就是说，发电机侧即变压器低压侧不再装设后备保护。大型机组的后备保护常采用后三种保护方式，同时要求该保护对相邻的高压母线相间短路有足够的灵敏度。

（1）复合电压启动过电流保护。复合电压启动过电流保护由电流元件、电压元件和时间元件组成。

电流元件的启动电流按躲过变压器可能出现的最大负荷电流来整定。电压元件反应不对称故障下的负序电压和低电压，电压元件动作电压可按躲过正常运行时最低工作电压和负序电压滤过器输出的最大不平衡电压整定。

（2）阻抗保护。阻抗保护是主变压器经常采用的主要后备保护之一。它对线路和发电机—变压器组起后备保护作用。该保护反应测量阻抗的大小。阻抗元件用的电压、电流，可根据需要取自主变压器的同一侧或不同侧。阻抗元件的工作原理和线路阻抗的工作原理相同，其阻抗特性一般采用偏移阻抗特性。

2. 过负荷保护

变压器过负荷保护与发电机类似，表现为绕组的温升发热。对采用单元接线的大型机组而言，发电机与变压器同样共用过负荷保护，一般来说，发电机允许过负荷能力较低，而变压器是静止元件，承受过负荷的能力较强。两者共用的过负荷保护一般按发电机允许过负荷能力考虑。

3. 过励磁保护

变压器的工作磁通密度与电压成正比，与频率成反比。由于大型变压器的工作磁通密度和饱和磁通密度相差非常小，在变压器的U/f有少许变化时，就可能引起过励磁。此励磁电流是非正弦的，含有一定量的高次谐波，而铁芯和其他金属部件的涡流损耗与频率的平方成正比，所以将会导致变压器铁芯及其他金属构件严重过热。

对发电机—变压器单元接线的大型机组而言，一般来说，发电机承受过励磁能力比变压器要弱一些，当发电机和变压器之间没有断路器相接时，过励磁保护可按发电机过励磁特性来整定。过励磁保护的构成参见发电机过励磁保护。

五、主变压器非电量保护

1. 瓦斯保护

油浸式变压器利用变压器油作为绝缘及冷却介质。当油箱内部发生短路故障时，在短路电流及故障点电弧的作用下，绝缘油及其他绝缘材料因高温分解而产生气体。这些气体必然会从油箱内部流向油箱上面的储油柜。故障越严重，产生的气体就越多，流向储油柜的气流速度也就越大。利用这些气体来动作的保护，称作瓦斯保护。

如果变压器内部发生严重漏油或匝数很少的匝间短路、铁芯局部烧损、线圈断线、绝缘劣化和油面下降等故障时，往往差动保护等其他保护均不能动作，而瓦斯保护却能够动作。因此，瓦斯保护是保护变压器内部最有效的一种主保护，它的主要元件是气体继电器。

轻瓦斯触点动作值由气体容积来定，通常用改变重锤力臂长度的方法来调整，使气体容积在250～300cm^{3}范围内变化。

重瓦斯触点动作值用油流速度来定，对于一般变压器，整定在1～1.2m/s范围内；对于强迫循环冷却的变压器，为防止油泵启动的气体继电器误动，应整定在1.2～1.5m/s范围内。

瓦斯保护的原理接线如图12-22所示。瓦斯继电器KG的上触点由开口杯控制，闭合后延时发出“轻瓦斯动作”信号；KG的下触点由挡板控制，动作后经信号继电器2KS启动继电器KM，使变压器各侧断路器跳闸。

为防止变压器油箱内严重故障时油速不稳定，出现跳动现象而失灵，出口中间继电器

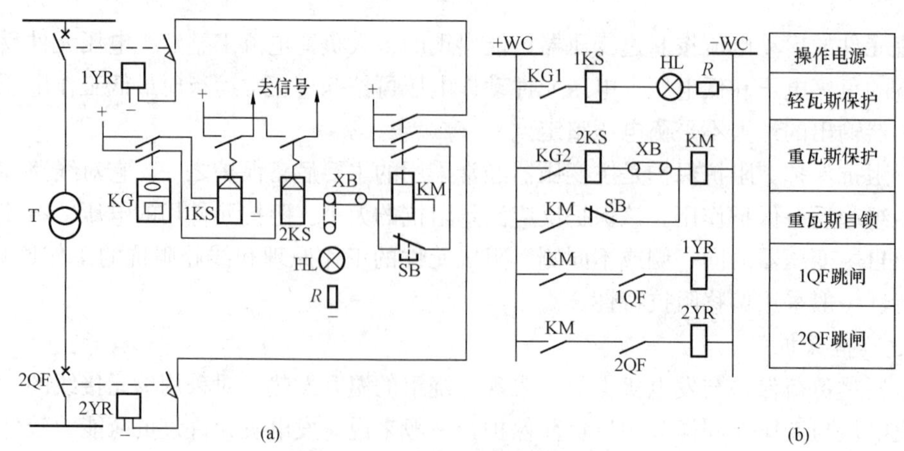

图12-22 瓦斯保护的原理接线图
(a) 原理接线图；(b) 原理展开图

KM 具有自保持功能，利用 KM 第三对触点进行自锁，以保证断路器可靠跳闸，其中按钮 SB 用于解除自锁，也可用断路器的辅助动合触点实现自动解除自锁。但这种办法只适于出口继电器 KOM 距高压配电室的断路器较近的情况，否则连线过长不经济。

为了防止瓦斯保护在变压器换油、瓦斯继电器试验、变压器新安装或大修后投入运行之初时误动作，出口回路设有切换片 XB，将 XB 倒向电阻 R 侧，可使重瓦斯保护改为只发信号。

瓦斯保护动作后，应从瓦斯器上部排气口收集气体进行分析。根据气体的数量、颜色、化学成分、可燃性等，判断保护动作的原因和故障的性质。

瓦斯保护的主要优点是能反应油箱内各种故障，且动作迅速、灵敏性高、安装接线简单；其缺点则是不能反应油箱外的引出线和套管上的故障。因此瓦斯保护不能作为变压器唯一的主保护，必须与差动保护配合共同作为变压器的主保护。

2. 主变压器温度保护

变压器运行中，总有部分损耗（如铜损、铁损、介质损耗等）使变压器各部分温度升高。绕组温度过高时会加速绝缘老化，缩短变压器使用寿命。绕组温度越高，持续时间越长，造成绝缘老化的速度就越快，使用期限也就越短。研究表明，绕组温度每增加 6℃，变压器使用寿命就要减少一半。根据所采用的绝缘材料，对变压器正常运行温度有一规定的限值。

因此大型变压器均装有冷却系统，以保证在规定的环境温度下按额定容量运行时，变压器温度不超过限值。主变压器温度保护就是在冷却系统发生故障或其他原因引起变压器温度超过限值时，发出告警信号（以便采取措施），或者延时作用于跳闸。

温度保护定值与绝缘材料级别有关，一般可整定为 75℃。

3. 冷却器故障保护

当冷却器故障引起主变压器超过安全限值时，并不立即将主变压器退出运行，常常允许其短时运行一段时间，以便处理冷却器故障。这期间可以降低变压器负荷运行，使变压器温度恢复到正常水平。若在规定时间内温度不能降至正常水平，才切除发电机—变压器组。

冷却器故障保护一般由反应变压器绕组电流的过电流继电器与时间继电器构成，并与温度保护配合使用，构成两段时限保护。当主变压器冷却器发生故障时，温度升高，超过限值后温度保护首先动作，发出报警的同时开放冷却器故障保护出口。这时主变压器电流若超过Ⅰ段整定值，先按继电器固有延时 t_c 动作于减出力，使发电机—变压器组负荷降低，促使主变压器温度下降，若温度保护返回，则发电机—变压器组维持在较低负荷下运行，以减少停运机会；若温度保护仍不能返回，即说明减出力无效，为保证主变压器的安全，主变压器冷却器保护将以Ⅱ段延时 t 动作于全停或程序跳闸。

延时值通常按失去冷却系统后变压器允许运行时间整定。

由于没有温度闭锁，动作于全停，保护动作时间取 20min，即 1200s。如在就地风冷控制箱内有“冷却器全停”延时继电器，其延时设为 5s，以避免电源切换时发信号。

4. 主变压器压力释放保护

主变压器压力释放保护作为变压器重要的非电量保护，是靠油箱体释放阀的微动开关来实现的。即当油浸设备内部发生事故时，油箱内的油被汽化，产生大量气体，使油箱内部压力急剧升高。当油箱压力升高到释放阀开启压力时，其微动开关迅速闭合，同时释放阀在

2ms内迅速开启，使油箱的压力很快降低，同时其微动开关迅速闭合，接通跳闸回路，断开变压器各侧断路器，有效防止了变压器油箱的变形，甚至爆裂。但实际运行中，变压器压力释放保护误动的事故常常发生，其原因多为压力释放阀误动作或者二次回路绝缘损坏而短路等。

5. 主变压器其他非电量保护

主变压器除上述非电量保护外，还有保护变压器内部的由局部过热引起的油压突变的压力突变保护，变压器油位过高或者过低时的油位异常报警、温度高启动风冷等保护。它们都动作于信号。

第五节　高压厂用变压器与励磁变压器的保护

高压厂用变压器高压侧一般直接由发电机—变压器组之间引接，即高压侧不装设断路器的接线。它负责发电机组正常运行时的所有厂用电负荷的供电任务。为保证供电的容量和可靠性，一台1000MW发电机组一般要配两台高压厂用变压器。励磁变压器主要负责为励磁系统提供交流电源。高压厂用变压器与励磁变压器的保护配置与一般变压器的保护没有太大区别，如每台高压厂用变压器配置差动保护、高压侧复合电压过电流保护、低压闭锁过电流保护、分支过电流及零序保护、零序过电流保护以及非电量保护等；而励磁变压器主要配置差动保护、速断保护、过电流保护以及类似其他变压器的非电量保护。

1. 高压厂用变压器差动保护

高压厂用变压器差动保护与主变压器差动保护原理基本相同，此处不多赘述。需要特别指出的是，高压厂用变压器低压侧一般可带多个分支，再加之现在的1000MW发电机组又要求脱硫脱硝等环保措施，于是厂用电的范围也将扩大。因此，高压厂用变压器多数将使用三绕组变压器，或者在低压侧共箱母线分离出多分支。于是如此之多的分支共同进入差动保护屏时，一定要注意保护的设计问题以及可扩容的问题。

2. 高压厂用变压器低压侧分支过电流保护

低压侧分支过电流保护就是指母线故障或母线连接的其他设备故障导致某高压厂用变压器低压侧分支过电流，从而引起保护动作，出口跳本分支断路器的保护。由于母线故障或母线连接的其他设备故障，故该保护动作出口应闭锁厂用电切换装置，以免启动备用变压器备用分支开关合闸于故障母线。

3. 高压厂用变压器零序保护

对于高压厂用变压器低压侧经中阻接地时，主要反映低压侧接地故障。以短时限分别作用于分支断路器，长时限作用于全停。

4. 励磁变压器主保护

励磁变压器主保护方案不外乎差动保护和电流速断保护。图12-23和图12-24分别为励磁变压器装设差动保护和电流速断保护方案图，由于励磁变压器分支事实上对机组构成了不完全差动保护接线，因此图中还画出了发电机—变压器组范围内与励磁变压器保护有关的主保护配置。

图12-23和图12-24均为常用励磁变压器主保护方案。其中图12-23的励磁变压器主保护采用差电流接线，保护范围明确，但是需在励磁变压器低压侧增加一组电流互感器及相应

二次电缆；图 12-24 采用电流速断作为主保护，接线简单，然而通常情况下为避免越级动作，电流速断保护需按躲过励磁变压器低压母线最大短路电流和励磁涌流条件整定，因此不能 100％保护励磁变压器内部绕组及低压侧引线短路。

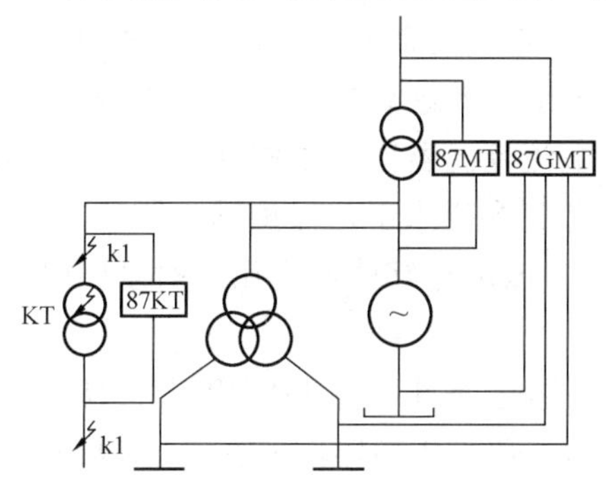

图 12-23 励磁变压器采用差动接线保护方案

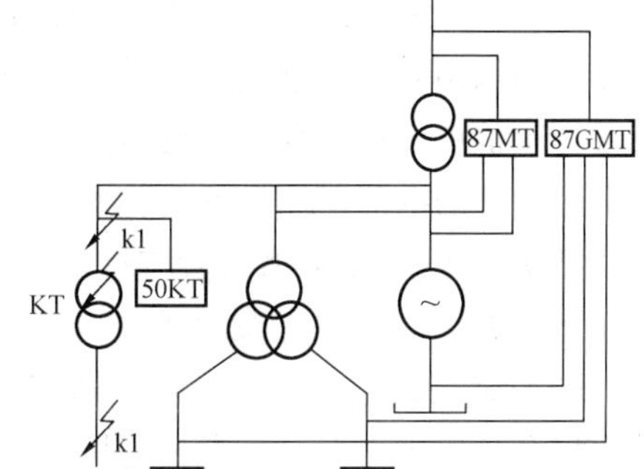

图 12-24 励磁变压器采用速断过流保护方案

建议励磁变压器采用电流速断保护以简化接线，因为励磁变压器是专门用于向发电机励磁回路的可控功率桥供电，而功率桥交流臂支路和每个晶闸管均装有快速熔断器保护。一旦功率桥的交流母线或直流母线发生短路，也势必要求立即停机，此时如励磁变压器保护动作跳闸，则有利于故障清除。而当短路发生在快速熔断器之后时，由于熔断器具有快速断弧特性，且其额定电流很小，故励磁变压器速断保护理应能和快速熔断器的动作时间相配合。如一定要追求选择性，可以考虑采用限时速断保护来进行配合。依据上述观点，励磁变压器的电流速断保护范围不妨包括其低压侧引线短路，只按躲过励磁涌流条件整定，以便 100％保护励磁变压器绕组。

第六节 发电厂的升压站继电保护

一、大型发电厂升压站的保护配置原则

大型发电厂通常采用 500kV 电压等级的升压站，接线型式为 3/2 断路器接线。每回 500kV 线路保护均配置两面保护屏，每面保护屏均含 1 套线路主后备保护和 1 套过电压远跳保护装置。每段 500kV 母线保护配置两套母线保护，分别独立组屏。对于 3/2 断路器接线，每台断路器配置 1 面断路器保护屏，断路器保护屏实现断路器跳合闸操作、重合闸以及断路器失灵保护等功能。500kV 升压站故障录波器通常按串配置。

二、大型发电厂升压站继电保护的 TA 选型及配置原则

系统发生短路故障时一定伴有电流迅速的、大幅值的变化，其中含有大的直流分量与丰富的各次谐波分量，这种暂态过程在故障初期最为严重。如果电流互感器没有较好的暂态特性，就无法准确进行信号的传变，严重时将发生电流互感器饱和，造成保护装置拒动或误动。

暂态过程的大小和持续时间与系统的时间常数有关，一般 220kV 系统的时间常数不大于 60ms，500kV 系统的时间常数在 80～200ms 之间。系统时间常数增大的结果，使短路电流非周期分量的衰减时间加长，短路电流的暂态持续时间加长。系统容量越大，短路电流的幅值也越大，暂态过程越严重。所以针对不同的系统要采用不同暂态特性的电流互感器。

目前暂态电流互感器分为四个等级，分别用TPS、TPX、TPY、TPZ表示。各等级暂态型电流互感器具有如下特点。

(1) TPS级为低漏磁电流互感器，铁芯中不设非磁性间隙，暂态面积系数也不大，铁芯截面比稳态保护级大得不多，无剩磁通限值，制造工艺比较简单。TPS级大多用于根据简单环流原理和采用高阻抗继电器的差动保护系统。由于对剩磁不作限制，保护继电器的励磁使用极限，通常由试验和现场经验公式确定。若在电流互感器已严重饱和时切断一次电流，将使二次回路中的电流随同磁通由饱和状态快速降低到剩磁水平，保护继电器的复归时间，通常不明显受TPS电流互感器衰减特性的影响。所以该电流互感器也用作对复归时间要求严格的断路器失灵保护电流检测元件。

(2) TPX级在铁芯中不设非磁性间隙，在同样的规定条件下与TPY和TPZ级相比，铁芯暂态面积系数要大得多，无剩磁通限值，只适用暂态单工作循环，不适合在需要重合闸的情况下使用。该电流互感器与TPS电流互感器基本特性相似，只是对误差限值的规定不同。

(3) TPY级在铁芯中设置一定的非磁性间隙，其相对非磁性间隙长度（实际非磁性间隙长度与铁芯磁路长度之比值）大于0.1%。剩磁通不超过饱和磁通的10%。由于限制了剩磁，TPY级适用于双循环和重合闸情况，适用于带重合闸的线路保护。但由于磁阻、储能以及磁通变化量的不同，因而二次回路的电流值较高且持续时间较长。不宜用于断路器失灵保护。

(4) TPZ级在铁芯中设置的非磁性间隙尺寸较大，一般相对非磁性间隙长度要大于0.20%以上，无直流分量误差限值要求，剩磁实际上可以忽略。TPZ级准确级由于铁芯非磁性间隙大，铁芯磁化曲线线性度好，二次回路时间常数小，对交流分量的传变性能也好，但传变直流分量的能力极差。TPZ级铁芯截面积比TPY级要小，但在制造上要满足指定的二次回路时间常数难度较大。这类电流互感器适用于仅反应交流分量的保护。许多继电器被测量经过输入电流/电压传感器转换后处理，因此，仅二次电流的交流分量有意义。由于不保证低频分量误差及励磁阻抗低，此类互感器一般不用于主设备保护和断路器失灵保护。

500kV线路保护、母差保护、断路器失灵保护用电流互感器二次绕组推荐配置原则：①线路保护宜选用TPY级；②母差保护可根据保护装置的特定要求选用适当的电流互感器；③断路器失灵保护可选用TPS级或5P等二次电流可较快衰减的电流互感器。

为防止主保护存在动作死区，两个相邻设备保护之间的保护范围应完全交叉；同时应注意避免当一套保护停用时，出现被保护区内故障时的保护动作死区。当线路保护或主变保护使用串外电流互感器时，配置的T区保护也应与相关保护的保护范围完全交叉。

为防止电流互感器二次绕组内部故障时，本断路器跳闸后故障仍无法切除或断路器失灵保护因无法感受到故障电流而拒动，断路器保护使用的二次绕组应位于两个相邻设备保护装置使用的二次绕组之间。

三、线路纵联保护

（一）概述

线路纵联保护是当线路发生故障时使两侧或多侧（分支线）断路器同时快速跳闸的一种保护装置。它以线路各侧某种电量间的特定关系作为动作判据，即各侧均将判别量借助通道传送到对侧，然后每一侧分别按照对侧与本侧判别量之间的关系来判别区外和区内故障。因此判别量和通道是纵联保护装置的主要组成部分。由于所选取的判别量不同以及判别量的传送方式和采用的通道不同，就形成了各种型式的纵联保护装置。

（二）通道类型

纵联保护既然是反应两端电气量变化的保护，那就一定要把对端电气量变化的信息告诉本端，同样也应把本端电气量变化的信息告诉对端，以便每侧都能综合比较两端电气量变化的信息做出是否跳闸命令的决定。这必然涉及通信的问题，而通信需要通道。目前使用的通道类型有电力载波通道、微波通道、光纤通道和导引线通道四种。

1. 电力载波通道

这是目前使用较多的一种通道类型，其使用的信号频率是 50～400kHz。这种频率在通信上属于高频频段范围，所以把这种通道也称作高频通道，把利用这种通道的纵联保护称作高频保护。高频频率的信号只能有线传输，所以输电线路也作为高频通道的一部分。这样输电线路除了传送 50Hz 的工频电流，还传送高频电流，用高频电流输送两端电气量变化的信息。由于输电线路是高压设备，收发高频电流的继电保护专用收发信机或载波机是低压设备，所以在输电线路和收发信机之间还有耦合电容器、连接滤波器、高频电缆这样一些连接设备。在输电线路和断路器之间还装有阻波器。上述这些设备通称为高频加工设备。高频加工设备一方面实现高低压的隔离以确保人身与设备安全，另一方面实现阻抗的匹配并防止输电线路上的高频电流外泄到母线，以减少传输衰耗。由于在 50～400kHz 内频段的数量有限，通信、保护、远动等都要用到高频通道，因此高频通道拥挤的矛盾比较突出。高频通道有相—相耦合和相—地耦合两种类型。相—相耦合是指收发信机（载波机）经两套高频加工设备耦合在两相输电线路上。用相—相耦合通道时高频电流衰耗较小，目前一般用在允许信号中。相一地耦合是指收发信机经高频加工设备耦合在一相输电线路上，收发信机另一段接地。用相—地耦合通道时高频电流衰耗较大，受到的干扰也较大，目前一般用在闭锁信号中。高频信号的调制方法有调幅制和移频键控两种。一般在闭锁信号中用调幅制，即用高频电流幅值的有、无来传达电气量的信息，在允许信号中用移频键控制。

2. 微波通道

使用的信号频率是 300MHz～300GHz。这种频率在通信上属于微波频段范围，所以把这种通道称为微波通道，把利用这种通道的纵联保护称作微波保护。微波通道有较宽的频带，可以传送多路信号，采用脉冲编码调制（PCM）方式可以进一步提高通信容量，所以可利用它来构成分相式的纵联保护。微波通道与输电线路没有联系，受到的干扰小，可用于传送各种信号（闭锁、允许、跳闸）。微波频率的信号可以无线传输也可以有线传输。无线传输要在可视距离内传输，所以要建高的微波铁塔。当传输距离超过 40～60km 时还需加设微波中继站。有时微波中继站在变电站外，增加了维护困难。虽然微波通道容量很大，不存在通道拥挤问题，但由于上述原因目前利用微波通道传送继电保护信息并没有得到很大应用。

3. 光纤通道

随着光纤通信技术的快速发展，用光纤作为继电保护通道使用的越来越多，这是目前发展速度最快的一种通道类型。用光纤通道做成的纵联保护有时也称光纤保护。光纤通道通信容量大又不受电磁干扰，且通道与输电线路有无故障无关。近年来发展的复合地线式光缆（OPGW）将绞制的若干根光纤与架空地线结合在一起，在架空线路建设的同时光缆的铺设也一起完成，使用前景十分诱人。由于光纤通信技术日趋完善，因此它在传送继电保护信号方面虽然起步比用微波通道晚，但其发展势头早已盖过微波通道。由于光纤通信容量大，因此可以利用它构成输电线路的分相纵联保护，如分相纵联电流差动保护、分相纵联距离保护等。目前如果采用专用光纤传输通道，传输距离已可以达到 120km。

4. 导引线通道

在两个变电站之间铺设电缆，用电缆作为通道传送保护信息，这就是导引线通道。用导引线为通道构成的纵联保护称作导引线保护。导引线保护一般做成纵联电流差动保护，在电缆中传送的是两端的电流信息。考虑到雷击以及在大接地电流系统中发生接地故障时地中电流引起的地电位升高的影响，作为导引线的电缆也应有足够的绝缘水平，从而增大了投资。上述的影响也可能会引起保护的不正确动作。此外导引线的参数，如电阻和分布电容也会影响电缆中传送的电流信号，从而影响保护的性能。显然从技术经济角度来看，导引线通道只适用于小于 10km 的短线路上。目前导引线通道已使用越来越少。

上述四种通道，光纤通道是最有发展前途的。目前继电保护制造厂家生产光纤保护的产量已经大于高频保护的产量，大型发电厂升压站的输电线路保护也基本上采用光纤做为通道，因此下面着重介绍光纤电流差动保护。

（三）光纤电流差动保护

输电线路纵联保护采用光纤通道后由于通信容量很大所以往往做成分相式的电流纵差保护。输电线路分相电流纵差保护本身有天然的选相功能，哪一相纵差保护动作，那一相就是故障相。这一点在同杆并架线路上发生跨线故障时能准确切除故障相上显示出突出的优点。输电线路两端的电流信号通过编码成码流形式，然后转换成光的信号经光纤传送到对端。传送的电流信号可以是该端采样以后的瞬时值，该瞬时值包含了幅值和相位的信息，当然也可以传送电流相量的实部和虚部。保护装置收到对端传来的光信号先转换成电信号再与本端的电流信号构成纵差保护。当然通过光纤传送的也可以不是反应该端电流的信号，而是反应该端阻抗继电器、方向继电器动作行为的逻辑信号，这样可构成光纤纵联距离保护、光纤纵联方向保护。采用光纤纵联距离保护、光纤纵联方向保护时由于光纤通道中传送的是逻辑信号，因对光纤通道的要求比较低，可能会得到更多的应用。这里讨论光纤纵联电流差动保护。

1. 纵联电流差动继电器的原理

在图 12-25（a）的系统图中，设流过两端保护的电流 I_M、I_N 以母线流向被保护线路的方向为其正方向，如图中箭头方向所示。以两端电流的相量和作为继电器的动作电流 I_d，该电流有时也称作差动电流、差电流；另以两端电流的相量差作为继电器的制动电流 I_{res}，见式（12-27）。

$$\left.\begin{aligned} I_d &= |\dot{I}_M + \dot{I}_N| \\ I_{res} &= |\dot{I}_M - \dot{I}_N| \end{aligned}\right\} \tag{12-27}$$

纵联电流差动继电器的动作特性一般如图 12-25（b）所示，阴影区为动作区，非阴影区为不动作区。这种动作特性称作比率制动特性，是差动继电器（线路、变压器、发电机、母线差动保护中用的差动继电器）常用的动作特性。图中 I_{st} 为差动继电器的启动电流，K_{res} 是该斜线的斜率。当斜线的延长线通过坐标原点时，该斜线的斜率也等于制动系数。制动系数定义为动作电流与制动电流的比值，$K_{res}=I_{op}/I_{res}$。图 12-25（b）所示的两折线的动作特

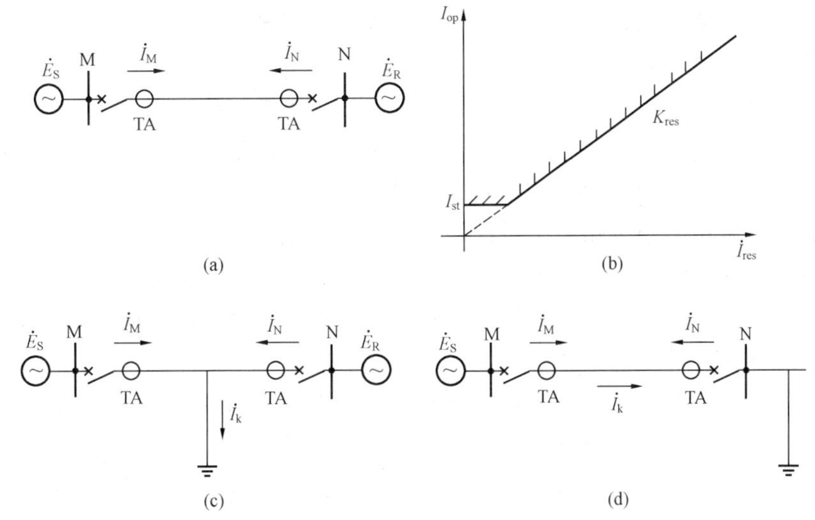

图 12-25 纵联电流差动保护原理

(a) 系统图；(b) 比率制动特性；(c) 内部短路；(d) 外部短路

性以数学形式表述为式（12-28）中的两个关系式的与逻辑。

$$\left.\begin{array}{l} I_{op} > I_{st} \\ I_{op} > K_{res} I_{res} \end{array}\right\} \tag{12-28}$$

当线路内部短路时，如图 12-25（c）所示，两端电流的方向与规定的正方向相同。根据节点电流定理 $I_M + I_N = I_k$，故 $I_{op} = |I_M + I_N| = I_k$，此时动作电流等于短路点的电流 I_k，动作电流很大。$I_{res} = |I_M - I_N|$，制动电流较小，小于短路点的电流 I_k。如果两端电流幅值、相位相同，制动电流甚至就为零，因此工作点落在动作特性的动作区，差动继电器动作。当线路外部短路时，I_M、I_N 中有一个电流反相。例如在图 12-25（d）中，流过本线路的电流是穿越性的短路电流 I_k，如果忽略线路上的电容电流，则 $I_M = I_k$，$I_N = -I_k$。因而动作电流 $I_{op} = |I_M + I_N| = 0$，制动电流 $I_{res} = |I_M - I_N| = 2I_k$。此时动作电流是零，制动电流是两倍穿越性的短路电流，制动电流很大，因此工作点落在动作特性的不动作区，差动继电器不动作。所以这样的差动继电器可以区分线路外部短路（含正常运行）和线路内部短路。继电器的保护范围是两端 TA 之间的范围。

从上述原理中可以进一步得到两个重要的推论：①只要在线路内部有流出的电流，例如线路内部短路的短路电流、本线路的电容电流，这些电流都将成为动作电流。②只要是穿越性的电流，例如外部短路时流过线路的短路电流、负荷电流，都只形成制动电流而不会产生动作电流。穿越性电流的两倍是制动电流。

2. 输电线路微机纵联电流差动保护应解决的主要问题

理想状态下线路外部短路时差动继电器里的动作电流为零，但是实际上在外部短路（含正常运行）时动作电流不为零，一般把这种电流称作不平衡电流。下述（1）、（2）、（5）三点是产生不平衡电流的因素。

（1）输电线路电容电流的影响。本线路的电容电流是从线路内部流出的电流，它将构成差动继电器的动作电流，如果纵联电流差动保护没有考虑电容电流的影响，在某些情况下会造成保护误动。所以解决电容电流的影响是线路纵联电流差动保护要解决的最重要的课题。

电压等级越高，输电线路越长，而且多采用分裂导线，线路的电容电流就越大，它对纵联电流差动保护的影响也就越大。

(2) 外部短路或外部短路切除时，由于两端电流互感器的变比误差不一致、短路暂态过程中两端电流互感器的暂态特性不一致、二次回路的时间常数不一致产生的不平衡电流。

输电线路两端 TA 的变比应该是相同的，但由于变比误差的差异，在短路稳态后也会造成不平衡电流。如果再考虑短路暂态过程中由于短路电流中的非周期分量和谐波分量等暂态分量电流造成两端 TA 饱和程度的差异，以及这些暂态分量电流在各自的二次回路中的衰减时间常数的差异，在暂态过程中将产生新的不平衡电流。差动继电器应该从继电器的构成原理、整定值和动作特性的制动系数取值上考虑这些影响。

(3) 解决重负荷线路区内经高电阻接地时灵敏度不足的问题。在重负荷线路内部发生经高阻接地时，差动继电器的灵敏度可能不足。由于是高阻接地，短路点的短路电流 I_k 并不大，动作电流不大，但重负荷的线路负荷电流比较大，所以制动电流较大，这样继电器的灵敏度可能不够。如果短路点两侧系统不对称更会加剧这种缺陷。

(4) 防止正常运行时电流互感器（TA）断线造成的纵联电流差动保护误动。在单侧电源空载线路上发生短路，如果负荷侧的变压器中性点不接地，短路后负荷侧的电流为零。此时由式（12-27）决定的动作电流和制动电流都是电源侧一端的短路电流，动作电流与制动电流相等。为了使差动继电器动作，显然图 12-25（b）所示的比率制动特性曲线中斜线的斜率应小于 1。当正常运行发生 TA 断线时，动作电流与制动电流都是 TA 未断线一端的负荷电流，动作电流与制动电流也是相等的，而差动继电器的启动电流 I_{st} 又是躲不过最大负荷电流的，于是将造成差动继电器的误动。如果要求正常运行电流互感器（TA）断线时不允许纵联电流差动保护误动，就应该有相应的防止 TA 断线时保护误动的措施。

(5) 由于输电线路两端保护采样时间不一致所产生的不平衡电流。电线路的纵联电流差动保护与发电机、变压器、母线的纵差保护不同，发电机、变压器、母线的纵差保护对各侧的电流是由同一套装置同步采样的，各侧电流都在同一时刻测量，它们的幅值和相位关系是正确的。所以正常运行或者区外短路在忽略其他产生不平衡电流因素的情况下，动作电流是零。可输电线路的纵差保护情况不同，两端电流的采样是由两套装置分别完成的，它们的采样时间如果不加调整一般情况下是不相同的。区外短路时，忽略其他误差的因素，如果两端装置是同步采样的，得到的两端电流幅值相等而相位相差 180°，其相量和为零；如果两端装置不是同一时刻采样的，得到的两端电流瞬时值不相等而且相位也不是相差 180°，其相量和不可能为零，产生不平衡电流。

3. 防止电容电流造成保护误动的措施

防止电容电流造成保护误动的措施有：①提高定值；②加短延时；③进行电容电流的补偿。

四、线路距离保护

（一）距离保护作用原理

在线路发生短路时阻抗继电器测到的阻抗 $Z_x=U_k/I_k=Z_k$ 等于保护安装点到故障点的（正序）阻抗。显然该阻抗和故障点的距离是成比例的。因此将用于线路上的阻抗继电器称为距离继电器。

三段式距离保护的原理和电流保护相似，其差别在于距离保护反应的是电力系统故障时测量阻抗的下降，而电流保护反应是电流的升高。

距离保护Ⅰ段：距离保护Ⅰ段保护范围不伸出本线路，即保护线路全长的80%～85%，瞬时动作。

距离保护Ⅱ段：距离保护Ⅱ段保护范围不伸出下回线路Ⅰ段的保护区。为保证选择性，延时动作。

距离保护Ⅲ段：按躲开正常运行时负荷阻抗来整定。

（二）影响保护保护正确工作的因素及防止方法

1. 短路点过渡电阻的影响

电力系统中短路一般都不是纯金属性的，而是在短路点存在过渡电阻，此过渡电阻一般是由电弧电阻引起的。它的存在，使距离保护的测量阻抗发生变化。一般情况下，会使保护范围缩短。但有时也能引起保护超范围动作或反方向动作（误动）。

在单电源网络中，过渡电阻的存在，将使保护区缩短；而在双电源网络中，使得线路两侧所感受到的过渡电阻不再是纯电阻，通常是线路一侧感受到的为感性，另一侧感受到的为容性，这就使在感受到感性一侧的阻抗继电器测量范围缩短，而感受到容性一侧的阻抗继电器测量范围可能会超越。

解决过渡电阻影响的办法有许多，如采用躲过渡电阻能力较强的阻抗继电器；用瞬时测量的技术，因为过渡电阻（电弧性）在故障刚开始时较小，而时间长了以后反而增加，根据这一特点采用在故障开始瞬间测量的技术可以使过渡电阻的影响减少到最小。

2. 系统振荡的影响

电力系统振荡对距离保护影响较大，不采取相应的闭锁措施将会引起误动。防止振荡期间误动的手段较多，下面介绍两种情况。

（1）利用负序（和零序）分量元件启动的闭锁回路。电力系统振荡是对称的振荡，在振荡时没有负序分量，而电力系统发生的短路绝大部分是不对称故障，即使三相短路故障也往往是刚开始为不对称然后发展为对称短路的。因此，在短路时，会出现负序分量或短暂出现负序分量，根据这一原理可以区分短路和振荡。

（2）利用测量阻抗变化速度构成闭锁回路。电力系统振荡时，距离继电器测量到的阻抗会周期性变化，变化周期和振荡周期相同。而短路时，测量到的阻抗是突变的，阻抗从正常负荷阻抗突变到短路阻抗。因此，根据测量阻抗的变化速度可以区分短路与振荡。

3. 串联补偿电容的影响

高压线路的串联补偿电容可大大缩短其所连接的两电力系统间的电气距离，提高输电线路的输送功率，对电力系统稳定性的提高具有很大作用，但它的存在对继电保护装置将产生不利影响，保护设备使用或整定不当可能会引起误动。

串联补偿电容（简称串补）的存在，使得阻抗继电器在电容器两侧分别发生短路时，感受到的测量阻抗发生了跃变，这种跃变使三段式距离保护之间的配合变得复杂和困难，常会引起保护非选择性动作和失去方向性。为防止此情况发生，通常采用以下措施。

（1）用直线型阻抗继电器或功率方向继电器闭锁误动作区域。即在阻抗平面上将误动的区域切除。但这也可能带来另外一些问题。例如，为解决背后发生短路失去方向性的问题而使用直线型阻抗继电器，就会带来正前方出口处发生短路故障时有死区的问题，为此可以另外加装电流速断保护来补救。

（2）用负序功率方向元件闭锁。因为串补电容一般都不会将线路补偿为容性。对于负序功率方向元件，由于在正前方发生短路时，反应的是背后系统的阻抗角，因此串补电容的存在不会改变原有负序电流、电压的相位关系，因此负序功串方向仍具有明确的方向性。但这种方式在三相短路时没有闭锁作用。

（3）利用特殊特性的距离继电器。利用带记忆的阻抗继电器，可以较好地防止串补电容可能引起的误动。

4. 分支电流的影响

在高压网络中，母线上接有不同的出线，有的是并联分支，有的是电厂，这些支路的存在对测量阻抗同样有较大影响。

如在本线路末端母线上接有一发电厂，当下回线路发生短路时，由于发电厂对故障点也提供短路电流，使得本线路距离保护测量到的阻抗 Z_k 会因为发电厂对故障有助增作用而增大。同样对于下回线路为双回线路的情况，则又会引起测量阻抗的减少，这些变化因素都必须在整定时充分考虑，否则就有可能会发生误动或拒动。

5. TV 断线

当电压互感器二次回路断线时，距离保护将失去电压，在负荷电流的作用下，阻抗继电器的测量阻抗变为零，因此，就可能发生误动作，对此，应在距离保护中采用防止误动作的 TV 断线闭锁装置。

（三）距离保护评价

从对继电保护所提出的基本要求来评价距离保护，可以作出如下几个主要的结论：

（1）根据距离保护的工作原理，它可以在多电源的复杂网络中保证动作的选择性。

（2）距离保护Ⅰ段是瞬时动作的，但是它只能保护线路全长的 80%～85%。因此，两端合起来，在 30%～40%的线路长度内的故障不能从两端瞬时切除，在一端须经延时才能切除，在 220kV 及以上电压的网络中仍不能满足电力系统稳定运行的要求。

（3）由于阻抗继电器同时反应于电压的降低和电流的增大而动作，因此，距离保护较电流、电压保护具有较高的灵敏度。此外，距离保护Ⅰ段的保护范围不受系统运行方式变化的影响，其他两段受到的影响也较小，因此，保护范围比较稳定。

（4）由于距离保护中采用了复杂的阻抗继电器和大量的辅助继电器，再加上各种必要的闭锁装置，因此，接线复杂，可靠性比电流保护低，这也是它的主要缺点。

五、零序电流保护

当中性点直接接地的电网（又称大接地电流系统）中发生接地短路时，将出现很大的零序电流，而在正常运行情况下它们是不存在的，因此利用零序电流来构成接地短路的保护，就具有显著的优点。

在电力系统中发生接地短路时，可以利用对称分量的方法将电流和电压分解为正序、负序和零序分量，并利用复合序网来表示它们之间的关系。

零序分量的参数具有如下特点：

（1）故障点的零序电压最高，系统中距离故障点越远处的零序电压越低。

（2）零序电流分布，主要决定于送电线路的零序阻抗和中性点接地变压器的零序阻抗，与电源的数目和位置无关。

（3）对于发生故障的线路，两端零序功率的方向与正序功率的方向相反，零序功率方向实际上都是由线路流向母线的。

(4) 在电力系统运行方式变化时，如果送电线路和中性点接地的变压器数目不变，则零序阻抗和零序等效网络就是不变的。但此时，系统的正序阻抗和负序阻抗会随着运行方式变化而变化。

零序电流保护分Ⅰ段、Ⅱ段和Ⅲ段，其保护原理和电流保护相同，这里仅简单说明其整定原则。

1. 零序电流速断（零序Ⅰ段）保护

零序电流速断保护的整定原则如下：

(1) 躲开下一条线路出口处单相或两相接地短路时可能出现的最大零序电流。

(2) 躲开断路器三相触头不同期合闸时所出现的最大零序电流。

如果保护装置的动作时间大于断路器三相不同期合闸的时间，则可以不考虑条件 (2)。

保护整定值应选取 (1)、(2) 中较大者。但在有些情况下，如按照条件 (2) 整定将使整定电流过大。因此当保护范围小时，也可以采用在手动合闸以及三相自动重合闸时，使零序Ⅰ段带有一个小的延时，以躲开断路器三相不同期合闸的时间，这样在整定值上就无须考虑条件 (2) 了。

(3) 当线路上采用单相自动重合闸时，按上述条件 (1)、(2) 整定的零序Ⅰ段，往往不能躲开在非全相运行状态下又发生系统振荡时所出现的最大零序电流。而如果按这一条件整定，则正常情况下发生接地故障时，其保护范围又要缩小，不能充分发挥零序Ⅰ段的作用。

因此，为了解决这个矛盾，通常是设置两个零序Ⅰ段保护。其中：一个是按条件 (1) 或 (2) 整定（由于其整定值较小，保护范围较大，因此，称为灵敏1段），它的主要任务是对全相运行状态下的接地故障起保护作用，具有较大的保护范围，而当单相重合闸启动时，则将其自动闭锁，需待恢复全相运行时才能重新投入；另一个是按条件 (3) 整定（由于它的定值较大，因此称为不灵敏Ⅰ段），装设它的主要目的是在单相重合闸过程中，其他两相又发生接地故障时，用以弥补失去灵敏Ⅰ段的缺陷，尽快地将故障切除。当然，不灵敏Ⅰ段也能反应全相运行状态下的接地故障，只是其保护范围较灵敏Ⅰ段小。

2. 零序电流限时速断（零序Ⅱ段）保护

零序Ⅱ段保护，启动电流首先考虑和下一条线路的零序电流速断相配合，并高出一个时限，以保证动作的选择性。但是，应当考虑分支电路的影响，因为它将使零序电流的分布发生变化。

3. 零序过电流（零序Ⅲ段）保护

零序Ⅲ段保护在一般情况下作为后备保护使用，但在中性点直接接地电网中的终端线路上，它也可以作为主保护使用。

在零序过电流保护中，继电器的启动电流，原则上是按照躲开在下一条线路出口处相间短路时所出现的最大不平衡电流来整定。同时还必须要求各保护之间的灵敏系数要互相配合，以满足灵敏系数和选择性的要求。

因此，对零序过电流保护的整定计算，必须按逐级配合的原则来考虑，即本保护零序Ⅲ段的保护范围，不能超出相邻线路上零序Ⅱ段的保护范围。

4. 方向性零序电流保护

在双侧或多侧电源的网络中，电源处变压器的中性点一般至少有一台要接地，由于零序电流的实际流向是由故障点流向各中性点接地的变压器，因此在变压器接地数目较多的复杂网络中，就需要考虑零序电流保护动作的方向性问题。

零序功率方向继电器接于零序电压和零序电流之上，它只反应零序功率的方向而动作。当保护范围内部故障时，按规定的电流、电压正方向看，$3I_0$ 超前于 $3U_0$ 为 90°～110°（对应于保护安装地点背后的零序阻抗角为 85°～70°的情况），继电器此时应正确动作，并应工作在最灵敏的条件之下，即继电器的最大灵敏角应为－95°～－110°（电流超前于电压）。

六、自动重合闸

1. 自动重合闸装置的重要性

在电力系统的故障中，大多数是输电线路（特别是架空线路）的故障，因此，如何提高输电线路工作的可靠性，就成为电力系统的重要任务之一。

电力系统的运行经验表明，架空线路的故障大都是瞬时性的。例如，由雷电引起的绝缘子表面闪络、大风引起的碰线、通过鸟类以及树枝等物掉落在导线上引起的短路等，当线路被断路器迅速断开以后，电弧即行熄灭，故障点的绝缘强度重新恢复，外界物体（如树枝、鸟类等）也被电弧烧掉而消失。此时，如果把断开的线路断路器再合上，就能够恢复正常的供电，因此，称这类故障是瞬时性故障。除此之外，也有永久性故障。例如由线路倒杆、断线、绝缘子击穿或损坏等引起的故障，在线路被断开之后，它们仍然是存在的。这时，即使再合上电源，由于故障仍然存在，线路还要被继电保护再次断开，因而不能恢复正常的供电。

由于输电线路上的故障具有以上的性质，因此，在线路被断开以后再进行合闸有可能大大提高供电的可靠性和连续性。为此在电力系统中采用了自动重合闸，即当断路器跳闸之后，能够自动地将断路器重新合闸。

在线路上装设重合闸以后，不论是瞬时性故障还是永久性故障都得完成一次重合。因此，在重合以后可能成功（指恢复供电不再断开），也可能不成功。用重合成功的次数与总动作次数之比来表示重合闸的成功率，根据运行资料的统计，成功率一般在 60％～90％之间。

在电力系统中，采用重合闸的技术经济效果主要可归纳以下几种：

（1）大大提高供电的可靠性、减少线路停电的次数，特别是对单侧电源的单回线路尤为显著。

（2）在高压输电线路上采用重合闸，可以提高电力系统并列运行的稳定性。

（3）在电网的设计与建设过程中，有些情况下由于考虑重合闸的作用，可以暂缓架设双回线路，以节约投资。

（4）对断路器本身由于机构不良或继电保护误动作而引起的误跳闸，也能起纠正的作用。

在采用重合闸以后，当重合于永久性故障上时，它也将带来如下一些不利的影响。

（1）使电力系统又一次受到故障的冲击。

（2）使断路器的工作条件变得更加严重。因为它要在很短的时间内连续切断两次短路电流。这种情况对油断路器是不利的，因为在第一次跳闸时，由于电弧的作用，已使断口的绝缘强度降低，在重合后第二次跳闸时，是在绝缘已经降低的不利条件下进行的，因此，断路器在采用了重合闸以后，其遮断能力也要有不同程度的降低。因而，在短路容量比较大的电力系统中，上述不利条件往往限制了重合闸的使用。

2. 对自动重合闸装置的基本要求

（1）在下列情况下，重合闸不应动作。

1）由值班人员手动操作或通过遥控装置将断路器断开时。

2）手动投入断路器，由于线路上有故障，而随即被保护将其断开时。

（2）自动重合闸装置的动作次数应符合预先的规定。如一次重合闸就应该只动作一次，当重合于永久性故障而再次跳闸后，就不应该再重合。

（3）自动重合闸在动作以后，应能自动复归，准备好下一次再动作。

（4）自动重合闸装置应有可能在重合闸以前或重合闸以后加速继电保护的动作，以便更好地和继电保护相配合，加速故障的切除。

（5）在双侧电源的线路上实现重合闸时、应考虑合闸时两侧电源间的同步问题，并满足所提出的要求。

（6）当断路器处于不正常状态（例如操动机构中使用的气压、液压降低等）而不允许实现重合闸时，应将自动重合闸装置闭锁。

自动重合闸有前加速方式和后加速方式两种。前加速方式广泛用于中低压电网中；后加速方式广泛用于超高压电网中。后加速保护的优点是：

（1）第一次是有选择性的切除故障，不会扩大停电范围。

（2）保证了重合到永久性故障能瞬时切除，并仍然有选择性。

（3）和前加速保护相比，使用中不受网络结构和负荷条件的限制，一般来说是有利而无害的。

3. 综合自动重合闸

综合自动重合闸是“单相自动重合闸”和“三相自动重合闸”的综合，因为在超高压线路上实现单相自动重合闸有许多显著的优点。

单相重合闸是在发生单相接地短路时仅跳开故障相，然后再重合该相。采用单相重合闸的主要优点是：

（1）能在绝大多数故障情况下保证对用户的连续供电，从而提高供电的可靠性。当由单侧电源单回线路向重要负荷供电时，对保证不间断地供电更有显著的优越性。

（2）在双侧电源的联络线上采用单相重合闸，就可以在故障时大大加强两个系统之间的联系，从而提高系统并列运行的稳定性。对于联系比较薄弱的系统，当三相切除并继之以三相重合闸很难再恢复同步时，采用单相重合闸可避免两系统的解列。

采用单相重合闸的缺点是：

（1）需要有分相操作的断路器。

（2）需要专门的选相元件与继电保护相配合，再考虑一些特殊的要求后，使重合闸回路的接线比较复杂。

（3）在单相重合闸过程中，由于非全相运行能引起本线路和电力网中其他线路的保护误动作，因此，就需要根据实际情况采取措施予以防止。这将使保护的接线、整定计算和调试工作复杂化。

在 220kV 以上电压等级的线路上获得广泛应用的是综合重合闸。实现综合重合闸时，应考虑以下基本原则。

(1) 单相接地短路时跳开单相，然后进行单相重合，如重合不成功则跳开三相而不再进行重合。

(2) 各种相间短路时跳开三相，然后进行三相重合。如重合不成功，仍跳开三相而不再进行重合。

(3) 当选相元件拒绝动作时，应能跳开三相并进行三相重合。

(4) 对于非全相运行中可能误动作的保护，应进行可靠的闭锁；对于在单相接地时可能误动作的相间保护（如距离保护），应有防止单相接地误跳三相的措施。

(5) 当一相跳开后重合闸拒绝动作时，为防止线路长期出现非全相运行，应将其他两相自动断开。

(6) 任两相的分相跳闸继电器动作后，应联跳第三相，使三相断路器均跳开。

(7) 无论单相或三相重合闸，在重合不成功之后，均应考虑能加速切除三相，即实现重合闸后加速。

(8) 在非全相运行过程中，如又发生另一相或两相的故障，保护应能有选择性地予以切除。上述故障如发生在单相重合闸的脉冲发出以前，则在故障切除后能进行三相重合；如发生在重合闸脉冲发出以后，则切除三相不再进行重合。

(9) 对于空气断路器或液压传动的油断路器，当气压或液压低至不允许实行重合闸时，应将重合闸回路自动闭锁，但如果在重合闸过程中气压或液压下降到低于允许值，则应保证重合闸动作的完成。

1000MW发电机组对三相重合闸的电气扰动往往导致汽轮发电机轴系扭振疲劳寿命的损耗达到不能承受的程度，故上述（2）（3）两项的三相重合闸不准使用。

七、母线保护

发电厂和变电站的母线是电力系统中的一个重要组成元件，当母线上发生故障时，将使连接在故障母线上的所有元件在修复故障母线期间，或转换到另一组无故障的母线上运行以前被迫停电。此外，在电力系统枢纽变电站的母线上故障时，还可能引起系统稳定的破坏，造成严重的后果。

为满足速动性和选择性的要求，母线保护都是按差动原理构成的。实现母线差动保护所必须考虑的特点是在母线上一般连接着较多的电气元件（如线路、变压器等）。因此，就不能像发电机的差动保护那样，只用简单的接线加以实现。但不管母线上的元件有多少，实现差动保护的基本原则仍是适用的，即：

(1) 在正常运行以及母线范围以外故障时，在母线上的所有连接元件中，流入的电流和流出的电流相等，或表示为$\Sigma I=0$。

(2) 当母线上发生故障时，所有与电源连接的元件都向故障点供给短路电流，而在供电给负荷的连接元件中电流等于零，因此，$\Sigma I=I_k$（短路点的总电流）。

(3) 如从每个连接元件中电流的相位来看，则在正常运行以及外部故障时，至少有一个元件中的电流相位和其余元件中的电流相位是相反的。具体说来，就是电流流入的元件和电流流出的元件这两者的相位相反。而当母线故障时，除电流等于零的元件以外，其他元件中的电流则是同相位的。

八、断路器失灵保护

断路器失灵保护是指当故障线路或设备的继电保护动作发出跳闸脉冲后，断路器拒绝动作时，能够以较短的时限切除其他有关的断路器，以使停电范围限制为最小的一种后备保护。

由于断路器失灵保护要动作于跳开一组母线上的所有断路器，而且在保护的接线上将所有断路器的操作回路都连接在一起，因此，应注意提高失灵保护动作的可靠性，以防止因误动而造成严重的事故。为此，对断路器失灵保护的启动提出了附加的条件，只当同时具备以下条件时它才能启动：

（1）故障线路（或设备）的保护装置出口继电器动作后不返回。

（2）在被保护范围内仍然存在着故障。当母线上连接的元件较多时，一般采用检查故障母线电压的方式以确认故障仍未切除；当连接元件较少或一套保护动作于几个断路器以及采用单相重合闸时，一般采用检查通过每个或每相断路器的故障电流的方式，作为判别断路器拒动且故障仍未消除之用。

第七节 1000MW 发电机组厂用电系统保护

一、高压启动/备用变压器保护

高压启动/备用变压器一般配置以下保护：

（1）纵联差动保护。

（2）高压侧（复合电压）闭锁过电流保护。

（3）高压侧零序过电流保护。

（4）过负荷保护。

（5）电流启动通风保护。

（6）过电流闭锁有载调压保护。

（7）低压侧分支复压过电流保护。

（8）低压侧接地保护。

（9）非电量保护（本体重瓦斯、压力释放、绕组超温、油温超温、油位异常等）。

二、厂用变压器保护

1. 高压厂用变压器保护

高压厂用变压器一般配置以下保护：

（1）纵联差动保护。

（2）高压侧（复合电压）闭锁过电流保护。

（3）过负荷保护。

（4）低压侧分支过电流保护。

（5）低压侧分支零序过电流保护（适用于低压侧绕组中性点接地的变压器）。

（6）过电流闭锁有载调压保护。

（7）电流启动通风保护。

（8）非电量保护（本体重瓦斯、压力释放、绕组超温、油温超温、油位异常等）。

2. 低压厂用变压器保护

低压厂用变压器一般配置以下保护：

（1）纵联差动保护（2000kVA 及以上用电流速断保护灵敏性不符合要求的变压器应装

设本保护)。

(2) 电流速断保护。

(3) 高压侧过电流保护。

(4) 低压侧分支过电流保护。

(5) 接地保护。

(6) 温度保护。

三、厂用馈线保护

厂用馈线一般配置以下保护：

(1) 电流速断保护。

(2) 过电流保护。

(3) 接地保护。

四、高压电动机保护

(1) 高压电动机的主要故障。高压电动机一般为 3～10kV 的电动机，有异步电动机和同步电动机，主要故障有定子绕组的相间短路、单相接地及一相绕组的匝间短路。

相间短路会引起电动机的严重损坏，造成配电网电压降低，并破坏其他用户的正常工作，因此要求尽快切除这种故障。

供电给高压电动机的配电网中性点一般都是非直接接地，高压电动机单相接地故障率较高；在单相接地电流大于 10A 时会造成电动机定子铁芯烧损；单相接地故障有时会发展成匝间短路，而引向电动机的高压电缆发生单相接地故障时，很容易发展为相间短路。

电动机一相绕组的匝间短路不仅会造成局部发热严重，而且将破坏电动机的对称运行，并使相电流增大，电流增大的程度与短路的匝数有关。目前还没有既简单又完善的匝间短路保护。

(2) 高压电动机的不正常运行方式。高压电动机最常见的不正常运行方式是由过负荷引起过电流。长时间的过负荷将使电动机绕组温升超过容许的数值，使绝缘迅速老化，从而降低电动机的使用寿命，严重时甚至会烧毁电动机。

在电压短时降低或消失后又恢复供电时，未被断开的电动机将参加自启动。自启动开始时将使电动机承受较大的过电流。

供电回路发生一相断线时，会出现正、负序电流，并在电动机定子和转子间的空隙中分别产生正序和负序旋转磁场，使带重负荷的电动机绕组可能达到不容许的发热程度，从而使电动机绕组发热甚至烧坏电动机。

(3) 高压电动机一般配置以下保护：

1) 纵联差动保护（2000kVA 及以上的电动机应装设本保护)。

2) 过电流保护。反应电动机内部短路和启动时间过长及堵转的保护。

3) 负序过电流保护。电流不平衡保护，包括断相、反相的保护。

4) 过热保护。分为过热报警与过热跳闸，具有热记忆及禁止再启动功能，反应电动机的热积累情况；对因过负荷、启动时间过长或者堵转造成的电动机过热提供保护。

5) 接地保护。

6) 过、欠压保护。

7) 接地保护。

五、400V 低压配电系统保护

400V 低压配电系统的保护，除了有微机继电保护装置，还大量使用熔断器以及在启动器或接触器中设置热继电器来实现保护。对于使用断路器保护的回路，则大量采用在断路器上设置智能脱扣器来实现保护。

(1) 400V 电源馈线保护一般配置过电流保护。

(2) 400V 低压电动机保护一般配置过电流保护、接地保护和过负荷保护。

(3) 低压智能型断路器的保护主要配置过电流保护和接地保护（漏电保护）等。

六、柴油发电机保护

柴油发电机一般配置以下保护：

(1) 过电流保护。

(2) 过电压保护。

(3) 低电压保护。

(4) 逆功率保护。

(5) 低频保护。

(6) 失磁保护。

(7) 零序过压保护。

(8) 超速保护等。

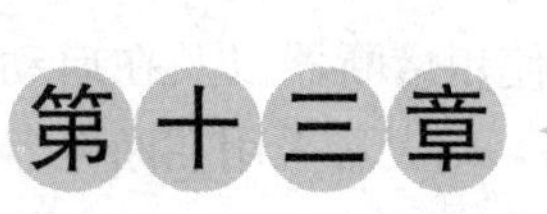

第十三章

直流系统

第一节 直流系统配置

直流系统是发电厂厂用电系统中最重要的一个部分，它应能保证在任何事故情况下，都能可靠不间断地向其用电设备供电。蓄电池组是一种独立可靠的直流电源，它能在发电厂内发生任何事故，甚至在全厂交流电源都停电的情况下，仍能保证直流用电设备可靠而连续的工作。

在装有600MW及以上大机组的电厂中，设有多个彼此独立的直流系统。如单元控制室直流系统、网络控制室直流系统（又称升压所或升压站直流系统）、脱硫直流系统和离主厂房较远的辅助车间（如输煤集控室）直流系统等。并且单元控制室和网络控制室直流系统的设置，应能满足继电保护装置直流电源双重化配置的原则。

直流电源系统的负荷按负荷容量大小可分为动力负荷和控制负荷两类。动力负荷包括直流润滑油泵、直流密封油泵、断路器电磁合闸机构、事故照明等负荷；控制负荷包括电气和热工控制、信号、继电保护及自动装置等负荷。

直流负荷按性质分类可分为经常性负荷、短时性负荷和事故性负荷三类。

(1) 经常性负荷。要求直流电源在各种工况下均应可靠供电的负荷，如信号灯、位置指示器、位置继电器以及继电保护装置、自动装置与中央信号装置中的长期带电继电器等。

(2) 短时性负荷。要求直流电源在设备启动或操作过程中可靠供电的负荷，如继电保护装置和自动装置的直流操作回路，跳、合闸线圈等。

(3) 事故性负荷。要求直流电源在交流电源事故停电时间的全过程可靠供电的负荷，如事故照明灯和事故油泵的直流电动机等。

在一些电厂的设计中，将直流系统的动力负荷与控制负荷分开运行，在一台机组的充电机—蓄电池组的输出设置直流动力母线和控制母线。控制母线装有硅降压装置，根据控制母线电压需求控制硅降压装置的自动投、切，以保证控制母线电压在允许范围内运行。

对直流系统额定电压有如下规定：

(1) 控制负荷专用的蓄电池组（对网控可包括事故照明负荷）的电压采用110V。

(2) 动力负荷和直流事故照明负荷专用的蓄电池组的电压采用220V。

(3) 控制负荷、动力负荷和直流事故照明负荷共用的蓄电池组的电压采用220V或110V。

(4) 当采用弱电控制或信号时，设置较低电压的蓄电池组。

一、单元控制室直流系统

每一1000MW机组单元，设置两套110V、一套220V、一套24V直流电源系统。110V

为操作电源，220V为动力电源，24V为通信电源。两套110V直流系统，均采用单母线分段接线、两线制、不接地系统。每套直流系统各设有相应电压的一组铅酸蓄电池、一套充电机。另外，还可设一套可切换的公共备用充电机，跨接在两直流系统的母线上。上述各直流系统中，工作充电机的电源均从相应机组的400V交流保安母线引接。备用充电机的电源，一般也从400V交流保安母线引接，但有的则从其他厂用低压母线上引接，以防因保安母线故障，使所有充电机失去电源。

图13-1为某厂1000MW机组单元控制室直流系统充电机回路接线图。两组110V蓄电池组，每组由52节蓄电池串联而成，容量为500Ah；一组230V蓄电池组，由104节蓄电池串联而成，容量为500Ah；还有一组24V蓄电池组，由12节蓄电池串联而成。直流系统的工作充电机和备用充电机的交流电源均从400V保安母线引接，正常工作时由厂用电供电，一旦厂用电失去，由柴油发电机供电，以确保直流系统供电的可靠性。

每台机组设一套220V（或230 V）动力直流系统，为发电机组事故润滑油泵、事故氢密封油泵、汽动给水泵的事故润滑泵，均采用单母线分段、两线制、不接地的接线方式，设一组蓄电池，配置一套工作充电机，另设一套备用充电机，如图13-2所示。此系统的特点是平时运行负荷很小，而机组发生事故时负荷很大。

蓄电池组正常工作时，蓄电池处于浮充电运行方式。事故放电后，采用均衡充电，以恢复蓄电池的容量。每段直流母线都装设一套接地检测装置，当任一极（正极或负极）发生接地故障时，即发出报警信号。

二、网络控制室直流系统

网络控制室直流系统，又称为升压所直流系统。当发电厂升压所的控制对象有500kV的设备时，根据保护与控制双重化配置要求，一般设置两套110V直流系统，两套直流系统均采用单母线分段、两线制、不接地的接线方式。每套直流系统配置一组铅酸蓄电池、一套工作充电机。另可设一套可切换的跨接在两套直流系统母线上的公共备用充电机。两套独立的直流系统一起用于向网络控制室的控制、保护、信号等直流负荷供电。对于升压所的110V直流系统，通常其接线形式及有关的技术条件等参数与单元控制室的相同，不同之处在于升压所110V直流系统的充电电源，接自升压所的低压厂用母线。

三、脱硫直流系统

在脱硫系统设置一组220V蓄电池组，作为脱硫系统设备的控制和保护电源。220V蓄电池组采用阀控式免维护铅酸蓄电池。蓄电池组正常以浮充电方式运行。脱硫系统一组220V蓄电池组设置一组高频开关整流装置。高频开关整流装置的充电模块按$N+1$冗余配置。

四、输煤直流系统

输煤系统一般设有6kV（或3kV）交流配电装置，为了便于集中管理、提高可靠性，避免与其他直流电源相互干扰，设置了独立的输煤直流系统。输煤直流系统一般也为110V单母线分段、两线制、不接地系统，一组蓄电池，两套充电机（一套工作、另一套备用）。

五、直流系统馈线网络及级差配合要求

直流供电网络有环形供电网络和辐射形供电网络两种。环形供电网络电缆较少，但操作较复杂，寻找接地点困难。对于1000MW机组的电厂，因供电网络较大，供电距离长，为保证供电更为可靠，可采用辐射形供电网络。

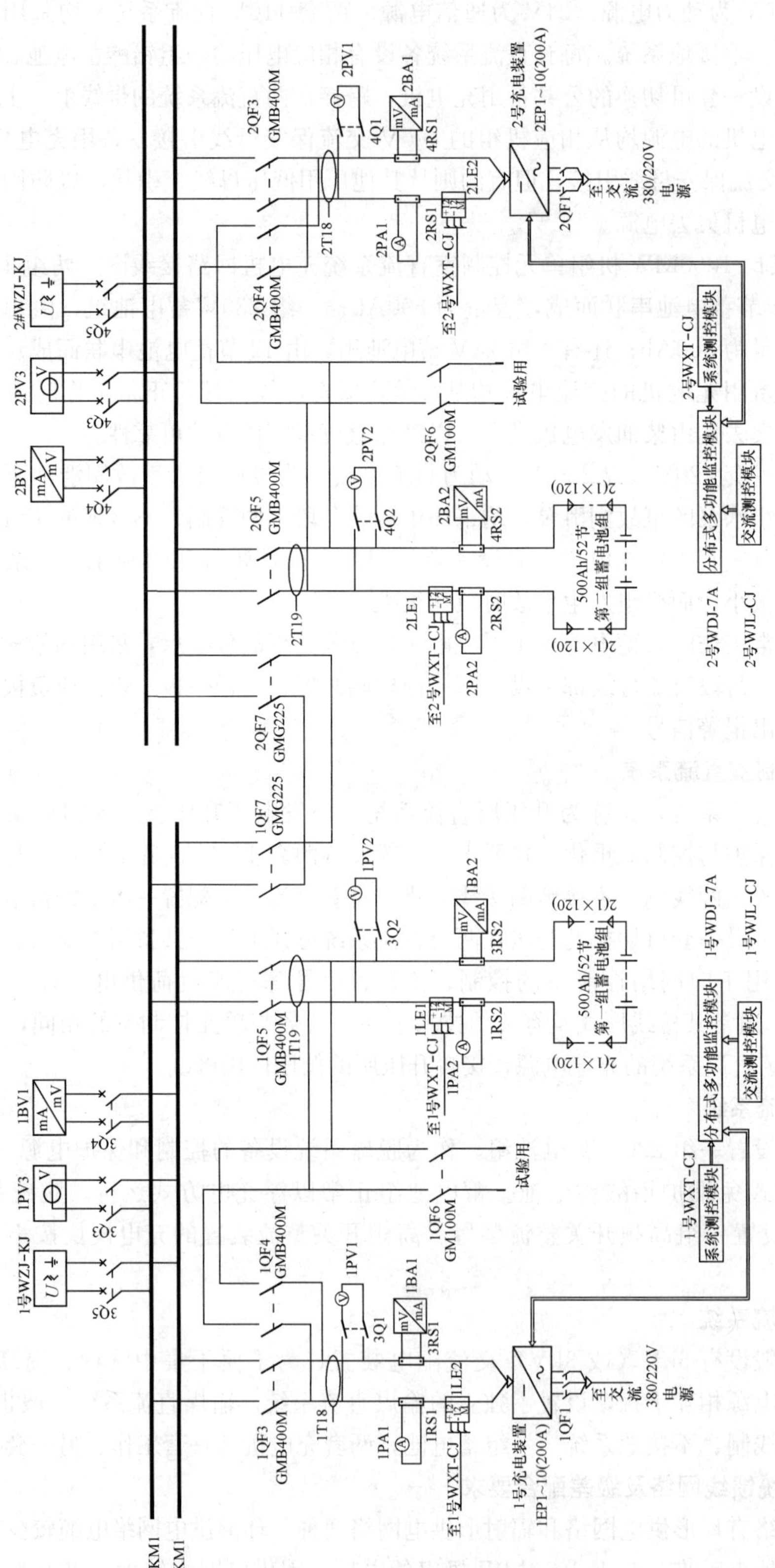

图 13-1　某厂 1000MW 机组单元控制室直流系统充电机回路接线图

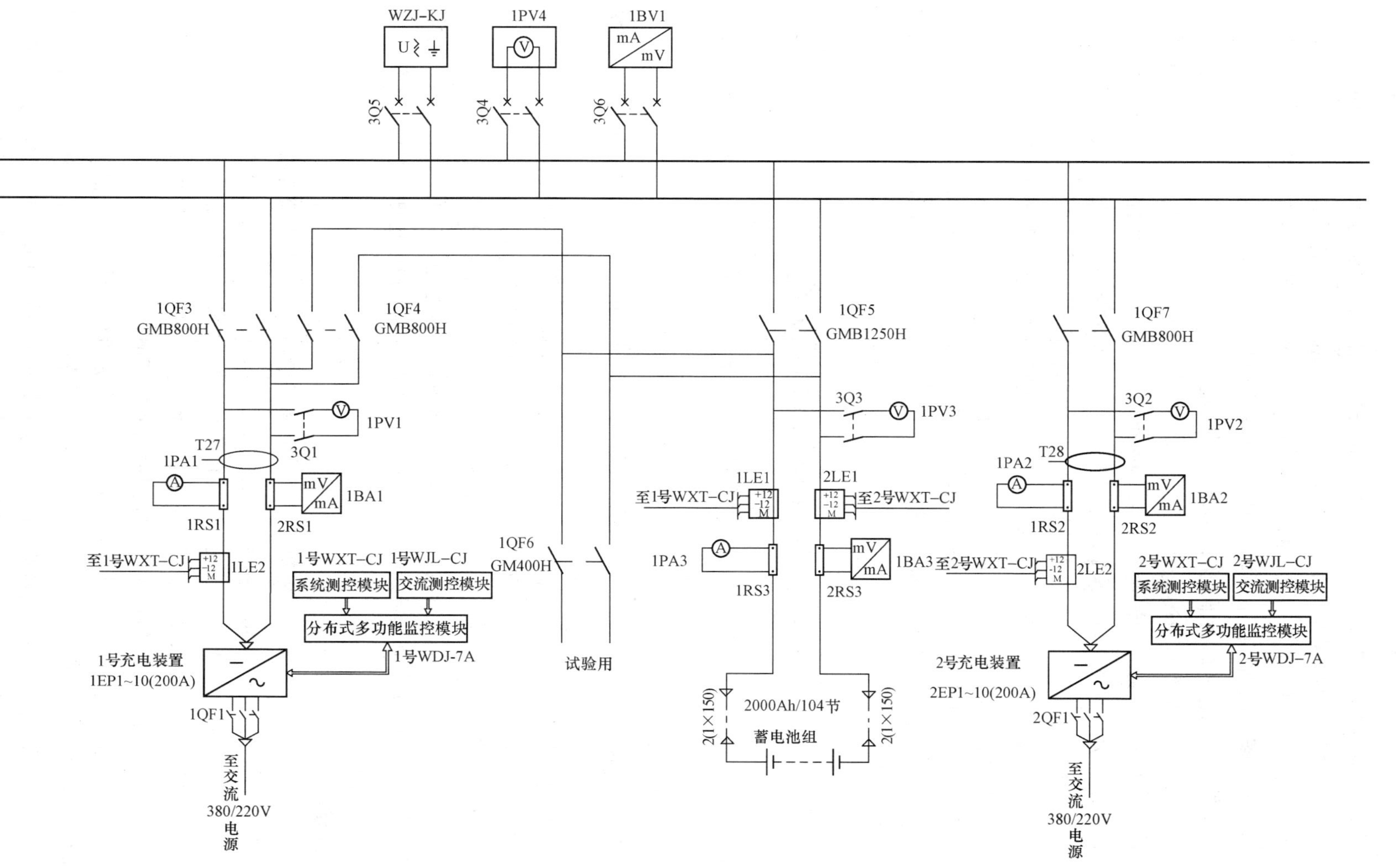

图 13-2 某厂 1000MW 机组动力直流系统接线图

直流屏上合闸馈线的熔断器熔体的额定电流应比断路器合闸回路熔断器熔体的额定电流大 2～3 级。蓄电池出口熔断器熔件额定电流，应按蓄电池的 1h 放电率电流选择，并应保证在直流母线出口最小短路电流下可靠熔断，同时也与下一级馈线的熔断器正确配合。

各级熔断器的配合原则（以下原则取 1.5 倍安全系数）：

(1) 慢速熔断器与慢速熔断器之间的选择性最小配合系数为 2.5。

(2) 快速熔断器（上级）与慢速熔断器（下级）之间的选择性最小配合系数为 4.5。

(3) 负荷小开关（上级）与慢速熔断器（下级）之间的选择性最小配合系数为 6。

(4) 负荷小开关（下级）与慢速熔断器（上级）之间的选择性最小配合系数为 2。

(5) 负荷小开关（上级）与快速熔断器（下级）之间的选择性最小配合系数为 3.5。

(6) 负荷小开关（下级）与快速熔断器（上级）之间的选择性最小配合系数为 4。

(7) 负荷小开关与负荷小开关之间的选择性最小配合系数为 5。

各级间熔断器的熔件额定电流应相互配合，具有选择性。对于 NT 型熔断器，前后级熔断器额定电流比为 1∶1.6，其他熔断器可按每级间相差为 2～4 级选择，且要求将主回路和分支回路的熔断器选为同一型号。

第二节　直流系统运行方式

蓄电池组的运行方式有充放电方式与浮充电方式两种。电厂中的蓄电池组，普遍采用浮充电方式。

一、充放电方式运行特点

蓄电池组的充放电方式运行，就是对蓄电池组进行周期性的充电和放电，当蓄电池组充足以后，就与充电机断开，由蓄电池组单独向经常性的直流负荷供电，并在厂用电事故停电时，向事故照明和直流电动机等负荷供电。为了保证在任何时刻都不致失去直流电源，通常，当蓄电池组放电到约为 60%～70%额定容量时，即开始进行充电，周而复始。

按充放电方式运行的蓄电池组，必须周期地、频繁地进行充电。在经常性负荷下，一般每隔 24h 需充电一次，充至额定容量。充电末期，蓄电池组的总电压（直流系统母线电压）可能会超过用电设备的允许值，母线电压起伏很大，为此常需增设端电池。目前这种运行方式不被电厂普遍采用。

二、浮充电方式运行特点

蓄电池组浮充电方式，就是充电机经常与蓄电池组并列运行，充电机除供给经常性直流负荷，还以较小的电流——浮充电电流向蓄电池组充电，以补偿蓄电池的自放电损耗，使蓄电池经常处于完全充足的状态；当出现短时大负荷时，如当断路器合闸、许多断路器同时跳闸、直流电动机启动、直流事故照明等，则主要由蓄电池组供电，而硅整流充电机，由于其自身的限流特性，一般只能提供略大于其额定输出的电流值。

浮充电机在交流电源消失时，便停止工作，所有直流负荷完全由蓄电池组供电。

浮充电电流的大小，取决于蓄电池的自放电率，浮充电的结果，应刚好补偿蓄电池的自放电。如果浮充电的电流过小，则蓄电池的自放电可能长期得不到足够的补偿，将导致极板硫化（极板有效物质失效）；相反，如果浮充电电流过大，蓄电池就会长期过充电，引起极板有效物质脱落，缩短电池使用寿命的同时还多余地消耗了电能。

浮充电电流值，依蓄电池类型和型号不同而不同，一般约为（0.1～0.2）C_N/100（A），其中 C_N 为该型号蓄电池的额定容量（单位为 Ah）。旧蓄电池的浮充电电流要比新蓄电池大 2～3 倍。

为了便于掌握蓄电池的浮充电状态，通常以测量单个蓄电池的端电压来判断。如对于铅酸蓄电池，若其单个的电压在 2.15～2.2V，则为正常浮充电状态；若其单个的电压在 2.25V 及以上，则为过充电状态；若其单个的电压在 2.1V 以下，则为放电状态。因此，为了保证蓄电池经常处于完好状态，实际中的浮充电，常采用恒压充电的方式。按浮充电方式运行的蓄电池组，每 2～3 个月，应进行一次均衡充电，以保持极板有效物质的活性。

三、蓄电池均衡充电

均衡充电是对蓄电池的一种特殊充电方式。在蓄电池长期使用期间，可能由于充电机调整不合理、表盘电压表读数偏高等原因，造成蓄电池组欠充电，也可能由于各蓄电池的自放电率不同和电解液密度有差别，使它们的内阻和端电压不一致，这些都将影响蓄电池的效率和寿命。为此，必须进行均衡充电（也称过充电），使全部蓄电池恢复到完全充电状态。

均衡充电，通常采用恒压充电，就是用较正常浮充电电压更高的电压进行充电，充电的持续时间与采用的均衡充电电压有关。均衡充电一次的持续时间，既与均衡充电电压大小有关，又与蓄电池的类型有关。如按浮充电方式运行的铅酸蓄电池，一般每季进行一次均衡充电。当每节蓄电池均衡充电电压为 2.26V 时，充电时间约为 48h；当每节蓄电池均衡充电电压为 2.3V 时，充电时间约为 24h；当每节蓄电池均衡充电电压为 2.4V 时，充电时间约为 8～10h。

有的蓄电池，均衡充电一次的持续时间比上述长得多。如美国 NAX 铅锑型铅酸蓄电池（电解液密度 1.215g/cm^3）：当每节蓄电池均衡充电电压为 2.27V 时，充电时间大于 60h；当每节蓄电池均衡充电电压为 2.3V 时，充电时间大于 48h；当每节蓄电池均衡充电电压为 2.39V 时，充电时间大于 24h。而另一种 NCX 铅钙型铅酸蓄电池，均衡充电一次的持续时间又比 NAX 型的长得多。总之，充电方法要按生产厂家说明而定。

以浮充电方式运行的蓄电池组，每一次均衡充电前，应将浮充电机停役 10min，使蓄电池充分地放电，然后再自动地加上均衡充电电压。

第三节　阀控式密封铅酸蓄电池构造与特性

一、阀控式密封铅酸蓄电池原理和结构

铅酸蓄电池分固定式和移动式两种。移动式铅酸蓄电池主要用于车辆和船舶，设计时着重考虑使其体积小、质量轻、耐振动和移动方便；固定式铅酸蓄电池在设计时则可少考虑移动的要求，而着重考虑容量大、寿命长，可制成大容量蓄电池。目前，发电厂中普遍采用固定式铅酸蓄电池。

普通固定式铅酸蓄电池的早期产品为开口玻璃缸式，结构简单、价格便宜。但其电解液易蒸发，充电时产生的含酸气体大量逸出，影响环境卫生，需经常补充、调整电解液浓度，维护工作量大，新建电厂中已不再采用这种蓄电池。

目前电厂中广泛使用的是阀控式密封铅酸蓄电池，它性能稳定、可靠、维护工作量小，但对温度的反应较灵敏，不允许过充电和欠充电，对充放电要求较为严格，要求有性能较好的充电机，使用维护不当将严重缩短蓄电池的使用寿命。阀控式密封铅酸蓄电池采用气体重新组合技术，使水的损失极少，故使蓄电池成为密封式电池。但当充电电流超过一定值或充电温度不是特定的温度，正极产生的气体可能不会被负极全部吸收，在这种情况下，需设有安全可靠的减压阀，实行高压排气。

1. 阀控式密封铅酸蓄电池的分类

阀控式密封铅酸蓄电池分为两类：一类为贫液式，即阴极吸收式超细玻璃纤维隔膜电池，国内的华达、南都、双登等电池厂电池和国外进口的日汤浅、美国 GNB 公司的电池属于这一类；另一类为胶体电池，沈阳东北电池厂的电池和国外进口的德国阳光电池属于这一类。

两种类型的阀控式密封铅酸蓄电池的原理是在原铅酸蓄电池基础上，采取措施促使氧气循环复合及对氢气产生抑制，任何氧气的产生都可认为是水的损失。如果水过量损耗，就会使电池干涸失效，电池内阻增大而导致电池的容量损失。

贫液式电池是用超细玻璃纤维隔膜将电解液全部吸附在隔膜中，隔膜约处于 90%饱和状态，电解液密度约为 1.300。电池内无游离状态的电解液，隔膜与极板采用紧装配工艺，内阻小、受力均匀。在结构上采用卧式布置，如采用立式布置，则把同一极板两端高度压缩到最低限度，以避免层化或使层化过程变慢。

胶体电池和传统的富液式铅酸蓄电池相似，将单片槽式化成极板和普通隔板组装在电池槽中，然后注入由稀硫酸和 SiO_2 微粒组成的胶体电解液，电解液密度为 1.240。这种电解液充满隔板、极板及电池槽内所有空隙并固化，把正、负极板完全包裹起来。所以在使用初期，正极板上产生的氧气没有扩散到负极的通道上，便无法使负极上的活性铅还原，只能由排气阀排出空间。使用一段时间后，胶体开始干涸和收缩而产生裂隙，氧气便可透过裂缝扩散到负极表面，氧循环得到维持，排气阀便不常开启，电池变为密封工作，胶体电解液均匀性能好，因而在充放电过程中极板受力均匀不易弯曲。胶体电解液电池的顶端和底部电解液流动被阻止，从而避免了层化。

贫液式阀控蓄电池的电解液全部被隔膜和极板小孔吸附，做到蓄电池内部无流动电解液，隔膜中有 2%左右的空间（即孔），提供氧气自正极扩散到负极的通道，使蓄电池在使用初始立即建立起氧循环机理，所以无氢、氧气体溢至空间。而胶体电池在使用初期与富液式铅酸蓄电池相似，不存在氧复合机理，有氢、氧气体溢出，此时必须考虑通风措施。

贫液式电池超细玻璃纤维隔膜孔径较大，又使隔膜受压装配，离子导电路径短，阻力小使电池内阻变低。而胶体电池当硅溶胶硫酸混合后，电解液导电性变差，内阻增大，因此贫液式电池的大电流放电特性优于胶体电池。贫液式电池的电解液均匀性和扩散性优于胶体电池。

贫液式电池的制造要求保持单体极群的一致性，灌酸密度可靠性等技术工艺水平较高，因电池使用寿命与环境度有密切关系，故要求电池室有较好的通风设施，同时贫液式电池要求充电量较高，配置功能完善、性能优良的充电机。

2. 阀控式密封铅酸蓄电池的结构

阀控式密封铅酸蓄电池由电极、隔板、电解液、电池槽及安全阀等组成。

(1) 电极。铅酸蓄电池负极活性物质为绒状铅，正极活性物质为二氧化铅。

正电极采用管式正极板或涂膏式正极板，通常移动型电池采用涂膏式正极板，固定型电池采用管式正极板。负极板通常采用涂膏式极板。板栅材料采用铅锑合金。

极板是在板栅上敷涂由活性物质和添加剂制造的铅膏，经过固化、化成等手续处理而制成。板栅由于支撑疏松的活性物质，又用作导电体，故要求板栅的硬度、机械强度和电性能质量较好，它是保证蓄电池质量的重要因素。

板栅结构有垂直板栅和放射状板栅，要求电流分布均匀。板厚度要保证机械强度和耐腐蚀条件较好。但板栅太厚其内阻较大，影响大电流放电性能。

阀控式密封铅酸蓄电池的板栅材料，尤其是正极板的板栅材料要求非常严格，要求其硬度、机械强度、耐腐蚀性能和导电性能好。

铅膏是将活性物质与添加剂混匀，加入稀硫酸溶液，再用搅拌机拌均匀而成。

阀控式密封铅酸蓄电池负极板的活性物质中，还添加其他物质，一种是阻化剂，用于抑制氢气发生和防止制造过程及储存过程的氧化；另一种是用来提高容量和延长寿命的膨胀剂。阻化剂常用松香、甘油等，膨胀剂分无机和有机膨胀剂两种。

正极板的活性物质利用率较低，如用小电流密度放电时只有50%～60%，以大电流放电时，为了提高正极活性物质利用率，延长它的使用寿命，除要求正极板的活性物质结构合理外，还必须用添加剂来降低活性物质密度，增加其表面积的孔率，同时提高活性物质的比电导。有些正极铅膏中加入无机盐硫酸锌，它易于溶入水，可以用来增加正极活性物质孔率，以利于电解液的扩散。

（2）隔板。隔板的作用是防止正负极板短路，但要允导电离子畅通，同时要阻挡有害杂质在正、负极间串通。对隔板的要求是：

1）隔板材料应具有绝缘和耐酸好的性能，在结构上应具有一定孔率。

2）由于正极板中含锑、砷等物质，容易溶解于电解液，扩散到负极上将会发生严重的析氢反应，故要求隔板孔径适当，起到隔离作用。

3）隔板和极板采用紧密装配，要求机械强度好、耐氧化、耐高温、化学特性稳定。

4）隔板起酸液储存器作用，使电解液大部分被吸引在隔板中，并被均匀地分布，而且可以压缩，并在湿态和干态条件下保持弹性，以保持导电和适当支撑性物质作用。

阀控式密封铅酸蓄电池的隔板普遍采用超细玻璃纤维和混合式隔板两种。超细玻璃纤维由直径在3μm以下的玻璃纤维压缩成形以卷式出厂，制造厂根据极板尺寸割切后用粘胶压粘制而成，用耐酸和亲水好的过胶剂浸渍超细玻璃纤维，使之强度增加。超细玻璃纤维因其直径小，难以制作，价格昂贵，所以电池厂用超细玻璃（AGM）予以代用。混合式隔板以玻璃纤维为主，混入少量玻璃纤维的合成纤维板；或以合成纤维（聚脂、聚乙烯、聚丙烯纤维等）为主，加入少量玻璃纤维的合成纤维板。

（3）电解液。贫电液电池电解液密度约为1.300；胶体电池电解液密度约为1.240。

配制蓄电池电解液的用水在我国有严格的要求，配制蓄电池电解液的纯水制取方法有蒸馏法、阴阳树脂交换法、电阻法、离子交换法等。因水中的杂质是盐类离子，所以水的纯度可用电阻率来表示。国内制造厂主要用离子交换法制取蓄电池电解液的用水，在25℃时，其电阻率不小于$10\times10^4\Omega\cdot cm$。同时，配制蓄电池电解液的纯水中杂质铁、铵、氯等对蓄电池危害较大，制造厂也有严格要求。

配制蓄电池电解液的硫酸为分析纯硫酸，其密度为1.840，浓硫酸加入水稀释，会发生体积收缩，故混合体积值应适当增大。

（4）电池槽。

1）对电池槽的要求如下：

(a) 耐酸腐蚀，抗氧指标高。

(b) 密封性能好，要求水气蒸发泄漏小、氧气扩散渗透小。

(c) 机械强度好，耐振动、耐冲击、耐挤压、耐颠簸。

(d) 蠕动变形小，阻燃，电池槽硬度大。

2）电池槽的材料。阀控式密封铅酸蓄电池电池槽的外壳以前多用 SAN，最近主要采用 ABS、PP、PVC 等材料。

3）电池槽结构的特点如下：

(a) 电池槽的外壳要采用强度大而不易产生变形的树脂材料制成，槽壁要加厚，在短侧面上安装加强筋等措施以抵制极板面上的压力。

(b) 电池槽有矮形和高形之分，矮形结构电解液分层现象不明显，容量特性优于高形结构电池。此外，在电池内部氧在负极复合作用方面，矮形比高形结构电池性能要优越。

(c) 电池内槽装设筋条措施。加筋条后可改变电池内部氧循环性能及在负极复合能力。

(d) 阀控式密封铅酸蓄电池正常为密封状态，散热较差。在浮充状态下电池内部为负压，所以壁要加厚。厚度越厚，热容量越大，越难散热，将影响电池的电气性能。

(e) 大容量电池在电池槽底部装设电池槽靴，以防止极板变形。

(f) 电池槽与电池盖必须严格密封，通常采用氧/气吹管将槽与端盖焊接。为保证密封不发生液和气的泄漏，新工艺利用超声波封口，之后再用环氧树脂材料密封。

(g) 引出极柱与极柱在槽盖上的密封。极柱端子用于每个单格间极群连接条及单体外部接线端子，极性结构影响电池的放电特性及电池内液和气的泄漏，通常极柱材料由铅芯改为铅衬铜芯，同时加大极柱截面。

(h) 电池槽制成后，要严格检测，确保电池密封。

（5）安全阀。安全阀的作用如下：

1）在正常浮充状态下，安全阀的排气孔能溢散微量气体，防止电池的气体聚集。

2）电池过充等原因产生气体使阀达到开值时，打开阀门，及时排出盈余气体，以减少电池内压。

3）气压超过定值时放出气体，减压后自动关闭，不允许空中的气体进入电池内，以免加速电池的自放电，故要求安全阀为单向节流型。

单向节流安全阀主要由安全阀门、排气通道、幅罩、气液分离器等部件组成。

安全阀与盖之间装设防爆过滤片装置。过滤片采用陶瓷或其他特殊材料，既能过滤又能防爆。过滤片具有一定的厚度和粒度，如有火靠近时，能隔断和引爆电池内部的气体。

安全阀开阀压和闭阀压有严格要求，根据气体压力条件确定。开阀压太高，易使电池内因存气体超过极限，导致电池外壳膨胀或炸裂，影响电池安全；如开阀压太低，气体和水蒸气严重损失，电池可能因失水过多而失效。闭阀压防止外部气体进入电池内部，因气体会破坏性能，故要及时关闭阀。

开阀压稍低些好，而闭阀压接近开阀压好。

二、用测内阻的方法预测阀控式密封铅酸蓄电池的性能

当今检测阀控式密封铅酸蓄电池性能的方法有核对性放电法（即负荷测试法）和内阻测

试法。核对性放电法是检验蓄电池性能最可靠的方法。可对蓄电池系统进行100%的全面检查，同时能区分出蓄电池及外部设备的各种问题。不足之处是操作较为麻烦，充放电时间较长，因蓄电池放出部分容量，在系统故障情况下，可能因直流系统不可靠而造成系统事故。同时也存在着电能的浪费问题。内阻测试法是一种新的测试手段，通过测量蓄电池的内阻来确定蓄电池的状态，被证明是一种非常可靠的方法，同时也是核对性放电法的廉价补偿或替代手段。

阀控式密封铅酸蓄电池的内阻由欧姆内阻和极化电阻组成，这是由多种因素构成的动态电阻。阀控式密封铅酸蓄电池的内阻与其容量有关，因此，可以用来检测蓄电池的放电性能，但蓄电池的内阻与容量的关系不是线性的，因此蓄电池内的内阻不能用来表示蓄电池的容量，但可以作为蓄电池性能好坏的指示信号。实验表明，如果单体阀控式密封铅酸蓄电池的内阻增加到一个经验数值，这个阀控式密封铅酸蓄电池就不能放出应有的容量了，据此可以检查出故障蓄电池。

（1）腐蚀。正极板栅和负极连接条的腐蚀都会使蓄电池的金属通道减少，金属电阻增大，使蓄电池的内阻增大。

（2）板栅增长。板栅增长与腐蚀和蓄电池的老化有关，板栅增长会使有效物质（涂膏）与板栅松动，同样导致金属电阻增大，使蓄电池的内阻增大。

（3）硫酸盐化。由于一部分有效物质转化为硫酸铅，涂膏的电阻增大，因此蓄电池的内阻增大。

（4）干枯。干枯是阀控式密封铅酸蓄电池所特有的最严重的故障，干枯将使相邻板栅导电通道电阻增大。

（5）生产制造缺陷。阀控式密封铅酸蓄电池生产制造方面的缺陷，如焊接和涂膏方面的问题，也会引起较高的金属电阻。

因此，根据阀控式密封铅酸蓄电池的内阻变化可以检测蓄电池性能的部分问题，这些问题可以分成金属电阻和电化学电阻两类。金属电阻问题不但可能引起阀控式密封铅酸蓄电池容量的减少，还会造成蓄电池端电压下降，甚至造成供电中断。金属电阻对阀控式密封铅酸蓄电池的性能影响最严重。电化学电阻也会使蓄电池容量减少，但由于电化学电阻只占蓄电池内阻的一小部分，因此只有当电化学电阻变得很大时才会显著影响阀控式密封铅酸蓄电池的性能。

阀控式密封铅酸蓄电池的内阻与极板、隔膜和装配工艺等有关，各制造厂的内阻都有差异，内阻测试方法也不一样，所以内阻测试结果与短路电流的计算应参考制造厂所提供的内阻参数，内阻估算时，可按电池平均内阻131～132mΩ/A时考虑。

阀控式密封铅酸蓄电池的欧姆内阻比一般防酸蓄电池小，1000Ah电池充足电以后前者电阻率为1.38Ω·cm，后者电阻率为2.137Ω·cm，内阻增大约2倍。

三、阀控式密封铅酸蓄电池的主要性能

1. 充电性能

（1）浮充电使用的充电特性。阀控式密封铅酸蓄电池电解液的密度（为1.300）比普通铅酸蓄电池高，单体蓄电池的开路电压可达2.13～2.16V。浮充电使用是阀控式密封铅酸蓄电池的最佳运行条件。运行时，蓄电池总是处于满容量状态，在此条件下运行，阀控式密封铅酸蓄电池具有最佳的使用寿命和性能。

阀控式密封铅酸蓄电池内部结构合理，极间与极间和极间与地绝缘状况较好，蓄电池的自放电率较小。据测试，在环境温度为20℃储存时，蓄电池自放电每月约为4%。运行中的浮充电压、浮充电流一定要按照厂家的规定。浮充电一般采用恒压限流方式，在环境温度为25℃时最佳浮充电压为2.23V/单体，浮充电流小于2mA/（Ah）。半浮充使用（即不能满足每天24h不间断开机充电）时，则充电终止电压为（2.25～2.26）V/单体（25℃）。严格防止因浮充电不当，造成蓄电池容量失效故障。

阀控式密封铅酸蓄电池的充电性能，一般以它的充电特性线表示，充电时间取决于放电深度、充电初始电流及环境温度。充电电流随着充入电量的增加而递减，充电末期电流极小，通常在0.01I_{10}～0.1 I_{10}之间，此时气体复合效率接近100%。25℃时蓄电池浮充电压为2.23V/单体，环境温度变化时，必须对浮充电压进行校正，温度每升高或下降5℃电压校正系数相应减少或增加15mV。

（2）循环使用时的充电特性。阀控式密封铅酸蓄电池在循环使用时，应采用恒压限流进行充电，初始电流不大于3I_{10}，充电终止电压为2.35V/单体（25℃），当充电设备能满足最大电流为3I_{10}，且放电深度为30%～60%时，24h即可充足电。如电池非长期连续使用，使用之前则需进行补充电。

2. 放电性能

阀控式密封铅酸蓄电池电解液的密度大，浮充电压高，所以开路电压和初始放电电流与防酸蓄电池相比，相对要大些。在放电过程中，蓄电池放出的容量与放电倍率有很大关系，放电电流越大，所放出的容量越少；放电电流越小，所放出的容量越多。通常以标准温度（25℃）下10h放电率的容量为阀控式密封铅酸蓄电池的额定容量，新蓄电池在前3次循环内达到额定容量的95%以上，即为合格。

3. 自放电性能及容量保持率

阀控式密封铅酸蓄电池长期储存时，容量逐渐损失，并进入放电状态称为自放电。产生自放电的主要原因有：

（1）化学原因，即正极板上的二氧化铅和负极板的海绵铅在电解液中硫酸的作用下，被逐渐地分解或发生化学反应，产生稳定状态的硫酸铅，从而导致自放电。

（2）电化学原因，电池中的杂质或极板和隔板中的金属等物质溶解于电解液中，进而附着于极板上，与活性物质构成小电池或对电极发生氧化还原反应，从而导致自放电，这是主要原因。

观察自放电的简单方法是测量电池的开路电压，开路电压同电池剩余容量密切相关。

新电池的开路电压是2.13～2.16V/单体，储存2～3个月后，即从出厂、运输到用户安装，电池开路路电压不应低于2.10V/单体（约相当于自放电损失的2%），如在2.13V/单体以上（约相当于自放电损失的1%），则说明电池储存性能很好；如果在2.10～2. 3V/单体，则说明储存性能较好；若低于2.10V/单体，则说明储存性能较差。当电池长期储存不用时，为防止自放电引起的过放电现象，要定期对储存状态的电池进行补充电。

4. 排气泄压性能

由于采取了先进的技术措施，阀控式密封铅酸蓄电池在正常浮充电运行时，内部的压力和温度是不会超过规定值的，但是若持续高温运行或严重过充电，将使电池内部气压升高。为此，蓄电池装设了安全阀，当压力超过正常值时，安全阀自动开启泄压。当压力恢复到正常值时自动关闭。各种型号电池的泄压值有所不同。安全阀上装有憎水性能良好的聚四氟乙烯薄膜滤酸装置，以免酸雾排出。

5. 影响阀控式密封铅酸蓄电池寿命的因素

影响蓄电池寿命的主要因素有：

（1）放电深度对使用寿命的影响。阀控式密封铅酸蓄电池是贫液式蓄电池，随着放电时间的增长，蓄电池的内阻增长较快，端电压下降较大。当达到生产厂家规定的放电终止电压时，应立即终止放电，并按要求充电。否则会导致过放电，如果反复过放电，即使再充电，容量也难以恢复，造成使用寿命缩短。

（2）放电电流倍率对使用寿命的影响。阀控式密封铅酸蓄电池的充放电要按规定要求进行，若用小电流放电，使极板深层有效物质参加反应，再用大电流充电，化学反应只在表面进行，将缩短蓄电池使用寿命。

（3）浮充电对使用寿命的影响。浮充电压设置过低，会因蓄电池充电不足，使电池极板硫化而缩短电池寿命；浮充电压设置过高，电池将长期处于过充电状态，使电池的隔板、极板等由于电解氧化而遭破坏，造成电池板栅腐蚀加速，活性物质松动，从而使容量失效。此外，试验表明，单体阀控式密封铅酸蓄电池的浮充电压升高 10mV，浮充电流可增大 10 倍。浮充电流过大时，电池内产生的热量不能及时散掉，电池中将出现热量积累，从而使电池温度升高，这样又促使浮充电流增大，最终造成电池的温度和电流不断增加的恶性循环，即热失控现象。

（4）充电电流倍率对使用寿命的影响。大电流充电时，电池内部生成气体的速率将超过电池吸收气体的速率，电池内压将提高，气体从安全阀排出，造成电解液减少或干枯，通常，水分损失 15%，电池的容量就减少 15%。水分的过量损耗，将使阀控式密封铅酸蓄电池的使用寿命提前终止。

（5）充电设备对使用寿命的影响。电池使用状态的好坏，关键取决于电池的充电机设备，若充电机纹波系数超标，恒压限流特性不好，就会造成蓄电池过充、欠充、电压过高、电流过大、电池温度过高等现象，从而缩短电池使用寿命。

（6）温度对使用寿命的影响。温度升高将加速蓄电池内部水分的分解，在恒压充电时，高的室温环境，充电电流将增大，导致过充电。电池长期在超过标准温度下运行，则温度升高 10℃蓄电池的寿命约降低一半。在低温充电时，将产生氢气，使内压增高，电解液减少，电池寿命缩短。

需要指出的是电解液冰点与其密度，也就是与电池保持的容量密切相关，充足电后浮充运行的电池，其电解液冰点为−70℃，而放完电后的电解液冰点仅为−5℃，所以在低温下使用电池，应注意电池的状态，否则将影响电池的使用寿命。

第四节 直流充电机的组成和原理

一、高频开关电源原理和主要技术指标

直流系统充电机都选用高频开关电源。高频开关技术是采用高频功率半导体器件和脉宽调制（PWM）技术新型功率变换技术。开关电源的逆变单元工作在高频开关状态。由于工作频率高，电路中滤波电感及电容的体积可大大缩小；同时，高频变压器取代了传统的工频

变压器，变压器的体积减小、质量减轻；另外，由于开关管高频工作，功率损耗小，因而开关电源效率高。开关管采用PWM控制方式，稳压稳流特性较好。将高频开关技术应用于充电电源，不仅有利于充电电源的小型化和高效化，而且易于产生极性相反的高频脉冲电流，从而实现蓄电池脉冲快速充电。

1. 高频开关电源模块的工作原理

三相交流输入电源经输入三相整流、滤波变换成直流，全桥变换电路再将直流变换为高频交流，高频交流经主变压器隔离、全桥整流、滤波转换成稳定的直流输出。其中各部分的作用如下：

（1）原边检测控制电路。监视交流输入电网的电压，实现输入过压、欠压、缺相保护功能及软启动的控制。

（2）辅助电源。为整个模块的控制电路及监控电路提供工作电源。

（3）EMI输入滤波电路。实现对输入电源做净化处理，滤除高频干扰及吸收瞬态冲击。

（4）启动部分。用作消除开机浪涌电流。

（5）信号调节、PWM控制电路。实现输出电压、电流的控制及调节，确保输出电源的稳定及可调整性。

（6）输出测量、故障保护及微机管理部分。负责监测输出电压、电流及系统的工作状况，并将电源的输出电压、电流显示到前面板，实现故障判断及保护，协调管理模块的各项操作，并跟踪系统通信，实现电源模块的高度智能化。

2. 高频开关电源模块的特点

（1）内置CPU，协调管理模块各项操作及保护，并以数字通信方式接受集中监控器的控制，抗干扰能力强。

（2）模块的监控采用分散控制方式。

（3）具有自动/手动双重控制功能。自动方式下，CPU接受集中监控器的指令，完全按监控器指令控制模块的运行状态；手动方式下（即脱离监控器独立运行），CPU按出厂设定的默认参数控制模块运行，此时可手动调节模块运行状态和运行参数。

（4）模块能监测集中监控器的工作，当集中监控器故障时，自动转为本机手动控制。

（5）模块故障时，自动退出，不影响系统正常运行。

3. 高频开关电源模块的技术性能

高频开关电源模块具有自动稳流、稳压、均流、限流性能，并应具有软启动特性。

（1）直流输出电压的调节范围。直流输出电压的调节范围应为其标称值的90％～130％，也可根据用户要求设置。

（2）稳流精度。当交流电源电压在标称值的±15％范围内变化、直流输出电压在调节范围内（DL/T 459—2000《电力系统直流电源柜订货技术条件》表10）变化时，直流输出电流在额定值的20％～100％范围内任一数值上应保持稳定，产品的稳流精度应不大于±1％。

（3）稳压精度。当交流电源电压在标称值±15％范围内变化、直流输出电流在额定值的0～100％范围内变化时（电阻性负载），直流输出电压在调节范围内（DL/T 459—2000《电力系统直流电源柜订货技术条件》表10）任一数值上应保持稳定，产品的稳压精度应不大于±0.5％。

（4）纹波系数。当交流电源电压在标称值的±15％范围内变化，电阻性负载电流在额定值的 0～100%范围内变化时，直流输出电压在调节范围内（DL/T 459—2000《电力系统直流电源柜订货技术条件》表 10）任一数值上，产品的纹波系数应不大于±0.5%。

（5）噪声。在正常运行带额定电流电阻性负载时，所产生的噪声［环境噪声不大于 40dB（A）］，自冷式模块的噪声应不大于 50dB（A），风冷式模块的噪声应不大于 55dB（A）。

（6）限流及限压性能。当输出直流电流在 50%～110%额定值中任一数值上时，应能自动限流，降低输出直流电压；并当过载或短路排除以后，能自动地将输出直流电压恢复到正常值工作。当输出直流电压上升到限压整定值时（130%标称电压可调），应能正常工作；并当恢复到正常负载条件以后，能自动地将输出直流电流恢复到正常值工作。

（7）效率与功率因数。整流模块效率应不低于 90%，功率因数应不小于 0.9。

（8）并机均流性能。在多个模块并联工作状态下运行时，各模块承受的电流应能做到自动均分负载，实现均流；在 2 个及以上模块并联运行时，其输出的直流电流为额定值时，均流不平衡度应不大于±5%额定电流值。

（9）保护及信号功能。

1）交流输入过、欠压保护。当交流输入电压超过规定的波动范围时，整流模块应自动进行保护并延时关机，当电网电压正常后，应能自动恢复工作。

2）直流输出过、欠压保护。应设置直流输出过、欠压保护，其整定值可由制造厂根据用户要求整定。当直流输出电压值超过整定值时，应进行保护（报警或关机），故障排除后，应能人工恢复工作。

3）过电流保护。应设置过电流保护，其整定值可由制造厂根据用户要求整定。当直流输出电流超过整定值时，应进行保护（报警或关机），过流消失，应能正常工作。

4）信号功能。包括交流失电，过、欠压；直流输出过、欠压，过流；整流模块故障信号，并应具备外引触点输出或标准通信接口。

（10）温升。在额定负载下长期连续运行，模块内部各发热元器件及各部件温升最高应不超过表 13-1 中规定值。

表 13-1　模块内部各发热元器件及各部件极限温升

部件或器件	极限温升（℃）
整流管外壳（散热器）	70
MOS（IGBT）管衬板	70
高频变压器、电抗器	80
电阻元件	25（距外表 30mm 处）
与半导体器件的连接处	70
与半导体器件的连接处塑料绝缘线	25
印刷电路板铜箔	20

（11）谐波电流含量。在模块输入端施加符合要求的交流电源电压时，在交流输入端产生的各高次谐波电流含有率应不大于 30%。

（12）软启动时间。软启动时间可根据用户要求设定，一般为 3～8s。

（13）平均故障间隔时间（MTBF）。在额定电压、额定输出功率和常温的环境下，MTBF 应不小于 40 000h。

二、直流电源柜

直流系统整套电源装置由交流电源、充电模块、直流馈电单元、绝缘监测单元、集中监控单元等部分组成。

两路交流输入经交流配电单元选择其中一路交流提供给充电模块，充电模块输出稳定的直流，一方面对蓄电池进行浮充电，另一方面为控制负荷提供工作电流。绝缘监测单元可在线监测直流母线和各支路的对地绝缘状况，集中监控单元可实现对交流配电单元、充电模块、直流馈电单元、绝缘监测单元、直流母线和蓄电池组等运行参数的采集与各单元的控制和管理，并可通过远程接口接受DCS的监控。

1. 交流电源

各充电机交流电源均采用双路交流自投电路，由交流配电单元和两个接触器组成。交流配电单元为双路交流自投的检测及控制元件，接触器为执行元件。切换开关共有“退出”、“1号交流”、“2号交流”、“互投”四个位置。切换开关处于“互投”位置时，工作电源失压或断相，可自动投入备用电源。

直流电源柜设有两级防雷，第一级（雷击浪涌吸收器）设在交流配电单元入口，第二级设在充电模块内。雷击浪涌吸收器具有防雷和抑制电网瞬间过压双重功能。即相线与相线之间、相线与中性线之间的瞬间干扰脉冲均可被压敏电阻和气体放电管吸收，当雷击浪涌吸收器故障时，其工作状态窗口由绿变红，提醒更换防雷模块。

2. 直流馈电单元

直流馈电单元是将直流电源通过负荷开关送至各用电设备的配电单元，各回路所用负荷开关为专用直流开关，分断能力均在6kA以上，保证在直流负荷侧故障时可靠分断，容量与上下级开关相匹配，以保证选择性。

3. 集中监控单元

集中监控器通过分散控制方式，对直流系统充电模块、绝缘监测模块、电池组、母线、配电等进行实时监控，并与上位机通信，实现直流系统的“四遥”功能。

（1）交流配电监测。当交流电源出现交流失电、缺相故障时，通过无源触点将告警信号送监控器，监控器发出交流电源故障信号。

（2）直流配电监测。

1）蓄电池及母线电压、电流采集模块通过串行总线将测量到的数据送监控器，监控器可显示这些数据，并判断蓄电池及母线是否过、欠压，故障时发出告警信号。

2）重要回路（蓄电池、充电机）的熔断器设有熔断器故障附件，故障信号直接送监控器，发报警信号。

3）馈线状态监测模块通过串行总线将测量到的馈线开关分合状态送监控器。

4）蓄电池、充电机的输出开关及母联断路器、放电开关的状态由其辅助触点直接送给监控器，在历史记录中显示和送给上位机。

（3）绝缘监测。绝缘监测装置通过RS-485数字通信接口将测量到的数据送监控器，故障时发出接地故障告警信号及显示接地支路号和接地电阻值。

（4）充电模块监控。充电模块通过串行总线接受监控器的监控，实时向监控器传送工作态和工作数据，并接受监控器的控制。监控的功能有：

1）遥控充电模块的开/关机及均/浮充。

2）遥测充电模块的输出电压和电流。

3）遥信充电模块的运行状态。

4）遥调充电模块的输出电压。

（5）电池管理。电池的管理功能主要有如下内容：

1）可显示蓄电池电压和充放电电流，当出现过、欠压时进行告警。

2）设有温度变送器测量蓄电池环境温度，当温度偏离25℃时，由监控器发出调压命令到充电模块，调节充电模块的输出电压，实现浮充电压温度补偿。

3）手动定时均充，可通过监控键盘预先设置均充电压，然后启动手动定时均充。手动均充程序：以整定的充电电流进行稳流充电，当电压逐渐上升到均充电压整定值时，自动转为稳压充电，当达到预设时间时转为浮充运行。

4）自动均充，当下述的条件之一成立时，系统自动启动均充：系统连续浮充运行超过设定的时间（3个月）；交流电源故障，蓄电池放电超过10min。

自动均充电程序：以整定的充电电流进行稳流充电，当电压逐渐上升到均充电压整定值时，自动转为稳压充电，当充电电流小于0.01C_{10}后延时1h，转为浮充运行。

（6）通信。监控器通过RTU接口与电气数据接口与电气数据采集系统EDS相连，并将有关运息传递给机组DCS控制系统。

（7）历史记录。系统运行中的重要数据、状态和时间等信息存储起来以备查看，装置掉电不丢失，最大存储量为500条，可在台机随时浏览。

4．绝缘监测单元

绝缘监测单元用于监测直流系统电压及绝缘情况，在直流电压过、欠或直流系统绝缘低等异常情况下发出声光报警，并将对应告警信息发至集中监控器。用于主分屏直流系统时，装置可设为主机或分机。

装置采用非平衡电桥原理，实时监测正负直流母线的对地电压和绝缘电阻。当正负直流母线的对地绝缘电阻低于设定的报警时，自动启动支路巡检功能。

支路巡检采用直流有源TA，不需向母线注入信号。每个TA内含CPU，被检信号直接在TA内部转换为数字信号，由CPU通过串行接口上传至绝缘监测仪主机。采用智能型TA，有支路的漏电流检测同时进行，支路巡检速度快。

绝缘监测装置具有如下特点：

（1）能监测馈出线具有环路的直流系统，并准确定位与测量环路接地。

（2）实时显示正负母线接地电阻—时间曲线，当出现接地故障时，自动锁定并存储电阻—时间曲线。

（3）能检测正负母线和支路平衡接地，分别显示故障支路的正负母线接地电阻值。

（4）支路巡检速度基本与支路数量无关。

5．蓄电池管理单元

蓄电池管理单元的主要功能是检测蓄电池组运行工况、测量各节蓄电池的电压。蓄电池管理单元应至少具备如下功能：

（1）各单体蓄电池的电压误差应不大于±0.5%，蓄电池组电流测量误差应不大于±1%。

（2）蓄电池管理单元管理蓄电池节数应不低于单组110节。

(3) 蓄电池管理单元应能实时测量蓄电池组电压、蓄电池组充放电电流、单体蓄电池端电压、特征点温度等参数。

(4) 蓄电池管理单元应至少有1个RS-485/232通信接口，可与监控单元或其他智能装置通信。

第五节 直流系统的运行和维护

一、阀控式密封铅酸蓄电池的运行和维护

1. 阀控式密封铅酸蓄电池的运行方式及监视

蓄电池组在正常运行中以浮充电方式运行；浮充电压值在环境温度25℃时，宜控制在(2.23～2.28) V/单体。均衡充电电压值宜控制在(2.30～2.35)V/单体。在运行中主要监视电池组的端电压值、浮充电流值、每节蓄电池的电压值、蓄电池组及直流母线的对地电阻和绝缘状态。

2. 阀控式密封铅酸蓄电池的充放电制度

(1) 恒流限压充电。采用$1.0I_{10}$电流进行恒流充电，当蓄电池组端电压上升到(2.30～2.35) V×N (N为蓄电池组电池的节数)限压值时，自动或手动转为恒压充电。

(2) 恒压充电。在(2.30～2.35)V×N的恒压充电下，$1.0I_{10}$率充电电流逐渐减小，当充电电流减小至$0.1I_{10}$充电电流时，充电机的倒计时开始启动，当整定的倒计时结束时，充电机将自动或手动转为正常的浮充电运行，浮充电压值宜控制为(2.23～2.28)V×N。

(3) 运行中的补充充电。阀控式密封铅酸蓄电池在运行中，因浮充电流调整不当，补偿不了阀控式密封铅酸蓄电池自放电、爬电、漏电而造成的蓄电池容量亏损，根据需要设定时间（一般为3个月）充电机将自动或手动进行一次恒流限压充电→恒压充电→浮充电的充电过程，使蓄电池组随时具有满容量状态，确保直流电源运行的安全可靠。

3. 阀控式蓄电池的核对性放电

长期使用限压限流的浮充电运行方式或只限压不限流的运行方式，无法判断阀控式蓄电池的现有容量、内部是否失水或干裂。只有通过核对性放电，才能找出蓄电池存在的问题。

(1) 一组阀控式蓄电池。发电厂或变电站中设有一组电池，不能退出运行，也不能作全核对性放电，只能用I_{10}电流以恒流放出额定容量的50%，在放电过程中，蓄电池组端电压不得低于2V×N。放电后应立即用I_{10}电流进行恒流限压充电→恒压充电→浮充电，反复放充2～3次，蓄电池组容量可得到恢复，蓄电池存在的缺陷也能找出和处理。若有备用阀控式蓄电池组作临时代用，该组阀控式蓄电池可作全核对性放电。

(2) 两组蓄电池。发电厂或变电站中若具有两组阀控式蓄电池组，可先对其中一组阀控式蓄电池组进行全核对性放电，用I_{10}电流恒流放电，当蓄电池组端电压下降到1.8V×N时，停止放电，隔1～2h后，再用I_{10}电流进行恒流限压充电→恒压充电→浮充电。反复2～3次，蓄电池组存在的问题也能查出，容量也能得到恢复。若经过3次全核对性放充电，蓄电池组容量均达不到额定容量的80%以上，可认为此组阀控式蓄电池使用年限已到，应安排更换。

(3) 阀控式蓄电池全核对性放电周期。新安装或大修后的阀控式蓄电池组，应进行全核

对性放电试验，以后每隔 2～3 年进行一次全核对性试验，运行了 6 年以后的阀控式蓄电池，应每年做一次全核对性放电试验。

（4）阀控式密封铅酸蓄电池运行中的检查。

1）阀控式蓄电池组在运行中电压偏差值及放电终止电压值应符合表 13-2 的规定。

表 13-2　　阀控式蓄电池组在运行中电压偏差值及放电终止电压值的规定　　V

阀控式密封铅酸蓄电池	标称电压		
	2	6	12
运行中的电压偏差值	±0.05	±0.15	±0.13
开路电压最小电压差值	0.03	0.04	0.06
放电终止电压值	1.08	5.40(1.80×3)	10.80(1.80×6)

2）在巡视中应检查蓄电池的单体电压值，连接片有无松动和腐蚀现象，壳体有无渗漏和变形，极柱与安全阀周围是否有酸雾溢出，绝缘电阻是否下降，蓄电池温度是否过高等。

3）备用搁置的阀控式蓄电池，每 3 个月进行一次补充充电。

4）阀控式蓄电池的温度补偿系数受环境温度影响，基准温度为 25℃时，每下降 1℃，单体 2V 阀控式蓄电池浮充电压值应提高 3～5mV。

5）根据现场实际情况，应定期对阀控式蓄电池组作外壳清洁工作。

4. 阀控式蓄电池的故障及外理

（1）阀控式蓄电池壳体异常。造成的原因有充电电流过高，充电电压超过了 2.4V×N，内部有短路局部放电、温升超标、阀控失灵。处理方法是减小充电电流以后，降低充电电压，检查安全阀体是否堵死。

（2）运行中浮充电压正常，但一放电，电压很快下降到终止电压值。原因是蓄电池内部失水干涸、电解物质变质。处理方法是更换蓄电池。

（3）浮充电时，电池电压偏差较大（大于平均值±0.05V）。造成原因是蓄电池制造过程分散性大，存放时间长，又没按规定补充电。处理方法是质量问题时，应更换不合格产品；存放问题时，应按要求进行全容量反复充放 2～3 次，使蓄电池恢复容量，减小电压的偏差值。

（4）蓄电池外壳温度升高。造成原因是充电电流大，充电电压高于规定值；蓄电池内部有短路；局部放电现象等；螺栓连接不紧固，接头发热；充电机直流输出纹波系数超过 1%。处理方法是降低充电电流，使充电电压保持规定值；将发热接头清洁处理并紧固螺栓；检查充电机，加装滤波装置，减小交流成分。

（5）全核对性放电时，蓄电池放不出额定容量。造成原因是蓄电池长期欠充电，浮充电压低于 2.23～2.28V，造成极板硫酸盐化；深度放电频繁（如每月一次）；电池放电后没有立即充电，极板硫酸盐化。处理方法是浮充电运行时，单体电池电压应保持在 2.23～2.28V；避免深度放电；对全核对性放电达不到额定容量的蓄电池，应进行三次全核对性充放电，若容量仍达不到额定容量的 80%以上，应更换蓄电池组。

二、直流充电机和监控单元的运行和维护

1. 充电机的运行监视

（1）运行参数监视。运行人员及专职维护人员，每天应对充电机进行如下检查：三相交流电压是否平衡或缺相，运行噪声有无异常，各保护信号是否正常，交流输入电压值、直流输出电压值、直流输出电流值等各表计显示是否正确，正对地和负对地的绝缘状态是否良好。

(2) 运行操作。交流电源中断，蓄电池组将不间断地供出直流负荷，若无自动调压装置，应进行手动调压，以确保母线电压的稳定。交流电源恢复送电过程中，应立即手动启动或自动启动充电机，对蓄电池组进行恒流限压充电→恒压充电→浮充电（正常运行)。若充电机内部故障跳闸，应及时启动备用充电机代替故障充电机，并及时调整好运行参数。

(3) 维护检修。运行维护人员每月应对充电机做一次清洁除尘工作。大修做绝缘试验前，应将电子元件的控制板及硅整流元件断开或短接后，才能做绝缘和调压试验。若控制板工作不正常，应停机取下，换上备用板，充电机，调整好运行参数，投入正常运行。

2. 微机监控器的运行及维护

(1) 运行中的操作和监视。微机监控器是根据直流电源装置中蓄电池组的端电压值、充电机的交流输入电压值、直流输出电流值和电压值等数据来进行控制的，运行人员可通过微机的键盘或按钮来整定和修改运行参数。在运行现场的直流柜上有微机监控器的液晶显示板或荧光屏，一切运行中的参数都能监视和进行控制，远方调度中心，通过“三遥”接口，在显示屏上同样能监视，通过键盘操作同样能控制直流电源装置的运行方式。

(2) 运行及维护。

1) 微机监控器直流电源装置一旦投入运行，只有通过显示按键检查各项参数，若均正常，就不能随意改动参数。

2) 微机监控器若在运行中控制不灵，可重新修改程序和重新整定，若都达不到需要的运行方式，就启动手动操作，调整到需要的运行方式，并将微机监控器退出运行，交专业人员检查修复后再投入运行。

三、直流系统运行中的检查和维护

(1) 直流母线电压的检查。电池应经常处于浮充电方式，每节蓄电池的电压应为 2.15V，允许在 2.1 ～2.2V 范围内变动。

(2) 充、放电电流的检查。摸清负荷变化规律，随时注意充电及放电电流的大小，并做好记录。放电后应及时充电，即使有特殊情况，也不得超过 24h。

(3) 极板颜色和形状的检查。在充好电后，正极板是红褐色（过二氧化铅)，负极板是深灰色（铅绵)。在放电后，正极板是浅褐色，负极板是浅灰色。板形状不应弯曲、短路、断裂和鼓肚；极板上不应生盐，有效物质（PbO_2）不应大量脱落。

(4) 对代表电池的检查。对指定的代表电池，测量其电压、密度和液温，从而观察蓄电池的工作情况。

(5) 电解液液面、温度和密度的检查。电解液的液面应高于极板上边 10 ～20mm。电解液（在运行中）的温度不得低于 10℃，不得高于 25℃，在充电过中不得超过 40℃。在浮充电运行时，蓄电池的电解液密度一般应保持为 1.20 ～ 1.21（＋ 15℃)。

(6) 蓄电池电解液冒泡情况的检查。蓄电池在正常情况下，电解液会冒出细小气泡。

(7) 沉淀物的检查。蓄电池在正常情况下，沉淀物的高度距极板下边应在 10mm 左右。

(8) 绝缘电阻的检查。应定期检查蓄电池组的绝缘电阻，用电压表法测出的绝缘电阻值应不小于0.2MΩ(蓄电池组电压为220V)。

(9) 各接头和连接导线的检查。经常检查各接头与导线连接是否紧固、有无腐蚀现象。

(10) 室温的检查。蓄电池室应保持适当的温度(10～30℃)，并保持良好的通风和照明。

四、直流系统常见故障的处理

1. 直流母线电压高或低

(1) 现象：“直流母线电压不正常”信号发出；直流屏母线“电压高”或“电压低”报警发出。

(2) 处理：检查母线电压值，判断母线绝缘监察装置动作是否正确；调节浮充机的输出电流，使母线电压正常。若保持不住，可能是浮充机故障，停用故障浮充机，倒至备用浮充机运行。

2. 直流系统接地

(1) 现象：控制屏“直流接地”报警信号发出。

(2) 处理。利用微机绝缘监测装置检测各支路绝缘情况，判断接地极和接地程度，汇报值长；检查有无启动动力，对该动力试拉；如系热工用直流电源接地，通知热工人员处理；如系保护用直流电源接地，通知保护人员处理；若检测各支路绝缘良好，应采用停用蓄电池组、倒换充电机或停用母线的方法进一步查找接地，必要时也可以试停接地故障检测装置；严禁使用拉合直流支路的方法查找接地。

3. 运行中浮充机跳闸

(1) 现象：控制屏“直流充电设备故障”信号发出；直流屏故障浮充机电流表指示到零；浮充机运行指示灯熄灭。

(2) 处理。检查浮充机跳闸原因，有无元件过热、冒烟、着火等现象；监视蓄电池及母线电压运行情况，进行必要的调整或倒换；检查交流侧电源熔断器或控制回路熔断器是否熔断，硅整流装置是否有保护动作；若检查浮充机无问题，应立即启动，如再次跳闸应查明原因，消除故障后重新投运，恢复原方式运行。

4. 直流母线电压消失

(1) 现象：

1) 警铃响，“控制回路断线”、“直流充电设备故障”、“直流母线电压不正常”、“蓄电池熔断器熔断”、“低电压保护回路断线”信号发出。

2) 失压母线电压表指示到零。

3) 浮充电流、电压输出到零。

4) 失压母线负荷指示灯熄灭。

(2) 处理：

1) 若故障已自动消失或人工立即能排除，应尽快恢复电压，将浮充装置投入，恢复各路负荷供电。

2) 检查故障发生在哪一段母线上，拉开失压母线上所有开关，检查母线。

3) 若母线故障不能立即排除，应将故障母线上的负荷开关拉开，将负荷切换至非故障母线上。

4）停用故障母线浮充机和蓄电池，查出故障点，交检修处理。

5）如母线无明显故障，应做如下处理：开启浮充装置，将失压母线恢复电压；试送各路负荷，恢复送电；投入蓄电池运行；对试送不成的馈线分段试送。

6）未断开故障点，不得试送蓄电池出口断路器。

7）直流母线电压消失后，若不能马上恢复，应将有关失去保护或拒跳的断路器手动打开。

发电厂的电气控制、测量与信号系统

第一节 发电厂的控制方式

目前，我国火电厂的控制方式可分为主控制室的控制方式和单元控制室的控制方式，单机容量为10万kW以下的火电厂，一般采用主控制室的控制方式，即全厂的主要电气设备都集中在主控制室里进行控制，而锅炉设备及汽轮机设备则分别安排在锅炉间的控制室和汽机间的控制室进行控制。

主控制室为全厂的控制中心，因此要求监视方便、操作灵活，能与全厂进行联系。凡需要经常监视和操作的设备，如发电机和主变压器的控制元件、中央信号装置等必须位于主环正中的屏台上，而线路和厂用变压器的控制元件、直流屏及远动屏等均布置在主环的两侧。凡不需要经常监视的屏，如继电器屏、自动装置屏及电能表屏等布置在主环的后面。

主控制室的位置可设在主厂房的固定端或方便与6~10kV配电装置相连通的位置，而且主控制室与主厂房之间设有天桥通道。

主控制室的控制方式具有控制分类明确、单方面操作简单、现场巡视方便、现场操作或采取应急措施较容易等优点。但也存在着控制点多，控制设备分散，工作环境差，机、炉、电之间协调配合困难等缺点。随着机组容量的增大和自动化水平的不断提高，机、炉、电的关系将更加紧密，主控制室的控制方式已不能满足现代化控制管理的需要，而单元控制室的控制方式越来越显示出其优越性，已成为发电厂控制广泛采用的控制方式。

一、单元控制室的控制方式

单机容量为200MW及以上的大型机组，通常采用将机、炉、电的主要设备和系统集中在一个单元控制室（也称集控室）进行控制的方式。为了提高热效率，现代大型火电厂趋向采用亚临界或超临界高压、高温的机组，其热力系统和电气主接线都是单元制，不同机组之间的横向联系较少，在进行启动、停机和事故处理时，单元机组内部的纵向联系较多，因而采用单元控制室，便于机、炉、电协调控制。

机、炉、电集中控制的范围，包括主厂房内的汽轮机、发电机、锅炉、厂用电以及与它们密切联系的制粉、除氧、给水系统等，以便让运行人员监控主要的生产过程。至于主厂房以外的除灰系统、化学水处理系统、输煤系统等均采用就地控制。

在单元控制室内电气部分控制的设备和元件主要有汽轮发电机及其励磁系统、主变压器、高压厂用工作变压器、高压厂用备用变压器或启动/备用变压器、高压厂用电源线、主厂房内采用专用备用电源的低压厂用变压器以及该单元其他必要集中控制的设备和元件。

如果高压电力网比较简单，出线较少，电力网的控制部分可放在第一单元控制室内，各操作控制在网控屏上进行。当高压网络出线较多或配电装置离主厂房较远时，一般另设网络控制室。

在单元控制室网控屏上或网络控制室内控制的设备和元件有110kV及以上线路、高压或低压并联电抗器、联络变压器或自耦变压器、高压母线设备等。此外，还有各单元发电机—变压器组以及高压厂备用用或启动/备用变压器高压侧断路器的信号和必要的监测系统。

单元控制室的控制方式具有机、炉、电协调配合容易，机组启停安全、迅速，运行稳定，经济效益高，事故判断准确，处理迅速和工作环境好等优点；但也存在着巡视较远，现场操作不便，对运行人员的技术水平要求较高等缺点。随着计算机监控系统在发电厂的广泛应用，单元控制室的控制方式已成为大型机组普遍采用的一种控制方式。

二、单元控制室的布置

大型电厂单元控制室通常设计成单机一控或两机一控，也有一些电厂设计成三机一控，单元控制室布置在主厂房机炉间的适中位置。

控制室应按机炉电集控布置，把机炉电作为一个整体来监视和控制，实现以CRT为中心的过程监控，取消常规的BTG盘。分布式微机控制系统（DCS）承担机组DAS、CCS、BMS（FSSS）、SCS、DEH，实现机组自启停及FCB等单元机组大部分主要监控功能。运行人员在控制室内通过CRT、键盘（鼠标球标/光笔）实现单元机组的启动、停止、正常运行及事故处理的全部监视和操作。控制室一般以两台机组共用一个控制室为宜，这样便于两台机组之间的联系管理，便于值长统一调度。

两台机组共用一个控制室，控制盘台一般是左右对称布置。两台机组控制屏的布置，按相同的炉、机、电顺序排列，整体协调一致。当在单元控制室布置网控屏时，一般将网控屏布置在第一单元控制室两台机组控制屏的中间。由于单元控制室受面积的限制及技术经济条件等因素的影响，网络部分的继电保护、自动装置等布置在靠近高压配电装置的继电器室内，发电机组的励磁调节器、保护设备、自动装置及计算机等电子设备屏均布置在主厂房内的电子设备室或计算机房内。

随着DCS功能覆盖面的扩大，电气监控也越来越多地纳入DCS系统，其CRT显示操作器是人机联系的主要手段，通过CRT实现全厂的控制监视。原则上不使用硬接线的操作开关，辅机的启/停、阀（风）门的开/关均在CRT键盘（鼠标/球标/触屏）上操作，对于重要辅机只设“停止”的硬接线开关，以确保重要辅机在任何情况下安全停运。只保留少量的重要电气开关，取消电气控制屏/盘，控制功能在DCS实现。保留的硬手操开关一般有发电机—变压器组断路器紧急跳闸按钮、发电机灭磁开关跳闸按钮、柴油发电机紧急按钮等。

单元控制室具有向小型化、船仓式控制室发展的趋势，利用信息高度集中的优势，节约空间，降低成本。

第二节　发电厂的分散控制系统在电气系统中的应用

在我国大型电厂中，大多采用了分布式微机控制系统（DCS），这正顺应了大型电厂炉、机、电、辅机及其他系统一体化控制的要求。DCS在大型电厂热工控制系统的应用实践，使系统的可靠性得到了检验，也使DCS在大型电厂的应用上了一个新的台阶。具体表现为系统的可靠性大大提高，系统的应用功能进一步扩展，系统的容量以数量级增大，电气设备控制系统纳入DCS，系统的开放使可操作性和互换性得以实现。开放系统互连的环境为大型电站机、炉、电一体化DCS的实现提供了技术基础。

电气控制系统（ECS）开始进入DCS，是20世纪90年代以后的事。一方面，由于机组大容量、高参数的特点及过程控制的复杂性和机组整体的协调运行，使电气运行人员依靠常规仪表监控已力不从心；另一方面，电气设备的可控性提高，为DCS监控提供了有利条件，各种数字化电气控制装置（如微机保护装置、微机励磁装置、微机同期装置、微机自动切换装置等）的使用，为发电机、电气设备控制进入DCS奠定了基础。但完全取消常规的手动控制方式，实现真正意义上的计算机控制在实践上还经历了一段路程，多年后才被人们逐渐接受。

从实际效果来看，电气纳入DCS可减少控制室面积，减少运行、检修人员工作量，节约控制电缆，使人员和系统都更安全、可靠。发电厂的分散控制系统对单元发电机组进行数据采集、协调控制、监视报警和连锁保护，在技术上和经济上都已取得良好的效果，使我国火力发电机组的自动控制和技术经济管理水平发展到了一个新的阶段。

一、DCS控制电气设备的方式及其特点

按目前的控制及设备水平，DCS对电气设备的控制一般采取如下方式：DCS通过I/O或网络将控制指令发送到电气控制装置上，仅实现高层次的逻辑，如与热工系统的连锁、操作员发出的手动操作命令的合法性逻辑检查等，其他操作逻辑均由电气控制装置自身来实现。目前主要的电气控制装置包括发电机励磁系统自动电压调整器AVR、发电机自动准同期装置ASS、厂用电自动切换装置ATS、发电机—变压器组继电保护装置、厂用电系统继电保护装置及断路器防跳回路等。

这种控制方式的特点是：

（1）电气控制设备完全独立，电气设备的安全性连锁逻辑完全由电气控制设备自身实现，脱离DCS系统，各电气控制系统仍然能够维持安全运行。

（2）对速度要求很高的电气装置，由于并不依赖于DCS，因此能够大大地减轻DCS的系统负担。

（3）对于数字化电气控制设备，有可能实现DCS的网络通信连接，减少DCS的硬件设备，实现真正意义上的分散控制，节省控制电缆及建设投资。

（4）符合当前电厂的专业分工，对设备的检修维护有利。

（5）有利于电气控制设备厂家发展数字化电气控制装置，促进国产数字化产品的进步。

电气控制系统进入DCS还有另外一种方式，即由DCS的硬件及软件实现电气逻辑。包括发电机同期逻辑、厂用电自动切换逻辑、发电机励磁系统自动电压调节器和继电保护逻辑等。

采用这种方式主要有如下缺点：尽管DCS可以依靠专用硬件模件及软件实现发电机自动准同期、厂用电自动切换等逻辑，但这些功能对速度的要求很高（如厂用电快速切换功能要求在15～20ms内完成逻辑运算并发出命令），DCS实现其功能花费的代价太大，对DCS负担较重，甚至有可能影响其他子系统。目前DCS的发展水平，还不能满足发电机变压器继电保护、发电机电气量故障录波等功能要求。因此，目前不太适宜采用这种控制方式。

二、DCS对电气设备控制的内容

电气量纳入DCS控制，即DCS根据所采集的电气设备的各种参数加以分析、判断，作出决定，并对某个设备发出指令；或者对运行人员输入的某个指令根据所采集的数据进行分析、判断，决定是否执行该指令。单元控制室由 DCS 实现监测和控制的电气设备包括发电机—变压器组、厂用电源系统、主厂房内高低压交流电动机和直流电动机等。

DCS 应主要实现以下控制功能：

1）发电机—变压器组主断路器的投切。

2）磁场开关的投切。

3）启励开关的投切。

4）AVR 的投切及切换控制。

5）整流装置的投切及切换。

6）ASS 装置的投切及控制。

7）厂用电源切换装置的投切及控制。

8）厂用电各断路器的投切及控制。

DCS 应能对以上设备进行条件判断，在各个步序中完成顺控功能；DCS 应能实现高低压厂用电源必要的连锁逻辑，例如先投高压侧开关后投低压侧开关，同一母线段工作电源、备用电源不同时投入等；当操作人员误操作时，DCS 应能根据逻辑状态条件判断为误操作并进行闭锁操作。

第三节 测量与信号系统

随着大型电站机、炉、电一体化 DCS 的广泛应用，常规电气测量与信号系统也发生了根本性的变化。独立仪表及中央信号等电气监测装置已逐步被淘汰，电气测量与信号系统都被纳入 DCS 系统中，通过 CRT 进行监视，成为 ECS 的一个重要组成部分。

一、测量系统

大型电厂一般采用计算机、微处理机实现监控，其模拟输入量都为弱电系列。测量装置直接接在变送器的输出端，变送器将被测量变换成辅助量，一般为 4～20mA 或 0～5mV，经弱电电缆送到 DCS 的 AI、DI 测量单元上（CRT 上的显示按一次回路的电流、电压互感器变比折算到一次值），实现 DCS 系统对各电气系统的实时监测和控制。

纳入 DCS 监测的电气量一般有：

1）发电机电压、电流、频率、功率、功率因数、电能等。

2）封闭母线温度、压力。

3）主变压器电压、电流、功率、电能、温度、油位等。

4）启动/备用变压器电压、电流、功率、电能、温度、油位等。

5）高压厂用变压器电压、电流、功率、电能、温度油位等。

6）发电机—变压器组主断路器状态油压等。

7）启动/备用变压器高压侧断路器状态油压等。

8）励磁系统电压、电流，磁场开关、启励开关状态等。

9）厂用电源系统各断路器状态、各段母线电压。

10）厂用低压各变压器电流、功率、温度等。

11）各种保护设备的动作状态。

12）保安电源及柴油发电机电压、电流、功率、功率因数、电能等。

13）保安电源及柴油发电机各开关状态等。

14）直流系统各开关、蓄电池，充电设备及各开关状态及保护设备动作状态。

15）UPS系统各设备状态及电压、电流、功率等。

二、信号系统

信号系统是值班人员与各设备的信息传感器，用途是供值班人员经常监视各电气设备和系统的运行状态，对电厂的可靠运行影响很大。计算机集散系统在电厂应用后，使信号系统发生了很大变化。

按信号的性质可分为以下几种：

(1) 位置信号——指示开关电器、控制电器及设备的位置状态。

(2) 告警信号——反映机组及设备运行时的不正常状态。

(3) 事故信号——表示发生事故，如保护动作、断路器跳闸等信号。

按信号的表示方式，可分为光信号和声音信号。

发电厂的信号装置应满足以下要求：

(1) 信号装置的动作要准确可靠。

(2) 声、光信号要明显。不同性质的信号之间有明显的区别；动作的和没动作的应有明显区别。

(3) 信号装置的反应速度要快。

(4) 信号指示清晰，含义明确。

计算机集散系统在电厂应用后，随着信号系统纳入ECS控制系统中，电气信号系统可以非常灵活地适应各种不同的要求，能方便地进行信号的组合、分拆、分类等，与用纯硬件实现的中央信号相比，有着不可比拟的优越性。

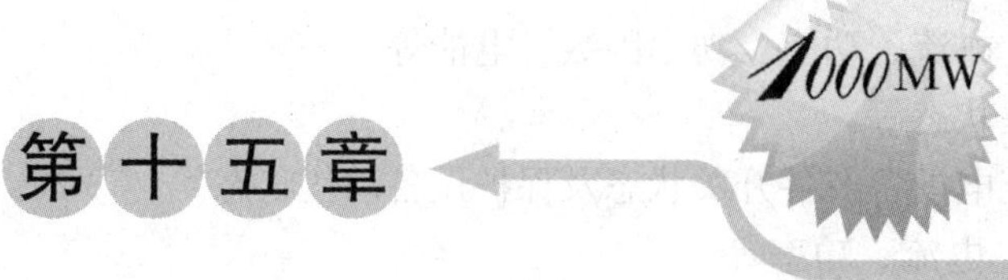

第十五章 发电厂的安全及自动装置

第一节 同期装置

一、概述

目前绝大多数发电机都是在电力系统中并列运行的。所谓并列运行，就是系统中各发电机转子以相同的速度旋转，各发电机转子间的相角差不超过允许的极限值，且发电机出口的折算电压近似相等。待并发电机只有满足以上条件，才能投入电力系统并列运行。在发电机投入电力系统并列运行时，必须完成的操作称为并列操作或同期并列。用于完成并列操作的装置，称为同期装置。发电机非同期投入电力系统，会引起很大的冲击电流，不仅会危及发电机本身，甚至可能使整个系统的稳定受到破坏。同期操作是电力系统中一项经常性的操作，它关系到发电机和电力系统的安全，应充分认识它的重要性。

同期（也称同步）操作是发电厂、变电站中重要的操作，对同期操作的基本要求是：

（1）投入瞬间发电机的冲击电流和冲击力矩不超过允许值。

（2）系统能把投入的发电机拉入同步。

目前，电力系统采用的同期并列方式有准同期方式和自同期方式两种。

1. 准同期方式

准同期方式是指将待并发电机在投入系统前通过调速器调节原动机转速，使发电机转速接近同期转速，通过励磁调整装置调节发电机励磁电流，使发电机机端电压接近系统电压，在频差及压差满足给定条件时，选择在零相角差到来前的适当时刻向断路器发出合闸脉冲，在相角差为零时完成并列操作。理想状态下，合闸瞬间发电机定子电流接近于零，这样将不会产生电流或电磁力矩的冲击。但在实际并列过程中很难实现这种理想条件，总会产生一定的电流冲击和电磁力矩冲击。只要并列时影响较小，不致引起不良后果，是允许进行并列操作的。

实际操作中，准同期并列的实际条件为：

（1）允许压差不超过额定电压的5%～10%。

（2）允许频差不超过0.1～0.25Hz。

（3）允许合闸相角差不超过10°。

对于300MW以上的大机组，同期的实际条件要求则更加严格。

准同期并列方式的优点是在满足上述条件时并列，冲击电流较小，发电机能较快地被拉入同步，对系统扰动小。目前发电厂和变电站广泛采用准同期并列方式。缺点是并列操作不准确（误操作）或同期装置不可靠时，可能引起非同期并列事故，如频率差太大，将引起非同期振荡失步或经过较长时间振荡才能进入同步运行；电压差太大，则在合闸时会出现较大无功性质的冲击电流；合闸时相角差太大，则会出现较大的有功性质的冲击电流，当相角差等于 180°时，则冲击电流将大于发电机出口短路电流，从而引起主设备严重破坏，并引起系统的非同期振荡，以致瓦解。

2. 自同期方式

自同期并列的操作是指将未加励磁电流的发电机的转速升到接近额定转速，首先投入断路器，然后立即合上励磁开关供给励磁电流，使发电机自行投入同步。

自同期并列方式的优点是并列过程快，操作简单，避免了误操作的可能性，易于实现操作过程自动化，特别是在系统事故时能使发电机迅速并入系统，可避免故障扩大，有利于系统事故处理。缺点是未加励磁的发电机投入系统，将产生较大的冲击电流和电磁力矩，合闸瞬间发电机定子吸收大量无功功率，使系统电压、频率短时下降。因此，在故障情况下，为加速故障处理，水轮发电机一般采用自同期方式；在正常运行情况下，同期发电机的并列应采用准同期方式。

按同期过程的自动化，准同期方法可分为自动准同期和手动准同期两种方式。手动准同期是通过手动准同期装置（同期表、同期转换开关等）人工手动掌握合闸时机来实现的。自动准同期方式是通过自动准同期装置检测同期条件自动实现合闸的。由于手动准同期存在很大的缺点，故发电厂应装设自动准同期装置，对于手动准同期装置不强求一定要装设。随着微机自动准同期装置的推广和普及，自动准同期的准确性、可靠性得到了保证，并列过程的时间也大大缩短，其快速性与自同期不相上下，故大型火力发电厂一般只装设自动准同期装置。

二、微机型自动准同期装置

近几年来，随着微机技术的发展，用大规模集成电路微处理器（CPU）等器件构成的数字式并列装置，由于硬件简单，编程灵活，运行可靠，且技术上已日趋成熟，故成为当前自动并列装置发展的主流。微处理器（CPU）具有高速运算和逻辑判断能力，它的指令周期以微秒计，这对发电机频率为 50Hz、周期为 20ms 的信号来说，具有充裕的时间进行相角差和滑差角频率的快速运算，并按照频差值的大小和方向、电压差值的大小和方向，确定相应的调节量，对机组进行调节，以达到较满意的并列控制效果。此外，微机自动准同期装置还可以方便地应用诊断技术对装置进行自检，提高装置的维护水平。

微机型自动准同期装置通常具备的功能有：自动识别差频或同频并网功能、能适应各种 TV 二次电压并具备自动转角功能、控制器自检和出错报警功能、并列点两侧的 TV 电压信号失压报警，并闭锁同期操作及无压合闸、在发电机并网过程中出现同频但不同相角时，控制器将自动给出加速控制命令消除同频状态等。整套同期并列系统的构成有：自动准同期装置（面板装有液晶显示器、组合同步表、装置方式选择开关、软触键盘、工作状态及报警指示灯等）、同步方式切换开关、DEH 同步方式软投切开关、中间继电器（包括直流电源投入、直流电源退出、交流电源投入、同步检定、合闸）等。

以 SID-2CM 型微机型自动准同期装置为例，微机型同步装置的主要功能、特点如下：

（1）SID-2CM 有 8～12 个通道可供 1～12 台发电机或 1～12 条线路并网复用，或多台同期装置互为备用，具备自动识别并网对象类别及并网性质的功能。

（2）设置参数有断路器合闸时间、允许压差、过电压保护值、允许频差、均频控制系数、均压控制系数、允许功角、并列点两侧 TV 二次电压实际额定值、系统侧 TV 二次转角、同频调速脉宽、并列点两侧低压闭锁值、同频阈值、单侧无压合闸、无压空合闸、同步表功能。

(3) 控制器以精确严密的数学模型，确保差频并网（发电机对系统或两解列系统间的线路并网）时捕捉第一次出现的零相差，进行无冲击并网。

(4) 控制器在发电机并网过程中按模糊控制理论的算法，对机组频率及电压进行控制，确保最快、最平稳地使频差及压差进入整定范围，实现更为快速的并网。

(5) 控制器具备自动识别差频或同频并网功能。在进行线路同频并网（合环）时，如并列点两侧功角及压差小于整定值将立即实施并网操作，否则进入等待状态，并发出遥信信号。

(6) 控制器能适应任意 TV 二次电压，并具备自动转角功能。

(7) 控制器运行过程中定时自检，如出错，将报警，并文字提示。

(8) 在并列点两侧 TV 信号接入后控制器失去电源时将报警。三相 TV 二次断线时也报警，并闭锁同期操作及无压合闸。

(9) 发电机并网过程中出现同频时，控制器将自动给出加速控制命令，消除同频状态。控制器可确保在需要时不出现逆功率并网。

(10) 控制器完成并网操作后将自动显示断路器合闸回路实测时间，并保留最近的 8 次实测值，以供校核断路器合闸时间整定值的精确性。同频并网不需要合闸时间参数，故同频并网时控制器不测量断路器合闸时间。

(11) 控制器提供与上位机的通信接口（RS-232、RS-485），并提供通信协议和必需的开关量应答信号，以满足将同期控制器纳入 DCS 系统的需要。

(12) 控制器采用了全封闭和严密的电磁及光电隔离措施，能适应恶劣的工作环境。

(13) 控制器供电电源为交直流两用型，能自动适应 48、110、220V 交直流电源供电。

(14) 控制器输出的调速、调压及信号继电器为小型电磁继电器，合闸继电器则有小型电磁继电器及特制高速、高抗扰光隔离无触点大功率 MOS 继电器两类供选择，后者动作时间不大于 2ms，长期工作电压直流 250V，触点容量直流 2A。在触点容量许可的情况下，可直接驱动断路器，消除外加电磁型中间继电器的反电动势干扰。

(15) 控制器内置完全独立的调试、检测、校验用试验装置，不需任何仪器设备即可在现场进行检测与试验。

(16) 可接受上位机指令实施并列点单侧无压合闸或无压空合闸。

(17) 在需要时可作为智能同步表使用。

第二节 厂用电微机快切装置

一、大机组厂用电切换的重要性

火力发电厂中，厂用电一般包括高压和低压厂用电，厂用电源又分为工作电源和备用电源两种。厂用电的安全可靠关系到发电机组、电厂甚至整个电力系统的安全运行。

发电机正常运行时，厂用负荷由高压厂用变压器供电。当发电机出口不设置断路器时，为发电机的启动，还需要设置启动兼备用变压器，作为厂用电系统的启动兼备用电源。机组启动时，厂用负荷由启动/备用变压器供电，机组并网并带有一定负荷后，厂用电源由启动/备用变压器切换至高压厂用变压器供电。当机组正常停机时则首先将厂用电源由工作电源切换至备用电源，以保证安全停机。以上两种切换为厂用电的正常切换。当发电机—变压器组系统出现故障、电气继电保护或热工保护动作跳闸时，要求备用电源尽快投入，其目的是安全停机。这种切换为厂用电的事故切换。厂用电源的切换在厂用电系统中是非常重要的环节，在启动、停机、消缺、解列及工作电源故障等情况下，都涉及电源的切换，因此必须给予重视。

以往厂用电切换大都采用工作电源断路器的辅助触点直接（或经低压继电器、延时继电器）启动备用电源投入。这种方式未经同步检定，合上备用电源时，将会对电动机造成过大的冲击。若经过延时，待母线残压衰减到一定幅值后再投入备用电源，由于断电时间过长，母线电压和电动机的转速均下降过大，备用电源合上后，电动机组的自启动电流很大，母线电压将可能难以恢复，从而对电厂厂用电系统运行的稳定性带来严重的危害。近年来，随着600、1000MW大型机组的迅速发展，厂用高压电动机的容量增大很多，如果厂用电切换仍采用慢速切换装置，大容量电动机在断电后电压衰减较慢，残余电压的幅值很大，如残压较大时重新来电（即投入备用电源），相当于两电源非同期并列，电动机将因受到冲击而损坏，可能造成机炉运行不稳定。因此迫切需要采用快切装置来实现厂用电的切换。近几年来，国内一些单位研制的新型微机厂用电快切装置已投入电网运行，并取得良好的效果。

二、对厂用电源切换的要求

为了使厂用电源安全可靠切换，特别是事故情况下的切换，备用电源切换装置应满足以下要求：

（1）正常情况下实现工作、备用电源之间的手动双向切换，必须保证机组的连续输出功率、机组控制的稳定和机炉的安全运行。

（2）故障及非正常情况下实现工作至备用电源的单向切换，在切换过程中，应保证厂用电系统的所有设备（电动机、断路器等）不因厂用电源的切换而承受不允许的过负荷和冲击。

（3）故障切换方式可选，如快速、同期捕捉、残压、延时四种切换方式可选择。

（4）应有电压闭锁功能，可在母线电压下降较大时闭锁切换，有效防止启动/备用变压器保护因非重要辅机同时启动时启动电流过大而误动。

（5）应具有电流辅助判据，有效防止工作分支辅助触点接触不良时装置误启动及保证装置的正确解耦。

（6）具有备用分支后加速及过电流保护功能。

目前快速断路器在发电厂厂用高压配电装置中已得到广泛使用，为厂用电实现快速切换提供了保证。

三、厂用电源快速切换装置的主要功能

以MFC2000-3A型微机厂用电快切装置为例，说明微机型快切装置的主要功能、特点。

1. 正常监测、显示功能

（1）厂用母线三相电压U_a、U_b、U_c或U_{ab}、U_{bc}、U_{ca}。

（2）工作电源电压U_W，厂变低压分支或高压侧相电压或线电压。

（3）备用电源电压U_S，备用变压器低压或高压侧相电压或线电压。

(4) 厂用母线U_a(或U_{ab})和后备电源电压(U_W或U_S)的频率。

(5) 厂用母线U_a(或U_{ab})和后备电源电压(U_W或U_S)间的频率差。

(6) 厂用母线U_a(或U_{ab})和后备电源电压(U_W或U_S)间的相位差。

(7) 工作分支电流I_W(任一相电流或线电流)。

(8) 备用分支三相电流I_{ba}、I_{bb}、I_{bc}。

(9) 装置所有开入量状态(含工作、备用开关及厂用母线TV隔离开关分合闸状态等)。

(10) 所有整定参数。

(11) 所有外部投退或内部软连接片投退状态。

(12) 自检结果指示。

2. 正常切换功能

正常切换由手动启动，在控制台、DCS系统或装置面板上均可进行，根据远方/就地控制信号进行控制。正常切换是双向的，可以由工作电源切向备用电源，也可以由备用电源切向工作电源。正常切换有以下几种方式：

(1) 并联切换。并联切换又分为并联自动切换和并联半自动切换两种方式。

1) 并联自动切换。手动启动，若并联切换条件满足，装置将先合备用(工作)开关，经一定延时后再自动跳开工作(备用)开关，如在这段延时内，刚合上的备用(工作)开关被跳开(如保护动作跳闸)，则装置不再自动跳工作(备用)开关，以免厂用电失电。若启动后并联切换条件不满足，装置将闭锁发信，并进入等待人工复归状态。

2) 并联半自动切换。手动启动，若并联切换条件满足，则合上备用(工作)开关，而跳开工作(备用)开关的操作由人工完成。若在设定的时间内，操作人员仍未跳开工作(备用)开关，装置将发出告警信号，以免两电源长期并列。若启动后并联切换条件不满足，装置将闭锁发信，并进入等待人工复归状态。

并联切换方式适用于同频系统间且固有相位差不大的两个电源切换，此种方式下只有一种实现方式，即快速切换。

(2) 正常串联切换。正常串联切换由手动启动，先发跳工作(备用)开关命令，在确认工作(备用)开关已跳开且切换条件满足时，合上备用(工作)电源。正常串联切换适用于差频系统间或同频系统固有相位差很大的两个电源切换，此种方式下可有四种实现方式，即快速、同期捕捉、残压、长延时，快切不成功时可自动转入同期捕捉、残压、长延时。

(3) 正常同时切换。正常同时切换由手动启动，跳工作及合备用命令同时发出，因通常固有合闸时间比分闸时间长，在发合命令前可有一人工设定的延时，以使分闸先于合闸完成。同时切换适用于同频、差频系统间的电源切换，可有四种实现方式，即快速、同期捕捉、残压、长延时，快切不成功时可自动转入同期捕捉、残压、长延。

3. 事故切换功能

事故切换由保护出口启动，单向，只能由工作电源切向备用电源。事故切换有两种方式：

(1) 事故串联切换。保护启动，先跳工作电源开关，在确认工作电源开关已跳开且切换条件满足时，合上备用电源。串联切换有四种实现方式，即快速、同期捕捉、残压、长延时，快切不成功时可自动转入同期捕捉、残压、长延时。

(2) 事故同时切换。保护启动，先发跳工作电源开关命令，在切换条件满足时(或经设定延时）即发合备用电源开关命令。事故同时切换也有四种实现方式，即快速、同期捕捉、残压、长延时，快切不成功时可自动转入同期捕捉、残压、长延时。

4. 不正常情况切换功能

不正常情况切换由装置检测到不正常情况后自行启动，单向，只能由工作电源切向备用电源。不正常情况指以下两种情况：

（1）厂用母线失电。当厂用母线三相电压均低于整定值，时间超过整定延时时，装置根据选择方式进行串联或同时切换。切换实现方式有快速、同期捕捉、残压、长延时。

（2）工作电源断路器误跳。因误操作、开关机构故障等原因造成工作电源开关错误跳开时，装置将在切换条件满足时合上备用电源。实现方式有快速、同期捕捉、残压、长延时。

5. 去耦合

切换过程中如发现整定时间内该合上的开关已合上但该跳开的开关未跳开，装置将执行去耦合功能，跳开刚合上的开关，以避免两个电源长时并列。如同时切换或并联自动切换中，工作切换到备用，备用开关正常合上，但是工作开关没有能跳开。到达整定延时后，装置将执行去耦合功能，跳开刚刚合上的备用开关。反之亦然。

6. 切换功能的投入/退出

切换功能投入/退出指由人为操作进行的投入/退出，当状态为投入时，切换功能投入，装置向外部反馈的是投入信号；状态为退出时，切换功能退出，装置将向外部反馈切换退出和切换闭锁信号。投退之间的转换无须通过复归生效。可以通过控制台开关/DCS系统输出和操作装置软件菜单设置进行投退。

7. 装置自行闭锁切换功能

装置自行闭锁切换功能指装置刚完成了一次切换后，或正常监控运行时检测到异常情况后自动置于切换闭锁状态。装置处于切换闭锁状态时，将不响应任何切换命令，同时将向外部反馈切换闭锁信号。以下情况下将引起装置闭锁切换功能：

（1）切换完成。装置一旦启动切换，无论切换成功或失败，完成切换程序后，将置于闭锁状态。

（2）保护闭锁。某些故障发生、保护动作时，如高压厂用变压器分支过流、电缆差动、母线保护等，为防止备用电源误投入故障母线，可由这些保护出口启动装置闭锁，即保护闭锁。

（3）开关位置异常。装置启动切换的必要条件之一是工作、备用开关任一个闭合，而另一个打开，同时TV隔离开关必须合上，若正常监测时发现这一条件不满足（工作开关误跳除外），装置将闭锁切换。此外，若启动切换后检测到该跳开的开关未跳开（如去耦合）或该合上的开关未合上，装置无法将切换进行到底时，装置将撤销余下的切换动作，进入切换闭锁状态。

（4）母线TV断线。厂用母线TV二次回路发生断线时，装置将不能保证测量的电压、频率、相位的正确性，为防止误合闸，装置在这种情况下将闭锁切换。

（5）后备电源失电。此处后备电源指工作向备用切换时的备用电源或备用向工作切换时的工作电源。后备电源真实失电时，切换显然毫无意义。因此，当后备电源失电时装置应闭锁切换。

（6）装置自检异常。装置投入后即始终对重要部件如CPU、RAM、EEPROM、双口

RAM、AD 等进行自检，如自检时发现异常情况，装置将闭锁切换。当然，在最严重的情况下，CPU 系统本身完全故障，自检将无法完成，也就无法实现闭锁。

8. 闭锁解除

除后备失电外，所有闭锁情况发生时，必须待异常情况消除，且经人工复归告警信号后，方能解除闭锁。

对于后备失电闭锁，即后备失电闭锁切换功能投入时若检测到后备电压失电，装置将闭锁切换，但当后备电压恢复时，装置不必经人工复归即可解除闭锁。

9. 低压减载功能

切换过程中的短时断电将使厂用母线电压和电动机转速下降，备用电源合上后电动机成组自启动成功与否将主要取决于备用变压器容量、备用电源投入时的母线电压以及参加自启动的负载数量和容量。在不能保证全部负载整组自启动的情况下，切除一些不必须参加自启动的负载，将对其他重要辅机的自启动起到直接的帮助。

10. 启动后加速保护功能

为防止切换时将备用电源投入故障从而引起事故扩大，应同时将备用分支后加速保护投入，以便瞬时切除故障。本装置在启动任何切换时，将同时输出一个短时闭合的触点信号，供分支保护投入后加速。

第三节 故障录波装置

为了准确和快速地分析判断电力系统异常运行和各种故障原因，针对电力系统运行中出现的问题，制订有效的措施，确保电力系统的安全稳定运行，需要一种自动监测记录设备，能真实完整地测录异常运行的整个过程和发生故障的暂态过程中模拟信号波形和继电保护装置、开关设备动作时序，并能对故障特征量进行分析。GB/T 14285—2006《继电保护和安全自动装置技术规程》规定，为了分析电力系统故障及继电保护和安全自动装置在事故过程中的动作情况，迅速判断线路故障的位置，在主要发电厂、220kV 及以上变电站和 110kV 重要变电站，应装设故障录波装置或其他故障记录装置。故障录波装置是研究现代电网的基础，也是评价继电保护动作行为及分析设备故障性质和原因的重要依据，性能优良的故障录波装置对保证电力系统安全运行及提高电能质量起到了重要的作用。电力故障录波器已成为电力系统记录动态过程必不可少的精密设备，其主要任务是记录系统大扰动如短路故障、系统振荡、频率崩溃、电压崩溃等发生后的有关系统电参量的变化过程及继电保护与安全自动装置的动作行为。

一、电力系统对故障录波的技术要求

故障录波器的工作特点是扰动时启动，记录变化过程。按照正确响应暂态过程的任务特点，电力系统故障动态记录的基本要求主要有：

(1) 录波的真实性。能为正确分析故障原因、研究防范对策提供原始资料。

(2) 过程的完整性。能帮助寻找故障点，录波波形（或数据）应能包含扰动发生前后全过程的信息。

(3) 动作的可靠性。能帮助正确评价继电保护、自动装置、高压断路器的工作情况，及时发现这些设备的缺陷，以便消除事故隐患。规定要记录的扰动应完整记录；不该记录时，

不应随意启动记录，即要求录波器既不拒动又不误动。

（4）信息的规范性。要求微机型故障录波器数据记录格式符合国际上的和我国的有关统一规范，以便于故障分析和信息交换。

（5）时序的统一性。各输入通道的波形记录以及不同录波装置的波形记录应在时间上同步，并有明确的时标，这样的波形才有综合分析的价值。这就要求应当有统一的时间原点，全系统的时间同步可以采用卫星全球定位系统（GPS）。

二、故障录波装置的功能、特点

以某电厂采用的发电机—变压器组故障录波与分析装置为例，简单介绍微机故障录波装置的功能、特点。该装置是全新一代的广泛应用于单元接线、非单元接线和扩大单元接线的发电机—变压器组的故障录波装置。它以发电机—变压器组保护理论为指导，综合应用启动判据；以先进的计算机软硬件技术为核心，充分利用高精度的采样技术、录波储存技术和数字传输技术，使其自动完成机组故障和异常工况时的交、直流电气量数据记录，保护与安全自动装置的动作顺序记录，以及非电气量及热工保护装置的动作过程的记录，再现故障和异常运行时各参量的变化过程，并辅助完成故障录波数据的综合分析，作为评价继电保护动作行为、分析故障和异常运行的重要依据。

1. 故障动态记录时间

装置记录故障前 0.5s 及故障后 3s 的录波数据，采样频率为 10kHz。若系统发生振荡，记录 10min 包络线值，其中前 5min 每间隔 0.1s 记录 1 次，后 5min 每间隔 1s 记录 1 次。

2. 故障动态记录内容

装置前置机的微机系统内存容量可完整记录连续故障和 10min 的振荡录波数据，后台机大容量硬盘可保存不少于 1000 次的故障录波数据文件。

3. 故障启动方式

故障启动方式包括模拟量启动、开关量启动和基于保护原理启动等。在程序设计中应有防止误启动的措施，如防止变压器投入运行时可能引起误动的发生等。

（1）模拟量启动包括以下启动：

1）正序量启动。包括正序电压和正序电流的突变量启动及正序电压过电压启动或低电压启动。

2）负序量启动。包括负序电压和负序电流的突变量及稳态量启动。

3）零序量启动。包括零序电压和(或)零序电流的突变量及稳态量启动。

4）直流电压、电流启动。取自系统内的监视量，如经压力传感器、温度传感器、直流变换器等变换出的电压、电流量。

5）振荡启动。含频差启动和频率变化率启动。

6）其他启动。任何一路输入的模拟量均可作为启动量，启动方式包括突变量启动和稳态量启动（过量或欠量）。

（2）开关量启动。任何一路或多路开关量均可整定作为启动量。开关量启动可选择为开关闭合启动或开关断开启动。

（3）基于保护原理启动。如针对发电机定子绕组匝间及内部短路故障设置故障分量负序方向判据或横差电流判据；针对发电机低励/失磁工况宜设置无功功率反向判据等。

4. 录波数据输出方式

（1）录波结束后，录波数据自动转入装置的硬盘保存，并由装置带的软驱输出。

（2）打印机自动完成故障报告的打印。报告内容应包括名称、故障发生时间、故障启动方式、开关量变位时刻表及相关电气量波形等。其中电气量波形的打印时间长度和内容可由用户事先整定。

5. 模拟量和开关量的输入

根据运行分析故障和异常运行的要求，有足够的模拟量和开关量输入。

6. 装置的主要功能

（1）装置具有记录发变组正常运行数据的稳态记录功能。即对电压、电流（含负序电流）、有功功率、无功功率、频率等电气量自装置投入运行后即进行非故障启动的连续记录。

（2）装置具有记录发变组、电网异常或故障数据的暂态记录功能。当机组或电网发生大扰动时，能自动地对扰动的全过程按要求进行暂态记录，并当暂态过程结束后，自动停止暂态记录。

（3）当机组或电网连续发生大扰动时，装置能完整地记录每次大扰动的全过程数据。

（4）所记录的数据真实、可靠、不失真，能准确反映谐波、非周期分量等。

（5）所记录的数据有足够的安全性，不会因装置连续多次启动、供电电源中断等偶然因素丢失。

（6）装置具备在外部电源短时中断后继续进行数据录波的能力。每路外部电源的输入都应设置独立的保险，具有失电报警功能，并有不少于两付的触点输出。

（7）在装设记录装置的发电机组或变压器故障时，装置能输出简要的异常/故障信息，以便于运行人员处理。输出信息至少包括故障时间、设备名称、启动原因（第一个启动暂态记录的判据名称）、保护及开关跳合闸时间、保护及安全自动装置动作情况、开关量动作清单等。

（8）装置具有同时利用数据网或 Modem 拨号等其他方式实现远方调用当前和历史数据的功能，并可按时段和记录实现选择性调用。

（9）装置具有必要的自检功能。当装置元器件损坏时，应能发出装置异常信号，并能指出有关装置发生异常的部位。

（10）装置具有自复位功能。当软件工作不正常时应能通过自复位电路自动恢复正常工作，装置对自复位命令应进行记录。

7. 装置的主要性能

（1）故障录波装置计算机系统为开放式分层分布结构，由后台机、前置机和打印机等组成，它们之间通过通信网卡相连，构成完整的局域通信网络。

（2）后台机主要完成装置的运行、调试管理、定值整定、录波数据存储、故障报告形成和打印、远程传送、配置 GPS 时钟通信接口，实现全网统一时钟等功能。后台机采用性能先进可靠的工业控制机，具有良好的抗干扰能力，适合于发电厂的工业现场使用。

（3）后台机装设有离线分析软件。离线分析软件可对稳态记录数据和暂态记录数据进行离线的综合分析。

（4）数据的综合分析。采用图形化界面，稳态数据和暂态数据应能同屏显示、统一分析；具有编辑功能，提供波形的显示、叠加、组合、比较、添加标注等分析工具，可选择打印；具有谐波分析（不低于10次谐波）、序分量分析、矢量分析等功能，能将记录的电流、电压及导出的阻抗和各序分量形成相量图，并显示阻抗变化轨迹。

（5）前置机。前置机主要完成模拟量和开关量的采集和记录、故障启动判别、信号转换及上传等功能。提供独立的电源输入、输出。前置机应采用小板插件式结构，便于运行、调试维护，抗干扰性能强。面板应便于监测和操作。装置掉电后，故障数据不应丢失。装置具有自检功能、故障或异常的报警指示等。

（6）开关量和模拟量的输入具有抗干扰隔离措施，确保主机系统的可靠工作。

（7）装置提供有信号板插件，该插件为光电隔离功放输出板驱动，设置信号指示、报警及引出触点至发电厂DCS或光字牌信号，包括自检故障报警，录波启动报警，装置异常报警，电源消失报警，信号总清—手动复归报警，提供RS-232及RS-485通信接口、以太网接口、调制解调器并保证能与DCS或其他监控系统连接成功。

（8）装置自备可靠的冗余辅助电源。主电源和辅助电源相互独立，以保证装置工作的可靠性。

（9）装置的软件设计先进、合理，用户使用方便直观，能根据用户使用要求进行免费改进升级。装置定值设置、更改简单易行，装置的运行、调试、整定均采用中文菜单方式进行管理。装置提供录波数据综合分析软件，方便分析装置记录的故障数据，可再现故障时刻的电气量数据及波形，并完成故障分析计算，如谐波分析、相序量计算、幅值计算、频率计算、有功和无功计算等。

（10）装置具有高速远程通信手段，通信规约符合国家及地方调度的要求。

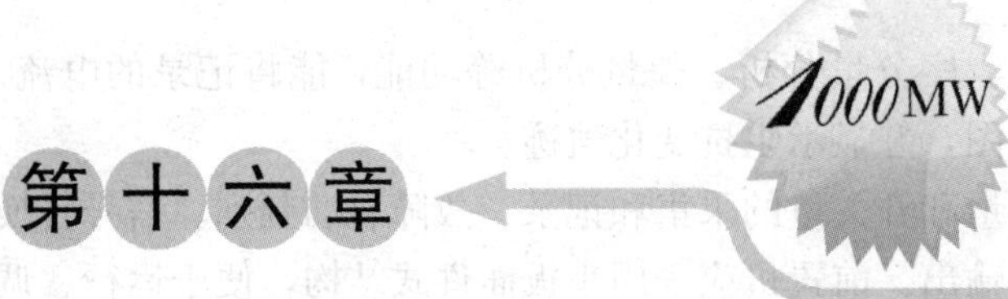

发电厂远方调度自动化

电力是经济社会发展和进步的重要动力，也是人们赖以生活和生存的保障。作为电能生产方，发电厂在电力系统中发挥着举足轻重的作用，为适用社会负荷的实时变化，发电厂应实现快速反应和自动控制的功能。目前，发电厂已建立从下至上的一整套自动控制系统：一方面，发电厂与电网调度控制中心通过远动系统进行通信，形成了系统层面的调度管理体系；另一方面，发电厂在电厂内部构建包括 DCS、SIS、MIS 在内的 3 级网络系统，实现了电厂管理控制一体化。

第一节　发电厂远动系统

发电厂远动系统是实现发电厂与电网调度控制中心之间数据交互和决策控制的重要基础，它由远动装置、主站系统、电力通信网络三部分组成。

一、远动装置

1. 远动装置的分类

远动装置是厂站端实现远距离与主站系统进行数据交互和通信的设备，它随计算机、通信及网络等技术的发展而不断完善，概括起来，大致可以分为以下三类。

（1）远动终端（remote terminal unit，RTU）。远动终端是早期采用的一种远动装置，一般由遥信板、遥测板、遥控板及 CPU 等组成，多通过电缆接线方式集中采集厂站内各种设备的模拟量和状态量。

（2）常规远动机。常规远动机是目前应用较为广泛的一种远动装置，与厂站综合自动化系统相适应，通过光纤连接方式采集厂站内呈分布式结构的测控、保护、计量等装置的数据。与早期的 RTU 相比，常规远动机布线更加简单，通信数据量更大，功能进一步完善。需要注意的是，在未做严格区分时，仍有将常规远动机沿用 RTU 称呼的情形。

（3）智能远动机。智能远动机是厂站端用于数据综合采集、数据处理、数据统一远方交换的远动通信设备，可完成厂站内远动、保信、计量、PMU、在线监测等功能，具有集成监控、源端维护、程序化控制、智能告警等新的特点，能实现主站与厂站之间数据的无缝交互。

2. 远动装置的基本功能

（1）遥信。采集厂站内的开关量信息，并按规约传送给调度控制中心。遥信信号包括断路器状态、隔离开关状态、继电保护和自动装置的位置信号、发电机和远动设备的运行状态等。

（2）遥测。采集厂站内的模拟量信息，并按规约传送给调度控制中心。遥测量包括变压器、母线和线路的电流、电压、有功功率、无功功率、功率因数及变压器油温等。

（3）遥控。远方控制厂站内开关等运行设备的状态变位，包括断路器分合、电容器/电抗器投切、发电机组启停等。

（4）遥调。远方调整厂站内设备的运行参数，包括改变变压器挡位、改变发电机组有功功率或无功功率的整定值、修改自动装置的整定值等。

（5）远方通信。支持厂站端数据的远方交换功能，兼容支持多种远方通信协议，能够按照预定规约将本厂站数据发送给调度控制中心，并接受调度端下达的各种命令。

（6）就地功能。远动装置通过自身或连接的显示、记录设备，就地实现对电网的监视和控制功能。包括显示、报表、打印、越限报警、自检等功能。

（7）事件顺序记录（SOE）。对厂站内遥信变位、保护动作等事件按照时间顺序进行记录，并打上统一时标，事件顺序记录站间分辨率应小于 20ms。

（8）事故追忆（PDR）。在电网发生影响较大的故障时，自动记录事故前后的重要遥测和遥信点的信息，并把记录送往调度端，以便进行事故分析和处理。典型的 PDR 记录长度为事故前 10min，事故后 5min。

（9）统一时钟。一般要求同时支持厂站时钟源对时和主站对时两种方式。

3. 远动装置的典型结构

远动装置是一种典型的多输入多输出的微型计算机系统。随着电力自动化系统的发展，远动装置的结构也在不断发生变化，从早期的集中式到分散式，从单 CPU 到多 CPU，且不同厂家的设计理念不同，可以说电力行业实际使用的远动装置千差万别。但总的来说，可将其分为集中式微机远动装置和分散式微机远动装置两类。

（1）集中式微机远动装置。集中式微机远动装置采用单 CPU 结构，统一采集模拟量、开关量、脉冲量等信号，完成运算处理后向调度端上传现场数据，并接收和执行调度端的各种控制和调节命令。集中式微机远动装置的典型体系结构如图 16-1 所示。

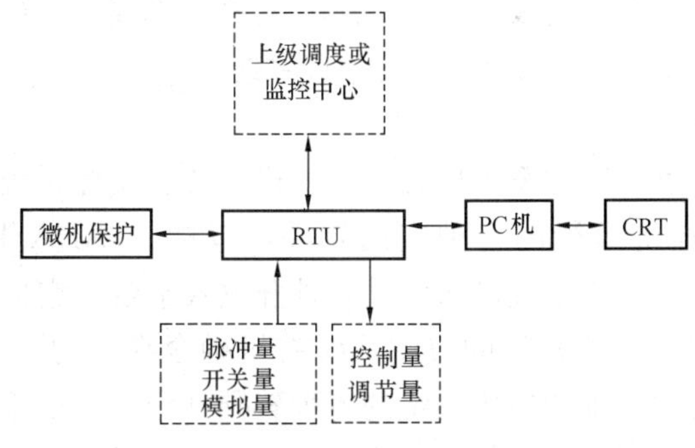

图 16-1　集中式微机远动装置的典型体系结构

（2）分布式微机远动装置。分布式微机远动装置采用多 CPU 分工协作的方式共同完成 RTU 的各项功能。在硬件上，它包含主控系统、若干子系统及连接两者的 I/O 总线。主控系统负责管理各子系统、人机联系以及与调度进行通信。各子系统具有单独的 CPU，可实现数据的分散采集和处理。分布式微机远动装置的典型体系结构如图 16-2 所示。

与集中式微机远动装置相比，分布式微机远动装置具有如下优点：布置简单灵活，便于采集地理上分布的信号；采用模块化结构，便于扩容和维护；便于采用交流采样方式以及实

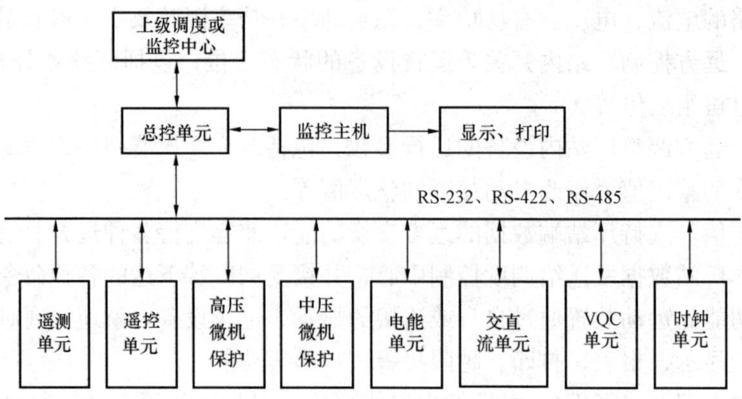

图 16-2 分布式微机远动装置的曲型体系结构

现多规约转发和一发多收。

二、主站系统

1. 主站系统的发展概述

主站系统是电力系统调度运行和控制决策的大脑，一般部署在网、省、地市的调度控制中心。到目前为止，电网调度自动化系统的发展已历经四代。

第一代系统：20 世纪 70 年代基于专用机和专用操作系统的 SCADA 系统，全部功能在单机上实现。

第二代系统：20 世纪 80 年代基于通用计算机和集中式的 SCADA/EMS 系统，部分 EMS 应用软件开始进入实用化。

第三代系统：20 世纪 90 年代基于精简指令集计算机 RISC/UNIX 的开放分布式 EMS 系统，采用的是商用关系型数据库和先进的图形显示技术，使 EMS 应用软件更加丰富和完善。

第四代系统：近年来开发的支持 EMS、配电网管理系统（DMS）、广域测量系统（WAMS）和公共信息平台等应用的电网调度集成系统。

2. 主站系统的应用构成

从系统结构来看，调度自动化系统可分为计算机系统、支撑系统和应用系统三部分。应用系统是保证电网安全经济运行的各种应用软件，包括 SCADA/EMS 系统、保信系统、DMS、TMR、WAMS 等。支撑系统可认为是一种开放式平台，它提供灵活的数据模式和接口，用于将上述种类繁多、功能各异的应用系统有机融合在一起，实现数据交换和信息共享。计算机系统是承载支撑系统和应用系统的各种软硬件资源，如服务器、工作站、操作系统等。以下对几种主要的应用系统进行简单介绍。

(1) SCADA/EMS 系统。作为电力调度最核心的系统，SCADA/EMS 系统负责对电力系统运行状况进行监测和控制。SCADA 通过采集各发电厂（站）、变电站电气设备的电气量、开关量以及通过 AGC、AVC 等对电气设备进行控制和调节，实现“四遥”功能。

(2) 保信系统。保信系统是进行电网事故记录和分析的重要手段，它负责采集继电保护、故障录波器、安全自动装置等设备的实时/非实时运行、配置和故障信息，为调度运行人员、继电保护专业人员提供及时、准确的故障信息，为及时判断故障原因提供重要依据。

(3) WAMS 系统。广域测量系统（wide area measurement system，WAMS）以同步相

量测量单元 PMU 为基础，能够实现在同一时间参考轴下获取大量的实时动态和稳态数据，可实现电力系统的动态稳定分析和安全预警。相比目前在电力行业中广泛使用的 SCADA/EMS 系统，WAMS 系统数据采集频率更高，WAMS 数据刷新频率一般要求每 10ms 或 20ms 刷新一次，将来可能更高。

(4) TMR 系统。电能量计量系统（tele meter reading，TMR）的主要任务是采集、处理、存储和统计各电厂的上网电量、联络线关口点电量及各用电关口的下网电量，为计算和分析提供基本数据。

(5) DMS 系统。配电网管理系统（distribution management system，DMS）是主站系统的重要组成部分，用于对配电网络进行实时数据采集、开关远方控制、故障恢复和隔离及负荷管理等。

(6) DTS 系统。调度员培训模拟系统（dispatcher training system，DTS）为调度员提供电网调度培训仿真环境，可保存电网实时运行断面进行调度培训和反事故演习。

三、电力通信网络

随着科学技术的发展，我国已经形成以光纤通信为主，微波、载波、卫星等多种通信方式并存，分层分级自愈环网为主要特征的电力专用通信网络体系架构。

1. 远动通信的传输信道

电力系统通信可以分为有线通信和无线通信两种。有线通信包括载波通信、光纤通信。载波通信按照传输介质又可分为架空线载波通信、电缆载波通信和电力线载波通信。无线通信包括微波通信、卫星通信、散射通信、短波通信等。以下对常见通信技术的主要特点进行简单介绍。

(1) 架空线载波通信和电缆载波通信。两者都只用于近距离通信。架空线只能用于低速传输，电缆可用于高速传输。

(2) 电力线载波通信。电力线载波通信是以电力网作为信息传送信道实现数据有效传输的。目前低压电力线载波通信主要采用窄带通信、扩频通信、正交频分复用技术等方式。

(3) 光纤通信。光纤信道是以光波作为传输媒介的先进通信方式。光纤通信可分为发送端、接收端及中继器三个部分。发送端采用含有载波光源的光端机将电信号转化为光信号，并输入光纤传输到远方；接收端利用光检测器将来自光纤的光信号还原为电信号。中继器用于将经过长距离传输后衰减和畸变的光信号放大、整形，再生成一定强度的正常光信号继续发送。

光纤通信具有容量大、中继距离长、抗电磁干扰、传输性能稳定、不受无线电频率限制等特点，尤其是彻底克服了强电对通信的电磁干扰、误码率低等问题。

(4) 微波通信。波长为 0.001～1.0m，频率为 300MHz～300GHz 的无线电波称为微波。微波基本上沿直线传播，一般在每 40～50km 设置一个中继站，在地形高处，也必须设置中继站传输信号。

微波通信的优点是：微波频段很宽，可以容纳许多无线电频道而互不干扰，一套设备可作多路通信，通信稳定，方向性强，不易受干扰。微波中继分有源、无源两种。无源中继是一种改变微波传送方向的装置，一般在地形高处加装反射板解决山地阻隔微波信号的问题。有源中继是一种信号放大装置，将因传送衰减的信号放大后增加传输距离。

(5) 卫星通信。卫星通信也是一种微波通信，中继站设置在人造卫星上。卫星通信具有传输距离远，覆盖区域大，灵活、可靠，不受地理环境条件限制等特点。目前，在电力系统中，卫星通信主要用于应急通信、边远地区电网调度自动化等。

(6) 散射通信。散射通信发射功率大，无线电通过对流层散射回到地面，由高灵敏度接收机接收达到通信目的。散射发射机设置在距离城市较远的郊区，通信距离长，可达 200～300km，可跨越山地，但是需要经过其他通信方式转接到调度中心。该方式适合地域广大的山区。

(7) 短波通信。短波频率在 100～1000MHz 范围，采用无线电台来满足电力系统事故抢修和检修的需要，具有体积小、操作简单、组网灵活等特点，是检修通信的良好方式。因干扰较大，它比较适合传输话音信号，不适合传输数据信号。

2. 远动信息的网络通信模式

随着数字通信和网络技术的发展，传统串口通信模式的远动系统将被融合计算机、保护、控制、网络、通信等技术于一体的网络化的远动系统代替。因此，以下对实现网络通信的关键问题进行重点介绍。

(1) 实现网络通信的协议。实现远动信息网络传输的关键是解决 RTU 和 IED 的网络接入问题。目前，我国厂站中的 RTU 和 IED 采用的串口通信协议多为 IEC60870-5-101 和 DNP3.0 等，这些协议基本上都仅用 OSI 参考模型七层中的三层（即物理层、链路层和应用层）实现数据传输。而 IEC60870-5-104 是在 IEC60870-5-101 基础上发展起来的一种通信协议，它采用网络协议 TCP/IP 进行数据传输，为远动信息的网络传输提供了远动协议依据。对于支持 ModBus 和 DNP 协议而不支持 IEC60870-5-101 协议的 RTU，可采用 ModBus/TCP、DNP LAN/WAN 协议，实现 RTU 接入网络。

(2) 网络接入模式。厂站 RTU 接入网络的模式可分为三种：

1）直接以太网接入模式。该模式适用于新建的厂站，它要求 RTU 具有以太网接口和对相应协议 IEC 60870-5-104 的支持。

2）通过网关接入模式。该模式适用于已投运的厂站，可降低厂站设备的二次投资，只需在原有 RTU 基础上加入网关即可接入网络。

3）RS485 总线网关接入模式。对于通过 RS485 总线连接的 IED，可采用一个网关通过 RTU 接入网络的方式。

第二节 DCS 系统在电厂中的应用

一、DCS 系统的基本概念

分散控制系统（distribution control system，DCS）是目前电厂广泛使用的计算机监控系统，它集 4C（communication、computer、control、CRT）技术于一体，其主要思想是分散控制、集中操作、分级管理、配置灵活及组态方便。DCS 主要完成电厂内数字量采集与处理、电气开关控制、电气模拟等功能，可实现单元机组智能化、自动化以及控制室的小型化。

二、DCS 系统的分层结构

为提高可靠性、实时性及扩展性，DCS 系统通常采用分层结构，如图 16-3 所示。

从结构功能来说，DCS 系统包括系统层、控制层和现场层。系统层主要包括工程师站、

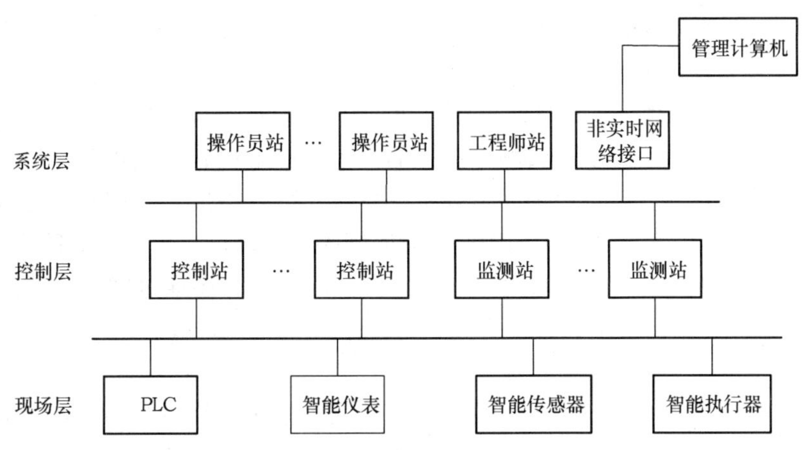

图 16-3 DCS 系统结构框图

操作员站、非实时网络接口等，用于整个 DCS 系统进行全方位的监控和管理。其工程师站主要用于系统的组态和维护，操作员站则用于监视和操作，非实时网络接口则用于接入非实时业务系统，一般连接其他管理计算机。这些管理计算机主要用于系统的信息管理、数据服务和优化控制以及向厂 MIS 系统发送数据等。控制层主要包括监测站和控制站，用于与控制过程打交道的控制及监测。现场层包括可编程控制器 PLC、智能仪表、智能传感器、智能执行器等现场设备，用于对锅炉、汽轮机等电厂生产设备的运行参数、状态进行监视和采集，并执行上层控制命令等。

在 DCS 体系结构中，系统级和控制级网络一般均采用协议标准化或符合 MAP 规约的开放型工业控制通信网络（如 802.4 令牌总线网等），且进行冗余配置（通信电缆、网络接口卡等都应该冗余）。一般来说，系统级网络通信速率要求为 10Mbps 以上，控制级网络则要求 5Mbps 以上。在实际运行中，DCS 系统对通信网络规模也有具体要求。通常要求 DCS 通信网络所覆盖的最大距离应不小于 4km，所能连接的节点数应不小于 250 个，相邻节点的最大距离应不小于 500m。

三、DCS 系统的控制原理

纵观我国现有电厂 DCS 系统，其功能一般由数据采集（data acquisition system，DAS）、模拟量控制（modulating control system，MCS）、顺序控制（sequence control system，SCS）和锅炉炉膛安全监控（furnace safeguard supervisory system，FSSS）四大系统组成。此外，近年来随着技术的发展，汽轮机数字电液控制（digital electro-hydraulic control，DEH）、汽轮机紧急跳闸系统（emergency trip system，ETS）、电气控制系统（electrical control system，ECS）和辅助车间控制等系统也逐步成为 DCS 系统的重要组成部分。

1. 数据采集系统（DAS）

DAS 贯穿整个 DCS 控制过程，用于采集和处理机组的测点信号和设备状态信号，提供机组运行信息并进行数据存储、制表、记录和性能分析。DAS 能及时反应异常工况，实现机组安全运行。

2. 模拟量控制系统（MCS）

MCS 主要由协调、锅炉、汽轮机和辅机等四个控制系统组成，它的根本任务是进行负荷控制以适应电网的需要，它采用以前馈-反馈控制为主的多变量协调控制策略，使整个机组（包括主辅机设备）根据统一的负荷指令，及时、同步地控制到适应负荷指令的状态。

3. 顺序控制系统（SCS）

SCS 系统主要是实现各种设备的自动启动、自动运行、自动终止的一套顺序控制系统。DCS 系统的顺序控制是按命令逻辑顺序进行的，每步都有检查，在正常运行时，顺序一旦启动将至结束。采用 SCS 后，对于大型辅机，操作人员只需按一个按钮，与这个辅机有关的附属设备就会按照安全启停规定的顺序和时间间隔自动动作，运行人员只需要监视各程序步骤执行的情况即可，减少了大量繁琐的操作。同时，SCS 还通过联锁、联跳和保护跳闸等功能来保证被控对象的安全。

4. 锅炉炉膛安全监控系统（FSSS）

FSSS 用于保证锅炉的安全运行，通过连续地密切监视燃烧系统的大量参数与状态，不断地进行逻辑判断和运算，必要时发出动作指令，通过种种连锁装置，使燃烧设备中的相关设备严格按照既定的合理程序完成必要的操作或处理未遂性事故，保证燃烧系统的安全运行。大型机组 FSSS 系统一般包含下述主要安全功能：

（1）炉膛点火前后的吹扫；

（2）暖炉油点火；

（3）主燃料（煤粉）的引入；

（4）连续运行的监视；

（5）紧急停炉；

（6）燃烧后的吹扫。

四、DCS 系统的技术特点

自 1975 年问世以来，DCS 系统有 4 次比较大的变革。20 世纪 70 年代，DCS 操作站采用由各厂家自己开发的专用硬件、操作系统、监视软件，没有动态流程图，通信网络基本上都是轮询方式；20 世纪 80 年代，通信网络较多使用令牌方式；20 世纪 90 年代，DCS 操作站出现了通用系统，90 年代末通信网络有部分遵守 TCP/IP 协议，有的开始采用以太网；第 4 代 DCS 系统的发展主要体现在功能更加集成化，包容了过程控制、逻辑控制和批处理控制，真正实现了混合控制（包含 FCS 功能），并进一步分散化。概括起来，现有 DCS 系统具有以下特点：

（1）独立性。各工作站通过网络接口相连，各自独立完成规定任务。控制功能与负荷分散、危险分散使系统具有较强的可靠性。

（2）协调性。各工作站间通过通信网络传递各种信息并协调工作，完成控制系统的总体功能和优化处理，采用实时、安全、可靠的工业控制局部网络和标准通信网络协议，实现整个系统信息共享。

（3）友好性。操作方便、显示直观，提供了装置运行下的可监视性。DCS 提供组态软件包括系统组态、过程控制组态、画面组态、报表组态等，极大地方便了用户设计新的控制系统、进行系统灵活扩充等。

（4）适应性、灵活性和可扩充性。硬件和软件采用开放式、标准化和模块化设计，系统为积木式结构，改变生产工艺或流程时，只需改变系统的某些配置和控制方案，通过组态软件进行填写表格式操作即可。

（5）实时性。通过人机接口和 I/O 接口，DCS 对被控对象进行实时数据采集、处理、记录、监视和操作控制，并可实现对系统结构和组态回路的在线修改、对局部故障的在线维护等。

(6) 可靠性。高可靠性、高效率和高可用性是DCS的主要特点。DCS中采用的可靠性保证技术主要包括：容错设计、冗余设计、软件恢复、电磁兼容技术、结构和组装工艺的可靠性设计及在线快速排除故障设计等。

五、厂内DCS系统、SIS系统、MIS系统比较

目前，构建包括DCS、SIS、MIS在内的3级网络系统已成为电厂管理控制一体化、自动化发展的趋势。

SIS (supervisory information system) 系统，即电厂的厂级实时监控信息系统，是目前国内电厂重点研究的课题。其作用在于解决电厂内多个DCS、DEH、PLC及RTU之间存在的信息孤岛以及MIS系统内实时数据实时性差等问题。与DCS系统相比，SIS系统重在监视、分析和对海量实时数据进行分析，通过数据挖掘技术进行少量的控制（也是通过DCS系统），以提高机组运行的经济效益；而DCS系统重在精确地控制，以机组安全、运行稳定为目的。

MIS (management information system) 系统，即电厂管理信息系统，其主要任务是解决生产与决策信息相融合的问题，它作为SIS和DCS的上层机制，以DCS为基础，以经济运行和提高发电企业整体效益为目的，采用先进、适用、有效的专业计算方法，实现整个电厂范围内的信息共享及厂级生产过程的实时信息监控和调度。它为电厂管理层的决策提供真实有效、可靠的实时运行数据，为市场运作下的企业提供科学、准确的经济性指标。比较而言，MIS系统和SIS系统的服务对象不同：SIS系统为生产运行过程服务，处理的是全厂性的实时数据；而MIS系统为厂级的管理工作服务，处理的是全公司的管理数据。

从以上分析可见，SIS系统、MIS系统、DCS系统是面向不同层次、不同目标，具有不同功能的三种系统，既有相互联系，又有重大区别。表16-1对DCS系统、SIS系统、MIS系统三者进行了详细的比较。

表16-1　　DCS系统、SIS系统、MIS系统比较

项目	DCS	SIS	MIS
系统种类	过程控制系统	决策支持系统	信息管理
数据类型	过程化	结构化、非结构化	结构化
系统目标	安全性	运行经济性	管理经济性
控制对象	设备	系统	管理过程
控制要求	运行准确	运行质量	管理效益
使用对象	运行操作人员	运行管理人员	全部人员
控制参数	运行数据	设备指标	管理流程

第三节　AGC在电厂中的应用

随着社会经济的快速发展、电网互联规模的扩大和电力体制改革的进一步深入，对电力系统安全、稳定、经济运行水平提出了更高的要求。AGC技术可以维持现代大电网频率稳定、保证电能质量以及加强联络线控制能力，对实现经济调度和维持系统稳定运行具有重要意义。

一、AGC概述

自动发电控制（automatic generation control，AGC）是指发电机组在规定的出力调整范围内，跟踪电力调度交易机构下发的指令，按照一定调节速率实时调整发电出力，以满足电力系统频率和联络线功率控制要求。AGC以计算机技术、通信技术和自动控制技术等为基础，是建立在EMS及发电机组协调控制系统之上的并通过可靠信息传输系统联系起来的远程闭环控制系统。实现AGC功能也是建设大规模电网、提高调度自动化系统实用化水平的基本要求。

二、AGC系统构成

AGC是一个闭环控制系统，其结构如图16-4所示。在整个系统中，共包含三种闭环：计划跟踪环、区域调节控制环和机组控制环。

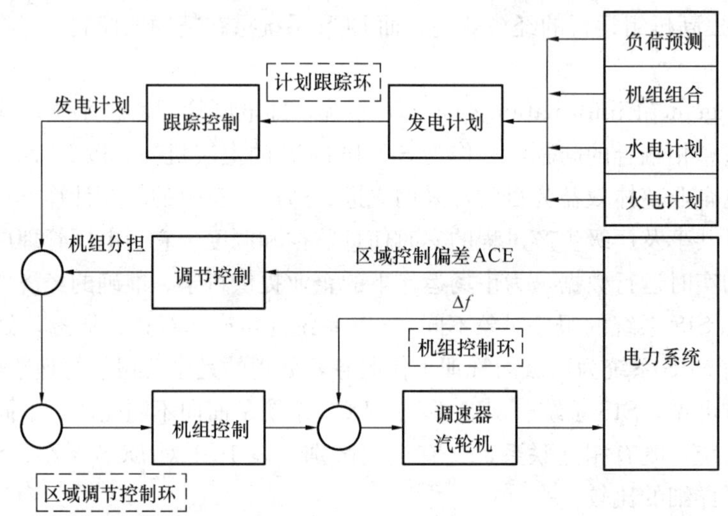

图16-4 AGC系统结构框图

计划跟踪以整个周期内的发电计划为控制对象，是指对从发电计划制定、发电计划下发、发电计划执行到发电计划修改和重制定的整个全过程进行跟踪控制，它包括区域调节控制和机组控制两个重要环节。

区域调节控制以区域控制偏差ACE（ACE是指区域发电量、频率及联络线流量与理想值之间的偏差，一般由联络线交换功率与计划的偏差和系统频率与目标频率的偏差两部分组成）为控制对象，是控制区域电网之间电力交换的实现手段。

机组控制以机组出力为控制对象，通过对调速器、汽轮机进行调节，实现对电力系统负荷波动的响应，从而保证电力系统供需的时时平衡。

从实现上述闭环系统的物理构成来讲，AGC系统主要由以下三部分组成：

（1）调度中心具备AGC功能的自动化系统构成控制中心部分；

（2）调度中心自动化系统与发电厂计算机监控系统或远端终端之间的信息通道构成通信链路部分；

（3）发电厂计算机监控系统（包括机炉协调控制系统）或远端终端、控制切换装置、发电机组及其有功功率调节装置构成执行机构部分。

三、AGC 系统的控制模式

目前，区域电力系统的自动发电控制（AGC）主要有如下 3 种控制模式：

1. 恒定频率控制（FFC）

这种控制方式最终维持的是系统频率恒定，适合于独立系统或联合系统的主系统。

2. 恒定交换功率控制（FTC）

这种控制方式维持联络线交换功率恒定，适合于联合系统的小系统。值得一提的是，当外区域发生负荷变化时，FTC 控制模式不利于系统频率的恢复，目前各省网正逐步由 FTC 控制模式向 TBC 控制模式过渡。

3. 联络线和频率偏差控制（TBC）

这种控制方式既要控制频率又要控制交换功率，在适当的参数配合下，可以维持控制区域发电功率和负荷的就地平衡。在 TBC 模式下，AGC 只负责调整本区域内的负荷变化，这兼顾了各控制区的自身利益，体现了公平、公正的调频原则。

四、AGC 与一次调频的比较

AGC 是通过修改有功出力给定来控制发电机有功出力，从而跟踪电力系统负荷变化，维持频率等于额定值，同时满足互联电力系统间按计划要求交换功率的一种控制技术。其基本目标包括：使全系统的发电出力与负荷功率相匹配；将电力系统的频率偏差调节到零，保持系统频率为额定值；控制区域间联络线的交换功率与计划值相等，实现各区域内有功功率的平衡。

电网调度端的 AGC 输入信号为频率、联络线功率等，输出信号为各厂站的有功定值，是典型的多输入多目标控制系统；而一次调频依靠发电机调速器在当地采集频率信号，根据频率偏差自动进行调节，其调节量、速率均为事前设定的定值。

AGC 属于广域控制系统，需要电网中多个设备、子系统相互配合才能完成其功能，其输入为广布全电网各厂站的远程终端设备（RTU），采集信号为联络线潮流、各厂站功率、频率，经过 EMS 运算后得出控制各发电机出力的功率值，送到各发电厂（机组）RTU，调控机组有功出力。由于系统分布广，响应速率受系统数据采集周期和各厂站控制系统影响很大，响应时间为几十秒到几分钟不等，调整速率由每分钟几兆瓦到几十兆瓦不等。

一次调频则属于当地控制系统，一般由发电机调速器附加控制功能实现，水轮发电机组通过整定调速器永态转差系数 e_p 实现，可以在 0～10%之间整定，对电网一次调频来说，一般要求整定为 4%～5%，根据发电机转速偏差控制导叶开度。

五、AGC 性能评估指标

AGC 技术是现代大电网控制频率和保证互联电网之间联络线交换功率按计划运行不可缺少的技术手段。互联电网中 AGC 系统要求每个控制区有足够的自动发电调节容量，来确保控制区的发电、负荷及联络线交易的平衡。控制区的控制性能是以该区域控制偏差 ACE 的大小来衡量的。评估一个区域 AGC 控制性能的好坏，NERC 根据多年研究，先后形成了 A1/A2 和 CPS1/CPS2 两种评价标准。

1. A1/A2 标准

（1）A1 标准即 ACE 过零，任何一个 10min 间隔内，ACE 必须至少过零一次。ACE 的频繁过零，目的是最大限度地减少无意交换电量的产生。但是，ACE 的频繁过零，会导致系统进行无谓的反向调节，对系统频率的稳定和 AGC 机组设备产生负面的影响。

(2) A2 标准即 ACE 值的限制，ACE 的 10min 平均值（一小时六个时间段）小于规定值 L_D。由于要求 ACE 的 10min 平均值小于规定的 L_D，在某个控制区域发生较大发电缺额且备用容量短时间无法上来时，其他控制区域因需控制 A2 指标，不能发挥支援作用，从而可能使电网频率长时间不能恢复，限制了互联电网优越性的发挥。

2. CPS1/CPS2 标准

针对 A1/A2 标准的缺陷，NERC 提出了 CPS1/CPS2 标准：

(1) CPS1 标准是指在一年时间段，控制区 ACE 的 1min 平均值，除以 10 倍的控制区频率偏差，再乘以互联控制区的 1min 频率偏差的平均值，应小于一个固定的限值 ε_1。ε_1 是一固定小常数，由电网实际频率与标准频率偏差 1min 平均值的均方差值计算得到，各控制区均保持一致。

(2) CPS2 标准是指在一小时六个时间段，控制区 ACE 的 10min 平均值，必须控制在特殊的限值 L_{10} 内，与 A2 标准类似，只是 L_{10} 与 L_D 计算公式不同。

与 A1/A2 标准不同，CPS1/CPS2 标准不要求 ACE 在规定时间内必须过零，而且 ACE 带宽 L_{10} 也比 L_D 放宽。这样可以减少机组不必要的调节，采用 CPS 标准考核还有利于电网故障后对事故支援的评价。但 CPS 标准也存在以下缺点：

(1) 调度员对 AGC 控制效果不直观。由于 CPS 标准追求的是长期的控制效果，对电网调度人员来说，其 AGC 的控制效果不如 A1/A2 标准直观。

(2) AGC 的控制策略还没有成熟的经验，软件上还难以实现。由于 A1/A2 标准的实施已有几十年的经验，AGC 软件的开发商在研制和开发的 AGC 软件中，采用很成熟的控制策略，使得 AGC 的控制行为很好地满足 A1/A2 评价标准的要求。但是，对 CPS 评价标准，各开发商还处于摸索阶段，其 AGC 控制软件的控制策略没有足够的经验，还不成熟，有待于在运行过程中，不断地修正和完善。

第四节 智能电网下的发电调度

在智能电网的背景下，电力系统向更加安全、经济、优质、环保的方向发展。作为智能电网的重要一环，智能发电调度也成为时下研究和讨论的热点。

一、国内外智能调度技术概述

目前，国外的智能调度尚未形成体系。1997 年 Dyliacoo 博士提出了面向调度值班的电网调度智能机器人（automatic operator）的概念。2008 年美国 PJM 提出了理想调度（perfect dispatch）的概念，主要侧重于有功调度，进行各种时间维度计划的协调、实时计划与 AGC 的配合。PJM 认为广域测量技术是保证大电网安全的重要手段，也是实现智能输电网的基础，因此，PJM 目前主要从同步相量技术和先进控制中心的研究建设着手开展智能调度的工作。

国内对智能调度进行了许多有益的研究和探索。狭义上的智能调度是指辅助调度员值班的调度辅助决策功能，目前已成功应用于部分调度中心。广义上的智能调度涵盖了调度中心全专业的智能化。目前，少数网省公司进行了有益的尝试，但已有成果无论从广度还是深度方面都与真正的智能调度存在较大差距。

国家电网公司将“智能电网调度技术支持系统”作为建设坚强智能电网的重要内容。通过该系统，我国电网调度首次实现了基于华北、华中、华东三大电网统一模型的实时数据采集和展示，信息范围覆盖三大区域电网220kV以上电压等级近2700个厂站，以及东北、西北电网的主网架，能有效支持电网正常运行。此外，国家电网公司组织开展了广域全景分布式一体化调度技术支持系统研究、大电网安全关键技术研究、数字化电网和数字化变电站关键技术研究等相关实践工作，为建设中国特色的智能调度奠定了坚实的基础。

南方电网公司也在智能调度应用方面开展积极探索。自2006年起南方电网公司就开始逐步进行一体化电网运行智能系统（operation smart system，OS2）的研究。该系统由网、省、地县配各级主站系统和厂站系统共同组成，每级主站/厂站系统又可以划分为电网运行监控系统（OCS）、电网运行管理系统（OMS）、电力系统运行驾驶舱（POC）或变电运行驾驶舱（SOC）三大部分。该系统将实现电力运行信息在各个层面的融合和共享，对调度来说，可以实现集成展示各类电网运行数据，提升多目标辅助决策能力；可提供统一电网模型，消除信息孤岛，实现业务横向协同、纵向贯通，从而提升各级调度一体化管理和运行的能力。目前，该系统已在东莞等多个省市进入试点建设阶段。另外，广东电网公司开展的“广东电网调度智能化及指令信息化工作平台”也于2010年3月通过专家组的验收鉴定，该系统极大地提高了电网调度操作的效率和安全性，实现了各级调度资源的高效整合、深度挖掘与智能集成，对提升电网调度智能化、信息化水平具有重要意义。

二、节能发电调度

为实现在哥本哈根会议上做出的减排承诺，中国将二氧化碳排放量作为全社会节能减排的硬性指标。为推动电力行业节能减排，中国在2007年底就开始试行节能发电调度。

节能发电调度是指按照节能、经济的原则，优先调度可再生资源。对于常规机组，按照机组能耗和污染物排放水平由低到高排序，依次调用，最大限度地减少能源、资源消耗和污染物排放。在具体应用中，节能发电调度常以追求能耗最低的机组物理出力为主要目标，以确保电力系统安全稳定运行和连续供电为前提，通过对各类发电机组按能耗和污染物排放水平排序，以分省排序、区域内优化、区域间协调的方式，实施优化调度，并与电力市场建设工作相结合，充分发挥电力市场的作用，努力做到单位电能生产中能耗和污染物排放最少。

与传统的调度运行方式相比，节能发电调度在多方面均发生重大变革。在计划定制方式上，节能发电调度从传统的均衡发电转变为按机组的能耗排序发电；在管理方式上，节能发电调度从传统的简单粗放型转变为精细化、边际化管理；在调度运行方式上，节能发电调度从传统的仅考虑安全裕度转变为综合考虑安全、经济、节能和环保。可以说，节能发电调度机组组合是考虑新能源在内的多种电源的组合优化，是以节能、环保和经济为目标的多目标优化问题。

三、低碳发电调度

随着全球气候变暖，国际社会降低二氧化碳等温室气体排放的呼声越来越高。节能减排的含义得到拓展，即不但需要降低污染物的排放，还需要降低二氧化碳等温室气体的排放，低碳发电调度就是此形势下的产物。与节能发电调度相比，低碳发电调度更加关心的目标是碳排放最低。能源消费是碳排放的主要成因，以能耗最低为主要目标的节能发电调度在降低能耗水平的同时，也可实现碳排放的减少。但是随着碳捕集与封存技术的发展，低碳发电调度逐步显示出更加明显的减排作用。碳捕集与封存技术被认为是未来大规模减少温室气体排放最经济和可行的方法。装备有碳捕集装置的电厂，其二氧化碳排放量与普通火电厂相比最多能减少90%。有研究指出，在不考虑碳捕集电厂时，低碳发电调度与节能发电调的减排效果几乎一样；而在考虑碳捕集电厂时，低碳发电调度与节能发电调度的结果呈现一定差异。为此，如何在碳捕集电厂逐步普及的情况下，实现节能发电调度和低碳发电调度之间的协调是未来调度需要考虑的重要问题。

四、实现智能调度的关键技术

智能调度是一项长期而系统的工程，它的实现离不开一系列支撑性技术。具体来说，应包括以下几个方面：

（1）海量数据分析和处理技术。以信息化、自动化、互动化为特征的智能电网，将在发电、输电、变电、配电、用电及调度各个环节产生海量信息。在数据来源上，一方面，随着大量PMU在电力系统的应用，WAMS系统将引入大量实时同步信息；另一方面，随着AMI在用户侧的广泛普及，调度中心的负荷管理系统将迎来大量来自用户侧的互动信息的爆炸式增长。在数据分类上，智能电网的多维数据需求将产生大量包括波形、声音、照片、视频在内的多种类型的数据，仅一次设备有关数据就可划分为基本数据、运行数据、试验数据、在线监测数据和事故数据等。因此，如何对海量数据进行实时或准实时的分析处理，为智能调度提供决策支撑是急需发展的核心技术之一。

（2）智能调度一体化平台技术。一体化平台技术的主要目标是为智能调度的分析和决策类应用提供完整、一致、准确、及时、可靠的一体化模型与数据基础，解决因模型不完整而导致的稳态、动态、暂态分析预警结果不正确的问题。同时，一体化平台基于模型拼接技术，可实现电网模、图、数在上下级调度间的“源端维护，全网共享”，满足调度中心基于全电网模型的分析、计算、预警和辅助决策以及智能调度等新型业务需要。

（3）智能决策与预警技术。智能决策与预警技术属于智能调度的高级应用层面。它要求电网能正确感知自身状态，智能分析和展示电网实时运行情况，并对潜在故障进行预警和处理。具体来说，应实现对电力系统暂态稳定、电压稳定及动态稳定问题的在线评估和控制，实现对电网当前和未来运行方式的安全预警预控，实现在极端灾害条件下对电网的广域监测、安全预警及防御控制等。

附录A 上电发电机技术数据表

序号	名称			单位	设计值	试验值	保证值	备注
1	规格型号	发电机型号		THDF125/67				
		额定容量 S_N		MVA	1112			
		额定功率 P_N		MW	1000			
		最大连续输出功率 P_{max}		MW	1050.361	与汽轮机匹配		
		对应汽轮机 VWO 工况下输出功率		MW	1086.376			
		对应汽轮机 VWO 工况下功率因数			0.9			
		对应汽轮机 VWO 工况下氢压		MPa	0.5			
		对应汽轮机 VWO 工况下发电机冷却器进水温度		℃	25			
		额定功率因数 $\cos\varphi_N$			0.9			
		定子额定电压 U_N		kV	27			
		定子额定电流 I_N		A	23778			
		额定频率 f_N		Hz	50			
		额定转速 Y_N		r/min	3000			
		额定励磁电压 U_{eN}		V	437			
		额定励磁电流 I_{eN}		A	5887			
		定子绕组接线方式		YY				
		冷却方式		水氢氢				
		励磁方式		静态或无刷励磁方式				
2	参数性能	定子每相直流电阻（75℃）		Ω	1.078×10^{-3}			
		转子绕组直流电阻（75℃）		Ω	0.0605			
		定子每相对地电容	A 相	μF	0.284			
			B 相	μF	0.284			
			C 相	μF	0.284			
			转子绕组自感 L	H	0.65			
			直轴同步电抗 X_d	%	261.4			
			横轴同步电抗 X_q	%	248.4			
			直轴瞬变电抗（不饱和值）X'_{du}	%	26.4			
			直轴瞬变电抗（饱和值）X'_d	%	23.8		≤28	
			横轴瞬变电抗（不饱和值）X'_{qu}	%	71.2			
			横轴瞬变电抗（饱和值）X'_q	%	64.1			
			直轴超瞬变电抗（不饱和值）X''_{du}	%	22.5			

续表

序号	名称		单位	设计值	试验值	保证值	备注
2	参数性能	直轴超瞬变电抗(饱和值)X''_d	%	18.2		≥15	
		横轴超瞬变电抗(不饱和值)X''_{qu}	%	24.8			
		横轴超瞬变电抗(饱和值)X''_q	%	20.1			
		负序电抗(不饱和值)X_{2u}	%	23.6			
		负序电抗(饱和值)X_2	%	19.1			
		零序电抗(不饱和值)X_{0u}	%	11.7			
		零序电抗(饱和值)X_0	%	11.1			
		直轴开路瞬变时间常数 T'_{do}	s	8.86			
		横轴开路瞬变时间常数 T'_{qo}	s	2.50			
		直轴短路瞬变时间常数 T'_d	s	0.841			
		横轴短路瞬变时间常数 T'_q	s	0.55			
		直轴开路超瞬变时间常数 T''_{do}	s	0.036			
		横轴开路超瞬变时间常数 T''_{qo}	s	0.200			
		直轴短路超瞬变时间常数 T''_d	s	0.03			
		横轴短路超瞬变时间常数 T''_q	s	0.085			
		灭磁时间常数 T_{dm}	s	8.86(无刷)/2.57(静态)			
		转动惯量 GD^2	$t \cdot m^2$	64.7			
		短路比 SCR		0.48		0.48	
		稳态负序电流 I_2	%	6		6	
		暂态负序电流能力 I_2^2t	s	6		6	
		允许频率偏差	±%	−3～2			
		允许定子电压偏差	±%	5			
		强迫停机率	%			<0.5%	
		异步允许能力	MW min				
		调峰能力	次	10000			
		进相运行能力		1000MW，功率因数超前0.95			
		电话谐波因数 THF	%	≤1		≤1	
		电压波形正弦畸变率 K_u	%	≤3		≤3	
		三相短路稳态电流	%	33.7/142			
	暂态短路电流有效值(交流分量)	相一中性点	%	136.5/574			
		相一相	%	100.1/421			
		三相	%	103/433			
	次暂态短路电流有效值(交流分量)	相一中性点	%	158.9/668			
		相一相	%	122.1/513			
		三相	%	145.1/610			

续表

序号	名称			单位	设计值	试验值	保证值	备注
2	次暂态短路电流有效值(交流分量)	三相短路最大电流值(直流分量峰值)		%	373.2/1570			
		相-相短路最大电磁转矩		MNm	2460			
		汇水管绝缘电阻		kΩ	≥700			
3	振动相关值	临界转速(一阶)		r/min	720			
		临界转速(二阶)		r/min	1200			
		临界转速(三阶)		r/min	>3900			
		临界转速轴承振动值		mm	≤0.075			
		临界转速轴的振动值		mm	≤0.15			
		超速时轴承振动值		mm	≤0.075			
		额定转速轴承座振动值	垂直	mm	≤0.025			
			水平	mm	≤0.025			
			轴向	mm	/			
		额定转速时轴振动值(互成90°、两个方向成45°)	X 方向	mm	≤0.05			
			Y 方向	mm	≤0.05			
			定子绕组端部振动频率 f_v	Hz	$f_v \leqslant$ 94Hz 或 $f_v \geqslant$ 115 Hz			
			定子绕组端部振动幅值	mm			0.15	
			噪声	dB(A)	≤85			
4	损耗和效率(静态励磁，额定条件下)	定子绕组铜耗 Q_{Cu1}		kW	2223			
		定子铁耗 Q_{Fe}		kW	790			
		励磁损耗 Q_{Cu2}		kW	2550			
		短路附加损耗 Q_{kd}		kW	2364			
		机械损耗 Q_m		kW	1986			
		无刷励磁机损耗/静态励磁系统损耗(电刷+风扇+励磁变压器+整流柜损耗)		kW	360/160			
		电刷摩擦损耗+风扇损耗		kW	属静态励磁，损耗已包含在上一项中			
		总损耗 $\sum Q$(无刷/静态)		kW	10273/10073			
		满载效率 η(无刷/静态)		%	98.98/99		98.98/99	
5	绝缘等级	转子绕组绝缘等级			F		B级考核	
		定子铁芯绝缘等级			F		B级考核	

续表

序号	名称		单位	设计值	试验值	保证值	备注
5	绝缘温度	额定负荷时定子绕组运行温度(层间)	℃	67		≤90	进水温度为48℃
		最大负荷时定子绕组运行温度(层间)	℃	67		≤90	进水温度为43℃
		定子绕组报警温度(出水)	℃			85	
		定子绕组跳闸温度(出水)	℃	/			
		额定负荷时转子绕组运行温度	℃	82		≤110	(冷氢46℃)
		最大负荷时转子绕组运行温度	℃	89		≤110	
		转子绕组报警温度	℃			110	
		额定负荷时定子铁芯运行温度	℃	98		≤120	(冷氢46℃)
		最大负荷时定子铁芯运行温度	℃	99		≤120	
		定子铁芯报警温度	℃			120	
		额定负荷时定子端部结构件温度	℃	82		≤120	(冷氢46℃)
		最大负荷时定子端部结构件温度	℃	88		≤120	(冷氢46℃)
		发电机进口风温	℃	44			
		发电机出口风温	℃	79			
6	冷却介质压力、流量和温度	定子冷却水流量	t/h	120			
		定子冷却水进口水温	℃	48			
		定子线棒冷却水出口水温	℃	70		≤85	进水温度为48℃
		定子冷却水电导率	μS/cm	<1			
		定子冷却水压力 p	MPa(g)	约0.3			
		气体冷却器数目		4×25%			
		气体冷却器最高进水温度	℃	38			
		气体冷却器最高出水温度	℃	48			
		气体冷却器冷却水流量	t/h	725			
		额定氢压	MPa(g)	0.5			
		最高允许氢压	MPa(g)	0.52			
		发电机容积	m^3	100			
		发电机漏氢量	m^3/d	≤12			
		润滑油及密封牌号		与汽轮机一致			
		轴承润滑油进口温度	℃	45			
		轴承润滑油出口温度	℃	65			
		轴承润滑油流量	L/min	354			

续表

序号	名称		单位	设计值	试验值	保证值	备注
6	冷却介质压力、流量和温度	密封瓦进油温度	℃	44			
		密封瓦出油温度	℃	67			
		密封瓦油量	L/min	<15.9			
		氢气侧					
		空气侧					
		密封瓦温度	℃	<90			
		密封油冷却器冷却水量	t/h	53			
7	主要尺寸和电磁负荷	定子铁芯外径 D_a	mm	3280			
		定子铁芯内径 D_i	mm	1410			
		定子铁芯长度 L_i	mm	6700			
		气隙(单边)δ	mm	80			
		定子槽数 Z_i		42			
		定子绕组并联支路数 a_1		2			
		定子绕组尺寸 空心($m\times h$—壁厚)	mm	14×4—0.9			
		定子绕组尺寸 实心($m\times h$)	mm	14×1.8			
		每槽绕组股数 空心 n		上层2×5，下层2×5			
		每槽绕组股数 实心 n		上层2×25，下层2×25			
		定子电流密度 J_1	A/mm²	9.55			
		定子线负荷 A_{s1}	A/cm	2255			
		定子槽主绝缘单边厚度	mm	6.5			
		定子总质量	t	431			
		定子运输质量	t	462			
		定子运输尺寸($L\times W\times H$)	mm	11653×5116×4772			
		转子外径 D_2	mm	1250			
		转子本体有效长度	mm	6730			
		转子运输长度 L_2	mm	14800			
		转子槽数		28			
		转子槽尺寸($m\times h$)	mm	52×155			
		转子每槽线匝数		7			
		每匝铜线尺寸($m\times h$)	mm	48.5×15			
		转子电流密度 J_2	A/mm²	12.1			
		转子槽绝缘单边厚度	mm	1.4			
		气隙磁密 B_s	Gs	12127			
		转子匝间绝缘厚度	mm	0.42			

续表

序号	名称		单位	设计值	试验值	保证值	备注
7	主要尺寸和电磁负荷	护环直径 D_k	mm	1310			
		护环长度 L_k	mm	803.5			
		集电环外径	mm	380			
8	主要材质和应力	定子硅钢片型号		M270－50A			
		硅钢片厚度	mm	0.5			
		铜线型号		无氧铜			
		转轴材料型号		26NiCrMoV145			
		转轴材料脆性转变温 FATT	℃	径向≤－10			
		转轴屈服极限 $\sigma_{0.2}$	N/mm^2	730			
		转轴安全系数 X					
		额定转速(3000r)时		2.3			
		120%超速(3600r)时		1.6			
		转子铜线型号		含银铜线			
		转子铜线屈服极限 $\sigma_{0.2}$	N/mm^2	190			
		护环材质型号		Mn18Cr18			
		护环屈服极限 $\sigma_{0.2}$	N/mm^2	1300			
		护环安全系数 K					
		额定转速(3000r/min)时		2.19			
		120%超速(3600r/min)时		1.52			
		转子槽锲材质型号		铍钴锆铜			

附录B 东电发电机技术数据表

<table>
<tr><th>序号</th><th colspan="3">名 称</th><th>单位</th><th>设计值</th><th>试验值</th><th>保证值</th><th>备 注</th></tr>
<tr><td rowspan="20">1</td><td rowspan="20">规格型号</td><td colspan="2">发电机型号</td><td colspan="4">QFSN-1000-2-27</td><td></td></tr>
<tr><td colspan="2">额定容量 S_N</td><td>MVA</td><td>1111</td><td></td><td></td><td></td></tr>
<tr><td colspan="2">额定功率 P_N</td><td>MW</td><td>1000</td><td></td><td></td><td></td></tr>
<tr><td colspan="2">最大连续输出功率 P_{max}/S_{max}</td><td>MW</td><td colspan="3">1100 MW/1222MVA</td><td></td></tr>
<tr><td colspan="2">对应汽轮机 VWO 工况下输出功率</td><td>MW</td><td colspan="3">与汽轮机出力匹配</td><td></td></tr>
<tr><td colspan="2">对应汽轮机 VWO 工况下功率因数</td><td></td><td>0.9</td><td></td><td></td><td></td></tr>
<tr><td colspan="2">对应汽轮机 VWO 工况下氢压</td><td>MPa</td><td>0.52</td><td></td><td></td><td></td></tr>
<tr><td colspan="2">对应汽轮机 VWO 工况下发电机冷却器进水温度</td><td>℃</td><td>25</td><td></td><td></td><td></td></tr>
<tr><td colspan="2">额定功率因数 $\cos\varphi_N$</td><td></td><td>0.9</td><td></td><td></td><td></td></tr>
<tr><td colspan="2">定子额定电压 U_N</td><td>kV</td><td>27</td><td></td><td></td><td></td></tr>
<tr><td colspan="2">定子额定电流 I_N</td><td>A</td><td>23778</td><td></td><td></td><td></td></tr>
<tr><td colspan="2">额定频率 f_N</td><td>Hz</td><td>50</td><td></td><td></td><td></td></tr>
<tr><td colspan="2">额定转速 n_N</td><td>r/min</td><td>3000</td><td></td><td></td><td></td></tr>
<tr><td colspan="2">额定励磁电压 U_{eN}(75℃)</td><td>V</td><td>445</td><td>437</td><td></td><td></td></tr>
<tr><td colspan="2">额定励磁电流 I_{eN}</td><td>A</td><td>5173</td><td>5041</td><td></td><td></td></tr>
<tr><td colspan="2">最大连续工况下的励磁电压/电流</td><td>V/A</td><td>以后提供</td><td></td><td></td><td></td></tr>
<tr><td colspan="2">定子绕组接线方式</td><td></td><td colspan="3">YY</td><td></td></tr>
<tr><td colspan="2">冷却方式</td><td></td><td colspan="3">水氢氢</td><td></td></tr>
<tr><td colspan="2">励磁方式</td><td></td><td colspan="3">静止自并励</td><td></td></tr>
<tr><td colspan="2"></td><td></td><td></td><td></td><td></td><td></td></tr>
<tr><td rowspan="10">2</td><td rowspan="10">参数性能</td><td colspan="2">定子每相直流电阻(15℃)</td><td>Ω</td><td>0.0012</td><td>0.001252
(95℃)</td><td></td><td></td></tr>
<tr><td colspan="2">转子绕组直流电阻(15℃)</td><td>Ω</td><td>0.0849</td><td>0.08748
(95℃)</td><td></td><td></td></tr>
<tr><td rowspan="3">定子每相对地电容</td><td>A 相</td><td>μF</td><td>0.194</td><td></td><td></td><td></td></tr>
<tr><td>B 相</td><td>μF</td><td>0.194</td><td></td><td></td><td></td></tr>
<tr><td>C 相</td><td>μF</td><td>0.194</td><td></td><td></td><td></td></tr>
<tr><td colspan="2">转子绕组自感</td><td>H</td><td>0.8</td><td></td><td></td><td></td></tr>
<tr><td colspan="2">直轴同步电抗 X_d</td><td>%</td><td>188</td><td>212</td><td></td><td></td></tr>
<tr><td colspan="2">横轴同步电抗 X_q</td><td>%</td><td>188</td><td>212</td><td></td><td></td></tr>
<tr><td colspan="2">直轴瞬变电抗(不饱和值)X'_{du}</td><td>%</td><td>26</td><td>24</td><td></td><td></td></tr>
<tr><td colspan="2">直轴瞬变电抗(饱和值)X'_d</td><td>%</td><td>22</td><td>20</td><td>≤28</td><td></td></tr>
</table>

续表

序号	名　　称			单位	设计值	试验值	保证值	备　注
2	参数性能		横轴瞬变电抗(不饱和值)X'_{qu}	%	42			
			横轴瞬变电抗(饱和值)X'_{q}	%	35			
			直轴超瞬变电抗(不饱和值)X''_{du}	%	21	20		
			直轴超瞬变电抗(饱和值)X''_{d}	%	18	17	≥15	
			横轴超瞬变电抗(不饱和值)X''_{qu}	%	21			
			横轴超瞬变电抗(饱和值)X''_{q}	%	18			
			负序电抗(不饱和值)X_{2u}	%	24	27.6		
			负序电抗(饱和值)X_{2}	%	20	23		
			零序电抗(不饱和值)X_{ou}	%	11	11		
			零序电抗(饱和值)X_{0}	%	11	11		
			直轴开路瞬变时间常数 T'_{do}	s	9.7			
			横轴开路瞬变时间常数 T'_{qo}	s	1.0			
			直轴短路瞬变时间常数 T'_{d}	s	1.1	1.21		
			横轴短路瞬变时间常数 T'_{q}	s	0.23			
			直轴开路瞬变时间常数 T''_{do}	s	0.07			
			横轴开路瞬变时间常数 T''_{qo}	s	0.13			
			直轴短路超瞬变时间常数 T''_{d}	s	0.05	0.04		
			横轴短路超瞬变时间常数 T''_{q}	s	0.05	0.04		
			灭磁时间常数 T_{dm}	s	1.9			
			转动惯量 GD^2	t·m^2	77.4			
			短路比 SCR		0.53	0.54	≥0.5	
			稳态负序电流 I_2	%	6			
			暂态负序电流能力 I_2^2t		6			
			允许频率偏差	±%	−3～2			
			允许定子电压偏差	±%	5			
			失磁异步运行能力	MW	200			
			失磁异步运行时间	min	15			
			进相运行能力	MW	功率因数超前 0.95，带额定有功			
			进相运行时间	h	长期连续运行			
			电话谐波因数 THF	%	≤1	0.111	≤1	
			电压波形正弦畸变率 K_u	%	≤3	0.6	≤3	
			三相短路稳态电流	%	154			
		暂态短路电流有效值(交流分量)	相—中性点	%	589			
			相—相	%	432			
			三相	%	455			

续表

序号	名称			单位	设计值	试验值	保证值	备注
2	参数性能	次暂态短路电流有效值(交流分量)	相-中性点	%	639			
			相一相	%	480			
			三相	%	555			
		三相短路最大电流值(直流分量峰值)		%	1110			
		相-相短路最大电磁转矩		Nm	29919400			
		转子轴电压		V	≤10			
		轴承绝缘电阻正常/最小值		Ω	20×10^6/ 1×10^6			
		最大允许超速		%	120			
		失步功率		MW	1594			
		额定负荷下的不同步能力		s	满足汽轮机的要求			
		同步电动机状态运行能力		s				
		调峰能力			允许10000次启停机			
		发电机使用寿命		年	35			
		噪声		dB	≤85		≤85	
3	振动值	临界转速(一阶)		r/min	780			
		临界转速(二阶)		r/min	2300			
		临界转速轴承座振动值	垂直	mm	≤0.08		≤0.08	
			水平	mm	≤0.08		≤0.08	
		超速时轴承座振动值	垂直	mm	≤0.08		≤0.08	
			水平	mm	≤0.08		≤0.08	
		额定转速时轴承座振动值	垂直	mm	≤0.025		≤0.025	
			水平	mm	≤0.025		≤0.025	
		临界转速轴振动值	垂直	mm	≤0.15		≤0.15	
			水平	mm	≤0.15		≤0.15	
		超速时轴振动值	垂直	mm	≤0.15		≤0.15	
			水平	mm	≤0.15		≤0.15	
		额定转速时轴振动值	垂直	mm	≤0.076		≤0.076	
			水平	mm	≤0.076		≤0.076	
		定子绕组端部振动频率 f_v		Hz	≤95，≥110			
		定子绕组端部振动幅值		mm	≤0.25			
		轴系扭振频率		Hz	≤45，≥55，≤95，≥105			

续表

序号	名　　称			单位	设计值	试验值	保证值	备　注
4	损耗和效率（静态励磁，额定条件下）		定子绕组铜耗 Q_{Cu1}	kW	2262	2192		
			定子铁耗 Q_{Fe}	kW	1180	943		
			励磁损耗 Q_{Cu2}	kW	2459	2183		
			短路附加损耗 Q_{kd}（包括杂散耗）	kW	1441	1386		
			机械损耗 Q_m（通风损耗＋轴承油密封损耗）	kW	2340	2146		
			励磁变压器＋整流柜损耗	kW	246	218		
			总损耗 ΣQ	kW	9928	9068		
			满负荷效率 η	%	99.02	99.11	99	
5	绝缘等级和温度		定子绕组绝缘等级		F			
			定子绕组对应 THA 工况下线棒出水温度	℃	≤90			
			定子绕组对应 VWO 工况下线棒出水温度	℃	≤90			
			定子绕组对应 THA 工况下层间温度	℃	67	65		
			定子绕组对应 VWO 工况下层间温度	℃	69			
			定子铁芯绝缘等级		F			
			定子铁芯 THA 工况下最热点温度	℃	≤120	62		
			定子铁芯 VWO 工况下最热点温度	℃	≤120			
			定子端部结构件 THA 工况下温度	℃	≤120	85		
			定子端部结构件 VWO 工况下温度	℃	≤120			
			转子绕组绝缘等级		F			
			转子绕组 THA 工况下温度	℃	99	103		
			转子绕组 VWO 工况下温度	℃	100			
6	冷却介质的压力、流量和温度	定子水冷却器	定子线棒冷却水流量	t/h	122			
			每个冷却器百分比容量	%	100			
			定子冷却水进口水温	℃	48			
			定子冷却水 THA 工况下出口水温	℃	67			
			定子冷却水 T-MCR 工况下出口水温	℃	67			
			定子冷却水电导率	μs/cm	0.5～1.5			
			定子冷却水压力 p	MPa (g)	0.31			
			定子冷却器堵管率	%	5			
			冷却器冷却水侧设计压力	MPa (g)	1.6			
			冷却器冷却水侧设计温度	℃	80			

续表

序号	名称			单位	设计值	试验值	保证值	备注
6	冷却介质的压力、流量和温度	氢气冷却器	气体冷却器数目		4(2×2)			
			每个冷却器百分比容量	%	25			
			退出一个冷却器发电机出力	MW	800			
			气体冷却器进水温度	℃	38			
			气体冷却器出水温度	℃	45			
			气体冷却器水流量	t/h	860			
			冷却器冷却水侧设计压力	MPa (g)	1.0			
			冷却器冷却水侧设计温度	℃	38			
			发电机进口氢温	℃	48			
			发电机 THA 工况下出口风温	℃	68			
			发电机 T-MCR 工况下出口风温	℃	68			
			额定氢压	MPa(g)	0.52			
			最高允许氢压	MPa(g)	0.56			
			发电机机壳容量	m^3	143			
			发电机漏氢量	$Nm^3/24h$	≤12	6.1	≤12	
		密封油系统	轴承润滑油进口温度	℃	46			
			轴承润滑油出口温度	℃	≤70			
			轴承润滑油流量	L/min	1700			
			密封瓦进油温度	℃	46			
			密封瓦出油温度	℃	≤70			
			密封瓦油量	L/min	230			
			氢气侧	L/min	13			
			空气侧	L/min	217			
			密封瓦温度	℃	≤90			
			冷却水侧设计压力	MPa (g)				
			冷却水侧设计温度	℃				
			冷却水量	t/h				
7	主要尺寸和电磁负荷	定子铁芯内径 D_i		mm	1454			
		定子铁芯外径 D_a		mm	2912			
		定子铁芯长度 L_i		mm	8150			
		气隙（单边）δ		mm	92			
		定子外壳压力		MPa				
		定子槽数 Z_1			36			
		定子绕组并联支路数 a_1			2			

续表

序号	名称			单位	设计值	试验值	保证值	备注
7	主要尺寸和电磁负荷	定子绕组尺寸	空心（$m\times h$—壁厚）	mm	9.0×4.06—1.27			
			实心（$m\times h$）	mm	9.0×1.9，9.0×2.73			
		每槽绕组股数	空心	n	上层：32；下层：24			
			实心	n	上层：32；下层：24			
		定子电流密度 J_1		A/mm^2	8.71（上层）/9.94（下层）			
		定子线负荷 A_{s1}		A/cm	1888			
		定子槽主绝缘单边厚度		mm	7.27			
		定子总质量		t	409			
		定子最大运输质量		t	429			
		定子运输尺寸（$L\times W\times H$）		mm	11800×5200×4700			
		转子质量		t	105			
		转子外径 D_2		mm	1270			
		转子本体有效长度		mm	8150			
		转子运输长度 L_2		mm	16850			
		转子槽数			32			
		转子槽尺寸（$m\times h$）		mm	50×175			
		转子每槽线匝数			4×1+7×7			
		每匝铜线尺寸（$m\times h$）		mm	46.4×7.9			
		转子电流密度 J_2		A/mm^2	9.2			
		转子槽绝缘单边厚度		mm	1.52			
		气隙磁密 B_s		Gs	11790			
		转子匝间绝缘厚度		mm	0.33			
		集电环外径		mm	343			
		护环直径 D_K		mm	1367.5			
		护环长度 L_K		mm	901			
8	主要材质和应力	定子硅钢片型号及单位损耗			有方向型（在1.7T、50Hz时，损耗≤1.75W/kg）			
		硅钢片厚度		mm	0.35			
		铜线型号			无氧铜			
		转轴材料型号			NiCrMoV锻件			
		转轴材料脆性转变温度FATT		℃	≤15			
		转轴屈服极限 $\sigma_{0.2}$		N/mm^2	690			
		转轴安全系数 K			1.8			
		转子铜线型号			含银铜线			

续表

序号	名称		单位	设计值	试验值	保证值	备注
8	主要材质和应力	转子铜线屈服极限 σ_s	N/mm^2	210～270			
		护环材质型号		Mn18Cr18 锻件			
		护环屈服极限 $\sigma_{0.2}$	N/mm^2	1275			
		护环安全系数 K	K	1.9			
		集电环材质		T10A			
		碳刷材质型号		NCC634			
		转子槽楔材质型号		Alumimum Alloy			
9	发电机综合尺寸	长度	mm	17050			
		宽度	mm	5200			
		高度（从出线端到氢冷器顶）	mm	8400			

附录C 哈电发电机技术数据表

序号	名称		单位	设计值	试验值	保证值	备注
1	规格型号	发电机型号		QFSN-1000-2			
		额定容量 S_N	MVA	1112			
		额定功率 P_N	MW	1000			
		最大连续输出容量	MVA	1223		1223	
		对应汽轮机 VWO 工况下输出功率	MW	1102			与汽轮机匹配
		对应汽轮机 VWO 工况下功率因数		0.9			
		对应汽轮机 VWO 工况下氢压	MPa	0.5			
		对应汽轮机 VWO 工况下发电机冷却器进水温度	℃	38			
		额定功率因数 $\cos\varphi_N$		0.9 滞后			
		定子额定电压 U_N	kV	27			
		定子额定电流 I_N	A	23950			
		额定频率 f_N	Hz	50			
		额定转速 n_N	r/min	3000			
		额定励磁电压 U_{eN}	V	563			
		最大连续容量下励磁电压 U	V	609			
		额定励磁电流 I_{eN}	A	5360			
		最大连续容量下励磁电流 I	A	5800			
		定子绕组接线方式		YY			
		冷却方式		水氢氢			
		励磁方式		静止励磁			
2	参数性能	定子每相直流电阻（15℃）	Ω	0.00104			
		转子绕组直流电阻（15℃）	Ω	0.07723			
		定子每相对地电容 A相	μF	0.31			
		定子每相对地电容 B相	μF	0.31			
		定子每相对地电容 C相	μF	0.31			
		转子绕组自感	H	0.72			
		直轴同步电抗 X_d	%	218	211.7		
		横轴同步电抗 X_q	%	214			
		直轴瞬变电抗（不饱和值）X'_{du}	%	30.2	31.69		
		直轴瞬变电抗（饱和值）X'_d	%	26.9		≤28	

续表

序号	名称		单位	设计值	试验值	保证值	备注
2	参数性能	横轴瞬变电抗(不饱和值)X'_{qu}	%	48.0			
		横轴瞬变电抗(饱和值)X'_{q}	%	42.8			
		直轴超瞬变电抗(不饱和值)X''_{du}	%	24.0	25.09		
		直轴超瞬变电抗(饱和值)X''_{d}	%	21.4		≥16	
		横轴超瞬变电抗(不饱和值)X''_{qu}	%	24.0			
		横轴超瞬变电抗(饱和值)X''_{q}	%	21.4			
		负序电抗(不饱和值)X_{2u}	%	24.0			
		负序电抗(饱和值)X_{2}	%	21.4			
		零序电抗(不饱和值)X_{ou}	%	12.4			
		零序电抗(饱和值)X_{0}	%	11.8			
		直轴开路瞬变时间常数 T'_{do}	s	9.4			
		横轴开路瞬变时间常数 T'_{qo}	s	2.0			
		直轴短路瞬变时间常数 T'_{d}	s	1.3	1.373		
		横轴短路瞬变时间常数 T'_{q}	s	0.45			
		直轴开路超瞬变时间常数 T''_{do}	s	0.025			
		横轴开路超瞬变时间常数 T''_{qo}	s	0.04			
		直轴短路超瞬变时间常数 T''_{d}	s	0.02	0.0213		
		横轴短路超瞬变时间常数 T''_{q}	s	0.02			
		灭磁时间常数 T_{dm}	s	7.5			
		转动惯量 GD^2(不包括原动机)	t·m²	65.7			
		短路比 SCR		0.52	0.537	>0.5	
		稳态负序电流 I_2	%	6		6	
		暂态负序电流能力 I_2^2t		6		6	
		允许频率偏差	±%	−3～2			
		允许定子电压偏差	±%	5			
		失磁异步运行能力	MW	30s-60%；90s-40%			
		失磁异步运行时间	min	15			
		进相运行能力	MW	1000(在功率因数超前0.95时)			
		进相运行时间	h	长期连续运行			
		电话谐波因数 THF	%		0.11	≤1	
		电压波形正弦畸变率 K_u	%		0.31	≤3	
		三相短路稳态电流	%	149			

续表

序号	名称			单位	设计值	试验值	保证值	备注
2	参数性能	暂态短路电流有效(交流分量)	相-中性点	%	494			
			相-相	%	359			
			三相	%	372			
		次暂态短路电流有效值(交流分量)	相-中性点	%	543			
			相-相	%	405			
			三相	%	467			
		三相短路最大电流值(直流分量峰值)		%	809			
		相-相短路最大电磁转矩		N·m	21.7			
		转子轴电压		V	<10			
		轴承绝缘电阻正常/最小值		Ω	≥100			
		最大允许超速		%	120			
		失步功率		MW	1486			
		额定负荷下的不同步能力		s	—			
		同步电动机状态运行能力		s	60			
		调峰能力			允许10000次启停机			
		发电机使用寿命		年	>35			
		噪声		dB	<85			
3	振动值	临界转速(一阶)		r/min	850			
		临界转速(二阶)		r/min	2400			
		临界转速轴承座振动值	垂直	mm			≤0.076	
			水平	mm			≤0.076	
		超速时轴承座振动值	垂直	mm				
			水平	mm				
		额定转速时轴承座振动值	垂直	mm			≤0.025	
			水平	mm			≤0.025	
		临界转速轴振动值	垂直	mm		0.045	≤0.15	
			水平	mm		0.045	≤0.15	
		超速时轴振动值	垂直	mm				
			水平	mm				

续表

序号	名称			单位	设计值	试验值	保证值	备注
3	振动值	额定转速时轴振动值	垂直	mm		0.028	≤0.076	
			水平	mm		0.028	≤0.076	
		定子绕组端部振动频率 f_v		Hz	≤94，≥112			
		定子绕组端部振动幅值		mm			≤0.25	
		轴系扭振频率		Hz	109			
4	损耗和效率（静态励磁，额定条件下）	定子绕组铜耗 Q_{Cu1}		kW	2360			
		定子铁耗 Q_{Fe}		kW	1150			
		励磁损耗 Q_{Cu2}		kW	3240			
		短路附加损耗 Q_{kd}（包括杂散耗）		kW	1260			
		机械损耗 Q_m（通风损耗＋轴承油密封损耗）		kW	1960			
		励磁变压器＋整流柜损耗		kW	200			
		总损耗 ΣQ		kW	10170			
		满负荷效率 η		%	99		≥99	
5	绝缘等级和温度	定子绕组绝缘等级			F			
		定子绕组对应 THA 工况下绕组出水温度		℃	70	50＋24.5	≤85	
		定子绕组对应 T-MCR 工况下绕组出水温度		℃	72		≤85	
		定子绕组对应 THA 工况下层间温度		℃	76		≤120	
		定子绕组对应 T-MCR 工况下层间温度		℃	≤90		≤120	
		定子铁芯绝缘等级			F			
		定子铁芯 THA 工况下最热点温度		℃	82		≤120	
		定子铁芯 T-MCR 工况下最热点温度		℃	86		≤120	
		定子端部结构件 THA 工况下温度		℃	90		≤130	
		定子端部结构件 T-MCR 工况下温度		℃			≤130	
		转子绕组绝缘等级			F			
		转子绕组 THA 工况下温度		℃	89	46＋45.3	≤110	
		转子绕组 T-MCR 工况下温度		℃	96	46＋51.6	≤110	
6	冷却介质的压力、流量和温度	定子水冷却器	定子线棒冷却水流量	t/h	118			
			每个冷却器百分比容量	%	100			
			定子冷却水进口水温	℃	45～50			
			定子冷却水 THA 工况下出口水温	℃	70		≤85	
			定子冷却水 T-MCR 工况下出口水温	℃			≤85	
			定子冷却水电导率	μS/cm	0.3			
			定子冷却水压力 p	MPa(g)	0.3			

续表

序号	名称			单位	设计值	试验值	保证值	备注
6	冷却介质的压力、流量和温度	定子水冷却器	定子冷却器堵管率	%				
			冷却器冷却水侧设计压力	MPa(g)	1.0			
			冷却器冷却水侧设计温度	℃	38			
		氢气冷却器	气体冷却器数目		4			
			每个冷却器百分比容量		25%			
			退出一个冷却器发电机出力	MW	800			
			气体冷却器进水温度	℃	38			
			气体冷却器出水温度	℃				
			气体冷却器水流量	t/h	912			
			冷却器冷却水侧设计压力	MPa(g)	1.0			
			冷却器冷却水侧设计温度	℃	38			
			发电机进口氢温	℃	46			
			发电机 THA 工况下出口风温	℃	68			
			发电机 T－MCR 工况下出口风温	℃	69			
			额定氢压	MPa(g)	0.5			
			最高允许氢压	MPa(g)	0.52			
			发电机机壳容量	m^3	125			
			发电机漏氢量	$Nm^3/24h$	10			
		密封油系统	轴承润滑油进口温度	℃	46			
			轴承润滑油出口温度	℃	≤70		≤70	
			轴承润滑油流量	L/min	798(汽) 702(励)			
			密封瓦进油温度	℃	46			
			密封瓦出油温度	℃	≤70			
			密封瓦油量	L/min	255			
			密封瓦温度	℃	≤100		≤100	
			冷却水侧设计压力	MPa(g)				
			冷却水侧设计温度	℃				
			冷却水量	t/h				
7	主要尺寸和电磁负荷	定子铁芯内径 D_i		mm	1480			
		定子铁芯外径 D_a		mm	2950			
		定子铁芯长度 L_i		mm	7400			
		气隙(单边)g		mm	115			
		定子外壳压力		MPa	0.5			

续表

序号	名称			单位	设计值	试验值	保证值	备注
7	主要尺寸和电磁负荷	定子槽数 Z_i			42			
		定子绕组并联支路数 a_1			2			
		定子绕组尺寸	空心($m \times h$—壁厚)	mm	上：7.6×3.8/1.0 下：7.6×4.3/1.2			
			实心($m \times h$)	mm	7.6×2.0			
		每槽绕组股数	空心	n	上：28；下：24			
			实心	n	上：56；下：48			
		定子电流密度 J_1		A/mm^2	上：8.7 下：9.4			
		定子线负荷 A_{s1}		A/cm	2160			
		定子槽主绝缘单边厚度		mm	6.5			
		定子总质量		t	450			
		定子最大运输质量		t	430			
		定子运输尺寸($L \times W \times H$)		mm	11231×4900×4455			
		转子质量		t	96			
		转子外径 D_2		mm	1250			
		转子本体有效长度		mm	7552			
		转子运输长度 L_2		mm	15420			
		转子槽数			32			
		转子槽尺寸($m \times h$)		mm	49.5×167			
		转子每槽线匝数			8			
		每匝铜线尺寸($m \times h$)		mm	49.5×13.5			
		转子电流密度 J_1		A/mm^2	10.6			
		转子槽绝缘单边厚度		mm	1.3			
		气隙磁密 B_s		Gs	11000			
		转子匝间绝缘厚度		mm	0.33			
		集电环外径		mm	355			
		护环直径 D_K		mm	1330			
		护环长度 L_K		mm	914			
8	主要材质和应力	定子硅钢片型号			有取向硅钢片			
		硅钢片厚度		mm	0.35			
		铜线型号			无氧铜			
		转轴材料型号			NiCrMoV 合金钢锻件			
		转轴材料脆性转变温度 FATT		℃	−10			

续表

序号	名称		单位	设计值	试验值	保证值	备注
8	主要材质和应力	转轴屈服极限 $\sigma_{0.2}$	N/mm^2	685			
		转轴安全系数 X		2.2			
		转子铜排型号		含银铜排			
		转子铜排屈服极限 $\sigma_{0.2}$	N/mm^2	294.2			
		护环材质型号		Mn18Cr18			
		护环屈服极限 $\sigma_{0.2}$	N/mm^2	1030			
		护环安全系数 K	K	1.4			
		集电环材质		JIS G 4053 SNC 836			
		转子槽楔材质型号		铝合金			
9	发电机综合尺寸	长度	mm	17295			
		宽度	mm	6040			
		高度(从出线端到氢冷器顶)	mm	6574			

附录D 3/2断路器接线继电保护用电流互感器二次绕组正确配置示意图

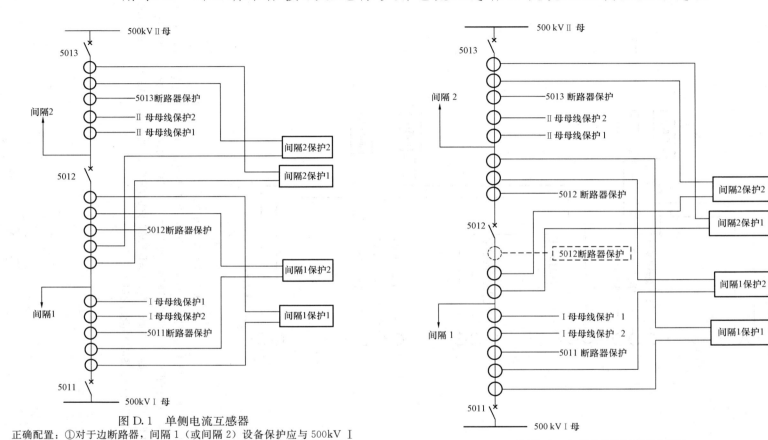

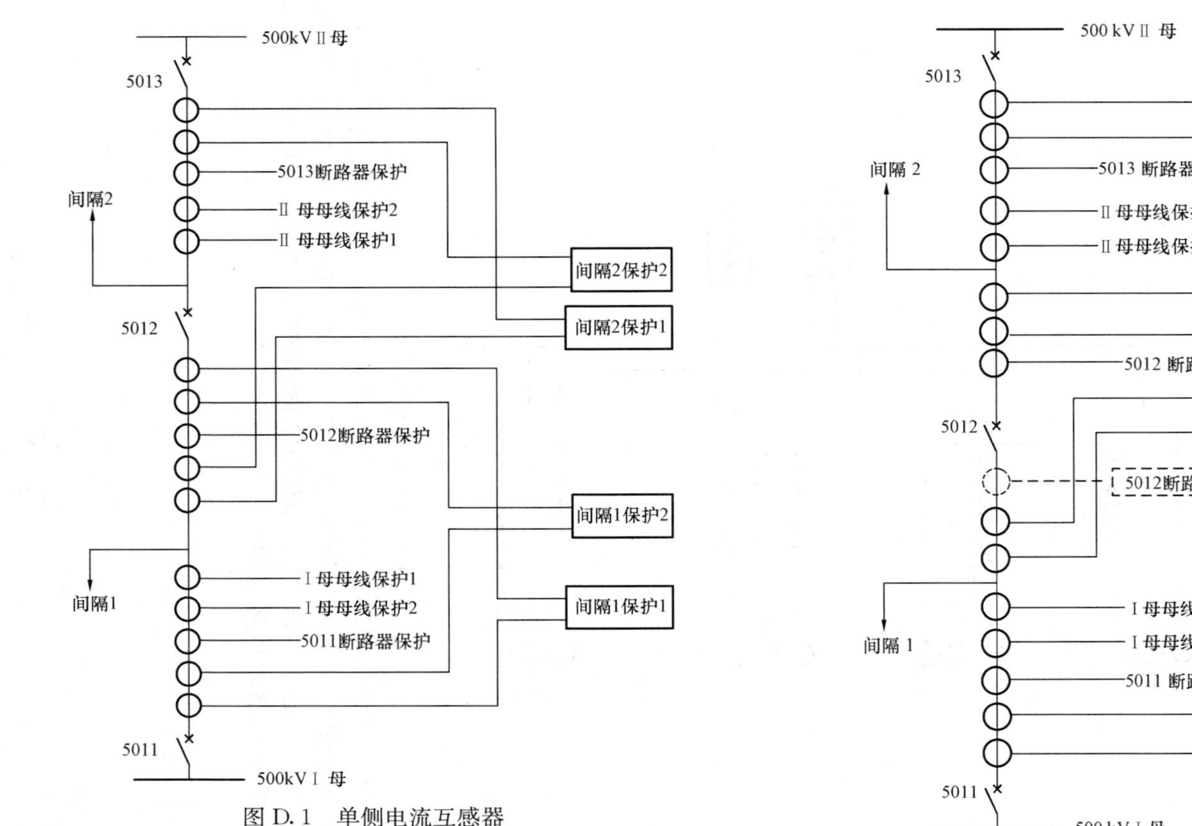

图 D.1 单侧电流互感器

正确配置：①对于边断路器，间隔 1（或间隔 2）设备保护应与 500kV Ⅰ母（或Ⅱ母）母线保护的保护范围交叉，断路器失灵保护用绕组位于间隔 1（或间隔 2）设备保护与 500kV Ⅰ母（或Ⅱ母）母线保护用绕组之间。

②对于中断路器，间隔 1 与间隔 2 两个设备保护的保护范围应交叉，断路器失灵保护用绕组位于间隔 1 与间隔 2 两个设备保护用绕组之间。

500 kV Ⅱ 母
5013
间隔 2
5013 断路器保护
Ⅱ 母母线保护 2
Ⅱ 母母线保护 1
5012 断路器保护
间隔2保护2
间隔2保护1
5012
5012断路器保护
间隔1保护2
间隔1保护1
间隔 1
Ⅰ母母线保护 1
Ⅰ母母线保护 2
5011 断路器保护
5011
500 kV Ⅰ母

图 D.2 中开关双侧电流互感器

正确配置：①对于边断路器，间隔 1（或间隔 2）设备保护应与 500kV Ⅰ母（或Ⅱ母）母线保护的保护范围交叉，断路器失灵保护用绕组位于间隔 1（或间隔 2）设备保护与 500kV Ⅰ母（或Ⅱ母）母线保护用绕组之间。

②对于中断路器，间隔 1 与间隔 2 两个设备保护的保护范围应交叉，断路器失灵保护用绕组位于间隔 1 与间隔 2 两个设备保护用绕组之间。

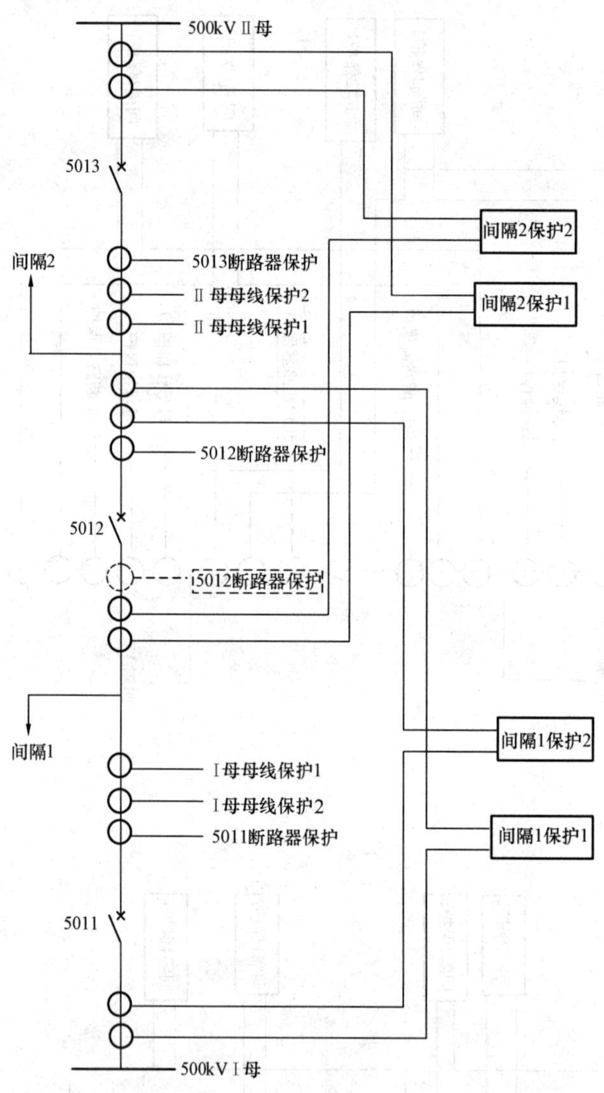

图 D.3　双侧电流互感器

正确配置：①对于边断路器，间隔1(或间隔2)设备保护应与500kV Ⅰ母(或Ⅱ母)母线保护的保护范围交叉，断路器失灵保护用绕组位于间隔1(或间隔2)设备保护与500kV Ⅰ母(或Ⅱ母)母线保护用绕组之间。

②对于中断路器，间隔1与间隔2两个设备保护的保护范围应交叉，断路器失灵保护用绕组位于间隔1与间隔2两个设备保护用绕组之间。

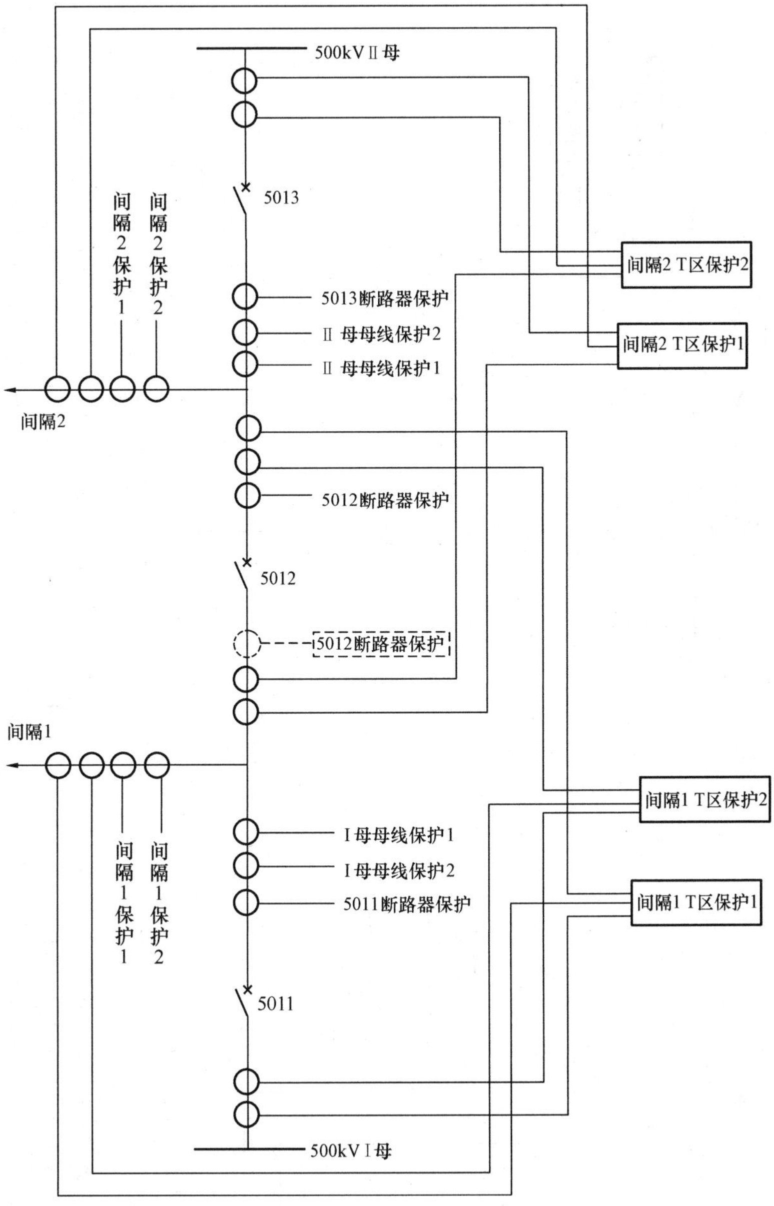

500kV Ⅱ母
5013
间隔2保护1
间隔2保护2
间隔2 T区保护2
5013断路器保护
Ⅱ 母母线保护2
间隔2 T区保护1
Ⅱ 母母线保护1
间隔2
5012断路器保护
5012
5012断路器保护
间隔1
间隔1 T区保护2
Ⅰ母母线保护1
Ⅰ母母线保护2
间隔1 T区保护1
5011断路器保护
间隔1保护1
间隔1保护2
5011
500kV Ⅰ母

图 D.4　有串外电流互感器

正确配置：线路保护或主变压器保护使用串外电流互感器，同时配置T区保护。

①对于边断路器，间隔1(或间隔2)T区保护应与500kV Ⅰ母(或Ⅱ母)母线保护的保护范围交叉，断路器失灵保护用绕组位于间隔1(或间隔2)T区保护与500kV Ⅰ母(或Ⅱ母)母线保护用绕组之间。

②对于中断路器，间隔1与间隔2两个T区保护的保护范围应交叉，断路器失灵保护用绕组位于间隔1与间隔2两个T区保护用绕组之间。

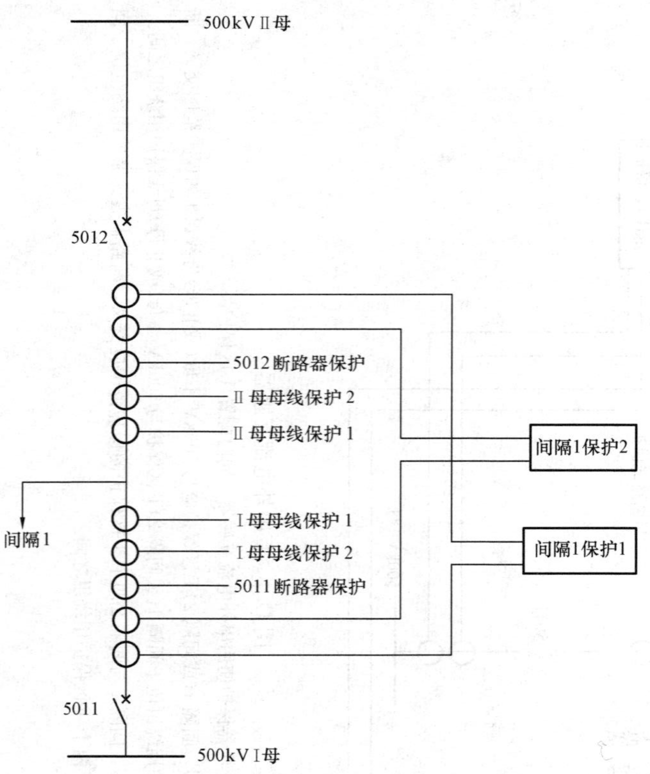

500kV Ⅱ母
5012
5012断路器保护
Ⅱ母母线保护2
Ⅱ母母线保护1
间隔1保护2
间隔1
Ⅰ母母线保护1
Ⅰ母母线保护2
5011断路器保护
间隔1保护1
5011
500kV Ⅰ母

图 D.5 单侧电流互感器（不完整串，间隔 2 预留）

正确配置：①对于 5011 断路器，间隔 1 设备保护应与 500kV Ⅰ母母线保护的保护范围交叉，断路器失灵保护用绕组位于间隔 1 设备保护与 500kV Ⅰ母母线保护用绕组之间。

②对于 5012 断路器，间隔 1 设备保护应与 500kV Ⅱ母母线保护的保护范围交叉，断路器失灵保护用绕组位于间隔 1 设备保护与 500kV Ⅱ母母线保护用绕组之间。

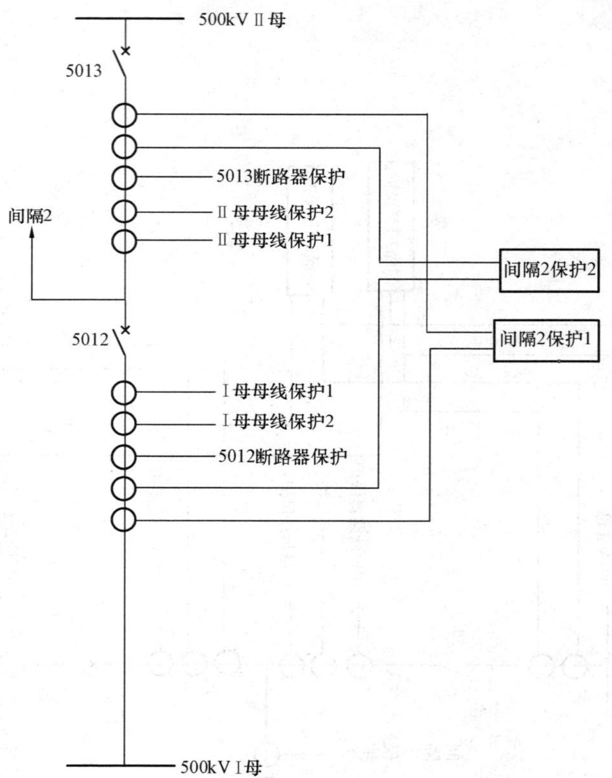

图 D.6 单侧电流互感器（不完整串，间隔 1 预留）

正确配置：①对于 5013 断路器，间隔 2 设备保护应与 500kV Ⅱ母母线保护的保护范围交叉，断路器失灵保护用绕组位于间隔 2 设备保护与 500kV Ⅱ母母线保护用绕组之间。

②对于 5012 断路器，间隔 2 设备保护应与 500kV Ⅰ母母线保护的保护范围交叉，断路器失灵保护用绕组位于间隔 2 设备保护与 500kV Ⅰ母母线保护用绕组之间。

参 考 文 献

[1] 王梅义，吴竞昌，蒙定中. 大电网系统技术. 北京：中国电力出版社，1995.

[2] Taylor C W. et al. Northeast Power Po01 Transient Stability and Load Shedding Controls for Generator Load Unbalances. IEEE Transactions on PAS. 1981(7)：100.

[3] 刘振亚. 特高压电网，北京：中国经济出版社，2004.

[4] 浙江大学发电教研组直流输电科研组. 直流输电. 北京：水利电力出版社，1985.

[5] 戴熙杰. 直流输电基础. 北京：水利电力出版社，1990.

[6] 李序保，赵永健. 电力电子器件及其应用，北京：机械工业出版社，2001.

[7] 王兆安，黄俊. 电力电子技术. 北京：机械工业出版社，2000.

[8] Prabha Kundur，电力系统稳定与控制. 北京：中国电力出版社，2002.

[9] Cushing E W，Drechsler G E，Killgoar W P，etal. Fast Valvin-g as an Aid to Power System Transient Stability and Prompt Resynchronization and Rapid Reload after Full Load Rejection. IEEE Transactions on PAS. 1972(91)：1624-1636.

[10] Younkins T D，Chow J H，Brower A S，etal. Fast Valving with Reheat and Straight Condensing Steam Turbines. IEEE Transactions on PAS. 1987(2)：397-405.

[11] 能源部西北电力设计院. 电力工程电气设计手册：电气二次部分. 北京：中国电力出版社，1991.

参 考 文 献

[1] [illegible]

[2] [illegible] Transient Stability and Load Shedding Controls for Generation and Load Disturbances. IEEE Transactions on PAS, 1981(7): [illegible]

[3] [illegible] 2004.

[4] [illegible]

[5] [illegible]

[6] [illegible]

[7] [illegible]

[8] [illegible]

[9] [illegible]

[10] [illegible]

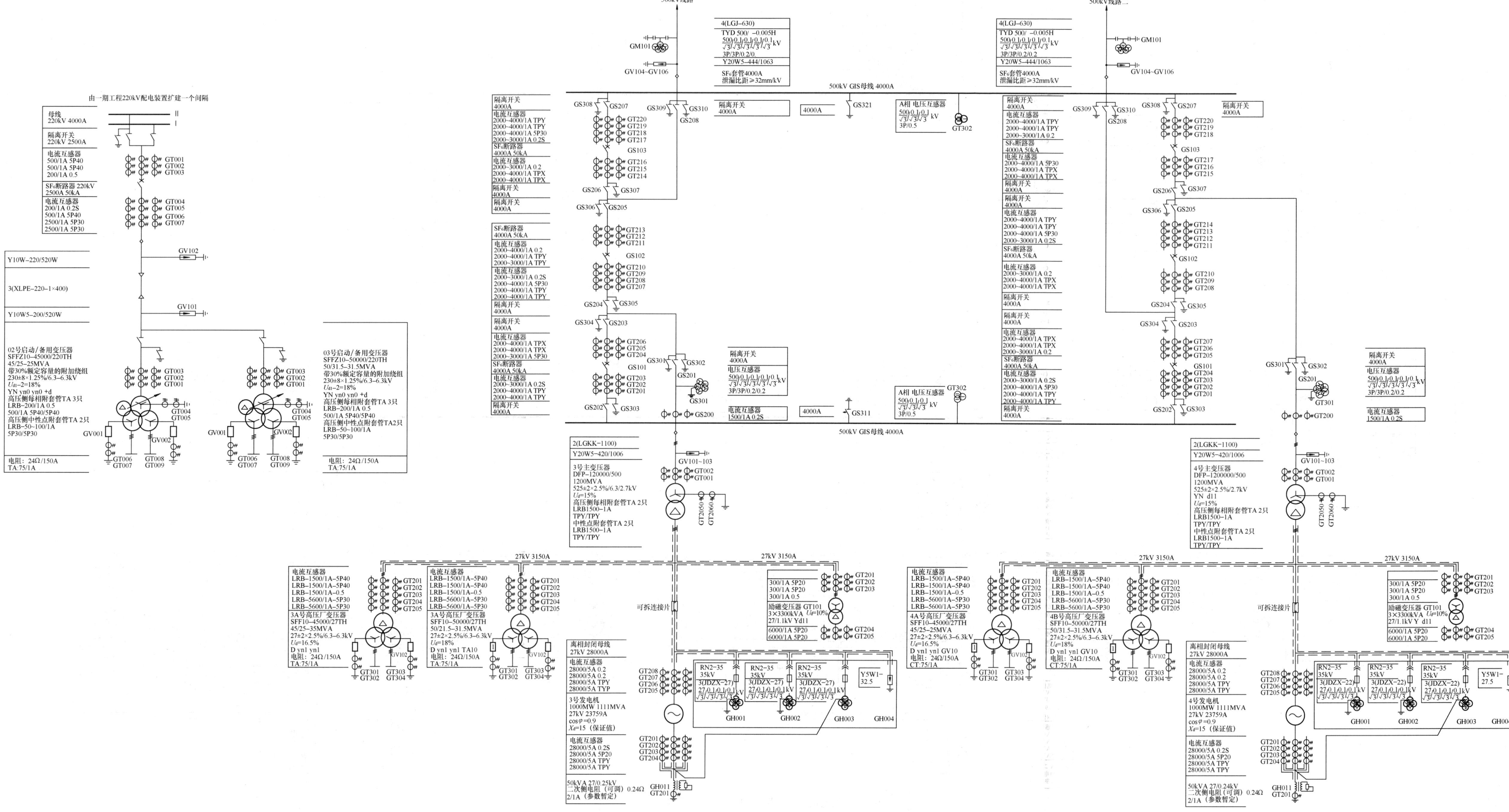

图 1-2　发电机—变压器—3/2 断路器接线

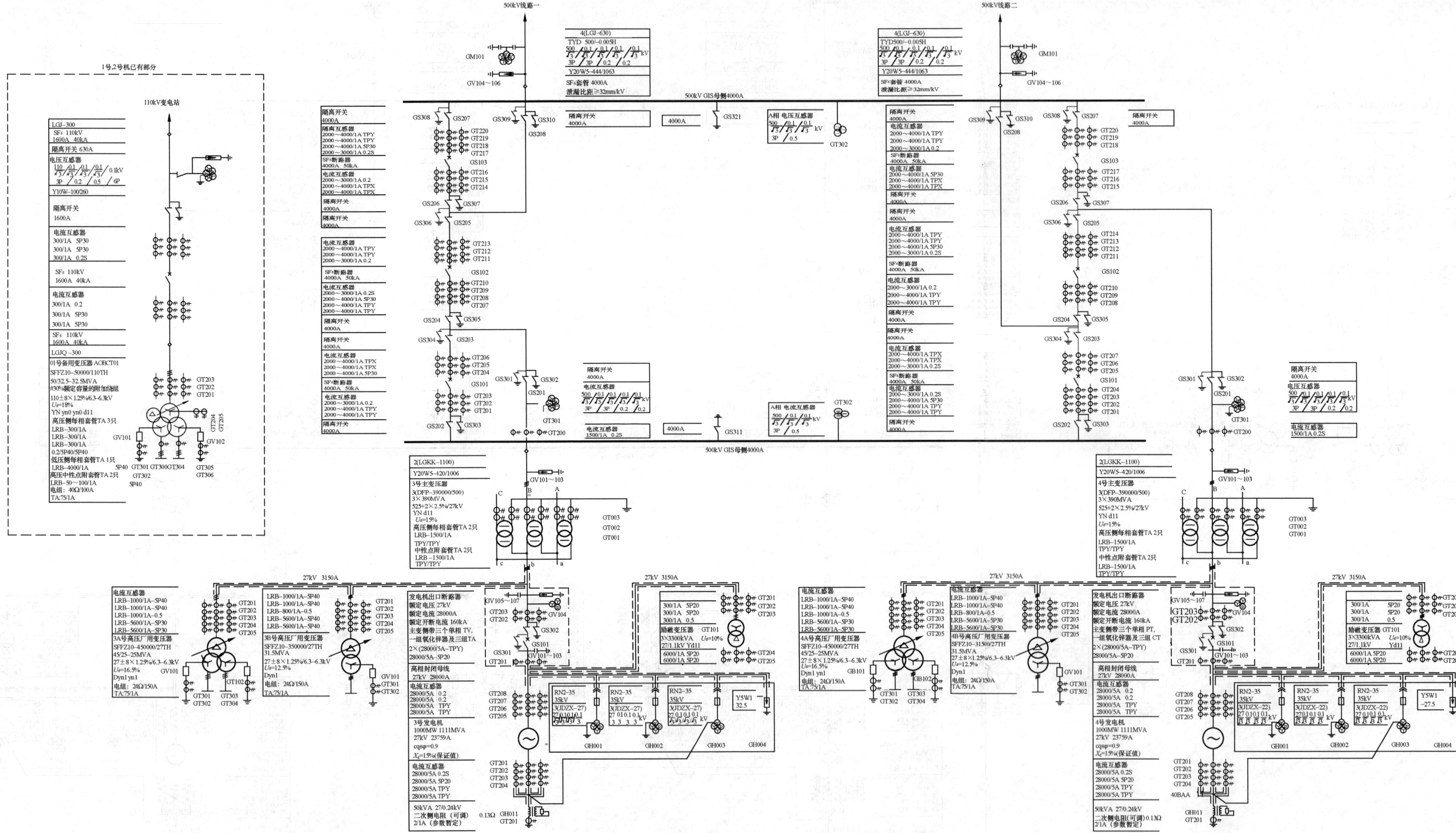

图 1-3　发电机—断路器—变压器—3/2 断路器接线